“十三五”国家重点出版物出版规划项目
卓越工程能力培养与工程教育专业认证系列规划教材
（电气工程及其自动化、自动化专业）
国家精品课程、国家精品资源共享课程、中国大学 MOOC 课程配套教材

传感器与检测技术

主　编　叶湘滨
副主编　邱晓天　胡佳飞
参　编　张　琦　熊飞丽　杜青法

天工讲堂 小程序
微信扫码直接进入小程序

本书的立体化学习资源链接于“天工讲堂”。获取步骤为：

★完成本书封底提示的手机号注册；

★书中链接的视频讲解、动画演示，可用微信直接扫描二维码；

★书中的“深入思考（附答案提示）”“拓展阅读”，可在“天工讲堂”上在线学习。

U0911099

机械工业出版社

本书系统地论述了传感器与检测技术的理论基础、传感器原理与应用以及检测技术。本书分 3 篇，共 14 章。第 1 篇共 6 章，介绍传感器与检测技术理论基础，内容包括：传感器与检测技术的基本概念、地位与作用以及发展，传感器的基础效应、功能材料及加工工艺，信号分析与处理，测试系统的特性分析。第 2 篇共 4 章，介绍阻抗式、电动势式、光电式传感器的原理、特性、信号调理电路以及应用，并简要介绍气体、湿度、生物、表面声波、智能传感器的原理。第 3 篇共 4 章，介绍检测技术，内容包括振动、温度、流量的测量以及现代检测系统。

本书可作为仪器、自动化、机械、物联网等专业的本科生教材，也可供其他专业的师生及工程技术人员参考。

本书配有电子课件，欢迎选用本书作教材的老师登录 www.cmpedu.com 注册下载，或发 jinacmp@163.com 索取。

图书在版编目（CIP）数据

传感器与检测技术 / 叶湘滨主编. -- 北京 : 机械工业出版社，2021. 12（2024. 11 重印）. --（卓越工程能力培养与工程教育专业认证系列规划教材）. -- ISBN 978-7-111-70036-4

Ⅰ. TP212

中国国家版本馆 CIP 数据核字第 20240XK061 号

机械工业出版社（北京市百万庄大街 22 号　邮政编码 100037）
策划编辑：吉　玲　　　责任编辑：吉　玲
责任校对：陈　越　王　延　封面设计：鞠　杨
责任印制：郜　敏
北京富资园科技发展有限公司印刷
2024 年 11 月第 1 版第 7 次印刷
184mm×260mm · 22 印张 · 549 千字
标准书号：ISBN 978-7-111-70036-4
定价：69.00 元

电话服务　　　　　　　　　　网络服务
客服电话：010-88361066　　机　工　官　网：www.cmpbook.com
　　　　　010-88379833　　机　工　官　博：weibo.com/cmp1952
　　　　　010-68326294　　金　书　网：www.golden-book.com
封底无防伪标均为盗版　　机工教育服务网：www.cmpedu.com

前言

传感器与检测技术是信息工业的基础之一，随着人类社会进入信息时代，传感器与检测技术除了传统的应用之外，还广泛地应用于物联网、云计算、大数据、人工智能、智能制造、智能家居、机器人等战略性新型产业，为促进现代生产发展和科技进步发挥了越来越重要的作用。

本书编者在总结传感器与检测技术国家精品课程、国家精品资源共享课、中国大学MOOC建设经验以及多年科研成果的基础上，参考了相关文献，编写了本书。在编写过程中，编者力求基础与专业相结合、器件与系统相结合、经典与创新相结合、知识传授与价值引导相结合，突出以学习者为中心的理念。

全书分3篇，共14章。第1篇共6章，主要介绍传感器与检测技术理论基础。其中，第1章为绪论，介绍传感器与检测技术的基本概念、地位与作用以及发展动向。第2章介绍传感器的基础效应。第3章介绍传感器的功能材料。第4章介绍传感器的加工工艺。第5章介绍信号分析与处理。第6章介绍测试系统的特性分析。第2篇共4章，主要介绍传感器原理与应用。其中，第7章介绍阻抗式传感器，包含电阻应变式、电容式、电感式传感器。第8章介绍电动势式传感器，包含压电式、磁电式传感器和霍尔式传感器。第9章介绍光电式传感器，包含光学量、固态图像、光纤传感器。第10章介绍其他传感器，包含气体、湿度、生物、表面声波、智能传感器。第3篇共4章，介绍检测技术。内容包括振动（第11章）、温度（第12章）、流量（第13章）的测量以及现代检测系统（第14章）。

本书还有丰富、优质的立体化学习资源支持，配有授课视频、Flash动画、拓展阅读、深入思考、习题及参考答案，并引入了国家精品资源共享课和MOOC网站等，供课内学习、课外拓展以及对学生效果的自评自测。

本书编写过程中参考了许多文献，在此谨向参考文献的作者们表示衷心感谢。

由于编者水平有限，书中难免有错误和疏漏，恳请广大读者批评指正。

编　者

目录

第2篇 传感器原理与应用

第1篇

传感器与检测技术理论基础

第1章 绪 论

1.1 传感器的定义、组成及分类

【视频讲解】传感器的定义、组成及分类

1.1.1 传感器的定义

根据我国国家标准（GB/T 7665—2005），传感器（Transducer/Sensor）定义为："能感受被测量并按照一定的规律转换成可用输出信号的器件或装置，通常由敏感元件和转换元件组成。"其中，敏感元件（Sensing Element）是指传感器中能直接感受或响应被测量的部分；转换元件（Transducing Element）是指传感器中能将敏感元件感受或响应的被测量转换成适于传输或测量的电信号部分；当输出为规定的标准信号时，则称为变送器（Transmitter）。

传感器在某些领域又被称为变换器、换能器、检测器或探测器。传感器输出的电信号的形式很多，如电阻、电容、电感以及电压、电流、频率、脉冲等。

1.1.2 传感器的组成

根据传感器的定义，传感器的基本组成分为敏感元件和转换元件两部分。同时，随着传感器集成技术的发展，将转换元件输出的电信号进行进一步的转换和处理的信号调理电路也会安装在传感器的壳体内或者与敏感元件集成在同一个芯片之上。因此，信号调理电路以及所需辅助电源都应作为传感器组成的一部分，如图 1-1 所示。

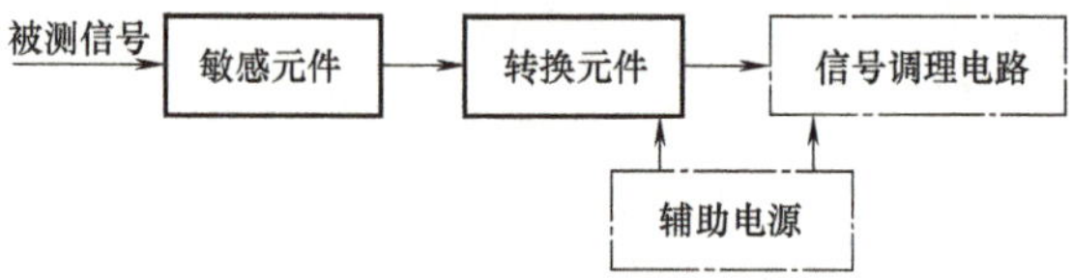

图 1-1 传感器的组成

值得指出的是，很多传感器都难以严格划分为敏感元件和转换元件两部分。因为某些传感器将感受的被测量直接转换为电信号。例如半导体气体传感器、测量温度的热电偶等，它们是将敏感元件和传感元件合二为一了。

1.1.3 传感器的分类

传感器的种类繁多、不胜枚举，其分类方法很多。下面介绍常用的分类方法。

1. 按被测量分类

这种分类方法能够很方便地表示传感器的功能，也便于用户使用。有多少种被测量就会有多少种类型的传感器，如压力传感器、温度传感器、位移传感器、振动传感器等。

2. 按工作原理分类

这种分类方法是以传感器的工作原理为依据，如电阻式、电感式、电容式和压电式传感器等。其优点是避免了传感器种类过于繁多，有利于对传感器进行归纳性的研究。现多采用此种方法。

3. 按能量关系分类

传感器按能量关系分类可以分为有源传感器和无源传感器两类。

有源（Active）传感器，又称为发电型或能量变换型传感器，它类似一台微型发电机，不需要外加电源就能将被测的非电量转换成电量输出；传感器起能量转换的作用，它无能量放大作用（基于能量守恒定律），要求从被测对象获取的能量越大越好。属于这种类型的传感器包括磁电式、压电式和热电式等传感器。

无源（Passive）传感器，又称为参量型或能量控制型传感器，这类传感器本身不起换能作用，其输出的电能量必须由外加电源供给，而不是由被测对象提供。但由被测对象的信号控制电源提供给传感器输出端的能量，并将电压（或电流）作为与被测量相对应的输出信号。由于输出电能量由外加电源供给，因此可能大于输入非电能。所以这种传感器具有一定的能量放大作用。这类传感器包括电阻式、电感式和电容式传感器等。

4. 按结构性质分类

传感器按结构性质分类可以分为结构型传感器和物性型传感器两类。

结构型传感器是依靠传感器的结构参数变化而实现信号转换的。例如，变间隙的电容式传感器是依靠改变电容极板间距这个结构参数来实现将被测的位移量变化转换为传感器的电容量变化。

物性型传感器是利用某些功能材料本身所具有的内在特性及效应感受被测量并将其转换为可用电信号的。例如测量温度的热敏电阻、测量湿度的半导体传感器以及光电式传感器、霍尔式传感器等。

5. 按输出信号分类

传感器按输出信号分类可分为模拟式传感器和数字式传感器。模拟式传感器是指传感器的输出信号为连续形式的模拟量；数字式传感器是指传感器的输出信号为离散形式的数字量。

1.2 检测的基本概念

1.2.1 检测技术的定义

检测技术包含“检”与“测”两个内容。“检”就是力图发现被测对象中的某些待测量并以信号形式表现出来，它是在所用技术能及的范围内回答“有无待测量”的操作；“测”则是将待测量的信号加以量化，以一定的精确度回答待测量“大小”的问题。工程中，检测被视为“测量”的同义词或近义词。

“测量”是以确定被测对象属性量值为目的的全部操作。测量的过程实质上是一个比较的过程，即将被测量与一个同性质的、作为测量单位的标准量进行比较，从而确定被测量是标准量的多少倍或几分之几的过程。用天平测量物体的质量就是一个典型的例子。而人们所说的“测试”是具有试验性质的测量，试验是对未知事物的探索性认识过程，因此，测试具有探索、分析和研究的特征，是测量和试验的综合。

检测技术属于信息科学的范畴，与计算机技术、自动控制技术以及通信技术构成完整的信息技术学科。人类对客观世界的认识和改造活动都是以测试工作为基础的，科学技术的发展也离不开检测技术。

1.2.2 被测量的分类

被测量的种类非常之多，一般将众多的被测量分为物理量、化学量和生物量等类型，它们对应的一些常见的具体被测量见表 1-1。

表 1-1 被测量的分类

被测量类型		被测量
物理量	几何量	长度、角度、形位参数（直线度、平面度、圆度、垂直度、同轴度、平行度、对称度等）、复杂几何图形
	力学量	质量、力、力矩、压力、真空、流量、速度、加速度、振动、冲击、硬度
	热学量	温度、热流、热导率（通常在工业化生产过程中，温度、压力、流量是三个常用的热工量参数）
	光学量	可见光、红外线、紫外线、X 射线、β 射线、γ 射线、照度、亮度、色度、激光、图像
	磁学量	磁场强度、磁通量
	电学量	电场强度、电流、电压、功率、电路参量（电阻、电感、电容）
	声学量	声压、噪声、超声波
化学量	物质化学特性	热量、黏度、密度、电导率、浊度
	气体	气体成分、气体分压、气体浓度
	离子	离子成分、离子活度、离子浓度、pH 值
	湿度	相对湿度、露点、水汽分压
生物量	生化量	酶、免疫（抗原/抗体）、微生物
	生理量	血压、颅内压力、膀胱内压力、脉搏、心音、血流、呼吸

另外，人们也将被测量分为电量和非电量两大类。电量包括表 1-1 中表征信号特征的参量，如电场强度、电压、电流、功率以及电路参量，如电阻、电容、电感等。非电量是除电量以外的一切量。

【视频讲解】被测量的分类

1.2.3 检测系统的基本构成

一个典型的检测系统原理框图如图 1-2 所示，它包括传感器、信号调理电路及记录、显示仪器等。

图 1-2 检测系统原理框图

传感器是检测系统的第一个环节，用来感受被测信号，并将被测信号转换为适合于系统后续处理的电信号。它获得信息的正确与否，决定了检测系统的精度。因此，传感器在检测系统中占有重要的位置。

信号调理电路是对传感器的输出电信号做进一步的加工和处理，多数是进行电信号之间的转换，包括对信号的转换、放大、滤波等，如用电桥将电路参量（如电阻、电容、电感）转换为电压或电流；用滤波器抑制噪声，选出有用信号。通过信号的调理，人们希望最终获得便于传输、显示、记录以及可做进一步后续处理的信号。

记录、显示仪器是将所测得的信号变为一种能为人们所理解的形式，以供人们观察和分析。

上述检测系统各组成部分描述的是一种“功能模块”的形式，在实际的检测系统中，这些功能模块所表达的具体装置或仪器的差异是很大的。例如，信号调理电路部分有时可以是由很多仪器组合成的一个完成特定功能的复杂群体，有时却可能简单到仅有一个变换电路，甚至可能仅是一根导线。

检测系统规模的大小及复杂程度与被测量的数量、性质以及被测对象的特性有非常密切的关系。

【视频讲解】
检测系统的组成

1.2.4 检测技术研究的主要内容

检测技术研究的主要内容包括被测量的测量原理、测量方法、测量系统以及数据处理等四个方面。

测量原理是指实现测量所依据的物理、化学、生物等现象及有关定律的总体。例如，压电式传感器测量振动加速度时所依据的是压电效应；热电偶测量温度时所依据的是热电效应等。不同性质的被测量用不同的原理去测量，同一性质的被测量亦可用不同的原理去测量。

测量方法是指根据测量任务的具体要求所采用的不同策略。从不同的角度出发，有不同的分类方法。根据测量手段不同，可分为直接测量、间接测量和联立测量。根据测量方式分类，可分为偏差式测量、零位式测量以及微差式测量。根据测量时传感器是否与被测物表面接触分为接触测量和非接触测量；根据测量的精度条件不同，可分为等精度测量和不等精度测量等。等精度测量是指多次重复测量中的每一个测得值，都是在相同的条件下获得的。若测量条件（人员、仪器、方法、环境条件、求平均值的测量次数等）部分或全部改变，则各测得的值的精度或可信赖程度就不一样，这就是非等精度测量。

测量系统是指用于特定测量目的，由全套测量仪器和有关的其他设备、软件以及人员所形成的一个系统。

数据处理是指为了一定的目的，按照一定的规则和方法对测试数据进行收集、加工，将测试数据所代表的事物内在的规律提炼出来，得出正确的结果的过程。

【拓展阅读】 直接测量、间接测量和联立测量

【拓展阅读】 偏差式测量、零位式测量和微差式测量

1.3 传感器与检测技术的地位与作用

随着人类社会进入信息时代，传感器与检测技术在工业、农业、国防、航空、航天、医疗卫生和生物工程等各个领域得到了越来越广泛的应用，在促进生产发展和科技进步中发挥着十分重要的作用。

【深入思考】 2021年6月17日，神舟十二号载人飞船顺利将聂海胜、刘伯明、汤洪波3名航天员送入太空，18时48分先后进入天和核心舱，标志着中国人首次进入自己的空间站。7月4日，神舟十二号航天员进行中国空间站首次出舱活动。航天员离开空间站进入太空，面临200多摄氏度的温差、空间辐射等一系列考验。请思考传感器与检测技术在航空航天上发挥了哪些作用。

【拓展阅读】 SFW武器

1. 检测是科学研究的基本方法

科学上的发现和技术上的发明是从对事物的观察开始的。对事物的精细观察就要借助于仪器，就要测量，特别是在自然科学和工业生产领域更是如此。伟大的化学家、计量学家门捷列夫说过：“科学是从测量开始的，没有测量就没有科学，至少是没有精确的科学、真正的科学”。

2. 检测技术是信息工业的基础

检测技术是信息工业的基础，如果获取的信息是错误的，那么后续的存储、传输、处理等进一步操作就毫无意义。

3. 传感器是实现检测的首要环节

传感器处于被测对象与检测系统的接口位置，即检测系统之首。因此，传感器成为感知、获取信息的窗口。可以毫不夸张地说，没有精确的传感器，就没有精确的检测。

4. 传感器与检测技术决定了科学研究的深度和广度

检测技术达到的水平越高，提供的信息越丰富，越可靠，科学研究取得突破性进展的可能性就越大。此外，理论研究的一些成果，也需要通过实验或观测来加以验证。

5. 现代化的生产和生活离不开现代化的传感器与检测技术

在工程技术领域中，工程研究、产品开发、生产监督、质量控制和性能试验等，都离不开传感器与检测技术。如工厂的全自动加工设备、自动流水生产线，都需要对大量的温度、压力、流量、湿度、力等参数的检测。一辆汽车中的传感器就有十几种之多，分别用于检测方位、车速、振动、温度、油压、胎压、油量、燃烧过程以及用于防碰撞等。家用电器、智能住宅也有大量的参数需要检测。

【视频讲解】传感器与检测技术的地位与作用

1.4 传感器与检测技术的发展

传感器与检测技术的发展可用图1-3来描述。传感器的发展途径为发现新现象、开发新材料、采用新工艺、使用新技术，发展趋势是微型化、集成化、量子化、网络化、智能化；传感器与检测技术的发展动向是功能强、响应快、精度更高、测量范围更广、测量参数更多、环境适用能力更强、开展极端测量等。

1. 传感器的发展途径

（1）发现新现象 传感器的工作原理是基于各种物理现象、化学反应和生物效应等各种定律或效应的，所以发现新现象与新效应是发展传感技术的重要工作，是研制新型传感器的重要基础，其意义极为深远。如利用约瑟夫森效应工作的热噪声温度传感器可测10^{-6}K的超低温，利用激光冷却原子可以精确测量重力场或磁场变化的量子特性，据此可以设计制作灵敏度很高的量子传感器。

（2）开发新材料　材料是传感器技术的重要基础。随着材料科学的进步，人们可以根据需要控制材料的成分，而新功能材料的开发将导致新的传感器的出现。半导体材料研究的进展，促进了半导体传感器的迅速发展；光导纤维的问世，产生了各种光纤传感器。

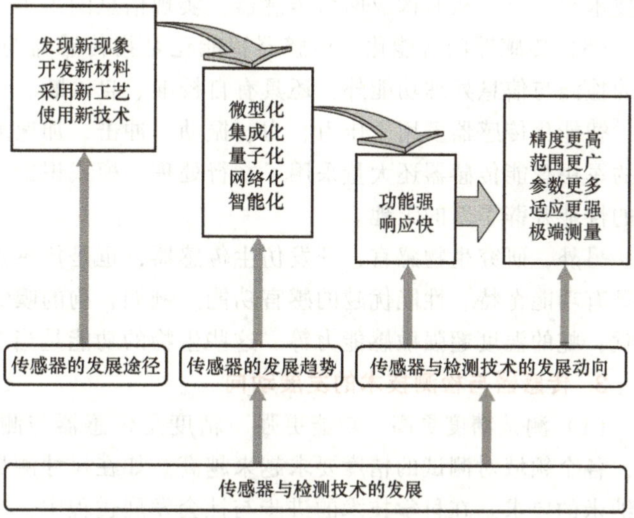

图1-3　传感器与检测技术的发展

（3）采用新工艺　随着生产工艺水平的不断提高，新的加工方法不但使传感器的性能指标得以提高，应用范围得以扩大，还可加工出原有工艺不能制造的新型传感器。如溅射薄膜工艺、平面电子工艺、蒸镀、等离子体刻蚀、化学气体沉积、外延、扩散、各向异性腐蚀、光刻等已广泛地用于传感器领域。

（4）使用新技术　使用一些新技术，如利用红外焦平面阵列技术、分布式光纤传感技术、多传感器数据融合技术、模糊信息处理技术、人工神经网络技术等可以开发新一代多功能智能传感器。

2. 传感器发展趋势

（1）传感器的微型化　微型传感器是以微机械电子系统（Micro-Electro-Mechanical System，MEMS）技术为基础，研究微电子、微机械加工与封装技术的巧妙结合，由此而制造出体积小巧但功能强大的新型系统。与传统的传感器相比，微传感器的尺寸、结构、材料、特性乃至所依据的物理作用原理均可能发生变化。由于微传感器具有的体积小、质量轻、功耗低和可靠性高的特点，因此广泛用于国防、汽车、航空、航天、信息通信、生物、医疗等领域。

（2）传感器的集成化　集成化是指将敏感元件、信号调理电路及电源等部分集成在一个芯片上，从而使检测及信号处理一体化；或者将多个相同传感器配置在同一个平面上形成阵列；又或者是研制能检测两个以上不同物理量的传感器。

（3）传感器的量子化　量子传感器基于激光冷却原子技术，它利用小型相干气体原子，可以测量重力场或磁场变化，不仅非常精确，而且灵敏度很高。此外，量子传感器利用量子纠缠现象，这是传统传感器所不具备的。利用量子纠缠现象，可以将不同的量子系统彼此相连，并通过一个系统的测量影响到另一个系统的结果，即使这些系统在物理上是分开的，通过彼此干涉提供有关环境的信息。

量子传感技术利用了量子信号对环境变化的极高敏感性，要比传统技术高出几个数量级。量子传感技术领域包括：陀螺仪、磁力测定、重力梯度测量、测距、定位、成像、下一代小型传感器以及原子电子技术等。

（4）传感器的网络化　新一轮科技革命的突出特征就是数字化、网络化、智能化，这也是新一代信息技术的核心。传感器技术的网络化主要是将传感器技术、通信技术以及计算机技术相结合，从而构成网络传感器，实现信息的采集、传输和处理的一体化。

（5）传感器的智能化　传感器智能化是指传感器与微处理器相结合，使之除了具有常规的检测与信息处理功能外，还具有自校准、自诊断、自学习、自决策、自适应等能力。目前，智能化传感器多用于压力、力、振动、冲击、加速度、流量、温湿度的测量。另外，现在的军用智能传感器还大量采用了并行处理、模式识别等先进的信息处理方式，为提高传感器的性能开辟了新的天地。

另外，研究生物感官，开发仿生传感器，也是传感器引人注目的发展方向之一。许多生物具有功能奇特、性能优越的感官功能。例如，狗的嗅觉，鸟的视觉，蝙蝠、飞蛾、海豚的听觉，蛇的温度超强敏感能力等。这些生物的功能是当今传感器技术望尘莫及的。

3. 传感器与检测技术的发展动向

（1）测试精度更高、功能更强　精度是传感器与测试技术的永恒主题，随着科技的发展，各个领域对测试的精度要求越来越高。如在尺寸测量范畴内，从绝对量来讲已经提出了亚纳米的要求。在科学技术的进步与社会发展过程中，会不断出现新领域、新事物，需要人们去认识、探索和开拓。例如开拓外层空间、探索微观世界、了解人类自身的奥秘等。为此，需要测试的领域越来越多，需要测量的参数也不断增多，环境更是越来越复杂，所有这一切都要求传感器与测试具有更强的功能。

（2）动态响应更快　在科学研究领域，部分物理现象和化学反应变化较快，有时甚至要用到飞秒激光进行测试。在现代测试中，还有一些被测对象要求在高速运动中进行测试，比如飞行器在飞行中对其轨道和速度要不断进行校正，这就要求在很短的时间内测出其运行参数；又比如对某些爆炸、冲击等瞬时变化的参数测量，这些对测试系统的动态响应提出了更高的要求。

（3）环境适用能力更强　从茫茫太空，到浩瀚海洋，再到大地深处，传感器与测试技术在全方位地向未知世界应用。这些场合的测量环境往往非常恶劣，要求检测系统要适应很大的温度、压力变化范围以及强大的电磁干扰。

【视频讲解】传感器与检测技术的发展

（4）开展极端测量　相对而言，常规测量技术相对比较成熟，而一些极端情况下的测量，例如大尺寸及微纳尺寸的测量、超高温与极低温的测量、强磁场与弱磁场的测量等，针对这些极端测量的问题，传感器与测试技术就需要解决更多的技术难题。

【拓展阅读】“十三五”国家战略性新兴产业发展规划

思考题与习题

1-1　在信息技术中，传感器起什么作用？

1-2　什么是传感器？画出传感器系统的组成框图，并说明各部分作用及相互关系。

1-3　传感器的分类依据有哪些？根据这些依据传感器可分为哪几类？

1-4　试列举几种手机中常用的传感器，并说明其作用。

1-5　科学研究发现：①水晶的谐振频率近似与其质量的二次方根成正比。②某些材料制成的吸附膜对某种气体分子具有选择性吸附作用。以上两条线索提供了哪些物理量的测量依据？

1-6　查阅资料，了解国家在传感器与检测技术领域的政策支持情况。

第 2 章 传感器的基础效应

传感器从原理上而言都是以物理、化学及生物的各种规律或效应为基础的，因此了解传感器所基于的各种效应，对学习、研究和使用各种传感器非常有必要。本章将介绍一些传感器的主要基础效应。另外，在本书的其他章节中介绍具体的传感器时，还将对某些效应及利用这些效应做成的传感器展开详细的讨论。

2.1 光电效应

某些物质在光的作用下其电特性发生变化的现象称为光电效应（Photoelectric Effect）。根据这一效应是发生在物体的表面还是发生在物体的内部，光电效应一般分为外光电效应和内光电效应两大类。

2.1.1 外光电效应

在光照射下，物质内部的电子受到光子的作用，吸收光子能量而从表面释放出来的现象，称为外光电效应（External Photoelectric Effect），被释放的电子称为光电子，所以外光电效应又称为电子发射效应。它是由德国物理学家赫兹于 1887 年发现，而正确的解释为爱因斯坦所提出。基于外光电效应制作的光电器件有光电管、光电倍增管等。

光子是具有能量的粒子，每个光子的能量可表示为

$$E=h\gamma \tag{2-1}$$

式中，h 为普朗克常数，$h=6.6261\times10^{-34}\text{J}\cdot\text{s}$；$\gamma$ 为光的频率（Hz）。

根据爱因斯坦光电效应理论，一个电子只接收一个光子的能量。因此，要使一个电子从物体表面逸出，必须使光子的能量大于该物体的表面逸出功 φ，超过的部分能量即表现为逸出电子的动能。根据能量守恒定律

$$\frac{1}{2}m_e v^2=h\gamma-\varphi \tag{2-2}$$

式中，m_e 为电子质量，$m_e=9.1095\times10^{-31}\text{kg}$；$v$ 为电子逸出速度（m/s）；φ 为逸出功（J）。

式（2-2）即为爱因斯坦光电效应方程式。当 $m_e v^2=0$，则 $\varphi=h\gamma$。此时光电子逸出物体表面时具有的初速度为零，表明这个光子的能量传递给一个电子时仅够电子逸出，这个光子相应的单色光频率就是该物体产生光电效应的最低频率。因此，光电效应受最低频率的单色光的限制，这个最低频率称为物体（材料）的红限频率。若光速为 c，那么红限频率对应的临界波长 $\lambda_0=\dfrac{ch}{\varphi}$。

显然，低于某物体红限频率的入射光线，不论多强都不会使该物体发射光电子。因为发光强度再大，只要光的频率低于红限频率，每个光子的能量仍旧低，不足以使吸收该光子的电子具有克服逸出功的能量；反之，不论入射光多弱，只要它的频率高于其红限频率，该物体也能发射光电子，当然此时发射的光电子数目较少。

高于红限频率的入射光照射在物体上，通常不是每个光子都能使一个电子逸出来，往往只有接近物体表面的那些电子才有更多的机会逸出物体表面。一定波长入射光的光子射到物体表面上，该表面所发射的光电子平均数，通常用百分数来表示，叫量子效率。它直接反映了在该波长的光照下，物体光电效应的灵敏度。

2.1.2 内光电效应

在光的照射下，物质吸收入射光子的能量，在物质内部激发载流子，但这些载流子仍留在物质内部，从而增加物体的导电性或产生电动势、光电流的现象，称为内光电效应（Internal Photoelectric Effect）。内光电效应又可分为光电导效应和光生伏特效应两类。

1. 光电导效应

某些物质（一般为半导体）受到光照时，其内部原子释放的电子仍留在内部而使物体的导电性增加、电阻值下降的现象称为光电导效应（Photoconductive Effect）。绝大多数的高电阻率半导体都具有光电导效应。基于光电导效应的光电器件有光敏电阻（亦称光电导管）等，其常用的材料有硫化镉（CdS）、硫化铅（PbS）、锑化铟（InSb）、非晶硅（α-Si：H）等。

光电导效应的物理过程是：在入射光的作用下，电子吸收光子能量，从价带（价电子所占能带）激发越过禁带（不存在电子所占能带）到达导带（自由电子所占的能带），即过渡到自由状态，致使导带内的电子和价带内的空穴浓度增大，从而使电导率增大，如图 2-1 所示。为了实现能级的跃迁，入射光子的能量必须大于光电导材料的禁带宽度 E_g。

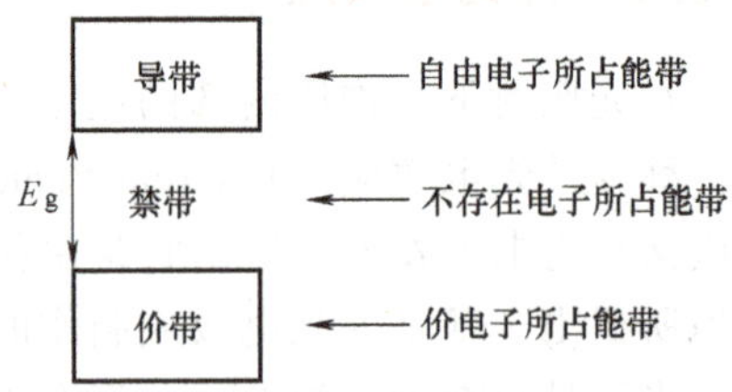

图 2-1 光电导效应的物理过程

2. 光生伏特效应

物质（一般为半导体）在光的照射下能产生一定方向的电动势的现象称为光生伏特效应（Photo Voltage Effect）。基于该效应的光电器件有光电池、光电二极管、光电晶体管和半导体位置敏感器件（Position Sensitive Detector，PSD）等。

光生伏特效应根据其产生电动势的机理可分为：

（1）PN 结光生伏特效应　光照射到距表面很近的半导体 PN 结时，PN 结及附近的半导体吸收光子能量。若光子能量大于禁带宽度，则价带中的电子跃迁到导带，成为自由电子，而价带则相应生成自由空穴。这些电子空穴对在 PN 结内部电场的作用下，电子移向 N 区外侧，空穴移向 P 区外侧，结果 P 区带正电，N 区带负电，形成光电动势。

（2）侧向光生伏特效应　当半导体光电器件受光照不均匀时，光照部分产生电子空穴对，相应的载流子浓度比未受光照部分的大，出现了载流子浓度梯度，引起载流子扩散，如果电子比空穴扩散得快，会导致光照部分带正电，未照光部分带负电，从而产生电动势，即为侧向光电效应。基于该效应工作的光电器件有 PSD，或称反转光电二极管。

（3）光磁电效应（Photo-magneto-electric Effects，PME Effects）　半导体受强光照射并在

光照垂直方向外加磁场时，垂直于光和磁场的半导体两端面之间产生电势差的现象称为光电磁效应，可视之为光扩散电流的霍尔效应。利用光磁电效应可制成半导体红外探测器。这类半导体材料有锗（Ge）、锑化铟（InSb）、砷化铟（InAs）、硫化铅（PbS）、硫化镉（CdS）等。

(4) 贝克勒耳效应（Becquerel Effect）贝克勒耳效应是液体中的光生伏特效应。当光照射浸在电解液中的两个相同电极中的任意一个电极时，在两个电极间产生电势差的现象称为贝克勒耳效应。感光电池的工作原理基于此效应。

2.2　电光效应

物质的光学特性受外电场的影响而发生变化的现象，如某些各向同性的透明物质在电场作用下其光学特性受外电场影响而发生各向异性变化的现象统称为电光效应（Electro-optical Effect）。在电场作用下物质折射率发生变化的电光效应包括泡克耳斯效应和克尔效应。

2.2.1　泡克耳斯效应

泡克耳斯效应（Pockels Effect）1893 年由德国物理学家 F. C. A. 泡克耳斯发现。光介质在恒定或交变电场下会产生光的双折射效应，且折射率的变化与所加电场强度大小成正比，这种现象被称为泡克尔斯效应，也称为线性电光效应。

利用泡克耳斯效应制成的电光调制器或电光开关，能以 2.5×10^{10}Hz 的频率调制光束，如调制激光，可制成光纤电压、电场传感器。常用的具有泡克耳斯效应的压电材料有磷酸二氢钾（KH_2PO_4）等。

2.2.2　克尔效应

克尔效应（Kerr Effect）于 1875 年由英国物理学家 J. 克尔发现。用光照射各向同性的透明物质（也可以是液体），并在与入射光垂直的方向上加以高电压将发生双折射现象，即一束入射光变成“寻常”和“异常”两束出射光，这种现象就是克尔效应，因两个主折射率之差正比于电场强度的二次方，故这种效应又称作二次方电光效应。

玻璃板在强电场作用下可产生克尔效应，后来发现多种液体和气体也都能产生克尔效应。在克尔效应中，电场的极化作用非常迅速，在加电场后不到 10^{-9}s 内就可完成极化过程，撤去电场后在同样短的时间内又可让物质重新变为各向同性。克尔效应的这种迅速动作的性质可用来制造几乎无惯性的光开关——光闸，在高速摄影、光纤和激光技术中获得了重要应用。

2.2.3　光弹效应

光弹效应（Photoelastic Effect）也称应力双折射效应。某些非晶体物质（如环氧树脂、玻璃）在机械力的作用下，会获得各向异性的性质。如外力或振动作用于弹性体产生形变时，弹性体的折射率发生变化，呈现双折射性质的效应。光弹效应的双折射是暂时的，应力解除后即消失。光弹效应可用于研究机械零件、建筑构件等物体内部应力的情况。

2.2.4 电致发光效应

某些固态晶体如高纯度锗（Ge）、硅（Si）和砷化镓（GaAs）等半导体在光和外加电场作用下发出冷光（指荧光和磷光）的现象，以及某些固态晶体如磷化镓（GaP）、磷化铟（InP）、砷化镓（GaAs）等不用外加激发光而在外加电场作用下即可发光的现象统称为电致发光效应（Electro luminescence Effect）。电致发光是将电能直接转换为光能的过程。基于电致发光效应的器件有发光二极管、半导体激光器等。

2.2.5 电致变色效应

某些材料在交替的高低或正负外电场的作用下，通过注入或抽取电荷（离子或电子），从而在低透射率的致色状态或高透射率的消色状态之间可逆变化，在外观性能上则表现为颜色及透明度的可逆变化。这种在电流或电场的作用下，材料发生可逆变色的现象，称为电致变色效应（Electrochromic Effect）。

基于电致变色效应的器件主要有信息显示器件、电致变色灵巧窗、无眩反光镜、电色储存器件、变色太阳镜等。这种器件具有透光度可在较大范围内随意调节和多色连续变化的特点，还有具备存储记忆、驱动变色电压低、电源结构简单、省电、受环境影响小等优势，因此具有十分广阔的应用前景。

2.3 磁光效应

置于外磁场中的物体，在光和外磁场的作用下，其光学特性（如吸光特性、折射率等）发生变化，这种现象称为磁光效应（Magneto-optical Effect）。磁光效应主要有法拉第效应、磁光克尔效应、科顿-穆顿效应、塞曼效应和光磁效应等。这些效应均起源于物质的磁化，反映了光与物质磁性间的联系。

2.3.1 法拉第效应

法拉第效应（Faraday Effect）在 1845 年由 M. 法拉第发现。平面偏振光（即线偏振光）通过带磁性的透光物体或通过在纵向磁场（磁场方向与光传播方向平行）作用下的非旋光性物质时，其偏振光面发生偏转。这是由于磁场的作用，使直线偏振光分解成传播速度各异的左旋和右旋两束圆偏振光，因此从物质端面出射的合成偏振光将发生偏转。上述现象即法拉第效应或磁致旋光效应，也称法拉第旋转或磁圆双折射效应。

实验表明，当线偏振光在介质中传播时，若在平行于光的传播方向上加一强磁场，则光的振动方向将发生偏转。偏转角度 θ_F 与外磁场强度 H_e 和光穿越介质的长度 l 的乘积成正比，即

$$\theta_F = VH_e l \tag{2-3}$$

式中，V 为磁光效应常数或费尔德常数，与介质性质及光波频率有关，可正可负；H_e 为外磁场强度（A/m）。

法拉第效应有许多重要的应用，如用来分析碳氢化合物，因每种碳氢化合物有各自的磁致旋光特性；用于光纤通信系统中的磁光隔离器，减少光纤中器件表面反射光对光源的干扰；利用法拉第效应的弛豫时间不大于 10^{-10}s 量级的特点，可制成磁光调制器和磁光效应磁

强计等。

2.3.2 磁光克尔效应

线偏振光入射到磁化媒质表面反射出去时，偏振面发生旋转的现象，就是磁光克尔效应或克尔磁光旋转。这是继法拉第效应被发现后，英国物理学家 J. 克尔于 1876 年发现的第二个重要的磁光效应。磁光克尔效应分极向、横向和纵向三种，如图 2-2 所示，分别对应物质的磁化强度 M 与反射表面垂直、与表面平行而与入射面垂直、与表面和入射面均平行三种情形。极向和纵向磁光克尔效应的磁致旋光都正比于磁化强度，一般极向的效应最强，纵向次之，横向则无明显的磁致旋光。磁光克尔效应的最重要应用是观察铁磁体的磁畴。不同的磁畴有不同的自发磁化方向，引起反射光振动面的不同旋转，通过偏振片观察反射光时，将观察到与各磁畴对应的明暗不同的区域。用此方法还可对磁畴变化进行动态观察。

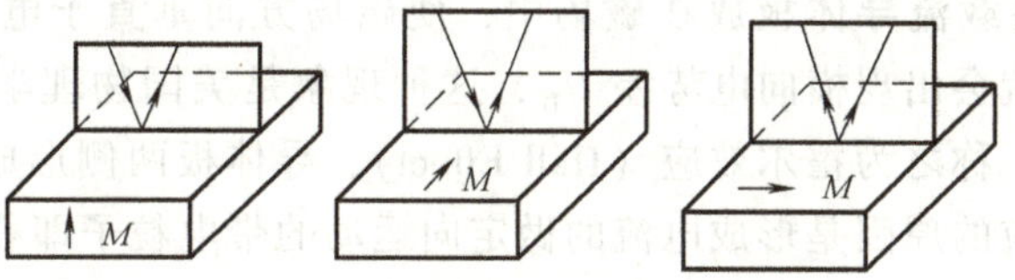

a) 极向　　b) 横向　　c) 纵向

图 2-2 三种磁光克尔效应的定义

2.3.3 科顿-穆顿效应

1907 年，A. 科顿和 H. 穆顿首先发现，当光在液体中的传播方向与磁场垂直时，平行于磁场方向的线偏振光的相速与垂直于磁场方向的线偏振光的相速不同，进而会产生双折射现象。这被称为科顿-穆顿效应（Cotton-mouton Effect），或磁致双折射效应。实验证明，处在外磁场内的媒质的两主折射率之差正比于磁感应强度 H 的二次方，即

$$n_e - n_0 = C'\lambda H^2 \tag{2-4}$$

式中，C'为科顿-穆顿常数，它与光波波长 λ 和温度有关，与磁场强度无关。

W. 佛克脱在气体中也发现了同样效应，称佛克脱效应，它比前者要弱得多。当介质对两种互相垂直的振动有不同吸收系数时，就表现出二向色性的性质，称为磁二向色性效应。

2.3.4 塞曼效应

1896 年，荷兰物理学家 P. 塞曼发现了塞曼效应（Zeeman Effect）。塞曼效应是当光源放在足够强的磁场中时，光源发出的每条光谱线，都分裂成若干条偏振化的光谱线，分裂的谱线条数随能级的类别不同而不同的现象。其中谱线分裂为 2 条（顺磁场方向观察）或 3 条（垂直于磁场方向观察）的称为正常塞曼效应；3 条以上的称反常塞曼效应。塞曼效应是继法拉第效应和克尔效应之后被发现的第三个磁光效应。塞曼效应证实了原子磁矩的空间量子化，为研究原子结构提供了重要途径，被认为是 19 世纪末 20 世纪初物理学最重要的发现之一。利用塞曼效应可以测量电子的荷质比，在天体物理中，塞曼效应可以用来测量天体的磁场。

2.3.5 光磁效应

光磁效应（Photomagnetic Effect）是磁光效应的逆效应。在有光辐射的情况下，物质的

磁性（如磁化率、磁晶各向异性、磁滞回线等）发生变化的现象称为光磁效应，亦称光诱导磁效应。

2.4 磁电效应

磁电效应（Magnetoelectric Effect）包括电流磁效应和狭义的磁电效应。电流磁效应是指磁场对通有电流的物体引起的电效应，如磁阻效应和霍尔效应；狭义的磁电效应是指物体由电场作用产生的磁化效应（称作电致磁电效应）或由磁场作用产生的电极化效应（称作磁致磁电效应）。

2.4.1 霍尔效应

如图 2-3 所示，将载流导体板放在磁场中，使磁场方向垂直于电流方向，在导体板两侧，即 a 和 b 面之间就会出现横向电势差 U_H，这种现象是美国物理学家 E. H. 霍尔于 1879 年首先发现的，因此，称之为霍尔效应（Hall Effect），导体板两侧形成的电势差 U_H 称为霍尔电压。产生霍尔效应的原因是形成电流的做定向运动的带电粒子即载流子（N 型半导体中的载流子是带负电荷的电子，P 型半导体中的载流子是带正电荷的空穴）在磁场中所受到的洛伦兹力 F_L 作用。

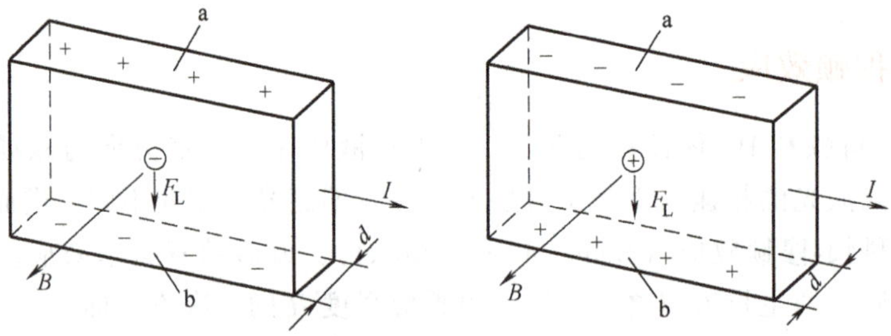

图 2-3 霍尔效应原理

霍尔电压 U_H与电流 I、磁感应强度 B 都成正比，与载流导体板的厚度 d 成反比。其公式为

$$U_H = K\frac{IB}{d} \tag{2-5}$$

式中，K 为霍尔系数。

根据霍尔效应，人们用半导体材料可以构成各种霍尔式传感器。如控制电流一定时，可以测量交、直流磁感应强度和磁场强度；控制电流电压的比例关系，可制成功率测量传感器；当固定磁场强度大小及方向时，可以用来测量交直流电流和电压。利用这一原理还可以进一步精确测量力、位移、压差、角度、振动、转速、加速度等各种参量。

2.4.2 磁阻效应

1857 年，英国物理学家 W. 汤姆森发现，当通以电流的半导体或金属薄片置于与电流垂直或平行的外磁场中，其电阻会随外加磁场变化而变化，这便是磁阻效应（Magnetoresistive Effect）。同霍尔效应一样，磁阻效应也是由于载流子在磁场中受到洛伦兹力而产生的。

在达到稳态时，某一速度的载流子所受到的电场力与洛伦兹力相等，同时载流子在载流导体两端聚集产生霍尔电场，比该速度慢的载流子将向电场力方向偏转，比该速度快的载流子则向洛伦兹力方向偏转，这种偏转导致载流子的漂移路径增加。或者说，沿外加电场方向运动的载流子数减少，从而使电阻增加。若外加磁场与外加电场垂直，称为横向磁阻效应；若外加磁场与外加电场平行，称为纵向磁阻效应。一般情况下，载流子的有效质量的驰豫时间与方向无关，则纵向磁感应强度不引起载流子偏移，因而无纵向磁阻效应。

目前，从一般磁阻开始，磁阻发展经历了巨磁阻（GMR）、庞磁阻（CMR）、隧穿磁阻（TMR）、直冲磁阻（BMR）和异常磁阻（EMR）阶段。磁阻器件由于灵敏度高、抗干扰能力强等优点广泛用于磁传感、磁力计、电子罗盘、位置和角度传感器、车辆探测、GPS 导航、仪器仪表、磁存储（磁卡、硬盘）等领域。

2.5 约瑟夫森效应与核磁共振

约瑟夫森效应（Josephson Effect）是超导体的一种量子干涉效应。在两块超导体之间放置厚度约为 10^{-9}m 的极薄的绝缘层，组成约瑟夫森结或称超导隧道结，进而构成约瑟夫森器件，如图 2-4 所示。由于绝缘层厚度远比超导电子层相干长度（可达 10^{-6}m）小得多，所以绝缘层两侧超导体的电子间就会发生耦合，呈现出超导电流的量子干涉现象，即约瑟夫森效应。它包括直流约瑟夫森效应和交流约瑟夫森效应。而在两块超导体弱连接的条件下，也存在类似约瑟夫森隧道的直流和交流效应。

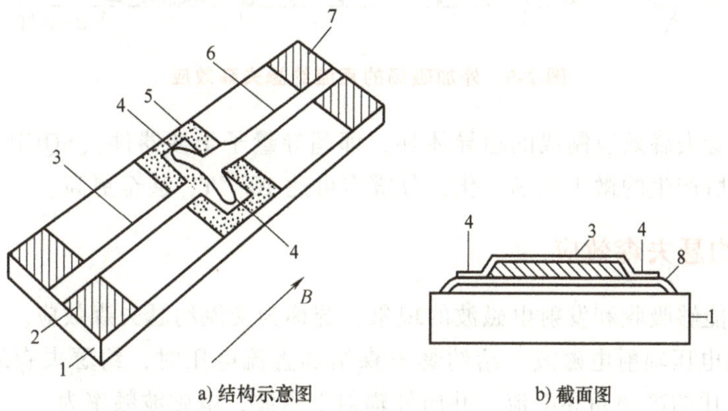

图 2-4 约瑟夫森器件

1—基片 2、7—端子电极 3、6—超导体膜 4—约瑟夫森结 5—绝缘层 8—氧化物

约瑟夫森效应是超导体的隧道效应。为了便于理解，下面先讨论正常导体的隧道效应。

2.5.1 隧道效应

在两金属片之间夹有极薄（约为 10^{-9}m）的绝缘层（如氧化膜），当向两金属片施加直流电压时，回路就有电流产生，即有电流通过绝缘层，这种现象称为隧道效应（Tunnel Effect）。它可用量子力学理论解释，由于电子除具有粒子性外还具有波动性，在绝缘层边缘，粒子的波函数并不突然下降为零，而是进入绝缘层并按指数衰减，因此通过极薄的绝缘层后仍有一定的幅度，也就是说，电子有一定概率穿透绝缘层（势垒）。无外加电压时，绝缘层两侧电子穿透概率相同，所以没有电流。当两金属外侧有外加电压后，一侧金属的电子能量提高，有更多的电子穿过绝缘层到另一侧，因此回路产生电流。

2.5.2 直流约瑟夫森效应

约瑟夫森结在无外加电压或磁场时，有直流电流通过绝缘层，即超导电流能无电阻地通过极薄的绝缘层，这种现象称为直流约瑟夫森效应。由于超导体中的部分电子因超导状态而形成具有超导性的凝聚电子对（称为库珀对），库珀对传输构成超导电流，而绝缘层又极薄，具有隧道效应，因而库珀对进入绝缘层，使绝缘层也具有弱超导性，有电流流过。在传输过程中，库珀对虽不断受到电子散射，但其总动量守恒，因而保持电流不变，所以超导电流无电阻。

当约瑟夫森结外加平行于结平面的磁场时，由于库珀对通过的绝缘层面积较大，超导电流的相位受到磁场明显的调制作用，因而超导电流 I_c 和磁场 B 的关系出现类似夫琅禾费衍射的图像，如图 2-5 所示。

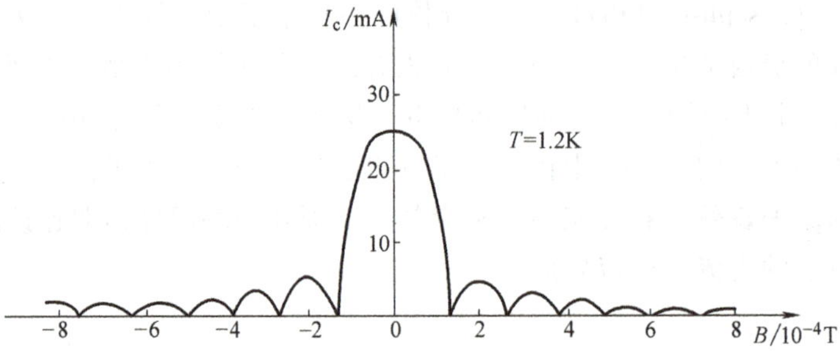

图 2-5 外加磁场的直流约瑟夫森效应

利用直流约瑟夫森效应制成的超导体环，即超导量子干涉器件（SQUID），可测量如人体心脏和脑活动所产生的微小磁场变化，分辨力可达 10^{-13}T，甚至更高。

2.5.3 交流约瑟夫森效应

约瑟夫森结能够吸收和发射电磁波的现象，统称为交流约瑟夫森效应。

（1）加直流电压辐射电磁波　给约瑟夫森结加直流电压时，约瑟夫森结会产生频率与所加电压 U 成正比的高频超导电流，并向外辐射电磁波，电磁波频率为

$$v=\frac{2e}{h}U \tag{2-6}$$

式中，e 为电子电荷量，$e=1.602\times10^{-19}$C；h 为普朗克常量，$h=6.626\times10^{-34}$J·s。

当外加直流电压为微伏量级时，交变超导电流频率（称为约瑟夫森频率）属于微波范围，即辐射微波。当外加直流电压为毫伏量级时，约瑟夫森频率属于远红外范围，则辐射远红外波。

利用上述交流约瑟夫森效应可制成 V-F 变换器，其精确度可达 10^{-8}，且稳定性极高，不受环境温度、振动等影响，无漂移无老化。

（2）加直流和交流电压输出直流电流（压）　给约瑟夫森结加以直流电压，同时施加一交流射频电压或用一定频率的电磁波作用于结上，则当由直流电压引起的高频电流频率与外

加交流射频电压频率相等，或与外加电磁波频率相等，或者是它们的整数倍时，将有直流成分的超导电流流过绝缘层，输出直流电压，其大小为

$$U=\frac{h}{2e}nf \tag{2-7}$$

式中，n 为整数；f 为外加电压频率或外作用电磁波频率。

利用交流约瑟夫森效应，可制成远红外高速高灵敏度光电传感器、温度传感器（测温范围为 10^{-6}~10K）及量子型高精度高灵敏度（灵敏度达 10^{-19}V）电压传感器，也可以光频为基准作电压标准。

由于基本物理常数 e 和 h 不随时间、地点、参考系、速度等因素而变，频率 f 的测量准确度可达 10^{-13} 数量级。因此，约瑟夫森电压具有很高的复现性，可达 10^{-9}~10^{-11} 数量级。1988 年第 18 届国际电学咨询委员会综合了各国（包括中国）的测量结果，决定约瑟夫森常量 K_j 为

$$K_j=\frac{2e}{h}=483597.9\text{GHz/V} \tag{2-8}$$

并决定从 1990 年 1 月 1 日起在世界范围内统一启用这个常量值，因而实现了从频率导出、约瑟夫森电压所复现的国际单位制的电压单位。这是电磁领域第一个实现的自然基准。

2.5.4 核磁共振

核磁共振（Nuclear Magnetic Resonance）是一种磁共振现象。磁共振是指与物质磁性和磁场有关的共振现象，即磁性物质内具有磁矩的粒子在直流磁场的作用下，其能级将发生分裂，当能级间的能量差正好与外加交变磁场（其方向垂直于直流磁场）的量子值相同时，物质将强烈吸收交变磁场的能量并产生共振，这就是磁共振。它在本质上也是一种能级间跃迁的量子效应。

磁共振现象与物质的磁性有密切关系。当磁矩来源于顺磁物质原子中的原子核时，则这种磁共振称为核磁共振。

利用核磁共振可制成磁传感器。采用氯酸钾（$KClO_3$）结晶中的 Cl^{35} 原子核在核四极矩共振现象中，共振吸收频率与温度的关系可构成超精密温度传感器，分辨力可达 0.001K，测温范围为 90~400K。

2.6 多普勒效应

多普勒效应（Doppler Effect）是指波源和观察者有相对运动时，观察者接收到波的频率与波源发出的频率并不相同的现象。两者相接近时，观察者接收到的频率增大；两者远离时，则观察者接收到的频率减小。远方驶来的火车鸣笛声会变得尖细（即频率变高，波长变短），而远去的火车鸣笛声会变得低沉（即频率变低，波长变长），就是多普勒效应的体现。多普勒效应不仅仅适用于声波，它也适用于所有类型的波，包括光波、电磁波。

利用多普勒效应可以进行速度、流速、流量等测量，例如光纤式血液流速测量、激光多普勒超低速（1cm/h）/超音速测量，检查人体活动器官（如心脏、血管）的活动等。

2.7 纳米效应

纳米是一个长度计量单位，符号为 nm。1nm 是 1m 的十亿分之一（10^{-9}m）。假设一根头发的直径为 0.05mm，把它径向平均剖成 50000 份，每份的厚度即约为 1nm。纳米是一个尺度概念，并没有物理内涵。当物质到纳米尺度以后，大约是在 1～100nm 这个范围空间，物质的性能就会发生突变，出现特殊性能。

纳米效应就是指纳米材料具有传统材料所不具备的奇异或反常的物理、化学特性，如原本导电的铜到某一纳米级界限就不再导电；原来绝缘的二氧化硅、晶体等，在某一纳米级界限时开始导电。这是由于纳米材料具有颗粒尺寸小、比表面积（1g 固体所占有的总表面积为该物质的比表面积 S，单位为 m^2/g）大、表面能高、表面原子所占比例大等特点。由于纳米材料的特殊结构，使之产生四大效应，即表面和界面效应、小尺寸效应、量子尺寸效应和宏观量子隧道效应，从而具有传统材料所不具备的物理、化学性能。

2.7.1 表面与界面效应

纳米材料的表面效应（Surface Effect）是指纳米颗粒的表面原子数与总原子数之比随颗粒直径的变小而急剧增大后所引起的性质上的变化。球形颗粒的表面积与直径的二次方成正比，其体积与直径的三次方成正比，故其比表面积（表面积/体积）与直径成反比。随着颗粒直径的变小，比表面积将会显著地增加，例如直径为 10nm 时，比表面积为 $90m^2/g$；直径为 5nm 时，比表面积为 $180m^2/g$；直径下降到 2nm 时，比表面积猛增到 $450m^2/g$。粒子直径减小到纳米级，不仅引起表面原子数的迅速增加，而且纳米粒子的表面积、表面能都会迅速增加。这主要是因为处于表面的原子数较多，表面原子的晶场环境和结合能与内部原子不同所引起。表面原子周围缺少相邻的原子，有许多悬空键，具有不饱和性质，易与其他原子相结合而稳定下来，故具有很大的化学活性，晶体微粒化伴有这种活性表面原子的增多，其表面能大大增加。这种表面原子的活性不但引起纳米粒子表面原子输送和构型变化，同时也引起表面电子自旋构象和电子能谱的变化。

纳米材料具有非常大的界面。界面的原子排列是相当混乱的，原子在外力变形的条件下很容易迁移，因此表现出很好的韧性与一定的延展性，使材料具有新奇的界面效应。

2.7.2 小尺寸效应

随着颗粒尺寸的量变，在一定条件下会引起颗粒性质的质变。由于颗粒尺寸变小所引起的宏观物理性质的变化称为小尺寸效应（Small Size Effect）。对纳米颗粒而言，尺寸变小，同时其比表面积亦显著增加，从而使磁性、内压、光吸收、热阻、化学活性、催化性及熔点等都较普通粒子发生了很大的变化，产生一系列新奇的性质。

（1）特殊的光学性质　当黄金被细分到小于光波波长的尺寸时，即失去了原有的金黄色而呈黑色。事实上，所有的金属在超微颗粒状态都呈现为黑色。尺寸越小，颜色越黑，银白色的铂（白金）变成铂黑，金属铬变成铬黑。由此可见，金属超微颗粒对光的反射率很低，通常可低于 1%，大约几微米的厚度就能完全消光。利用这个特性可以制造高效率的光热、光电等转换材料，高效率地将太阳能转变为热能、电能。此外还有可能应用于红外敏感器件、红外隐身技术等。

（2）特殊的热学性质 固态物质在其形态为大尺寸时熔点是固定的，超细微化后其熔点将显著降低，当颗粒小于 10nm 量级时尤为显著。例如，银的常规熔点为 670℃，而超微银颗粒的熔点可低于 100℃。因此，超细银粉制成的导电浆料可以进行低温烧结，此时元器件的基片不必采用耐高温的陶瓷材料，甚至可用塑料。采用超细银粉浆料，可使膜厚均匀，覆盖面积大，既省料又具高质量。日本川崎制铁公司采用 0.1～1μm 的铜、镍超微颗粒制成导电浆料可代替钯与银等贵金属。

（3）特殊的磁学性质 人们发现鸽子、海豚、蝴蝶、蜜蜂以及生活在水中的趋磁微生物等生物体中存在超微的磁性颗粒，使这类生物在地磁场导航下能辨别方向，具有回归的本领。磁性超微颗粒实质上是一个生物磁罗盘，生活在水中的趋磁微生物依靠它游向营养丰富的水底。通过电子显微镜的研究表明，在趋磁微生物体内通常含有直径约为 2×10^{-2}μm 的磁性氧化物颗粒。小尺寸的超微颗粒磁性与大块材料显著不同，大块的纯铁矫顽力约为 80A/m，而当颗粒尺寸减小到 2×10^{-2}μm 以下时，其矫顽力可增加 1000 倍，若进一步减小其尺寸，大约小于 6×10^{-3}μm 时，其矫顽力反而降低到零，呈现出超顺磁性。利用磁性超微颗粒具有高矫顽力的特性，可做成高储存密度的磁记录磁粉，其大量应用于磁带、磁盘、磁卡以及磁性钥匙等。而利用超顺磁性，人们已将磁性超微颗粒制成用途广泛的磁性液体。

（4）特殊的力学性质 陶瓷材料在通常情况下呈脆性，然而由纳米超微颗粒压制成的纳米陶瓷材料却具有良好的韧性。因为纳米材料具有大的界面，界面的原子排列是相当混乱的，原子在外力的作用下很容易迁移，因此表现出甚佳的韧性与一定的延展性，使陶瓷材料具有新奇的力学性质。美国学者报道，氟化钙纳米材料在室温下可以大幅度弯曲而不断裂。研究表明，人的牙齿之所以具有很高的强度，是因为它是由磷酸钙等纳米材料构成的；呈纳米晶粒状态的金属要比传统的粗晶粒金属硬 3～5 倍。至于金属-陶瓷等复合纳米材料则可在更大的范围内改变材料的力学性质，其应用前景十分宽广。

超微颗粒的小尺寸效应还表现在超导电性、介电性能、声学特性以及化学性能等方面。

2.7.3 量子尺寸效应

各种元素原子具有特定的光谱线。由无数的原子构成固体时，单独原子的能级就并合成能带，由于电子数目很多，能带中能级的间距很小，因此可以看作是连续的。从能带理论出发成功地解释了大块金属、半导体、绝缘体之间的联系与区别，对介于原子、分子与大块固体之间的超微颗粒而言，大块材料中连续的能带将分裂为分立的能级；能级间的间距随颗粒尺寸减小而增大。

当热能、电场能或者磁场能比平均的能级间距还小时，就会呈现一系列与宏观物体截然不同的反常特性，称之为量子尺寸效应（The Quantum Size Effect）。例如，导电的金属在超微颗粒时可以变成绝缘体，磁矩的大小和颗粒中电子是奇数还是偶数有关，比热容亦会反常变化，光谱线会产生向短波长方向的移动，这就是量子尺寸效应的宏观表现。因此，对超微颗粒，在低温条件下必须考虑其量子效应，原有宏观规律已不再成立。

量子尺寸效应的原理是当粒子尺寸下降到最低值时，费米能级附近的电子能级由准连续变为离散能级，当能级间距大于热能、磁能、静电能、光子能或超导态的凝聚能时，就会出现纳米材料的量子尺寸效应，从而使其磁、光、声、热、电、超导电性能与宏观材料显著不同。如纳米金属微粒在低温条件下会出现电绝缘性和吸光性。

2.7.4 宏观量子隧道效应

宏观量子隧道效应是基本的量子现象之一，即当微观粒子的总能量小于势垒高度时，该粒子仍能穿越这一势垒，微观粒子具有的贯穿势垒的能力称为隧道效应（Macroscopic Quantum Tunneling Effect，MQT）。这是美国固体物理学家加埃沃在超导电性研究中取得的一个重要成就。人们发现一些宏观量，例如微颗粒的磁化强度、量子相干器件中的磁通量以及电荷等亦具有隧道效应，它们可以穿越宏观系统的势垒而产生变化，故称为宏观量子隧道效应。该效应早期曾用来解释超细镍微粒在低温时继续保持超顺磁性。近年来，人们发现 Fe-Ni 薄膜中畴壁运动速度在低于某一临界温度时基本上与温度无关。于是，有人提出量子理想的零点振动可以在低温时起着类似热起伏的效应。从而使零温度随微颗粒磁化矢量重取向，保持有限的驰豫时间，即在热力学温度零度时仍然存在非零的磁化反转率。

宏观量子隧道效应的研究对基础研究及实用都有着重要的意义，量子尺寸效应、宏观量子隧道效应将会是未来微电子、光电子器件的基础，它确立了现存微电子器件进一步微型化的极限。例如，在制造半导体集成电路时，当电路的尺寸接近电子波长时，电子就可能通过隧道效应溢出器件，使器件无法正常工作，经典电路的极限尺寸大概在 0.25μm。目前的量子共振隧穿晶体管就是利用量子效应制成的新一代器件。

此外，还有热电效应、压电效应和压阻效应等，这些效应以及基于这些效应制成的传感器请分别详见本书后续章节。

【拓展阅读】 迈斯纳效应

思考题与习题

2-1 基础效应和传感器之间有怎样的关系？

2-2 光电效应包括哪两种？比较两者之间的区别。

2-3 试说出纳米效应在传感器及检测技术中的应用。

2-4 查阅资料，试列举一种本章已介绍内容之外的基础效应。

第 3 章

传感器的功能材料

传感器对被测信号敏感的机理是基于自然规律中的各种效应、现象和规律，而传感器的具体实现则是依靠一些能有效表现这些现象和规律的功能材料以及它们构成的装置。因此，依靠材料科学的成果，利用某些材料优良的物理、化学和生物学性能，是开发传感器的重要基础。按照这些材料性能的不同，人们常称其为磁性材料、电阻材料、光学材料；或按材料材质不同称为特殊合金、精密合金、特种陶瓷（或精细陶瓷）、功能高分子材料等。这些具有特定的光学、电学、声学、磁学、力学、化学、生物学功能及其相互转化功能的材料，通常称为功能材料。

3.1 功能材料的分类与特征

3.1.1 功能材料的分类

功能材料是用来制作传感器敏感元件的基本材料。传感器功能材料涉及面广、种类繁多、性能各异，其定义和分类还没有统一的标准。传感器功能材料的常见分类见表 3-1。

表 3-1 传感器功能材料的常见分类

分类方法	功能材料的种类
按结晶状态分类	单晶、多晶、非晶、微晶等
按电子结构和化学键分类	金属、陶瓷、聚合物等
按物理性质分类	超导体、导电体、半导体、介电体、铁电体、压电体、铁磁体、铁弹体、磁弹体等
按形态分类	掺杂、微分、薄膜、块状（带、片）、纤维等
按感测参量分类	力敏、压敏、光敏、色敏、声敏、磁敏、气敏、湿敏、味敏、化学敏、生物敏、射线敏等
按材料功能分类	导电材料、介电材料、压电材料、热电材料、光电材料、磁性材料、透光和导光材料、发光材料、激光材料、隐身材料、纳米材料、仿生材料、智能材料等
按材料成分分类	无机材料、有机材料、复合材料等

3.1.2 功能材料的主要功能

（1）感知功能　材料能够检测外界的信息，如光、声、电、热、磁、力、成分等。

（2）响应功能　材料能够实时、准确地对外界信息做出反应。

（3）恢复功能　当外界信息消除后，材料能够迅速恢复到原始状态。

（4）智能功能　部分材料具有自诊断、自校准、自调节等智能功能。

3.1.3　对功能材料的要求

（1）静、动态特性好　包括灵敏度高、适用范围宽、选择性好、检测精度高、响应速度快等。

（2）可靠性高　包括耐热、耐磨损、耐腐蚀、耐振动、耐过载、耐电磁干扰等。

（3）加工性强　包括易成型、尺寸稳定、互换性好、易实现集成化及批量生产等。

（4）经济性好　包括成本低、成品率高、性价比高等。

能同时满足所有上述要求的材料在客观上是难以实现的，也是不必要的。因此应根据不同用途和具体使用条件来确定对材料的要求。

3.2　半导体材料

自然界的物质、材料按导电能力大小可分为导体、半导体和绝缘体三大类。半导体材料的导电能力介于导体与绝缘体之间，其电阻率在 $10^{-5} \sim 10^{6}\Omega \cdot m$ 范围内，具有半导体性能，故称为半导体。

半导体材料对很多信息量，如光、热、压力、磁场、辐射、湿度、气体、离子等具有敏感特性，能将这些信息转化为电信号形式输出。正是利用半导体材料的这些性质，人们才制造出功能多样的半导体器件。与金属依靠自由电子导电不同，半导体材料的导电能力的大小，是由半导体内载流子数目决定的，利用被测量来改变半导体内载流子数目，就可以构成以半导体材料作为敏感元件的各种传感器。同时，在多种传感器制造技术中，半导体材料的加工技术发展很快，易于实现微型化、多功能化、集成化和智能化，这也是目前传感技术的发展方向，所以半导体材料是一种理想的传感器材料，在传感技术领域中占有越来越重要的地位。

半导体按化学成分可以分为无机半导体和有机半导体，在无机半导体中又可分为元素半导体和化合物半导体。半导体从结构形态来看又可分为晶态半导体和非晶态半导体。

3.2.1　无机半导体材料

1. 元素半导体

虽然在元素周期表中有许多元素具有半导体的性质，但由于其性能的稳定性以及加工困难等原因，迄今为止，只有硒、锗、硅真正被用来制作半导体器件，而硅在整个半导体材料中占压倒性优势。目前，90%以上的半导体器件和电路都是用硅来制作的。

硅传感器很好地结合了硅材料优良的力学性能和电学性能，为传感器技术带来了巨大的促进与推动。硅材料包括单晶硅、多晶硅、非晶硅、硅蓝宝石等。

单晶硅为立方晶体、各向异性材料，其许多物质特性决于晶向，如弹性特性、压阻效应等，并具有良好的热导性。

多晶硅是许多单晶（晶粒）硅的聚合物，这些晶粒的排列是无序的，不同晶粒有不同的单晶取向，而每一晶粒内部都具有单晶的特性。多晶硅压阻膜与单晶硅压阻膜相比，具有良好的温度稳定性，因此采用多晶硅压阻膜可有效地抑制传感器的温漂，是制造低温漂传感器的好材料，可用作光敏、压敏和热敏材料。

非晶硅的硅原子排列紊乱，没有规则可循。一般非晶硅是以等离子体化学气相沉积法在玻璃等基板上生长厚度约 1μm 左右的非晶硅薄膜。非晶硅具有较好的热电特性和应变特性，对光尤其是可见光的吸收系数比单晶硅大，灵敏度高，对光波长的灵敏度与人眼的相差无几。同时，非晶硅薄膜的生长温度低（200~350℃），对基体要求不严，可大面积成膜，工艺简单，成本低。因此，非晶硅常用于制作光传感器、成像传感器、温度传感器、微波功率传感器和触觉传感器等。

硅蓝宝石材料是在蓝宝石衬底上外延生长硅薄膜而成的，由于衬底是绝缘体，可以实现器件之间的分离，且寄生电容小，具有耐热（250~450℃）、绝缘、耐腐蚀、抗辐射、抗击穿、漏电小、高速响应、高集成性、低功耗等优点，可制成加速度、压力和多功能集成生物传感器。应用硅蓝宝石材料制作的传感器具有很强的环境适应性。

2. 化合物半导体

化合物半导体是由两种或两种以上的元素化合而成的半导体材料。化合物半导体可按任意比例组合两种以上的化合物，从而获得混合晶体化合物半导体，它的性能处于原来两种半导体材料之间。因此，混合晶体化合物半导体材料选择的自由度显著增大，为材料的设计带来便利。化合物半导体材料具有耐高温、抗辐射、电子迁移率高等优点，先进的图像传感器常采用化合物半导体材料。它的种类很多，重要的有砷化镓（GaAs）、磷化铟（InP）、锑化铟（InSb）、碳化硅（SiC）及硫化镉（CdS）等。其中砷化镓是制造微波器件和集成电路的重要材料。碳化硅由于其抗辐射能力强、耐高温和化学稳定性好，在航天技术领域等有着广泛的应用，也适合在制造高温半导体压力传感器时选用。

化合物半导体的一个重要的发展方向是超晶格材料，这种材料具有低噪声、高电子迁移率的特点，灵敏度极高，可用来制成光敏、磁敏、超声波等敏感元件，并有希望制成高临界转变温度的超导体，从而制成可在相当高温度下工作的超导量子干涉器件，以测量极微弱磁场强度。

3.2.2 有机半导体材料

已知的有机半导体材料有几十种，包括萘、蒽、聚丙烯腈、酞菁和一些芳香族化合物等。有机半导体材料和器件的应用研究与产业化正在蓬勃进行中，有可能在有机电致发光、有机光电转化、有机场效应晶体管、太阳能电池以及信息存储器件等领域得到广泛应用。

3.3 功能陶瓷材料

陶瓷就其传统意义上来说，是将黏土一类的物料经过高温烧结处理变成的坚硬多晶材料，很少与传感器相联系。功能陶瓷与传统陶瓷相比，在原材料、工艺等许多方面有很大差异，它是人们在长期认识的基础上，根据实际需要进行特定的材料设计而成的，它使用人工合成或提纯原料，采用先进的成型和烧结工艺、先进的检测和分析手段，实现过程控制，使材料的性能得到开发。在传感技术领域中，通过材料组分、结构和形态的变化来调节和控制功能陶瓷的敏感性能，可制成力敏、压敏、热敏、光敏、声敏、气敏、湿敏和离子敏等传感器。例如，在气体传感器的研制中，可以用不同配方混合的原料，在精密调制化学成分的基础上，经高精度成型烧结而成为能对某一种或几种气体进行识别的功能陶瓷，进而用它制成新型气体传感器。功能陶瓷材料不仅具有半导体材料的特点，而且工作温度上限很高，克服了半导体硅材料工作上限温度低的缺点，大大扩展了其应用领域。

功能陶瓷材料种类繁多，常用的有半导体陶瓷、压电陶瓷、热释电陶瓷、离子导电陶瓷、超导陶瓷和铁氧体等，其中半导体陶瓷是传感器应用的主要材料。用于制作传感器敏感元件的半导体陶瓷材料是采用化学、物理及热性能稳定的金属氧化物烧结制造的。半导体陶瓷的半导化机理在于陶瓷材料成分中化学计量比的偏离或杂质缺陷对晶粒的影响，以及施主和受主在晶界形成的界面势垒，从而使陶瓷的电导率提高。例如，正温度系数的热敏电阻材料是以高纯钛酸钡为主晶相，通过引入施主杂质和玻璃相使之半导化；同时以 Pb、Ca、La、Sr 等改变居里温度（使居里温度在 25～300℃之间调整），以调整温度特性。以此制备的热敏电阻既可作为温度传感器的敏感元件，其本身也可作为一个独立和完整的温度传感器直接用于电路的补偿。半导体陶瓷材料还常用作气敏和湿敏传感器的敏感元件，其敏感机理在于材料表面吸附各种被检测气体分子后，会引起材料表面电导、表面能带以及表面势垒等多方面发生变化，从而导致表面电阻或体电阻的变化。如氧化锌晶体具有纤锌矿结构，室温下满足化学计量比的纯净氧化锌是绝缘体，但由于存在本征缺陷，使之具有 N 型电导性。在实用的氧化锌半导体陶瓷材料中，根据不同的需要，掺入不同的杂质，可使电导率产生显著变化，从而实现控制和利用氧化锌半导体陶瓷材料敏感特性的目的。掺 Pt 的氧化锌半导体陶瓷材料对异丁烷、丙烷、乙烷等碳氢化合物气体有高灵敏度；掺 Pd 的则对 H_2、CO 的灵敏度高，掺 V_2O_5、Ag_2O 的对乙醇、苯等比较敏感。

功能陶瓷材料的发展趋势是继续探索新材料，发展新品种，向高稳定性、高精度、长寿命和小型化、薄膜化、集成化和多功能化方向发展。

3.4 功能高分子材料

高分子，也称聚合物或高聚物，是由成千上万个原子通过共价键连接而成的相对分子质量很大（几万到几百万）的一类分子。高分子材料，顾名思义，就是以高分子化合物为主要原料，加入各种填料或助剂制成的材料。高分子材料既包括常见的塑料、橡胶、纤维，也包括人们经常使用的涂料、黏合剂以及功能高分子材料。

高分子材料在电气特性上主要表现为绝缘性，但是人们发现某些高分子材料被处理后也可具有半导体甚至金属特性，因此在传感技术领域，应用高分子材料开发出了多种机械和声学传感器以及电化学、化学、生物传感器，其中包括传统的电子传感器，也包括较新的光纤传感器。控制和改变高分子材料中掺入的添加剂，材料能呈现出多种多样的特性，这也是高分子材料在传感领域得到广泛应用的重要原因之一。目前，几乎有一半的化学和生物传感器是基于某种高分子材料的。

功能高分子材料涉及的范围广泛，品种繁多，制备方法和工艺过程各不相同。但总体而言，最主要的有三条路线：由功能基单体经加聚和缩聚反应制备功能高分子；已有高分子材料的功能化和多功能材料的复合；通过一定的加工手段赋予材料特定的功能。

常用的功能高分子材料有导电高分子材料、压电和热电高分子材料、高分子化学敏感材料、反应型高分子材料、光敏高分子材料以及生物医用高分子材料等。由于功能高分子材料具有各种奇特的功能，近年来越来越引起人们的广泛关注，其发展潜力是巨大的。

3.4.1 导电高分子材料

导电高分子材料按导电原理可分为复合型导电高分子材料和结构型导电高分子材料两大类。

复合型导电高分子材料是由通用的高分子材料与各种导电性物质通过填充复合、表面复合或层积复合等方式使其表面形成导电膜而制成。此类导电高分子的导电能力是靠填充在其中的导电粒子或纤维的相互紧密接触形成的。最常用的复合型导电高分子材料主要有导电塑料、导电薄膜、导电涂料、导电橡胶、导电纤维等。改变填充物容量的环境效应，如由于热交换引起的温度变化、由于弹性系数引起的变形、由于湿度和吸收水蒸气而导致的材料膨胀等，都会引起电阻率的变化。因而采用导电性高分子材料可制备热敏电阻、压阻式压力传感器、触觉传感器、湿度传感器和气体传感器。

结构型导电高分子材料是指高分子本身结构显示导电性，通过离子或电子而导电。结构型导电高分子材料中，至今只有聚氮化硫可算是纯粹的结构型导电高分子材料。其中许多种导电高分子材料几乎都采用氧化还原、离子化或电化学等方法进行掺杂后才具有较高的导电性。它们主要被用于蓄电池和微波吸收方面，也在被尝试用于电子元器件中。

3.4.2 压电和热电高分子材料

1969 年，日本的河合平司发现极化后的聚偏二氟乙烯（PVDF）具有强的压电性之后，压电高分子材料才逐步被推向实用化阶段。目前压电性较强的高分子材料除了 PVDF 及其共聚物之外，还有聚氟乙烯（PVF）、聚氯乙烯（PVC）、聚-γ-甲基-L-谷氨酸酯（PMLG）、聚碳酸酯（PC）等。在所有压电高分子材料中，PVDF 具有特殊的地位，它不仅具有优良的压电性、热电性和铁电性，而且还具有优良的力学性能。利用其热电性能，可用于光导摄像管、红外辐射检测器、温度监控器和火灾报警器等。利用 PVDF 柔软、有韧性、耐冲击的特性，既可加工成几微米厚的薄膜，也可以弯曲成大面积或复杂的形状，有利于器件的小型化。

利用压电高分子薄膜材料，可以制成电声换能器、振动传感器、压力检测器和水听器等。

3.4.3 高分子化学敏感材料

一些高分子化学材料，随着某些特定气体分子的吸附和脱附，表面电导率或体电导率会发生变化，也有一些高分子化学材料的光学特性或质量会因此发生微小变化。利用它们对特定气体分子的这一敏感特性，可制成气敏功能材料。某些高分子电解质、高分子电介质及高分子复合材料受潮时，它们的电导率、介电常数和质量等会发生变化，利用这一特性，可制成湿敏器件。另外，还有一些高分子材料对特定离子具有优良的选择性，从而可制作检测该离子的离子电极。

3.4.4 反应型高分子材料

反应型高分子材料主要包括高分子试剂和高分子催化剂两大类，主要用于化学合成和化学反应。其中常见的高分子化学试剂有高分子氧化还原试剂、高分子磷试剂、高分子卤代试剂、高分子烷基化试剂、高分子酰基化试剂等。除此之外，用于多肽和多糖等合成的固相合成试剂也是重要的一类高分子试剂。高分子催化剂包括酸碱催化用的离子交换树脂、聚合物氢化和脱羰基催化剂、聚合物相移催化剂、聚合物过渡金属络合物催化剂等。使用高分子材料生产的固化酶，原则上也属于高分子催化剂。反应型高分子材料的种类繁多，随着研究的不断深入，每年都有大量新型高分子试剂和高分子催化剂出现。

3.4.5 光敏高分子材料

光学敏感高分子材料是一种合成高分子材料。由于高分子材料本身的光学参数不受环境的影响，在其中掺进另一种光学敏感材料，能使之对光具有敏感效应，包括比色、荧光性、发光性效应、光的折射和传播变化。如聚甲基丙烯酸甲酯（PMMA）已广泛应用于光纤传感器中，用作光波导或覆层；带各种指示色的高分子化合物可应用于离子、气体、湿度或酶传感器。

3.4.6 生物医用高分子材料

在功能高分子材料领域，生物医用高分子材料可谓异军突起，由于它与生命科学相关联，因此越来越受到人们的重视，目前已成为发展最快的一个重要分支。简单地说，所谓生物医用高分子材料（Polymeric Bio-Materials）是指在生理环境中使用的高分子材料，它们中有的可以全部植入人体内，有的可以部分植入体内而部分暴露在体外，也有的置于体外而通过某种方式作用于体内组织。

3.5 纳米材料

纳米材料概念的形成始于20世纪80年代初，之后世界各国对这种新材料的研究给予了极大的关注。近年来，人们对纳米材料的结构、性能以及其应用前景等进行了广泛而深入的研究。

具有组成相或者晶粒结构，长度在100nm以下的材料称为纳米材料。纳米材料包括纳米超微粒子和纳米固体材料。其中，具有颗粒尺寸为1~100nm的超微粒子的材料称为纳米超微粒子材料；由纳米超微粒子组成的固体材料称为纳米固体材料。

广义的纳米材料是指三维尺寸中至少有一维处于纳米量级的材料。其中，一维纳米材料如直径为纳米量级的细丝；二维纳米材料如厚度为纳米量级的薄膜或多壁膜；三维纳米材料如纳米颗粒，基本尺寸处于1~100nm范围。

3.5.1 纳米材料的分类

纳米材料的分类方法很多，如按化学组分可分为纳米金属、纳米晶体、纳米陶瓷、纳米玻璃、纳米高分子和纳米复合材料；按材料物性可分为纳米半导体、纳米磁性材料、纳米非线性光学材料、纳米铁电体、纳米超导材料、纳米热电材料等；按应用可分为纳米电子材料、纳米光电子材料、纳米生物医用材料、纳米敏感材料、纳米储能材料等。

3.5.2 纳米材料的基本特性

由于纳米材料晶粒极小，比表面积大，结构特殊，导致了纳米材料具有传统固体材料所不具备的许多特殊基本性质，如小尺寸效应、表面效应、量子尺寸效应和宏观量子隧道效应等。纳米材料展现出许多特有的奇异特性，在催化、激光、光吸收、医药、磁介质、传感器及新材料等诸多领域有十分广阔的应用前景。

例如，1 克纳米尺度的微粒，其表面积可达几千平方米，由于表面积增大，材料的活性大大增强，利用这一特性，可制成更理想的气敏传感器；又如，对于五颜六色的金属，当其分割成纳米超细微粒时，由于对光的吸收能力大大增强而变成黑色，具有这种特性的材料，有可能成为最灵敏的光敏材料。铜到了纳米量级，将由良好的导体变成绝缘体。并且，纳米铜的热扩散能力可比宏观尺寸的铜提高 1 倍。另外，纳米铜的显微硬度将显著增加，当铜晶粒尺寸由 50μm 减小到 6nm 的时候，硬度可以提高 4 倍。类似地，钢的晶粒尺寸缩小到纳米量级时，硬度和抗拉强度也都会提高。陶瓷在通常情况下呈脆性，而纳米量级的超微粒子组成的陶瓷材料具有良好的塑性和韧性。

3.5.3 纳米材料在传感器中的应用

纳米技术的发展，不仅为传感器提供了优良的敏感材料，如纳米粒子、纳米管、纳米线、纳米薄膜等，而且为传感器制造提供了许多新型的方法，如纳米技术中的扫描隧道显微镜技术（STM）、研究对象向纳米尺度过渡的 MEMS 技术等。与传统的传感器相比，纳米传感器尺寸更小、精度更高，一些性能大大改善，更重要的是利用纳米技术制作传感器是站在原子尺度上，这极大地丰富了传感器的理论，推动了传感器的制作水平提升，拓宽了传感器的应用领域。

纳米陶瓷材料在气敏传感器中得到了应用。在一般的气敏传感器中，敏感材料大都采用半导体陶瓷材料，但这类传感器在选择性和稳定性方面还存在一些问题，妨碍了它的应用。采用纳米技术制备的纳米半导体陶瓷材料，可以利用纳米材料具有的特殊效应，如量子尺寸效应和表面效应，来改善传感器的性能。例如，电阻式半导体陶瓷气敏传感器的敏感机理是：材料的电阻值随环境气体浓度的变化发生改变，通过对阻值变化的测定，即可获得有关气体的浓度、成分等信息。这时要求气敏材料具有大的表面积，活性要好，颗粒要尽量小，这样才能使气体容易与材料反应达到检测的目的。传统的半导体陶瓷材料颗粒比较大，活性与选择性相对较差。以纳米材料制成的半导体陶瓷气敏传感器，由于晶粒的超细微化，使比表面积大大增加，气敏材料分布均匀，一致性好，能够对不同的气体做出选择，且响应快，恢复时间短，灵敏度高，长期稳定性好。日本松下电器公司就开发了 SnO_2 纳米微粒气敏传感器，由于纳米级 SnO_2 的超细微化，晶粒表面活性高，因此对气体的吸附和脱附及界面本身的氧化还原反应可在较低的温度下更快地进行，用纳米级 SnO_2 为敏感材料制成的气敏传感器气敏性能得到了提高。利用一些纳米材料的巨磁阻效应，科学家们已经研制出了各种纳米磁敏传感器。在生命医学领域，利用纳米技术制成的纳米传感器，可深入细胞内产生各种生化反应，得到化学信息和电化学信息，可对致病机理进行研究，深化对生命现象的理解。

【拓展阅读】 石墨烯与磁传感器

3.6 智能材料

智能材料是 20 世纪后期迅速发展起来的一类新型复合材料，它一般是指具有感知环境（包括内环境和外环境）刺激能力，并可对其进行分析、处理、判断，进而采取一定的措施进行适度响应的材料。科学家们一直致力于把高技术传感器或敏感元件与传统的结构材料和功成材料结合在一起，赋予材料崭新的性能，使它们兼具传感、调节驱动、处理执行的功能，并使它们能随着环境的变化而改变自己的性能或形状，使自身功能处于最佳状态，仿佛具有智能一般。所以智能材料是传感技术与材料科学、信息处理技术和控制技术相融合的产物。

智能材料的材料种类很多并仍在不断增加，其分类方法也很多。一般按功能来分可以分为光导纤维、形状记忆合金、压电和电流变体及电（磁）致伸缩材料等；按来源来分，智能材料可以分为金属系智能材料、无机非金属系智能材料和高分子系智能材料。

智能材料有着广泛的应用，其研究和开发非常活跃。如在飞机制造方面，科学家正在研制一种智能材料，当飞机在飞行中遇到涡流或猛烈的逆风时，机翼中的智能材料能迅速变形，并带动机翼改变形状，从而消除涡流或逆风的影响，使飞机仍能平稳地飞行。在军事方面，在航空航天器蒙皮中植入能探测激光、核辐射等多种传感器的智能蒙皮，可用于对敌方威胁进行监视和预警。美国正在为未来的弹道导弹监视和预警卫星研究在复合材料蒙皮中植入核爆光纤传感器、X 射线光纤探测器等多种智能传感器。这种智能蒙皮将安装在天基防御系统平台表面，对敌方威胁进行实时监视和预警，提高武器平台抵御破坏的能力。智能材料还能降低军用系统噪声。美国军方发明出一种可涂在潜艇上的智能材料，它可使潜艇噪声降低 60dB，并使潜艇探测目标的时间缩短 100 倍。除此之外，智能材料的再一个重要进展标志就是形状记忆合金，或称记忆合金。这种合金在一定温度下成形后，能记住自己的形状。当温度降到一定值（相变温度）以下时，它的形状会发生变化；当温度再升高到相变温度以上时，它又会自动恢复原来的形状。目前记忆合金的基础研究和应用研究已比较成熟。一些国家用记忆合金制成了卫星用自展天线。在稍高的温度下焊接成一定形状后，在室温下将其折叠，装在卫星上发射。卫星上天后，由于受到强的日光照射，温度会升高，天线自动展开。

思考题与习题

3-1 什么是传感器的功能材料？其主要功能是什么？

3-2 传感器的功能材料有哪些类型？各有什么特点？

3-3 目前，已经实用化的生物传感器所用的功能高分子材料主要有哪几种？

3-4 什么是纳米材料？其基本特性是什么？试举例说明纳米材料在传感器与检测领域中的应用。

3-5 什么是智能材料？试举例说明其应用前景。

第 4 章 传感器的加工工艺

传感技术的发展除了与新效应、新材料有关，还与其加工技术有关。不同的加工技术会使传感器的性能，尤其是温度稳定性、可靠性等指标产生很大的差异。

传感器的结构尺寸变化范围很大，几乎所有的现代加工技术都在传感器领域中得到了不同程度的应用。微机械加工技术以及集成电路生产工艺在传感器领域的应用，可制作出质地均匀、性能稳定、可靠性高、体积小、质量小、成本低、易集成化的传感器。传感器的加工技术多种多样，下面就几种典型加工工艺进行介绍。

【拓展阅读】印刷电子技术

4.1 结构型传感器的加工工艺

传统测量机械量的传感器，如位移、力、振动传感器，其敏感元件的尺寸一般比较大，常由多个零部件组合而成，传感器的信息转换往往依赖其结构参数的变化来实现，因此常称之为结构型传感器。这类传感器的加工工艺中，即使那些大批量生产的传感器，一般都包括人工调整环节。大量的生产厂家仍然采用机械加工结合手工调整的方式进行。

例如，电阻应变式质量传感器就是一个典型的结构型传感器，其加工工艺可概括为：原材料的物理化学分析与力学性能测试工艺→弹性体的锻造、机加工及热处理工艺→弹性体的稳定化处理工艺→弹性体的整体清洗、贴片面的准备工艺→应变计的筛选、配组工艺→应变计的粘贴、加压及固化工艺→组桥、布线及性能粗测工艺→线路补偿与调整工艺→传感器整机老化处理工艺→防潮密封工艺→性能检测与标定工艺等。

结构型传感器的加工工艺涉及面很广，形式非常丰富，几乎涉及各种传统和现代的加工技术，此外，不同的生产厂家往往有自己独特的加工工艺，且对其工艺核心内容秘而不宣。

4.2 厚膜工艺

厚膜工艺是一种集电子材料、多层布线技术、表面微组装及平面集成技术于一体的微电子技术。通常采用丝网印刷工艺，将浆料印制到绝缘基板上，经烧结后形成厚度为几微米至几十微米的厚膜。在满足大部分电子封装和互连要求方面，厚膜技术历史悠久。特别是在可靠小批量的军用、航空航天传感器、特种元器件以及大批量的便携式无线电子设备、太阳能电池等产品中，该技术都发挥出了显著的优势。

1. 厚膜浆料

厚膜浆料是有机聚合物溶液中掺入微细金属、玻璃或陶瓷等粉体形成的混合物。主要由功能相、黏结相和载体三部分组成。根据不同情况，功能相材料有所区别：导体浆料的功能相多为贵金属或贵金属混合物；电阻浆料的功能相多为导电性金属氧化物；介质浆料的功能相多为玻璃或陶瓷。功能相决定了成膜后的电性能和机械性能，因此材料要求严格。粘结相多为玻璃、金属氧化物及玻璃和金属氧化物的结合，其作用就是把烧结膜黏结到基板上。不同于功能相和黏结相的粉末状态，载体为液态，是聚合物在有机溶剂中的溶液，载体影响着厚膜的工艺特性，常作为印刷膜和干燥膜的临时黏合剂。

厚膜浆料应具备三方面的性能。①可印刷性：浆料需具备一定的黏度，且黏度随刮板所施加的切变力而减少，且具有触变性；②功能特性：例如作为电阻、导体、介质等所需的特性；③工艺兼容性：浆料应与基板有良好附着性能，各类浆料配合使用时，在整个工艺过程中不同浆料彼此之间以及与基板都不会产生反应。

2. 丝网印刷厚膜工艺

在混合集成电路等典型应用中，厚膜工艺可采用丝网印刷法、描画法、刻蚀法、感光性浆料法、激光照射法、电子照相法等方法形成电路相关图案，其中，丝网印刷法因设备工艺简单、成本低、生产效率高等优点，而得到最为广泛的应用。

丝网印刷法厚膜工艺的基本流程包括基板清洗、丝网印刷、干燥、烧结等。

（1）基板清洗　厚膜工艺中所用基板一般为陶瓷、玻璃或复合基板。清洗的主要目的是去除基板烧结及加工过程中附着的微粒、油污等杂质。主要清洗过程如下：

1）采用丙酮、二甲苯等有机溶剂，结合超声波清洗基板，以去除微粒、油污等杂质。

2）采用纯水清洗，去除残留有机溶剂。

3）干燥。

4）一定温度下在烧结炉中空烧，尽可能去除基板表面孔隙中的水分等吸附物。

（2）丝网印刷　丝网印刷就是用刮板以一定速度和压力使浆料从丝网模板的上方按图形转写到基板上。其基本过程如图 4-1 所示，首先在丝网模板的未开口部位由刮板以一定的压下量和速度刮送浆料；然后刮送的浆料在丝网模板的开口部位被压入填充；其后刮板传过后，与基板贴近的丝网模板靠自身紧绷的张力与基板脱离；最后浆料靠自身的黏性附着在基板上，从而完成图形转写过程。

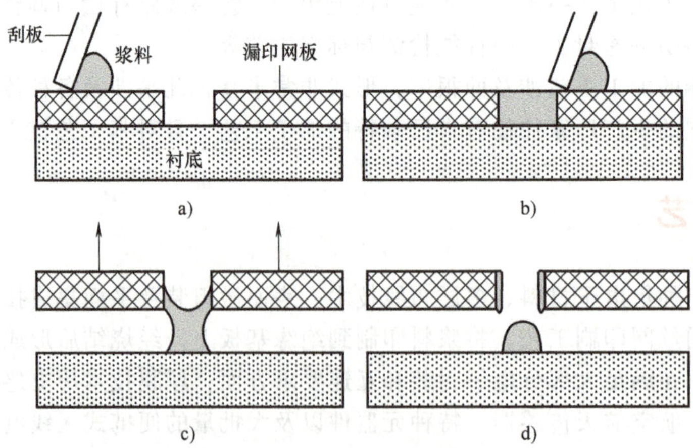

图 4-1　丝网印刷过程示意图

（3）干燥　首先，印刷好的浆料需要在室温下静置 5~10min，使浆料受表面张力作用而平坦化。然后，将浆料放入 100~150℃ 烘箱中干燥 10~20min，使浆料中的有机溶剂蒸发掉。其后可以在已有的干燥浆料上再次进行印刷，最后多层浆料一次烧结。

（4）烧结　在烧结过程中，有机黏合剂完全分解和挥发，固体粉料熔融、分解和化合，形成致密坚固的厚膜。厚膜的质量和性能与烧结过程和环境气氛密切相关，升温速度应当缓慢，以保证在玻璃流动以前有机物完全排除；烧结时间和峰值温度取决于所用浆料和膜层结构。为防止厚膜开裂，还应控制降温速度。常用的烧结炉是隧道窑。

3. 厚膜工艺在传感器中的应用

厚膜工艺在传感器中至少获得三方面的应用。首先，厚膜工艺可用于传感器信号调理电路的集成，有利于实现传感器信号调理电路的批量生产，降低传感器的成本。其次，厚膜电路和某些传感器可以集成在同一个封装内，不仅有利于传感器的小型化，而且提高了可靠性（连接稳固），允许进行功能微调以及降低成本。此外，厚膜工艺还可用于制作沉积敏感材料所需的支承结构。

力和压力传感器可以说是厚膜工艺在传感器领域应用最成功的例子。厚膜压力传感器是一种应变式压力传感器，其应变电阻为具有压阻效应的厚膜钌酸盐电阻，采用厚膜工艺技术直接印刷、烧结在陶瓷弹性体上。经高温烧结后，应变电阻和陶瓷弹性体牢固地形成整体，不再需要粘贴。传感器承受压力后，即使长期工作，厚膜应变电阻和弹性膜片的机械应变仍完全一致，避免了一般电阻应变式传感器用胶粘贴应变计时，因粘贴胶老化或变质所引起的蠕变和迟滞。厚膜压力传感器耐高温、抗腐蚀、结构简单、成本低廉、性价比高。

制作厚膜压力传感器，除了选择适宜的浆料和掌握熟练的印刷技巧外，烧结是其中的又一关键。在基片上干燥过的厚膜元件必须经过烧结，才具备一定的电性能，因此烧结工序是厚膜技术区别于薄膜技术的特征工序。虽然厚膜电阻的特性主要取决于厚膜材料的性质及组成，但烧结是决定性的因素。烧结的重要条件是烧结温度，只有在最适宜的温度和其他条件下烧结，才能得到所用材料的最佳性能。厚膜电阻的烧结温度一般在 600~1000℃ 之间。

某些厚膜浆料可用于制作直接敏感物理量或化学量的传感器。除厚膜应变电阻外，用于制作敏感元件的常用浆料有：具有大的电阻温度系数而适于温度检测的浆料、磁阻浆料、光导浆料、压电浆料等。采用有机聚合物和金属氧化物（如 SnO_2）浆料，通过附和吸收作用，可以检测湿度和气体。采用厚膜工艺可以直接为各类传感器设计所需的插指电极结构。采用耐高温陶瓷基片的厚膜传感器能由高电压和大电流驱动，可以安装加热器且耐腐蚀。

4.3 薄膜工艺

在传感器中，往往需要将各种功能材料制成薄膜，如多晶硅膜、氮化硅膜、二氧化硅膜、金属（合金）膜等，有的作为传感器敏感膜，有的作为介质膜起绝缘层作用，还有的作为导电膜等。在一定基底上，用各种沉积工艺技术，制成金属、合金、半导体、化合物半导体等材料的薄膜，且其厚度一般从纳米级到微米级，这种加工技术统称为薄膜加工技术。利用该技术，可制成力敏、光敏、磁敏、气敏、湿敏、热敏、化学敏、生物敏等各种薄膜敏感元件。

薄膜工艺采用的沉积方法与集成电路制造中采用的方法基本相同，包括旋转涂敷、蒸镀、溅射、化学气相沉积等。

1. 旋转涂敷

某些薄膜材料可溶解在特定的挥发性溶剂中形成溶液。旋转涂敷法就是将此类溶液灌注到快速旋转的目标基片上，随着基片旋转，溶液蔓延，挥发性溶剂蒸发，最终在基片上留下一定厚度的均匀薄膜材料层。膜层厚度主要受薄膜材料在溶剂中的溶解度、溶液的黏度以及基片的旋转速度等因素影响。旋转涂敷法的突出优点在于简单、廉价，且可“抹平”基片上的粗糙点。其缺点也比较明显：当目标基片上存在超出膜厚 2~3 倍的台阶时，这种方法难以得到连续的膜层。此外，薄膜烘干后会由于薄膜的收缩导致表面应力，而且薄膜的密度较小，容易受环境中其他化学物质影响。这种方法最常见于平面光刻工艺中，用于基片表面制备光刻胶薄膜，此外，也常用于制备化学传感器的敏感膜。

2. 蒸镀（蒸发）

真空蒸镀又称真空蒸发，是在真空腔室内将蒸镀（源）材料置于加热器中加热，使其分子或原子获得足够热能离开源材料，形成蒸气并淀积到目标基底上，从而形成薄膜。蒸发所要求的环境真空度至少要在 1.33×10^{-2}Pa 以下，只有在此条件下，被蒸镀的材料分子（原子）才不会因为受气体分子的碰撞甚至相互发生反应而影响蒸发效果，蒸镀制备的薄膜纯度极高。按加热方式的不同，目前蒸镀主要有热蒸镀和电子束蒸镀两种。

图 4-2 所示为真空热蒸镀原理示意图，在真空腔室内，有一个用高熔点材料（如钨、钼等）制成的加热器，如图 4-3 所示，内装有待蒸镀的材料。蒸镀成膜的具体方法是用真空泵把真空腔室内的气压抽至 1.33×10^{-2}Pa 以下，然后对加热器通以大电流，使蒸镀材料熔化，当温度达到蒸镀温度（1000~2000℃之间），蒸镀材料表面的原子或分子开始蒸发，离开材料表面。由于真空腔室内残留气体分子很少，故蒸发的原子或分子不经碰撞到达目标基片，凝固成膜。这种方法相对来说比较简单，加工成本也比较低廉，适合如铝、铜、银、金等低熔点金属薄膜的制备。主要缺点则是用于高熔点金属时会有难度，且存在加热器材料污染薄膜的问题。

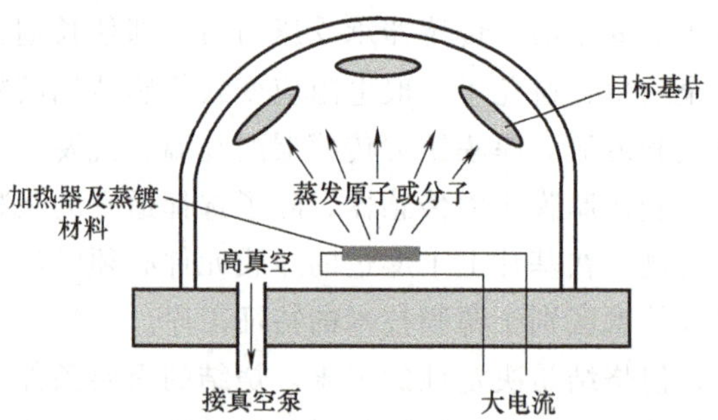

图 4-2 真空热蒸镀原理示意图

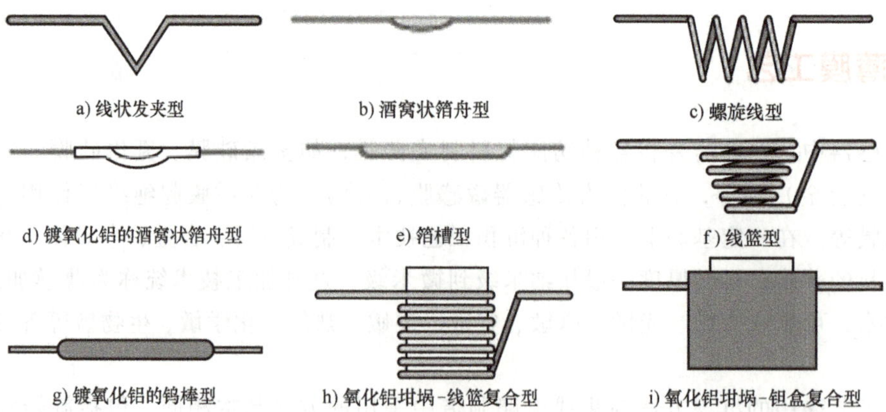

图 4-3 常见加热器类型

图 4-4 所示为真空电子束蒸镀原理示意图。与热蒸镀相比，电子束蒸镀是采用电子枪发射的高能电子束经偏转后轰击坩埚内的蒸镀材料，使蒸镀材料融化并蒸发。高能电子束的加热温度可以达到 3000℃以上，能够蒸发高熔点的材料。同时，坩埚外壁一般都有循环冷却水进行冷却，所以坩埚温度相对较低，可以大幅减少坩埚材料对薄膜的污染。

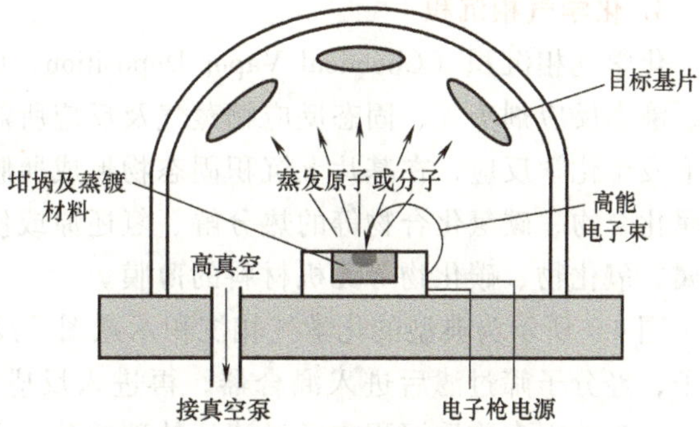

图 4-4 真空电子束蒸镀原理示意图

3. 溅射

溅射是材料表面受到具有一定能量的离子轰击而发射原子的现象，其基本原理是利用电场作用（通常是 1000V 以上的高电压）将充入室内的低压（1.3～13.3Pa）惰性气体（如氩气）电离成等离子体。等离子体中的正离子向阴极方向高速运动，撞击阴极表面后，将自己的能量传递给处于阴极的溅射材料，使溅射材料的原子或分子逸出，沉积到阳极工作台上的基片上，形成薄膜，溅射原理示意图如图 4-5 所示。溅射时为减少周围气体对沉积膜的污染，制得高纯度膜，必须将腔室内抽到 1.33×10^{-2}Pa 以下的真空度，然后再充入溅射气体至所需要的气压。溅射方法形成的薄膜比蒸镀的牢固，膜层致密性好，与基片结合力强，并能制出高熔点（2000℃以上）的金属（合金）膜和化合物膜，且其化学组分基本不变，但溅射装置较复杂，成膜速度一般较慢。

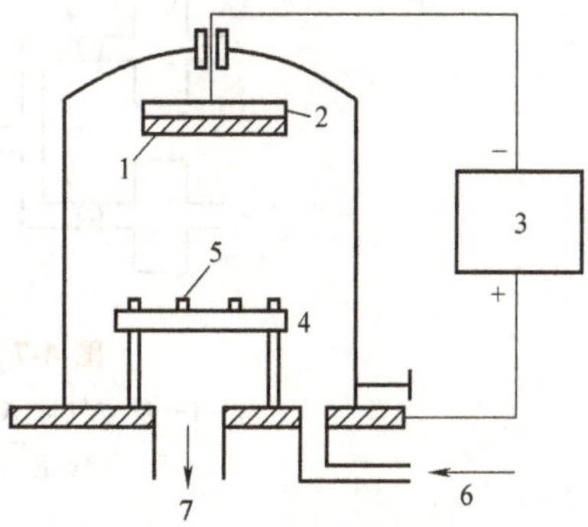

图 4-5 溅射原理示意图

1—溅射材料 2—阴极 3—直流高压 4—阳极 5—基片 6—惰性气体入口 7—接真空系统

溅射方式有直流溅射、射频溅射、磁控溅射和反应溅射等多种，其中以磁控溅射应用最为广泛，且可与直流溅射和射频溅射结合，构成直流磁控溅射和射频磁控溅射。在磁控溅射中，如图 4-6 所示，由于运动电子在磁场中受到洛伦兹力，它们的运动轨迹会发生弯曲甚至产生螺旋运动，其运动路径变长，因而增加了与工作气体分子碰撞的次数，使等离子体密度增大，从而使磁控溅射速率得到很大的提高，而且可以在较低的溅射电压和气压下工作，降低薄膜污染的倾向，另一方面也提高了入射到衬底表面的原子的能量，因而可以在很大程度上改善薄膜的质量。同时，经过多次碰撞而丧失能量的电子到达阳极时，已变成低能电子，不会使基片过热。因此磁控溅射法具有“高速”“低温”的优点。

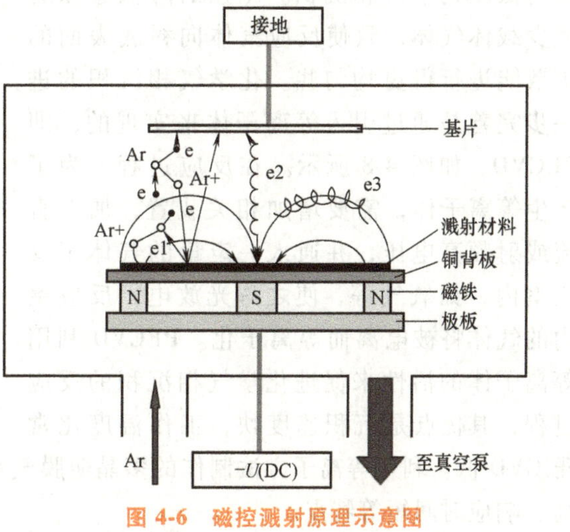

图 4-6 磁控溅射原理示意图

4. 化学气相沉积

化学气相沉积（Chemical Vapor Deposition，CVD）是把含有构成薄膜物质的气态反应物、液态反应剂蒸气、固态反应物蒸气及反应所需要的其他气体引入反应室，在一定加热温度下发生化学反应，在基片上沉积固态物形成薄膜的工艺方法。常见的有金属卤化物、有机金属化合物、碳氢化合物等的热分解、氢还原或使它们的混合气在高温下发生化学反应析出金属、氧化物、碳化物等无机材料的薄膜。

图 4-7 所示为典型的化学气相沉积示意图。反应气体 A 和 B 的分子中含有待沉积物质的原子，经分子筛过滤后进入混合器，再进入反应室，经反应室加热后两种气体进行化学反应，产生的固态物质沉积在经过清洁处理的基片上形成薄膜。反应中生成的气体则由出口处流出。采用化学气相沉积工艺制备薄膜具有成分易控，成膜的均匀性、致密性、重复性和覆盖性好且适于大批量生产等优点。

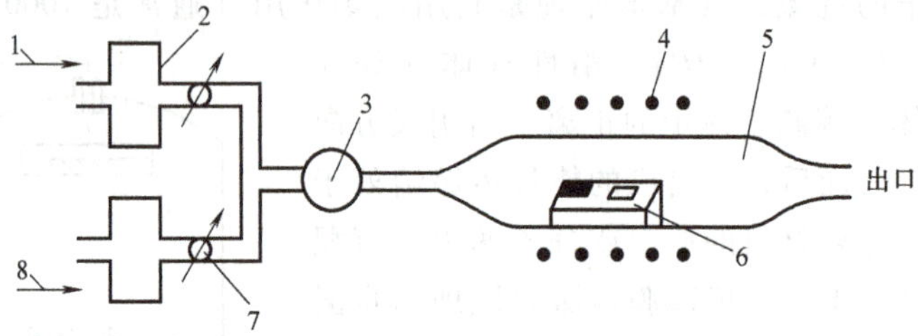

图 4-7　化学气相沉积（CVD）示意图

1—反应气体 A 入口　2—分子筛　3—混合器　4—加热器
5—反应室　6—基片　7—阀门　8—反应气体 B 入口

化学气相沉积通常分为常压化学气相沉积（Atmosphere Pressure CVD，APCVD）、低压化学气相沉积（Low Pressure CVD，LPCVD）和等离子体增强化学气相沉积（Plasma Enhanced CVD，PECVD）。常压化学气相沉积工艺已比较成熟，被广泛使用，但成膜厚度的均匀性不够理想。为了改善成膜厚度分布的均匀性，可将常压化学气相装置稍加改良，其成膜工艺装置与图 4-7 类同，只是在反应室内保持低压强（$10 \sim 10^3$Pa），而不是大气压强，即成为低压化学气相沉积。压强的降低意味着减少载体气体，致使反应气体向衬底表面的扩散能进行得更均匀些。化学气相沉积的进一步完善是通过引入等离子体来实现的，即 PECVD，如图 4-8 所示。在反应过程、为了产生等离子体，需要增加相关装置，加上直流或射频高电压，并通入一定量的气体于反应室内，如氧气等，使之辉光放电，反应室内的气体将被电离而等离子化。PECVD 利用等离子体的活性来促进化学气相沉积的反应过程，其优点是沉积速度快，工作温度比常压 CVD 低。利用等离子方法制作的多晶薄膜气敏元件，具有灵敏度高、选择性好、稳定性高、响应时间短等特点。

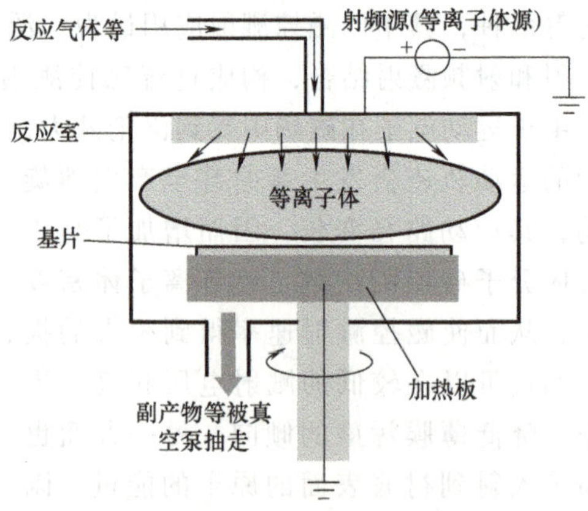

图 4-8　等离子体增强化学气相沉积（PECVD）原理示意图

4.4　微机械加工工艺

传感器微型化是当今传感器技术的主要发展方向之一，也是微机械电子（微机电）系统（Micro-Electro-Mechanical System，MEMS）技术发展的必然结果。基于 MEMS 技术的传感器拥有一个显著特征就是其敏感元件的尺寸非常小，典型尺寸在微米级，甚至达到纳米级。对于微、纳米级别的加工来说，传统机械加工技术已无能为力，而在硅集成电路工艺基础上发展起来的微机械加工技术，可将加工尺寸缩小到光波长数量级，能够批量生产低成本的微型传感器。

微机械加工工艺主要包括表面微加工工艺和体微加工工艺。

表面微加工工艺是通过蒸镀、溅射和沉积等方法，在基底材料表面上形成各种薄膜，通过对这些薄膜的加工，使其与基底一起构成一个复合的整体。这些薄膜所起的作用各不相同，有的作为敏感膜，有的作为介质膜起绝缘作用，有的作为衬垫层起尺寸控制作用，有的起耐腐蚀、耐磨损作用。表面微加工工艺所涉及的基本技术有薄膜制备、光刻和刻蚀等。

体微加工工艺最早在生产中得到应用的是体硅微加工工艺。体硅微加工是以单晶硅材料为加工对象，通过在硅体上有选择地去除一部分材料，从而获得所需的微结构。体硅微加工可以通过平面工艺结合牺牲层、键合等工艺技术来实现，也可直接利用 LIGA 等技术实现。

1. 光刻技术

光刻技术是加工制造半导体集成电路和集成传感器微图形结构的关键技术，其应用面很广。光刻的目的是在硅表面产生精细的图案。无论是硅微机械加工、蚀刻，还是 LIGA 工艺，光刻技术都是微电子学和微系统技术中最重要的一种加工工艺。

光刻工艺流程如图 4-9 所示，主要包括涂胶、曝光、显影、刻蚀以及去胶等过程。具体流程是：首先将光刻胶涂覆在要刻蚀的沉积在基底材料表面的薄膜上；然后利用光刻机，通过由透明区和不透明区组成特定图形的掩模板使光刻胶曝光；再进行显影，除去所要刻蚀区域的光刻胶，形成与掩模板相对应的光刻胶图形；此后进行刻蚀，由于光刻胶的抗蚀作用，仅暴露的薄膜被刻蚀掉；最后，去除光刻胶，即可得到所需的图形。

光刻胶的化学变化存在两种类型：负胶和正胶。负胶工艺的过程是，光刻胶中被紫外光照射的部分发生了交联反应，在显影液中变为不可溶解，而被保护没有受到照射的部分在显影中却保持其可溶性，如图 4-9a 所示，于是在浸入显影液的过程中，未曝光部分被溶解掉，曝光部分不溶解，显现出图形。正胶工艺的化学变化过程与负胶正相反，见图 4-9b，正胶光刻比负胶光刻有较高的对比度和分辨率，在曝光和非曝光区能显示出非常明显的边界，从而在光刻胶上产生出陡直的转移图形。

2. 刻蚀技术

刻蚀（腐蚀）加工是形成微型传感器结构的关键技术之一，利用这种技术能制造出微型传感器和微型执行器的精密三维硅结构，且能与集成电路工艺兼容。

根据刻蚀速率是否与硅的晶向有关，可将所用的刻蚀方法分为各向同性和各向异性两种。各向同性刻蚀是指刻蚀时在各个方向上的刻蚀速率相同；各向异性刻蚀则表现为各个方向上刻蚀速率不同，它与晶向、掺杂等多种因素有关。利用各向异性刻蚀技术可以对硅材料进行精细加工，可制作出复杂的敏感元件。根据刻蚀剂的相态，刻蚀方法可分为液相、气相和等离子态三种。采用液相刻蚀剂的刻蚀方法又称为湿法刻蚀，而采用气相和等离子态称为

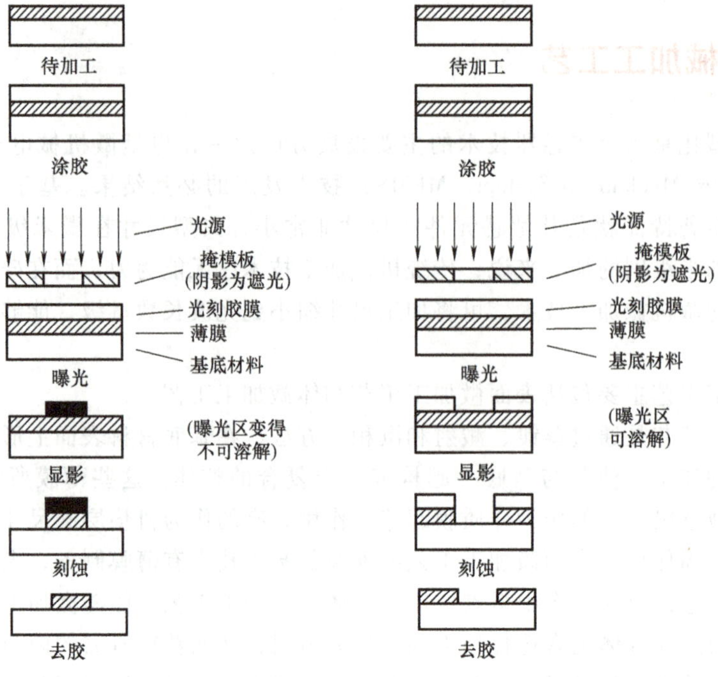

a) 负胶　　b) 正胶

图 4-9　光刻工艺流程

干法刻蚀，这类刻蚀方法具有很高的刻蚀分辨率和精度。

某些湿法刻蚀为各向同性，由于刻蚀速率在各个方向上均相同，由此形成的凹口使图形结构略小于抗刻蚀掩模，如图 4-10a 所示。其他的湿法刻蚀为各向异性，因为某些硅晶面具有不同的化学反应能力，如图 4-10b 所示：在（100）和（110）方向反应快，而在（111）方向则反应慢。刻蚀速率和刻蚀方向可以通过向暴露区添加掺杂剂来控制，N 型硅被刻蚀的速率与 P 型硅不同。气相刻蚀剂能够利用硅吸附作用分离成有活性的卤族元素分子或化合物，并与硅形成能挥发的硅化合物，从而实现对硅的刻蚀。气相刻蚀属于各向同性刻蚀。等离子体刻蚀是利用在电离等离子体过程中形成的自由卤族元素原子团与硅的强反应能力来进行刻蚀的。垂直于硅表面进行等离子轰击能增强反应并形成各向异性刻蚀，如图 4-10c 所示。

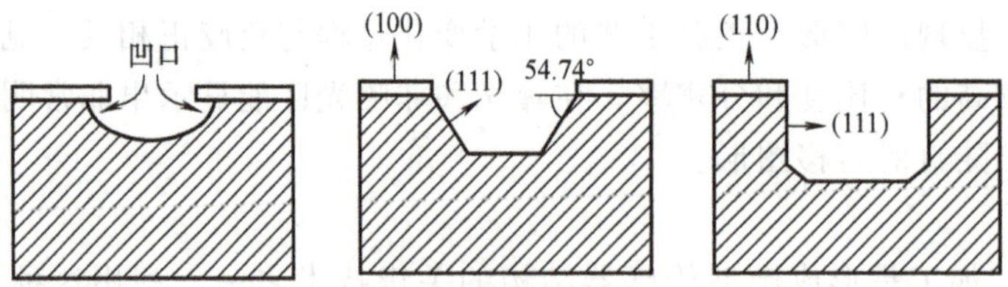

a)　　b)　　c)

图 4-10　各向同性与各向异性刻蚀

3. 牺牲层技术

为了在硅衬底表面上获得空腔和可活动的微结构，常借助牺牲层（Sacrificial Layer）技术。即在形成空腔结构过程中，将两层薄膜中的下层刻蚀掉，保留上层薄膜，空腔便可形成。被刻蚀掉的下层薄膜在形成空腔过程中，只起分离层作用，故称其为牺牲层，利用牺牲层能制作出多种可活动的微结构，如两端固支梁、悬臂梁和悬臂块等。这些可活动的微结构，在微传感器中常被作为敏感元件使用，如压力敏感元件、惯性敏感元件等。

图 4-11 所示为利用牺牲层制作多晶硅悬臂梁的工艺实例。图中，①为硅衬底；②为在硅衬底表面上沉积的一层 Si_3N_4 介质膜；③为 Si_3N_4 膜上再沉积的一层厚约 2μm 的 SiO_2 膜（牺牲层）；④为有选择地局部刻蚀掉 SiO_2，制作出悬臂梁的固定端；⑤为在 SiO_2 层及露出 Si_3N_4 窗口处沉积一层厚约 1~2μm 的多晶硅膜；⑥为最后一步，刻蚀掉 SiO_2 牺牲层，便形成可活动的悬臂梁。

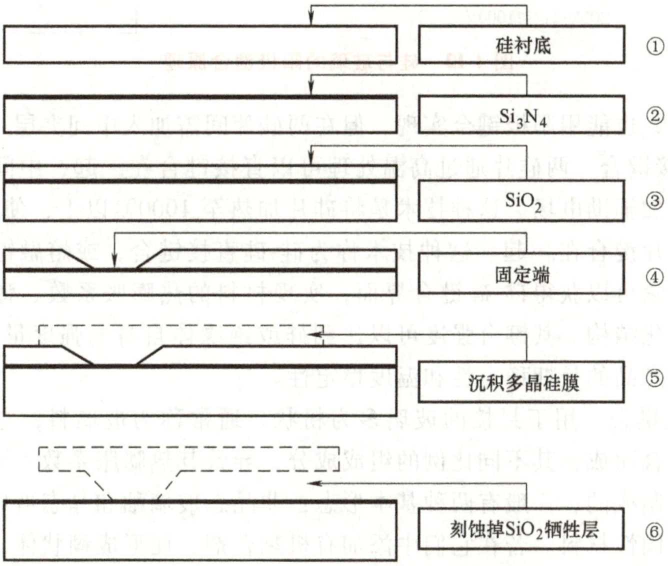

图 4-11 利用牺牲层技术制作多晶硅悬臂梁

4. 键合技术

键合技术是指不用胶和其他黏合剂而将材料层连接到一起，形成很强结合的一种技术。键合技术主要通过加电、加热或加压的方法，使材料层连接在一起。主要方法有静电键合（或称阳极键合）、热键合、金属共熔键合、低温玻璃键合和冷压焊键合等。常用的互联材料有金属（合金）和硅、玻璃和硅、硅和硅以及金属和金属等。

（1）阳极键合 阳极键合又称静电键合或场助键合。阳极键合技术可将硅与玻璃、金属及合金在静电场作用下键合在一起，中间不需要任何黏合剂。键合界面具有良好的气密性和长期稳定性。阳极键合技术已被广泛使用。

硅与玻璃的键合可在大气或真空环境下完成，键合温度为 180~500℃，接近于玻璃的退火点，但在玻璃的熔点（500~900℃）以下。硅与玻璃的阳极键合原理如图 4-12 所示。键合中起作用的是玻璃中的钠离子，其键合过程是：把将要键合的玻璃抛光面与硅片抛光面面对面地接触，玻璃的另一面接负极，整个装置由加热板控制，硅和加热板是阳极。当在板间施加电压（200~1000V，视玻璃厚度而定）时，玻璃中的钠离子（Na^+）向负极方向漂移，在紧邻硅片的玻璃表面形成宽度约为几微米的耗尽层。由于耗尽层带负电荷，硅片带正电荷，两者之间存在较大的静电吸引力，使其紧密接触。在键合温度（180~500℃）下，紧密接触的玻璃与硅界面上将发生化学反应，形成牢固的化学键，促成玻璃与硅在界面上实现固相键合，键合界面区域变成黑灰色。键合强度可达玻璃或硅自身的强度量值甚至更高。

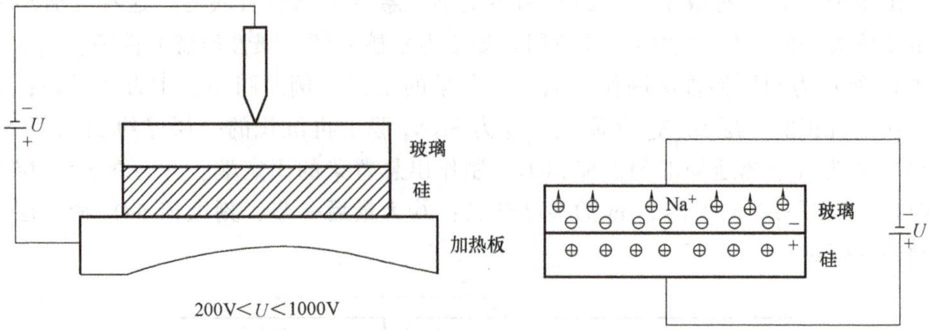

图 4-12　硅与玻璃的阳极键合原理

硅和硅的互连，也能用阳极键合实现，但在两硅片间需加入中间夹层，如硼硅酸玻璃。

（2）硅-硅直接键合　两硅片通过高温处理可以直接键合在一起，中间不用任何黏合剂和夹层，也不用外加辅助电场。这种技术是将硅片加热至1000℃以上，使其处于熔融状态，分子力导致两片硅片键合在一起。这种技术称为硅-硅直接键合，或熔融键合。它比采用阳极键合优越，因为它可以获得硅-硅键合界面，实现材料的热膨胀系数、弹性系数等的最佳匹配，得到硅一体化结构。其键合强度可以达到硅或绝缘体自身的强度量值，且气密性好。这些都有利于提高产品的长期稳定性和温度稳定性。

（3）玻璃封接键合　用于封接的玻璃多为粉状，通常称为玻璃料，它们由多种不同特征的金属氧化物组合而成，其不同比例的组成成分，导致其热膨胀系数不同。这样的玻璃料是由玻璃厂家专门制成的，一般有两种基本形态：非晶态玻璃釉和晶态玻璃釉。前者为热塑性材料，后者为热固性材料。若在它们中添加有机黏合剂，便形成糊状体，且易用丝网印刷法形成所需要的封接图案，这样的材料称为封接玻璃。

被封接的表面不允许有机物存在。一般把纯度高、含钠低及超精细的玻璃粉悬浮在匀质的乙醇溶液中，并设法采用丝网印刷、喷镀、沉积或挤压等技术，将其置于一对被键合的界面间实现封接。封接温度一般为415~650℃，同时施加7~700kPa压力。封接后的表面气密性好，并有较高的机械强度。压阻式差压传感器的敏感元件常采用玻璃封接，如图4-13所示。

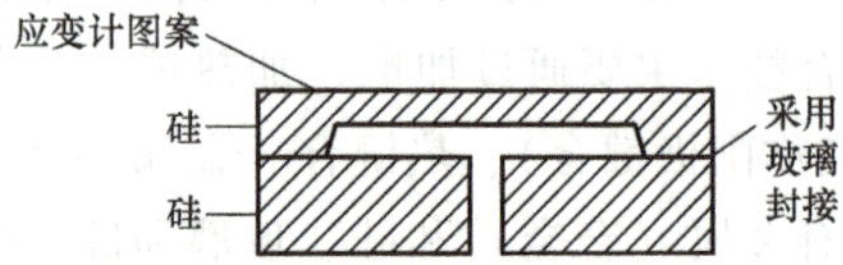

图 4-13　玻璃封接的实例
（压阻式差压传感器）

（4）金属共熔键合　这是指在被键合的一对表面间夹上一层金属材料膜，形成三层结构，然后在适当的温度和压力下实现熔接。共熔键合常用的材料是金-硅和铝-硅等。

（5）冷压焊键合　这是指在室温、真空条件下，施加适当的压力，完成件与件之间的接合。

5. LIGA 技术

LIGA 技术来自于德语的“Lithography”“Galvanoformung”和“Abformung”三个词，即光刻、电铸、注塑。LIGA 技术是一种基于X射线光刻技术的三维微结构加工工艺。它主要包括：X光深度同步辐射光刻、电铸制模及注模复制三个工艺步骤。

LIGA 技术的核心工艺是深度同步辐射光刻，只有刻蚀出比较理想的抗蚀剂（如光刻胶）图形，才能保证后续工艺步骤的质量。X射线深度同步辐射光刻过程如图4-14所示。首先在衬底上沉积聚合物抗蚀剂层，厚度约为10~1000μm；再用同步辐射X射线，通过掩模将图形深深地刻在抗蚀剂上；最后用化学刻蚀法刻蚀抗蚀层，制成电铸用抗蚀聚合物初级模板。

电铸和注塑是 LIGA 工艺用于批量生产的关键环节。电铸就是在上述的初级模板中淀积需要的金属（如 Ni、Au、Ag、Pt）或合金，便可制成与模具互为凹凸的三维微结构。图 4-15a 所示即为金属微结构的形成。它可以是最终产品，或作为注塑模。注塑则是用电铸得到的金属微结构作为二次模板，二次模板常制成如图 4-15b 所示的注塑模结构。若在模板中注入塑性材料，便可得到塑性微结构件。反复进行电铸和注塑，即能制作出形状一致的多种多样的微结构件，并可进行批量生产。

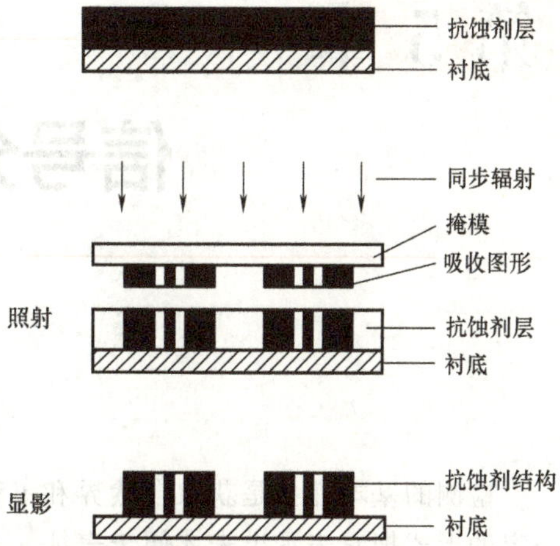

图 4-14　X 射线深度同步辐射光刻过程

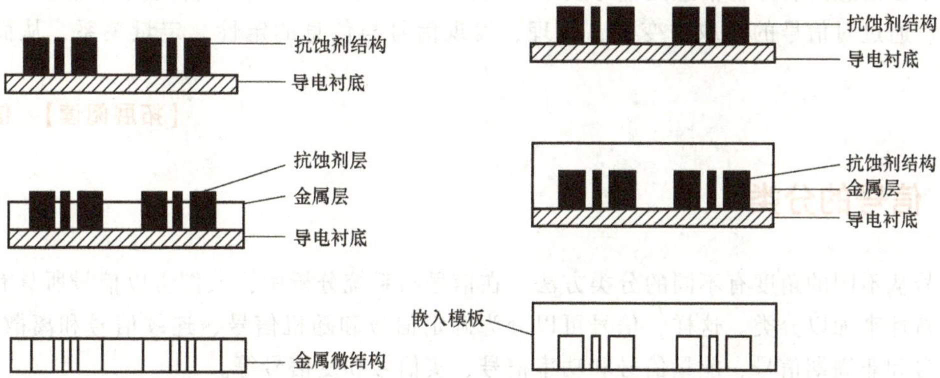

a) 金属微结构的形成

b) 注塑模的形成

图 4-15　金属微结构和注塑模的形成

利用 LIGA 技术可以制造出高度为数百乃至 1000μm，宽度只有 1μm，形状精度达到亚微米级的三维硅微结构，可以加工各种金属、合金、陶瓷、塑料及聚合物等材料。

LIGA 技术的局限性是只能制作没有活动件的三维微结构。为了制作含有活动件的三维微结构，可把牺牲层技术应用于 LIGA 技术中，两者结合形成一种新的 LIGA 技术，称为 SLIGA（Sacrificial LIGA）技术，这里 S 代表牺牲层的意思。由 LIGA 工艺发展起来的还有 M^2LIGA（Moving Mask LIGA）、抗蚀剂回流 LIGA（Photoresist Reflow LIGA，PRLIGA）等。

思考题与习题

4-1　用于制造微结构传感器的常用加工工艺有哪些？

4-2　蒸发、溅射、化学气相沉积三种薄膜生长工艺的主要区别有哪些？

4-3　光刻技术的主要工艺过程有哪些？如何理解光刻技术对微结构传感器加工制造的重要意义？

4-4　LIGA 技术对微结构传感器制造有什么重要意义？

第 5 章

信号分析与处理

检测的基本任务是获取自然界和工程实践中的信息。信息是一个抽象的概念，需要通过一定的形式把它表示出来才便于表征、存储、传输和利用，这就是信号。信号是信息的表达形式，也是信息的载体，信息是信号所承载的内容。对于检测来说，首先面对的是各种各样的信号，通过对信号的获取、变换、处理，发现信号与信息的定性、定量关系，从而获取信息。

【拓展阅读】 信息熵

5.1 信号的分类

信号从不同的角度有不同的分类方法。在信号与系统分析中，人们常以信号所具有的时间函数特性来加以分类。这样，信号可以分为确定信号和随机信号、连续信号和离散信号、周期信号和非周期信号、能量信号和功率信号、实信号和复信号等。

5.1.1 确定信号和随机信号

按信号的确定性可分为两大类信号：确定信号和随机信号。

1. 确定信号

确定信号是能用合适的数学关系式或图表来明确地描述或预测其随时间演变关系的信号。例如单自由度振动系统，如图 5-1 所示。其位移信号 $x(t)$ 就是确定性的，可用一个公式来确定质点的瞬时精确位置，即

$$x(t)=A\cos\left(\sqrt{\frac{k}{m}}t+\varphi_0\right) \tag{5-1}$$

式中，A 为幅值；k 为弹簧刚度；m 为质量；φ_0 为初始相位。

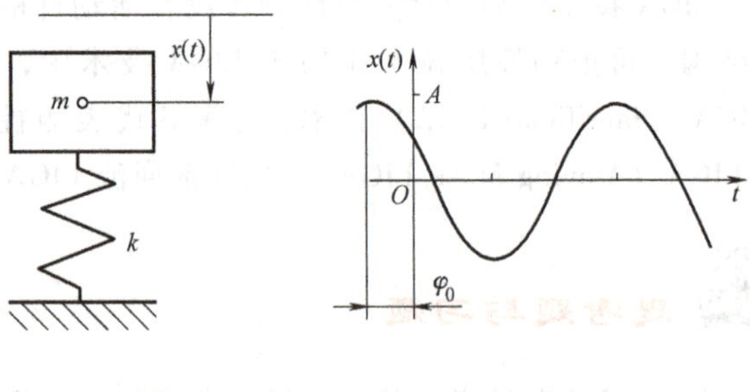

a) 单自由度振动系统　　b) 位移随时间变化曲线

图 5-1　单自由度振动系统

确定信号又可分为周期信号和非周期信号两种。

（1）周期信号　按一定的时间间隔自行重复变化的信号，它满足

$$x(t)=x(t+kT)\quad (k=\pm1,\pm2,\cdots) \tag{5-2}$$

式中，T 为周期，$T=\frac{2\pi}{\omega}=\frac{1}{f}$，$\omega$ 为角频率，f 为频率。

式（5-1）表达的信号显然是周期信号，其角频率 $\omega=\sqrt{\frac{k}{m}}$，周期为 $T=\frac{2\pi}{\omega}$。

周期信号一般又可分为简谐周期信号，如图 5-2a 所示和复杂周期信号（如图 5-2b 所示）。简谐周期信号是最简单的正余弦信号。复杂周期信号是由两个或两个以上简谐周期信号叠加而成的信号。周期信号具有一个最长的基本重复周期，与该基本周期频率一致的谐波称为基波，其他谐波为基波频率的整数倍。

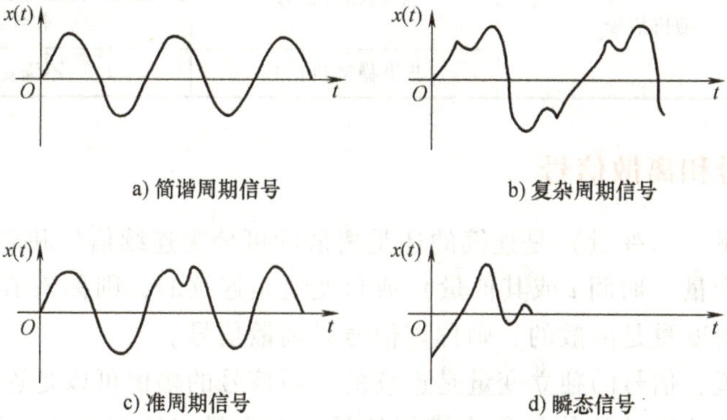

图 5-2　确定性信号

（2）非周期信号　凡能用确定的数学关系式或图表描述的，但又不具有周期重复性的信号。它又可以分为准周期信号（如图 5-2c 所示）和瞬态信号（如图 5-2d 所示）两类。

准周期信号是由频率比不全为有理数的两个或两个以上简谐周期信号叠加而成。如 $x(t)=\cos\omega_0 t+\cos\sqrt{3}\,\omega_0 t$，其频率比为$\frac{1}{\sqrt{3}}$，不是有理数，由于这类信号频谱仍具有离散性，故称之为“准周期”信号。瞬态信号是准周期信号以外的非周期信号，即在有限时间段存在或随着时间的延长而幅值衰减至零的信号。

2. 随机信号

不可能用明确的数学关系来表达，只能通过统计观察来描述的信号即随机信号。通常随机信号又可分为平稳随机信号和非平稳随机信号两种。

（1）平稳随机信号　它的统计特性不随时间推移而变化，如图 5-3a 所示，即与时间无关的随机信号。如果一个平稳随机信号的统计平均值或它的矩等于该信号的时间平均值，则称该信号是各态历经的。

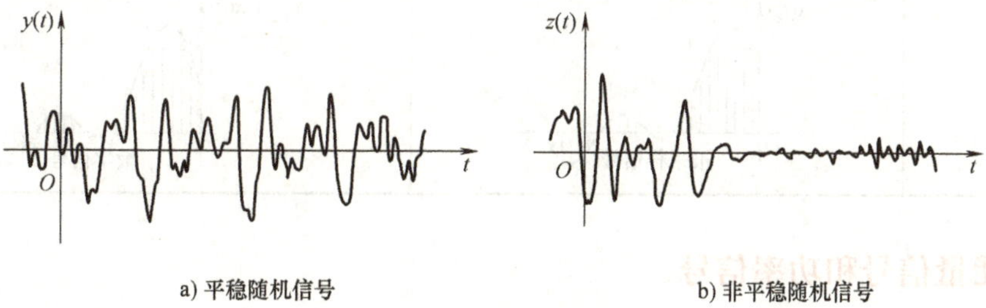

图 5-3　随机信号

(2) 非平稳随机信号　这是不满足平稳性要求的随机信号，如图 5-3b 所示。

综上所述，信号按确定性分类见表 5-1。

表 5-1　信号确定性分类

信号	确定信号	周期信号	简谐周期信号
			复杂周期信号
		非周期信号	准周期信号
			瞬态信号
	随机信号	平稳随机信号	各态历经信号
			非各态历经信号
		非平稳随机信号	不满足平稳性要求

5.1.2　连续信号和离散信号

信号按独立变量（自变量）是连续的还是离散的可分为连续信号和离散信号。

若信号的独立变量（时间 t 或其他量）或自变量是连续的，则称该信号是连续信号；若信号的独立变量或自变量是离散的，则称该信号是离散信号。

对连续信号来说，信号的独立变量是连续的，而信号的幅值可以是连续的，也可以是离散的。自变量和幅值均连续的信号称为模拟信号，自变量连续但幅值离散的信号称为量化信号。

对于离散信号来说，若信号的自变量和幅值均离散，则称为数字信号，若信号的自变量离散但幅值连续时，称该信号为被采样信号。因为它们能表达为一个数字序列，因此有时亦称这样的信号为序列。

表 5-2 为上述信号的表达形式。在实际应用中，连续信号和模拟信号两词常不加区分，而离散信号与数字信号两词也常互相通用。

表 5-2　连续信号和离散信号

独立变量(自变量)	幅值	
	连续	离散
连续	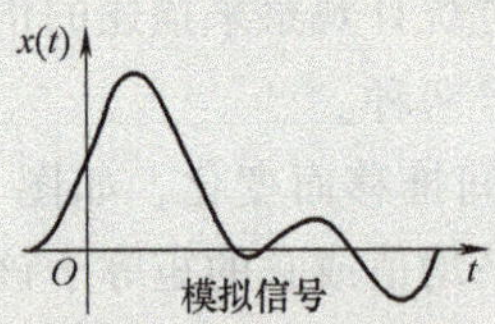	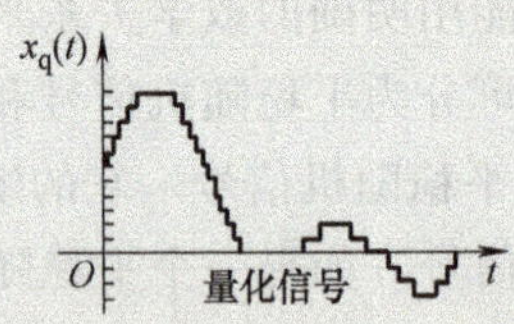
离散	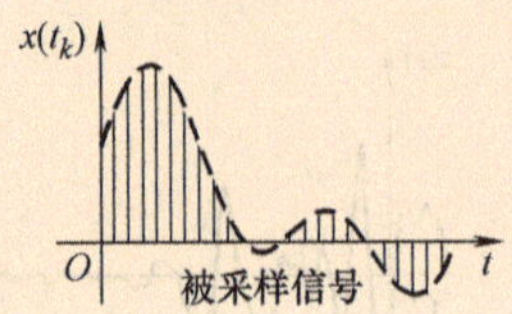	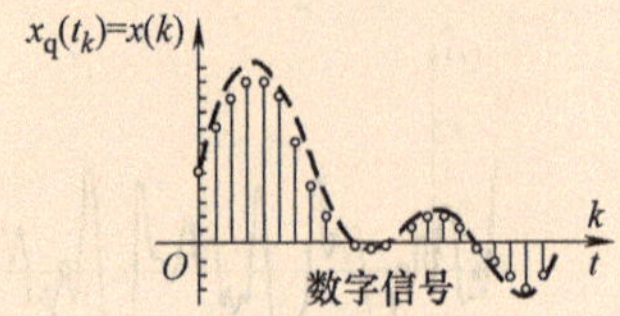

5.1.3　能量信号和功率信号

信号按能量是否有限可分为能量信号和功率信号。

在非电量测量中，常将被测信号转换为电压或电流信号来处理。如把电压信号 $x(t)$ 加在单位电阻（$R=1\Omega$）上，得到瞬时功率为

$$P(t)=\frac{x^2(t)}{R}=x^2(t) \tag{5-3}$$

瞬时功率 $P(t)$ 的积分即是信号的能量 $W(t)$，也就是有

$$W(t)=\int_{-\infty}^{\infty}P(t)\mathrm{d}t=\int_{-\infty}^{\infty}x^2(t)\mathrm{d}t \tag{5-4}$$

当 $x(t)$ 满足

$$\int_{-\infty}^{\infty}|x(t)|^2\mathrm{d}t<\infty \tag{5-5}$$

则信号的能量有限，称为能量有限信号，简称能量信号，如各矩形脉冲、衰减指数信号等。能量信号仅在有限时间区段内有值，或在有限时间区段内其幅值可衰减至小于给定的误差值或趋于零。它们的平均功率为零。

若 $x(t)$ 在区间（$-\infty$，∞）的能量无限，不满足式（5-5）条件，但在有限区间（$\frac{T}{2}$，$\frac{-T}{2}$）内满足平均功率有限的条件，即

$$0<\lim_{T\to\infty}\frac{1}{T}\int_{-\frac{T}{2}}^{\frac{T}{2}}|x(t)|^2\mathrm{d}t<\infty \tag{5-6}$$

则称该信号为功率信号，如各种周期信号、常值信号、阶跃信号等。

5.2　信号的描述

5.2.1　信号的时域和频率描述方法

描述一个信号的变化过程通常有时域和频域两种方法。信号的时域描述主要反映信号的幅值随时间变化的关系。与之相对应，对一个测试系统的时域分析法也是直接分析时间变量函数或序列，研究系统的时间响应特性。频域分析法是将时域描述的信号进行变换，以频率作为独立变量，从频率分布的角度出发研究信号的结构及各种频率成分的幅值和相位关系。

一般来说，信号的时域描述比较复杂，直接分析各种信号在一个测试系统中的传输情形常常是困难的。因此，常将复杂的信号分解成某些特定类型的基本信号之和，这些基本信号应满足一定的数学条件，且易于实现和分析。常用的基本信号有正弦信号、复指数信号、阶跃信号、冲激信号等。信号的频率描述是将一个时域信号变换为一个频域信号，根据分析任务的要求将该信号分解成一系列基本信号的频域表达形式之和，从频域分布的角度出发研究信号的结构及各种频率成分的幅值和相位关系。由于线性时不变系统的叠加性，通常将一个复杂的信号分解为一系列基本信号之和，多个基本信号作用于系统所引起的响应就等于各基本信号单独作用所产生的响应之和。

采用时域法和频域法来描述信号和分析系统，完全取决于不同测试任务的需要。时域描述直观地反映信号随时间变化的情况，频域描述则侧重描述信号的频率组成成分。但无论采用哪一种描述法，同一信号均含有相同的信息量，不会因采取不同的方法而增添或减少原信号的信息量。例如，周期矩形波可以看成是由一系列不等的正弦波叠加而成，图 5-4 采用波

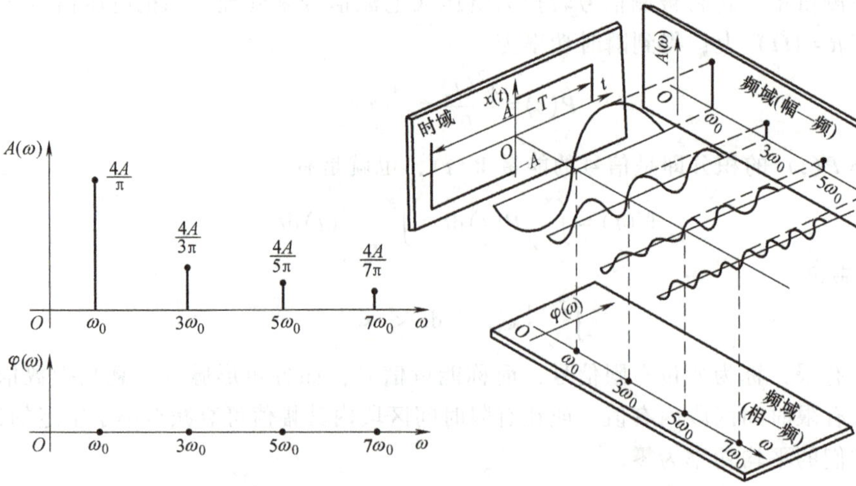

图 5-4　周期矩形波信号的时、频域描述

形分解方式形象地表达了周期方波时域和频域两种描述及其两者之间的联系。

5.2.2　周期信号的描述

谐波信号是最简单的周期信号，只有一种频率成分。那么，一般的非谐波周期信号能否通过一些数学工具化成一些简单的谐波信号的叠加呢？回答是肯定的，这个数学工具就是傅里叶级数。

1. 傅里叶级数

从数学分析已知，对于以 T 为周期的函数 $x(t)$，如果在 $\left(-\frac{T}{2}, \frac{T}{2}\right)$ 上满足狄利克雷(Dirichlet) 条件，即函数在该区间上满足函数在连续或只有有限个第一类间断点且只有有限个极值点，那么函数在 $\left(-\frac{T}{2}, \frac{T}{2}\right)$ 可以展开成傅里叶级数。

傅里叶级数有三角函数展开式和指数函数展开式两种表达形式。

(1) 傅里叶级数的三角函数展开式　该展开式为

$$x(t) = \frac{a_0}{2} + \sum_{n=1}^{\infty}(a_n\cos n\omega_0 t + b_n\sin n\omega_0 t) \quad (n = 1,2,3,\cdots) \tag{5-7}$$

式 (5-7) 中的常值分量 a_0、余弦值分量幅值 a_n、正弦值分量幅值 b_n 分别为

$$a_0 = \frac{2}{T}\int_{-\frac{T}{2}}^{\frac{T}{2}} x(t)\,\mathrm{d}t$$

$$a_n = \frac{2}{T}\int_{-\frac{T}{2}}^{\frac{T}{2}} x(t)\cos n\omega_0 t\,\mathrm{d}t$$

$$b_n = \frac{2}{T}\int_{-\frac{T}{2}}^{\frac{T}{2}} x(t)\sin n\omega_0 t\,\mathrm{d}t \tag{5-8}$$

式中，ω_0 为角频率，$\omega_0 = \frac{2\pi}{T}$；$T$ 为周期。

将式 (5-7) 的正余弦函数的同频率项合并整理，得到信号 $x(t)$ 另一种形式的傅里叶

级数表达式

$$\begin{cases}x(t)=\dfrac{a_0}{2}+\sum\limits_{n=1}^{\infty}A_n\sin(n\omega_0 t+\varphi_n)\\A_n=\sqrt{a_n^2+b_n^2}\\\varphi_n=\arctan\left(\dfrac{a_n}{b_n}\right)\end{cases}\quad(n=1,2,3,\cdots)\tag{5-9}$$

式中，A_n 为各谐波分量的幅值；φ_n 为各谐波分量的初相位。

【例 5-1】 求图 5-5 所示的周期矩形波信号 $x(t)$ 的傅里叶级数。

解： 信号 $x(t)$ 在一个周期 $\left[-\dfrac{T}{2},\ \dfrac{T}{2}\right]$ 中的表达式为

$$x(t)=\begin{cases}-A & -\dfrac{T}{2}\leqslant t\leqslant 0\\A & 0\leqslant t\leqslant\dfrac{T}{2}\end{cases}$$

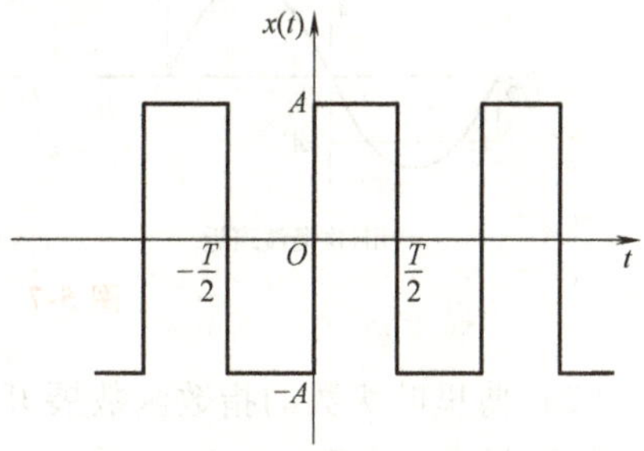

图 5-5 周期矩形波信号

根据式（5-8），有

$$a_0=0\quad a_n=\frac{2}{T}\int_{-\frac{T}{2}}^{\frac{T}{2}}x(t)\cos n\omega_0 t\mathrm{d}t=0$$

这是因为函数 $x(t)$ 是奇函数，而 $\cos n\omega_0 t$ 为偶函数，两者的积 $x(t)\cos n\omega_0 t$ 也是奇函数，且奇函数在对称区间积分值为零。

同时，可得

$$\begin{aligned}b_n&=\frac{2}{T}\int_{-\frac{T}{2}}^{\frac{T}{2}}x(t)\sin n\omega_0 t\mathrm{d}t\\&=\frac{2}{T}\int_{-\frac{T}{2}}^{0}(-A)\sin n\omega_0 t\mathrm{d}t+\frac{2}{T}\int_{0}^{\frac{T}{2}}A\sin n\omega_0 t\mathrm{d}t\\&=\frac{2A}{n\pi}(1-\cos n\pi)\\&=\begin{cases}\dfrac{4A}{n\pi} & n=1,3,5,\cdots\\0 & n=2,4,6,\cdots\end{cases}\end{aligned}$$

因此，周期矩形波的傅里叶级数展开式为

$$x(t)=\frac{4A}{\pi}\left(\sin\omega_0 t+\frac{1}{3}\sin 3\omega_0 t+\frac{1}{5}\sin 5\omega_0 t+\cdots\right)\tag{5-10}$$

由此可画出周期矩形波的幅频谱和相频谱，如图 5-6 所示。信号的幅频谱仅包含信号的基波和奇次谐波，各次谐波的幅值以$\dfrac{1}{n}$的倍数收敛；信号的相频谱中，基波和各次谐波的相位 φ_n 均是零。

从以上计算结果可看到，信号本身可用傅里叶级数中的某几项叠加来逼近。将式（5-10）中 1、3 次谐波叠加，则有图 5-7b 所示图形；将式（5-10）中 1、3、5 次谐波叠

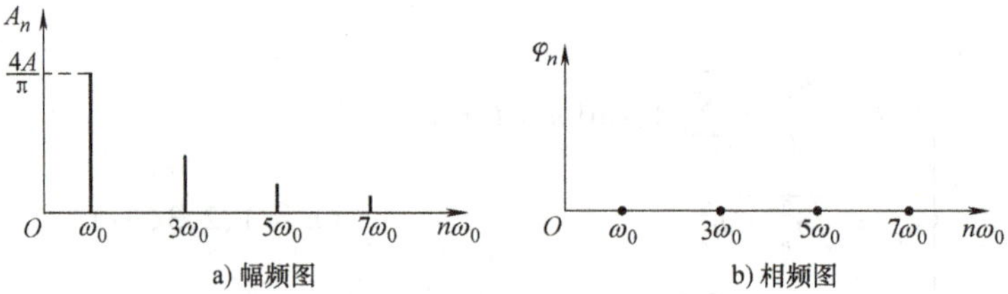

图 5-6　周期矩形波信号的频域图

加，则有图 5-7c 所示图形。当叠加项无限多时，叠加后的波形就是周期矩形波。

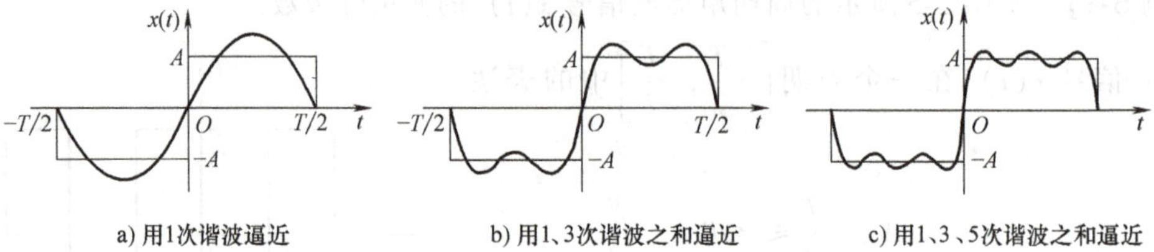

图 5-7　周期矩形波的谐波成分叠加

（2）傅里叶级数的指数函数展开式　利用欧拉公式，可以进一步导出傅里叶级数的指数函数展开式。由于

$$\cos n\omega_0 t=\frac{1}{2}\left(\mathrm{e}^{-\mathrm{j}n\omega_0 t}+\mathrm{e}^{\mathrm{j}n\omega_0 t}\right)$$

$$\sin n\omega_0 t=\frac{j}{2}\left(\mathrm{e}^{-\mathrm{j}n\omega_0 t}-\mathrm{e}^{\mathrm{j}n\omega_0 t}\right) \tag{5-11}$$

式中，$\mathrm{j}=\sqrt{-1}$。

将式（5-7）改写为

$$x(t)=\frac{a_0}{2}+\sum_{n=1}^{\infty}\left[\frac{1}{2}(a_n+\mathrm{j}b_n)\mathrm{e}^{-\mathrm{j}n\omega_0 t}+\frac{1}{2}(a_n-\mathrm{j}b_n)\mathrm{e}^{\mathrm{j}n\omega_0 t}\right]$$

若令

$$\begin{cases} C_0=\dfrac{a_0}{2} \\ C_{-n}=\dfrac{1}{2}(a_n+\mathrm{j}b_n) \quad (n=1,2,3,\cdots) \\ C_n=\dfrac{1}{2}(a_n-\mathrm{j}b_n) \end{cases} \tag{5-12}$$

则

$$x(t)=C_0+\sum_{n=1}^{\infty}\left(C_{-n}\mathrm{e}^{-\mathrm{j}n\omega_0 t}+C_n\mathrm{e}^{\mathrm{j}n\omega_0 t}\right) \tag{5-13}$$

即

$$x(t)=\sum_{n=-\infty}^{\infty}C_n\mathrm{e}^{\mathrm{j}n\omega_0 t} \quad (n=0,\ \pm1,\ \pm2,\cdots) \tag{5-14}$$

其中

$$C_n=\frac{1}{T}\int_{-\frac{T}{2}}^{\frac{T}{2}}x(t)\mathrm{e}^{-\mathrm{j}n\omega_0 t}\mathrm{d}t \quad (n=0,\ \pm1,\ \pm2,\cdots) \tag{5-15}$$

式（5-14）与式（5-15）就是傅里叶级数的复指数形式。

【例 5-2】　求图 5-8 所示的周期矩形脉冲的频谱，其中周期矩形脉冲的周期为 T，脉冲宽度为 τ。

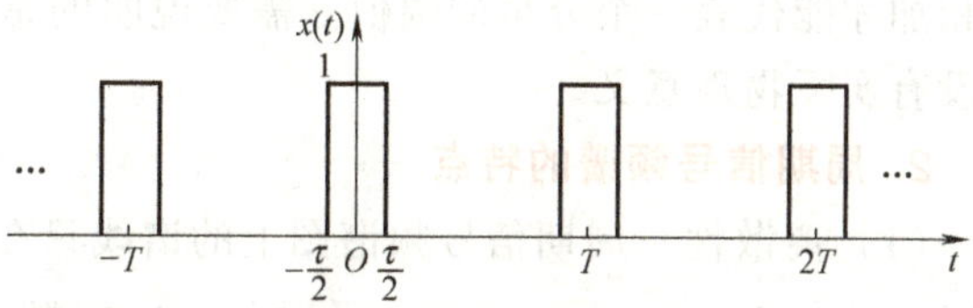
图 5-8　周期矩形脉冲

解：根据式（5-15），有

$$C_n = \frac{1}{T}\int_{-\frac{T}{2}}^{\frac{T}{2}} x(t)\mathrm{e}^{-\mathrm{j}n\omega_0 t}\mathrm{d}t$$

$$= \frac{1}{T}\int_{-\frac{\tau}{2}}^{\frac{\tau}{2}} \mathrm{e}^{-\mathrm{j}n\omega_0 t}\mathrm{d}t$$

$$= \frac{1}{T}\cdot\left.\frac{\mathrm{e}^{-\mathrm{j}n\omega_0 t}}{-\mathrm{j}n\omega_0}\right|_{-\frac{\tau}{2}}^{\frac{\tau}{2}}$$

$$= \frac{\tau}{T}\cdot\frac{\sin\left(\frac{n\omega_0\tau}{2}\right)}{\frac{n\omega_0\tau}{2}}\quad (n=0,\ \pm1,\ \pm2,\cdots)$$

由于 $\omega_0=\frac{2\pi}{T}$，代入得

$$C_n=\frac{\tau}{T}\cdot\frac{\sin\left(\frac{n\pi\tau}{T}\right)}{\frac{n\pi\tau}{T}}\quad (n=0,\pm1,\pm2,\cdots)$$

定义 sinc 函数为

$$\mathrm{sinc}(x)=\frac{\sin x}{x}$$

则

$$C_n=\frac{\tau}{T}\cdot\mathrm{sinc}\left(\frac{n\pi\tau}{T}\right)\quad (n=0,\pm1,\pm2,\cdots)$$

从而根据式（5-14）可得到周期矩形脉冲信号的傅里叶级数展开式为

$$x(t)=\sum_{n=-\infty}^{\infty}C_n\mathrm{e}^{\mathrm{j}n\omega_0 t}=\frac{\tau}{T}\sum_{n=-\infty}^{\infty}\mathrm{sinc}\left(\frac{n\pi\tau}{T}\right)\mathrm{e}^{\mathrm{j}n\omega_0 t}$$

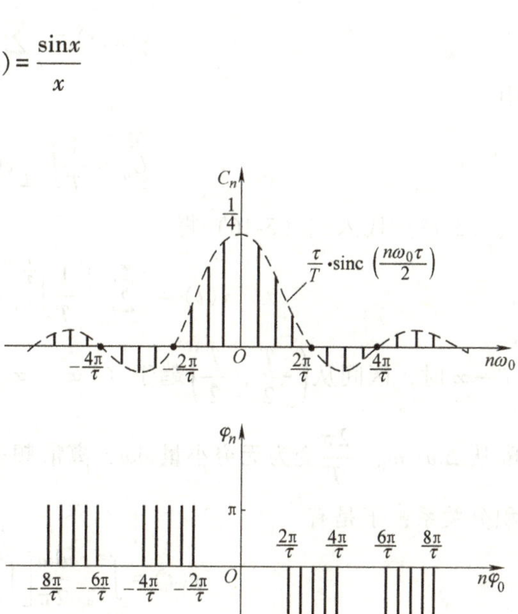
图 5-9　周期矩形脉冲的频谱（$T=4\tau$）

图 5-9 所示为周期矩形脉冲信号的频谱，其中设 $T=4\tau$。比较图 5-6 和图 5-9 可发现：图 5-6 中的每一条谱线代表一个分量的幅值，而图 5-9 中把每个分量的幅值一分为二，在正负频率相对应的位置上各占一半，只有把正负频率上相对应的两条谱线矢

量相加才能代表一个分量的幅值。需要说明的是，负频率项的出现完全是数学计算的结果，并没有实际物理意义。

2. 周期信号频谱的特点

（1）离散性　周期信号频谱图上的谱线只在 $n\omega_0$（$n=0$，1，2，…）离散点上取值（实频谱）或只在 $m\omega_0$（$m=0$，±1，±2，…）离散点上取值（复频谱）。

（2）谐波性　周期信号频谱图上的谱线只出现在基波频率 $\omega_0=\dfrac{2\pi}{T}$ 的整数倍上，相邻谱线间隔为 ω_0。

（3）收敛性　常见的周期信号幅值总的趋势是随谐波次数的增高而减小，由于这种收敛性，实际测量中可以在一定误差允许范围内忽略那些次数过高的谐波分量。

5.2.3　非周期信号的描述

5.2.2 节讨论了周期信号表达成傅里叶级数的问题，但实际问题中遇到的信号大都是非周期的，如过渡过程、爆炸产生的冲击波等。对周期信号仅需考察在一个周期上的变化，而要了解一个非周期信号，则必须考察它在整个时间轴上的变化情况。

研究周期矩形脉冲信号的周期和脉宽变化时其离散频谱的变化可以看到，当信号的脉宽不变而周期趋于无穷大时，原来的周期信号便可当作非周期信号来处理，信号的相邻谱线间隔则趋于无穷小，谱线变得越来越密集，最终成为一条连续的频谱，此时再用傅里叶级数来描述非周期信号已不合适了，应采用的数学工具是傅里叶变换（Fourier Transform，FT）。

1. 傅里叶变换

设有周期函数 $x(t)$ 的频谱是离散的，$x(t)$ 在区间$\left(-\dfrac{T}{2},\ \dfrac{T}{2}\right)$上的傅里叶级数表示为

$$x(t)=\sum_{n=-\infty}^{\infty}C_n\mathrm{e}^{\mathrm{j}n\omega_0 t} \tag{5-16}$$

其中

$$C_n=\frac{1}{T}\int_{-\frac{T}{2}}^{\frac{T}{2}}x(t)\mathrm{e}^{-\mathrm{j}n\omega_0 t}\mathrm{d}t \tag{5-17}$$

将式（5-17）代入式（5-16）得

$$x(t)=\sum_{n=-\infty}^{\infty}\left[\frac{1}{T}\int_{-\frac{T}{2}}^{\frac{T}{2}}x(t)\mathrm{e}^{-\mathrm{j}n\omega_0 t}\mathrm{d}t\right]\mathrm{e}^{\mathrm{j}n\omega_0 t} \tag{5-18}$$

当 $T\to\infty$ 时，区间从$\left(-\dfrac{T}{2},\ \dfrac{T}{2}\right)$趋于（$-\infty$，$\infty$），该信号就成为非周期信号了。频谱的频率间隔从 $\Delta\omega=\omega_0=\dfrac{2\pi}{T}$ 变为无穷小量 $\mathrm{d}\omega$，离散频率 $n\omega_0$ 变为连续频率 ω，展开式的叠加关系变为积分关系，于是有

$$\begin{aligned}x(t)&=\int_{-\infty}^{\infty}\frac{\mathrm{d}\omega}{2\pi}\left[\int_{-\infty}^{\infty}x(t)\mathrm{e}^{-\mathrm{j}\omega t}\mathrm{d}t\right]\mathrm{e}^{\mathrm{j}\omega t}\\&=\frac{1}{2\pi}\int_{-\infty}^{\infty}\left[\int_{-\infty}^{\infty}x(t)\mathrm{e}^{-\mathrm{j}\omega t}\mathrm{d}t\right]\mathrm{e}^{\mathrm{j}\omega t}\mathrm{d}\omega\end{aligned} \tag{5-19}$$

式（5-19）中方括号内对时间 t 积分之后，仅是角频率 ω 的函数，记做 $X(\omega)$，这样有

$$X(\omega)=\int_{-\infty}^{\infty}x(t)\mathrm{e}^{-\mathrm{j}\omega t}\mathrm{d}t \tag{5-20}$$

$$x(t)=\frac{1}{2\pi}\int_{-\infty}^{\infty}X(\omega)\mathrm{e}^{\mathrm{j}\omega t}\mathrm{d}\omega \tag{5-21}$$

式（5-19）中的 $X(\omega)$ 称为 $x(t)$ 的傅里叶变换，可表示为 $F[x(t)]=X(\omega)$；式（5-20）中的 $x(t)$ 称为 $X(\omega)$ 的傅里叶逆变换（Inverse Fourier Transform，IFT），可表示为 $F^{-1}[X(\omega)]=x(t)$。两者互为傅里叶变换对。可记为 $x(t)\leftrightarrow X(\omega)$。

不是所有的非周期信号都可以进行傅里叶变换，非周期函数 $x(t)$ 存在傅里叶变换的充分条件是 $x(t)$ 在区间（$-\infty$，∞）上绝对可积，即

$$\int_{-\infty}^{\infty}|x(t)|\mathrm{d}t<\infty$$

但这个条件并非必要条件，因为当引入广义函数概念后，许多原本不满足绝对可积条件的函数也能进行傅里叶变换。

若将傅里叶变换公式中的角频率 ω 用频率 f 来替代，由于 $\omega=2\pi f$，代入式（5-20）和式（5-21）后，公式简化为

$$X(f)=\int_{-\infty}^{\infty}x(t)\mathrm{e}^{-\mathrm{j}2\pi ft}\mathrm{d}t \tag{5-22}$$

$$x(t)=\int_{-\infty}^{\infty}X(\omega)\mathrm{e}^{\mathrm{j}2\pi ft}\mathrm{d}f \tag{5-23}$$

相应的傅里叶变换对可记为 $x(t)\leftrightarrow X(f)$。

$X(f)$ 一般是频率 f 的复变函数，可以用虚、实频谱形式和幅、相频谱形式写为

$$X(f)=\mathrm{Re}X(f)+\mathrm{jIm}X(f)=|X(f)|\mathrm{e}^{\mathrm{j}\varphi(f)} \tag{5-24}$$

其中

$$|X(f)|=\sqrt{[\mathrm{Re}X(f)]^2+[\mathrm{Im}X(f)]^2}$$

$$\varphi(f)=\arctan\frac{\mathrm{Im}X(f)}{\mathrm{Re}X(f)}$$

需要指出，尽管非周期信号的幅频谱 $|X(f)|$ 和周期信号的幅频谱 $|C_n|$ 很相似，但 $|X(f)|$ 是连续的，而 $|C_n|$ 为离散的。此外两者量纲不同，$|C_n|$ 为信号幅值的量纲，而 $|X(f)|$ 为信号单位频带宽上的幅值。所以确切地说，$|X(f)|$ 是频谱密度函数。

【例 5-3】　求图 5-10 所示的矩形窗函数 $g_T(t)$ 的频谱。

$$g_T(t)=\begin{cases}1 & |t|\leqslant\dfrac{T}{2}\\ 0 & |t|>\dfrac{T}{2}\end{cases}$$

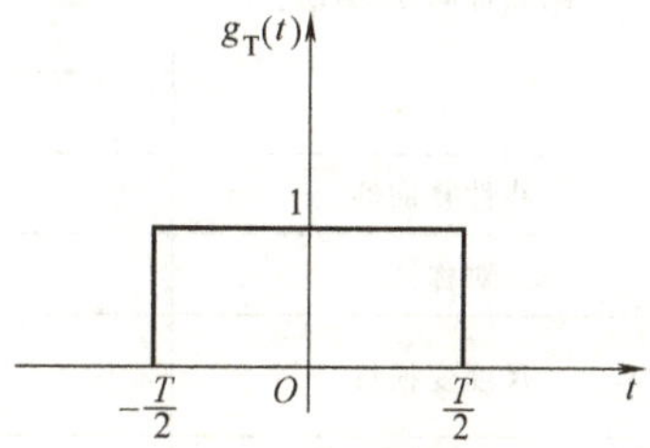

图 5-10　矩形窗函数

解：

$$G_T(\omega)=\int_{-\infty}^{\infty}g_T(t)\,\mathrm{e}^{-\mathrm{j}\omega t}\mathrm{d}t=\int_{-\frac{T}{2}}^{\frac{T}{2}}\mathrm{e}^{-\mathrm{j}\omega t}\mathrm{d}t$$

$$=\frac{1}{-\mathrm{j}\omega}\left(\mathrm{e}^{-\mathrm{j}\omega\frac{T}{2}}-\mathrm{e}^{\mathrm{j}\omega\frac{T}{2}}\right)=T\cdot\frac{\sin\left(\frac{\omega T}{2}\right)}{\left(\frac{\omega T}{2}\right)} \tag{5-25}$$

$$=T\mathrm{sinc}\left(\frac{\omega T}{2}\right)$$

其幅频谱和相频谱分别为

$$|G_T(\omega)|=T\left|\mathrm{sinc}\left(\frac{\omega T}{2}\right)\right| \tag{5-26}$$

$$\varphi(\omega)=\begin{cases}0 & \mathrm{sinc}\left(\frac{\omega T}{2}\right)>0\\ \pi & \mathrm{sinc}\left(\frac{\omega T}{2}\right)<0\end{cases} \tag{5-27}$$

可以看到，窗函数 $g_T(t)$ 的频谱 $G_T(\omega)$ 是一个正或负的实数，正、负符号的变化相当于在相位上改变一个 π 弧度。$G_T(\omega)$ 的图形如图 5-11 所示。

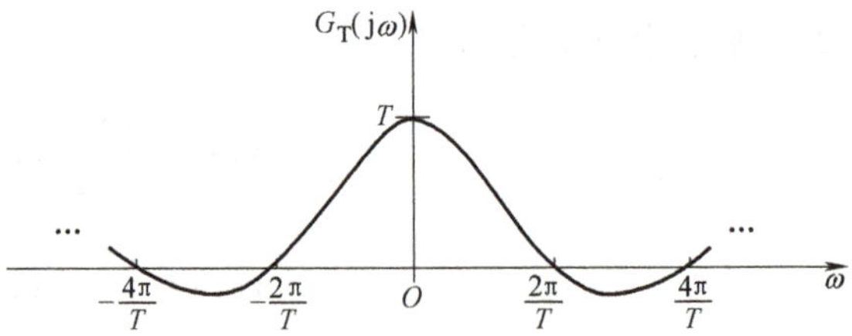

图 5-11 矩形窗函数的频谱

2. 傅里叶变换的主要性质

如前所述，一个信号可以有时域描述和频域描述。两种描述依靠傅里叶变换来确立彼此的一一对应关系。掌握傅里叶变换的主要性质，有助于了解信号在某一域中变化时，在另一域中相应的变化规律，从而使复杂信号的计算分析得以简化。表 5-3 中列出的傅里叶变换的主要性质均可用定义公式推导证明，以下对主要性质进行必要的证明和解释。

表 5-3 傅里叶变换的主要性质

主要性质	时域	频域
函数奇偶虚实性	实偶函数	实偶函数
	实奇函数	虚奇函数
	虚偶函数	虚偶函数
	虚奇函数	实奇函数
线性叠加性	$a_1x_1(t)+a_2x_2(t)$	$a_1X_1(\omega)+a_2X_2(\omega)$
对称性	$X(t)$	$2\pi x(-\omega)$
尺度变换性	$x(at)$	$\frac{1}{a}X\left(\frac{\omega}{a}\right)$
时移性	$x(t\pm t_0)$	$X(\omega)\mathrm{e}^{\pm\mathrm{j}\omega t_0}$
频移性	$\mathrm{e}^{\mathrm{j}\omega_0 t}x(t)$	$X(\omega-\omega_0)$
翻转	$x(-t)$	$X(-f)$

（续）

主要性质	时域	频域
共轭	$x^*(t)$	$X^*(-f)$
时域卷积	$x_1(t)*x_2(t)$	$X_1(\omega)X_2(\omega)$
频域卷积	$x_1(t)x_2(t)$	$\frac{1}{2\pi}X_1(\omega)*X_2(\omega)$
时域微分	$\frac{\mathrm{d}^n x(t)}{\mathrm{d}t^n}$	$(\mathrm{j}\omega)^n X(\omega)$
频域微分	$(-\mathrm{j}t)^n x(t)$	$\frac{\mathrm{d}^n X(\omega)}{\mathrm{d}\omega^n}$
时域积分	$\int_{-\infty}^{t} x(t)\mathrm{d}t$	$\frac{1}{\mathrm{j}\omega}X(\omega)$
频域积分	$\frac{x(t)}{-\mathrm{j}t}$	$\int_{-\infty}^{\infty} X(\omega)\mathrm{d}\omega$

（1）奇偶虚实性　函数 $x(t)$ 的傅里叶变换 $X(\omega)$ 是实变量 ω 的复数函数，可以写成

$$\begin{aligned}X(\omega)&=\int_{-\infty}^{\infty}x(t)\mathrm{e}^{-\mathrm{j}\omega t}\mathrm{d}t\\&=\int_{-\infty}^{\infty}x(t)\cos\omega t\mathrm{d}t-\mathrm{j}\int_{-\infty}^{\infty}x(t)\sin\omega t\mathrm{d}t\\&=\mathrm{Re}X(\omega)+\mathrm{j}\mathrm{Im}X(\omega)\end{aligned}$$

其中实部和虚部分别为

$$\mathrm{Re}X(\omega)=\int_{-\infty}^{\infty}x(t)\cos\omega t\mathrm{d}t \tag{5-28}$$

$$\mathrm{Im}X(\omega)=-\int_{-\infty}^{\infty}x(t)\sin\omega t\mathrm{d}t \tag{5-29}$$

余弦函数是偶函数，正弦函数是奇函数。由式（5-28）、式（5-29）可知，如果 $x(t)$ 是实函数，则 $X(\omega)$ 一般为具有实部和虚部的复函数，且实部为偶函数，即 $\mathrm{Re}X(\omega)=\mathrm{Re}X(-\omega)$，虚部为奇函数，即 $\mathrm{Im}X(\omega)=-\mathrm{Im}X(-\omega)$。

若 $x(t)$ 为实偶函数，则 $\mathrm{Im}X(\omega)=0$，$X(\omega)$ 将是实偶函数，即 $X(\omega)=\mathrm{Re}X(\omega)=X(-\omega)$。若 $x(t)$ 为实奇函数，则 $\mathrm{Re}X(\omega)=0$，$X(\omega)$ 将是虚奇函数，即 $X(\omega)=\mathrm{j}\mathrm{Im}X(\omega)=-X(-\omega)$。若 $x(t)$ 为虚函数，则有 $\mathrm{Re}X(\omega)=-\mathrm{Re}X(-\omega)$，$\mathrm{Im}X(\omega)=\mathrm{Im}X(-\omega)$。

了解这个性质有助于估计傅里叶变换对的相应图形性质，减少不必要的变换计算。

（2）线性叠加性　若 $x_1(t)\leftrightarrow X_1(\omega)$，$x_2(t)\leftrightarrow X_2(\omega)$，则对于任意常数 a_1 和 a_2，有

$$a_1x_1(t)+a_2x_2(t)\leftrightarrow a_1X_1(\omega)+a_2X_2(\omega) \tag{5-30}$$

这一性质可由傅里叶变换定义式直接证明。傅里叶变换的线性叠加性可推广到多个信号的情况。

（3）对称性　若 $x(t)\leftrightarrow X(\omega)$，则

$$X(t)\leftrightarrow 2\pi x(-\omega) \tag{5-31}$$

证明： 因为

$$x(t)=\frac{1}{2\pi}\int_{-\infty}^{\infty}X(\omega)\mathrm{e}^{\mathrm{j}\omega t}\mathrm{d}\omega$$

$$2\pi x(-t)=\int_{-\infty}^{\infty}X(\omega)\mathrm{e}^{-\mathrm{j}\omega t}\mathrm{d}\omega$$

由于积分与变量无关，可得

$$2\pi x(-\omega)=\int_{-\infty}^{\infty}X(t)\mathrm{e}^{-\mathrm{j}\omega t}\mathrm{d}t=F[X(t)]$$

利用该性质，可由已知的傅里叶变换对免去复杂的数学推导即可得出相应的变换对。如时域的矩形窗函数对应频域的 sinc 函数，则时域的 sinc 函数对应于频域的矩形窗函数。

(4) 尺度变换性　若 $x(t)\leftrightarrow X(\omega)$，则对于实常数 $a>0$，有

$$x(at)\leftrightarrow\frac{1}{a}X\left(\frac{\omega}{a}\right) \tag{5-32}$$

证明：

$$F[x(at)]=\int_{-\infty}^{\infty}x(at)\mathrm{e}^{-\mathrm{j}\omega t}\mathrm{d}t$$

令 $t'=at$，有

$$F[x(at)]=\int_{-\infty}^{\infty}x(t')\mathrm{e}^{-\mathrm{j}\omega\frac{t'}{a}}\frac{\mathrm{d}t}{a}=\frac{1}{a}X\left(\frac{\omega}{a}\right)$$

尺度变换性说明，信号在时域上的压缩（$a>1$）对应于其频谱的频带加宽且幅值减小，如图 5-12c 所示；反之，信号在时域上的扩展对应于其频谱变窄且幅值增加，如图 5-12a 所示。同理可证，当 $a<0$ 时，$x(at)\leftrightarrow-\frac{1}{a}X\left(\frac{\omega}{a}\right)$。

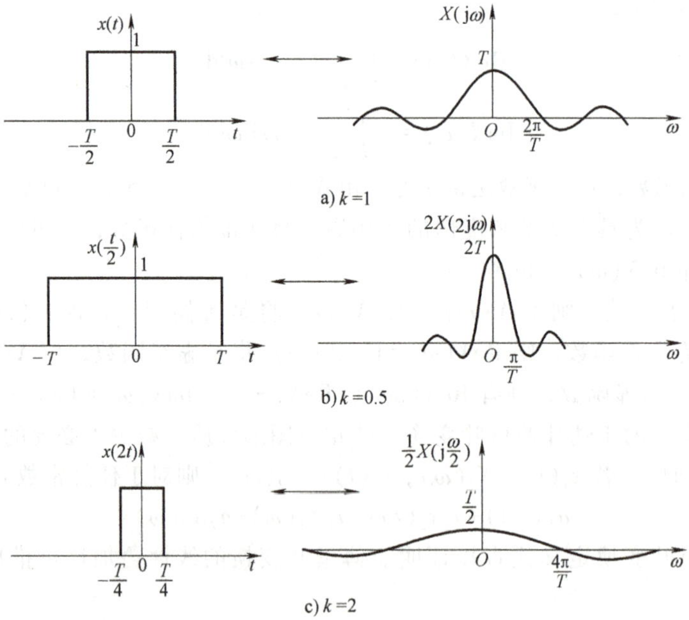

图 5-12　尺度变换性举例

(5) 时移性　若 $x(t)\leftrightarrow X(\omega)$，则

$$x(t\pm t_0)\leftrightarrow X(\omega)\mathrm{e}^{\pm\mathrm{j}\omega t_0} \tag{5-33}$$

证明：根据傅里叶变换的定义得

$$F[x(t \pm t_0)] = \int_{-\infty}^{\infty} x(t \pm t_0) e^{-j\omega t} dt$$
$$= \int_{-\infty}^{\infty} x(t \pm t_0) e^{-j\omega(t \pm t_0)} e^{\pm j\omega t_0} d(t \pm t_0)$$
$$= X(\omega) e^{\pm j\omega t_0}$$

这一性质表明，信号在时域中沿时间轴平移一个常值 t_0 时，其频谱函数将乘以因子 $e^{\pm j\omega t_0}$，即只改变相频谱，幅频谱不变。

（6）频移特性　若 $x(t) \leftrightarrow X(\omega)$，则对于实常数 ω_0，有

$$e^{j\omega_0 t} x(t) \leftrightarrow X(\omega - \omega_0) \tag{5-34}$$

证明：根据定义，$e^{j\omega_0 t} x(t)$ 的傅里叶变换为

$$F[x(t) e^{j\omega_0 t}] = \int_{-\infty}^{\infty} x(t) e^{j\omega_0 t} e^{-j\omega t} dt$$
$$= \int_{-\infty}^{\infty} x(t) e^{-j(\omega - \omega_0)t} dt$$
$$= X(\omega - \omega_0)$$

而式（5-34）就是信号调制的数学基础。

（7）微分特性　若 $x(t) \leftrightarrow X(\omega)$，则

$$\frac{d^n x(t)}{dt^n} \leftrightarrow (j\omega)^n X(\omega) \tag{5-35}$$

证明：因为

$$x(t) = \frac{1}{2\pi}\int_{-\infty}^{\infty} X(\omega) e^{j\omega t} d\omega$$

求微分得

$$\frac{d^n x(t)}{dt^n} = \frac{1}{2\pi}\int_{-\infty}^{\infty} X(\omega)(j\omega)^n e^{j\omega t} d\omega$$

将该式与（5-35）比较可得

$$F[x(t)] = X(\omega),\ F\left[\frac{d^n x(t)}{dt^n}\right] = (j\omega)^n X(\omega)$$

微分特性说明，在频域对频谱函数乘以（jω），相当于在时域对原函数进行微分运算。

（8）积分特性　若 $x(t) \leftrightarrow X(\omega)$，则

$$f(t) = \int_{-\infty}^{t} x(t) dt \leftrightarrow \frac{1}{j\omega} X(\omega) \tag{5-36}$$

证明：因为

$$x(t) = \frac{d[f(t)]}{dt}$$

由微分特性
$$X(\omega) = j\omega F(\omega)$$

所以有
$$F(\omega) = \frac{1}{j\omega}(\omega)$$

积分特性说明，在频域对频谱函数乘以$\left(\frac{1}{j\omega}\right)$，相当于在时域对原函数进行积分运算。

积分和微分性质可用于振动测试，如果测得同一对象的位移、速度和加速度中任一参量的频谱，则可获得其余两个参量的频谱。

（9）卷积特性　卷积是一种表征时不变线性系统输入-输出关系的特别有效的手段。但进行卷积积分有时不太容易。将时域的卷积积分转换为频域中的一种相对应的运算则可避免原有的卷积运算。

1）两个函数的卷积定义式为

$$f(t)=x_1(t)*x_2(t)=\int_{-\infty}^{\infty}x_1(\tau)x_2(t-\tau)\mathrm{d}\tau=\int_{-\infty}^{\infty}x_1(t-\tau)x_2(\tau)\mathrm{d}\tau \tag{5-37}$$

2）时域卷积特性。若 $x_1(t)\leftrightarrow X_1(\omega)$，$x_2(t)\leftrightarrow X_2(\omega)$，则

$$f(t)=x_1(t)*x_2(t)\leftrightarrow F(\omega)=X_1(\omega)X_2(\omega) \tag{5-38}$$

证明：由傅里叶变换的定义

$$\begin{aligned}F(\omega)&=\int_{-\infty}^{\infty}f(t)\mathrm{e}^{-\mathrm{j}\omega t}\mathrm{d}t\\&=\int_{-\infty}^{\infty}\left[\int_{-\infty}^{\infty}x_1(\tau)x_2(t-\tau)\mathrm{d}\tau\right]\mathrm{e}^{-\mathrm{j}\omega t}\mathrm{d}t\\&=\int_{-\infty}^{\infty}x_1(\tau)\left[\int_{-\infty}^{\infty}x_2(t-\tau)\mathrm{e}^{-\mathrm{j}\omega t}\mathrm{d}t\right]\mathrm{d}\tau\\&=\int_{-\infty}^{\infty}x_1(\tau)X_2(\omega)\mathrm{e}^{-\mathrm{j}\omega\tau}\mathrm{d}\tau\\&=X_1(\omega)X_2(\omega)\end{aligned}$$

3）频域卷积特性。若 $x_1(t)\leftrightarrow X_1(\omega)$，$x_2(t)\leftrightarrow X_2(\omega)$，则

$$x_1(t)x_2(t)\leftrightarrow\frac{1}{2\pi}X_1(\omega)*X_2(\omega) \tag{5-39}$$

证明：考虑$\frac{1}{2\pi}X_1(\omega)*X_2(\omega)$的傅里叶逆变换，有

$$F^{-1}\left[\frac{1}{2\pi}X_1(\omega)*X_2(\omega)\right]=\left(\frac{1}{2\pi}\right)^2\int_{-\infty}^{\infty}\left[\int_{-\infty}^{\infty}X_1(u)X_2(\omega-u)\mathrm{d}u\right]\mathrm{e}^{\mathrm{j}\omega t}\mathrm{d}\omega$$

令 $v=\omega-u$，则 $\mathrm{d}v=\mathrm{d}\omega$、$\omega=v+u$，因而有

$$\begin{aligned}F^{-1}\left[\frac{1}{2\pi}X_1(\omega)*X_2(\omega)\right]&=\left(\frac{1}{2\pi}\right)^2\int_{-\infty}^{\infty}X_1(u)\left[\int_{-\infty}^{\infty}X_2(v)\mathrm{e}^{\mathrm{j}(v+u)t}\mathrm{d}v\right]\mathrm{d}u\\&=\frac{1}{2\pi}\int_{-\infty}^{\infty}X_2(v)\mathrm{e}^{\mathrm{j}vt}\mathrm{d}v\cdot\frac{1}{2\pi}\int_{-\infty}^{\infty}X_1(u)\mathrm{e}^{\mathrm{j}ut}\mathrm{d}u\\&=x_1(t)x_2(t)\end{aligned}$$

该性质表明，时域乘积对应于频域卷积，频域乘积对应于时域卷积。

5.2.4　随机信号的描述

1. 概述

在信号的分类中已经指出，不能用明确的数学关系来表达，只能通过统计观察来加以描述的信号称为随机信号。随机信号是工程中经常遇到的一种信号，它不能被预测未来任何瞬时的精确值，对这种信号每次观测的结果都不一样，但大量地重复实验可以看到它具有统计规律，因而可用概率统计方法来描述和研究。

在工程测试中随机信号随处可见，如行驶的车辆所受到的道路振动；切削材质不均匀的工件时所产生的切削力；海浪、地震以及机械传动中的随机因素所产生的信号等。

产生随机信号的物理现象称为随机现象。如图 5-13 所示的随机信号的单个时间历程 $x_i(t)$ 称为样本函数，某种随机现象可能产生的全部样本函数的集合（也称总体）称为随机过程$\{x(t)\}$，即$\{x(t)\}=\{x_1(t),x_2(t),\cdots,x_i(t),\cdots\}$。

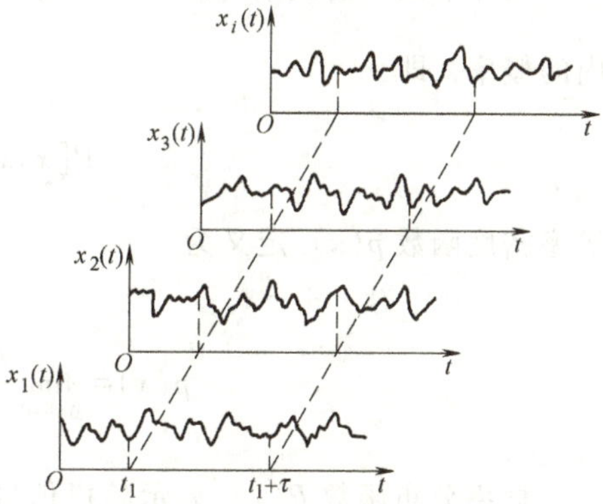

图 5-13 随机过程的样本函数

随机过程并非无规律可循。事实上只要能获得足够多和足够长的样本函数，便可求得其概率意义上的统计规律。常用的统计参数有均值、均方值、方差、概率密度函数、相关函数及功率谱密度函数等。这些特征参数均是按照集平均来计算的，即并不是沿某个样本函数的时间轴，而是在集中的某个时刻 t_i 对所有的样本函数的观测值取平均。为了与集平均相区分，将按单个样本的时间历程所进行的平均称为时间平均。例如，要求图 5-13 中某 t_1 时的均值为

$$\mu_x(t_1)=\lim_{n\to\infty}\frac{1}{n}\sum_{i=1}^{n}x_i(t_1) \tag{5-40}$$

随机过程可分为平稳随机和非平稳随机过程两种。平稳随机过程是指过程的统计特性不随时间的平移而变化。严格地说便是如果对于时间 t 的任意 n 个数值 t_1，t_2，…，t_n 和任意实数 ε，随机过程$\{x(t)\}$的 n 维分布函数满足

$$F_n(x_1,x_2,\cdots,x_n;t_1,t_2,\cdots,t_n)=F_n(x_1,x_2,\cdots,x_n,t_1+\varepsilon,t_2+\varepsilon,\cdots,t_n+\varepsilon)$$
$$(n=1,2,\cdots) \tag{5-41}$$

则称 $\{x(t)\}$ 为平稳随机过程。不符合式（5-41）的随机过程称为非平稳参数随机过程。

对于一个平稳随机过程，若它的任何一个样本函数的时间平均统计特征参数均相同，且等于总体统计特征，则该过程叫各态历经过程，在工程中所遇到的多数随机信号具有各态历经性，有的虽不是严格的各态历经过程，但亦可当作各态历经随机过程来处理。从理论上说，求随机过程的统计参量需要无限多个样本，这是难以办到的。实际测试工作常把随机信号按各态历经过程来处理，以测得的有限个函数的时间平均值来估计整个随机过程的集合平均值。严格地说，只有平稳随机过程才能是各态历经的，只要证明随机过程是各态历经的，才能用样本函数统计量代替随机过程总体统计量。

2. 随机过程的主要特征参数

通常用来描述随机信号的特征参数主要有四种：概率密度函数，均值、均方值和方差，相关函数，功率谱密度函数。

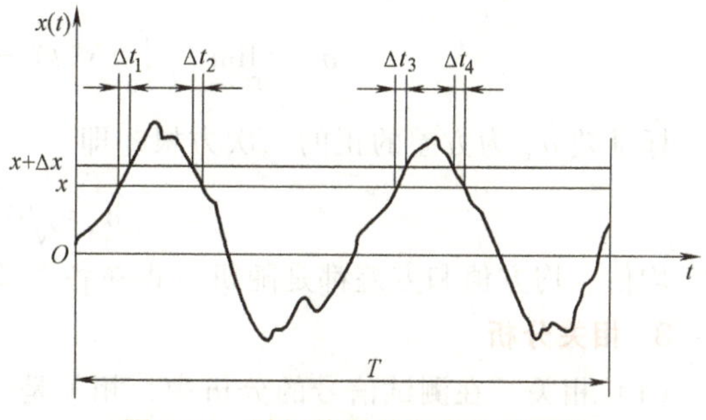

图 5-14 随机信号的概率密度函数

（1）概率密度函数 概率密度函数是指一个随机信号的瞬时值落在指定区间 $(x,\ x+\Delta x)$ 内的概率对 Δx 比值的极限值。如图 5-14 所示，在观察时间长度 T 的范围内，随机信号 $x(t)$ 的瞬时值落在区间 $(x,\ x+\Delta x)$ 内的总时间和为

$$T_x = \Delta t_1 + \Delta t_2 + \cdots + \Delta t_n = \sum_{i=1}^{n} \Delta t_i \tag{5-42}$$

当样本函数的观察时间 $T\to\infty$ 时，$\frac{T_x}{T}$的极限便称为随机信号 $x(t)$ 在区间 $(x, x+\Delta x)$ 内的概率，即

$$P[x<x(t)\leqslant x+\Delta x] = \lim_{T\to\infty}\frac{T_x}{T} \tag{5-43}$$

概率密度函数 $p(x)$ 定义为

$$p(x)=\lim_{\Delta x\to 0}\frac{P[x<x(t)\leqslant x+\Delta x]}{\Delta x}=\lim_{\substack{\Delta x\to 0\\ T\to\infty}}\frac{\frac{T_x}{T}}{\Delta x} \tag{5-44}$$

概率分布函数 $P(x)$ 表示随机信号的瞬时值低于某一给定值 x 的概率，即

$$P(x)=P[x(t)\leqslant x] = \lim_{T\to\infty}\frac{T'_x}{T} \tag{5-45}$$

式中，T'_x为 $x(t)$ 值小于或等于 x 的总时间。

概率分布函数与概率密度函数之间的关系为

$$p(x)=\lim_{\Delta x\to 0}\frac{P(x+\Delta x)-P(x)}{\Delta x}=\frac{\mathrm{d}P(x)}{\mathrm{d}x} \tag{5-46}$$

$$P(x) = \int_{-\infty}^{\infty} p(x)\,\mathrm{d}x \tag{5-47}$$

$x(t)$ 的值落在区间 $(x_1, x_2]$ 内的概率为

$$P[x_1 < x(t) \leqslant x_2] = \int_{x_1}^{x_2} p(x)\,\mathrm{d}x = P(x_2) - P(x_1) \tag{5-48}$$

（2）均值、均方值和方差　对于一个各态历经过程 $x(t)$，其均值 μ_x 定义为

$$\mu_x = E[x] = \lim_{T\to\infty}\frac{1}{T}\int_0^T x(t)\,\mathrm{d}t \tag{5-49}$$

式中，$E[x]$ 为变量 x 的数学期望；T 为观测时间。

均方值 ψ_x^2 反映信号的能量或强度，表示为

$$\psi_x^2 = E[x^2] = \lim_{T\to\infty}\frac{1}{T}\int_0^T x^2(t)\,\mathrm{d}t \tag{5-50}$$

方差 σ_x^2 描述随机信号的动态分量，反映 $x(t)$ 偏离均值的波动情况，表示为

$$\sigma_x^2 = \lim_{T\to\infty}\frac{1}{T}\int_0^T [x(t) - \mu_x]^2\mathrm{d}t = \psi_x^2 - \mu_x^2 \tag{5-51}$$

标准差 σ_x 为方差的正的二次方根，即

$$\sigma_x = \sqrt{\psi_x^2 - \mu_x^2} \tag{5-52}$$

均值、均方值和方差都是随机过程在各个孤立时刻的统计特性的描述。

3. 相关分析

（1）相关　在测试信号的分析中，相关是一个非常重要的概念。由概率统计理论可知，相关是用来描述随机过程自身在不同时刻的状态间，或者两个随机过程在某个时刻状态间线

性依从关系的数字特征。

对于确定性信号来说，两变量的关系可用确定的函数来描述，但两个随机变量却不具有这种确定的关系。然而，它们之间却可能存在某种统计上可确定的物理关系。图 5-15 所示为两个随机变量 x 和 y 的若干数据点的分布情况，其中图 5-15a 所示的 x 和 y 有较好的线性相关关系；图 5-15b 所示的 x 和 y 虽无确定的关系，但从总体上看，两变量具有某种程度的相关关系；图 5-15c 中的数据点分布很散，说明变量 x 和 y 间不存在确定性的关系。

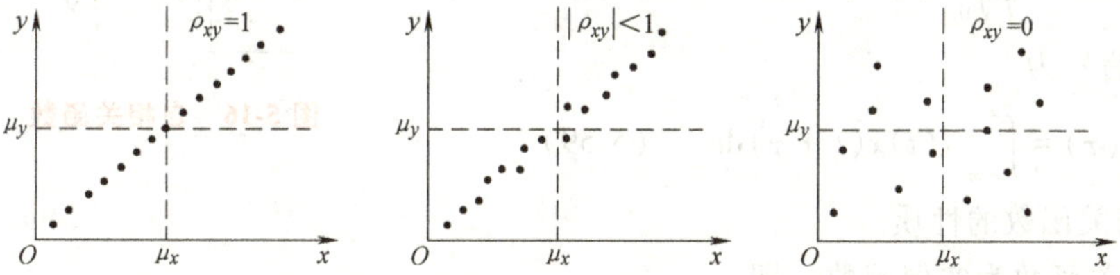

a) 线性相关关系较好　　b) 有线性相关关系　　c) 不相关

图 5-15　变量 x 和 y 的相关性

变量 x 和 y 之间的相关程度常用相关系数 ρ_{xy} 来表示，即

$$\rho_{xy}=\frac{\sigma_{xy}}{\sigma_x\sigma_y}=\frac{E[(x-\mu_x)(y-\mu_y)]}{\sqrt{E[(x-\mu_x)^2]E[(y-\mu_y)^2]}} \tag{5-53}$$

式中，σ_{xy} 为随机变量 x、y 的协方差；μ_x、μ_y 为随机变量 x、y 的均值；σ_x、σ_y 为随机变量 x、y 的标准差。

利用柯西-施瓦茨不等式

$$E[(x-\mu_x)(y-\mu_y)]^2\leqslant E[(x-\mu_x)^2]E[(y-\mu_y)^2] \tag{5-54}$$

可知 $|\rho_{xy}|\leqslant1$，当 $\rho_{xy}=1$ 时，所有数据点均落在的直线 $y-\mu_y=m(x-\mu_x)$（m 为直线斜率）上，说明变量 x 和 y 间的线性相关关系较好，如图 5-15a 所示；当 $\rho_{xy}=-1$，变量 x 和 y 间同样线性相关关系较好，只是直线的斜率为负；当 $\rho_{xy}=0$，表示变量 x 和 y 之间不相关，如图 5-15c 所示。

（2）自相关分析

1）自相关函数概念。$x(t)$ 是各态历经随机信号，$x(t+\tau)$ 是 $x(t)$ 时移 τ 后的样本（如图 5-16 所示），两个样本的相关程度可以用相关系数 $\rho_x(\tau)$ 表示为

$$\rho_x(\tau)=\frac{\lim\limits_{T\to\infty}\frac{1}{T}\int_0^T[x(t)-\mu_x][x(t+\tau)-\mu_x]\mathrm{d}t}{\sigma_x^2}=\frac{\lim\limits_{T\to\infty}\frac{1}{T}\int_0^T x(t)x(t+\tau)\mathrm{d}t-\mu_x^2}{\sigma_x^2} \tag{5-55}$$

若用 $R_x(\tau)$ 表示自相关函数，其定义为

$$R_x(\tau)=\lim_{T\to\infty}\frac{1}{T}\int_0^T x(t)x(t+\tau)\mathrm{d}t \tag{5-56}$$

则

$$\rho_x(\tau)=\frac{R_x(\tau)-\mu_x^2}{\sigma_x^2} \tag{5-57}$$

应当说明，信号的性质不同，自相关函数有不同的表达形式。对于周期信号（功率信号）和非周期信号（能量信号），自相关函数的表达形式分别如下：

周期信号为

$$R_x(\tau)=\frac{1}{T}\int_0^T x(t)x(t+\tau)\mathrm{d}t \tag{5-58}$$

非周期信号为

$$R_x(\tau)=\int_{-\infty}^{\infty} x(t)x(t+\tau)\mathrm{d}t \tag{5-59}$$

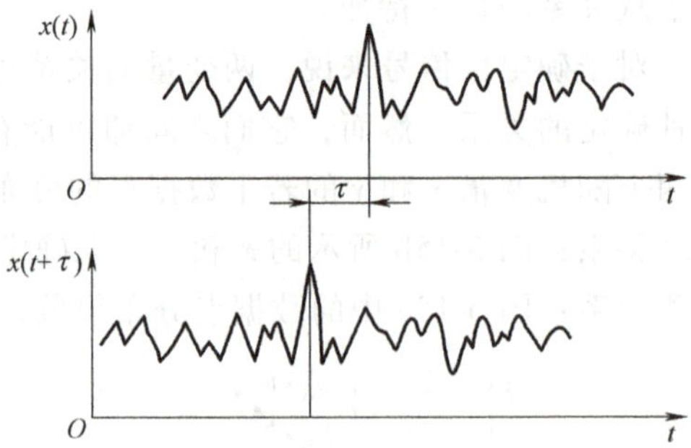

图 5-16　自相关函数

2）自相关函数的性质。

① 自相关函数为实偶函数，即

$$R_x(\tau)=R_x(-\tau) \tag{5-60}$$

② 自相关函数在 $\tau=0$ 处有极大值，并等于信号的均方值 ψ_x^2，即

$$R_x(0)=R_x(\tau)\big|_{\max}=\psi_x^2=\sigma_x^2+\mu_x^2 \tag{5-61}$$

如果该随机信号的均值 $\mu_x=0$，则

$$\rho_x(\tau)=\frac{R_x(\tau)}{\sigma_x^2}=1 \tag{5-62}$$

式（5-62）表明，当 $\tau=0$ 且 $\mu_x=0$ 时，两信号完全相关。

③ $R_x(\tau)$ 值的取值范围为

$$\mu_x^2-\sigma_x^2\leqslant R_x(\tau)\leqslant\sigma_x^2+\mu_x^2 \tag{5-63}$$

④ 当 $\tau\to\infty$ 时，$x(t+\tau)$ 和 $x(t)$ 不存在内在联系，彼此无关，即

$$\begin{cases}\rho_x(\tau\to\infty)\to 0\\ R_x(\tau\to\infty)\to\mu_x^2\end{cases} \tag{5-64}$$

若 $\mu_x=0$，则 $R_x(\tau\to\infty)\to 0$，如图 5-17 所示。

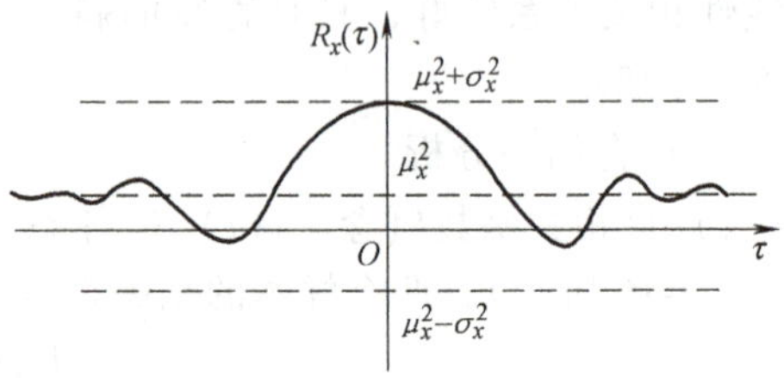

图 5-17　自相关函数的性质

⑤ 周期函数的自相关函数仍为同频率的周期函数，两者的频率相同，但丢掉了相位信息。

若周期函数为 $x(t)=x(t+nT)$，则其自相关函数

$$\begin{aligned}R_x(\tau+nT)&=\frac{1}{T}\int_0^T x(t+nT)x(t+nT+\tau)\mathrm{d}(t+nT)\\&=\frac{1}{T}\int_0^T x(t)x(t+\tau)\mathrm{d}(t)=R_x(\tau)\end{aligned} \tag{5-65}$$

【例 5-4】 求正弦函数 $x(t)=A\sin(\omega t+\varphi)$ 的自相关函数。

解： 根据式（5-58）有

$$\begin{aligned}R_x(\tau)&=\frac{1}{T}\int_0^T x(t)x(t+\tau)\mathrm{d}t\\&=\frac{1}{T}\int_0^T A\sin(\omega t+\varphi)\cdot A\sin[\omega(t+\tau)+\varphi]\mathrm{d}t\end{aligned}$$

式中，T 为正弦函数的周期，$T=\dfrac{2\pi}{\omega}$。

令 $\omega t+\varphi=\theta$，则

$$R_x(\tau)=\frac{A^2}{2\pi}\int_0^{2\pi}\sin\theta\sin(\theta+\omega\tau)\,\mathrm{d}\theta=\frac{A^2}{2}\cos\omega\tau$$

可见，正弦函数的自相关函数是一个余弦函数，它保留了幅值信息和频率信息，但丢掉了原信号的相位信息。

自相关函数可用来检测淹没在随机信号中的周期分量。这是因为只要信号中含有周期成分，其自相关函数在 τ 很大时就都不衰减，并具有明显的周期性。不包含周期成分的随机信号，当 $\tau\to\infty$ 时自相关函数会趋近于某一常值（μ_x^2）。

(3) 互相关分析

1）互相关函数的概念。两个各态历经随机信号 $x(t)$ 和 $y(t)$ 的互相关函数 $R_{xy}(\tau)$ 定义为

$$R_{xy}(\tau)=\lim_{T\to\infty}\frac{1}{T}\int_0^T x(t)y(t+\tau)\,\mathrm{d}t \tag{5-66}$$

时移为 τ 的两信号 $x(t)$ 和 $y(t)$ 的互相关系数 $\rho_{xy}(\tau)$ 为

$$\begin{aligned}\rho_{xy}(\tau)&=\frac{\lim\limits_{T\to\infty}\dfrac{1}{T}\displaystyle\int_0^T[x(t)-\mu_x][y(t+\tau)-\mu_y]\,\mathrm{d}t}{\sigma_x\sigma_y}\\&=\frac{\lim\limits_{T\to\infty}\dfrac{1}{T}\displaystyle\int_0^T x(t)y(t+\tau)\,\mathrm{d}t-\mu_x\mu_y}{\sigma_x\sigma_y}=\frac{R_{xy}(\tau)-\mu_x\mu_y}{\sigma_x\sigma_y}\end{aligned} \tag{5-67}$$

2）互相关函数的性质。

① 互相关函数非偶函数，亦非奇函数，而是

$$R_{xy}(\tau)=R_{yx}(-\tau) \tag{5-68}$$

② $R_{xy}(\tau)$ 的峰值通常不在 $\tau=0$ 处，其峰值偏离原点的位置为 τ_0，反映了两信号时移的大小，如图 5-18 所示。

③ $R_{xy}(\tau)$ 的取值范围为

$$\mu_x\mu_y-\sigma_x\sigma_y\leqslant R_{xy}(\tau)\leqslant\mu_x\mu_y+\sigma_x\sigma_y \tag{5-69}$$

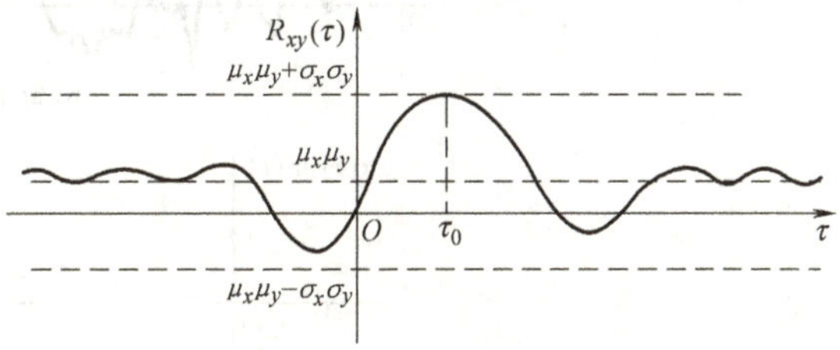

图 5-18　互相关函数的性质

图 5-18 同样表示了互相关函数的取值范围。

④ 均值为零的两个统计独立的随机信号 $x(t)$ 和 $y(t)$，对所有的 τ 值有 $R_{xy}(\tau)=0$。将随机信号 $x(t)$ 和 $y(t)$ 表示为均值和波动部分之和的形式，即

$$x(t)=\mu_x+x'(t),\ y(t)=\mu_y+y'(t)$$

则

$$\begin{aligned}R_{xy}(\tau)&=\lim_{T\to\infty}\frac{1}{T}\int_0^T x(t)y(t+\tau)\,\mathrm{d}t\\&=\lim_{T\to\infty}\frac{1}{T}\int_0^T[\mu_x+x'(t)][\mu_y+y'(t+\tau)]\,\mathrm{d}t=R_{x'y'}(\tau)+\mu_x\mu_y\end{aligned}$$

当 $\tau\to\infty$ 时，$R_{x'y'}(\tau)\ \to 0$，则 $R_{xy}(\tau)=\mu_x\mu_y=0$。

⑤ 若两信号 $x(t)$ 和 $y(t)$ 具有同频的周期成分，则它们的互相关函数中，即使 $\tau\to\infty$，也会出现该频率的周期成分，互相关函数不收敛。两个不同频率的周期信号，其互相关函数为零。即同频相关，不同频不相关。

【深入思考】
以简谐信号为例，如何证明两个具有相同频率的周期信号其互相关函数中保留了信号频率？

(4) 相关函数的工程应用　相关函数在工程测试中有着广泛的用途。前面提到了用自相关来检测淹没在随机信号中的周期信号成分，下面将介绍一些自相关函数和互相关函数的典型应用。

1）不同类型信号的识别。自相关函数描绘了信号的现在值与未来值之间的依赖关系，也可以说是一个信号波形与它时移后的波形相似程度的度量。对于不同类型的信号，它们的自相关函数各具有不同的特征。图 5-19 是几种典型信号的自相关函数的波形。图 5-19a 是一个窄带随机信号；图 5-19b 是一个宽带随机信号，它的时域信号比图 5-19a 所示的变化剧烈，它的自相关函数曲线也比图 5-19a 所示的衰减快；图 5-19c 是一个具有无限带宽的 δ 函数，它的自相关函数具有最快的衰减，也是一个 δ 函数；图 5-19d 是一个正弦信号，它具有单一频率，它的自相关函数是与之同频的余弦函数，具有永远不衰减的特征；图 5-19e 是一个随机信号与一个周期信号叠加的信号，它的自相关函数如图示可见，其

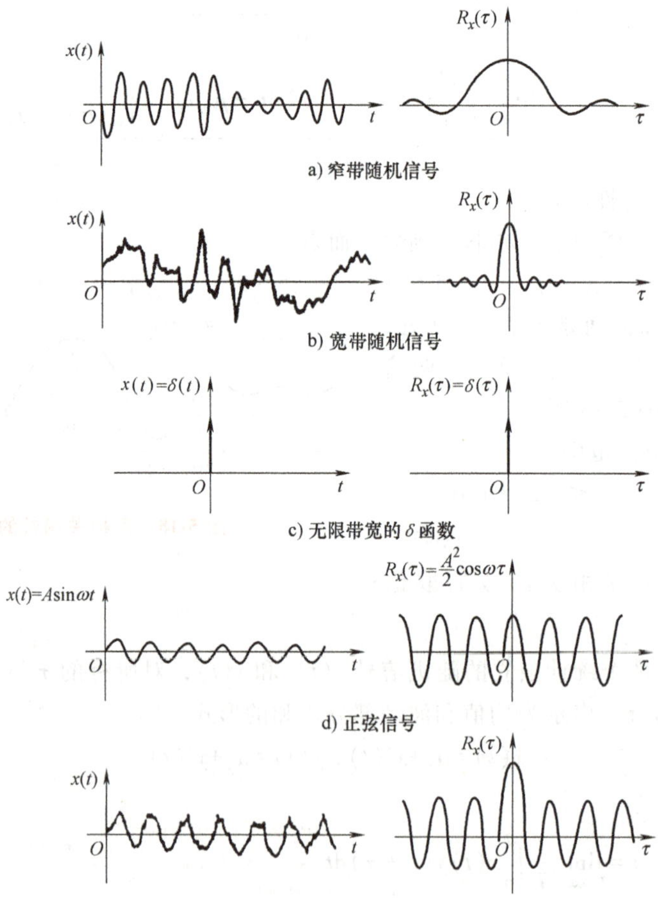

a) 窄带随机信号

b) 宽带随机信号

c) 无限带宽的 δ 函数

d) 正弦信号

e) 随机信号与周期信号的叠加

图 5-19　典型函数及自相关函数

一部分是逐渐衰减，衰减速度取决于该随机信号本身的性质。另一部分是不衰减部分，它表示此信号中的正弦成分，而且还可看到这一正弦成分的频率和幅值。

综上所述可以看到，不同类型信号和它们的组合具有不同特征的自相关函数波形。所以，可以从信号的自相关函数波形上识别此信号的特征，特别是可以识别出随机信号中是否含有周期信号成分和它们的频率。

2）相关测速。互相关函数比自相关函数包含有更多的原信号中的信息，因此用途更广。工程中常用两个间隔一定距离的传感器进行非接触测量运动物体的速度。如图 5-20 所示，当运动物体通过固定距离为 l 的两个光电检测器 A 和 B，检测器可获得对应的两个信号 $x(t)$ 和 $y(t)$，经互相关处理得到相关函数 $R_{xy}(\tau)$。根据峰值的滞后时间 τ_0，即可求得运动物体的速度 $v=\dfrac{l}{\tau_0}$。

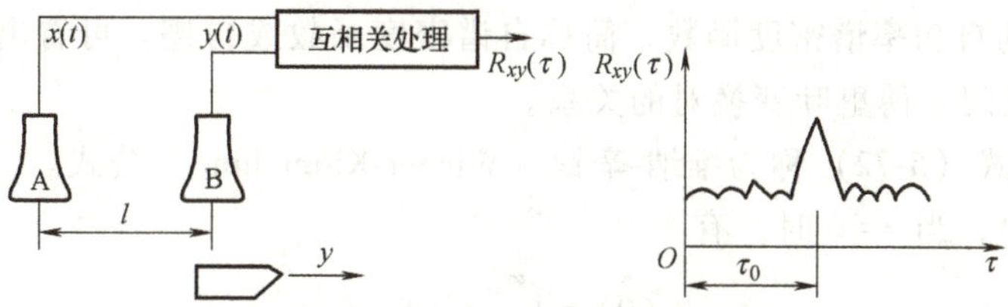

图 5-20 物体运动速度的非接触测量

4. 信号的频域分析

信号的时域描述反映了信号幅值随时间变化的特征，而频域的描述反映了信号的频率结构和各频率成分的幅值大小。相关分析从时域角度为在噪声背景下提取有用信息提供了手段，功率谱密度函数、相干函数、倒谱分析则从频域角度为研究平稳随机过程提供了重要方法。

（1）帕塞瓦尔（Parseval）定理　设有傅里叶变换对

$$x_1(t)\leftrightarrow X_1(f),\ x_2(t)\leftrightarrow X_2(f)$$

按照频域卷积定理，有

$$x_1(t)x_2(t)\leftrightarrow X_1(f)*X_2(f)$$

$$\int_{-\infty}^{\infty}x_1(t)x_2(t)\mathrm{e}^{-\mathrm{j}2\pi f_0 t}\mathrm{d}t=\int_{-\infty}^{\infty}X_1(f)X_2(f_0-f)\mathrm{d}f$$

令 $f_0=0$，得

$$\int_{-\infty}^{\infty}x_1(t)x_2(t)\mathrm{d}t=\int_{-\infty}^{\infty}X_1(f)X_2(-f)\mathrm{d}f$$

又令 $x_1(t)=x_2(t)=x(t)$，得

$$\int_{-\infty}^{\infty}x^2(t)\mathrm{d}t=\int_{-\infty}^{\infty}X(f)X(-f)\mathrm{d}f$$

$x(t)$ 是实函数，故 $X(-f)=X^*(f)$，即为 $X(f)$ 的共轭函数，于是有

$$\int_{-\infty}^{\infty}x^2(t)\mathrm{d}t=\int_{-\infty}^{\infty}X(f)X^*(f)\mathrm{d}f=\int_{-\infty}^{\infty}|X(f)|^2\mathrm{d}f \tag{5-70}$$

式（5-70）即为帕塞瓦尔定理，它表明在时域中计算的信号总能量，等于在频域中计算的信号总能量。$|X(f)|^2$ 称为能量谱，它是沿频率轴的能量分布密度。

（2）功率谱分析　前面引入的相关函数用于描述时域中的随机信号，如果对相关函数

应用傅里叶变换，则可得到一种相应的在频域中描述随机信号的方法，这种傅里叶变换称为功率谱密度函数。

1）自功率谱密度函数。设 $x(t)$ 为均值为零的随机过程，且 $x(t)$ 无周期性分量，其自相关函数 $R_x(\tau)$ 在 $\tau\to\infty$ 时有：

$$R_x(\tau\to\infty)=0$$

则 $R_x(\tau)$ 满足傅里叶变换条件 $\int_{-\infty}^{\infty}|R_x(\tau)|\mathrm{d}\tau<\infty$ 。对 $R_x(\tau)$ 作傅里叶变换，可得

$$S_x(f)=\int_{-\infty}^{\infty}R_x(\tau)\mathrm{e}^{-\mathrm{j}2\pi f\tau}\mathrm{d}\tau \tag{5-71}$$

其逆变换为

$$R_x(\tau)=\int_{-\infty}^{\infty}S_x(f)\mathrm{e}^{\mathrm{j}2\pi f\tau}\mathrm{d}f \tag{5-72}$$

$S_x(f)$ 称为 $x(t)$ 的自功率谱密度函数，简称自谱密度函数或自谱。可看出自谱 $S_x(f)$ 与自相关函数 $R_x(\tau)$ 之间是傅里叶变换对的关系。

式（5-71）和式（5-72）称为维纳-辛钦（Wiener-Khintchine）公式。

对于式（5-72），当 $\tau=0$ 时，有

$$R_x(0)=\int_{-\infty}^{\infty}S_x(f)\mathrm{d}f$$

根据相关函数的定义，当 $\tau=0$ 时，有

$$R_x(0)=\lim_{T\to\infty}\frac{1}{T}\int_0^T x(t)x(t+0)\mathrm{d}t=\lim_{T\to\infty}\frac{1}{T}\int_0^T x^2(t)\mathrm{d}t$$

比较以上两式可得

$$\int_{-\infty}^{\infty}S_x(f)\mathrm{d}f=\lim_{T\to\infty}\int_0^T\frac{x^2(t)}{T}\mathrm{d}t \tag{5-73}$$

式（5-73）表明：$S_x(f)$ 曲线下的总面积与 $\frac{x^2(t)}{T}$ 曲线下的总面积相等。从物理意义上讲，$x^2(t)$ 是信号的能量，则 $\frac{x^2(t)}{T}$ 是信号 $x(t)$ 的功率，而 $\lim_{T\to\infty}\int_0^T\frac{x^2(t)}{T}\mathrm{d}t$ 是信号 $x(t)$ 的总功率。这一总功率与 $S_x(f)$ 曲线下的总面积相等，故 $S_x(f)$ 曲线下的总面积就是信号的总功率。因此，$S_x(f)$ 表示信号的功率密度沿频率轴的分布，故又称 $S_x(f)$ 为功率谱密度函数。

根据帕塞瓦尔定理，在整个时间轴上信号的平均功率为

$$P_{\mathrm{av}}=\lim_{T\to\infty}\frac{1}{T}\int_0^T x^2(t)\mathrm{d}t=\int_{-\infty}^{\infty}\lim_{T\to\infty}\frac{1}{T}|X(f)|^2\mathrm{d}f \tag{5-74}$$

由此可得自谱与幅值谱之间的关系为

$$S_x(f)=\lim_{T\to\infty}\frac{1}{T}|X(f)|^2 \tag{5-75}$$

利用式（5-75）便可对时域信号直接使用傅里叶变换来计算功率谱。

因为 $R_x(\tau)$ 是偶函数，$S_x(f)$ 亦为实偶函数，它的频率范围是（$-\infty$，∞），又称双边自功率谱密度函数。在实际测试中也常采用在频率范围（0，∞）内的 $G_x(f)=2S_x(f)$ 来表

示信号的全部功率谱。通常把 $G_x(f)$ 称为信号 $x(t)$ 的单边功率谱密度函数。图 5-21 为单边功率谱和双边功率谱的比较。

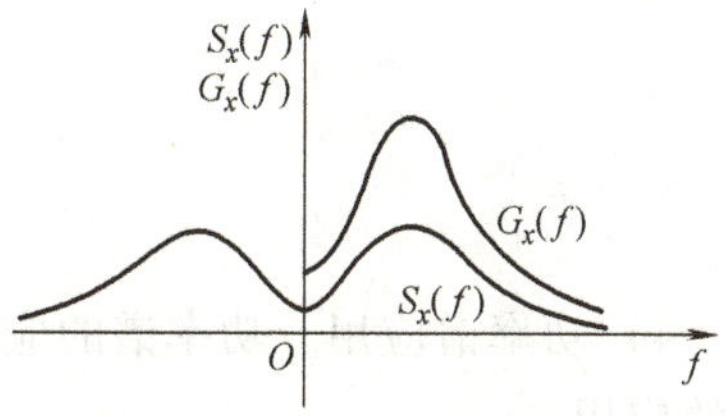

图 5-21　单边功率谱和双边功率谱

2）互功率谱密度函数。与自功率谱密度函数的定义相类似，若互相关函数 $R_{xy}(\tau)$ 满足傅里叶变换的条件 $\int_{-\infty}^{\infty}|R_{xy}(\tau)|\mathrm{d}\tau<\infty$，则定义 $R_{xy}(\tau)$ 的傅里叶变换

$$S_{xy}(f)=\int_{-\infty}^{\infty}R_{xy}(\tau)\mathrm{e}^{-\mathrm{j}2\pi f\tau}\mathrm{d}\tau \tag{5-76}$$

为信号 $x(t)$ 和 $y(t)$ 的互功率谱密度函数，简称互谱密度函数或互谱。

其逆变换为

$$R_{xy}(\tau)=\int_{-\infty}^{\infty}S_{xy}(f)\mathrm{e}^{\mathrm{j}2\pi f\tau}\mathrm{d}f \tag{5-77}$$

互相关函数 $R_{xy}(\tau)$ 并非偶函数，因此 $S_{xy}(f)$ 有虚、实两部分。

互谱和幅值谱的关系为

$$S_{xy}(f)=\lim_{T\to\infty}\frac{1}{T}Y(f)\cdot X^*(f) \tag{5-78}$$

$S_{xy}(f)$ 也是含正负频率的双边互谱，实际中也常取只含负频率的单边互谱 $G_{xy}(f)$，由此规定

$$G_{xy}(f)=2S_{xy}(f)\quad(f\geqslant 0) \tag{5-79}$$

3）功率谱的估计。以上介绍了功率谱的理论计算公式，但在实际测试中，不可能在无限长的时间上计算整个随机过程的功率谱。只能采样有限长度的样本进行计算，即用功率谱的估计值来代替理论值。

目前，被广为应用的谱估计方法总体可分为两大类。一类是经典法，包括：①自相关法，根据原始信号计算出相关函数，然后进行傅里叶变换得到相应的功率谱；②周期图法，利用快速傅里叶变换计算功率谱。另一类是现代法，又称模型法。其中周期图法是谱估计法中最简单的一种，它建立在快速傅里叶变换的基础上，计算效率高，并可实现在线信号处理，下面是这种算法的估计式。

自谱的估计值为

$$\hat{S}_x(f)=\frac{1}{T}|X(f)|^2 \tag{5-80}$$

互谱的估计值为

$$\hat{S}_{xy}(f)=\frac{1}{T}Y(f)\cdot X^*(f)$$

$$\hat{S}_{yx}(f)=\frac{1}{T}X(f)\cdot Y^*(f) \tag{5-81}$$

通常采用计算机作数字运算，因此相应的计算公式为

$$\hat{S}_x(k)=\frac{1}{N}|X(k)|^2 \tag{5-82}$$

$$\begin{cases}\hat{S}_{xy}(k)=\dfrac{1}{N}Y(k)\cdot X^*(k)\\ \hat{S}_{yx}(k)=\dfrac{1}{N}X(k)\cdot Y^*(k)\end{cases} \tag{5-83}$$

4）功率谱应用。功率谱的应用主要基于它的数学特征和物理含义，这里仅讨论两个方面的应用。

① 求取系统的频率响应函数。如图 5-22a 所示，在理想情况下，该系统的频率响应函数为

$$H(f)=\frac{Y_x(f)}{X(f)} \tag{5-84}$$

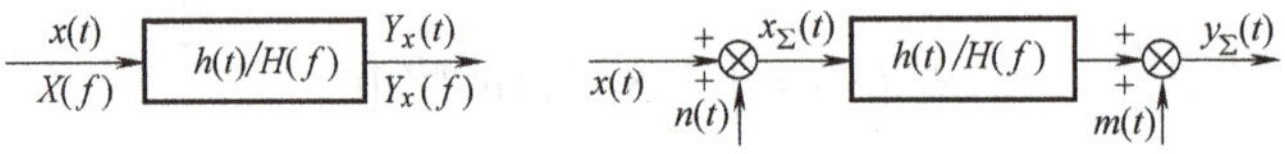

a) 理想情况　　b) 实际情况

图 5-22　频率响应函数的求取

而实际情况下，由于输入和输出均有噪声混入，如图 5-22b 所示，该系统的输入为

$$x_{\Sigma}(t)=x(t)+n(t) \tag{5-85}$$

式中，$n(t)$ 为噪声干扰输入。

输出为

$$y_{\Sigma}(t)=y_x(t)+y_n(t)+m(t) \tag{5-86}$$

式中，$y_x(t)$ 为由信号 $x(t)$ 所引起的输出；$y_n(t)$ 为由输入噪声 $n(t)$ 所引起的输出；$m(t)$ 为在系统输出端引入的干扰噪声。

通常总是将输出与输入的傅里叶变换之比作为频率响应函数，即

$$H(f)=\frac{Y_{\Sigma}(f)}{X_{\Sigma}(f)}=\frac{Y_x(f)+Y_x(f)+M(f)}{X(f)+N(f)} \tag{5-87}$$

式（5-87）与式（5-84）所表示的系统频率响应函数有较大的误差。为了解决这一问题，采用功率谱求取频率响应函数可得到较好的效果。

式（5-87）引起误差的主要原因是由于输入和输出端的噪声所致。采用功率谱计算的方法是先在时域求相关，在频域做运算。在理论上，信号中的随机噪声在时域求相关时，如时间取得足够长皆可使相关函数值为零。而随机信号与有用信号互不相关，故二者间的相关函数也是零。所以含有随机噪声的信号，经过相关处理所得的相关函数可去除噪声成分，得到的是有用信号的功率谱，由此所求的频率响应函数是较精确的。至于功率谱和频响函数之间的数学关系可由数学公式导出。

由功率谱和相关函数的关系

$$R_x(\tau)\leftrightarrow S_x(f)=\frac{1}{T}|X(f)|^2=\frac{1}{T}X^*(f)X(f)$$

$$R_y(\tau)\leftrightarrow S_y(f)=\frac{1}{T}|Y(f)|^2=\frac{1}{T}Y^*(f)Y(f)$$

$$R_{xy}(\tau)\leftrightarrow S_{xy}(f)=\frac{1}{T}X^*(f)Y(f)$$

可得

$$\frac{S_y(f)}{S_x(f)}=|H(f)|^2 \tag{5-88}$$

$$\frac{S_{xy}(f)}{S_x(f)}=\frac{\frac{1}{T}X^*(f)Y(f)}{\frac{1}{T}X^*(f)X(f)}=H(f) \tag{5-89}$$

由此可见，通过输入与输出信号的自谱之比可得到频率响应函数的幅频特性，但得不到相频特性；而若用输出、输入信号的互谱与输入的自谱之比，频率响应函数的幅频特性和相频特性都可求得。

② 作为工业设备状况的分析和故障诊断的依据。图 5-23 是从汽车变速器上测取的振动加速度信号经处理后得到的功率谱图。图 5-23a 是变速器正常工作时的谱图，图 5-23b 是变速器不正常工作时的谱图。一般对于正常运行的机器其功率谱是稳定的，且各谱线对应于不同零部件不同运转状态的振动源。在机器运行不正常时，会引起相应谱线的变动。将图 5-23b 与图 5-23a 比较发现，在 9.2Hz 和 18.4Hz 两处出现额外谱线，反映了发动机的某些不正常，且指明了异常功率消耗所在的频率，为寻找与此功率相对应的故障部位提供了依据。

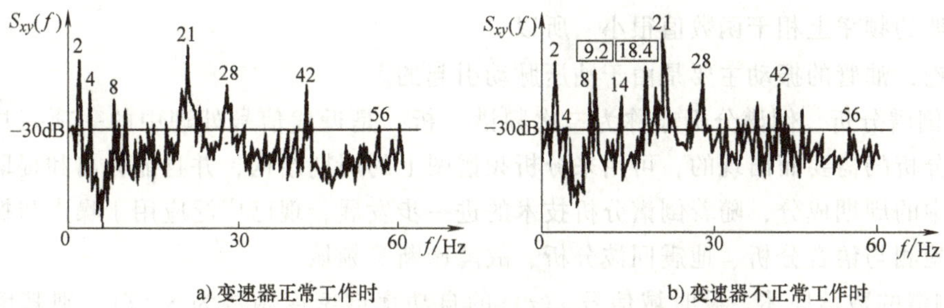

图 5-23 汽车变速器振动加速度信号的功率谱图

（3）相干函数

1）相干函数的定义。评价测试系统的输入信号 $x(t)$ 和输出信号 $y(t)$ 间的因果性，即输出信号的功率谱中有多少是由输入量所引起的响应，这个指标通常用相干函数 $\gamma_{xy}^2(f)$ 表示，定义为

$$\gamma_{xy}^2(f)=\frac{|S_{xy}(f)|^2}{S_x(f)S_y(f)} \quad (0\leqslant\gamma_{xy}^2(f)\leqslant 1) \tag{5-90}$$

若 $\gamma_{xy}^2(f)=0$，表示 $x(t)$ 和 $y(t)$ 在频率 f 上不相干。若 $\gamma_{xy}^2(f)=1$，表示 $x(t)$ 和 $y(t)$ 在频率 f 上完全相干。若 $\gamma_{xy}^2(f)$ 在 0~1 之间，则表明有如下三种可能：①系统的输出 $y(t)$ 是由输入 $x(t)$ 和其他信号共同输入引起的；②在输出端有噪声干扰混入；③联系 $y(t)$ 和 $x(t)$ 的系统不完全是线性的。

2）相干函数的应用。相干函数常用来检验信号之间的因果关系，比如鉴别结构的不同响应间的关系。

图 5-24 是用柴油机润滑油泵的油压脉动和油管振动两信号求出的自谱和相干函数。润

滑油泵转速为 $n=781\text{r/min}$，油泵齿轮的齿数为 $z=14$，所以油压脉动的基频为

$$f_0=\frac{nz}{60}=182.24\text{Hz}$$

所测得油压脉动信号 $x(t)$ 的功率谱 $S_x(f)$ 如图 5-24a 所示，它除了包含基频谱线外，还存在二、三、四次甚至更高的谱线。这是由于油压脉动并不完全是准确的正弦变化，而是以基频为基础的非正弦周期信号。此时在油管上测得的振动信号 $y(t)$ 的功率谱图 $S_y(f)$ 如图 5-24b 所示。将这两个信号进行相干分析，得到图 5-24c 所示的曲线，由该相干函数图可见：当 $f=f_0$ 时，$\gamma_{xy}^2(f)\approx0.8$；当 $f=2f_0$ 时 $\gamma_{xy}^2(f)\approx0.37$；当 $f=3f_0$ 时 $\gamma_{xy}^2(f)\approx0.8$；当 $f=4f_0$ 时 $\gamma_{xy}^2(f)\approx0.75$；以此类推还有很多。可以看到由于油压脉动引起各阶谐波所对应的相干函数值都比较大，而在非谐波的频率上相干函数值很小。所以可得出结论，油管的振动主要是由于油压脉动引起的。

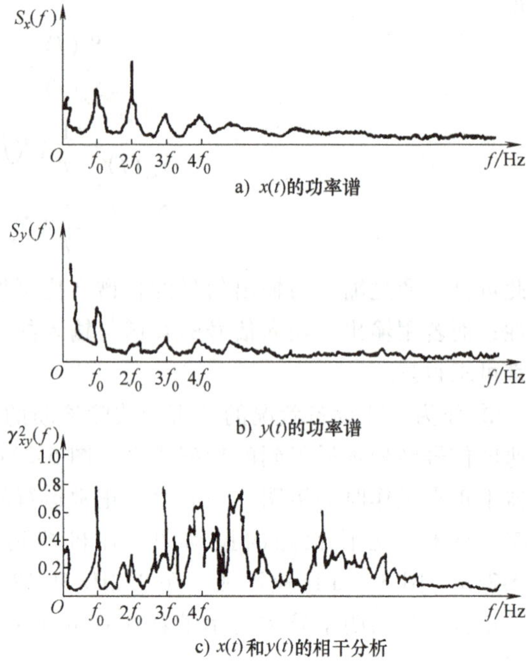

图 5-24 油压脉动与油管振动的相干分析

（4）倒谱分析 倒谱分析亦称为二次频谱分析，是近代信号处理中的一项新技术。它是因语音分析的需要而出现的，可用来分析频谱图上的周期结构，并且能分离和提取在密集泛频信号中的周期成分，随着倒谱分析技术的进一步发展，现已广泛应用于噪声与振动源识别、语音检测与语音分析、地震回波分析、故障诊断等领域。

1）倒谱的数学描述。设时域信号 $x(t)$ 的自功率谱密度函数为 $S_x(f)$，则其倒谱函数 $C(q)$ 定义为

$$C(q)=\{F^{-1}[\ln S_x(f)]\}^2 \tag{5-91}$$

即倒谱函数为 $S_x(f)$ 的对数的傅里叶逆变换的二次方。由于为 $S_x(f)$ 偶函数，其对数也是偶函数，故其傅里叶变换与逆变换相等，且也是个实函数，即有

$$C(q)=\{F^{-1}[\ln S_x(f)]\}^2=\{F[\ln S_x(f)]\}^2 \tag{5-92}$$

工程中，取其二次方根作为信号 $x(t)$ 的有效幅值倒谱，即

$$C_z(q)=F^{-1}[\ln S_x(f)]=F[\ln S_x(f)] \tag{5-93}$$

由于有

$$R_x(\tau)=F^{-1}[S_x(f)] \tag{5-94}$$

可推断出 q 与 τ 有相同的量纲单位，即时间量纲，所以称之倒频率。q 值大者称为高倒谱，表示频谱图的快速波动和密集谐频；q 值小者称为低倒谱，表示频谱图上的缓慢波动和疏散谐频。

2）倒谱的应用。

① 剔除回声对信号的影响。某信号 $x(t)$ 在传输过程中受到其自身回声的干扰叠加，用 α 表示回声能量的衰减系数，$0<\alpha<1$。则回声信号可表示为 $\alpha x(t-\tau_0)$，τ_0 为回声的延迟时

间。为简化分析起见，假设 $x(t)$ 为一半正弦脉冲，如图 5-25 所示。

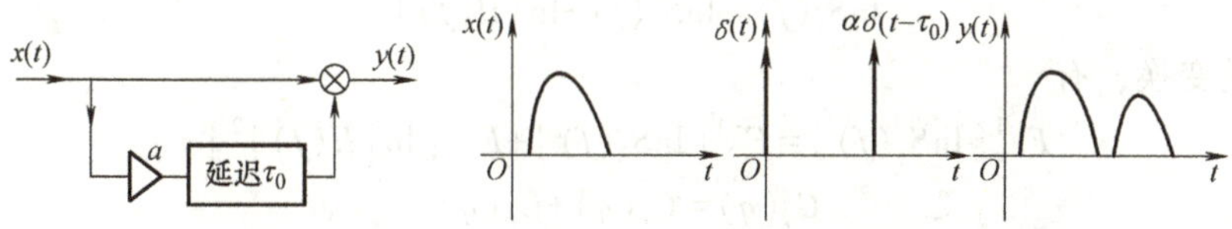

a) 原理图　　b) 波形图

图 5-25 信号的传输过程及其回声

这样实际得到信号为

$$y(t)=x(t)+\alpha x(t-\tau_0) \tag{5-95}$$

利用冲激函数 $\delta(t)$ 的性质，式（5-95）可写成

$$y(t)=x(t)*[\delta(t)+\alpha\delta(t-\tau_0)] \tag{5-96}$$

对式（5-96）两边取傅里叶逆变换有

$$F^{-1}[y(t)]=F^{-1}[x(t)]\cdot F^{-1}[\delta(t)+\alpha\delta(t-\tau_0)] \tag{5-97}$$

$$Y(f)=X(f)(1+\alpha e^{-j\omega\tau_0}) \tag{5-98}$$

得到系统的频率响应函数为

$$H(f)=1+\alpha e^{-j\omega\tau_0} \tag{5-99}$$

用功率谱表示为

$$S_y(f)=S_x(f)|H(f)|^2=S_x(f)(1+\alpha e^{-j\omega\tau_0})(1+\alpha e^{j\omega\tau_0}) \tag{5-100}$$

两边取对数得

$$\ln S_y(f)=\ln S_x(f)+\ln(1+\alpha e^{-j\omega\tau_0})+\ln(1+\alpha e^{j\omega\tau_0}) \tag{5-101}$$

因为 $|\alpha e^{\pm j\omega\tau_0}|<1$，可将 $\ln(1+\alpha e^{\pm j\omega\tau_0})$ 展开成幂级数，则有

$$\ln S_y(f)=\ln S_x(f)+\alpha e^{-j\omega\tau_0}-\frac{\alpha^2}{2}e^{-j2\omega\tau_0}+\frac{\alpha^3}{3}e^{-j3\omega\tau_0}-\cdots+\alpha e^{j\omega\tau_0}-\frac{\alpha^2}{2}e^{j2\omega\tau_0}+\frac{\alpha^3}{3}e^{j3\omega\tau_0}-\cdots \tag{5-102}$$

对式（5-102）两边取傅里叶逆变换得倒谱为

$$C_y(\tau)=C_x(\tau)+\alpha\delta(\tau-\tau_0)-\frac{\alpha^2}{2}\delta(\tau-2\tau_0)+\frac{\alpha^3}{3}\delta(\tau-3\tau_0)-\cdots+$$

$$\alpha\delta(\tau+\tau_0)-\frac{\alpha^2}{2}\delta(\tau+2\tau_0)+\frac{\alpha^3}{3}\delta(\tau+3\tau_0)-\cdots \tag{5-103}$$

式中

$$C_y(\tau)=F^{-1}[\ln S_y(\tau)]$$

$$C_x(\tau)=F^{-1}[\ln S_x(\tau)]$$

只要滤除逐渐衰减的 δ 函数项，就能得到初始信号 $x(t)$ 的倒谱，再按倒谱公式进行反向进行运算，即可得到初始信号的功率谱。

② 分离信息通道对信号的影响，并能识别功率谱中的周期成分。某系统的冲激响应为 $h(t)$，对信号 $x(t)$ 通过该系统的输出 $y(t)$ 有

$$y(t)=x(t)*h(t)$$

在频域也有

$$Y(f)=X(f)\cdot H(f)$$

或

$$S_y(f)=S_x(f)\cdot|H(f)|^2$$

两边取对数得

$$\ln S_y(f)=\ln S_x(f)+\ln|H(f)|^2$$

进行傅里叶逆变换，有

$$F^{-1}[\ln S_y(f)]=F^{-1}[\ln S_x(f)]+F^{-1}[\ln|H(f)|^2]$$

即

$$C_y(q)=C_x(q)+C_h(q)$$

所以通过倒谱分析可将时域上的卷积、频域上的相乘转化为倒谱上的相加处理，使信号与系统特性可明显地分开。

图 5-26 为输入、输出以及系统影响的对数功率谱及其倒谱图，由图 5-26a 中可看出，功率谱由带有明显周期性的 $S_x(f)$ $\left(\text{输入信号的谱，频率间隔}\dfrac{1}{\Delta f}\right)$ 和系统的影响 $[\ln|H(f)|^2]$（缓变的中线）组成；图 5-26b 所示的倒谱中有表示输入信号特征的高倒频率 q_2 $\left(q_2=\dfrac{1}{\Delta f}\right)$ 及表示系统影响的低倒频率 q_1。

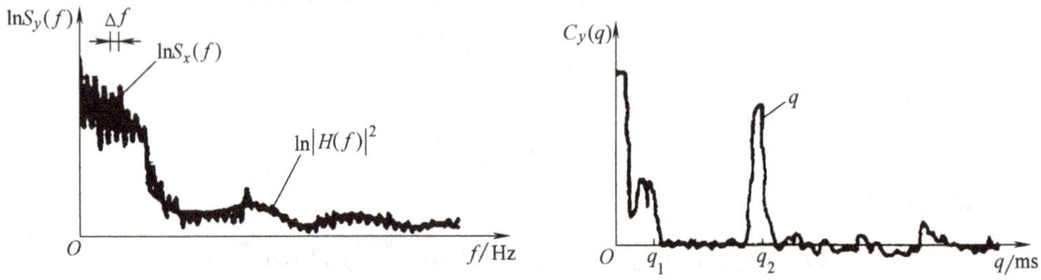

a) 原声与回声的叠加　　b) 具有回声的混合信号卷积表示

图 5-26　输入、输出和系统响应的对数功率谱及倒谱

对图 5-26 所示信号还可进行进一步的处理，将周期信号倒谱提取出来。可直接由上述公式推出，也可以直接设一高通滤波器，仅保留倒谱中的高倒谱成分，再按倒谱计算公式反向运算，即可得周期信号。

5.3　数字信号处理基础

数字信号处理是利用计算机和专用信号处理设备，以数值计算的方法对信号进行采集、变换、综合、估值与识别等处理，从而提取有用信息并投入各种应用。随着计算机和信息技术的飞速发展，数字信号处理已经得到越来越广泛的应用，其处理速度可以达到实时的程度，数字信号处理技术已形成了一门新兴的学科。

数字处理的特点是处理离散数据，因此首先要把信号转换成离散的时间序列。同时由于计算机的速度和容量有限，因而处理的数据长度也是有限的，信号必然要经过分段，这样在数字信号处理时就必然会引入一些误差。人们很自然会提出这样的问题：如何恰当地运用这一技术，使之能够比较准确地提取原信号中的有用信息？本节将对用数字方法处理测试信号的一些基本方法和概念作一些介绍。

5.3.1　时域采样和采样定理

1. 时域采样

数字信号处理时，首先要将一个模拟信号转变为一个离散信号，这一转变是通过对模拟信号的采样来完成的。它的数学描述就是用周期单位脉冲序列去乘以模拟信号得到离散时间信号。

【拓展阅读】 5-2 单位脉冲函数及其频谱

如图 5-27a 所示为一连续时域信号 $x(t)$ 及其频谱 $X(f)$。用一采样函数 $s_1(t)$ 对进行时域采样，即

$$s_1(t)=\sum_{n=-\infty}^{\infty}\delta(t-nT_s)\quad(n=0,\ \pm 1,\ \pm 2,\cdots) \tag{5-104}$$

$s_1(t)$ 为一等时间间隔 T_s 的周期单位脉冲序列，其频谱 $S_1(f)$，如图 5-27b 所示也是等频率间隔$\frac{1}{T_s}$的周期脉冲序列，序列的强度为$\frac{1}{T_s}$，有

$$S_1(f)=\frac{1}{T_s}\sum_{n=-\infty}^{\infty}\delta\left(f-\frac{n}{T_s}\right) \tag{5-105}$$

【深入思考】
周期单位脉冲序列
频谱如何计算？

对 $x(t)$ 的采样，即 $x(t)$ 与 $s_1(t)$ 相乘。由 δ 函数的性质可知

$$\begin{aligned}x_s(t)&=x(t)s_1(t)\\&=\sum_{n=-\infty}^{\infty}x(nT_s)\delta(t-nT_s)=x(nT_s)\quad n=0,\ \pm 1,\ \pm 2,\cdots\end{aligned} \tag{5-106}$$

式（5-106）说明经时域采样后，各采样点的信号幅值为 $x(nT_s)$。

由傅里叶变换的卷积定理，则 $x_s(t)$ 的频谱 $X_s(f)$ 如图 5-27c 所示，有

$$X_s(f)=X(f)*S_1(f)=\frac{1}{T_s}\sum_{n=-\infty}^{\infty}X\left(f-\frac{n}{T_s}\right) \tag{5-107}$$

时域采样过程如图 5-27 所示。

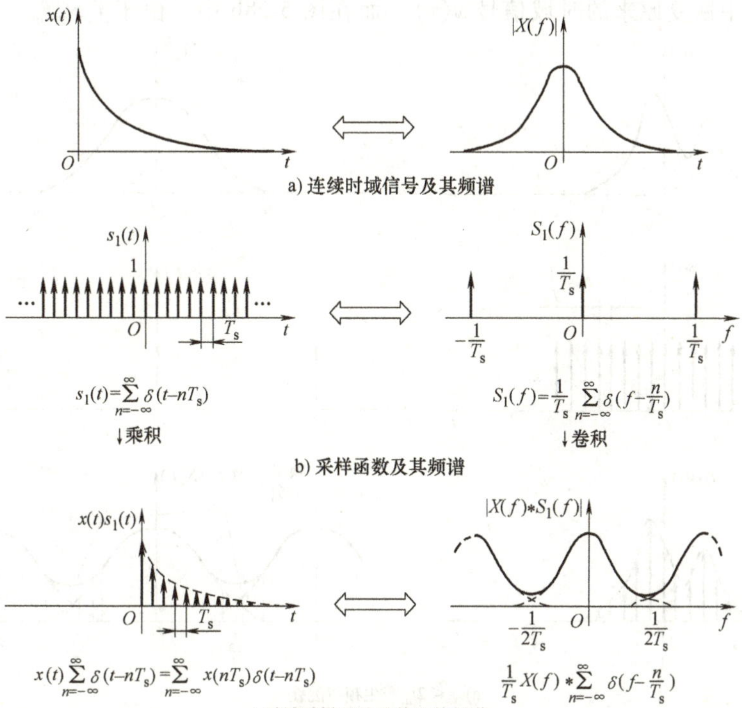

图 5-27 时域采样

由式（5-107）和图 5-27 可看出，信号经过采样之后的频谱 $X_s(f)$ 相当于原始信号的频谱 $X(f)$ 乘以权因子$\frac{1}{T_s}$后依次移至各频率点 $f=\frac{n}{T_s}$（$n=0$，±1，±2，…）的位置再行叠加。由此可见，信号经过时域采样之后成为离散信号，新信号的频谱函数相应地变为周期函数，周期为$\frac{1}{T_s}$。

2. 混叠和采样定理

在信号采样中，采样率的选择至关重要。对一个一定长度的模拟信号，若采样间隔太小，即采样率高，则采样的数据量大，要求计算机具有较大的内存及较长的处理时间。若采样率过低即采样间隔大，则得到的离散时间序列可能不能正确反映原始信号的波形特征，在频域处理时就会出现频率混淆现象，又称混叠（Aliasing）。

当一个信号中包含多个频率成分时，为了避免混叠以便采样后仍能准确地恢复原信号，要求采样频率 $f_s=\frac{1}{T_s}$必须高于信号频率成分中最高频率 f_m 的 2 倍，即

$$f_s>2f_m \tag{5-108}$$

这就是采样定理，亦称香农（Shannon）定理。

图 5-28 进一步说明了混叠现象和采样定理。图 5-28a 和图 5-28b 分别为一个采样过程的时域和频域的波形变化情况。图 5-28a 中，由于采样频率 f_s 小于信号 $x(t)$ 最高频率 f_m 的两倍，$f_s<2f_m$，即不满足采样定理，因而采样时间序列的频谱在 $f=\frac{f_s}{2}$附近的地方发生混叠。发生混叠后，在频率混淆区改变了原来频谱的部分幅值，这样就不可能准确地从离散的采样信号 $x(t)\cdot s(t)$ 中恢复原来的时域信号 $x(t)$。而在图 5-28b 中，由于 $f_s>2f_m$，即满足采样定

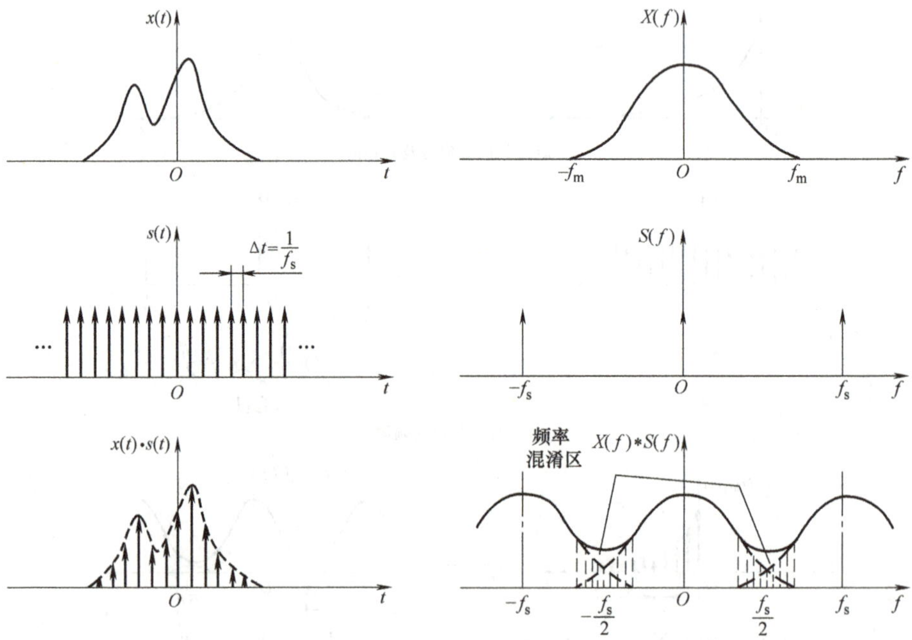

a) $f_s<2f_m$产生频率混叠

图 5-28 混叠现象

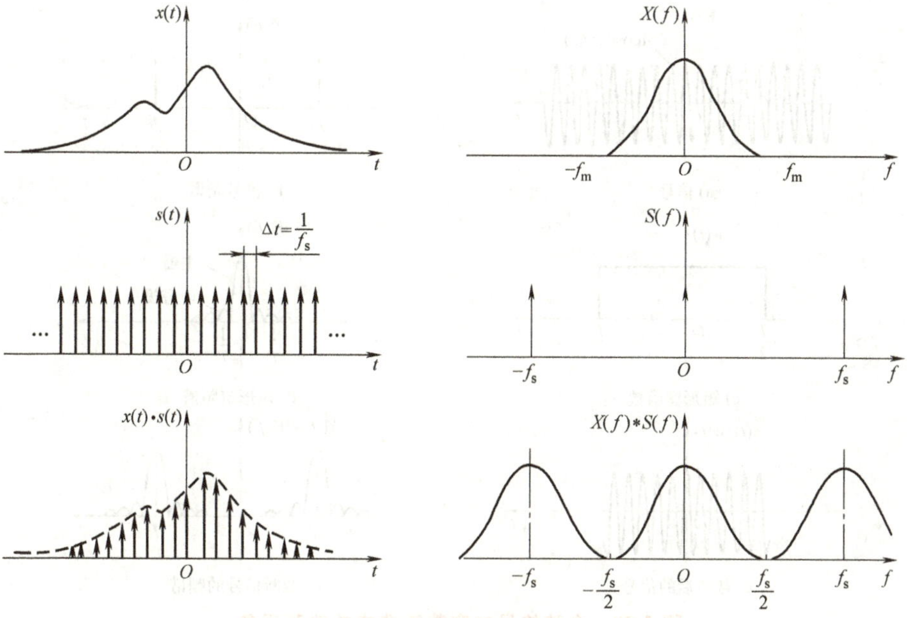

b) $f_s>2f_m$无频率混叠

图 5-28　混叠现象（续）

理，因此频谱不发生混叠现象。这种情况下只需设计一个中心频率 $f_0=0$、带宽为 $B=\pm\frac{f_s}{2}$的带通滤波器，便可将原信号 $x(t)$ 的完整频谱 $X(f)$ 分离出来，也就有可能从离散序列中准确地恢复原模拟信号 $x(t)$。

如果已确定测试信号中的高频部分是由噪声干扰引起的，为了满足采样定理又不使数据过长，可先把信号做低通滤波处理，这种滤波器称为抗混滤波器，在信号预处理过程中是非常必要的。

5.3.2　泄漏和窗函数

1. 泄漏和窗函数的概念

在数字处理时，必须对无限长的时域信号进行截断，使之成为有限长的信号，便于计算机处理。截断相当于在时域上将无限长的信号乘以有限宽的窗函数。

在图 5-29 中，信号 $x(t)=A\cos(2\pi f_0 t)$，频谱是 $X(f)$，其谱图是两根位于$\pm f_0$ 处的对称的离散谱线（如图 5-29b 所示）。最简单的窗是矩形窗 $w(t)$ （如图 5-29c 所示），其频谱 $W(f)$ 是一个无限带宽的 sinc 函数（如图 5-29d 所示）。当用一个矩形窗 $w(t)$ 去截断 $x(t)$ 时，得到截断后的信号是 $x(t)\cdot w(t)$，根据傅里叶变换的性质，其频谱为$\frac{1}{2\pi}X(f)*W(f)$。所以即使 $x(t)$ 是带限信号，在截断以后也必然变成无限带宽的函数，这样信号的能量便会沿频率轴扩展开来。原来集中$\pm f_0$ 处的能量被分散到以$\pm f_0$ 为中心的两个较宽的频带上，也就是有一部分能量泄漏到 $x(t)$ 的频带以外，因此信号截断必然产生一些误差，这种由于时域上的截断而在频域上出现附加频率分量的现象称为“泄漏”。

在图 5-29 中，频域中$|f|<\frac{1}{T}$的部分称为 $W(f)$ 的主瓣，其余两旁的部分（附加频率分

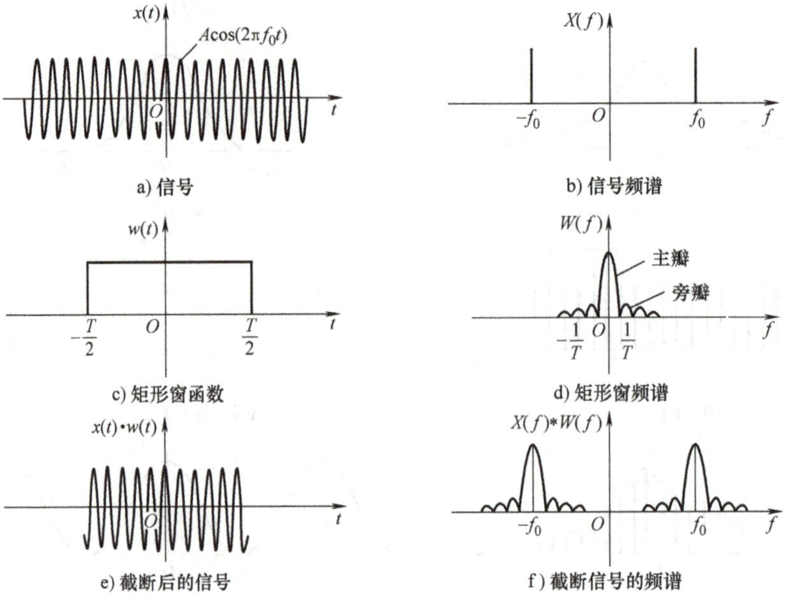

图 5-29 余弦信号加窗截断造成的泄漏现象

量）称为旁瓣。为了抑制或减小泄漏，需要选择性能好的窗函数。加窗的目的，在时域是平滑截断信号两端的波形突变，在频域是尽可能地压低旁瓣的高度。

2. 几种常见的窗函数

由以上讨论可知，对时间窗的一般要求是：其频谱的主瓣尽量窄，以提高频率分辨率；旁瓣要尽量低，以减少泄漏。当两者往往不能同时满足，需要根据不同的测试对象选择窗函数。评价一个窗函数的性能指标通常有以下几条：

（1）3dB 带宽 $B(\Delta f$ 或 $\Delta\omega)$　它是主瓣归一化幅值 $20\lg\left|\dfrac{W(f)}{W(0)}\right|$ 下降到-3dB 时的带宽。

（2）旁瓣幅度 A（单位为 dB）　表示最大旁瓣峰值 $A_{s,\max}$ 与主瓣峰值 A_m 之比，即 $20\lg\left(\dfrac{A_{s,\max}}{A_m}\right)$。

（3）旁瓣峰值衰减率 D（单位为 dB/oct）　表示最大旁瓣峰值与相距 10 倍频处的旁瓣峰值之比。

上述三个参数的定义如图 5-30 所示。理想的窗函数应具有最小的 B 和 A 以及最大的 D。几种常用的窗函数及其性能参数见表 5-4。

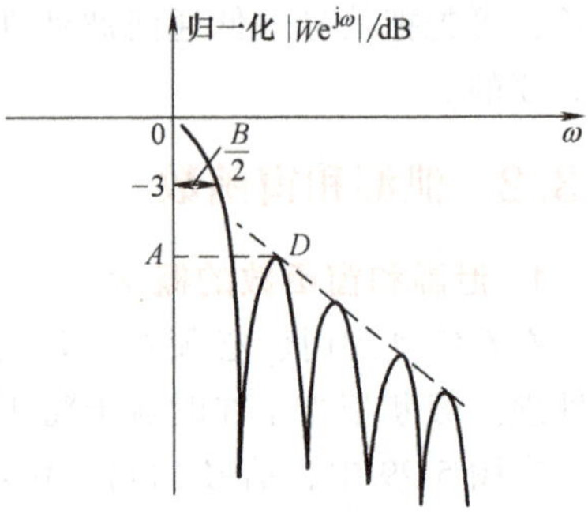

图 5-30 窗函数参数的定义

表 5-4 窗函数的性能参数

窗函数类型	函数表达（$0\leqslant t\leqslant T$）	$B(\Delta f)$	A/dB	D/(dB/oct)
矩形窗	$w(t)=1$	0.89	-13	-20
汉宁窗（Hanning 窗）	$w(t)=0.5-0.5\cos\left(\dfrac{2\pi}{T}t\right)$	1.44	-32	-60
凯塞-贝塞尔窗（Kaiser-Bessel 窗）	$w(t)=1-1.24\cos\left(\dfrac{2\pi}{T}t\right)+0.244\cos\left(\dfrac{4\pi}{T}t\right)-0.00305\cos\left(\dfrac{6\pi}{T}t\right)$	1.71	-67	-20

（续）

窗函数类型	函数表达（$0\leqslant t\leqslant T$）	$B(\Delta f)$	A/dB	D/(dB/oct)
平顶窗（Flat-top 窗）	$w(t)=1-1.93\cos\left(\frac{2\pi}{T}t\right)+1.29\cos\left(\frac{4\pi}{T}t\right)-0.388\cos\left(\frac{6\pi}{T}t\right)+0.0322\cos\left(\frac{8\pi}{T}t\right)$	3.72	−93.6	−40
布莱克曼窗（Blackman 窗）	$w(t)=0.42-0.5\cos\left(\frac{2\pi}{T}t\right)+0.08\cos\left(\frac{4\pi}{T}t\right)$	1.68	−58	−60

图 5-31 和图 5-32 分别给出了几种窗函数的时、频域图形的比较情况。

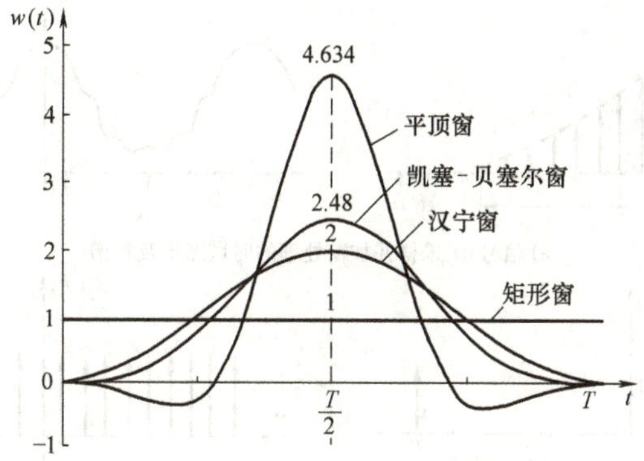

图 5-31　常用窗函数的时域图形

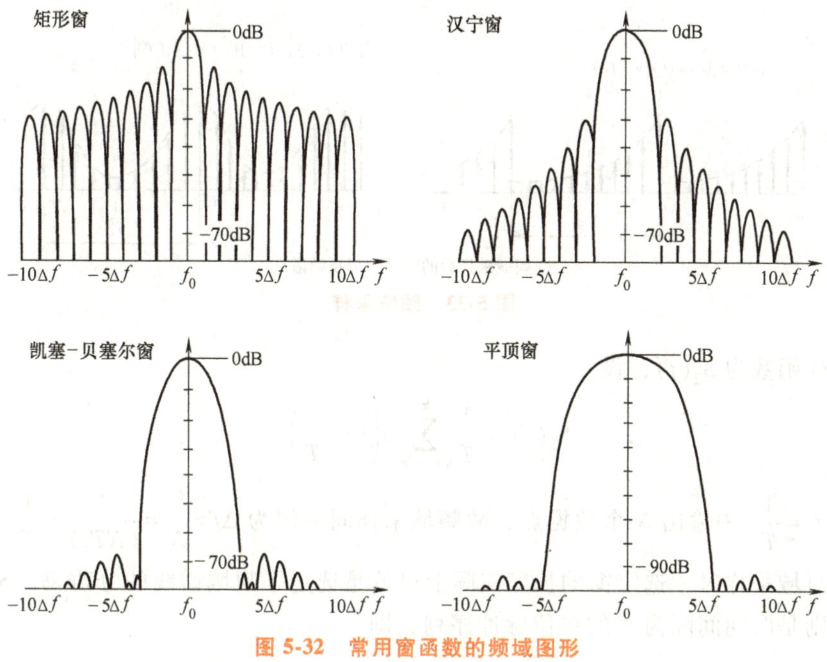

图 5-32　常用窗函数的频域图形

5.3.3　频域采样和栅栏效应

1. 频域采样

经过时域采样并加窗截段后，信号 $x(t)$ 在时域上已变成了有限长度的离散序列，而频域上则称为周期化的连续函数，因此必须进一步在频域上进行离散化处理，即频率采样。

图 5-33 所示为频域采样过程。

信号的采样并加窗处理，其时域可表述为信号 $x(t)$、采样脉冲序列 $s_1(t)$ 和窗函数 $w(t)$ 三者的乘积 $x(t)s_1(t)w(t)$，是长度为 N 的离散信号。由频域卷积定理可知，它的频域函数是 $X(f)*S_1(f)*W(f)$，这是一个周期的连续函数。在计算机上，信号的这种变换是用离散傅里叶变换（Discrete Fourier Transform，DFT）进行的，而 DFT 计算后的输出则是离散的频域序列。也就是说 DFT 不仅算出 $x(t)s_1(t)w(t)$ 的频谱 $X(f)*S_1(f)*W(f)$，同时进行了频域采样，使频谱离散化。

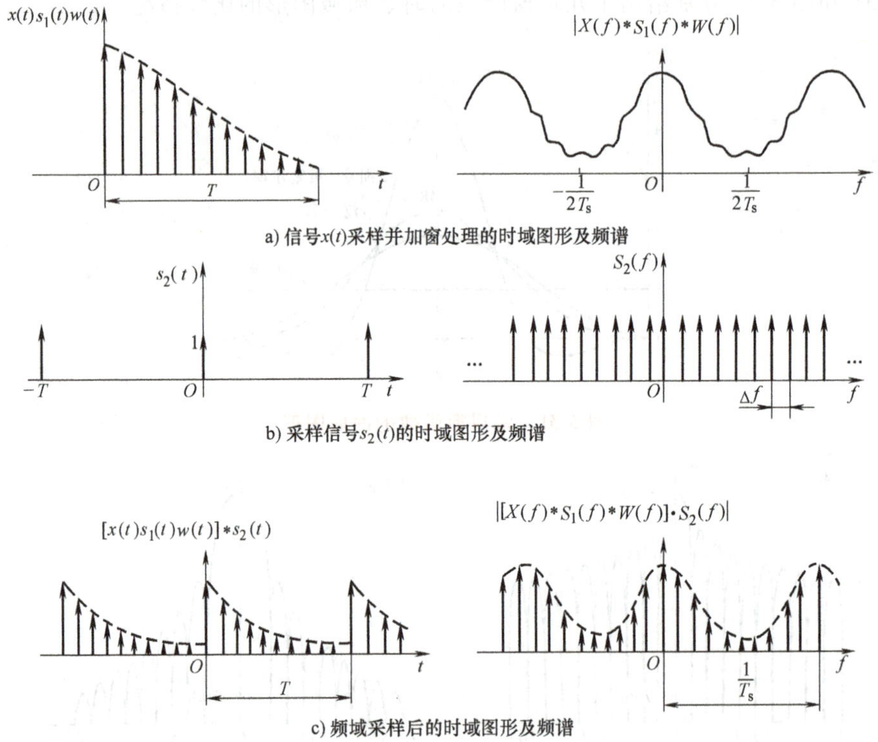

图 5-33　频域采样

频域采样函数为 $S_2(f)$，设

$$S_2(f)=\frac{1}{T}\sum_{n=-\infty}^{\infty}\delta\left(f-\frac{n}{T}\right) \tag{5-109}$$

由于在频段 $f_s=\frac{1}{T_s}$ 中输出 N 个数据点，故频域采样间隔便为 $\Delta f=\frac{f_s}{N}=\frac{1}{(NT_s)}=\frac{1}{T}$，也称为频率分辨率。时域采样时，选定窗的长度实际上也就是选定了频域谱线的分辨率。$S_2(f)$ 的傅里叶逆变换则是时间间隔为 T 的单位脉冲序列，即

$$s_2(t)=\sum_{n=-\infty}^{\infty}\delta(t-nT)\qquad(n=0,\ \pm1,\ \pm2,\cdots) \tag{5-110}$$

计算机的实际输出是

$$Y(f)=[X(f)*S_1(f)*W(f)]\cdot S_2(f) \tag{5-111}$$

根据傅里叶变换的性质，频域的卷积对应于时域的乘积，故与 $Y(f)$ 相对应的时域函数是

$$y(t)=[x(t)s_1(t)w(t)]*s_2(t) \tag{5-112}$$

其结果为一周期为 T 的时间序列，在图 5-33c 中，$y(t)$ 是将时域采样加窗信号 $x(t)s_1(t)w(t)$ 平移到 $s_2(t)$ 各脉冲位置重新构图，相当于在时域中将窗内的信号波形在窗外进行周期延拓。

2. 栅栏效应

对一函数实行采样，即是抽取采样点上的对应的函数值。其效果如同透过栅栏的缝隙观看外景一样，只有落在缝隙前的少数景象被看到，其余景象均被栅栏挡住而视为零，这种现象称为栅栏效应。不管是时域采样还是频域采样，都有相应的栅栏效应。只是当时域采样满足采样定理时，栅栏效应不会有什么影响。而频率采样的栅栏效应影响很大，在频率采样中，如图 5-33 所示，所得的 N 根谱线的位置是在 $f=\frac{n}{T}(n=0, 1, 2, \cdots)$ 的地方，也就是仅在基频 $\frac{1}{T}$ 整数倍的频率点上才有其各个频率成分，所有那些位于离散谱线之间的频谱图形都得不到显示，不能知道其精确的值。换言之，若信号中某频率成分的频率 f_i 等于 $\frac{i}{T}$，即它与输出的频率采样点相重合，那么该谱线便可被精确地显示出来；反之，若与频率采样点不重合，便得不到显示，所得的频谱便会有误差。

减小栅栏效应可用提高采样间隔 Δf 也就是频率分辨力的方法来解决。间隔小，频率分辨力高，被栅栏效应所漏掉的频率成分就会越少。当被分析的时域信号长度（即窗宽 $T=NT_s$）和采样频率 f_s 被确定之后，频率分辨率 Δf 也被确定，即

$$\Delta f=\frac{f_s}{N}=\frac{1}{T} \tag{5-113}$$

因此，对于工程信号来说，一旦根据其分析的频带将其最低采样频率 f_s 确定之后，为了获得足够的频率分辨率，就必须增加采样点数，由此计算工作量急剧增加。解决此项矛盾可以采用如下方法：在满足采样定理的前提下，采用频率细化（Zoom）技术、Z 变换及现代谱分析等方法，但最有效的方法还是在 DFT 基础上发展起来的快速傅里叶变换（FFT）算法，它可以大大节省计算的工作量。

5.3.4　离散傅里叶变换和快速傅里叶变换

1. 离散傅里叶变换

如前所述，傅里叶变换建立了时间函数和频谱函数之间的关系，这种关系对信号分析带来了许多方便。然而介绍的傅里叶变换是针对连续信号的，不适合于离散信号，因此，无法在数字计算机上使用，因而就出现了针对离散信号的傅里叶变换，称为离散傅里叶变换（DFT）。

在进行 DFT 时，首先需要将连续信号离散化，满足采样定理的采样频率为 $\omega_s=\frac{2\pi}{T_s}$，$T_s$ 为采样间隔，从而获得时间离散的信号 $x_s(t)$，它是一个无限长的离散时间序列，但实际上，人们只能对有限长的信号进行分析和处理，所以必须对无限长离散时间信号进行截断，取有限时间 $(0,T)(T=NT_s)$ 内的 N 个有限离散数据 x_0，x_1，$\cdots$，x_{N-1} 组成的序列 $\{x(n)\}$。要用计算机对离散时间序列进行傅里叶变换，给出的谱线只能是离散值。由于频域中离散谱线

对应时域中的周期函数，为此，要对此离散时间序列求频谱，必须假设信号是周期的，即将 $\{x(n)\}$ 沿时间轴的正负方向开拓为以 T 为周期的周期信号。

下面从采样得到的无限长信号 $x_s(t)$ 的傅里叶变换出发推导有限长的离散时间序列 $\{x_k\}$ 的离散傅里叶变换定义式。重写 $x_s(t)$ 的傅里叶变换为

$$
\begin{aligned}
X_s(f) = F[x_s(t)] &= \int_{-\infty}^{\infty} x_s(t)\mathrm{e}^{-j2\pi ft}\mathrm{d}t \\
&= \int_{-\infty}^{\infty}\sum_{n=-\infty}^{\infty}[x(t)\delta(t-nT_s)]\mathrm{e}^{-j2\pi ft}\mathrm{d}t \\
&= \sum_{n=-\infty}^{\infty}\int_{-\infty}^{\infty}[x(t)\mathrm{e}^{-j2\pi ft}]\delta(t-nT_s)\mathrm{d}t \\
&= \sum_{n=-\infty}^{\infty}x(nT_s)\mathrm{e}^{-j2\pi fnT_s}
\end{aligned} \tag{5-114}
$$

当采样点 $n=0,1,2,\cdots,N-1$，共有 N 个，即无限长信号截断后变为有限长信号。对信号进行时域离散的同时，频域同样需要离散。离散的基频 $\Delta f=\dfrac{1}{T}=\dfrac{1}{(NT_s)}$，高阶频率分别记为 $k\Delta f$，$k=0$，1，2，…，$N-1$。则式（5-114）变为

$$
X(k) = \sum_{n=0}^{N-1}x(n)\mathrm{e}^{-\mathrm{j}\frac{2\pi}{N}kn} = \sum_{n=0}^{N-1}x(n)W_N^{kn} \quad (k=0,1,2,\cdots,N-1) \tag{5-115}
$$

式中，$W_N=\mathrm{e}^{-\mathrm{j}\frac{2\pi}{N}}$，此处将 T_s 和 Δf 均归一化为 1。

式（5-115）称为离散傅里叶变换（DFT），离散傅里叶逆变换（IDFT）为

$$
x(n) = \frac{1}{T}\sum_{k=0}^{N-1}X(k)\mathrm{e}^{\mathrm{j}\frac{2\pi}{N}kn} = \frac{1}{T}\sum_{k=0}^{N-1}X(k)W_N^{-kn} \qquad (n=0,1,2,\cdots,N-1) \tag{5-116}
$$

2. 快速离散傅里叶变换

从式（5-115）和式（5-116）可知，如按这两个公式来做 DFT 运算，求出 N 个点的 $X(k)$ 需做 N^2 次复数乘法和 $N(N-1)$ 次复数加法。而做一次复数乘法需要做四次实数相乘和两次实数相加，做一次复数加法需要做两次实数相加。因此当采样点数 N 很大时，计算量是很大的。比如，当 $N=1024$ 时，需要总共 1048576 次复数乘，即 4194304 次实数乘法，这样的运算需占计算机大量内存和机器时间，难以实时实现。正是因为这一原因，尽管 DFT 的概念早已为人们所熟悉，但却未得到有效的应用。直到 1965 年由库利和图基两个人提出了一种适合于计算机运算的 DFT 的快速算法，即后来被称为快速傅里叶变换（FFT）的算法之后，DFT 的思想才被真正得以实现。FFT 的提出大大促进了数字信号分析技术的发展，同时也使科学分析的许多领域面貌一新。

FFT 算法的本质在于充分利用了 W_N 因子的周期性和对称性。

（1）对称性　对称性可表示为

$$
W_N^{\left(nk+\frac{N}{2}\right)} = -W_N^{nk} \tag{5-117}
$$

（2）周期性　周期性可表示为

$$
W_N^{N+nk} = W_N^{nk} \tag{5-118}
$$

根据上述两条性质，可以看到 W_N 因子的 N^2 个元素实际上只有 N 个独立的值，即 W_N^0，

W_N^1，W_N^2，…，W_N^{N-1}，且其中$\frac{N}{2}$个值与其余$\frac{N}{2}$个值数值相等，仅仅符号相反。FFT 算法的基本思想便是避免在 W_N 运算中的重复运算，将长序列的 DFT 分割为短序列的 DFT 的线性组合，从而达到降低整体运算量的目的。依照这一思想，库利和图基提出的 FFT 算法使原来的 N 点 DFT 的乘法计算量从 N^2 次降到$\frac{N}{2}\log_2 N$ 次，如 $N=1024$，则计算量现在为 5120 次，仅为原计算量的 4.88%。在库利和图基提出 FFT 算法后，人们又提出了许多新的不同算法，着眼于进一步提供算法的效率和速度。其中代表性的有以下两种类型：一种是以采样点数 N 为 2 的整数次幂的算法，如基 2 算法、基 4 算法、实因子算法及分裂基算法等；另一种是 N 不等于 2 的整数次幂的算法，如 Winoagrad 算法和素因子算法等。有关 FFT 的各种算法及 FFT 进一步的详细讨论，读者可参考数字信号处理方面的书籍。

5.4 现代信号分析方法

现代信号分析方法有多种，本节简单介绍时频分析常用的短时傅里叶变换和小波变换方法，它们主要针对的是非平稳信号的分析与处理。

5.4.1 短时傅里叶变换

传统的傅里叶变换（FT）是建立在平稳信号基础上的，一般检测得到的绝大多数信号都可以简化为平稳信号，但实际中也存在非平稳信号，其信号的均值、方差和频率会随时间而变化，如语音及其他有较多突变分量的信号。非平稳信号又称时变信号。对于时变信号，人们尤其关心该信号在不同时刻的频率，希望用时间和频率两个指标来描述信号。

式（5-20）、式（5-21）为传统的 FT，显然，为了求得某一频率处的 $X(\omega)$，需要整个 $x(t)$ 的全部信息，反之，如果要求某一时刻的 $x(t)$，同样也需要 $X(\omega)$ 的全部信息。实际上，式（5-20）所求得 $X(\omega)$ 是信号 $x(t)$ 在整个积分时间范围内所具有的频率特征的平均表示，反之亦然。

因此，如果想知道某一特定时间（t_i）所对应的频率或某一特定频率所对应的时间，那么传统的 FT 很难实现，也就是说传统的 FT 不具有时间和频率的定位功能，这使得它很难用于统计特征不断随时间变化的非平稳信号分析。对于非平稳信号，人们希望有一种方法能把时域分析和频域分析结合起来，即找到一个二维函数，它既能反映该信号的频率内容，也能反映出该频率随时间变化的规律，短时傅里叶变换（Short-time Fourier Transform，STFT）就是这么一种方法。

STFT 定义为

$$X(t,\omega)=\int x(\tau)w^*(\tau-t)\mathrm{e}^{-\mathrm{j}\omega\tau}\mathrm{d}\tau \tag{5-119}$$

当窗函数 w 沿着 t 轴移动时，它可以不断地截取一小段一小段的信号，然后对每一小段的信号进行 FT，因此可以得到二维函数 STFT(t,ω)，从而得到信号的联合时频分布。

尽管信号 $x(n)$ 是非平稳的，但将它分成许多小段后，可以假设它的每一小段是平稳的，窗函数 w 的作用是尽可能地保证所截取的每一小段都是平稳的，由此可见，w 的宽度越小，则时域分辨率越好。

例如，对于某时变信号 $x(n)$ 分别作 DFT 和 STFT，其中

$$x(n)=\begin{cases}\sin\left(\dfrac{2\pi f_1 n}{f_s}\right) & n=0\sim 99,\ f_1=50\text{Hz}\\ \sin\left(\dfrac{2\pi f_2 n}{f_s}\right) & n=100\sim 199,\ f_2=150\text{Hz}\\ \sin\left(\dfrac{2\pi f_3 n}{f_s}\right) & n=200\sim 299,\ f_3=300\text{Hz}\end{cases}$$

结果如图 5-34 所示，可以看出 DFT 结果虽然可以反映出信号中具有 50，150 和 300 三个主要频率成分，但却不能反映各频率成分何时存在，而 STFT 则可以。

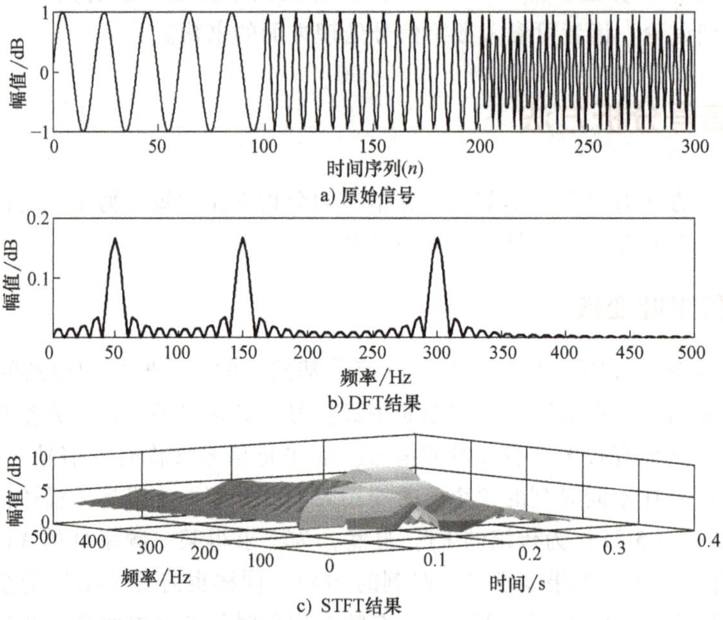

图 5-34　时变信号 DFT 与 STFT 结果比较

通信中常用线性调频信号 $x(n)=\sin(2\pi nf\cdot n)$，其 DFT 和 STFT 结果如图 5-35 所示，同样可以反映出 STFT 在时变信号分析方面的优势。

5.4.2　小波变换

5.4.1 节介绍的 STFT 实际是引入了窗口的傅里叶变换，它比一般的傅里叶变换多了一个时限函数 $w(t)$。其基本思想就是对于待分析的信号 $f(t)$ 先开窗再做傅里叶变换，随着窗的移动，$f(t)$ 被一部分一部分地分解。其中的时限函数 $w(t)$ 称为窗函数。当信号尖锐变化时，需要有一个短的时间窗为其提供更多的频率信息；当信号变化平缓时，需要一个长的时间窗用于描述信号的整体行为。换句话说，希望能有一个灵活可变的时间窗。而 STFT 中窗函数 $w(t)$ 的大小和形状是固定不变的，因此不能适应不同频率分量信号的变化，所以人们采用小波变换来解决。小波变换的基本思想是将信号展开成一族基函数的加权和，这一族函数是通过基本函数的平移和伸缩构成的。

若函数中 $\varphi(t)\in L^2(R)$ 满足 $\int_{R^*}\dfrac{|\hat{\varphi}(\omega)|^2}{|\omega|}d\omega<\infty$，此处，$R^*$ 表示非零实数全体，$\hat{\varphi}(\omega)$

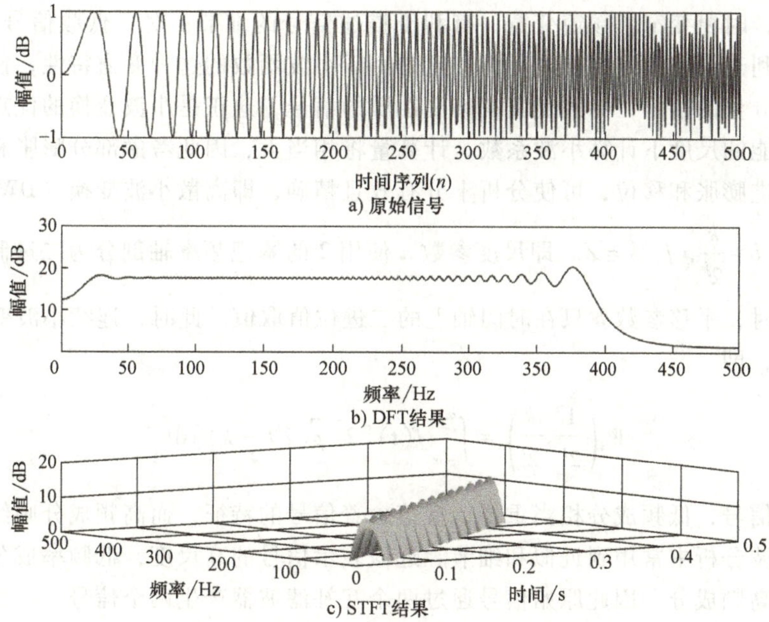

图 5-35 线性调频信号 DFT 与 STFT 结果比较

表示 $\varphi(t)$ 的傅里叶变换，$\varphi(t)$ 称为小波函数，而由 $\varphi(t)$ 经过伸缩和平移得到的一族函数

$$\varphi_{a,b}(t)=|a|^{-\frac{1}{2}}\varphi\left(\frac{t-b}{a}\right)\quad a,b\in R;a\neq 0 \tag{5-120}$$

称为小波函数族。

式（5-120）中，a 为伸缩因子或尺度参数；b 为平移因子或时间中心参数。

对于任意的函数或信号 $f(t)$，其小波变换就定义为

$$W_f(a,b)=\int_R f(t)\overline{\varphi}_{a,b}(t)\,\mathrm{d}t=|a|^{-\frac{1}{2}}\int_R f(t)\overline{\varphi}\left(\frac{t-b}{a}\right)\mathrm{d}t \tag{5-121}$$

从式（5-121）的定义可以看出，小波变换的实质是函数或信号 $f(t)$ 在 $t=b$ 点附近按 $\varphi_{a,b}(t)$ 进行加权平均。

小波变换具有时频局部化性能，关键在于它具有一个可调整的窗函数。设基小波 $\varphi(t)$ 及其傅里叶变换 $\hat{\varphi}(\omega)$ 都是窗函数，其中心与半径分别为 t^*，ω^*，Δ_φ，$\Delta_{\hat{\varphi}}$，则小波函数 $\varphi_{a,b}(t)$ 和它的傅里叶变换 $\hat{\varphi}_{a,b}(\omega)$ 也是窗函数，它们一起在时间-频率平面上定义了一个矩形窗（时频窗），即

$$(b+at^*-a\Delta_\varphi,b+at^*+a\Delta_\varphi)\left(\frac{\omega^*}{a}-\frac{1}{a}\Delta_{\hat{\varphi}},\frac{\omega^*}{a}+\frac{1}{a}\Delta_{\hat{\varphi}}\right) \tag{5-122}$$

其中心在 $\left(b+at^*,\frac{\omega^*}{a}\right)$，窗的高度（频窗）和宽度（时窗）分别为 $2\frac{\Delta_{\hat{\varphi}}}{a}$ 和 $2a\Delta_\varphi$。可以看出，窗函数决定的窗口是对信号 $f(t)$ 局部性的一次刻化，小波窗函数提供了信号 $f(t)$ 在时段 $(b+at^*-a\Delta_\varphi,b+at^*+a\Delta_\varphi)$ 和频带 $\left(\frac{\omega^*}{a}-\frac{1}{a}\Delta_{\hat{\varphi}},\ \frac{\omega^*}{a}+\frac{1}{a}\Delta_{\hat{\varphi}}\right)$ 时的“含量”。因此，小波变换具有时频局部化性能。在实际中，为了检测高频信号，必须选择足够窄的时间窗，而在检测低频信号时，必须选择足够宽的时间窗。由定义可知，小波窗函数的窗口形状是变化的。

对于高频信号，时窗变窄，频窗变宽，有利于描述信号的细节；对于低频信号，时窗变宽，频窗变窄，有利于描述信号的整体行为。正是由于小波函数的这种变窗特性，使它能够表示各种不同频率分量的信号，特别是具有突变性质的信号，这正是小波变换的优点。

在每个可能的尺度下计算小波系数，计算量将相当大，因此考虑部分膨胀和位移来进行计算。运用二进膨胀和移位，可使分析十分有效且精确，即离散小波变换（DWT）。

取 $a=\frac{1}{2^j}$，$b=\frac{k}{2^j}$，j、$k\in Z$。即尺度参数 a 使用 2 的幂把频率轴剖分为二进制的、相互毗邻的频带，同时，平移参数 b 只在时间轴上的二进位值取值。此时，连续小波变换转换为离散的小波变换，即

$$W_f\left(\frac{1}{2^j},\frac{k}{2^j}\right)=\int_{-\infty}^{\infty} f(t)\left[2^{\frac{j}{2}}\overline{\varphi}(2^j t-k)\right]\mathrm{d}t \tag{5-123}$$

对于许多信号，低频成分相当重要，常蕴含着信号的特征，而高频成分则给出信号的细节或差别。小波分析中常用到近似和细节。近似表示信号的高尺度，低频率成分；细节表示的是低尺度，高频成分。因此原始信号通过两个互补滤波器产生两个信号。

一阶滤波的示意图如图 5-36 所示。通过不断的分解过程，将近似信号连续分解，就可将信号分解成许多低分频率成分。图 5-37 所示为一个小波分解树。图中 S 表示原始信号，A 表示近似，D 表示细节，下角标表示分解的层数，即存在

$$\begin{aligned} S &= A_1+D_1 \\ &= A_2+D_2+D_1 \\ &= A_2+D_3+D_2+D_1 \end{aligned}$$

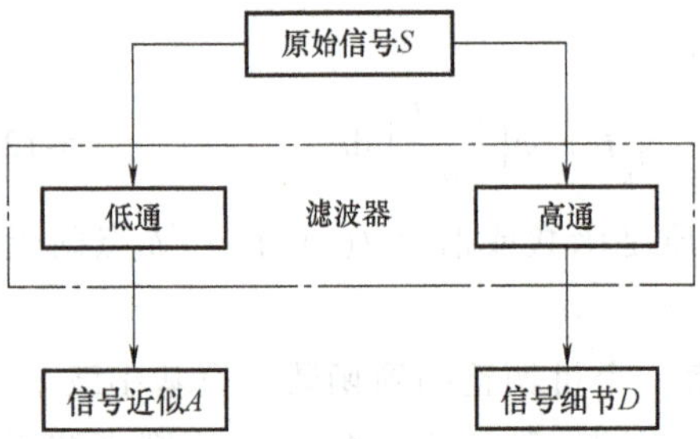

图 5-36 一阶滤波示意图

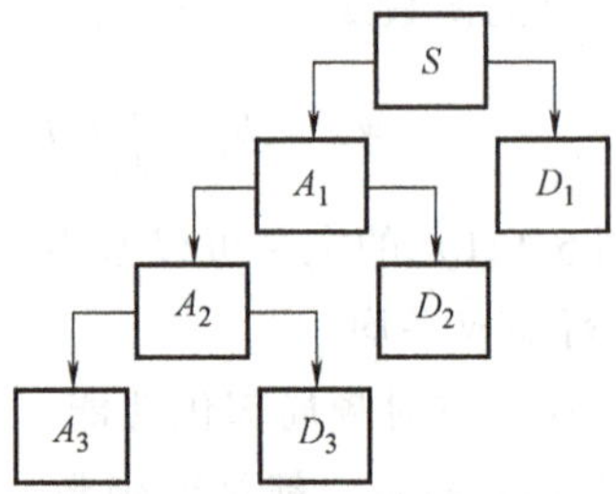

图 5-37 小波分解树示意图

信号可表示为小波分量的叠加。研究小波变换的目的在于用小波表示信号。对于离散小波变换，这种表示可由它们的逆变换（IDWT）直观看出，即

$$f(t)=\sum_{j,k=-\infty}^{\infty}(W_f)\left(\frac{1}{2^j},\frac{k}{2^j}\right)\overline{\varphi}_{j,k} \tag{5-124}$$

根据式（5-124），信号 $f(t)$ 可以表示为不同频率的小波分量的和，即

$$f(t)=\sum_j g_j=\cdots+g_{-1}(t)+g_0(t)+g_1(t)+\cdots \tag{5-125}$$

当信号 $f(t)$ 被分解为小波后，对信号的研究就转化为对其小波分量或在某一尺度（不同的 j）下的小波变换的研究。

与傅里叶变换不同，小波变换中的小波函数具有多样性。不同的信号、不同的研究目的、采用不同的小波变换对于小波函数的要求也各不相同。例如，要求小波函数具有正交

性、一定的对称性和光滑性等，这些要求经常矛盾，需要在应用中合理予以取舍。

选择最简单的 Haar 小波，运用一维离散小波变换，对图 5-38 所示信号进行一步分解，得到的近似和细节如图 5-39 所示。

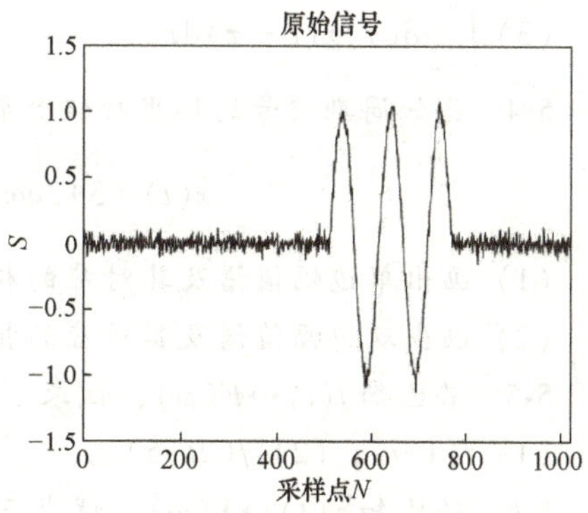

图 5-38　原始信号

小波变换在信号处理中的作用相当于用一族带通滤波器对信号进行滤波，这族滤波器的特点在于其 Q 值（中心频率/带宽）基本相同，因而其分析精度可变，在高频段具有高的时间外辨率和低的频率分辨率，在低频段具有低的时间分辨率和高的频率分辨率，克服了传统 FFT 中时频分辨率恒定的弱点，因而它能更好应用于非平稳信号的实时处理。

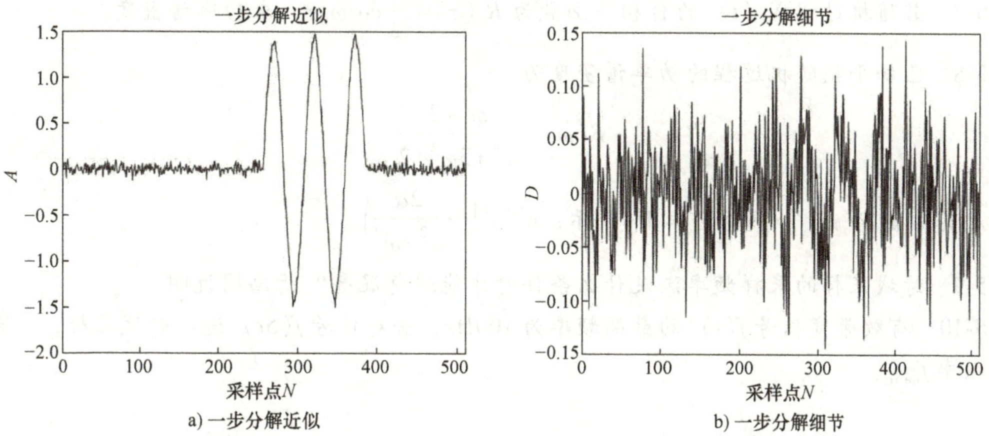

a) 一步分解近似　　b) 一步分解细节

图 5-39　信号的小波分解（一步）

思考题与习题

5-1　周期信号、非周期信号、随机信号分别采用哪种方式描述？

5-2　说明下列信号是周期信号还是非周期信号，是能量信号还是功率信号。

（1）$x(t)=\begin{cases}5\cos(10\pi t), & t\geqslant 0\\ 0, & t<0\end{cases}$

（2）$x(t)=\begin{cases}8e^{-4t}, & t\geqslant 0\\ 0, & t<0\end{cases}$

（3）$x(t)=5\sin 2\pi t+10\sin 3\pi t, -\infty<t<\infty$

5-3　计算下列各式

（1）$\left(\dfrac{\cos t}{t^2+2}\right)\delta(t)$；

（2）$\dfrac{1}{j\omega+2}\delta(\omega+3)$；

(3) $\int_{-\infty}^{\infty}\delta(\tau)x(t-\tau)\mathrm{d}\tau$。

5-4　已知周期信号的傅里叶级数展开式为

$$x(t)=3+3\cos 2t+2\sin\left(4t-\frac{\pi}{4}\right)-\cos\left(6t-\frac{\pi}{3}\right)$$

(1) 画出单边幅值谱及其对应的相位谱；

(2) 画出双边幅值谱及其对应的相位谱。

5-5　若已知 $f(t)\leftrightarrow F(\omega)$，试求下列函数的频谱。

(1) $f(1-t)$；(2) $f(2t-5)$。

5-6　若已知 $x(t)\leftrightarrow X(\omega)$，试求下列信号的频谱。

(1) $[1+mx(t)]\cos\omega_0 t$;

(2) $x(t)*x(t-1)$。

5-7　若随机过程 $X(t)$ 的自相关函数为 $R_x(\tau)=\frac{1}{2}\cos\omega_0\tau$，求功率谱密度。

5-8　已知平稳随机过程的功率谱密度为

$$S(\omega)=\frac{\omega^2+2}{\omega^4+3\omega^2+2}$$

求自相关函数 $R(\tau)$ 和平均功率 $W\left(\text{提示：}\mathrm{e}^{-\alpha|t|}\leftrightarrow\frac{2\alpha}{\alpha^2+\omega^2}\right)$。

5-9　时域采样的采样频率满足什么条件时才能避免混叠？请画图说明。

5-10　有效带宽信号 $f(t)$ 的最高频率为 100Hz，若对信号 $f(5t)$ 进行时域采样，求最小采样频率 f_{smin}。

第 6 章

测试系统的特性分析

测试系统是执行测试任务的各种装置和仪器的总称。为实现某种量的测量而选择或设计测试系统时，必须考虑这些测试系统能否准确获取被测量的量值及其变化，即实现准确测量。而准确测量是否能够实现，则取决于测试系统的特性。

测试系统所测量的物理量通常有两种形式，一种是静态（静态或准静态）的形式，这种信号不随时间变化（或变化很缓慢），另一种是动态（周期变化或瞬态）的形式，这种信号是随时间变化而变化的。由于输入物理量状态不同，测试系统所表现出的输入-输出特性也不同，因此存在静态特性和动态特性。一个高精度测试系统，必须有良好的静态特性和动态特性，才能完成信号的准确测试，即所谓的不失真测试。

人们研究测试系统的静态特性及动态特性，总体来讲都是研究测试装置的输入-输出关系特性。输入-输出关系特性是测试系统的外部特性，但与测试系统内部参数有密切的关系。所以，从误差角度去分析输出-输入特性是测量技术所要研究的主要内容之一。

本章所介绍的测试系统的静态与动态特性分析完全适合于传感器的特性分析。

6.1 测试系统的静态特性

若测量时，测试系统的输入、输出信号基本不随时间而变化（或变化极慢，在所观察的时间间隔内可忽略其变化而视作常量），这时测试系统表现出来的响应特性称为静态特性。衡量测试系统静态特性的主要指标包括非线性度、灵敏度、迟滞和重复性等。

【视频讲解】测试系统的特性概述

6.1.1 非线性度

非线性度是指测试系统的实际输出和输入关系对于理想的线性关系的偏离程度。非线性度又常被称为非线性误差或线性度。在静态测量中，通常采用实验的办法求取系统的输入输出关系曲线，称为标定曲线。实际上遇到的测试系统大多为非线性的，在测试系统非线性项的方次不高，输入量变化范围不大的条件下，可以用一条参考直线来近似地代表实际曲线的一段，所采用的直线称为拟合直线。标定曲线偏离其拟合直线的程度即为非线性度，如图 6-1 所示，即标定曲线与拟合直线偏差的最大值与系统的标称输出范围（全量程）的百分比，表达式为

$$\delta_{\mathrm{L}}=\frac{(\Delta y_{\mathrm{L}})_{\max}}{y_{\mathrm{FS}}}\times 100\% \tag{6-1}$$

$$(\Delta y_{\mathrm{L}})_{\max}=\max|\Delta y_{i,\mathrm{L}}|,\quad i=1,2,\cdots,n$$

$$\Delta y_{i,\mathrm{L}}=\bar{y}_i-y_i$$

式中，y_{FS} 为满量程输出，$y_{FS}=|B(x_{max}-x_{min})|$，$B$ 为拟合直线的斜率；$\Delta y_{i,L}$ 为第 i 个标定点平均输出值与拟合直线上相应点的偏差；$(\Delta y_L)_{max}$ 为 n 个测点中的最大偏差。

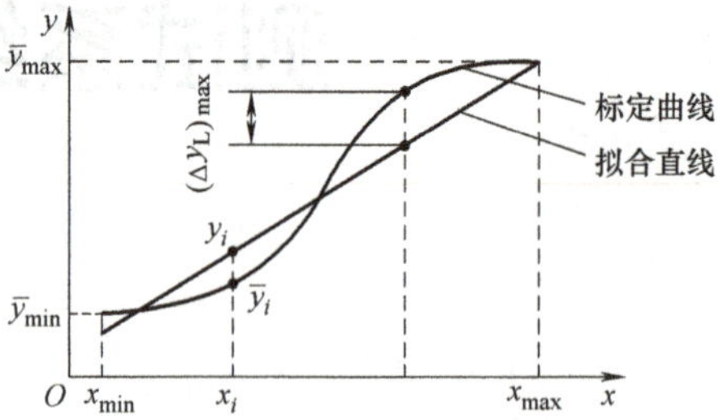

图 6-1　非线性度示意图

从非线性度的定义可以看出，拟合直线确定的方法不同，会得到不同的非线性度。拟合直线方法有多种，通常采用各实际标定点的输出值对应偏差的二次方和为最小的拟合直线，即最小二乘法拟合。

6.1.2　灵敏度

灵敏度是指测试系统在静态测量时被测量的单位变化量引起的输出变化量，如图 6-2 所示，用 S 表示，即

$$S=\lim_{\Delta x\to 0}\frac{\Delta y}{\Delta x}=\frac{\mathrm{d}y}{\mathrm{d}x}\tag{6-2}$$

【深入思考】还有哪些拟合直线的确定方法?

【视频讲解】线性度

线性测试系统的灵敏度 S 为常数，静态特性曲线的斜率越大，其灵敏度就越高。非线性测试系统的灵敏度为一个变量，输入量不同，灵敏度就不同。灵敏度的量纲由输入和输出量的量纲决定。要注意的是，装置的灵敏度越高，就越容易受外界干扰的影响，即装置的稳定性越差。

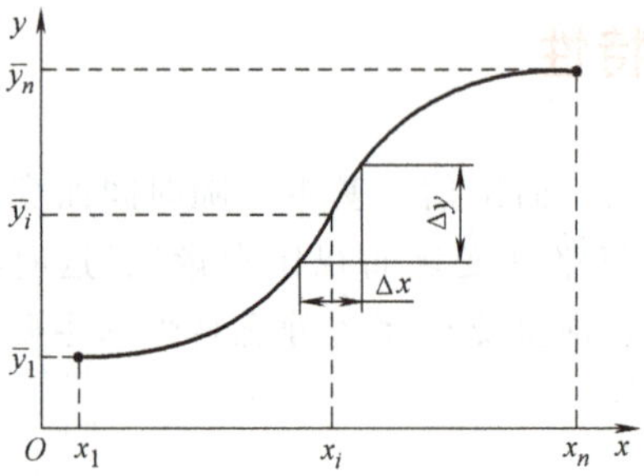

图 6-2　灵敏度示意图

【视频讲解】灵敏度

6.1.3　迟滞

迟滞也叫回程误差或滞后。由于仪器仪表中磁性材料的磁滞以及机械结构中的摩擦和游隙等原因，在测试过程中输入量在递增过程中（正行程）与递减过程中（反行程）的标定曲线会有不重合的现象，如图 6-3 所示。

对于第 i 个测点，其正、反行程输出的平均标定点分别为（x_i，$\bar{y}_{ui}$）和（x_i，$\bar{y}_{di}$），且有

$$\bar{y}_{ui}=\frac{1}{m}\sum_{j=1}^{m}y_{uij}\tag{6-3}$$

$$\bar{y}_{di} = \frac{1}{m}\sum_{j=1}^{m} y_{dij} \tag{6-4}$$

第 i 个测点的正、反行程的偏差为

$$\Delta y_{i,H} = |\bar{y}_{ui} - \bar{y}_{di}| \tag{6-5}$$

【视频讲解】迟滞

则迟滞为

$$\delta_H = \frac{\max(\Delta y_{i,H})}{y_{FS}} \times 100\% \tag{6-6}$$

6.1.4　重复性

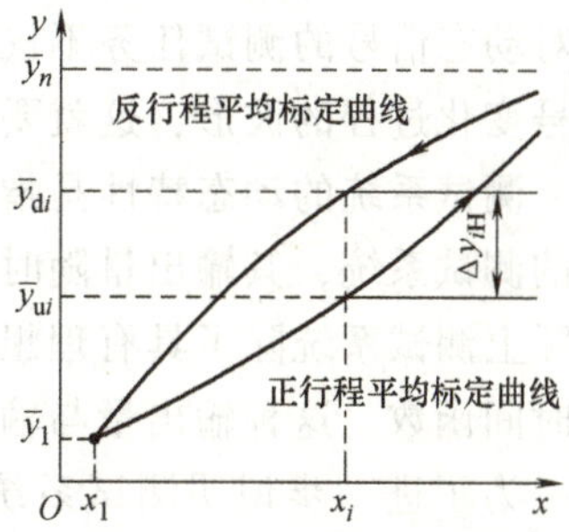

图 6-3　迟滞示意图

同一个测点，测试系统按同一方向做全量程的多次重复测量时，每一次的输出值都不一样，是随机的。为了反映这一现象，引入重复性指标，如图 6-4 所示。

重复性是衡量传感器在相同条件下，输入量按同一方向做全量程多次测试时所得特性曲线不一致的程度，反映的是标定值的分散性，属于随机性误差，可根据标准偏差来计算，即

$$\delta_R = \frac{t\sigma}{y_{FS}} \times 100\% \tag{6-7}$$

式中，t 为置信系数，通常取 2 或 3，$t=2$ 时，置信概率为 95.4%，$t=3$ 时，置信概率为 99.73%；σ 为子样标准偏差。

若误差服从正态分布，标准偏差可以根据贝塞尔公式来计算。先计算各标定点的标准偏差，即

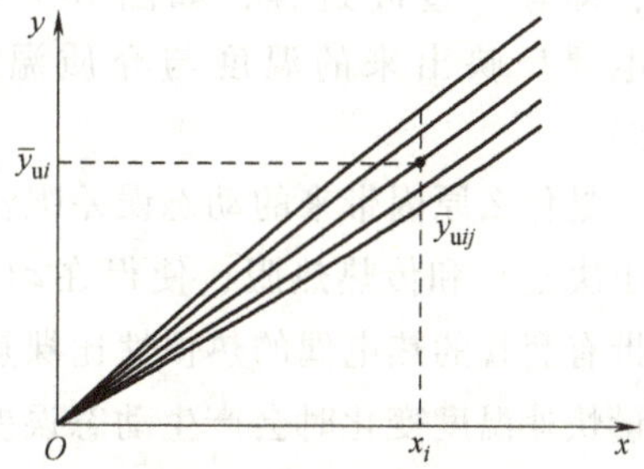

图 6-4　重复性示意图

$$\sigma_{ui} = \sqrt{\frac{\sum_{j=1}^{m}(y_{uij} - \bar{y}_{ui})^2}{m-1}} \tag{6-8}$$

$$\sigma_{di} = \sqrt{\frac{\sum_{j=1}^{m}(y_{dij} - \bar{y}_{di})^2}{m-1}} \tag{6-9}$$

式中，σ_{ui}、σ_{di} 分别为正、反行程各标定点响应量的标准偏差；$\bar{y}_{ui}$、$\bar{y}_{di}$ 分别为正、反行程各标定点响应量的平均值；i 为标定点序号，$i=1,2,3,\cdots,n$；j 为标定时重复测量次数，$j=1,2,3,\cdots,m$；y_{uij}、y_{dij} 分别为正、反行程各标定点的输出值。

对于全部 n 个测点，当认为是等精度测量时，整个测试过程中的标准偏差为

$$\sigma = \sqrt{\frac{1}{n}\sum_{i=1}^{n}(\sigma_{ui}^2 + \sigma_{di}^2)} \tag{6-10}$$

也可利用 n 个测点的正反行程子样标准偏差中的最大值来计算 σ，即

$$\sigma = \max(\sigma_{ui}, \sigma_{di}) \tag{6-11}$$

【拓展阅读】　传感器主要静态性能指标计算方法国家标准

6.2 测试系统的动态特性

【视频讲解】重复性

【视频讲解】其他静态特性指标

6.2.1 动态参数测试的特殊问题

在测量静态信号时，线性测试系统的输出-输入特性是一条直线，二者之间有一一对应的关系，且由于被测信号不随时间变化，测试过程不受时间限制。但在实际测试中，大量的被测信号是动态信号，测试系统对动态信号的测试任务不仅需要精确地测试出信号幅值的大小，而且需要测试和记录动态信号变化过程的波形，这就要求测试系统具有良好的动态特性。

测试系统的动态特性是指测试系统对随时间变化的输入量的响应特性。一个动态特性良好的测试系统，其输出量随时间变化的规律将能同时再现输入量随时间变化的规律。但是，实际上测试系统除了具有理想的比例特性环节外，输出信号将不会与输入信号具有完全相同的时间函数，这种输出量与输入量之间的差异称为动态误差。

为了进一步说明测试系统参数测试中的特性问题，下面讨论一个动态测温的过程。在 t_0 时刻，把一支热电偶（温度测试系统）从温度为 T_0 的环境中迅速插入一个温度为 T 的恒温热水槽中（插入时间忽略不计），这时热电偶测量的介质温度突然从 T_0 上升到 T，而热电偶反映出来的温度从 T_0 变化到 T 则需要经历一段时间，即有一过渡过程，如图 6-5 所示。这段时间内，热电偶反映出来的温度与介质温度的差值即为动态误差。

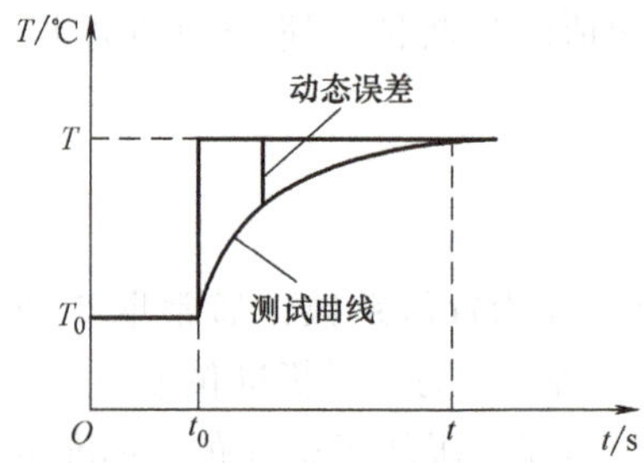

图 6-5 热电偶测温过程曲线

是什么原因带来的动态误差呢？人们已经知道，热电偶有热惯性（由其比热容和质量大小决定）和传热热阻，使得在动态测温时测试系统输出总是滞后于被测介质温度变化，如带有套管的热电偶的热惯性比裸热电偶大得多。这种热惯性是热电偶固有的，导致热电偶测量快速温度变化时会产生动态误差。

这种影响动态特性的“固有因素”任何系统都有，只是表现形式和作用程度不同。研究测试系统的动态特性的任务，主要是从测量误差的角度分析产生动态误差的原因以及提出改善测试系统动态特性的措施。

6.2.2 研究测试系统动态特性的方法

【视频讲解】动态测量的特殊问题

研究测试系统的动态特性可从时域和频域两个方面采用瞬态响应法和频率响应法来分析。由于输入信号的时间函数形式是多种多样的，在时域内研究测试系统的响应特性时，只研究几种特定的输入时间函数，如阶跃函数、脉冲函数和斜坡函数等。在频域内研究动态特性一般采用正弦函数。这两种方法内部存在必然的联系，可在不同场合根据实际需要解决的问题的不同而选择不同的方法。在测试系统进行动态特性分析和标定时，为了便于比较和评价，常采用阶跃信号和正弦信号作为标准激励源。

采用阶跃函数作为输入研究测试系统的时域动态特性时，为表征其动态特性，常用响应曲线的上升时间 t_{rs}、响应时间 t_{st}、超调量 M 等参数综合表示，如图 6-6 所示。上升时间 t_{rs} 是指输出指示值从最终稳定值的 5%或 10%变到最终稳定值的 95%或 90%所需的时间。响应时间 t_{st} 是指从输入量开始起作用到输出量进入稳定值所规定的范围内所需要的时间。最终稳定值的运行范围常取所允许的测量误差值±e。在给出响应时间时应同时注明误差值的范围，例如 $t_{st}=5s$（±2%）。超调量 M 是指输出第一次达到稳定之后又超出稳定值而出现的最大偏差，常用相对于最终稳定值的百分数来表示。

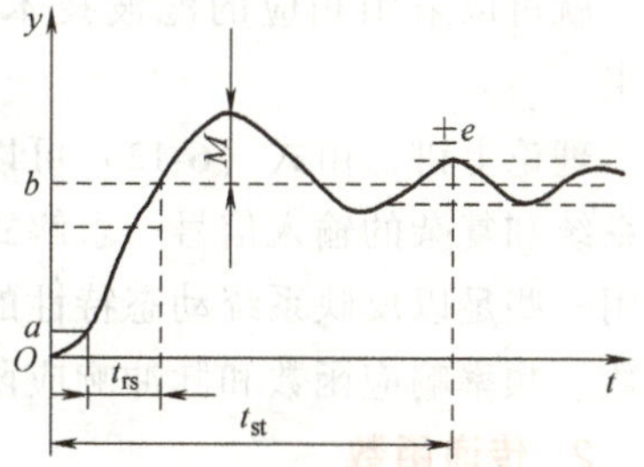

图 6-6　阶跃响应特性

采用正弦函数输入分析测试系统的频域动态特性时，常用幅频特性和相频特性描述测试系统的动态特性，其重要指标是频带宽度（简称带宽）。带宽指增益变化不超过某一规定分贝值的频率范围。全面描述测试系统的动态特性，必须同时给出时域和频域的动态性能指标。动态特性好的测试系统暂态响应时间很短或者频率响应范围很宽。

6.2.3　测试系统动态特性的数学描述

1. 测试系统的一般数学模型

理想的测试系统应该具有单值的、确定的输入-输出关系，即输出量为输入量的函数。但实际的测试系统，总是存在弹性、阻尼、惯性等元件。这样，输出量 $y(t)$ 不仅与输入量 $x(t)$ 有关，而且还与输入量的变化速度$\dfrac{dx(t)}{dt}$，加速度$\dfrac{d^2x(t)}{dt^2}$等有关。因此要精确地建立测试系统的数学模型是很困难的。但在工程上总是采取一些近似的方法，在一定误差允许范围内，忽略一些影响不大的因素，这给数学模型的确定与求解带来很多方便。

在工程测试实践中，大多数测试系统属于用线性时不变系统，因此，通常可以用线性时不变系统理论来描述测试系统的动态特性。从数学上可以用高阶常系数线性微分方程表示测试系统输出量 $y(t)$ 与输入量 $x(t)$ 之间的关系，即

$$a_n\frac{d^ny(t)}{dt^n}+a_{n-1}\frac{d^{n-1}y(t)}{dt^{n-1}}+\cdots+a_1\frac{dy(t)}{dt}+a_0y(t)$$
$$=b_m\frac{d^mx(t)}{dt^m}+b_{m-1}\frac{d^{m-1}x(t)}{dt^{m-1}}+\cdots+b_1\frac{dx(t)}{dt}+b_0x(t) \tag{6-12}$$

式中，a_n，a_{n-1}，…，a_0 和 b_m，b_{m-1}，…，b_0 均为与系统结构有关的常数。

线性时不变系统有两个十分重要的性质，即叠加性和频率保持性。

叠加性就是当一个系统有 n 个激励同时作用时，那么它的响应就等于这几个激励单独作用的响应之和，即如有 $x_i(t)\to y_i(t)$，则有 $\sum\limits_{i=1}^{n}x_i(t)\to\sum\limits_{i=1}^{n}y_i(t)$。也就是说，各个输入所引起的输出是互相不影响的，这样，在分析时，可以将一个复杂的激励信号分解成若干个简单的激励信号，然后求出这些分量激励的响应之和。

频率保持性表明，当线性系统的输入为某一频率信号时，则系统的稳态响应也为同一频率的信号，即如有 $x(t)\to y(t)$，若 $x(t)=x_0e^{j\omega t}$，则有 $y(t)=y_0e^{j(\omega t+\varphi)}$。如果已知测试系统是线性时不变的，其输入信号的频率也已知，那么，在测得的输出信号中就只有与输入信号

频率相同的成分才可能是由输入引起的响应，其他的频率成分都是干扰噪声。利用这一特性，就可以采用相应的滤波技术，在有很强的噪声干扰情况下，也能将有用的信息提取出来。

理论上讲，由式（6-12）可以计算出测试系统的输出与输入的关系，但是对于一个复杂的系统和复杂的输入信号，求解式（6-12）并非易事。因此，在信息论与工程控制中，通常采用一些足以反映系统动态特性的函数，将系统的输出与输入联系起来。这些函数包括传递函数、频率响应函数和脉冲响应函数等等。

2. 传递函数

在工程上，为了计算方便，通常采用拉普拉斯变换来研究常系数线性微分方程。若 $y(t)$ 为时间变量 t 的函数，且当 $t \leqslant 0$ 时，有 $y(t)=0$，则 $y(t)$ 的拉普拉斯变换 $Y(s)$ 定义为

【视频讲解】测试系统的一般数学模型

$$Y(s)=\int_0^{\infty} y(t)\mathrm{e}^{-st}\mathrm{d}t \tag{6-13}$$

式中，s 为复变量，$s=a+\mathrm{j}b$，$a>0$。

拉普拉斯变换记为 $Y(s)=L[y(t)]$，拉普拉斯逆变换记为 $y(t)=L^{-1}[Y(s)]$。

如系统的初始条件为零，即认为输入量 $x(t)$、输出量 $y(t)$ 及它们的各阶时间导数的初始值（$t=0$ 时）为零，对式（6-12）进行拉普拉斯变换得

$$Y(s)(a_n s^n+a_{n-1}s^{n-1}+\cdots+a_1 s+a_0)=X(s)(b_m s^m+b_{m-1}s^{m-1}+\cdots+b_1 s+b_0) \tag{6-14}$$

式中，$Y(s)$ 为系统输出量 $y(t)$ 的拉普拉斯变换；$X(s)$ 为系统输入量 $x(t)$ 的拉普拉斯变换。将输入量和输出量两者的拉普拉斯变换之比定义为传递函数 $H(s)$，则

$$H(s)=\frac{Y(s)}{X(s)}=\frac{b_m s^m+b_{m-1}s^{m-1}+\cdots+b_1 s+b_0}{a_n s^n+a_{n-1}s^{n-1}+\cdots+a_1 s+a_0} \tag{6-15}$$

传递函数 $H(s)$ 表征了系统的传递特性。式（6-15）的分母中的 s 幂次 n 代表了微分方程的阶次，也称为传递函数的阶次。从式（6-15）不难得到如下几条传递函数的特性：

1）$H(s)$ 描述了测试系统本身的动态特性，与输入量 $x(t)$ 及初始状态无关。$H(s)$ 所描述的测试系统对于任一具体的输入量 $x(t)$ 都明确给出了相应的输出量 $y(t)$。

2）$H(s)$ 只反映系统传输特性而不拘泥于系统的物理结构。同一形式的传递函数可以表征具有相同传输特性的不同物理系统。

3）$H(s)$ 中的各系数 a_n，a_{n-1}，…，a_0 和 b_m，b_{m-1}，…，b_0 是由测试系统本身结构特性所唯一确定的常数。

3. 频率响应函数

【视频讲解】传递函数

频率响应函数在频率域中描述系统的动态特性，而传递函数是在复数域中来描述系统的动态特性，比在时域中用微分方程来描述系统特性有许多优点。许多工程系统的微分方程式及其传递函数极难建立，而且传递函数的物理概念也很难理解。与传递函数相比，频率响应函数有着物理概念明确、容易通过实验来建立、极易由它求出传递函数等优点。因此，频率响应函数就成为实验研究系统特性的重要工具。

（1）幅频特性、相频特性和频率响应函数　根据线性时不变系统系统的频率保持性，

系统在简谐信号 $x(t)=X_0\sin\omega t$ 的激励下，所产生的稳态输出也是简谐信号，$y(t)=Y_0\sin(\omega t+\varphi)$。此时输入和输出虽为同频率的简谐信号，但两者的幅值并不一样。其幅值比 $A=\dfrac{Y_0}{X_0}$ 和相位差 φ 都随频率 ω 而变，是 ω 的函数。

线性时不变系统在简谐信号的激励下，其稳态输出信号和输入信号的幅值比被定义为该系统的幅频特性，记为 $A(\omega)$；稳态输出对输入的相位差 φ 被定义为该系统的相频特性，记为 $\varphi(\omega)$。两者统称为系统的频率特性。因此系统的频率特性是指系统在简谐信号激励下，其稳态输出对输入的幅值比、相位差随激励频率 ω 变化的特性。

注意到任何一个复数 $z=a+\mathrm{j}b$，也可以表达为 $z=|z|\mathrm{e}^{\mathrm{j}\theta}$。其中，$|z|=\sqrt{a^2+b^2}$，$\theta=\arctan\left(\dfrac{b}{a}\right)$。现用 $A(\omega)$ 为模、$\varphi(\omega)$ 为辐角来构成一个复数 $H(\omega)$，即

$$H(\omega)=A(\omega)\mathrm{e}^{\mathrm{j}\varphi(\omega)} \tag{6-16}$$

$H(\omega)$ 表示系统的频率特性，也称为系统的频率响应函数。其中

$$A(\omega)=|H(\mathrm{j}\omega)|=\sqrt{[H_{\mathrm{R}}(\omega)]^2+[H_{\mathrm{I}}(\omega)]^2} \tag{6-17}$$

$$\varphi(\omega)=\arctan H(\mathrm{j}\omega)=\arctan\frac{H_{\mathrm{I}}(\omega)}{H_{\mathrm{R}}(\omega)} \tag{6-18}$$

式中，$H_{\mathrm{R}}(\omega)$ 和 $H_{\mathrm{I}}(\omega)$ 分别为 $H(\mathrm{j}\omega)$ 实部和虚部。

（2）频率响应函数的求法

1）在系统传递函数 $H(s)$ 已知的情况下，可令 $H(s)$ 中 $s=\mathrm{j}\omega$，便可得到频率响应函数 $H(\omega)$。例如，设系统的传递函数为式（6-15），将 $s=\mathrm{j}\omega$ 代入，得到该系统的频率响应函数为

$$H(\omega)=\frac{b_m(\mathrm{j}\omega)^m+b_{m-1}(\mathrm{j}\omega)^{m-1}+\cdots+b_1(\mathrm{j}\omega)+b_0}{a_n(\mathrm{j}\omega)^n+a_{n-1}(\mathrm{j}\omega)^{n-1}+\cdots+a_1(\mathrm{j}\omega)+a_0} \tag{6-19}$$

频率响应函数有时记为 $H(\mathrm{j}\omega)$，以此来强调它来源于 $H(s)|_{s=\mathrm{j}\omega}$。若研究在 $t=0$ 时刻将激励信号接入稳定线性时不变系统时，令 $s=\mathrm{j}\omega$ 代入拉普拉斯变换中，实际上就是将拉普拉斯变换变成傅里叶变换。同时考虑到系统在初始条件均为零时，有 $H(s)=\dfrac{Y(s)}{X(s)}$ 的关系，因而系统的频率响应函数 $H(\omega)$ 就成为输出 $y(t)$ 的傅里叶变换 $Y(\omega)$ 和输入 $x(t)$ 的傅里叶变换 $X(\omega)$ 之比，即

$$H(\omega)=\frac{Y(\omega)}{X(\omega)} \tag{6-20}$$

2）可依次用不同频率 ω 的简谐信号去激励被测系统，同时测出激励和系统的稳态输出的幅值 X_{0i}、Y_{0i} 和相位差 φ_i。这样对于某个 ω_i，便有一组 $A_i=\dfrac{Y_{0i}}{X_{0i}}$ 和 φ_i，全部的 $A_i-\omega_i$，和 $\varphi_i-\omega_i$，$i=1, 2, \cdots$ 便可表达系统的频率响应函数。

3）也可在初始条件全为零的情况下，同时测得输入 $x(t)$ 和输出 $y(t)$，由其傅里叶变换 $X(\omega)$ 和 $Y(\omega)$ 求得频率响应函数 $H(\omega)=\dfrac{Y(\omega)}{X(\omega)}$。

需要特别指出，频率响应函数是描述系统的简谐输入和相应的稳态输出的关系。因此，

在测量系统频率响应函数时，应当在系统响应达到稳态阶段时才进行测量。

尽管频率响应函数是对简谐激励而言的，但通常信号都可分解成简谐信号的叠加。因而在复杂信号输入下，系统频率特性也是适用的。这时，幅频、相频特性分别表征系统对输入信号中各个频率分量幅值的缩放能力和相位角前后移动的能力。

（3）幅频特性、相频特性的图像描述　幅频特性和相频特性，具有明确的物理意义和重要的实际意义，利用它们可以从频域角度形象、直观、定量地表示测试系统的动态特性。分别画出 $A(\omega)$-ω 和 $\varphi(\omega)$-ω 的图形，所得的曲线分别称为幅频特性曲线和相频特性曲线。

实际绘图时，常对自变量取对数标尺，幅值比 $A(\omega)$ 的坐标取分贝（dB）数，分别画出 $20\lg A(\omega)$-$\lg\omega$ 和 $\varphi(\omega)$-$\lg\omega$ 曲线，两者分别称为对数幅频特性曲线和对数相频特性曲线，总称为伯德图（Bode 图）。例如，典型一阶系统和二阶系统的伯德图分别如图 6-7、图 6-8 所示。

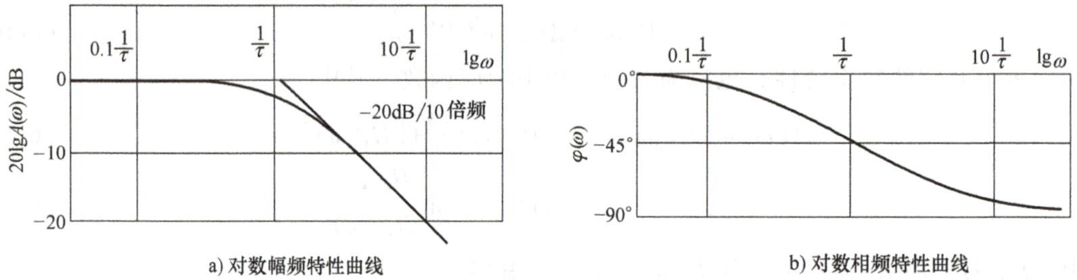

图 6-7　典型一阶系统的伯德图

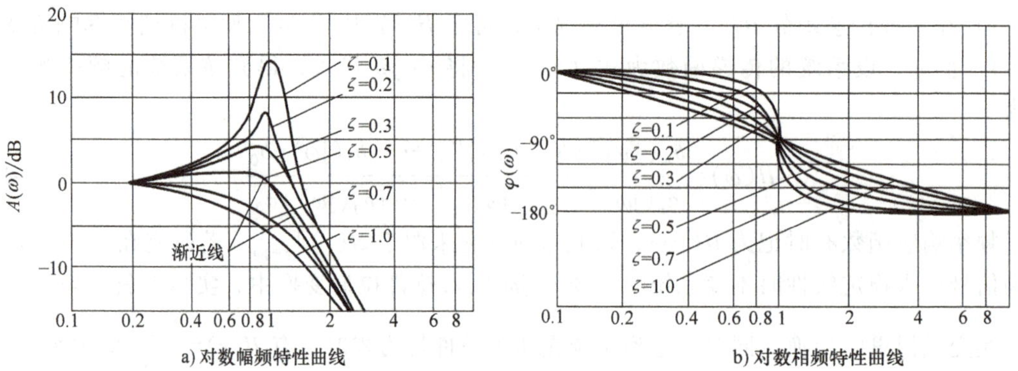

图 6-8　典型二阶系统的伯德图

若用频率响应函数 $H(\omega)$ 来绘制极坐标图，即将 $H(\omega)$ 实部和虚部分别作为横纵坐标，得到 $\mathrm{Im}(\omega)$-$\mathrm{Re}(\omega)$ 关系曲线，称为奈奎斯特图（Nyquist 图），图中的矢量向径的长度和矢量向径与横坐标轴的夹角分别为 $A(\omega)$ 和 $\varphi(\omega)$。例如，典型一阶系统和二阶系统的奈奎斯特图分别如图 6-9、图 6-10 所示。

4. 脉冲响应函数

由式（6-15）可知，系统的传递函数为 $H(s)=\dfrac{Y(s)}{X(s)}$，若选择一种激励 $x(t)$，使其拉普拉斯变换 $X(s)=1$，系统的特性就很容易得到了。这时自然会引入单位脉冲函数，即 $\delta(t)$ 函数，根据单位脉冲函数的定义和其抽样性，可以求出 $\delta(t)$ 拉普拉斯变换 $L[\delta(t)]$，即

$$L[\delta(t)]=\int_0^{\infty}\delta(t)\mathrm{e}^{-st}\mathrm{d}t=\mathrm{e}^{-st}\big|_{t=0}=1 \tag{6-21}$$

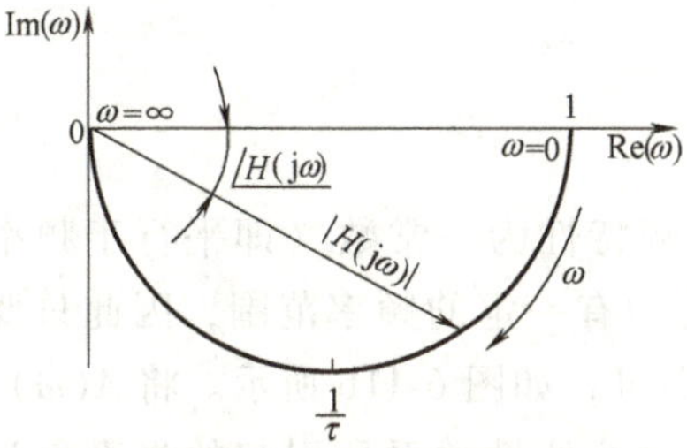

图 6-9 典型一阶系统的奈奎斯特图

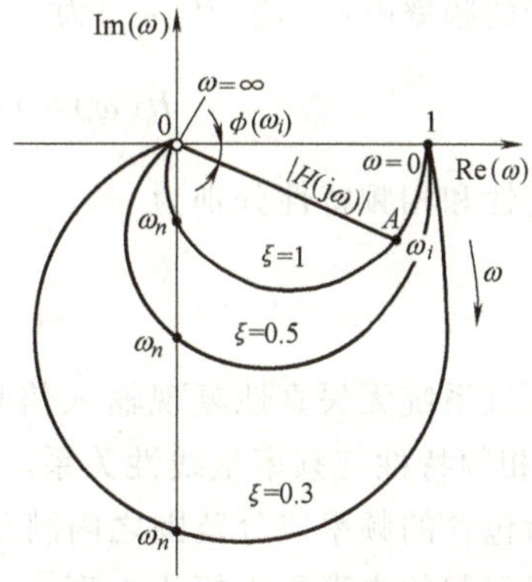

图 6-10 典型二阶系统的奈奎斯特图

将 $L[\delta(t)]=1$ 代入式（6-15）得

$$H(s)=\frac{Y(s)}{X(s)}=\frac{Y(s)}{L[\delta(t)]}=Y(s) \tag{6-22}$$

【视频讲解】频率响应函数

将式（6-22）两边进行拉普拉斯逆变换，且令 $L^{-1}[H(s)]=h(t)$，则有

$$h(t)=L^{-1}[H(s)]=L^{-1}[Y(s)]=y(t) \tag{6-23}$$

式（6-23）表明单位脉冲函数的响应同样可以描述测试系统的动态特性，它可在时域中描述系统特性，通常称 $h(t)$ 为脉冲响应函数。

对于任意输入 $x(t)$ 所引起的响应 $y(t)$，可以利用两个函数的卷积关系，即系统响应 $y(t)$ 等于脉冲响应函数 $h(t)$ 与激励 $x(t)$ 的卷积，也就是

$$y(t)=h(t)*x(t)=\int_0^t h(\tau)x(t-\tau)\mathrm{d}\tau=\int_0^t x(\tau)h(t-\tau)\mathrm{d}\tau \tag{6-24}$$

6.2.4 实现不失真测试的条件

【视频讲解】单位脉冲响应函数

测试的任务是通过测试系统来精确地复现被测的特征量或参数。因此对于一个理想的测试系统来说，必须能够精确地复制被测信号的波形，且在时间上没有延迟。从频率上分析，系统的输入与输出之间的关系也就是系统的频率响应函数 $H(\mathrm{j}\omega)$ 应满足系统的放大倍数为常数，相位为零。然而上述条件是理论上的，或者说理想化的条件。实际中，许多测试系统通过选择合适的参数能够满足幅值比（放大倍数）为常数的要求，但在信号的频率范围上同时实现接近于零的相位滞后，除了少数系统（如具有小 ζ 和大 ω_n 的压电式二阶系统）之外几乎是不可能的。因为任何测试系统都伴有时间上的滞后。因此，对于实际的测试系统来说，上述条件可修改为

$$y(t)=Kx(t-t_0) \tag{6-25}$$

式中，K 和 t_0 为常数。

式（6-25）说明该测试系统的输出波形与输入波形精确相似，只是幅值放大了 K 倍和时间上滞后了 t_0，如图 6-11a 所示。输出的频谱（幅值谱和相位谱）和输入的频谱完全相似，可认为系统能使输出波形无失真地复现输入波形。

对式（6-25）取傅里叶变换，则

$$Y(\omega)=KX(\omega)\mathrm{e}^{-\mathrm{j}\omega t_0} \tag{6-26}$$

因此系统的频率响应函数 $H(\omega)$ 为

$$H(\omega)=A(\omega)\mathrm{e}^{\mathrm{j}\varphi(\omega)}=\frac{Y(\omega)}{X(\omega)}=A_0\mathrm{e}^{-\mathrm{j}\omega t_0} \tag{6-27}$$

其幅频特性和相频特性分别为

$$\begin{cases}A(\omega)=K\\ \varphi(\omega)=-\omega t_0\end{cases} \tag{6-28}$$

故测试系统无失真地复现输入信号的条件是：幅频特性为一常数（即平行于频率轴的直线），相频特性与频率呈线性关系。但实际测试系统均有一定的频率范围，因此只要在输入信号所包含的频率成分范围之内满足上述两个条件即可，如图 6-11b 所示。将 $A(\omega)$ 不等于常数时引起的失真称为幅值失真，$\varphi(\omega)$ 与 ω 之间的非线性关系所引起的失真称为相位失真。

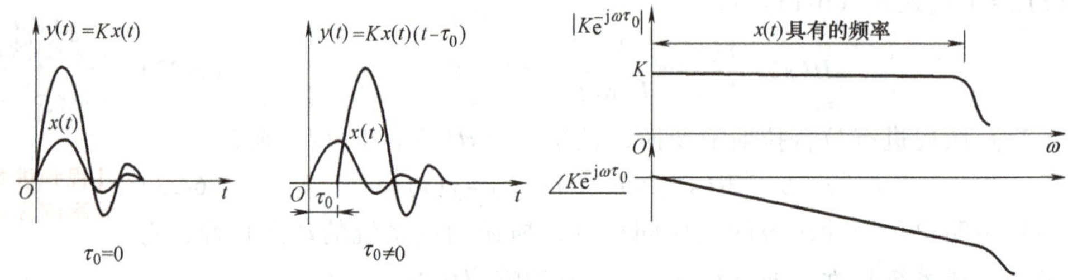

a) 无失真测试时域条件　　b) 无失真测试频域条件

图 6-11　无失真测试条件

需要指出的是，上述不失真测试条件是指波形不失真的条件，而幅值和相位都发生了变化。对许多工程应用来说，测试的目的仅要求被测结果能无失真地复现输入信号的波形，那么上述条件完全可以满足要求。但在某些应用场合，相位的滞后会带来问题。如对于具有反馈闭环测试系统，输出对输入的滞后可能会破坏整个控制系统的稳定性。这时便严格要求测量结果无滞后，即 $\varphi(\omega)=0$。

实际测量装置不可能在非常宽广的频率范围内都满足式（6-28）的要求，所以一般既有幅值失真，也有相位失真。图 6-12 所示为四个不同频率的信号通过一个具有图中 $A(\omega)$ 和

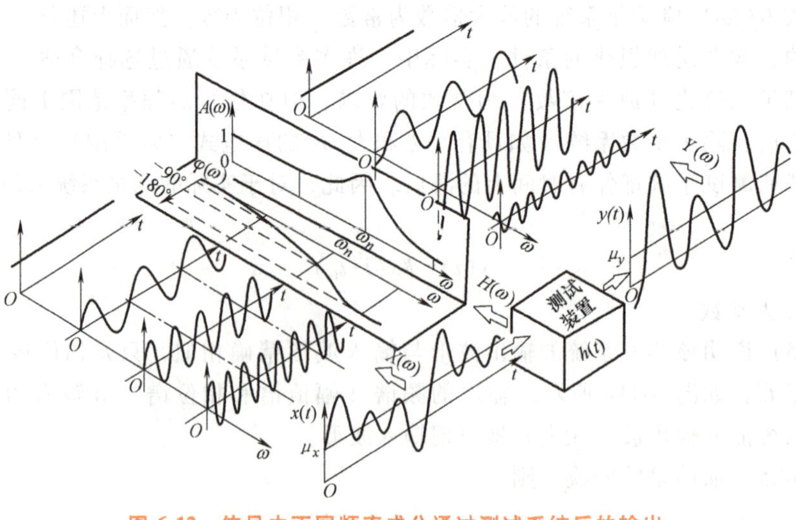

图 6-12　信号中不同频率成分通过测试系统后的输出

$\varphi(\omega)$ 特性的装置后的输出信号。四个输入信号都是正弦信号（包括直流信号），在某参考时刻 $t=0$，初相位均为零。图 6-12 形象地显示各输出信号相对输入信号有不同的幅值增益和相位滞后。对于单一频率成分的信号，因为线性时不变系统具有频率保持性，只要其幅值未进入非线性区，输出信号的频率也是单一的，也就无所谓失真问题。对于含有多种频率成分的，如果频率过高，因为实际系统的特性曲线不可能是理想的直线，各个频率成分幅值放大倍数或相移各不相同，显然输出的信号既引起幅值失真，又引起相位失真。

测试系统中，任何一个环节产生的波形失真，必然会引起整个系统最终输出波形失真。虽然各环节对最后波形的失真影响程度不一样，但原则上在信号频带内都应使每个环节基本上满足无失真测试的要求。

6.2.5　测试系统的动态特性分析

【视频讲解】实现不失真测试的条件

1. 环节的串联和并联

一个测试系统，通常由若干个环节组成，系统的传递函数与各环节的传递函数之间的关系取决于各环节之间的结构形式。

由两个传递函数分别为 $H_1(s)$ 和 $H_2(s)$ 的环节经串联后组成的测试系统如图 6-13a 所示，其传递函数 $H(s)$ 为

$$H(s)=\frac{Y(s)}{X(s)}=\frac{Z(s)}{X(s)}\cdot\frac{Y(s)}{Z(s)}=H_1(s)\cdot H_2(s)$$

类似地，由 n 个环节串联组成的系统的传递函数为

$$H(s)=\prod_{i=1}^{n}H_i(s) \tag{6-29}$$

由两个传递函数分别为 $H_1(s)$ 和 $H_2(s)$ 的环节经并联后组成的测试系统如图 6-13b 所示，其传递函数 $H(s)$ 为

$$H(s)=\frac{Y(s)}{X(s)}=\frac{Y_1(s)+Y_2(s)}{X(s)}=\frac{Y_1(s)}{X(s)}+\frac{Y_2(s)}{X(s)}=H_1(s)+H_2(s)$$

类似地，由 n 个环节并联组成的系统的传递函数为

$$H(s)=\sum_{i=1}^{n}H_i(s) \tag{6-30}$$

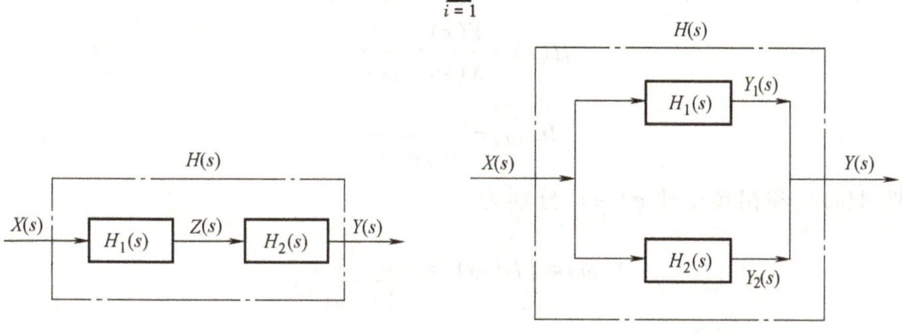

a) 两个环节的串联　　b) 两个环节的并联

图 6-13　组合系统

理论分析表明，对于任何一个高于二阶的系统可理想化为若干个一阶、二阶系统的并联或串联。因此，一阶和二阶系统是分析和研究复杂高阶系统的基础。

【拓展阅读】 负载效应

2. 测试系统的频率响应

(1) 一阶系统的频率响应 常见的一阶系统有弹簧-阻尼系统、RC电路、液体温度计等，如图6-14所示。这些装置分属于力学、电学、热学范畴，但均可用一阶微分方程来表示它们的输入与输出关系。在此以弹簧-阻尼系统为例进行讨论。

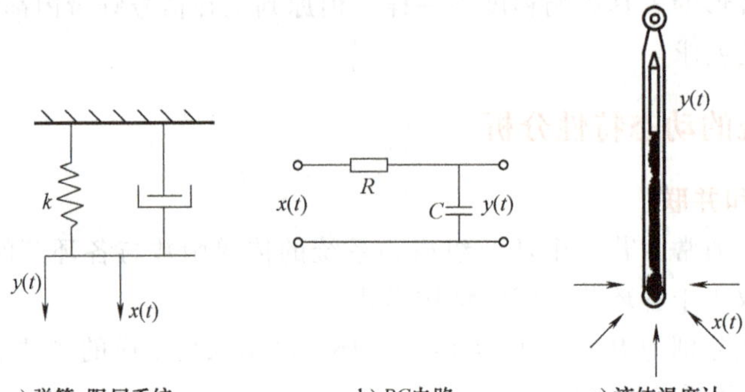

图6-14 一阶测试系统实例

图6-14a所示的由弹簧和阻尼器组成的机械系统，根据力学平衡条件，可得其运动微分方程为

$$c\frac{\mathrm{d}y(t)}{\mathrm{d}t}+ky(t)=x(t) \tag{6-31}$$

式中，k为弹簧刚度；c为阻尼系数。

令$\tau=\frac{c}{k}$，为时间常数，单位为s，对式（6-31）进行拉普拉斯变换，则有

$$\tau sY(s)+Y(s)=KX(s)$$

式中 $K=\frac{1}{k}$，为静态灵敏度。

K是一个只取决于系统结构，而与输入信号频率无关的常数，因而它不反映系统的动态特性。为了使表达更加简洁，一般将K设为1，这样可得一阶测试系统的传递函数$H(s)$、频率响应函数$H(\omega)$分别为

$$H(s)=\frac{Y(s)}{X(s)}=\frac{1}{\tau s+1} \tag{6-32}$$

$$H(\omega)=\frac{1}{\tau(\mathrm{j}\omega)+1} \tag{6-33}$$

其幅频特性$A(\omega)$和相频特性$\varphi(\omega)$分别为

$$A(\omega)=|H(\omega)|=\frac{1}{\sqrt{1+(\omega\tau)^2}} \tag{6-34}$$

$$\varphi(\omega)=-\arctan(\omega\tau) \tag{6-35}$$

式中，负号表示输出信号滞后于输入信号。

以无量纲系数 $\omega\tau$ 为横坐标绘制的一阶测试系统的频率响应特性曲线图 6-15 所示。为了便于观察和分析，将频率响应特性曲线横纵坐标采用对数尺度，如图 6-16 所示。

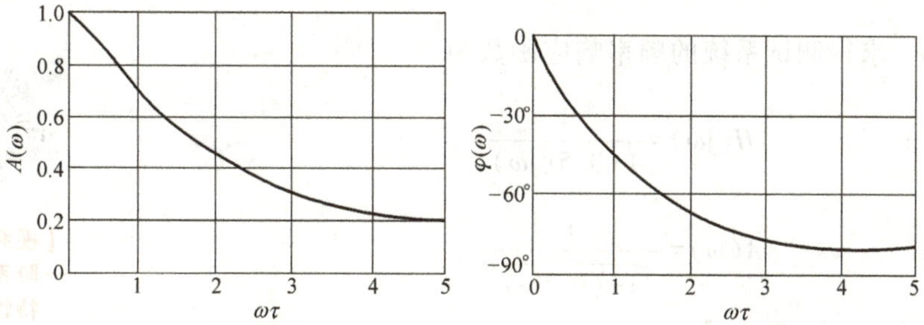

a) 幅频特性　　b) 相频特性

图 6-15　一阶系统频率特性（线性尺度）

【深入思考】基于 RC 电路模型如何推导一阶测试系统传递函数？

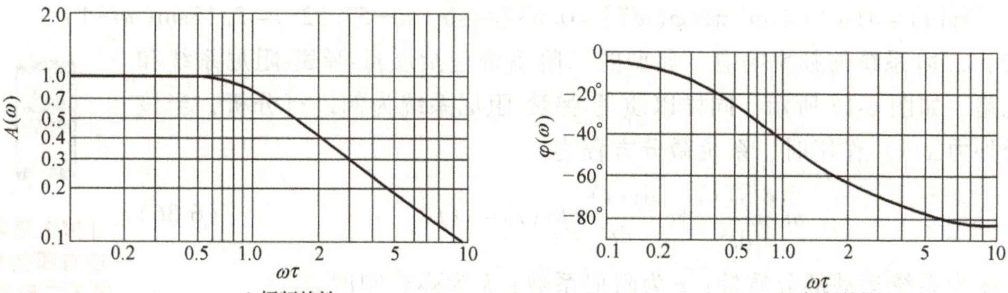

a) 幅频特性　　b) 相频特性

图 6-16　一阶系统频率特性（对数尺度）

由式（6-34）、式（6-35）、图 6-15 和图 6-16 分析可得到如下结论：

1）当 $\omega\tau\ll 1$ 时，$A(\omega)\approx 1$（误差不超过 2%），它表明系统输出与输入为线性关系；$\varphi(\omega)$ 很小，$\tan(\varphi)\approx\varphi$，$\varphi(\omega)\approx-\omega\tau$，相位差与 ω 呈线性关系。此时输出 $y(t)$ 真实地反映输入 $x(t)$ 的变化规律，测试基本上是无失真。当 $\omega\tau\gg 1$ 时，$H(\omega)\approx\dfrac{1}{\mathrm{j}\tau\omega}$，与之相应的微分方程式为

$$y(t)\approx\frac{1}{\tau}\int_0^t x(t)\,\mathrm{d}t$$

即输出和输入的积分成正比，系统相当于一个积分器。故一阶测量装置适用于测量缓变或低频的被测量。

2）时间常数 τ 是反映一阶系统特性的重要参数，实际上决定了该装置适用的频率范围。时间常数 τ 越小，频率响应特性就越好。在 $\omega=\dfrac{1}{\tau}$ 处，$A(\omega)$ 为 0.707（-3dB），相位滞后 45°。

3）一阶系统的伯德图可以用一条折线来近似描述，如图 6-7 所示。这条折线在 $\omega<\dfrac{1}{\tau}$ 段为 $A(\omega)=1$ 的水平线，在 $\omega>\dfrac{1}{\tau}$ 段为-20dB/10 倍频（或-6dB/倍频）斜率的直线。$\dfrac{1}{\tau}$ 称转折频率，在该点折线偏离实际曲线的误差最大（为-3dB）。其中，“-20dB/10 倍频”是指频率每增加为原来的 10 倍，$A(\omega)$ 下降 20dB。

【例 6-1】 已知某传感器的传递函数 $H(s)=\frac{1}{1+0.5s}$，当输入信号为 $x=4\sin\pi t$ 时，求传感器的稳态输出。

解：令 $s=\mathrm{j}\omega$，求得测试系统的频率响应函数为

$$H(\mathrm{j}\omega)=\frac{1}{1+0.5(\mathrm{j}\omega)}$$

$$A(\omega)=\frac{1}{\sqrt{1+(0.5\omega)^2}}$$

$$\varphi(\omega)=-\arctan(0.5\omega)$$

【视频讲解】一阶系统动态特性分析

根据线性时不变系统的特性，代入数据，有

$$y(t)=A(\omega)\times4\sin[\pi t+\varphi(\omega)]=0.537\times4\sin(\pi t-57.52°)=2.15\sin(\pi t-1)$$

（2）二阶系统的频率响应 典型的二阶系统包括质量-弹簧-阻尼系统和 RLC 电路，如图 6-17 所示。同样以质量-弹簧-阻尼系统为例进行分析，当该系统受外力 $x(t)$ 作用时，系统微分方程为

$$m\frac{\mathrm{d}^2y(t)}{\mathrm{d}t^2}+c\frac{\mathrm{d}y(t)}{\mathrm{d}t}+ky(t)=x(t) \tag{6-36}$$

【深入思考】还有哪些系统属于二阶系统？

式中，m 为系统运动部分质量；c 为阻尼系数；k 为弹簧刚度。

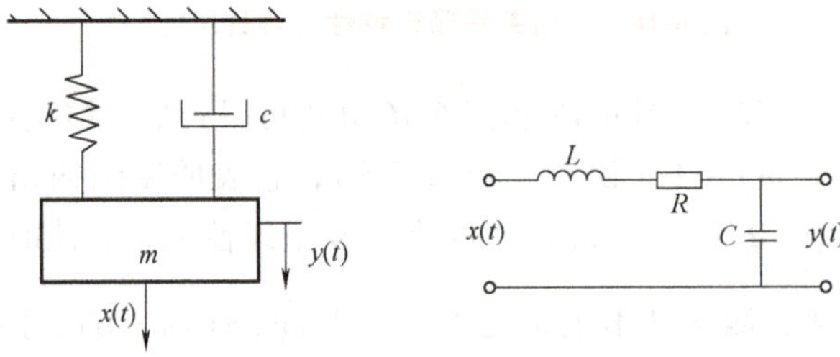

a) 弹簧-质量-阻尼系统　　b) RLC 电路

图 6-17　二阶系统实例

式（6-36）为二阶微分方程，经拉普拉斯变换得到所对应的传递函数为

$$H(s)=\frac{\omega_n^2K}{s^2+2\zeta\omega_ns+\omega_n^2} \tag{6-37}$$

式中，K 为系统的灵敏度，$K=\frac{1}{k}$；ω_n 为系统的固有角频率，$\omega_n=\sqrt{\frac{k}{m}}$；$\zeta$ 为系统的阻尼比，$\zeta=\frac{c}{c_c}=\frac{c}{2\sqrt{mk}}$；$c_c$ 为临界阻尼系数，$c_c=2\sqrt{mk}$。

显然，ω_n、ζ 和 K 都取决于系统的结构参数。系统组成并调整完毕时，它们的值也随之确定。同一阶系统类似，令 $K=1$，则二阶系统的频率特性 $H(\mathrm{j}\omega)$、幅频特性 $A(\omega)$ 和相频特性 $\varphi(\omega)$ 分别为

$$H(j\omega)=\frac{1}{\left[1-\left(\frac{\omega}{\omega_n}\right)^2\right]+2j\zeta\left(\frac{\omega}{\omega_n}\right)} \tag{6-38}$$

$$A(\omega)=\frac{1}{\sqrt{\left[1-\left(\frac{\omega}{\omega_n}\right)^2\right]^2+\left[2\zeta\left(\frac{\omega}{\omega_n}\right)\right]^2}} \tag{6-39}$$

$$\varphi(\omega)=-\arctan\frac{2\zeta\left(\frac{\omega}{\omega_n}\right)}{1-\left(\frac{\omega}{\omega_n}\right)^2} \tag{6-40}$$

相应的频率响应特性曲线如图 6-18、图 6-19 所示。

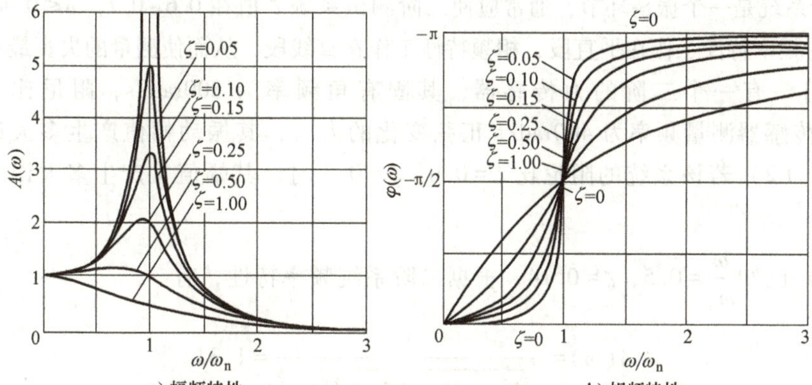

a) 幅频特性　　b) 相频特性

图 6-18　二阶系统频率特性（线性尺度）

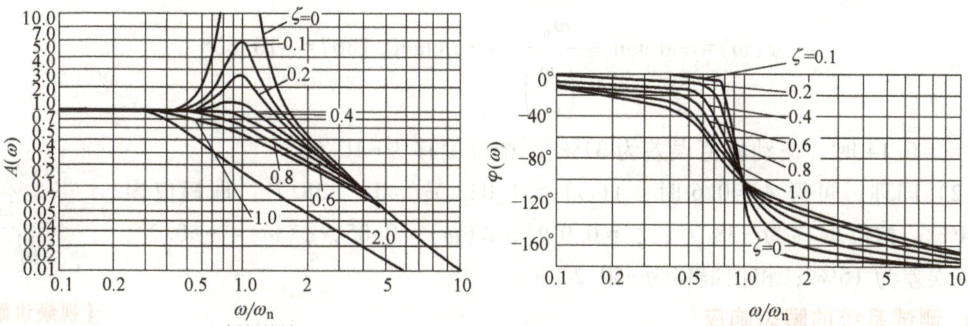

a) 幅频特性　　b) 相频特性

图 6-19　二阶系统频率特性（对数尺度）

由式（6-39）、式（6-40）、图 6-18 和图 6-19 可知，二阶系统具有如下特点：

1）当 $\omega \ll \omega_n$ 时，$A(\omega)\approx 1$，幅频特性曲线平直，输出与输入为线性关系；$\varphi(\omega)$ 很小，$\varphi(\omega)$ 与频率 ω 呈线性关系。此时，系统的输出 $y(t)$ 能真实准确地复现输入 $x(t)$ 的波形。当 $\omega \gg \omega_n$ 时，$A(\omega)\to 0$，$\varphi(\omega)\to 180°$，即输出信号几乎和输入反相。因此，二阶系统 ω_n 越大，保持动态误差在一定范围内的工作频率范围越宽；反之，工作频率范围越窄。为了减小动态误差和扩大频响范围，一般是提高 ω_n。提高 ω_n 可通过减小传感器运动部分质量和增加弹性敏感元件的刚度来实现。但刚度 k 增加，必然使灵敏度按相应比例减小。所以在实际中，要综合各种因素来确定传感器的各个特征参数。

2）二阶系统的动态特性主要取决于参数固有频率 ω_n 和阻尼比 ζ 的影响。然而在通常使用的频率范围中，又以固有频率的影响最为重要。所以二阶系统固有频率 ω_n 的选择就以其工作频率范围为依据。在 $\omega=\omega_n$ 附近，系统幅频特性受阻尼比影响极大。当 $\omega\approx\omega_n$ 时，系统将发生共振，因此，在实际应用中应避开这种情况。然而，利用在测定系统本身的参数时，则可利用这一特点，当 $\omega=\omega_n$ 时，$A(\omega)=\frac{1}{2}\zeta$，$\varphi(\omega)=-90°$，且不因阻尼比的不同而改变。

3）二阶系统的伯德图可用折线来近似（如图 6-8 所示）。在 $\omega<0.5\omega_n$ 段，$A(\omega)$ 可用 0dB 水平线近似。在 $\omega>2\omega_n$ 段，可用斜率为 -40dB/10 倍频或 -12dB/10 倍频的直线来近似。在 $\omega\approx(0.5\sim2)\omega_n$ 区间，因共振现象，近似折线偏离实际曲线较大。

4）二阶系统是一个振荡环节，通常应使二阶测试系统 ζ 值在 0.6~0.7，$\omega\leqslant0.4\omega_n$，这样可使测试系统的频率特性工作在平直段，相频特性工作在直线段，从而使测量的失真最小。

【例 6-2】 有一个二阶的力传感器，其固有角频率为 800rad/s，阻尼比 ζ 为 0.14。(1) 使用该传感器测量频率为 400rad/s 正弦变化的力时，其振动幅值产生多大误差？相位偏移有多少？(2) 若该系统的阻尼比 $\zeta=0.6$，$\zeta=0.9$ 时，其幅值又产生多大误差？相位偏移又为多少？

解：(1) 已知 $\frac{\omega}{\omega_n}=0.5$，$\zeta=0.14$，根据二阶系统频率特性，有

$$A(\omega)=\frac{1}{\sqrt{\left[1-\left(\frac{\omega}{\omega_n}\right)^2\right]^2+\left(\frac{2\zeta\omega}{\omega_n}\right)^2}}=1.31$$

$$\varphi(\omega)=-\arctan\frac{\frac{2\zeta\omega}{\omega_n}}{1-\left(\frac{\omega}{\omega_n}\right)^2}=-\arctan0.1867=-10.60°$$

因此，$\zeta=0.14$ 时，振动幅值误差为 31%；相位偏移为 -10.60°

(2) 同理，可得 $\zeta=0.6$ 时，$A(\omega)=1.04$，$\varphi(\omega)=-38.7°$，即幅值误差为 4%；相位偏移为 -38.7°；$\zeta=0.9$ 时，$A(\omega)=0.85$，$\varphi(\omega)=-50.2°$，即幅值误差为 15%；相位偏移为 -50.2°。

【视频讲解】二阶系统动态特性分析

3. 测试系统的瞬态响应

系统的动态特性除了在频域中用频率特性分析外，也可在时域内研究过渡过程与动态响应特性。常用的典型标准激励信号有脉冲函数、阶跃函数、斜坡函数等。

一阶和二阶测试系统的各种典型输入信号的响应及其图形见表 6-1。

理想的单位脉冲输入实际上是不存在的。但假如给系统以非常短暂的脉冲输入，其作用时间小于 $\frac{\tau}{10}$（τ 为一阶系统的时间常数或二阶系统的振荡周期），则近似认为是单位脉冲输入。在单位脉冲激励下系统输出的频域函数就是系统的频率响应函数，时域响应就是脉冲响应。

表 6-1　一阶和二阶系统对各种典型输入信号的响应

输入		输出：一阶系统	输出：二阶系统
		$H(s)=\dfrac{1}{\tau s+1}$	$H(s)=\dfrac{\omega_n^2}{s^2+2\zeta\omega_n s+\omega_n^2}$
冲激响应	$X(s)=1$	$Y(s)=\dfrac{1}{\tau s+1}$	$Y(s)=\dfrac{\omega_n^2}{s^2+2\zeta\omega_n s+\omega_n^2}$
	$x(t)=\delta(t)$	$y(t)=\dfrac{1}{\tau}e^{\frac{-t}{\tau}}$	$y(t)=\dfrac{\omega_n}{\sqrt{1-\zeta^2}}e^{-\zeta\omega_n t}\sin\sqrt{1-\zeta^2}\,\omega_n t$
		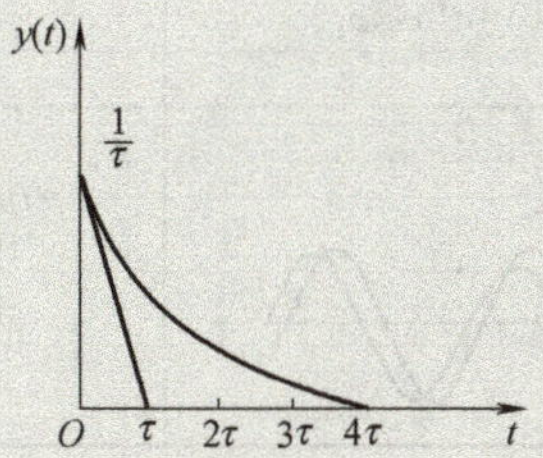	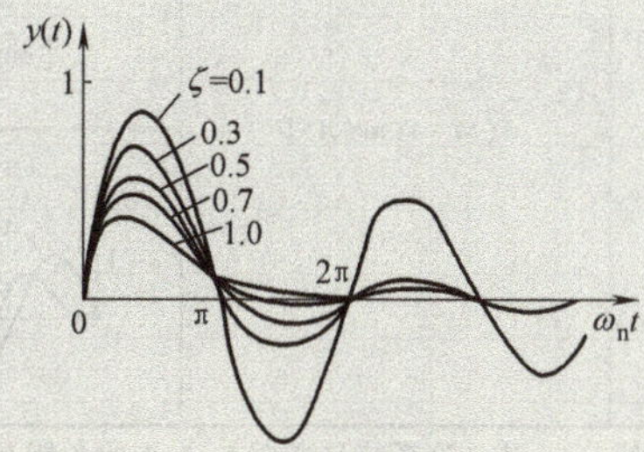
单位阶跃	$X(s)=\dfrac{1}{s}$	$Y(s)=\dfrac{1}{s(\tau s+1)}$	$Y(s)=\dfrac{\omega_n^2}{s(s^2+2\zeta\omega_n s+\omega_n^2)}$
	$x(t)=\begin{cases}0,t<0\\1,t\geqslant 0\end{cases}$	$y(t)=1-e^{\frac{-t}{\tau}}$	$y(t)=1-\dfrac{e^{-\zeta\omega_n t}}{\sqrt{1-\zeta^2}}\sin(\omega_d t+\varphi_2)$
		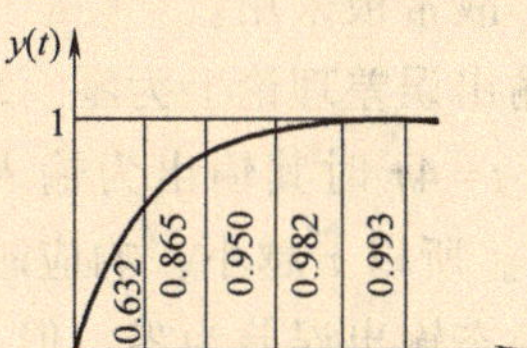	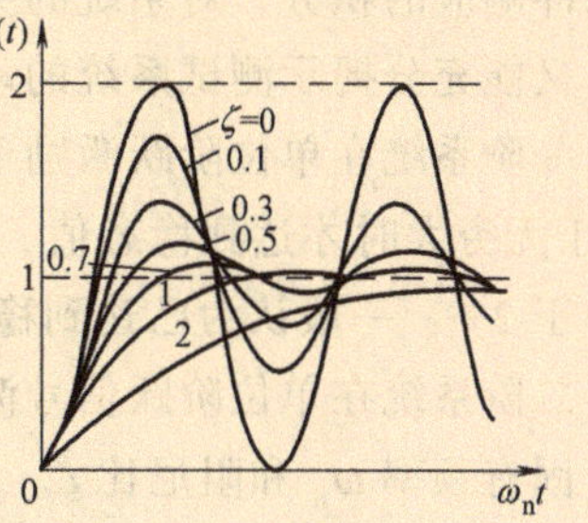
单位斜坡	$X(s)=\dfrac{1}{s^2}$	$Y(s)=\dfrac{1}{s^2(\tau s+1)}$	$Y(s)=\dfrac{\omega_n^2}{s^2(s^2+2\zeta\omega_n s+\omega_n^2)}$
	$x(t)=\begin{cases}0,t<0\\t,t\geqslant 0\end{cases}$	$y(t)=t-\tau(1-e^{\frac{-t}{\tau}})$	$y(t)=t-\dfrac{2\zeta}{\omega_n}+\dfrac{e^{-\zeta\omega_n t}}{\omega_d}\sin\left[\omega_d t+\arctan\left(\dfrac{2\zeta\sqrt{1-\zeta^2}}{2\zeta^2-1}\right)\right]$
		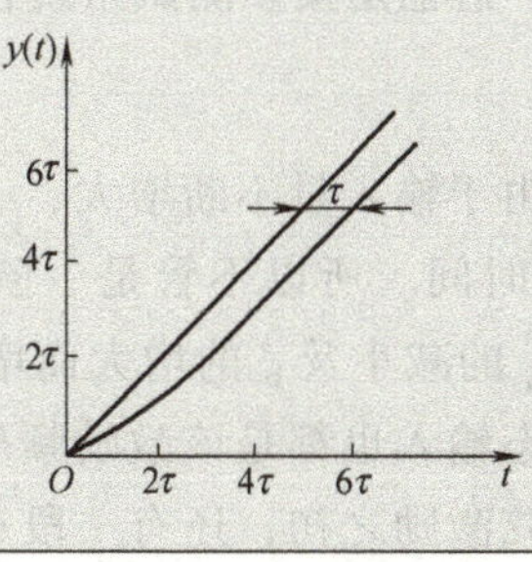	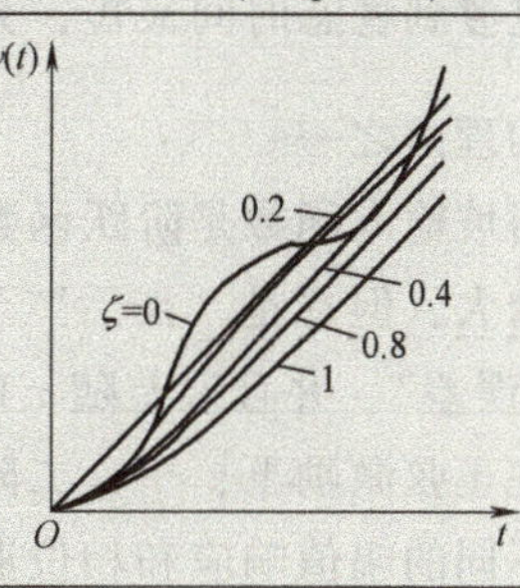

（续）

输入		输出	
		一阶系统	二阶系统
		$H(s)=\dfrac{1}{\tau s+1}$	$H(s)=\dfrac{\omega_n^2}{s^2+2\zeta\omega_n s+\omega_n^2}$
单位正弦	$X(s)=\dfrac{\omega}{s^2+\omega^2}$	$Y(s)=\dfrac{\omega}{(s^2+\omega^2)(\tau s+1)}$	$Y(s)=\dfrac{\omega_n^2}{(s^2+\omega_n^2)(s^2+2\zeta\omega_n s+\omega_n^2)}$
	$x(t)=\sin\omega t, t>0$	$y(t)=\dfrac{1}{\sqrt{1+(\omega\tau)^2}}\cdot\left[\sin(\omega t+\varphi_1)-e^{\frac{-t}{\tau}}\cos\varphi_1\right]$	$y(t)=A(\omega)\sin[\omega t+\varphi_2(\omega)]-e^{-\zeta\omega_n t}[K_1\cos\omega_d t+K_2\sin\omega_d t]$
		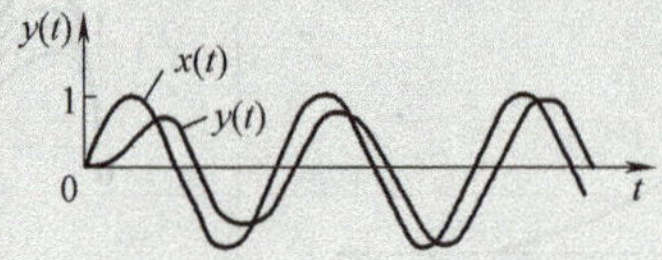	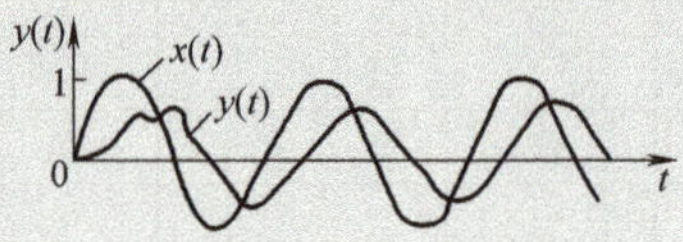

注：1. 对二阶系统只考虑 $0<\zeta<1$ 的欠阻尼情况，若 $\zeta>1$，则可将系统看成是两个一阶环节的串联。

2. 表中 $A(\omega)$ 和 $\varphi(\omega)$ 见式（6-33）和式（6-34）；$\omega_d=\omega_n\sqrt{1-\zeta^2}$，$\varphi_1=\arctan\omega\tau$；$K_1$ 和 K_2 都是取决于 ω_n 和 ζ 的系数；$\varphi_2=\arctan\left(\dfrac{\sqrt{1-\zeta^2}}{\zeta}\right)$。

由于单位阶跃函数可以看作是单位冲激函数的积分，因此单位阶跃输入下的输出就是系统脉冲响应的积分。对系统的突然加载或突然卸载即属于阶跃输入。这种输入方式既简单易行，又能充分揭示测试系统的动态特性，故常被采用。

一阶系统在单位阶跃激励下的稳态输出误差理论上为零。理论上一阶系统的响应只有在 t 趋于无穷大时才达到稳态值，但实际上 $t=4\tau$ 时其输出为输入量的 98.2%，这时动态误差已小于 2%，一般认为已达到稳态响应了。所以 τ 越小，响应越快，动态性能就越好。

二阶系统在单位阶跃信号激励下的稳态输出误差为零，但是系统的响应在很大程度上决定于固有频率 ω_n 和阻尼比 ζ。系统固有频率由其主要结构参数决定，ω_n 越高，系统的响应越快。阻尼比 ζ 不同，系统的频率响应也不同。$0<\zeta<1$，为欠阻尼；$\zeta=1$，为临界阻尼；$\zeta>1$ 为过阻尼。阻尼比 ζ 直接影响超调量和振荡次数。一般系统都工作于欠阻尼状态。$\zeta=0$ 时超调量为 100%，系统持续不断振荡下去，达不到稳态。$\zeta>1$ 时，则系统蜕化为两个一阶环节的串联，此时不会产生振荡，但也须经过较长时间才能达到稳态。对于欠阻尼情况，即 $\zeta<1$，若选择 ζ 为 0.6~0.8，则最大超调量将为 2.5%~10%。对于 2%~5%的允许误差，其输出过渡到稳态时间最短，为 $\dfrac{3}{\zeta\omega_n}\sim\dfrac{4}{\zeta\omega_n}$，这也是很多测试系统在设计中常把阻尼比选在这个区域的理由之一。

斜坡输入函数是阶跃函数的积分。由于输入量不断增大，一、二阶系统的相应输出量也不断增大，但总是“滞后”于输入一段时间。所以不管是一阶还是二阶系统，都有一定的“稳态误差”，并且误差随 τ 的增大或 ω_n 的减小及 ζ 的增大而增大。

在正弦激励下，一、二阶系统的稳态输入也都是该激励频率的正弦函数，但在不同频率下有不同的幅值响应和相位滞后。在正弦激励之初，还有一段过渡过程。因为正弦激励是周期性和长时间持续的，因此在测试中可方便地观察其稳态输出而不去细究其过渡过程。用不同频率的正弦信号去激励系统，观察稳态时的响应幅值和相位滞后，就可以得到较为准确的系统的动态特性。

6.3　测试系统动态特性参数的测定

测试系统的动态特性是其内在的一种属性，这种属性只有在测试系统受到激励之后才能显现出来，并隐含在响应之中。因此，要研究测试系统动态特性的方法，应首先研究采用哪种输入信号作为测试系统的激励，其次要研究如何从测试系统的输出响应中提取动态特性参数。常见的方法有阶跃响应法和频率响应法。

6.3.1　阶跃响应法

阶跃响应法是以阶跃信号作为测试系统的输入，通过对测试系统输出响应的测试，从中计算出其动态特性参数。

1. 一阶系统动态特性参数的测定

对于一阶测试系统，其静态灵敏度 K 可通过静态标定得到，因此时间常数 τ 是唯一表征其动态特性的参数。求取 τ 有很多方法，常用的是对系统施加一阶跃信号，然后求取系统达到最终稳定值的 63.2%所需时间作为系统的时间常数 τ。这一方法的缺点是不精确，因为它受到起始时间点不能够确定的影响，而且也不能够确切地确定被测系统一定是一个一阶系统，另外它未涉及响应的全过程。为获得较高精度的测试结果，根据表 6-1 中所列的公式，一阶系统的阶跃响应函数为

$$y(t)=1-e^{-\frac{t}{\tau}} \tag{6-41}$$

改写后得

$$1-y(t)=e^{-\frac{t}{\tau}}$$

定义

$$Z=-\frac{t}{\tau} \tag{6-42}$$

则

$$Z=\ln[1-y(t)] \tag{6-43}$$

式（6-42）表明 Z 和时间 t 呈线性关系，并且有 $\tau=\frac{\Delta t}{\Delta Z}$，如图 6-20 所示。因此可以根据测得的 $y(t)$ 值，做出 Z-t 曲线，并根据$\frac{\Delta t}{\Delta Z}$值获得时间常数 τ，这种方法考虑了瞬态响应的全过程。另外，根据所测得的数据点是否落在同一根直线上的情况，可判断该系统是否是一个一阶系统。若数据点与直线偏离很远，那么可断定，用 63.2%法所测得的 τ 值是相当不精确的，因为此时系统不是一个一阶系统。

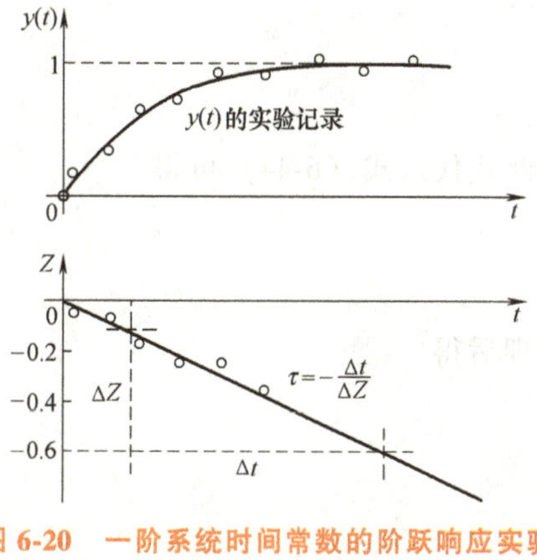

图 6-20　一阶系统时间常数的阶跃响应实验

2. 二阶系统动态特性参数的测定

二阶系统的静态灵敏度同样也可由静态标定来确定，其主要参数有两个：固有角频率 ω_n 和阻尼比 ζ。图 6-21 所示为一种阶跃响应法测定欠阻尼二阶系统 ω_n 和 ζ 的方法。

由表 6-1 可知，对于二阶系统欠阻尼情况下的阶跃响应为

$$y(t)=1-\frac{e^{-\zeta\omega_n t}}{\sqrt{1-\zeta^2}}\sin(\omega_d t+\varphi_2) \tag{6-44}$$

其瞬态响应是以 $\omega_d=\omega_n\sqrt{1-\zeta^2}$ 的角频率进行衰减振荡的，对上述响应函数求极值，可以求得曲线中各振荡峰值所对应的时间 $t_p=0, \dfrac{\pi}{\omega_d}, \dfrac{2\pi}{\omega_d}, \cdots$。

显然，当将 $t=\dfrac{\pi}{\omega_d}$ 时，$y(t)$ 取最大值，则最大超调量 M 与阻尼比 ζ 的关系式为

$$M=y(t)_{\max}-1=e^{-\left(\frac{\zeta\pi}{\sqrt{1-\zeta^2}}\right)} \tag{6-45}$$

从而可得

$$\zeta=\sqrt{\frac{1}{\left(\dfrac{\pi}{\ln M}\right)^2+1}} \tag{6-46}$$

因此，实际中测得 M 之后，便可按式（6-46）或从图 6-22 中求得阻尼比 ζ。

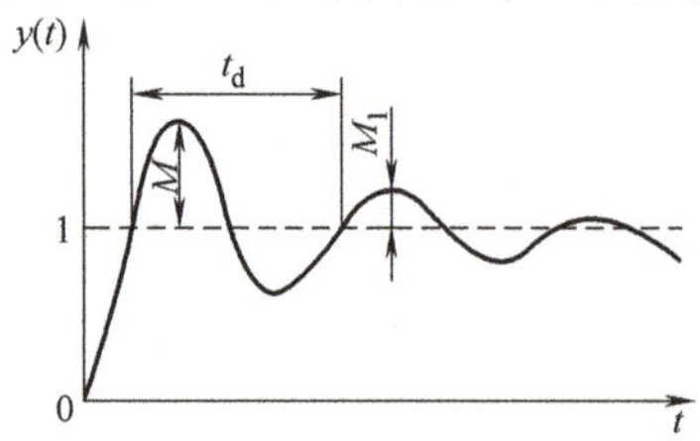

图 6-21　欠阻尼二阶系统（ζ<1）的阶跃响应实验

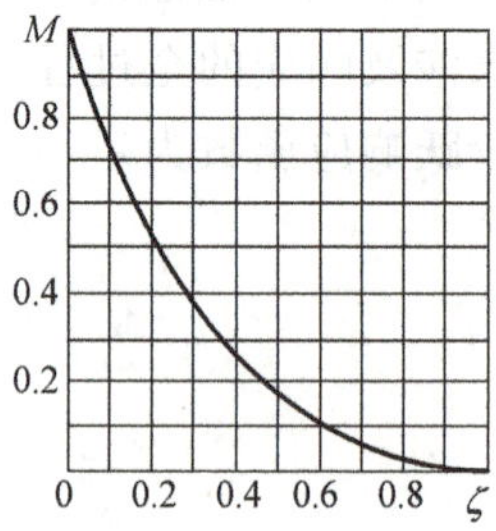

图 6-22　欠阻尼二阶系统的 M-ζ 图

如果测得阶跃响应的瞬变过程较长，则可以利用两个过冲量 M_i 和 M_{i+n} 来求得阻尼比 ζ，其中 n 是该两峰值间隔的周期数（整数）。设 M_i 对应的时间为 t_i，则峰值 M_{i+n} 对应的时间为

$$t_{i+n}=t_i+\frac{2n\pi}{\omega_n\sqrt{1-\zeta^2}} \tag{6-47}$$

将此式代入式（6-44）可得

$$\ln\frac{M_i}{M_{i+n}}=\frac{2n\pi\zeta}{\sqrt{1-\zeta^2}} \tag{6-48}$$

整理后得

$$\zeta=\sqrt{\frac{\delta_n^2}{\delta_n^2+4\pi^2n^2}} \tag{6-49}$$

式中，$\delta_n = \ln \dfrac{M_i}{M_{i+n}}$。

而固有频率 ω_n 可由下式求得

$$\omega_n = \frac{\omega_d}{\sqrt{1-\zeta^2}} = \frac{2\pi}{t_d\sqrt{1-\zeta^2}} \tag{6-50}$$

式中，振荡周期 t_d 可从图 6-21 上直接测得。

当 $\zeta<0.1$ 时，若考虑以 1 代替 $\sqrt{1-\zeta^2}$，此时不会产生过大的误差（不大于 0.6%）。则式（6-48）可改写为

$$\zeta \approx \frac{\ln \dfrac{M_i}{M_{i+n}}}{2n\pi} \tag{6-51}$$

若测试系统是精确的二阶测试系统，那么，n 值采用任意正整数所得的 ζ 值不会有差别；反之，若 n 取不同值，获得不同的 ζ 值，则表明该测试系统不是线性二阶测试系统。

6.3.2 频率响应法

系统的动态特性可以通过稳态正弦激励试验而求得。对系统施以正弦激励，即 $x(t)=x_0\sin\omega t$，在输出达到稳态后测量输出和输入的幅值比和相位差。这样可得到该激励频率 ω 下系统的传输特性。逐点改变输入信号的频率，即可得到幅频和相频特性曲线。

1. 一阶系统动态特性参数的测定

对于一阶系统，主要的动态参数是时间常数 τ。将正弦信号在一个很宽的频率范围内输入被测定的系统，记录系统的输入值与输出值，然后用对数坐标画出系统的幅值比和相位差，如图 6-23 所示。若系统为一阶系统，则所得曲线在低频段为一水平线（斜率为零），在高频段曲线斜率为-20dB/10 倍频程，相位逐渐接近-90°。于是由曲线的转折点（转折频率）处可求得时间常数 $\tau=\dfrac{1}{\omega_{break}}$。同样，也可从测得的曲线形状偏离理想曲线的程度来判断系统是否是一阶系统。

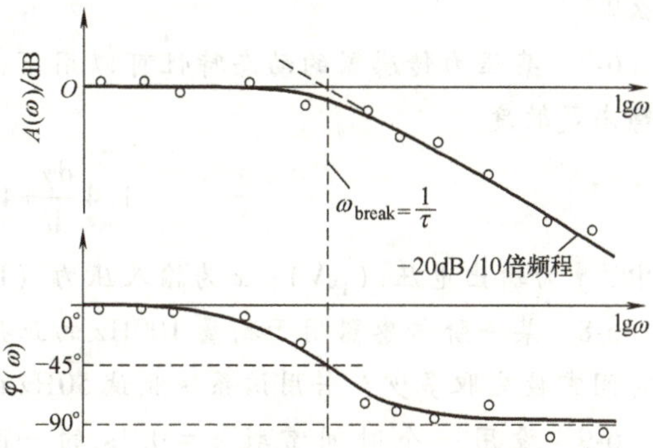

图 6-23 一阶系统动态特性参数的测定

2. 二阶系统动态特性参数的测定

对于二阶系统，在相频特性曲线 $\varphi(\omega)$-ω 上，在 $\omega=\omega_n$ 处，该点斜率直接反映了阻尼比大小，但一般来说准确的相位测试比较困难。所以通常通过幅频曲线估计其动态参数，如图 6-24 所示。例如，对于欠阻尼系统（$\zeta<1$），幅频响应 $A(\omega)$ 的峰值 $A(\omega_p)$ 在稍少偏离 ω_n 的 ω_p 处，且

$$\omega_p = \omega_n\sqrt{1-2\zeta^2} \tag{6-52}$$

$A(\omega_p)$ 和静态输出 A_0 之比为

$$\frac{A(\omega_p)}{A_0}=\frac{1}{2\zeta\sqrt{1-2\zeta^2}} \qquad (6\text{-}53)$$

先从曲线上求得 $A(\omega_p)$ 及所对应的频率 ω_p，由式（6-53）可求出阻尼比 ζ，再由式（6-52），可求出固有频率 ω_n。

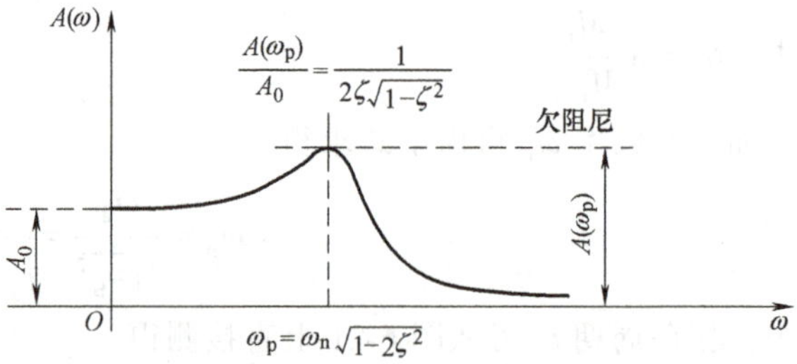

图 6-24　欠阻尼二阶系统（$\zeta<1$）动态特性参数的测定

思考题与习题

6-1　什么是传感器的静态特性？其性能指标主要有哪些？分别说明这些指标的含义。

6-2　传感器灵敏度的含义是什么？对于传感器而言灵敏度是否越大越好？

6-3　什么是传感器的动态特性？它有哪几种分析方法？有哪些性能指标？

【视频讲解】测试系统的动态特性参数的测定

6-4　传递函数、频率响应函数、脉冲响应函数的定义各是什么？它们之间有什么联系？

6-5　为什么说零阶传感器的动态特性是最理想的？

6-6　一阶、二阶系统动态特性的分析思路是什么？影响系统特性的关键参数分别是什么？

6-7　某压力传感器的动态特性可以用下面的微分方程描述，试求该传感器的时间常数和静态灵敏度。

$$1.4\frac{dy}{dt}+4.2y=9.6x$$

式中，y 为输出电压（μV）；x 为输入压力（Pa）。

6-8　某一阶传感器用于测量 100Hz 的正弦信号，如果动态误差小于 5%，那么该传感器的时间常数应取多少？若用该系统测试 50Hz 的正弦信号，此时的幅值误差和相位差为多少？

6-9　设用一个时间常数 $\tau=0.1$s 的一阶传感器检测系统测量输入为 $x(t)=\sin4t+0.2\sin40t$ 的信号，试求其输出 $y(t)$ 的表达式。设静态灵敏度 $K=1$。

6-10　已知一热电偶的时间常数 $\tau=10$s，如果用它来测量一台炉子的温度，炉内温度在 500~540℃之间接近正弦曲线波动，周期为 80s，静态灵敏度 $K=1$。试求该热电偶输出的最大值和最小值，以及输入与输出之间的相位差和滞后时间。

第2篇

传感器原理与应用

第 7 章

阻抗式传感器

7.1 电阻应变式传感器

电阻应变式传感器（Strain Sensors）的发展具有悠久的历史。1856 年，金属材料的应变效应被发现；1931 年，第一片应变片被制成；1940 年，发明了应变式传感器。由于电阻应变式传感器具有结构简单、使用方便、灵敏度高、性能稳定、适合静态与动态测量等优点，它目前仍然是最广泛用于测量力、力矩、压力、加速度等参数的传感器之一。

电阻应变式传感器由弹性敏感元件、电阻应变片以及信号调理电路构成。弹性敏感元件在感受被测量时将产生变形，其表面产生应变，并传递给与弹性敏感元件结合在一起的电阻应变片，从而使电阻应变片的电阻值产生相应的变化。一般再将电阻应变片接入电桥组成的信号调理电路中，通过测量电桥输出电压的变化，就可以确定被测量的大小。

7.1.1 电阻应变式传感器的工作原理

【动画演示】应用实例：电子秤

【视频讲解】电阻应变式传感器概述

1. 金属的电阻应变效应

电阻应变式传感器的核心元件之一就是电阻应变片（Strain Gage）。电阻应变片的工作原理是基于应变效应。对金属丝而言，其电阻值随着它所受的机械形变（拉伸或压缩）的大小而发生相应变化的现象称为金属的电阻应变效应。

2. 电阻应变特性

下面分析应变片的电阻变化与应变的特性关系（简称为电阻-应变特性）。取一段金属丝，如图 7-1 所示，当金属丝未受力时，原始电阻值为

$$R=\rho\frac{L}{S} \tag{7-1}$$

【动画演示】金属丝的应变效应

式中，R 为金属丝的电阻；ρ 为金属丝的电阻率；L 为金属丝的长度；S 为金属丝的截面积，$S=\pi r^2$，r 为金属丝的半径。

当金属丝受到拉力 F 作用时，将伸长 ΔL，横截面积相应减少 ΔS，电阻率因金属晶格发生形变等因素的影响也将改变 $\Delta\rho$，从而引起金属丝电阻改变。

对式（7-1）进行全微分有

$$dR=\frac{\rho}{S}dL-\frac{\rho L}{S^2}dS+\frac{L}{S}d\rho \quad (7\text{-}2)$$

用式（7-2）除以式（7-1）得

$$\frac{dR}{R}=\frac{dL}{L}-\frac{dS}{S}+\frac{d\rho}{\rho} \quad (7\text{-}3)$$

若金属丝的截面是圆形的，则 $S=\pi r^2$，对 S 微分得 $dS=2\pi r dr$，则

$$\frac{dS}{S}=2\frac{dr}{r} \quad (7\text{-}4)$$

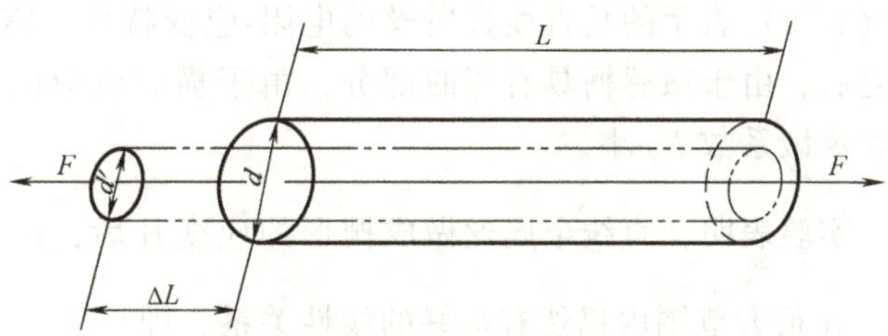

图 7-1　金属电丝受力发生形变的情况

金属丝的轴向应变为

$$\varepsilon_x=\frac{dL}{L} \quad (7\text{-}5)$$

金属丝的径向应变为

$$\varepsilon_y=\frac{dr}{r} \quad (7\text{-}6)$$

由材料力学可知，在弹性范围内，金属丝受拉力时，沿轴向伸长，沿径向缩短，那么轴向应变和径向应变之间的关系可表示为

$$\varepsilon_y=-\mu\varepsilon_x \quad (7\text{-}7)$$

式中，μ 为金属丝材料的泊松系数，负号表示应变方向相反。

将式（7-4）~式（7-7）代入式（7-3）得

$$\frac{dR}{R}=(1+2\mu)\varepsilon_x+\frac{d\rho}{\rho} \quad (7\text{-}8)$$

或

$$\frac{dR/R}{\varepsilon_x}=(1+2\mu)+\frac{d\rho/\rho}{\varepsilon_x}$$

令

$$K_S=\frac{dR/R}{\varepsilon_x}=(1+2\mu)+\frac{d\rho/\rho}{\varepsilon_x} \quad (7\text{-}9)$$

K_S 称为金属丝的灵敏系数（Gage Factor），其物理意义为单位应变所引起的电阻相对变化。显然，K_S 越大，单位应变引起的电阻相对变化越大，即越灵敏。

从式（7-9）可看出，金属丝的灵敏系数 K_S 由两个因素决定：第一项（$1+2\mu$）是由于金属丝受拉伸后，材料的几何尺寸发生变化而引起的，其数值在 1~2 之间；第二项$\frac{d\rho/\rho}{\varepsilon_x}$是由于材料发生变形时，其自由电子的活动能力和数量均发生了变化的缘故。对于金属丝来说，第一项的值要比第二项大得多。

实验证明，在金属丝变形的弹性范围内，电阻的相对变化$\frac{dR}{R}$与应变 ε_x 是成正比的，即可用增量表示为

$$\frac{\Delta R}{R}=K_S\varepsilon_x \quad (7\text{-}10)$$

式（7-10）表示的是直线金属丝的电阻-应变特性。需注意的是，当将直线金属丝做成敏感栅之后，由于敏感栅具有弯曲部分，由于横向效应的存在，应变片的灵敏系数 K 较直线金属丝灵敏系数 K_S 小。

实验表明，直线金属丝做成栅形的应变片后，应变片的$\frac{\Delta R}{R}$与 ε_x 的关系（电阻-应变特性）在很大范围内仍然有很好的线性关系，即

$$\frac{\Delta R}{R}=K\varepsilon_x \quad 或 \quad K=\frac{\mathrm{d}R/R}{\varepsilon_x}$$

式中，K 为电阻应变片的灵敏系数。

灵敏系数是应变片非常重要的参数。

7.1.2 电阻应变片

1. 电阻应变片的结构

电阻应变片（简称应变片或应变计）种类繁多，形式多样，但其基本构造大体相似。现以常见的丝式应变片为例进行说明。

【视频讲解】电阻应变片的工作原理

图 7-2 为丝式应变片的结构示意图。它是由敏感栅、基底、覆盖层和引线等部分组成。

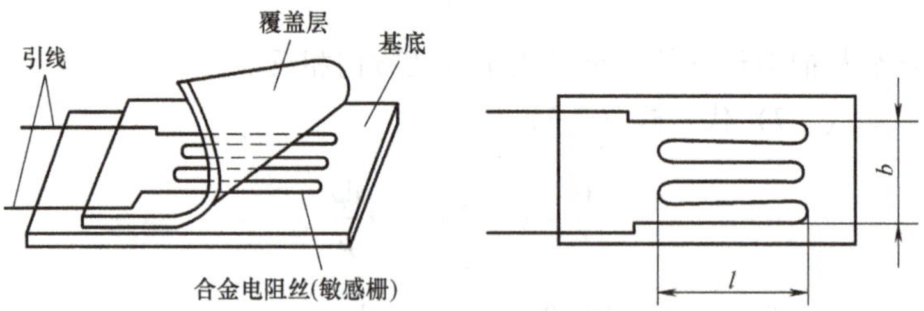

图 7-2 丝式应变片的基本结构

敏感栅是以直径为 0.01~0.05mm 的高电阻率的合金电阻丝绕成的。敏感栅是应变片的核心部分，其作用是感知应变的大小。敏感栅粘贴在绝缘的基底上，其上再粘贴起保护作用的覆盖层，两端焊接引出引线。敏感栅常用的材料有铜镍合金（俗称康铜）、镍铬合金及镍铬改良性合金、铁铬铝合金、镍铬铁合金、铂及铂金。

基底的作用是固定敏感栅，并使敏感栅与弹性元件相互绝缘。基底要将被测体的应变准确地传递到敏感栅上，因此它很薄，一般为 0.03~0.06mm，使它与被测体及敏感栅能牢固地粘合在一起。对基底材料的要求是挠性好，具有一定的机械强度、粘合性能和绝缘性能好、蠕变和滞后小、不吸潮、热稳定性能好等。常用的基底材料有纸、胶膜和玻璃纤维布等。

覆盖层的作用是保护敏感栅，使其避免受到机械损伤或防止高温氧化。覆盖层的材料常采用做基底的胶膜或浸含有机物（例如环氧树脂、酚醛树脂等）的玻璃纤维布，也可以在敏感栅上涂敷制片时所用的黏合剂作为保护层。

引线是连接敏感栅和测量电路的丝状或带状的金属，要求引线具有低的稳定的电阻率及小的电阻温度系数，一般采用焊接方便的镀锡软铜线。

图中 l 称为应变片的标距或基长，它是敏感栅沿轴方向测量变形的有效长度；其宽度 b 是指最外两敏感栅外侧之间的距离。

2. 电阻应变片的横向效应

直线金属丝被拉伸时，在任一微段上所感受的应变都是相同的。等分多段时，每段产生的电阻增量相同，各段电阻增量之和构成总的电阻增量。但是，将同样长度的金属丝绕成敏感栅做成应变片之后，其弯曲部分的应变与直线部分就不相同了。如图 7-3 所示，敏感栅是由 n 条长度为 l 的直线段和直线段端部的 $n-1$ 个半径为 r 的半圆圆弧组成，若该应变片承受轴向应力而产生纵向拉应变 ε_x 时，各直线段的电阻将增加，但在半圆弧段则受到从 $+\varepsilon_x$ 到 $-\mu\varepsilon_x$ 之间变化的应变，其电阻的变化将小于沿轴向安放的同样长度电阻丝电阻的变化。

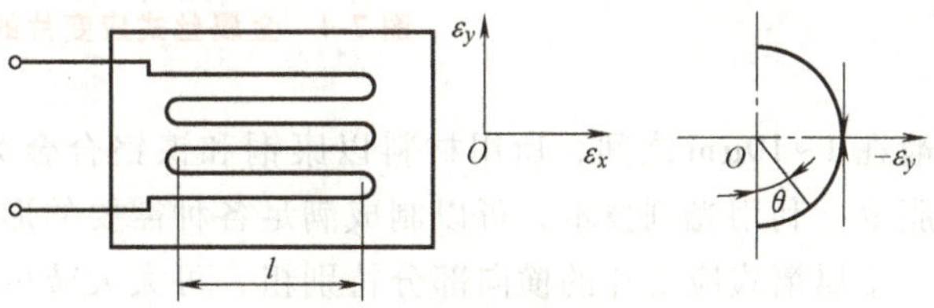

图 7-3 应变片的横向效应

因此，将直的金属丝绕成敏感栅之后，虽然长度相同，但应变片敏感栅的电阻变化较直的金属丝小，从而其灵敏系数 K 较直的金属丝灵敏系数 K_S 小，这种现象称为应变片的横向效应（Transverse Effect）。

3. 电阻应变片的种类

电阻应变片的种类繁多，形式多样，常用的分类方法是按照应变片构造的材料、工作温度范围以及用途来进行分类。按应变片敏感栅的材料分类，分为金属应变片（Metal Strain Gages）和半导体应变片（Semiconductor Gages）两大类。其中，金属应变片又分为体型（箔式、丝式）和薄膜型；半导体应变片又分为体型、薄膜型、扩散型、PN 结型及其他型。按应变片的工作温度分类，可分为低温应变片（低于-30℃）常温应变片（-30~60℃）、中温应变片（60~300℃）、高温应变片（300℃以上）等。按应变片的用途分类课分为一般用途应变片和特殊用途应变片（水下、疲劳寿命、裂纹扩展以及大应变测量等）。

【动画演示】横向效应

【深入思考】如何减小横向效应的影响？

接下来主要按应变片敏感栅的材料分类，分别介绍应变片和半导体应变片。

常用的金属电阻应变片有丝式、箔式和薄膜式三种，前两种为粘接式应变片。

（1）金属丝式应变片

1）回线式应变片。这种应变片是将电阻丝绕成敏感栅粘结在各种绝缘基底上而制成。它制作简单，性能稳定，价格便宜，易于粘贴。敏感栅直径在 0.012~0.05mm 间，以 0.025mm 为常用。基底很薄（一般在 0.03mm 左右）。引线多用直径为 0.15~0.30mm 的镀锡铜线与敏感栅连接。图 7-4a 为常见的回线式应变片构造图。

2）短接式应变片。这种应变片是将敏感栅平行安放，两端用直径比栅径直径大 5~10 倍的镀银丝短接起来而构成，如图 7-4b 所示。这种应变片突出优点是克服了回线式应变片的横向效应。但由于焊点多，在冲击、振动条件下，易在焊点处出现疲劳损坏。对制造工艺的要求高。

（2）金属箔式应变片　金属箔式应变片的基本结构如图 7-5 所示，这类应变片采用照相制版或光刻蚀的方法将电阻箔材在绝缘基底上制成各种图形而成的应变片。箔材厚度很薄，

图 7-4 金属丝式应变片的基本结构

一般在 1~10μm 之间，所用材料以康铜和镍铬合金为主。基底可用环氧树脂、酚醛或酚醛树脂等。利用光刻技术，可以制成满足各种需要的形状美观的应变片。

金属箔式应变片的横向部分特别粗，可大大减少横向效应，且敏感栅的粘贴面积大，能更好地随同试件变形。此外与金属丝式应变片相比，金属箔式应变片还具有散热性能好、允许电流大、灵敏度高、蠕变与机械滞后较小、寿命长、可制成任意形状、易加工、生产效率高等优点。

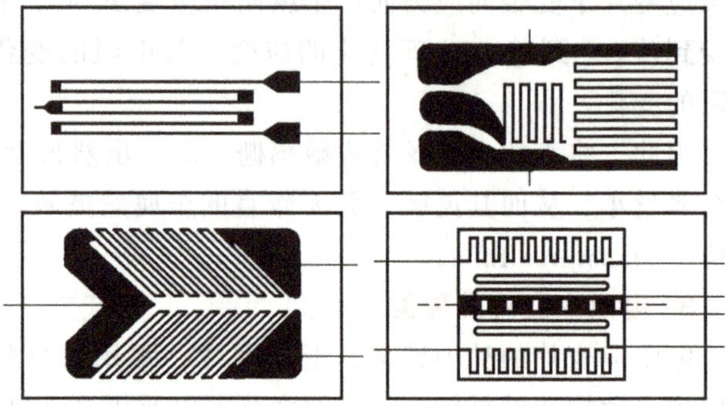

图 7-5 金属箔式应变片的基本结构

(3) 金属薄膜式应变片 与金属丝式和金属箔式两种传统的金属粘贴式电阻应变片不同，金属薄膜式应变片是采用真空镀膜（如蒸发、溅射或沉积等）方式将金属材料在基底材料（如表面有绝缘层的金属、有机绝缘材料或玻璃、石英、云母等无机材料）上制成一层很薄的敏感电阻膜（膜厚在 0.1μm 以下）而构成的一种应变片。薄膜应变片可以同弹性体键合在一起，构成整体式薄膜传感器；也可以制成单一的薄膜应变片，再粘贴在弹性体上构成传感器。前者使用较多，它可避免后者因贴片工艺所带来的误差因素（蠕变、滞后等）。

相对于金属粘贴式应变片而言，薄膜应变片的应变传递性能得到了极大的改善，几乎无蠕变，并且具有应变灵敏系数高，电阻温度系数小（一般为 $10^{-6}\sim10^{-5}\Omega/℃$ 数量级）、稳定性好、可靠性高、工作温度范围宽（100~180℃）、使用寿命长、成本低等优点。因此，在航空、航天工业，以及对稳定性要求较高的测控系统中得到了广泛的应用。

半导体应变片的工作原理是基于半导体材料的压阻效应。压阻效应即对某些半导体材料在某一晶轴方向施加外力时，它的电阻率 ρ 发生变化的现象。能产生明显的压阻效应的材料很多，但半导体材料的这种效应特别显著，能直接反映出很微小的应变。常见的半导体应变片是用锗和硅等半导体材料作为敏感栅，一般为单根状。如图 7-6 所示。

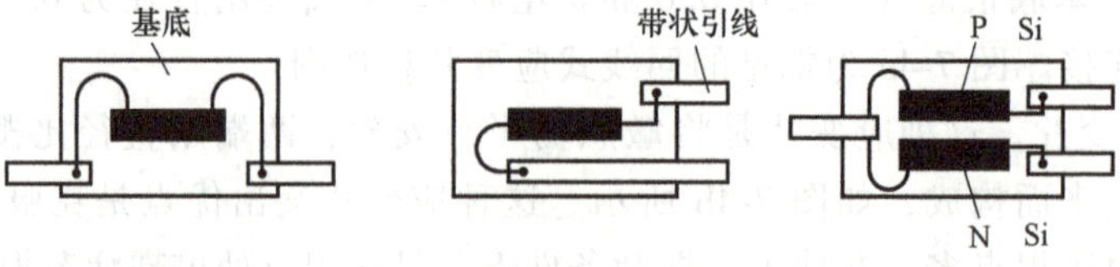

图 7-6 半导体应变片的结构形式

半导体应变片受轴向力作用时，其电阻相对变化可表示为

$$\frac{\Delta R}{R}=(1+2\mu)\varepsilon_x+\frac{\Delta\rho}{\rho} \tag{7-11}$$

式中，$\frac{\Delta\rho}{\rho}$为半导体应变片电阻率的相对变化。

$\frac{\Delta\rho}{\rho}$的值与半导体敏感栅在轴向所受的应力之比为一常数，即

$$\frac{\Delta\rho}{\rho}=\pi\sigma=\pi E\varepsilon_x \tag{7-12}$$

式中，π 为半导体材料的压阻系数（m^2/N），它与半导体材料种类及应力方向与晶轴方向之间的夹角有关；σ 为应力（N/m^2）；E 为弹性模量（N/m^2）。

将式（7-12）代入式（7-11）得

$$\frac{\Delta R}{R}=(1+2\mu+\pi E)\varepsilon_x$$

式中，$(1+2\mu)$ 项随半导体几何形状而变化，πE 项为压阻效应，随电阻率而改变。

实验表明，πE 比（$1+2\mu$）大近百倍，故（$1+2\mu$）可以忽略，因而半导体材料电阻的变化率$\frac{\Delta R}{R}$主要是因电阻率的变化率$\frac{\Delta\rho}{\rho}$而引起的，由材料几何尺寸变化而引起电阻的变化很小，可忽略不计。半导体应变片的灵敏系数可表示为

$$K_B=\frac{\Delta R/R}{\varepsilon_x}=\pi E \tag{7-13}$$

对于不同的半导体，压阻系数和弹性模量都不一样，所以灵敏系数也各不相同，但总体来说，半导体应变片的灵敏系数大大高于金属电阻应变片的灵敏系数，是后者 50~100 倍，这也是半导体应变片的一个突出优点。此外，半导体应变片还具有体积小、频率响应范围宽等优点。

半导体应变片的主要缺点是温度系数大、测量应变时非线性较严重。不过，随着近年来半导体集成电路工艺的迅速发展，相继出现了扩散型、外延型和薄膜型半导体应变片，使其缺陷得到了改善。

利用半导体材料的压阻效应制成的传感器称为压阻式传感器。压阻式传感器具有灵敏度高、动态响应好、精度高、易于微型化和集成化等特点，获得广泛的应用。

早期的压阻式传感器是利用半导体应变片制成的粘贴型压阻传感器。20 世纪 70 年代以后，研制出周边固支的压敏电阻与硅膜片一体化的扩散型压阻传感器。其基本原理是利用扩散技术，将 P 型杂质扩散到一片 N 型硅底层上，形成一层极薄的导电 P 型层，装上引线接点后，即形成扩散型半导体应变片。若在圆形硅膜片上扩散出四个 P 型电阻，形成惠斯通电桥的四个臂，这样就构成了压阻式传感器的敏感元件。它易于批量生产，能够方便地实现微型化、集成化和智能化，因而成为受到人们普遍重视并重点开发的具有代表性的传感器。

4. 电阻应变片的材料

（1）敏感栅材料　对制造敏感栅的材料主要有下列要求：

1）灵敏系数 K 和电阻率 ρ 尽可能高而稳定，且 K 在很大范围内应为常数，即电阻变化率与机械应变之间应具有良好而宽范围的线性关系。

2）电阻温度系数小，电阻-温度间的线性关系和重复性好，与其他金属之间的接触热电动势小。

3）机械强度高，压延及焊接性能好，抗氧化、抗腐蚀能力强，机械滞后微小。

4）便于制作，价格便宜。

常用敏感栅材料有康铜、镍铬、铁铬铝、铁镍铬和贵金属等合金或金属，各种常用敏感栅材料的性能见表7-1。

表7-1 常用敏感栅材料的性能

材料类型	牌号、成分	电阻率 $\rho\times10^{-6}/(\Omega\cdot m)$	电阻温度系数 $\alpha\times10^{-6}/(\Omega/\Omega/℃)$	灵敏系数 K	线膨胀系数 $\beta\times10^{-6}/(\Omega/\Omega/℃)$	对铜热电动势 $E/(\mu V/℃)$	最高使用温度 t/℃	备注
铜镍合金	康铜 Ni45 Cu55	0.44~0.54	±20	2.0	15	43	250(静态) 400(动态)	
镍铬合金	Cr20 Ni80 6J22 (Ni74 Cr20 Al3 Fe3) 6J23 (Ni75 Cr20 Al3 Cu2)	1.0~1.1 1.24~1.42 1.24~1.42	110~130 ±20 ±20	2.1~2.3 2.4~2.6 2.4~2.6	14 13.3 13.3	3.8 3 3	400(静态) 800(动态)	
镍铬铁合金	恒弹性合金 (Ni36 Cr8 Mo0.5, 其余 Fe)	1.0	175	3.2	7.2		230(动态)	用于动态应变测量
铁铬铝合金	Cr26 Al5 V2.6 Ti0.2 Y0.3,其余 Fe	1.5	-7	2.6	11		800(静态) 1000(动态)	
铂及铂合金	铂(Pt) 铂铱(Pt80 Ir20) 铂钨(W8.5,其余 Pt) 铂钨(W9.5,其余 Pt) 铂钨铼镍铬	0.10 0.35 0.74 0.76 0.75	3900 590 192 139 174	4.8 4.0 3.2 3.0 3.2	9 13 9 9 9		1000(静态) 700(静态) 800(静态) 1000(动态) 700(静态) 1000(动态) 700(静态) 1000(动态)	用于补偿栅

康铜是用得最广泛的应变片材料，它有很多优点：一是上述要求都能满足，其灵敏系数对应变的恒定性好，不但在弹性变形范围内保持常值，在微量塑变形范围内也基本上保持常值，所以康铜丝应变片的测量范围大；二是康铜的电阻温度系数足够小，而且稳定，因而测量时的温度误差小。此外，它还能通过改变合金比例，进行冷加工或不同的热处理来控制其电阻温度系数，使之能在从负值到正值的很大范围内变化，因而可做成温度自补偿应变片；三是康铜的电阻率足够大，便于制造适当的阻值和尺寸的应变片，且它的加工性好，容易拉丝，易于焊接。

与康铜相比，镍铬合金的电阻率高，抗氧化能力较好，使用温度较高，其最大的缺点是电阻温度系数大，因此主要用于温度变化较小的测量过程中。

镍铬铝合金也是一种性能良好的应变丝材料。其电阻率高，电阻温度系数低，灵敏系数在2.8左右。其重要特点是抗氧化能力比镍铬合金更高，静态测量时使用温度可达700 ℃，因此，宜做成高温应变片。其最大缺点是电阻温度特性的线性度差。

贵金属及其合金的特点是具有很强的抗氧化能力，电阻温度特性线性度好，宜做成高温应变片，但其电阻温度系数特大，且价格贵。

（2）应变片基底材料　应变片基底材料（黏合剂）是电阻应变片制造和应用中的一个重要组成部分，有纸和聚合物两大类。纸基已逐渐被各方面性能更好的有机聚合物（胶基）所取代。胶基是由环氧树脂、酚醛树脂和聚酰亚胺等制成的胶膜，厚0.03~0.06mm。

对基底材料的性能要求包括：

1）机械强度好，挠性好，即弹性模量要大。

2）粘合力强，固化内应力小（固化收缩小且膨胀系数要与试件的相接近等）。

3）电绝缘性能好。

4）耐老化性好，对温度、湿度、化学药品或特殊介质的稳定性要好，用于长期动态应变测量时，还应有良好的耐疲劳性能。

5）蠕变小，滞后现象弱。

6）对被粘合的材料不起腐蚀作用。

7）对使用者没有毒害或毒害小。

8）有较大的温度使用范围。

事实上，实用中很难找到一种黏合剂能同时满足上述全部要求，因为有些要求是相互矛盾的，例如抗剪切强度高的，固化收缩率就大，耐疲劳性能较差。在高温下使用的黏合剂，固化程序和粘贴操作就比较复杂。由此可见，只能根据不同试验条件，针对主要性能要求选用适当的黏合剂。

（3）引线材料　对引线材料的性能要求：电阻率低、电阻温度系数小、抗氧化性能好、易于焊接。康铜丝敏感栅应变片的引线常采用直径为0.15~0.18mm的银铜丝；其他类型敏感栅，多采用铬镍、铁铬铝金属丝引线。引线与敏感栅点焊相连接。

【拓展阅读】 应变片的型号命名

5. 电阻应变片的主要参数

（1）应变片电阻值　它是指未安装的应变片且不受外力的情况下，在室温条件测定的电阻值，也称原始阻值，单位以Ω计。应变片电阻值已趋于标准化，有60Ω、120Ω、350Ω、600Ω和1000Ω的各种阻值，其中120Ω为最常使用。

（2）灵敏系数　灵敏系数是应变片的重要参数，其值的准确性直接影响测量精度，其误差的大小是衡量应变片质量优劣的主要标志。要求灵敏系数K值尽量大且稳定。

（3）最大工作电流　当应变片接入电路中通入的电流超过某一规定值后，将使应变片的温度不断升高，严重影响其性能，甚至烧坏应变片的敏感栅。应变片的最大工作电流是指允许通过应变片而不影响其工作特性的最大电流值。该电流值与应变片本身、试件、黏合剂和环境有关。丝式应变片允许通过的最大电流一般为25mA。但在动态测量时，允许电流可达75~100mA。箔式应变片允许电流较大。

（4）应变极限　温度一定时，应变片的指示应变值与真实应变值的相对误差不超过规定数值（一般为10%）的最大真实应变值称为应变片的应变极限。

（5）疲劳寿命　对于已安装好的应变片，在一定幅值的交变应力作用下，连续工作到产生疲劳损坏时的循环次数，称为应变片的疲劳寿命。它反映了应变片对于动态应变的适应能力，一般情况下循环次数可达10^6~10^7。

（6）绝缘电阻　已安装的应变片引线与被测试件之间的电阻值称为绝缘电阻。它是检查应变片的粘贴质量以及黏合剂固化程度和是否受潮的标志。绝缘电阻下降会带来零漂和差量误差。在常温下，应变片的绝缘电阻在500~5000MΩ之间。

(7) 机械滞后、零漂和蠕变　机械滞后是指对已安装的应变片，在温度恒定时，加载和卸载过程中同一载荷下指示应变的最大差值。

零漂是指对已安装的应变片，在温度恒定且试件不受力的条件下，指示应变随时间的变化。

蠕变是指对已安装的应变片，在温度恒定并承受恒定的机械应变时指示应变随时间的变化。

6. 电阻应变片的温度误差及其补偿

(1) 温度误差及其产生的原因　由于测量现场环境温度的改变而给测量带来的附加误差，称为应变片的温度误差。温度变化所引起的应变片电阻变化与测量应变时应变片电阻的变化几乎有相同的数量级，如果不采取必要的措施，克服温度的影响，将严重影响测量精度。引起温度误差的原因主要有两点：一是温度变化引起应变片敏感栅电阻变化而产生附加应变；二是试件材料与敏感栅材料的线膨胀系数不同，使应变片产生附加应变。

【视频讲解】电阻应变片的种类、参数、型号代码

当环境变化 Δt 时，由于敏感栅材料的电阻温度系数 α 的存在，引起电阻的相对变化，即

$$\frac{\Delta R_{t\alpha}}{R_0}=\alpha\Delta t \tag{7-14}$$

式中，α 为敏感栅材料的电阻温度系数（Thermal Coefficient of Resistance）；R_0 为应变片初始电阻值；Δt 为温度的变化值。

当环境温度变化 Δt 时，由于敏感材料和试件材料的膨胀系数不同，应变片产生附加的拉长（或压缩），引起电阻的相对变化，即

$$\frac{\Delta R_{t\beta}}{R_0}=K(\beta_{试}-\beta_{丝})\Delta t \tag{7-15}$$

式中，K 为应变片灵敏系数；$\beta_{试}$、$\beta_{丝}$ 分别为试件材料和应变片的线膨胀系数（Thermal Coefficient of Linear Expansion）。

因此，由于环境温度变化形成总的电阻相对变化为

$$\frac{\Delta R_t}{R_0}=\frac{\Delta R_{t\alpha}}{R_0}+\frac{\Delta R_{t\beta}}{R_0}=\alpha\Delta t+K(\beta_{试}-\beta_{丝})\Delta t \tag{7-16}$$

总的附加虚假应变为

$$\varepsilon_t=\frac{\frac{\Delta R_t}{R_0}}{K}=\frac{\alpha\Delta t}{K}+(\beta_{试}-\beta_{丝})\Delta t \tag{7-17}$$

由式（7-17）可知，由于温度变化而引起附加电阻变化或造成了虚假应变，从而会给测量带来误差。这个误差与环境温度有关外，还与应变片本身的性能参数（K、α、$\beta_{丝}$）及试件的线膨胀系数 $\beta_{试}$ 有关。

【例 7-1】　有一个电阻为 120Ω、$K=2$ 的应变片，贴在弹性极限 σ 为 400MN/m^2，弹性模量 E 为 200GN/m^2 的钢件上，试分别计算此应变片的电阻变化：(1) 当应力等于弹性范围的 $\frac{1}{10}$ 时；(2) 如果应变片材料为康铜丝（$\alpha=20\times10^{-6}\Omega/\Omega/℃$，膨胀系数为 $12\times10^{-6}\text{m/m/℃}$，

钢膨胀系数为 16×10^{-6}m/m/℃），温度变化 20℃。

解：（1）根据 $K=\dfrac{\frac{\Delta R}{R}}{\varepsilon}$，可知 $\Delta R=KR\varepsilon$

应力 $\sigma=400\times\dfrac{1}{10}\text{MN/m}^2=40\times10^6\text{N/m}^2$

应变 $\varepsilon=\dfrac{\sigma}{E}=\dfrac{40\times10^6}{200\times10^9}=200\times10^{-6}$

应变片电阻的变化 $\Delta R=\varepsilon KR=200\times10^{-6}\times2\times120\Omega=0.048\Omega$

（2）根据式（7-16）温度变化引起的电阻变化为

$$\begin{aligned}\Delta R_t&=[\alpha+K(\beta_{试}-\beta_{丝})]\Delta tR_0\\&=[20\times10^{-6}\times20\times120+2\times(16\times10^{-6}-12\times10^{-6})\times20\times120]\Omega\\&=(0.048+0.0192)\Omega=0.0672\Omega\end{aligned}$$

（2）温度补偿方法　温度补偿的方法通常有桥路补偿法和应变片自补偿法两大类。

1）桥路补偿法。应变片通常是作为平衡电桥的一个臂测量应变的，如图 7-7 所示，R_1 为工作应变片，它粘贴在被测试件表面上；R_2 为补偿应变片，它粘贴在与被测试件材料完全相同的补偿块上。在工作过程中，补偿块不承受应变。当温度变化时，R_1 和 R_2 的阻值都发生变化，由于它们感受相同的温度变化，R_1 与 R_2 为同类应变片，又粘贴在相同的材料上，则温度变化引起的电阻变化 $\Delta R_1=\Delta R_2$，在桥路中相互抵消，这样就起到了温度补偿的作用。

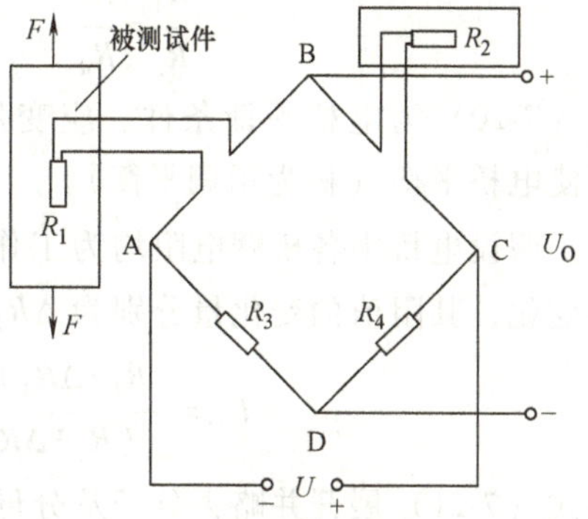

图 7-7　桥路补偿法

2）应变片自补偿法。

① 选择式自补偿应变片。从前面分析可知，要实现温度自补偿的条件是：当温度变化时，产生的虚假应变为零或相互抵消。即

$$[\alpha+K(\beta_{试}-\beta_{丝})]\Delta t=0$$

则

$$\alpha=-K(\beta_{试}-\beta_{丝})\tag{7-18}$$

所以，被测试件的材料选定后，只要选择合适的应变片敏感栅的材料，使其温度系数 α 满足式（7-18）的要求，就可实现温度自补偿的目的。这种方法的缺点是一种 α 值的应变片只能在一种材料上使用，因此局限性较大。

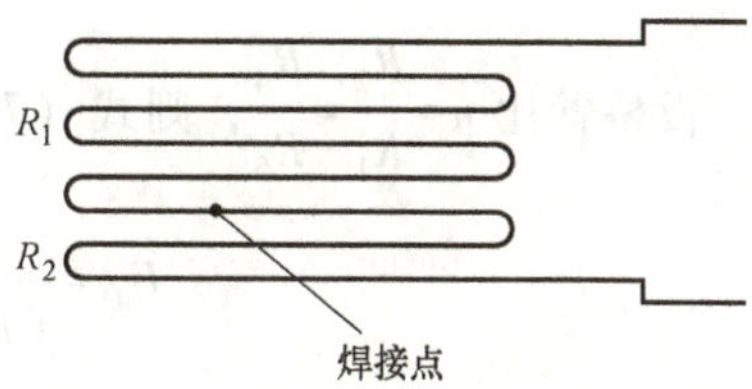

图 7-8　双金属敏感栅自补偿应变片

② 双金属敏感栅自补偿应变片。制作应变片时，敏感栅采用两种金属材料，它们的温度系数不同，一个为正，一个为负，将二者串联绕制。如图 7-8 所示，R_1、R_2 为两段不同材料的敏感栅。这样当温度变化时，产生的电阻变化一个为正，另一个为负，并且使其大小相等，则相互抵消。

7.1.3　电阻应变式传感器的信号调理电路

应变片将应变转换为电阻值的变化，由于电阻值的变化在数量值上很小，既难以直接精确测量，又不便直接处理。因此，必须通过信号调理电路将应变片的电阻值变化转换为电压值或电流值的变化，其方法一般是采用测量电桥。

【深入思考】 推导这种双金属敏感栅自补偿片 R_1、R_2 需要满足什么条件？

应变式传感器多采用不平衡电桥电路。电桥的供电采用直流电源供电或交流电源供电，分别称为直流电桥和交流电桥。

【视频讲解】 电阻应变片的温度误差及补偿

1. 直流电桥

直流电桥的基本形式如图 7-9 所示。R_1、R_2、R_3 和 R_4 为电桥的 4 个桥臂，R_L 为其负载（可以是测量仪表内阻或其他负载）。

当 $R_L\to\infty$ 时，电桥的输出电压 U_O 应为

$$U_O=\left(\frac{R_1}{R_1+R_2}-\frac{R_3}{R_3+R_4}\right)U=\frac{R_1R_4-R_2R_3}{(R_1+R_2)(R_3+R_4)}U \tag{7-19}$$

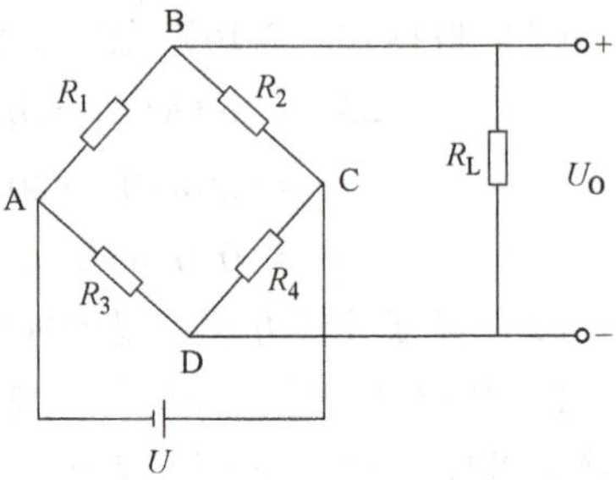

图 7-9 直流电桥

当电桥平衡时，$U_O=0$，则有

$$\frac{R_1}{R_2}=\frac{R_3}{R_4} \tag{7-20}$$

式（7-20）为电桥平衡条件。应变片测量电桥在工作前应使电桥平衡（称为预调平衡）。

假设电桥中各桥臂电阻均为工作应变片，即电阻值 R_1、R_2、R_3 和 R_4 都随测量应变发生变化，其阻值的变化量分别为 ΔR_1、ΔR_2、ΔR_3 和 ΔR_4，电桥的输出将变为

$$U_O=\frac{(R_1+\Delta R_1)(R_4+\Delta R_4)-(R_2+\Delta R_2)(R_3+\Delta R_3)}{(R_1+\Delta R_1+R_2+\Delta R_2)(R_3+\Delta R_3+R_4+\Delta R_4)}U \tag{7-21}$$

将式（7-21）展开并略去分子及分母中 ΔR_i 的二次微量，近似可得

$$\begin{aligned}U_O&\approx\frac{R_1R_2}{(R_1+R_2)^2}\left(\frac{\Delta R_1}{R_1}-\frac{\Delta R_2}{R_2}-\frac{\Delta R_3}{R_3}+\frac{\Delta R_4}{R_4}\right)U\\&=\frac{R_2/R_1}{\left(1+\frac{R_2}{R_1}\right)^2}\left(\frac{\Delta R_1}{R_1}-\frac{\Delta R_2}{R_2}-\frac{\Delta R_3}{R_3}+\frac{\Delta R_4}{R_4}\right)U\end{aligned} \tag{7-22}$$

设桥臂比 $n=\dfrac{R_2}{R_1}=\dfrac{R_4}{R_3}$，则式（7-22）可写成

$$U_O=\frac{n}{(1+n)^2}\left(\frac{\Delta R_1}{R_1}-\frac{\Delta R_2}{R_2}-\frac{\Delta R_3}{R_3}+\frac{\Delta R_4}{R_4}\right)U \tag{7-23}$$

电桥的电压灵敏度 S_u 定义为

$$S_u=\frac{U_O}{\frac{\Delta R_1}{R_1}-\frac{\Delta R_2}{R_2}-\frac{\Delta R_3}{R_3}+\frac{\Delta R_4}{R_4}}=U\frac{n}{(1+n)^2} \tag{7-24}$$

由式（7-24）可知：

1）电桥的电压灵敏度正比于电桥供电电压 U，电桥供电电压越高，电压灵敏度越高。但是电桥供电电压的提高受到应变片允许功耗的限制，所以要做适当选择。

2）电桥的电压灵敏度是桥臂电阻比值 n 的函数，恰当的选择桥臂比 n 的值，保证电桥具有较高的灵敏度。

下面分析当电桥供电电压 U 确定后，n 应取何值，电桥电压灵敏度才最大。

由于 $\frac{dS_u}{dn}=0$ 时，可获得 S_u 的最大值，故得

$$\frac{dS_u}{dn}=\frac{1-n^2}{(1+n)^4}=0 \tag{7-25}$$

求得 $n=1$ 时，S_u 为最大。

当 $R_1=R_2=R_3=R_4$ 时，为全等臂电桥。全等臂电桥是 $n=1$ 的一种特例，是应变式传感器常采用的形式。

下面分为单臂电桥（Quarter Bridge）、双臂半桥（Half Bridge）、全桥（Full Bridge）三种情况讨论。

1）单臂电桥。电桥中只有一个臂接入应变片。如图 7-10 所示，设 R_1 为接入的应变片，工作时 $R_1 \to R_1+\Delta R_1$。图中 $R_1=R_2=R_3=R_4=R$，$\Delta R_1=\Delta R$，根据式（7-19）可得

$$U_O=\frac{\Delta RR}{2R(2R+\Delta R)}U=\frac{U}{2}\frac{\frac{\Delta R}{R}}{2+\frac{\Delta R}{R}} \tag{7-26}$$

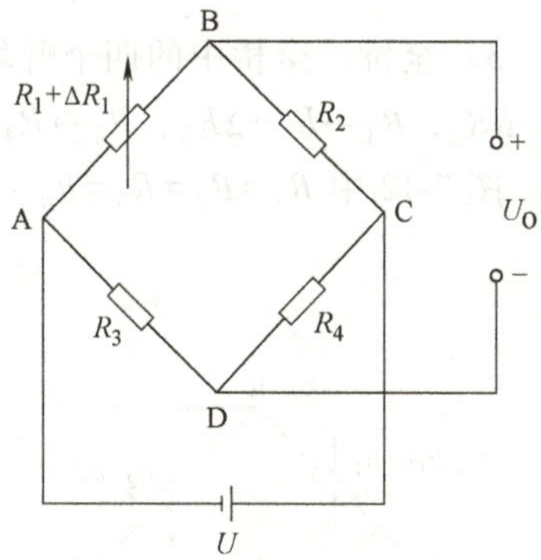

图 7-10　单臂电桥测量电路

通常情况下 $\frac{\Delta R}{R} \ll 1$，所以

$$U_O \approx \frac{1}{4}U\frac{\Delta R}{R} \tag{7-27}$$

式（7-27）中是假定应变片的参数变化很小，而忽略了分母中的 $\frac{\Delta R}{R}$。但是若应变片所承受的应变很大，分母中的 $\frac{\Delta R}{R}$ 就不能忽略，此时，电桥的输出电压 U_O 与 $\frac{\Delta R}{R}$ 是非线性的，下面计算非线性误差。

实际上 $U_O'=\frac{U}{2}\frac{\frac{\Delta R}{R}}{2+\frac{\Delta R}{R}}$，理想化线性关系 $U_O=\frac{1}{4}U\frac{\Delta R}{R}$ 存在有误差，非线性误差为

$$\gamma=\frac{U_O-U_O'}{U_O}=1-\frac{2}{2+\frac{\Delta R}{R}}=\frac{\Delta R}{2R}\frac{1}{1+\frac{\Delta R}{2R}} \tag{7-28}$$

将 $\frac{1}{1+\frac{\Delta R}{2R}}$ 按幂级数展开，有

$$\gamma=\frac{\Delta R}{2R}\left[1-\frac{\Delta R}{2R}+\frac{1}{4}\left(\frac{\Delta R}{R}\right)^2-\frac{1}{8}\left(\frac{\Delta R}{R}\right)^3+\cdots\right]$$

略去高次项有

$$\gamma \approx \frac{\Delta R}{2R} \tag{7-29}$$

对于一般应变片来说，所受应变的 ε 通常在 0.005 以下。若取应变片的灵敏系数 $K=2$，则$\frac{\Delta R_1}{R_1}=K\varepsilon=0.01$，代入式（7-29）计算得非线性误差为 0.5%，不算太大；若 $K=100$，$\varepsilon=0.001$ 时，$\frac{\Delta R_1}{R_1}=0.1$，此时计算得到非线性误差达到 5%，影响很大。

2）双臂半桥。电桥中相邻两个臂接入应变片。如图 7-11 所示，设 R_1、R_2 为接入的应变片，它们接入电桥的相邻两个臂，工作时 $R_1 \to R_1+\Delta R_1$，$R_2 \to R_2-\Delta R_2$，表示 R_1 臂若受拉应变时，R_2 臂则受压应变。图中 $R_1=R_2=R_3=R_4=R$，$\Delta R_1=\Delta R_2=\Delta R$，根据式（7-19）可得

$$U_O=\frac{1}{2}U\frac{\Delta R}{R} \tag{7-30}$$

电桥的输出电压 U_O 与$\frac{\Delta R}{R}$呈线性关系，且输出电压跟单臂电桥相比提高了一倍。

3）全桥。全桥中的四个臂均接入应变片，如图 7-12 所示。工作时 $R_1 \to R_1+\Delta R_1$，$R_2 \to R_2-\Delta R_2$，$R_3 \to R_3-\Delta R_3$，$R_4 \to R_4+\Delta R_4$，表示 R_1、R_4 臂若受拉应变时，R_2、R_3 臂则受压应变。图 7-12 中 $R_1=R_2=R_3=R_4=R$，$\Delta R_1=\Delta R_2=\Delta R_3=\Delta R_4=\Delta R$，根据式（7-19）可得

$$U_O=\frac{\Delta R}{R}U \tag{7-31}$$

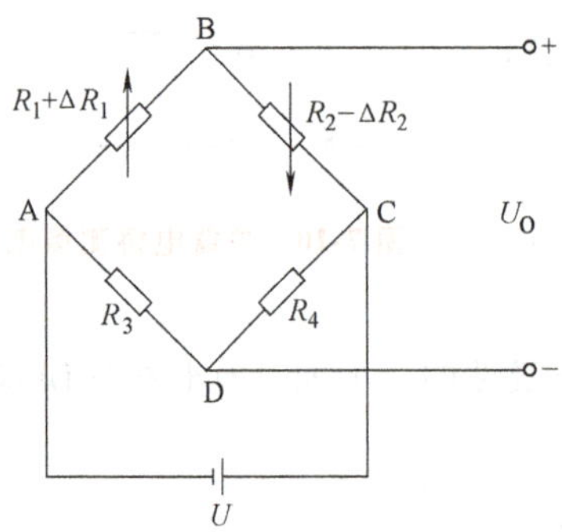

图 7-11　双臂半桥测量电路

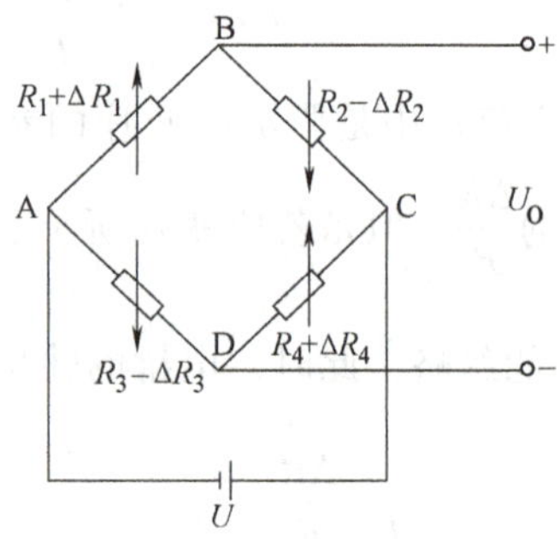

图 7-12　全桥测量电路

全桥的输出电压 U_O 与$\frac{\Delta R}{R}$呈线性关系，且输出电压为单臂电桥的 4 倍。另外，全桥和双臂半桥工作还能起到温度补偿的作用。

【例 7-2】　一实心圆筒力传感器的筒横截面积为 $S=3.14\text{cm}^2$，弹性模量 $E=2\times10^7\text{N/cm}^2$，泊松比为 $\mu=0.3$，受到如图 7-13 所示的 $F=10\text{kN}$ 载荷作用。在圆筒表面粘贴四片阻值为 120Ω，$K=2$ 的应变片。

（1）正确标出四片应变片的粘贴位置，画出相应的测量电桥电路图；

（2）求各应变片的应变及电阻的相对变化量；

（3）若电桥供电电压 $U=6\text{V}$，求桥路输出电压 U_O。

解：（1）四片应变片可组成全桥测量电路，粘贴位置及测量电路如图 7-13 所示。

粘贴方式满足两片沿轴向粘贴，以便在力 F 作用下产生正的应变，两片沿圆周方向粘贴，以便在力 F 作用下产生负的应变，测量电桥中对臂接入相同变化的应变片，从而提高压灵敏度、改善非线性度，减小温度影响。

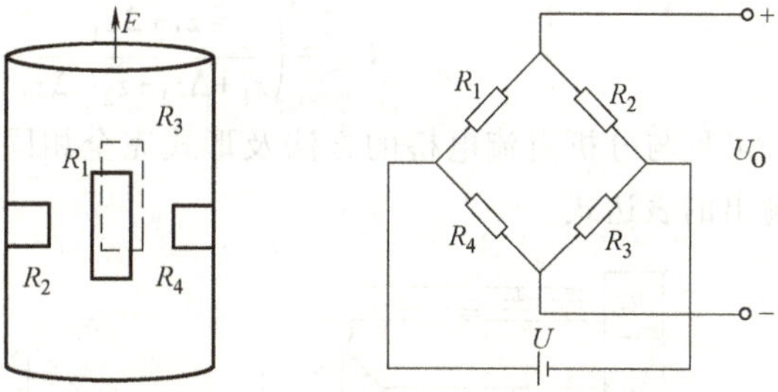

图 7-13　应变片粘贴方式及测量电路

（2）应变片 R_1 和 R_3 产生的应变为

$$\varepsilon_1=\varepsilon_3=\frac{F}{SE}=\frac{10\times10^3}{3.14\times2\times10^7}=1.59\times10^{-4}$$

相对电阻变化量为

$$\frac{\Delta R_1}{R_1}=\frac{\Delta R_3}{R_3}=K\varepsilon_1=2\times1.59\times10^{-4}=0.0318\%$$

应变片 R_2 和 R_4 产生的应变为

$$\varepsilon_2=\varepsilon_4=-\mu\varepsilon_1=-0.3\times1.59\times10^{-4}=-4.77\times10^{-5}$$

相对电阻变化量为

$$\frac{\Delta R_2}{R_2}=\frac{\Delta R_4}{R_4}=K\varepsilon_2=-2\times47.7\times10^{-6}=0.00954\%$$

（3）全桥输出电压为为

$$U_{\mathrm{O}}=\frac{1}{4}U\left(\frac{\Delta R_1}{R_1}-\frac{\Delta R_2}{R_2}+\frac{\Delta R_3}{R_3}-\frac{\Delta R_4}{R_4}\right)=1.24\mathrm{mV}$$

2. 交流电桥

交流电桥的一般形式如图 7-14 所示。电桥供电电源为交流电源，由于引线分布电容，使得桥臂呈现复阻抗特性，因此以复阻抗 $Z_1\sim Z_4$ 代替直流电桥臂上的 $R_1\sim R_4$，以复数 $\dot{U}$ 代替 U，分析方法和直流电桥完全相同。由图 7-14 可导出

$$\dot{U}_{\mathrm{sc}}=\left(\frac{Z_1}{Z_1+Z_2}-\frac{Z_3}{Z_3+Z_4}\right)\dot{U}=\frac{Z_1Z_4-Z_2Z_3}{(Z_1+Z_2)(Z_3+Z_4)}\dot{U}\tag{7-32}$$

【深入思考】实际应用中，桥源大多采用四线制的原因是什么？

【视频讲解】信号调理电路-直流测量电桥

所以平衡条件为

$$Z_1Z_4-Z_2Z_3=0\tag{7-33}$$

或

$$\frac{Z_1}{Z_2}=\frac{Z_3}{Z_4}$$

设各桥臂阻抗为 $Z_1=z_1\mathrm{e}^{\mathrm{j}\varphi_1}$，$Z_2=z_2\mathrm{e}^{\mathrm{j}\varphi_2}$，$Z_3=z_3\mathrm{e}^{\mathrm{j}\varphi_3}$，$Z_4=z_4\mathrm{e}^{\mathrm{j}\varphi_4}$ 代入式（7-33）得

$$\begin{cases}z_1z_4=z_2z_3\\ \varphi_1+\varphi_4=\varphi_2+\varphi_3\end{cases}\tag{7-34}$$

即交流电桥满足：相对臂阻抗模的乘积必须相等，相对臂阻抗角的和必须相等。

当 z_1 和 z_2 两臂为工作臂，且 $z_1=z_2=z_3=z_4=z$、$\Delta z_1=\Delta z_2=\Delta z$ 时，有

$$\dot{U}_{sc}=\left(\frac{z_1+\Delta z_1}{z_1+\Delta z_1+z_2-\Delta z_2}-\frac{z_3}{z_3+z_4}\right)\dot{U}=\frac{\Delta z}{z}\cdot\frac{\dot{U}}{2} \tag{7-35}$$

可见与分析直流电桥的方法及形式完全相同。同理，也可推出交流电桥的单臂及全桥时的输出的表达式。

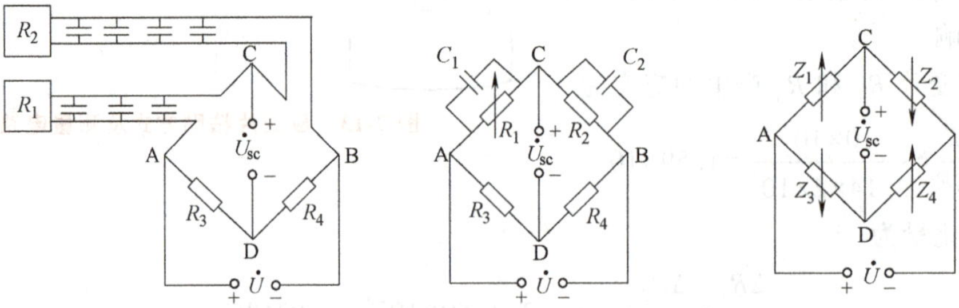

图 7-14 交流电桥

与直流电桥平衡条件相比，不难看出，交流电桥的初始调平衡更为复杂一些。一般既有电阻预调平衡，也有电容预调平衡。常见的调平衡电路如图 7-15 所示。

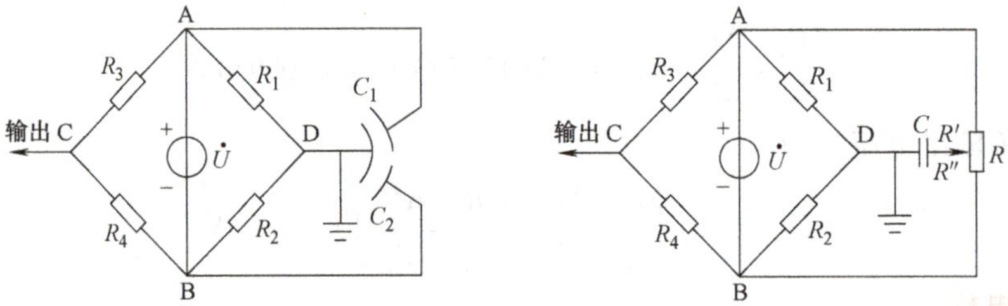

图 7-15 常见的调平衡电路

7.1.4 电阻应变式传感器的应用

电阻应变式传感器应用十分广泛。使用时主要分为两种情况，其一是作为敏感元件，直接将应变片粘贴在被测试件上，测量结构的应力或应变；其二是作为传感元件，通过弹性元件构成传感器，测量力、压力、位移、速度、加速度等物理量。

【视频讲解】信号调理电路-交流测量电桥

1. 直接测量结构的应力或应变

为了研究机械、建筑、桥梁等结构的某些部位或所有部位工作状态下的受力变形情况，往往将不同形状的应变片贴在结构的预定部位上，直接测得这些部位的拉、压应力、弯矩等，为结构设计、应力校核或构件破坏及机器设备的故障诊断提供实验数据或诊断信息。如图 7-16a 和图 7-16b 所示为两种实际应用的例子。

2. 应变片结合弹性元件制成各种应变式传感器

(1) 应变式力传感器　应变式力传感器主要应于各种电子秤和材料试验机的测力元件、发动机的推力测试、水坝坝体承载状况监测等。应变式力传感器的测力范围为几克到几百吨，精度可达 0.05%FS。应变式力传感器的弹性元件有柱（筒）式、环式、梁式等数种。柱式弹性元件的特点是结构简单、紧凑，可承受很大载荷；根据弹性体截面形状可分为矩形截面、圆形截面、空心截面等。环式多用于测量较大载荷，与柱式相比，它的应力分布有正

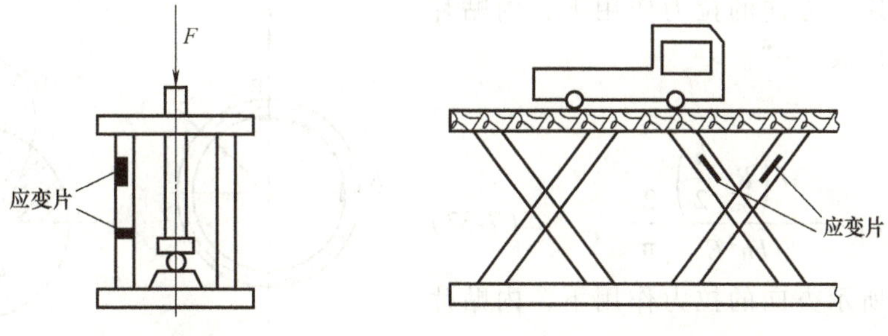

a) 立柱应力　　b) 桥梁应力

图 7-16 构件应力与应变的测量

有负，很容易接成差动电桥。悬臂梁式弹性元件结构简单、加工容易、电阻应变片容易粘贴、灵敏度较高，适用于测量小载荷。

1）柱（筒）式力传感器。这种弹性元件分为实心（圆柱式）和空心（圆筒式）两种，如图 7-17a、b 所示。应变片一般对称地贴在应力均匀的圆柱表面的中间部分，可对称地粘贴多个应变片，构成差动式测量电路，这样提高了灵敏度，同时具有温度补偿的作用。弹性元件上应变片的粘贴和测量电路电桥连接应尽可能消除载荷偏心和弯矩的影响。

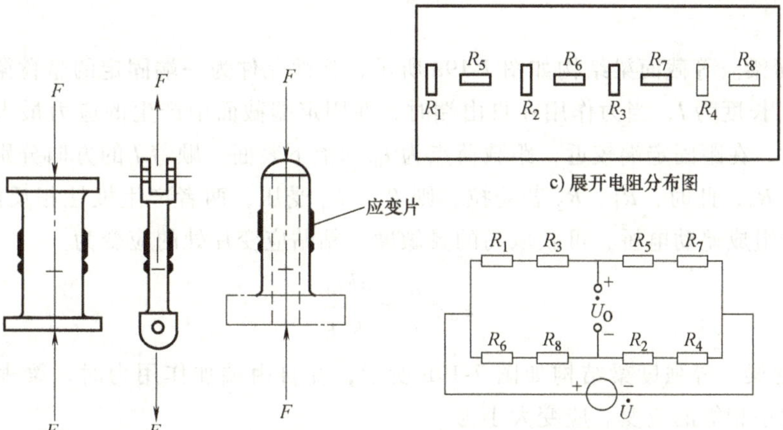

a) 圆柱式　　b) 圆筒式　　d) 测量电路

图 7-17 柱式弹性元件

2）环式力传感器。环式力传感器的结构和应力分布如图 7-18 所示。与柱式力传感器相比，它的应力分布更复杂，变化较大，且有方向上的区分。由应力分布图还可看出，C 位置电阻应变片的应变为 0，即起到温度补偿作用。

【动画演示】柱式传感器应用实例：汽车地秤

【深入思考】柱式传感器在日常生活中还有哪些应用？

A，B 两点处如果内、外均贴上电阻应变片，则其所在位置的应变如下：

A 点有

$$\varepsilon_A = \pm\frac{3F\left(R-\frac{h}{2}\right)}{bh^2E}\left(1-\frac{2}{\pi}\right) \tag{7-36}$$

式中，h、b 分别为圆环的厚度和宽度；E 为材料弹性模量；F 为载荷。

在图 7-18 所示方向的拉力作用下，内贴片取“+”，外贴片取“−”。

B 点有

$$\varepsilon_B=\pm\frac{3F\left(R-\frac{h}{2}\right)}{bh^2E}\frac{2}{\pi} \tag{7-37}$$

在图 7-18 所示方向的拉力作用下，内贴片取“−”，外贴片取“+”。对$\frac{R}{h}>5$的小曲率圆环，可以忽略上式中的$\frac{h}{2}$。

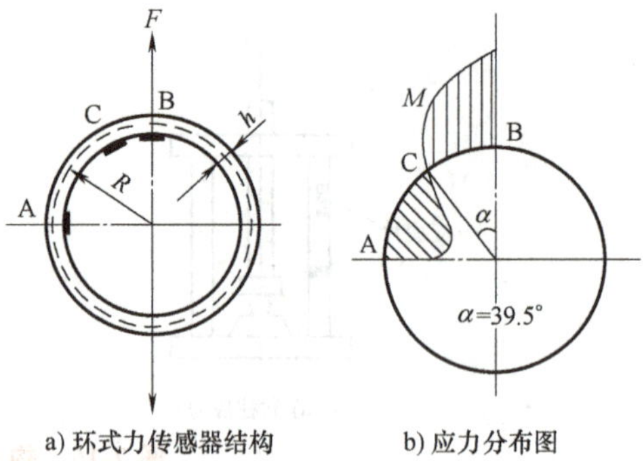

a) 环式力传感器结构　　b) 应力分布图

图 7-18　环式力传感器

只要测出 A、B 两处的应变，就可通过式（7-36）或式（7-37）确定载荷 F 的大小。

3）梁式力传感器。梁式力传感器是一种高精度、抗偏、抗侧性能优越的称重测力传感器，一般适用于测量 500kg 以下的载荷，最小的可测几十克物体的重力。悬臂梁是一端固定，另一端自由的弹性敏感元件，其特点是结构简单、加工方便、应变片容易粘贴、灵敏度高等，在较小力的测量中应用普遍。悬臂梁式传感器有等截面梁、等强度梁、双端固定梁等多种形式。

① 等截面梁。等截面梁结构如图 7-19a 所示，弹性元件为一端固定的悬臂梁，其宽度为 b，厚度为 h，长度为 l，当力作用在自由端时，在固定端截面中产生的应力最大时，而自由端的挠度最大。在距固定端较近，距载荷点为 l_0 的上下表面，顺着 l 的方向分别贴上应变片 R_1、R_2、R_3、R_4，此时，R_1、R_2 若受拉，则 R_3、R_4 受压，两者产生极性相反的等量应变。把四个应变片组成差动电桥，可获取高的灵敏度，粘贴应变片处的应变为

$$\varepsilon_0=\frac{\sigma}{E}=\frac{6Fl_0}{bh^2E} \tag{7-38}$$

② 等强度梁。等强度梁结构如图 7-19b 所示，在自由端加作用力时，梁表面整个长度方向上产生大小相等的应变。应变大小为

$$\varepsilon=\frac{6Fl}{b_0h^2E} \tag{7-39}$$

为了保证等应变性，作用力 F 必须在梁的两斜边的交会点上。

这种梁的优点是对在 l 方向上粘贴应变片位置要求不严格。设计时应根据最大载荷 F 和

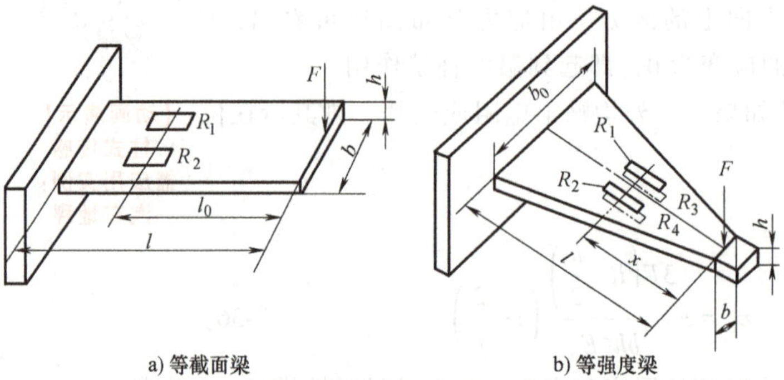

a) 等截面梁　　b) 等强度梁

图 7-19　梁式弹性元件

材料允许应力 σ 选择梁的尺寸。悬臂梁型传感器自由端的最大挠度不能太大，否则载荷的力的方向与梁的表面不成直角，会产生误差。

③ 双端固定梁。双端固定梁的结构示意图如图 7-20 所示。梁的两端固定，中间加载荷，应变片 R_1、R_2、R_3 和 R_4 粘贴在中间位置，梁的宽度为 b、厚度为 h、长度为 l，梁的应变为

$$\varepsilon=\frac{3Fl}{4bh^2E} \tag{7-40}$$

这种梁的结构在相同的 F 的作用下产生的挠度比悬臂梁小，并且在梁受到过载应力后，容易产生非线性。由于两固定端在工作过程中可能滑动而产生误差，所以一般都是将梁和壳体做在一起。

【拓展阅读】 各种梁式传感器实物

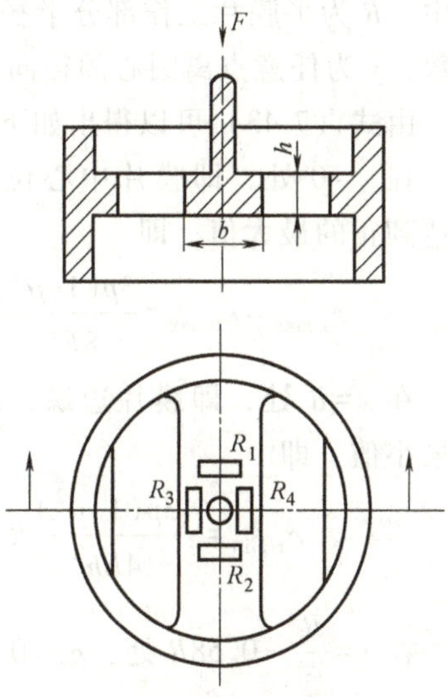

图 7-20　双端固定梁的结构示意图

（2）应变式压力传感器　应变式压力传感器主要用于液体、气体的动态和静态压力的测量，如内燃机管道和动力设备管道的进气口、出气口气体的压力测量，发动机喷口的压力的测量，枪口、炮管内部压力的测量等。

1）筒式压力传感器。当被测压力较大时，多采用筒式压力传感器，如图 7-21 所示。圆孔内有一盲孔，一端有法兰盘与被测系统连接。被测压力 P 传入应变筒的腔内，使筒发生变形。圆筒外表面上的环向应变（沿着圆周线）为

$$\varepsilon_{\mathrm{D}}=\frac{P(2-\mu)}{E(n^2-1)} \tag{7-41}$$

式中，$n=\dfrac{D_0}{D}$。

若壁比较薄时，计算环向应变的方式为

$$\varepsilon_{\mathrm{D}}=\frac{PD(2-\mu)}{2hE}(1-0.5\mu) \tag{7-42}$$

式中，$h=\dfrac{D-D_0}{2}$。

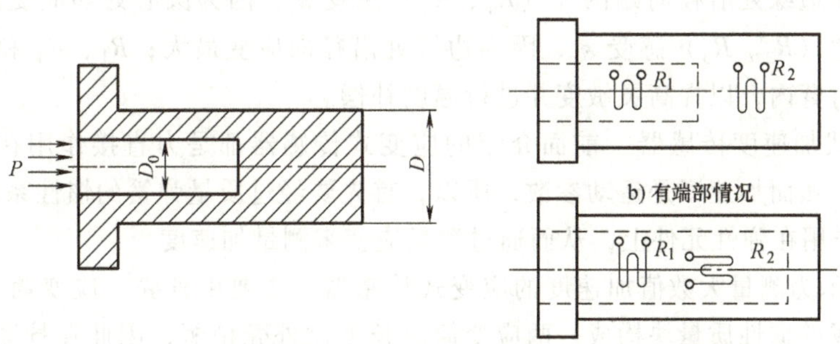

a) 外形图　b) 有端部情况　c) 无端部情况

图 7-21　筒式压力传感器

图 7-21b 中在盲孔的外端部有一个实心部分，制作传感器时，在筒壁和端部沿圆周方向各贴一片应变片，端部在筒内有压力时不产生变形，只做温度补偿用。图 7-21c 中没有端部，则 R_1 和 R_2 垂直粘贴，一个沿圆周，一个沿筒长，沿筒长方向的 R_2 做温度补偿用。

这类传感器可用来测量机床液压系统的压力（$10^6 \sim 10^7$Pa），也可用来测量枪炮的膛内压力（10^8Pa），其动特性和灵敏度主要由材料的 E 值和尺寸决定。

2）平膜式压力传感器。这类传感器常见的弹性元件为一个周边固支的圆形平板，即所谓的平膜片的结构，如图 7-22 所示。当膜片一面受压力 p 作用时，膜片的另一面（应变片粘贴面）上的径向应变 ε_r 和切向应变 ε_t 分别为

$$\begin{cases} \varepsilon_r = \dfrac{3p}{8Eh^2}(1-\mu^2)(R^2-3x^2) \\ \varepsilon_t = \dfrac{3p}{8Eh^2}(1-\mu^2)(R^2-x^2) \end{cases} \tag{7-43}$$

式中，R 为平膜片工作部分半径；h 为平膜片厚度；E 为膜片的弹性模量；μ 为膜片的泊松系数；x 为任意点离圆心的径向距离。

由式（7-43）可以得出如下结论：

在 $x=0$ 处，即膜片中心位置，ε_r 和 ε_t 均达到正的最大值，即

$$\varepsilon_{r\max} = \varepsilon_{t\max} = \frac{3p(1-\mu^2)}{8Eh^2}R^2 \tag{7-44}$$

在 $x=R$ 处，即膜片边缘，$\varepsilon_t=0$，ε_r 达到最小值，即

$$\varepsilon_{r\min} = -\frac{3p(1-\mu^2)}{4Eh^2}R^2 \tag{7-45}$$

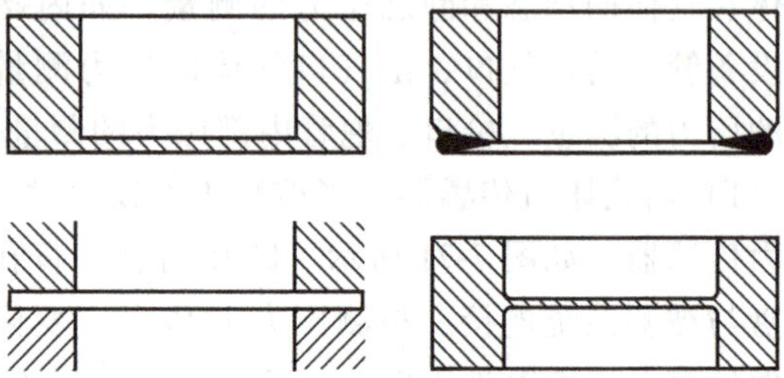

图 7-22　平膜片基本结构

在 $x=\dfrac{R}{\sqrt{3}} \approx 0.58R$ 处，$\varepsilon_r=0$。

应变分布图与应变片布置如图 7-23 所示。由应力分布规律可找出贴片方法。由图可知，切应变均为正且中间最大，径向应变沿圆周分布有正有负，在中心处与切应变相等，而在边缘处最大，为中心处的 2 倍，在 $x=\dfrac{R}{\sqrt{3}}$处为零，故贴片时应避开此处。一般在圆片中心处沿切向贴两片，在边缘处沿径向贴两片（R_1、R_4）感受 ε_t，因为圆心处切应变最大；在边缘处沿径向贴两片（R_2、R_3）感受 ε_r，因为边缘处沿径向应变最大；R_1、R_4 和 R_2、R_3 接入全桥电路的相对臂内，以提高灵敏度并进行温度补偿。

（3）应变式加速度传感器　前面介绍的应变式传感器都是力直接作用在弹性元件上，将力变为应变。然而加速度是运动参数，所以，首先要经过质量弹簧的惯性系统将加速度转换为力 F，再作用在弹性元件上，从而通过测量应变来测量加速度。

图 7-24 所示为测量大数值加速度的应变式传感器，主要由外壳、应变筒、应变片及螺母、螺栓等组成的惯性质量块构成。两应变筒总长度比外壳稍短，因此在拧紧连接螺栓时，应变筒壁就产生了预应力（该应力约为材料极限值的一半），这就使传感器成为差动式。应变片贴在应变筒外表面上，通过测量应变管的变形就可测得质量块所承受的加速度。这种类型传感器可测 $10^6 \mathrm{m/s^2}$ 的加速度，固有频率可达 16kHz。

（4）压阻式压力传感器　压阻式压力传感器由外壳、硅膜片和引线组成，其结构如图 7-25 所示。其核心部分是一个周边固支的硅膜片（硅杯），在膜片上，利用集成电路的工

艺扩散四个阻值相等的电阻，构成应变电桥。膜片两边有两个压力腔，一个是与被测系统相连接的高压腔，另一个是低压腔，通常和大气相通。当膜片两边存在压力差时，膜片上产生应变，四个电阻的阻值发生变化，电桥失去平衡。根据电桥的输出电压，可测得膜片所感受的压力差。

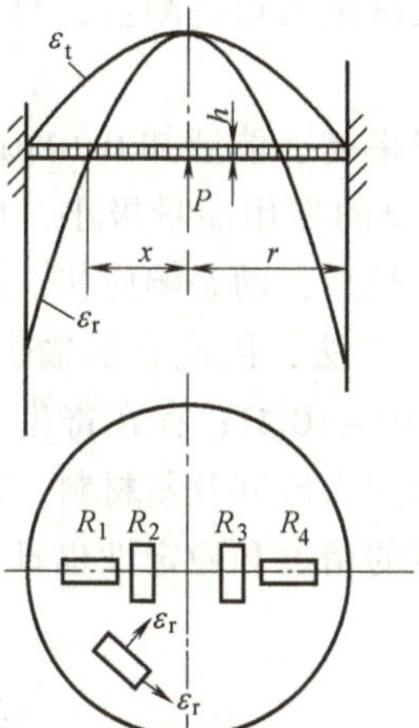

图 7-23 应变分布图与应变片布置

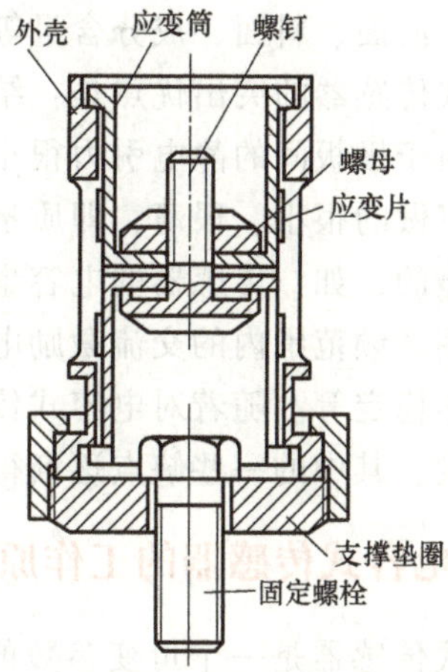

图 7-24 应变式加速度传感器结构示意图

（5）压阻式加速度传感器　典型的压阻式加速度传感器如图 7-26 所示。弹性元件是硅梁，自由端安装质量块，另一端固定在基座上。在硅梁的根部有四个扩散电阻。测量时，当被测物体以加速度 a 运动时，质量块受到一个与加速度方向相反的惯性力作用，使悬臂梁变形产生应变，使四个电阻值发生变化，引起测量电桥不平衡而输出电压，即可得出加速度的大小。该类传感器常用于测量低频加速度和直线加速度。

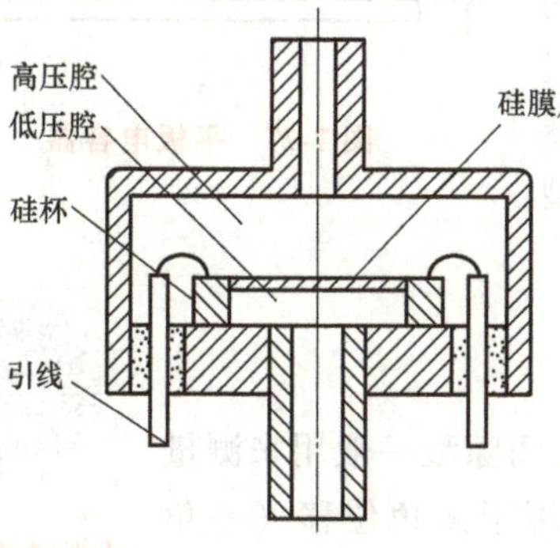

图 7-25 硅压力传感器结构示意图

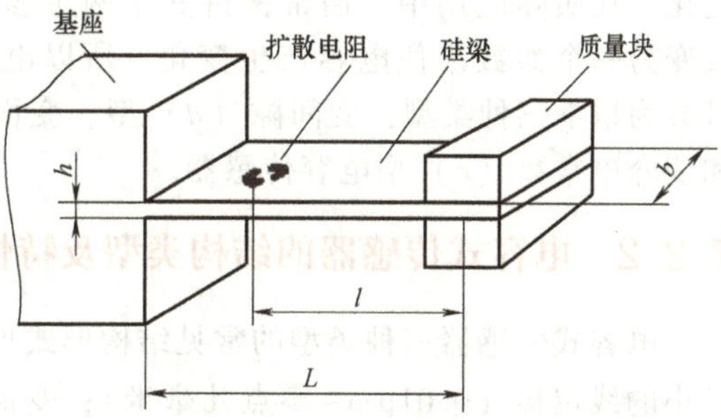

图 7-26 压阻式加速度传感器结构示意图

【动画演示】
压阻式加速度传感器

【深入思考】
压阻式传感器还有哪些应用？

【视频讲解】
电阻应变式传感器的应用

7.2 电容式传感器

电容器（Capacitor）是电子技术的三大类无源元件（电阻、电感和电容）之一，电容式传感器（Capacitive Sensor）是利用电容器的原理，将被测量转化为电容量的变化。电容式传感器不但广泛地应用于位移、振动、角度、加速度等机械量的精密测量，而且可用于压力、差压、液面、料面、成分含量等参量的测量。

电容式传感器的突出优点是：结构简单、体积小、分辨率高、能感知 0.01μm 甚至更小的位移；由于极板间的静电引力很小（10^{-5}N 数量级），需要的作用能量极小，由于它的可动部分可以做的很小、很薄，即质量很轻，因此其固有频率很高，动态响应快。但是，其缺点也是明显的，如：传感器的电容量小，一般为几十到几百皮法，因此它的输出阻抗很高，尤其当采用音频范围内的交流激励电源时，输出阻抗高达 10^6 ~ $10^8\Omega$；存在寄生电容导致传感器特性不稳定等。随着对电容式传感器检测原理和结构的深入研究及新材料、新工艺、新电路的开发，其中的一些缺点逐渐得到克服。电容式传感器的精度和稳定性也日益提高。

7.2.1 电容式传感器的工作原理

【动画演示】应用实例：电容式传声器

电容式传感器是一个可变参数的电容器，其基本工作原理可用图 7-27 所示的平板电容器加以说明。当忽略边缘效应时，平板电容器的电容为

$$C=\frac{\varepsilon A}{d}=\frac{\varepsilon_r\varepsilon_0 A}{d} \tag{7-46}$$

式中，A 为极板面积；d 为极板间距离；ε_r 为相对介电常数；ε_0 为真空介电常数，$\varepsilon_0=8.85\times10^{-12}$F/m；$\varepsilon$ 为电容极板间介质的介电常数。

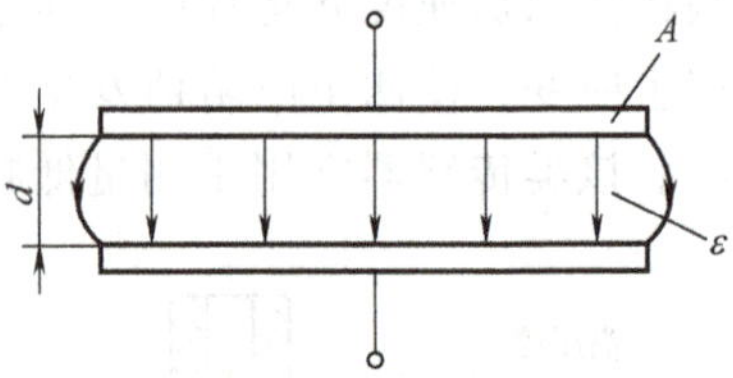

图 7-27 平板电容器

由式（7-46）可知，当被测参数（如位移、压力等）使式中的 d、A 或 ε_r 变化时，都能引起电容器电容量的变化。在实际应用中，通常保持其中两个参数不变，仅改变另一个参数来使电容产生变化。所以电容式传感器可分为以下三种类型：变间隙（d）型、变面积（A）型和变介电常数（ε）型电容传感器。

7.2.2 电容式传感器的结构类型及特性分析

【视频讲解】电容式传感器的工作原理

电容式传感器三种类型的常见结构形式见表 7-2。变间隙型一般用来测量微小的线位移（0.01μm~零点几毫米）；变面积型一般用于测角位移（一角秒至几十度）或较大的线位移；变介电常数型常用于固体或液体的物位测量以及各种介质的湿度、密度的测量等。

1. 变间隙型电容式传感器

变间隙型电容式传感器也称变极距型电容式传感器，其原理图如图 7-28 所示。图中极板 2 为静止极板（一般称为定极板），而极板 1 为与被测体相连的动极板。当极板 1 因被测参数改变而引起移动时，就改变了两极板间的距离 d，从而改变了两极板间的电容 C。从式（7-46）可知，C 与 d 的关系曲线为一双曲线，如图 7-29 所示。

表 7-2 电容式传感器的结构形式

基本类型		单片式	
		单组式	差动式
变间隙型	线位移	平板结构	
变间隙型	角位移		
变面积型	线位移	平板结构	
变面积型	线位移	圆柱结构	
变面积型	角位移	平板结构	
变面积型	角位移	圆柱结构	
变介电常数型	线位移	平板结构	
变介电常数型	线位移	圆柱结构	

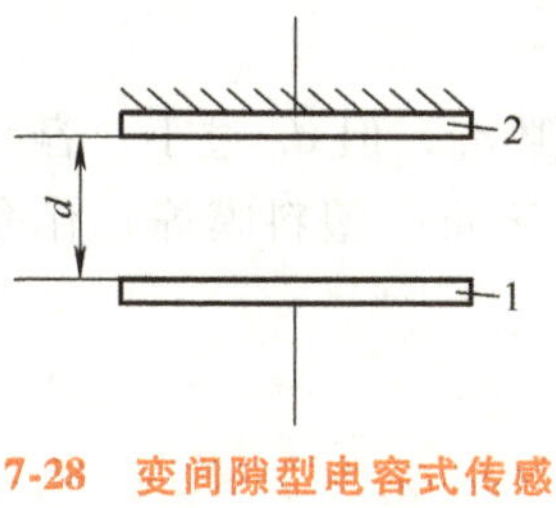

图 7-28 变间隙型电容式传感器

1—动极板 2—定极板

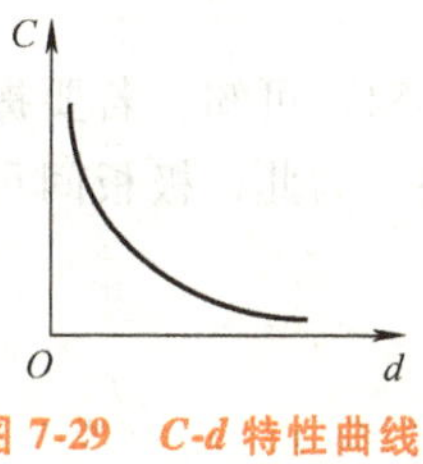

图 7-29 C-d 特性曲线

极板面积为 A，初始间隙为 d_0，介质为空气（$\varepsilon_r=1$）的电容器的电容值为

$$C_0=\frac{\varepsilon_0 A}{d_0} \tag{7-47}$$

当间隙 d_0 减少了 Δd 时（设 $\Delta d \ll d_0$），则电容增加 ΔC，即

$$\Delta C=\frac{\varepsilon_0 A}{d_0-\Delta d}-\frac{\varepsilon_0 A}{d_0}=\frac{\varepsilon_0 A}{d_0}\left(\frac{1}{1-\frac{\Delta d}{d_0}}-1\right) \tag{7-48}$$

【动画演示】平板电容器

电容的相对变化为

$$\frac{\Delta C}{C_0}=\frac{\frac{\Delta d}{d_0}}{1-\frac{\Delta d}{d_0}} \tag{7-49}$$

因为$\frac{\Delta d}{d_0}\ll 1$，式（7-49）按泰勒级数展开为

$$\frac{\Delta C}{C_0}=\frac{\Delta d}{d_0}\left[1+\frac{\Delta d}{d_0}+\left(\frac{\Delta d}{d_0}\right)^2+\left(\frac{\Delta d}{d_0}\right)^3+\cdots\right] \tag{7-50}$$

由式（7-50）知，输出电容的相对变化$\frac{\Delta C}{C_0}$与输入位移 Δd 之间的关系是非线性的，当$\frac{\Delta d}{d_0}\ll 1$ 时，可略去非线性项（高次项），则得近似的线性关系式，即

$$\frac{\Delta C}{C_0}\approx\frac{\Delta d}{d_0} \tag{7-51}$$

而电容传感器的灵敏度为

$$S_{\mathrm{n}}=\frac{\Delta C}{\Delta d}=\frac{C_0}{d_0} \tag{7-52}$$

若考虑式（7-50）中线性项与二次项，则有

$$\frac{\Delta C}{C_0}=\frac{\Delta d}{d_0}\left(1+\frac{\Delta d}{d_0}\right) \tag{7-53}$$

式（7-53）中的相对非线性误差为

$$\delta=\frac{\left|\left(\frac{\Delta d}{d_0}\right)^2\right|}{\left|\frac{\Delta d}{d_0}\right|}\times 100\%=\left|\frac{\Delta d}{d_0}\right|\times 100\% \tag{7-54}$$

由式（7-52）可知，若要提高灵敏度，应减小初始间隙 d_0，但 d_0 过小，容易引起电容器击穿或短路。为此，极板间可采用高介电常数的材料（云母、塑料膜等）作介质，此时电容 C 变为

$$C=\frac{\varepsilon_0 A}{\frac{d_1}{\varepsilon_1}+\frac{d_2}{\varepsilon_2}} \tag{7-55}$$

式中，ε_1 和 ε_2 分别为厚度是 d_1 和 d_2 的介质的相对介电常数，如图 7-30 所示。

因为 d_1 为空气隙，即 $\varepsilon_1=1$。式（7-55）可简化为

$$C=\frac{\varepsilon_0 A}{d_1+\frac{d_2}{\varepsilon_2}} \tag{7-56}$$

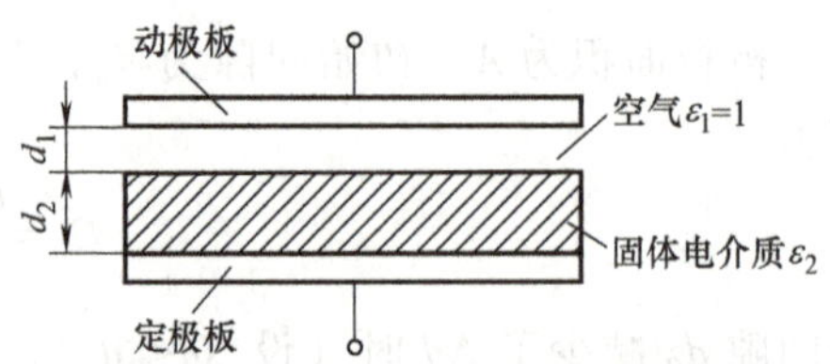

图 7-30 具有固体介质的电容式传感器

云母的介电常数为空气的 7 倍，其击穿电压不小于 1000kV/mm，而空气的击穿电压仅

为 3kV/mm。因此有了云母片，极板间起始距离可大大减小。一般电容式传感器的起始电容在 20~30pF 之间，极板间距在 25~200μm 的范围内。最大位移应该小于间距的$\frac{1}{10}$。

另外，从式（7-54）可知，d_0 的减小相应地增大了非线性。所以，在实际应用中，为了提高灵敏度，减小非线性，大多采用差动结构。在差动电容式传感器中，其中一个电容器 C_1 的电容随位移 Δd 增加时，另一个电容器 C_2 的电容则减小，如图 7-31 所示。

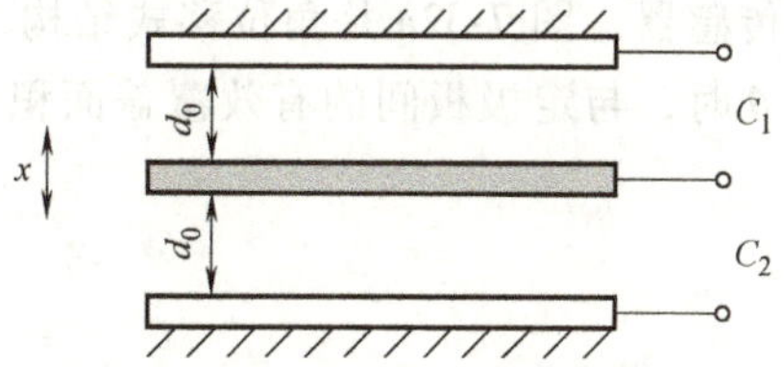

图 7-31　差动电容式传感器

电容器 C_1、C_2 的初始电容为

$$C_1 = C_2 = C_0 = \frac{\varepsilon_0 A}{d_0}$$

当动片向上移动 Δd 时

$$C_1 = \frac{\varepsilon_0 A}{d_0 - \Delta d} = \frac{\varepsilon_0 A}{d_0\left(1-\frac{\Delta d}{d_0}\right)} = C_0 \frac{1}{1-\frac{\Delta d}{d_0}}$$

$$C_2 = \frac{\varepsilon_0 A}{d_0 + \Delta d} = \frac{\varepsilon_0 A}{d_0\left(1-\frac{\Delta d}{d_0}\right)} = C_0 \frac{1}{1+\frac{\Delta d}{d_0}}$$

由于$\frac{\Delta d}{d_0} \ll 1$，则按泰勒级数展开为

$$C_1 = C_0\left[1+\frac{\Delta d}{d_0}+\left(\frac{\Delta d}{d_0}\right)^2+\left(\frac{\Delta d}{d_0}\right)^3+\cdots\right]$$

$$C_2 = C_0\left[1-\frac{\Delta d}{d_0}+\left(\frac{\Delta d}{d_0}\right)^2-\left(\frac{\Delta d}{d_0}\right)^3+\cdots\right]$$

电容的总变化量为

$$\Delta C = C_1 - C_2 = C_0\left[2\frac{\Delta d}{d_0}+2\left(\frac{\Delta d}{d_0}\right)^3+\cdots\right] \tag{7-57}$$

电容的相对变化为

$$\frac{\Delta C}{C_0} = 2\frac{\Delta d}{d_0}\left[1+\left(\frac{\Delta d}{d_0}\right)^2+\left(\frac{\Delta d}{d_0}\right)^4+\cdots\right] \tag{7-58}$$

略去高次项，则$\frac{\Delta C}{C_0}$与$\frac{\Delta d}{d_0}$近似呈线性关系，即

$$\frac{\Delta C}{C_0} \approx \frac{2\Delta d}{d_0} \tag{7-59}$$

电容传感器的灵敏度为

$$S_n = \frac{\Delta C}{\Delta d} = 2\frac{C_0}{d_0} \tag{7-60}$$

非线性误差为近似为

$$\delta = \frac{\left|2\left(\frac{\Delta d}{d_0}\right)^3\right|}{\left|2\left(\frac{\Delta d}{d_0}\right)\right|} = \left(\frac{\Delta d}{d_0}\right)^2 \times 100\% \tag{7-61}$$

比较式（7-60）与式（7-52）、式（7-61）与式（7-54）可知，电容式传感器做成差动结构以后，灵敏度提高一倍，且非线性误差大大降低了。同时，差动电容式传感器还能减小静电力给测量带来的影响，并有效地改善由于温度等环境影响带来所造成的误差。

2. 变面积型电容式传感器

变面积型电容式传感器有很多种结构。图 7-32a、b 所示是两种较常见的变面积型电容式传感器，图 7-32a 是角位移式结构，其动、定极板分别是两个半圆片，当动极板有一角位移 θ 时，与定极板间的有效覆盖面积 A 就改变，从而改变了两极板间的电容量。

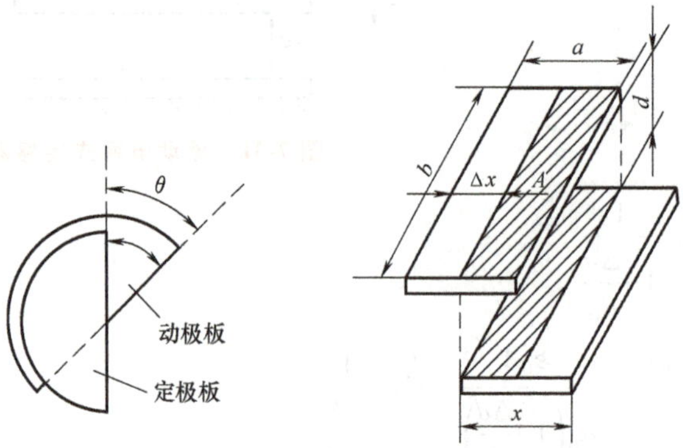

a) 角位移式　b) 直线位移式

【动画演示】差动变间隙电容式加速度传感器

【动画演示】变面积型电容式传感器

图 7-32　变面积型电容式传感器

当 $\theta=0$ 时，则

$$C_0=\frac{\varepsilon A}{d}$$

当 $\theta\neq0$ 时，则

$$C=\frac{\varepsilon A\left(1-\dfrac{\theta}{\pi}\right)}{d}=C_0-C_0\frac{\theta}{\pi} \tag{7-62}$$

可以看出，传感器的电容量 C 与角位移 θ 呈线性关系。

图 7-32b 是直线位移式结构。当动极板移动 Δx 之后，面积 A 就改变，则电容也随之改变。其值（忽略边缘效应）为

$$C_x=\frac{\varepsilon b(a-\Delta x)}{d}=C_0-\frac{\varepsilon b}{d}\Delta x$$

$$\Delta C=C_x-C_0=-\frac{\varepsilon b}{d}\Delta x=-C_0\frac{\Delta x}{a} \tag{7-63}$$

灵敏度为

$$S_n=\frac{\Delta C}{\Delta x}=-\frac{\varepsilon b}{d} \tag{7-64}$$

由式（7-64）可知，变面积型电容式传感器的输出特性是线性的。增大极板边长 b，减小间隙 d，可以提高灵敏度。但极板的边长 a 不宜过小，否则会因边缘电场影响的增加而影响线性特性。

图 7-33 是变面积型电容式传感器的其他几种类型。

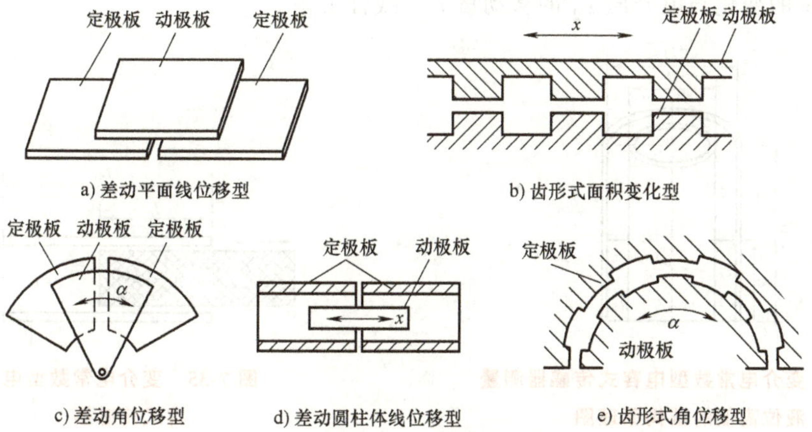

图 7-33 变面积型电容式传感器的其他几种类型

3. 变介电常数型电容式传感器

变介电常数型电容式传感器是利用被测参数使介电常数发生变化从而引起电容量的变化来实现测量。变介电常数型电容式传感器有较多的结构形式，可以用来测量纸张与绝缘薄膜等的厚度、液体的液位与容量，也可用来测量粮食、纺织品、木材或煤等非导电固体介质的湿度。

图 7-34 所示为一种变介电常数型电容式传感器用于测量液位高低的结构原理图。设被测介质的介电常数为 ε_1，液面高度为 h，变换器总高度为 H，内筒外径为 d，外筒内径为 D，此时传感器电容值为

$$C=\frac{2\pi\varepsilon_1 h}{\ln\dfrac{D}{d}}+\frac{2\pi\varepsilon(H-h)}{\ln\dfrac{D}{d}}=\frac{2\pi\varepsilon h}{\ln\dfrac{D}{d}}+\frac{2\pi h(\varepsilon_1-\varepsilon)}{\ln\dfrac{D}{d}}=C_0+\frac{2\pi h(\varepsilon_1-\varepsilon)}{\ln\dfrac{D}{d}} \tag{7-65}$$

式中，ε 为空气介电常数；C_0 为传感器的基本尺寸决定的初始电容值，即

$$C_0=\frac{2\pi\varepsilon h}{\ln\dfrac{D}{d}}$$

由式（7-65）可见，此传感器的电容增量正比于被测液位高度 h。

图 7-35 是变介电常数型电容式传感器的一种常用的结构，图中两平行电极板固定不动，极距为 d_0，相对介电常数为 ε_2 的电介质以不同深度插入电容器中，从而改变两种介质的极板覆盖面积。传感器总电容量 C 为

$$C=C_1+C_2=\varepsilon_0 b_0\frac{\varepsilon_1(L_0-L)+\varepsilon_2 L}{d_0} \tag{7-66}$$

式中，L_0 和 b_0 为极板的长度和宽度；L 为第二种介质进入极板间的长度。

若 $\varepsilon_1=1$，当 $L=0$ 时，传感器初始电容 $C_0=\dfrac{\varepsilon_0\varepsilon_r L_0 b_0}{d_0}$。当被测介质 ε_2 进入极板间 L 深度后，引起电容相对变化量为

$$\frac{\Delta C}{C_0}=\frac{C-C_0}{C_0}=\frac{(\varepsilon_2-1)L}{L_0} \tag{7-67}$$

可见，电容量的变化与电介质 ε_2 的移动量 L 呈线性关系。

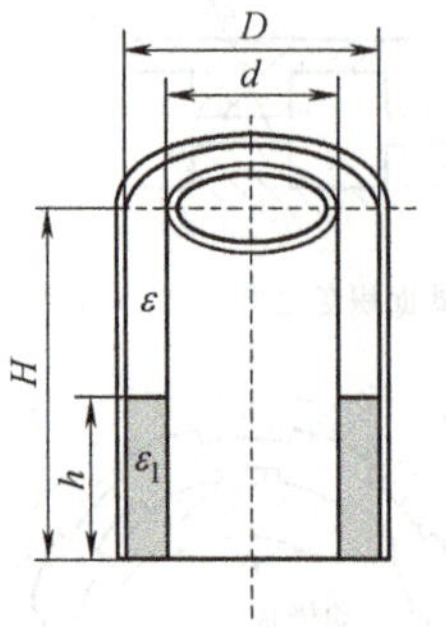

图 7-34　变介电常数型电容式传感器测量液位高低的结构原理图

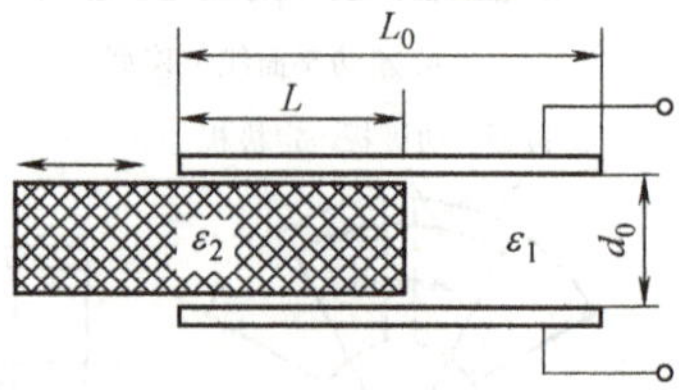

图 7-35　变介电常数型电容式传感器

【例 7-3】　图 7-36 所示为差动同心圆筒柱形电容式传感器，其可动内电极圆筒外径 $d=9.8\text{mm}$，固定电极外圆筒内径 $D=10\text{mm}$，初始平衡时，上、下电容器电极覆盖长度 $L_1=L_2=L_0=2\text{mm}$，电极间为空气介质。试求：

（1）初始状态时电容器 C_1、C_2 的值；

（2）当将其接入图 7-36b 所示差动变压器电桥电路，电桥供电电压 $E=10\text{ V}$（交流），若传感器工作时可动电极最大位移 $\Delta x=\pm 0.2\text{mm}$，电桥输出电压的最大变化范围为多少？

【深入思考】圆柱形电容器的计算表达式是如何推导的？

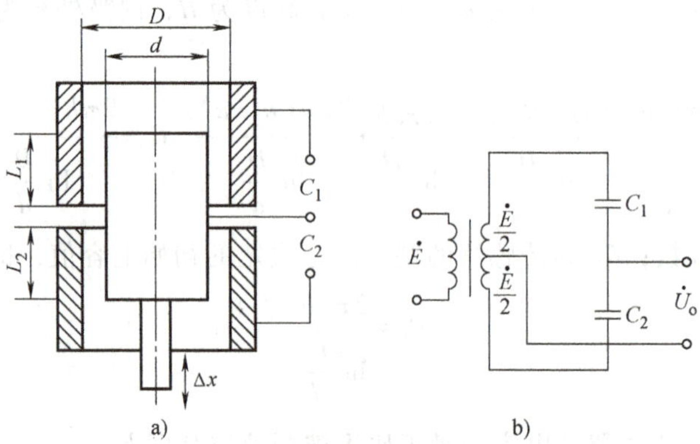

图 7-36　例 7-3 图

解：（1）初始状态时有

$$C_1=C_2=C_0=\frac{2\pi\varepsilon_0 L_0}{\ln\dfrac{D}{d}}=\frac{2\times\pi\times 8.85\times 10^{-12}\times 2\times 10^{-3}}{\ln\dfrac{10}{9.8}}\text{F}$$

$$=5.51\times 10^{-12}\text{F}=5.51\text{pF}$$

（2）当动电极筒位移 $\Delta x=+0.2\text{mm}$（向上）时，$L_1=(2+0.2)\text{mm}=2.2\text{mm}$，$L_2=(2-0.2)\text{mm}=1.8\text{mm}$，则

$$C_1=\frac{2\pi\varepsilon_0 L_1}{\ln\dfrac{D}{d}}=\frac{2\times\pi\times 8.85\times 10^{-12}\times 2.2\times 10^{-3}}{\ln\dfrac{10}{9.8}}\text{F}=6.06\times 10^{-12}\text{F}=6.06\text{pF}$$

$$C_2=\frac{2\times\pi\times8.85\times10^{-12}\times1.8\times10^{-3}}{\ln\dfrac{10}{9.8}}\mathrm{F}=4.96\times10^{-12}\mathrm{F}=4.96\mathrm{pF}$$

差动变压器电桥输出为

$$U=\frac{E}{2}\cdot\frac{C_1-C_2}{C_1+C_2}=\frac{10}{2}\times\frac{6.06-4.96}{6.06+4.96}\mathrm{V}=0.5\mathrm{V}$$

同理，当动电极筒位移 $\Delta x=-0.2\mathrm{mm}$（向下）时，$L_1=(2-0.2)\mathrm{mm}=1.8\mathrm{mm}$，$L_2=(2+0.2)\mathrm{mm}=2.2\mathrm{mm}$，则

$$C_1=4.96\mathrm{pF}\qquad C_2=6.06\mathrm{pF}$$

差动变压器电桥输出为

$$U=\frac{E}{2}\cdot\frac{C_1-C_2}{C_1+C_2}=\frac{10}{2}\times\frac{4.96-6.06}{6.06+4.96}\mathrm{V}=-0.5\mathrm{V}$$

因此，当传感器可动电极筒最大位移 $\Delta x=\pm0.2\mathrm{mm}$，电桥输出电压的最大变化范围为 $\pm0.5\mathrm{V}$。

【视频讲解】电容式传感器的特性分析

7.2.3 电容式传感器的等效电路

电容式传感器的等效电路如图 7-37 所示，图中考虑了电容器的损耗和电感效应，R_p 为并联损耗电阻，它代表极板间的泄漏电阻和介质损耗。这些损耗在低频时影响较大，随着工作频率增高，容抗减小，其影响就减弱。R_s 代表损耗电阻，即代表引线电阻、电容器支架和极板电阻的损耗。电感 L 由电容器本身的电感和外部引线电感组成。

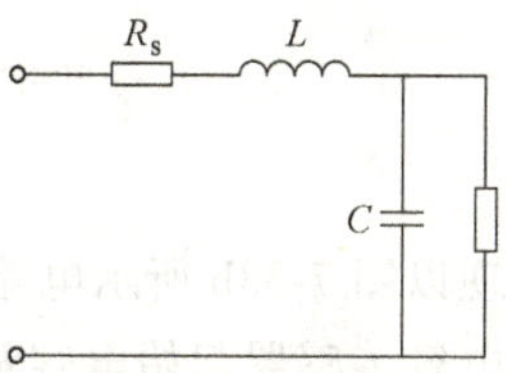

图 7-37 电容式传感器的等效电路

由等效电路可知，电容式传感器有一个谐振频率，通常为几十兆赫兹。当工作频率等于或接近谐振频率时，谐振频率破坏了电容的正常工作。因此，应该选择低于该谐振频率的工作频率，否则电工容器不能正常工作。

电容式传感器工作频率较高，此时可忽略 R_s、R_p 的影响。传感器的有效电容 C_e 可近似为

$$\frac{1}{\mathrm{j}\omega C_e}=\mathrm{j}\omega L+\frac{1}{\mathrm{j}\omega C}$$

$$C_e=\frac{C}{1-\omega^2LC}\tag{7-68}$$

$$\Delta C_e=\frac{\Delta C}{1-\omega^2LC}+\frac{\omega^2LC\Delta C}{(1-\omega^2LC)^2}=\frac{\Delta C}{(1-\omega^2LC)^2}$$

在这种情况下，电容的实际相对变化量为

$$\frac{\Delta C_e}{C_e}=\frac{\dfrac{\Delta C}{C}}{1-\omega^2LC}\tag{7-69}$$

式（7-69）表明电容式传感器的实际相对变化量与传感器的固有电感 L 和角频率 ω 有关。因此，实际应用时必须与标定时的条件相同。

7.2.4 电容式传感器的信号调理电路

【视频讲解】电容式传感器的等效电路

电容传感器的电容值十分微小，一般为几皮法至几十皮法，必须通过信号调理电路将其转换成与之成正比的电压、电流或频率的变化，这样才可以显示、记录以及传输。

1. 电桥电路

电桥电路是电容式传感器最基本的一种测量电路，如图 7-38 所示。图中 C_1 与 C_2 是差动电容传感器的两个电容，另两个臂可以是电阻、电容或电感，也可以是变压器的两个二次绕组。图 7-38a 所示 Z_1 与 Z_2 是耦合电感，这种电桥的灵敏度和稳定性较高，且寄生电容影响小，简化了电路屏蔽和接地，适合于高频工作，已广泛应用。图 7-38b 所示电桥另外两个桥臂为二次绕组，使用元件少，桥路电阻小，应用较多。

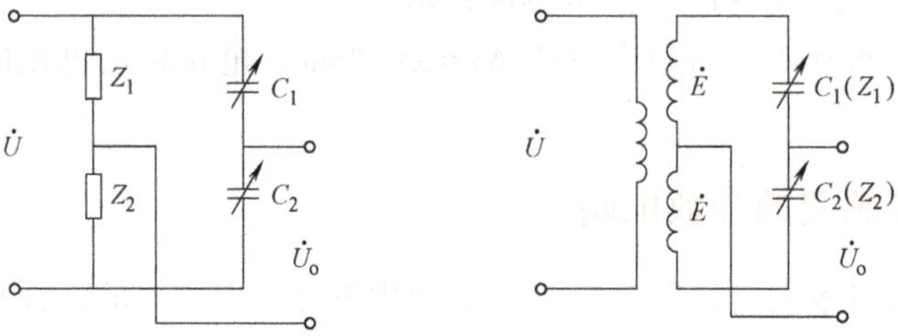

a) Z_1与Z_2为耦合电感的电桥电路　　b) 两个桥臂为二次绕组

图 7-38　电桥电路

现以图 7-38b 所示电路为例说明输出电压与被测量的关系。当交流电桥处于平衡位置时，电容传感器起始电容量 C_1 与 C_2 相等，两者容抗相等（忽略电容器内阻），即

$$Z_1 = Z_2$$

$$\frac{1}{\mathrm{j}\omega C_1} = \frac{1}{\mathrm{j}\omega C_2}$$

电容传感器工作在平衡位置附近，有电容变化量输出时 $C_1 \neq C_2$，则 $Z_1 \neq Z_2$，根据式（7-46）可得

$$C_1' = \frac{\varepsilon A}{d+\Delta d}$$

$$C_2' = \frac{\varepsilon A}{d-\Delta d}$$

由图 7-38b 可知，二次绕组感应电动势为 $\dot{E}$，则空载输出电压为

$$\dot{U}_o = \frac{\dot{E}+\dot{E}}{Z_1+Z_2} \cdot Z_1 - \dot{E} = \dot{E}\frac{Z_1-Z_2}{Z_1+Z_2} \tag{7-70}$$

又有

$$Z_1 = \frac{1}{\mathrm{j}\omega C_1'} = \frac{d+\Delta d}{\mathrm{j}\omega\varepsilon A}$$

$$Z_2 = \frac{1}{\mathrm{j}\omega C_2'} = \frac{d-\Delta d}{\mathrm{j}\omega\varepsilon A}$$

则

$$\dot{U}_o = \dot{E}\frac{\Delta d}{d} \tag{7-71}$$

可见电桥输出电压除与被测量变化 Δd 有关外，还与电源电压有关，要求电源电压采取稳幅和稳频措施。因电桥输出电压幅值小，输出阻抗很高（兆欧级），其后必须接高输入阻抗放大器才能工作。

2. 调频电路

调频电路就是将电容传感器接入高频振荡器的回路中，当被测量使传感器的电容变化时，振荡频率也相应变化。虽然可将频率作为测量系统的输出量，用以判断被测非电量的大小，但此时系统是非线性的，不易校正，因此必须加入鉴频器，将频率的变化转换为幅值的变化，经放大后就可以用仪表指示或记录仪器记录下来。

【深入思考】如何利用平衡电桥实现测量？

【视频讲解】信号调理电路-变压器电桥电路

调频接收系统分为直放式调频和外差式调频两种类型。外差式调频线路比较复杂，但选择性高，稳定性好，抗干扰性能优于直放式调频。图 7-39a、b 分别表示这两种调频系统。

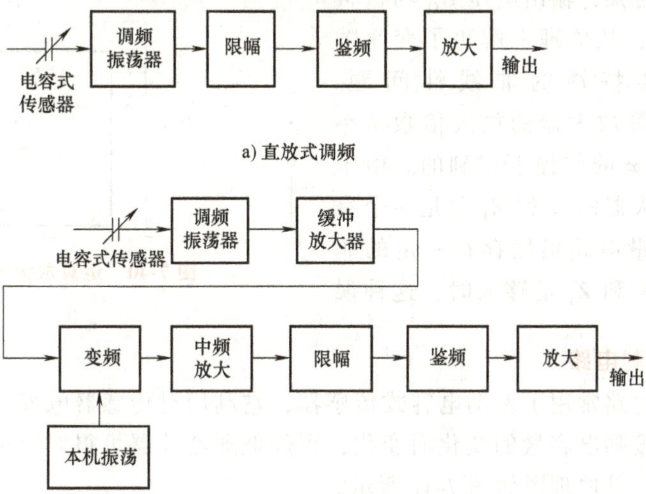

a) 直放式调频

b) 外差式调频

图 7-39 调频电路的框图

图 7-39 中的调频振荡器的振荡频率为

$$f = \frac{1}{2\pi\sqrt{LC}}$$

式中，L 为振荡回路的电感；C 为回路总电容，$C = C_1 + C_0 \pm \Delta C + C_2$；$C_1$ 为振荡回路的固有电容；C_2 为传感器的引线分布电容；$C_0 \pm \Delta C$ 为传感器的电容。

当被测信号为 0 时，$\Delta C = 0$，则 $C = C_1 + C_0 + C_2$，所以振荡器有一个固有频率 f_0，即

$$f_0 = \frac{1}{2\pi\sqrt{L(C_1 + C_0 + C_2)}}$$

当被测信号不为 0 时，$\Delta C \neq 0$，则振荡器频率相应变化，此时，振荡器频率为

$$f_n = \frac{1}{2\pi\sqrt{L(C_1 + C_0 + C_2 \pm \Delta C)}} = f_0 \mp \Delta f \tag{7-72}$$

用调频系统作为电容传感器的测量电路，具有抗外来干扰能力强、性能稳定以及能取得高电平的直流信号等特点。

3. 运算放大器式电路

运算放大器式电路的最大特点是能够将变间隙型电容式传感器的非线性特性转换为线性特性，电路的原理图如图 7-40 所示。图中 C_x 为传感器电容，C_0 是固定电容，$\dot{U}_{\mathrm{I}}$ 是交流电源电压，$\dot{U}_{\mathrm{O}}$ 是输出电压。由运算放大器工作原理可得

【视频讲解】信号调理电路-调频电路

$$\dot{U}_{\mathrm{O}}=-\dot{U}_{\mathrm{I}}\frac{C_0}{C_x} \tag{7-73}$$

而 $C_x=\dfrac{\varepsilon A}{d}$，代入式（7-73），得

$$\dot{U}_{\mathrm{O}}=-\dot{U}_{\mathrm{I}}\frac{C_0}{\varepsilon A}d \tag{7-74}$$

从式（7-74）可知，输出电压 U_0 与极板间距 d 呈线性关系，从原理上解决了变间隙型电容式传感器特性的非线性问题。式（7-74）是在运算放大器的放大倍数 $K\to\infty$，输入阻抗 $Z_{\mathrm{I}}\to\infty$ 的前提下得到的。由于实际使用的运算放大器的 K 和 Z_{I} 总是一个有限值，所以，该测量电路仍然存在一定的非线性误差。当然，K 和 Z_{I} 足够大时，这种误差相当小。

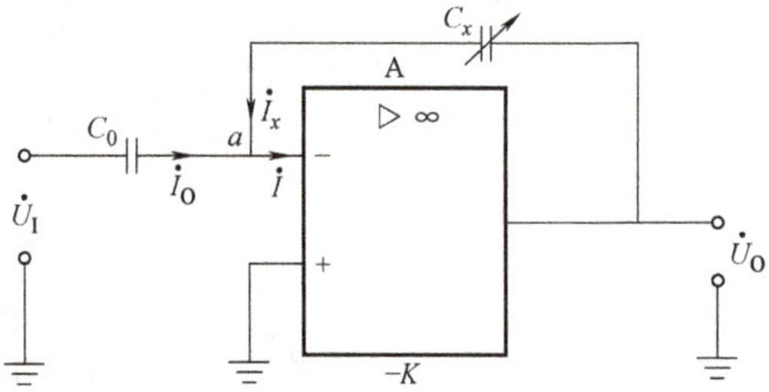

图 7-40　运算放大器电路图

4. 脉冲宽度调制电路

脉冲宽度调制电路常用于差动电容式传感器，它利用对传感器电容充放电使输出脉冲的宽度随电容量的变化而变化，再经低通滤波器可得对应被测量变化的直流信号，其原理图如图 7-41 所示。

【视频讲解】信号调理电路-运算放大器式电路

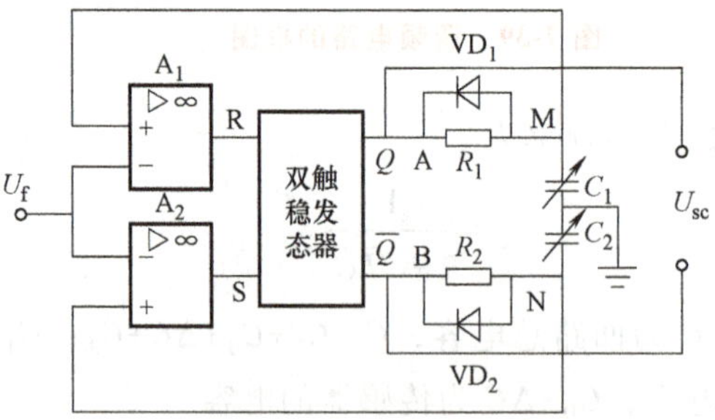

图 7-41　脉冲宽度调制电路

该电路由电压比较器 A_1、A_2，双稳态触发器及电容充放电回路所组成。C_1、C_2 为传感器的差动电容；A_3 为低通滤波器；双稳态触发器的两个输出端用作差动脉冲宽度调制电路的输出；U_f 为比较电压。

设电源接通时，双稳态触发器的 A 点为高电平，B 点为低电平，因此 A 点通过 R_1 对 C_1 充电，直至 M 点上的电位等于参考电压 U_f 时，比较器 A_1 产生脉冲，触发双稳态触发器翻

转，A 点成低电平，B 点成高电平。此时 M 点电平经二极管 VD_1 从 U_f 降至零，而同时 B 点的高电平经 R_2 向 C_2 充电，当 N 点电平充电至 U_f 时，比较器 A_2 产生脉冲，使触发器又翻转一次，使 A 点成高电平，B 点成低电平，又重复上述过程。如此周而复始，在双稳态触发器的两输出端各自产生一宽度受 C_1、C_2 调制的脉冲矩形波。矩形波脉宽与 C_1、C_2 的关系如下：

当 $C_1=C_2$ 时，线路上各点电压波形如图 7-42a 所示，A、B 两点间平均电压为零。

当 $C_1\neq C_2$ 时，如 $C_1>C_2$，则 C_1、C_2 充放电时间常数发生改变，电压波形如图 7-42b 所示。A、B 两点间平均电压不为零，输出直流电压 U_{sc} 等于 A、B 两点间平均电压值 U_{AP} 与 U_{BP} 之差。已知

$$U_{AP}=\frac{T_1}{T_1+T_2}U_1$$

$$U_{BP}=\frac{T_2}{T_1+T_2}U_1$$

式中，U_1 为触发器输出高电平；T_1、T_2 分别为 C_1、C_2 充电时间。

则
$$U_{sc}=U_{AP}-U_{BP}=\frac{T_1-T_2}{T_1+T_2}U_1 \tag{7-75}$$

$$T_1=R_1C_1\ln\frac{U_1}{U_1-U_f}$$

$$T_2=R_2C_2\ln\frac{U_1}{U_1-U_f} \tag{7-76}$$

设充电电阻 $R_1=R_2=R$，则得

$$U_{sc}=\frac{C_1-C_2}{C_1+C_2}U_1 \tag{7-77}$$

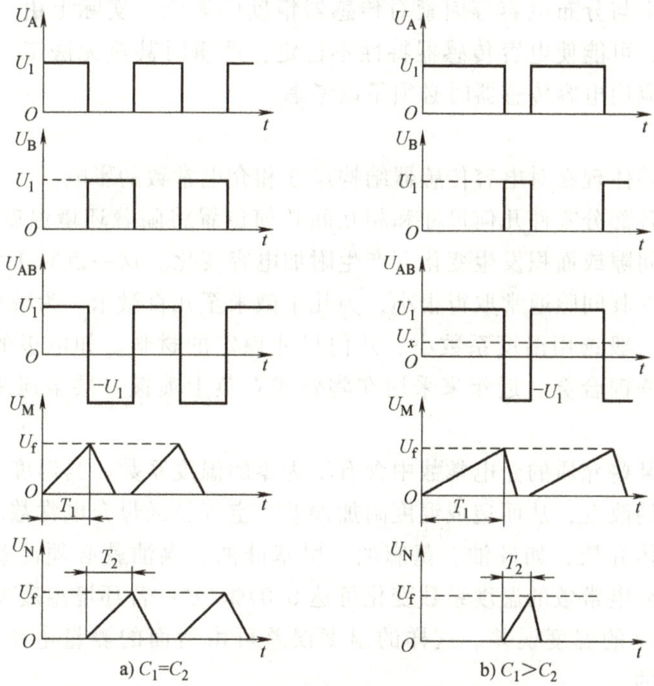

图 7-42 脉冲宽度调制电路电压波形图

把平行板电容公式代入式（7-77）中，在改变极板距离的情况下可得

$$U_{sc}=\frac{d_2-d_1}{d_1+d_2}U_1 \tag{7-78}$$

式中，d_1、d_2 分别为 C_1、C_2 的电极板距离。

当差动电容 $C_1=C_2=C_0$ 时，即 $d_1=d_2=d_0$ 时，$U_{sc}=0$。

若 $C_1\neq C_2$，设 $C_1>C_2$，即 $d_1=d_0-\Delta d$，$d_2=d_0+\Delta d$，则式（7-78）变为

$$U_{sc}=\frac{\Delta d}{d_0}U_1 \tag{7-79}$$

同样，在改变电容器极板面积的情况下有

$$U_{sc}=\frac{A_1-A_2}{A_1+A_2}U_1 \tag{7-80}$$

式中，A_1、A_2 分别为 C_1、C_2 的电极板面积。

当差动电容 $C_1\neq C_2$ 时

$$U_{sc}=\frac{\Delta A}{A}U_1 \tag{7-81}$$

由此可见，不论是对变间隙型还是对变面积型电容传感器，脉冲宽度调制电路的输出电压与输入被测量都呈线性关系。另外，脉冲宽度调制电路采用直流电源，其电压稳定性高，不需要稳频和保持波形纯度，也不需要相敏检波与解调；对元器件无线性要求；效率高，经低通滤波器可输出较大的直流电压，对输出矩形波的纯度要求也不高。

7.2.5 影响电容式传感器精度的因素分析

前面在对电容传感器原理分析均在理想条件下进行，没有考虑温度、电场边缘效应、寄生与分布电容等因素对传感器精度的影响。实际上由于这些因素的存在，可能使电容传感器特性不稳定，严重时甚至无法工作，因此在设计和应用电容传感器时必须予以考虑。

【视频讲解】
信号调理电路-脉冲宽度调制电路

1. 温度的影响

温度的影响主要体现在对电容传感器结构尺寸和介电常数的影响。

电容式传感器各部分零件几何尺寸和相互间几何位置将随着环境温度的改变发生变化，从而导致电容极板间隙或面积发生变化，产生附加电容变化。这一点对于变间隙型电容传感器而言尤为重要，因其间隙通常取得很小，为几十微米至几百微米。为减小这种误差，在制造电容传感器时，一般选用温度系数小、几何尺寸稳定的材料。如电极的支架选用陶瓷材料，电极材料选用铁镍合金。近年来采用在陶瓷或石英上喷镀一层金属来作为电极，效果更好。

电容传感器的某些介质的介电常数中含有不为零的温度系数，当温度变化时，就必然要引起传感器电容值的改变，从而造成温度附加误差。空气及云母介电常数的温度系数可认为等于零，而某些液体介质，如硅油、蓖麻油、甲基硅油、煤油就必须注意由此而产生的误差。例如，煤油的介电常数的温度系数变化可达0.07%/℃；若环境温度变化100℃（-50~50℃），则将带来7%的温度误差。这样的温度误差可由后面的测量电路进行一定的补偿，但完全消除是困难的。

2. 漏电阻的影响

电容式传感器的电容量很小，一般在几十皮法。激励频率较低时，电容传感器的容抗很高，达几十兆欧。由于具有这样高的内阻抗，所以绝缘问题显得十分突出。在一般电气设备中绝缘电阻有几兆欧就足够了，但对于电容式传感器来说却不行，一般的绝缘电阻此时将被看作电容式传感器的一个旁路（与传感器的电容并联），称为漏电阻（Leakage）。漏电阻与传感器的容抗相近时，将使系统总的灵敏度下降。更为严重的是当绝缘材料的性能不够好时，绝缘电阻会随着环境温度和湿度而变化，致使电容式传感器的输出产生缓慢的零点漂移。因此，应选取绝缘性能好的材料作为两极板间支架，如陶瓷、石英、聚四氟乙烯等。此外，采用高的激励电源频率（数千赫兹至数兆赫兹），以降低电容式传感器的内阻抗，从而也相应降低了对绝缘电阻的要求。

3. 边缘效应

在理想条件下，平行板电容器的电场均匀分布于两极板相互覆盖的空间。但实际上，在极板的边缘附近，电场分布是不均匀的，当极板厚度 h 与极距 d 之比相对较大时，边缘效应（Fringe Effects）就不能忽略了。此时，对于极板半径为 r 的变间隙型电容式传感器，其电容值为

$$C=\varepsilon_0\varepsilon_r\left\{\frac{\pi r^2}{d}+r\left[\ln\frac{16\pi r}{d}+1+f\left(\frac{h}{d}\right)\right]\right\} \tag{7-82}$$

式中，$f\left(\frac{h}{d}\right)$ 为边缘效应因子。表 7-3 列出了边缘效应因子的部分数值。

表 7-3 电容式传感器边缘效应因子

$\frac{h}{d}$	0.02	0.04	0.06	0.08	0.10	0.20	0.40	0.60	0.80	1.0	1.2
$f\left(\frac{h}{d}\right)$	0.098	0.168	0.230	0.285	0.335	0.54	0.84	1.06	1.24	1.39	1.59

边缘效应不仅使电容式传感器灵敏度降低，而且产生非线性，并带来测量误差，因此应尽量减小并消除它。为了消除边缘效应的影响，可以采取以下一些措施：

1）增大初始电容，即增大极板面积，减小极板间距，使极径与间距比很大，但这样做易产生击穿并有可能限制测量范围。

2）减小电极厚度，使其与极板间隙相比很小，这样可减小边缘电场的影响。

3）在结构上增设等位环来消除边缘效应，以圆形平板电容器为例，如图 7-43 所示，在极板 A 的同一平面内加一个同心环面 G。A 和 G 在电气上相互绝缘，二者之间的间隙越小越好。因使用时必须始终保持 A 和 G 等电位，故称 G 为等位环。这样就保证了电容极板 A、B 间的电场接近理想的均匀分布。

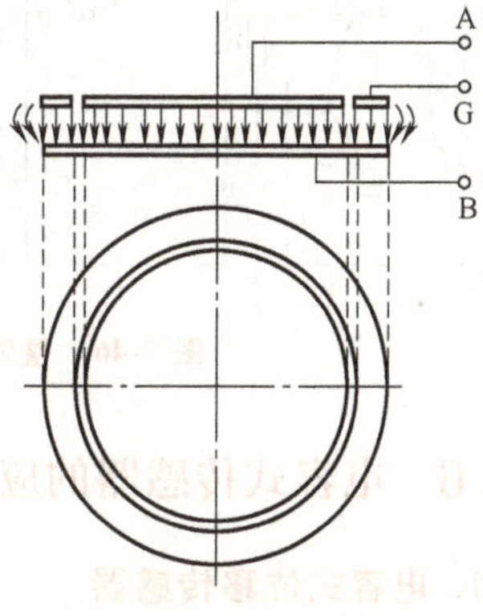

图 7-43 加等位环的圆形平板电容器

加装等位环的电容器有三个端子 A、B、G。应该说明的是，它虽然有效地抑制了边缘效应，但也增加了加工工艺难度。另外，为了保持 A 与 G 的等电位，一般尽量使二者同为地电位，但有时难以实现，这时就必须加入适当的电子电路。

4. 寄生参量的影响

任何两个导体之间均可构成电容联系，因此电容式传感器除了极板间的电容外，极板还可能与周围物体（包括仪器中各种元器件甚至人体）之间产生电容联系。这种附加的电容联系，称之为寄生电容（Parasitic Capacitance）。寄生电容使传感器电容改变。由于传感器本身电容量很小，再加上寄生电容又是极不稳定的，就会导致传感器特性的不稳定，从而对传感器产生严重干扰。

消除和减小寄生参量影响的方法归纳为以下几种：

(1) 缩短传感器到测量线路前置级的距离　将集成电路、超小型电容器应用于测量电路，或把部分部件与传感器做成一体，这既可减小寄生电容值，又可使寄生电容值固定不变。

(2) 驱动电缆法　驱动电缆法是一种等电位屏蔽法，原理电路如图 7-44 所示。这种电路的接法使传输电缆的芯线与内层屏蔽等电位，消除了芯线对内层屏蔽的容性漏电，从而消除了寄生电容的影响。此时内、外层屏蔽之间的电容变成了电缆驱动放大器的负载。因此驱动放大器是一个输入阻抗很高、具有容性负载、放大倍数为 1 的同相放大器。

(3) 运算放大器法　如驱动电缆法所述，使传输电缆的芯线与内层屏蔽等电位即可消除电缆寄生电容的影响，因此可利用理想运算放大器的“虚短”特性，原理图如图 7-45 所示。图中连接电容传感器电缆的芯线接运算放大器的输入端 A 点，只需将电缆的内层屏蔽接 B 点，此时芯线与内层屏蔽等电位。

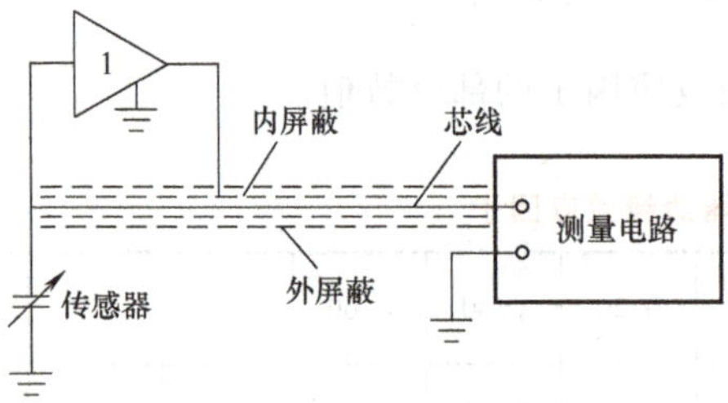

图 7-44　驱动电缆法

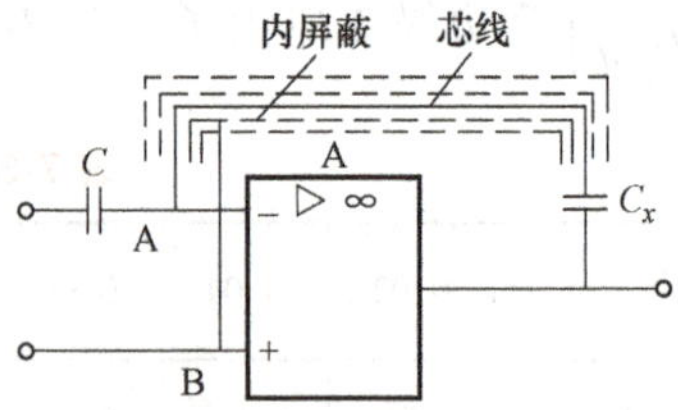

图 7-45　运算放大器法

(4) 整体屏蔽法　整体屏蔽法是将整个电桥（包括供电电源及传输电缆在内）用一个统一的屏蔽罩保护起来，如图 7-46 所示，公用极板与屏蔽之间的寄生电容 C_1 只影响灵敏度，另外两个寄生电容 C_3 及 C_4 在一定程度上影响电桥的初始平衡及总体灵敏度，但不影响电桥的正常工作，寄生参量对传感器电容的影响基本上得到排除。

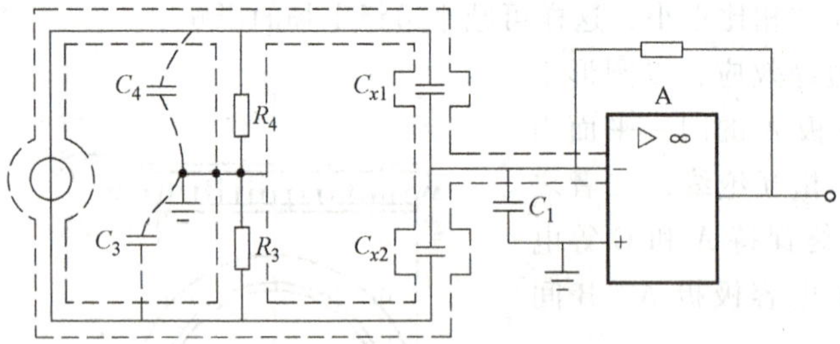

图 7-46　整体屏蔽法

【视频讲解】影响电容式传感器精度的因素

7.2.6 电容式传感器的应用

1. 电容式位移传感器

图 7-47 是变间隙型电容式传感器用于测量振动或微小位移的实例。用于测量金属导体

表面振动位移的电容式传感器只含有一个电极，而把被测对象作为另一个电极。图 7-47a 所示为测量振动体的振动；图 7-47b 所示为测量旋转轴的偏心量，利用垂直安放的两个电容式位移传感器，可测出回转轴轴心的动态偏摆情况。

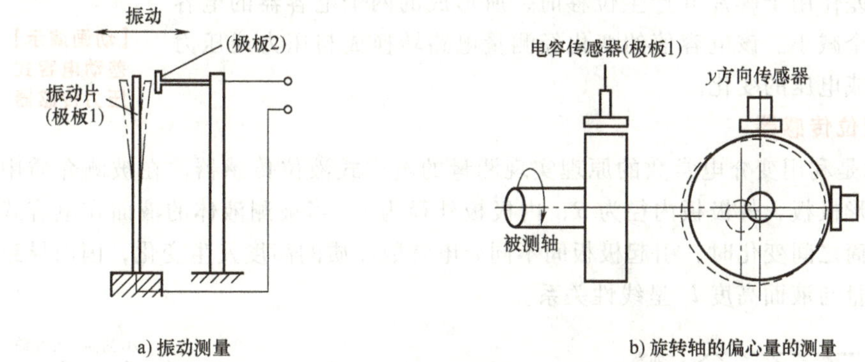

图 7-47 电容式位移传感器应用实例

2. 电容式厚度传感器

图 7-48 所示为电容式厚度传感器在板材轧制装置中应用的工作原理。在被测带材的上、下两侧各置一块面积相等、与带材距离相等的极板，这样极板与带材就构成了两个独立电容器 C_1 和 C_2。将两块极板用导线连接成一个电极，而带材就是电容的另一个电极，此时相当于两个电容并联，总电容为 $C_x = C_1 + C_2$。电容 C_x 与固定电容 C_0、变压器二次绕组构成电桥。

当被轧制板材的厚度相对于要求值发生变化时，它与上下两个极板间距离发生变化，C_1 和 C_2 发生变化，则 C_x 变化。若 C_x 增大，表示板材厚度变厚；反之板材变薄。此时电桥输出信号也将发生变化，变化量经耦合电容 C 输出给放大器放大、整流，再经差动放大器放大后，一方面由指示仪表 A 读出此时的材板厚度，另一方面通过反馈回路将偏差信号传送给压力调节器，调节轧辊与板材间的距离。经过不断调节，可使板材厚度控制在一定误差范围内。

这种电容式厚度传感器将测出的变化量与标定量进行比较，用比较后的偏差量反馈控制轧制过程，以控制板材厚度，其中由电容式传感器构成的电容式测厚仪是关键设备。若采用频率变换型电容式传感器检测厚度，对 0.5 ~ 1.0mm 厚度的薄钢板检测，误差可小于 0.3μm。

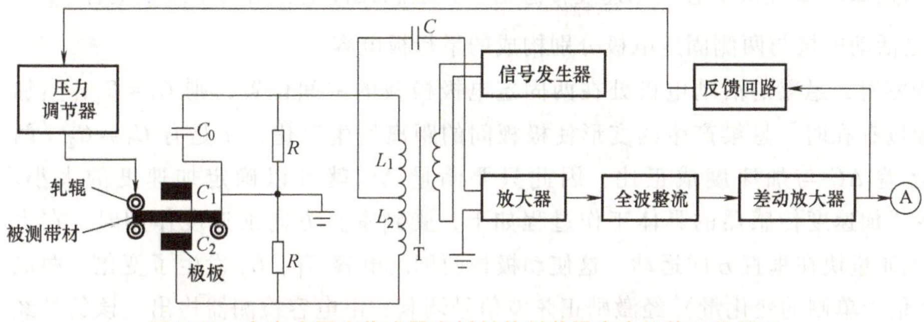

图 7-48 电容式厚度传感器在板材轧制装置中应用的工作原理

【动画演示】电容式测厚传感器

3. 电容式压力传感器

图 7-49 所示为差动电容式压力传感器的结构示意图，其中膜片为动电极，两个在凹形玻璃上的金属镀层为固定电极，以此构成差动电容器。当被测压力或压力差作用于膜片并产生位移时，所形成的两个电容器的电容量一个增大，一个减小。该电容值的变化经测量电路转换成与压力或压力差相对应的电流或电压的变化。

【动画演示】差动电容式压力传感器

4. 电容式液位传感器

图 7-50 所示是利用变介电常数的原理实现测量的电容式液位传感器。在被测介质中放入两个同心圆筒形极板，外极板内径为 R，内极板外径为 r，当被测液体的液面在电容式传感器的两同心圆筒之间变化时，引起极板间不同介电常数介质的高度发生变化，因而导致电容变化，其电容量与液面高度 l_1 呈线性关系。

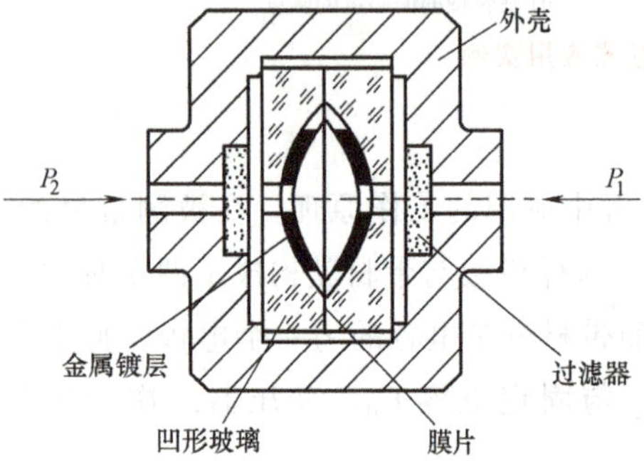

图 7-49 差动电容式压力传感器

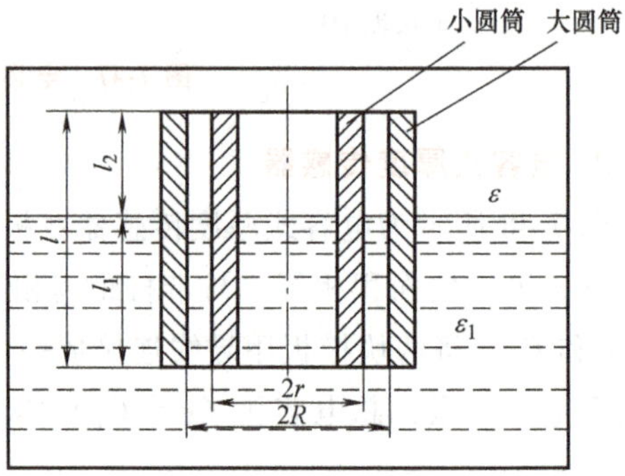

图 7-50 电容式液位传感器

5. 电容式均匀度测试仪

图 7-51 所示是一种纱条均匀度测试仪的示意图，采用的是变介电常数型电容式传感器。纺织工艺要求纱条有一定的均匀度，纱条通过电容器两个极板间的间隙，若纱条不均匀，则图中 d 值会有变化。这个具有两层介质（一层是空气，一层是纱条）的电容器通过介电常数发生变化而使电容器的电容量发生变化，达到测试均匀度的目的。

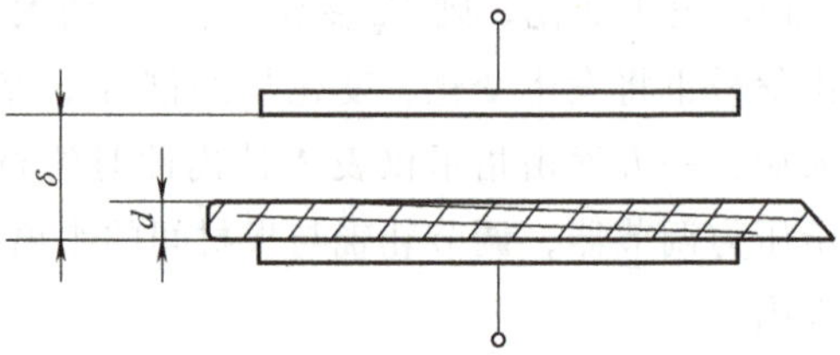

图 7-51 纱条均匀度测试仪

6. 电容式加速度传感器

图 7-52 所示是 MEMS 硅微电容式加速度传感器。其敏感元件主要由两个差动电容 C_1 和 C_2 组成，它们是活动电极与两侧固定电极分别构成的平行板电容。

当加速度为零时，悬梁的活动电极处在两固定电极极板的中间位置，则 $C_1=C_2$；当加速度方向有加速度存在时，悬梁产生的变形使极板间的距离发生变化，于是有 $C_1\neq C_2$。两平行板电容值之差 ΔC 与加速度成正比，因此只要测量 ΔC 就可以确定加速度的大小。MEMS 硅微电容式加速度传感器的具体工作过程如下，受到垂直方向加速度作用时，在力 F_a 作用下，检测质量块在垂直方向运动，这使动极板两侧的电容 C_1、C_2 发生了变化。两侧电容的差值（2 倍于单侧的变化量）经激励正弦波信号调制，由电容检测器检出。该信号经交流放大器放大、检波和适当的校正补偿，反馈到中间极板，由它在电容器极板间产生静电力，此静电力的力矩使检测质量块保持在零位，且该力矩与加速度作用所引入的力矩大小相等，方向相反，而反馈电压反映了加速度的大小。

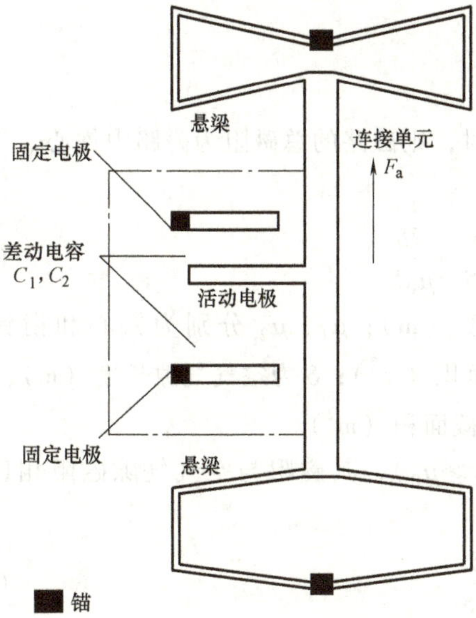

图 7-52　MEMS 硅微电容式加速度传感器

【视频讲解】电容式传感器的应用

【拓展阅读】　MEMS 电容式陀螺仪

7.3　电感式传感器

电感式传感器（Inductive Sensors）的工作原理是建立在电磁感应基础上，利用线圈自感或互感的改变来实现测量，它可以用来测量位移、振动、压力、流量、质量等参数。电感式传感器具有结构简单、工作可靠、寿命长、分辨力高（能反映 0.01μm 的机械位移以及 0.1″的微小角度变化）、线性度好（非线性误差可做到 0.05%~0.1%）、性能稳定、精度高等一系列优点。其主要缺点是频率响应低，不适于快速动态测量。

【动画演示】应用实例：涡流电感式传感器齿轮测速

根据工作原理不同，电感式传感器可分为变磁阻式（自感式）、差动变压器式（互感式）和涡流式（互感式）等种类。

7.3.1　变磁阻电感式传感器

1. 变磁阻电感式传感器的工作原理

图 7-53 所示是变磁阻电感式传感器（Variable Reluctance Sensor）的典型结构，它由线圈、铁心、衔铁三个部分组成。铁心和衔铁由导磁材料如硅钢片或坡莫合金制成，在铁心与衔铁之间有气隙，厚度为 δ，含有被测物理量的运动部分与衔铁相连，当传感器的衔铁产生位移时，气隙厚度 δ 发生变化，从而引起磁路中磁阻变化，导致电感线圈的电感值变化，因此只要能测出这种电感

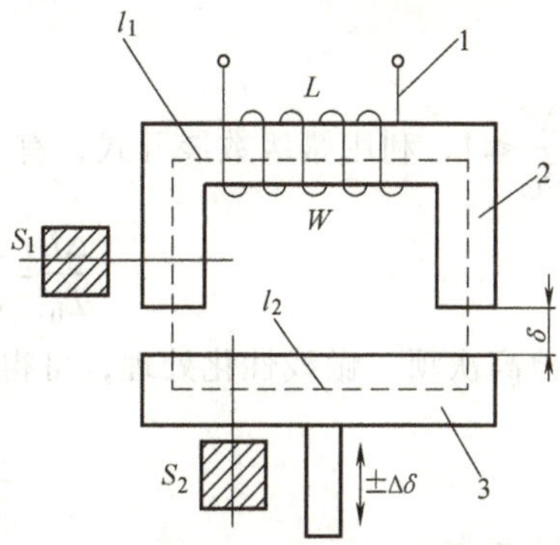

图 7-53　变磁阻电感式传感器的结构
1—线圈　2—铁心　3—衔铁

量的变化，就能确定被测量的位移大小。

由磁路基本知识可知，线圈的电感值 L 为

$$L=\frac{W^2}{R_m} \tag{7-83}$$

式中，W 为线圈的匝数；R_m 为磁路的总磁阻。

当空气气隙 δ 较小，且不考虑磁路的铁损耗时，则磁路的总磁阻为磁路中铁心、气隙和衔铁的磁阻之和，即

$$R_m=\frac{l_1}{\mu_1 S_1}+\frac{l_2}{\mu_2 S_2}+\frac{2\delta}{\mu_0 S} \tag{7-84}$$

式中，l_1、l_2 分别为磁通通过铁心和衔铁的长度（m）；μ_1、μ_2 分别为铁心和衔铁磁导率（H/m）；S_1、S_2 分别为铁心和衔铁导磁横截面积（m^2）；δ 为空气气隙长度（m）；μ_0 为空气磁导率，$\mu_0=4\pi\times10^{-7}$H/m；S 为空气气隙的截面积（m^2）。

因为铁心与衔铁均为铁磁材料（$\mu_1\gg\mu_0$，$\mu_2\gg\mu_0$），其磁阻与空气气隙磁阻相比较很小，计算时可以忽略不计，则式（7-84）可写成

$$R_m\approx\frac{2\delta}{\mu_0 S} \tag{7-85}$$

将式（7-85）代入式（7-83），得

$$L=\frac{W^2\mu_0 S}{2\delta} \tag{7-86}$$

由以上分析可知，变磁阻电感式传感器的电感值 L 与空气气隙厚度、气隙的截面积和磁导率等参数有关，如果固定其中任意两个而改变另一个，则可以制造一种传感器。通常，变磁阻电感式传感器有如下几种典型的类型。

（1）变气隙厚度电感式传感器　图 7-53 为变气隙厚度电感式传感器。这种传感器的灵敏度高，是最常用的电感式传感器，它的缺点是非线性误差大，传感器制作装配比较困难。

设初始磁路空气隙为 δ_0，初始电感量为 L_0，当衔铁位移使气隙减少 $\Delta\delta$ 时，由式（7-86）可得线圈电感量的变化为

$$\Delta L=\frac{W^2\mu_0 S}{2(\delta_0-\Delta\delta)}-\frac{W^2\mu_0 S}{2\delta_0}=L_0\frac{\frac{\Delta\delta}{\delta_0}}{1-\frac{\Delta\delta}{\delta_0}}$$

当$\frac{\Delta\delta}{\delta_0}\ll1$，利用幂级数展开式，有

$$\frac{\Delta L}{L_0}=\frac{\Delta\delta}{\delta_0}\left[1+\frac{\Delta\delta}{\delta_0}+\left(\frac{\Delta\delta}{\delta_0}\right)^2+\left(\frac{\Delta\delta}{\delta_0}\right)^3+\cdots\right]$$

去掉高次项，做线性化处理，可得

$$\frac{\Delta L}{L_0}\approx\frac{\Delta\delta}{\delta_0} \tag{7-87}$$

灵敏度为

$$S=\frac{\Delta L}{\Delta\delta}=\frac{L_0}{\delta_0} \tag{7-88}$$

为了减小变气隙厚度电感式传感器的非线性，实际测量中广泛采用差动式结构，如图 7-54 所示。它由两个电气参数和磁路完全相同的线圈组成，当衔铁移动时，一个线圈的电感增加，另一个线圈的电感减少，构成差动形式。

采用差动式结构后，传感器灵敏度可以提高一倍，并且非线性误差减小，并且还具有温度等误差的补偿作用。其分析方法同 7.2 节中变间隙型电容式传感器。

【例 7-4】 如图 7-55 所示变气隙厚度电感传感器，衔铁截面积 $S=4\text{mm}\times4\text{mm}=16\text{mm}^2$，气隙总厚度 $\delta=0.8\text{mm}$，衔铁最大位移 $\Delta\delta=\pm0.08\text{mm}$，激励线圈匝数 $W=2500$ 匝，导线直径 $d=0.06\text{mm}$，电阻率 $\rho=1.75\times10^{-6}\Omega/\text{cm}$，当激励电源频率 $f=4000\text{Hz}$ 时，忽略漏磁及铁损耗，求：(1) 线圈电感值；(2) 电感的最大变化量；(3) 线圈的直流电阻值；(4) 线圈的品质因数；(5) 当线圈存在 200pF 分布电容与之并联后其等效电感值。

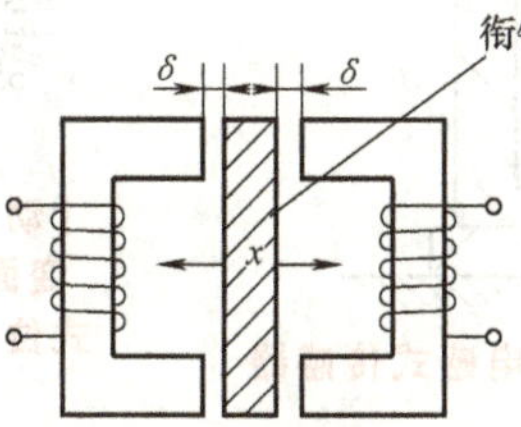

图 7-54 差动式变气隙厚度电感式传感器

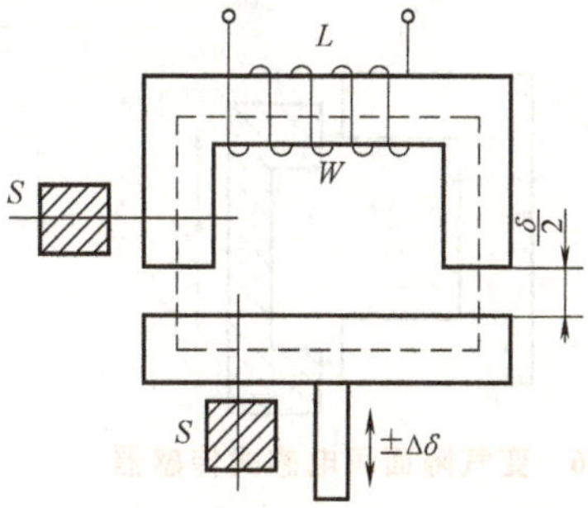

图 7-55 变气隙厚度电感式传感器

解：(1) 线圈电感值为

$$L=\frac{\mu_0 W^2 S}{\delta}=\frac{4\pi\times10^{-7}\times2500^2\times4\times4\times10^{-6}}{0.8\times10^{-3}}\text{H}=1.57\times10^{-1}\text{H}=157\text{mH}$$

(2) 衔铁位移 $\Delta\delta=+0.08\text{mm}$ 时，其电感值为

$$L_+=\frac{\mu_0 W^2 S}{\delta+\Delta\delta\times2}=\frac{4\pi\times10^{-7}\times2500^2\times4\times4\times10^{-6}}{(0.8+2\times0.08)\times10^{-3}}\text{H}=1.31\times10^{-1}\text{H}=131\text{mH}$$

衔铁位移 $\Delta\delta=-0.08\text{mm}$ 时，其电感值为

$$L_-=\frac{\mu_0 W^2 S}{\delta-\Delta\delta\times2}=\frac{4\pi\times10^{-7}\times2500^2\times4\times4\times10^{-6}}{(0.8-2\times0.08)\times10^{-3}}\text{H}=1.96\times10^{-1}\text{H}=196\text{mH}$$

故位移 $\Delta\delta=\pm0.08\text{mm}$ 时，电感的最大变化量为

$$\Delta L=L_- - L_+=196-131\text{mH}=65\text{mH}$$

(3) 线圈的直流电阻值：设 $l_{\text{Cp}}=4\times\left(4+\frac{0.06}{2}\right)\text{mm}$ 为每匝线圈的平均长度，则

$$R=\rho\frac{l}{S}=\rho\frac{Wl_{\text{Cp}}}{\frac{\pi d^2}{4}}=1.75\times10^{-6}\times\frac{2500\times4\times\left(4+\frac{0.06}{2}\right)\times10^{-1}}{\frac{\pi}{4}\times(0.06\times10^{-1})^2}=249.6\Omega$$

(4) 线圈的品质因数为

$$Q=\frac{\omega L}{R}=\frac{2\pi fL}{R}=\frac{2\pi\times4000\times1.57\times10^{-1}}{249.6}=15.8$$

（5）当存在分布电容200pF时，其等效电感值为

$$L_p=\frac{L}{1-\omega^2 LC}=\frac{L}{1+(2\pi f)^2 LC}=\frac{1.57\times10^{-1}}{1-(2\pi\times4000)^2\times1.57\times10^{-1}\times200\times10^{-12}}\text{H}=1.60\times10^{-1}\text{H}=160\text{mH}$$

（2）变气隙面积电感式传感器　图7-56为变气隙面积电感式传感器，其电感量L与面积S呈线性关系，但传感器灵敏度低，常用于角位移测量。

（3）变铁心磁导率的电感式传感器　如图7-57所示为变铁心磁导率的电感式传感器。它利用的是某些铁磁材料的压磁效应，所以也称压磁式传感器。压磁效应是指当铁磁材料受到力作用时，在物体内部就产生应力，从而引起磁导率μ发生变化。这种传感器主要用于各种力的测量。

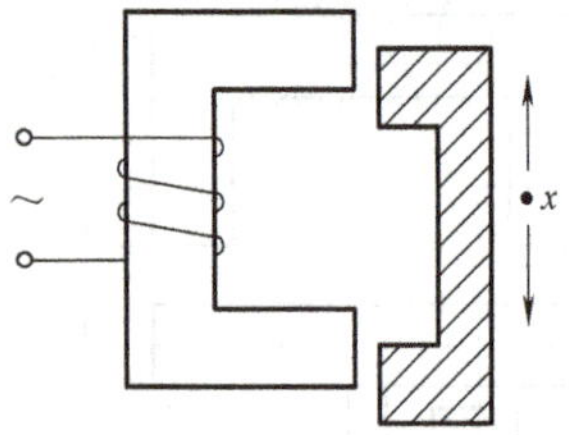

图7-56　变气隙面积电感式传感器

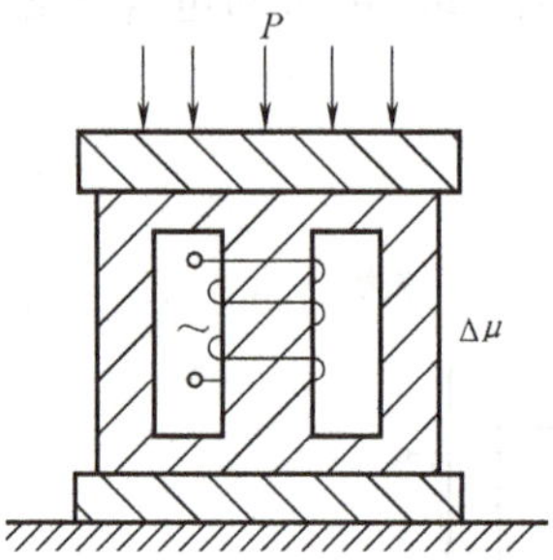

图7-57　变铁心磁导率电感式传感器

【动画演示】变面积电感式位移传感器

（4）螺线管型电感式传感器　螺线管型电感式传感器具有量程大，结构简单，便于制作等特点，因而较广泛应用于大位移（数毫米）测量。螺线管型电感式传感器有单线圈式和差动式两种结构，如图7-58所示。它是由螺线管、铁心及磁性套筒等组成。当铁心在线圈中运动时，将改变磁阻，从而使线圈电感发生改变。差动螺线管型电感式传感器较之单螺线管型电感式传感器有较高灵敏度及线性。

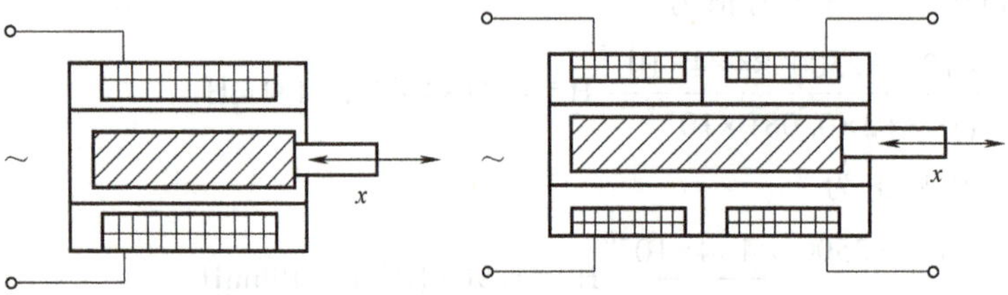

a）单线圈式

b）差动式

图7-58　螺线管型电感式传感器

【视频讲解】变磁阻电感式传感器工作原理

2. 变磁阻电感式传感器的等效电路

变磁阻电感式传感器的线圈不是纯电感，其等效电路如图7-59所示。电感L与电阻R_c串联（R_c为线圈的损耗电阻），并与电阻R_e、R_h并联（R_e为铁心的涡流损耗电阻，R_h为磁滞损耗电阻），电容C与L、R_c并联（C为线圈的固有电容）。

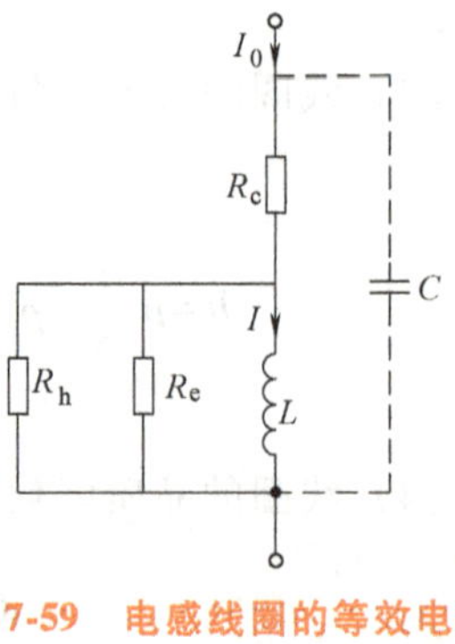

图7-59　电感线圈的等效电路

线圈的阻抗Z_p为线圈电感L与损耗总电阻R（包括所有损耗电阻R_c、R_e及R_h）串联后，再与线圈电容C并联组成，因此有

$$Z_p=\frac{(R+j\omega L)\cdot\frac{1}{j\omega C}}{R+j\omega L+\frac{1}{j\omega C}}=\frac{R}{(1-\omega^2LC)^2+\left(\frac{\omega^2LC}{Q}\right)^2}+\frac{j\omega L\left[(1-\omega^2LC)-\frac{\omega^2LC}{Q^2}\right]}{(1-\omega^2LC)^2+\left(\frac{\omega^2LC}{Q}\right)^2} \tag{7-89}$$

式中，Q 为线圈品质因数，$Q=\frac{\omega L}{R}$。

当 Q 值较大（激励频率较高）时，忽略$\frac{1}{Q^2}$不计，则式（7-89）简化为

$$Z_p=\frac{R}{(1-\omega^2LC)^2}+\frac{j\omega L}{1-\omega^2LC}=R_p+j\omega L_p \tag{7-90}$$

由式（7-90）可知，有自身并联电容存在时，有效电阻 R_p 和有效电感 L_p 均增加。其中有效电感为

$$L_p=\frac{L}{1-\omega^2LC}$$

则有效电感增量为

$$dL_p=\frac{dL}{(1-\omega^2LC)^2}$$

那么传感器的有效灵敏度为

$$\frac{dL_p}{L_p}=\frac{1}{1-\omega^2LC}\cdot\frac{dL}{L}$$

有效品质因数为

$$Q_p=\frac{\omega L_p}{R_p}=Q(1-\omega^2LC)$$

从上述分析可知，当存在并联电容时，有效电阻及有效电感将增加。有效电阻比有效电感增加得多，从而使有效品质因数有所下降。有效电感相对变化量增加了，传感器的有效灵敏度也提高了。

3. 变磁阻电感式传感器的信号调理电路

电感式传感器的信号调理电路主要有交流电桥、变压器式交流电桥以及谐振电路等，对于差动型变磁阻电感式传感器通常采用变压器式交流电桥。

图 7-60 所示为变压器式交流电桥，Z_1 与 Z_2 为传感器线圈阻抗，另外两个臂为交流变压器二次绕组的$\frac{1}{2}$阻抗，电桥由交流电源 $\dot{U}$ 供电。当负载阻抗为无穷大时，桥路输出电压有

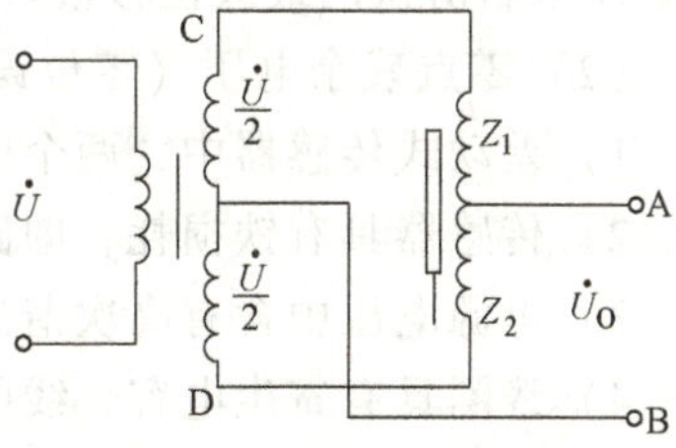

图 7-60 变压器式交流电桥

$$\dot{U}_0=\frac{Z_1}{Z_1+Z_2}\dot{U}-\frac{1}{2}\dot{U}=\frac{Z_1-Z_2}{Z_1+Z_2}\frac{\dot{U}}{2} \tag{7-91}$$

当传感器的铁心处于中间位置时，即 $Z_1=Z_2=Z$，此时有 $\dot{U}_0=0$，电桥平衡。

当传感器的铁心向上移动时，上面线圈的阻抗增加，即 $Z_1=Z+\Delta Z$，而下面线圈的阻抗减小，即 $Z_2=Z-\Delta Z$，于是由式（7-91）得

$$\dot{U}_0=\frac{\Delta Z}{Z}\cdot\frac{\dot{U}}{2} \tag{7-92}$$

同理，当铁心向下移动时，$Z_1=Z-\Delta Z$，$Z_2=Z+\Delta Z$，故

$$\dot{U}_0=-\frac{\Delta Z}{Z}\cdot\frac{\dot{U}}{2} \tag{7-93}$$

由式（7-92）和式（7-93）可知，两者输出电压大小相等，但是由于 $\dot{U}$ 是交流电压，所以，输出电压 $\dot{U}_0$ 在输入到指示器之前必须先进行整流、滤波。当使用无相位鉴别的整流器（半波或全波），输出电压特性曲线如图 7-61a 所示。虚线为理想特性曲线，实线为实际特性曲线。在零点时有一最小输出电压 e_0，称作零点残余电压。造成零点残余电压的原因，是两线圈损耗电阻 R_S 不平衡。由于 R_S 与频率有关，因此输入电压中包含有谐波时，往往在输出端出现残余电压。从图中可看出，对正负信号所得到的电压极性是相同的，因此无法辨别位移方向。图 7-61b 为采用相敏整流器的输出特性，图中输出电压的极性随位移方向而发生变化。

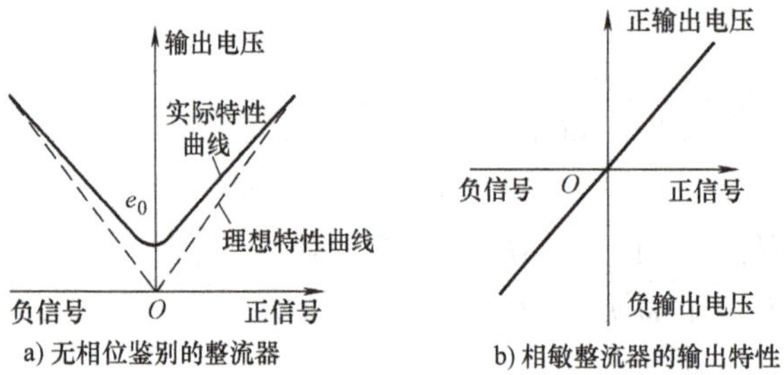

图 7-61　电压输出特性

【视频讲解】变磁阻电感式传感器信号调理电路

4. 影响变磁阻电感式传感器精度因素的分析

影响传感器精度的因素很多，主要可以分成两个方面：一方面是外界工作环境条件的影响，如温度的变化，电源电压和频率的波动等；另一方面是传感器本身特性所固有的影响，如线圈电感与衔铁位移之间的非线性、交流零位信号的存在等。这些都会造成测量误差，从而影响传感器的测量精度。

（1）非线性特性的影响　传感器线圈电感 L 与气隙厚度 δ 之间为非线性特性，是造成测量误差的主要原因，属于原理性误差。为了改善特性的非线性，除了采用差动式结构之外，还必须限制衔铁的最大位移量。对于变气隙式传感器，一般取 $\Delta\delta=(0.1\sim0.2)\delta_0$。

（2）零点残余电压（零位误差）　产生零位误差的原因包括：

1）差动式传感器中，两个电感线圈的电气参数及导磁体的几何尺寸不可能完全对称。

2）传感器具有铁损耗，即磁化曲线的非线性。

3）电源电压中含有高次谐波。

4）线圈具有寄生电容，线圈与外壳、铁心间有分布电容。

零点残余电压会降低测量精度，易使放大器饱和。减小零点残余电压的措施有：尽可能保证传感器几何尺寸、线圈电气参数和磁路对称，减少电源中的谐波成分、减小电感传感器的励磁电流，使之工作在磁化曲线的线性段。另外在测量电桥中可接入可调电位器，当电桥有起始不平衡电压时，可调节电位器使电桥达到平衡条件。

（3）电源电压和频率波动的影响　电源电压波动直接影响传感器的输出电压，另外，

还会引起传感器铁心磁感应强度和磁导率波动变化，从而使铁心磁阻发生变化（即线圈阻抗会变化），因此，铁心磁感应强度的工作点要选在磁化曲线的线性段，以免电源电压波动时，磁感应强度值进入饱和区而使磁导率发生很大变动。

电源频率的波动一般较小，频率变化会使线圈感抗变化，而严格对称的交流电桥是能够补偿频率波动影响的。

（4）温度变化的影响　温度变化会引起零件几何尺寸改变，而变气隙式传感器对于微小尺寸的变化很敏感，因此会带来测量误差。同时温度变化还会引起线圈电阻和铁心磁导率的变化。

为了减小温度变化的影响，在传感器结构设计时，适当选择零件材料，使线膨胀系数之间合理匹配；对于差动型传感器，设计时应尽可能使各参数（电阻、电感、匝数等）和几何尺寸取得一致。

【视频讲解】影响变磁阻电感式传感器精度的因素

7.3.2　差动变压器电感式传感器

差动变压器电感式传感器（Linear Variable-differential Transformer，LVDT）实质上就是互感可变的变压器。由于传感器的二次绕组常常做成差动形式，所以称为差动变压器。该传感器把被测量的变化转换为传感器一、二次绕组之间互感的变化，从而使二次绕组的输出电压发生变化，根据输出电压即可知道被测量的大小。

差动变压器电感式传感器的结构形式较多，有变气隙式、变面积式和螺线管式等，如图 7-62a、b 所示，这是两种结构的差动变压器电感式传感器，衔铁均为板形，灵敏度高，测量范围则较窄，一般用于测量几微米到几百微米的机械位移。对于位移在一毫米至上百毫米的测量，常采用圆柱形衔铁的螺线管式差动变压器，如图 7-62c、d 所示的两种结构。图 7-62e、f 所示的两种结构是测量转角的差动变压器，通常可测到几秒的微小角位移，输出线性范围一般在±10°左右。

比较图 7-62a 与图 7-53，可看出变气隙差动变压器电感式传感器与差动变气隙厚度电感式传感器两者在结构上非常相似，其不同之处在于差动变压器有一次绕组（又称激励绕组）

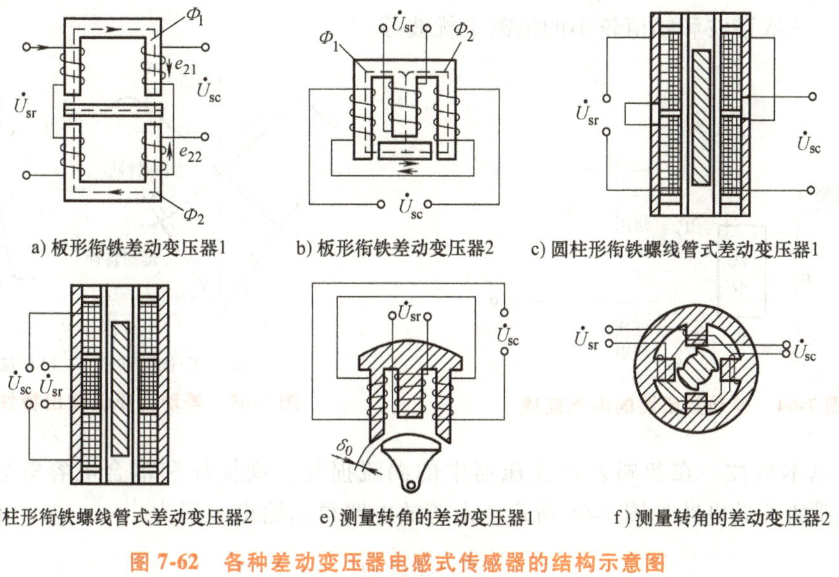

a) 板形衔铁差动变压器1　b) 板形衔铁差动变压器2　c) 圆柱形衔铁螺线管式差动变压器1

d) 圆柱形衔铁螺线管式差动变压器2　e) 测量转角的差动变压器1　f) 测量转角的差动变压器2

图 7-62　各种差动变压器电感式传感器的结构示意图

和二次绕组（也称输出绕组），且输出为电压，差动变气隙厚度电感式传感器的输出为电感。

下面介绍应用最广的螺线管式差动变压器。它可以测量 1~100mm 的机械位移。

1. 螺线管式差动变压器

（1）工作原理　螺线管式差动变压器结构如图 7-63 所示。它由一次绕组 P 和二次绕组 S_1、S_2 组成。线圈中心插入圆柱形铁心 b，其中图 7-63a 为三段型差动变压器，图 7-63b 为二段型差动变压器。

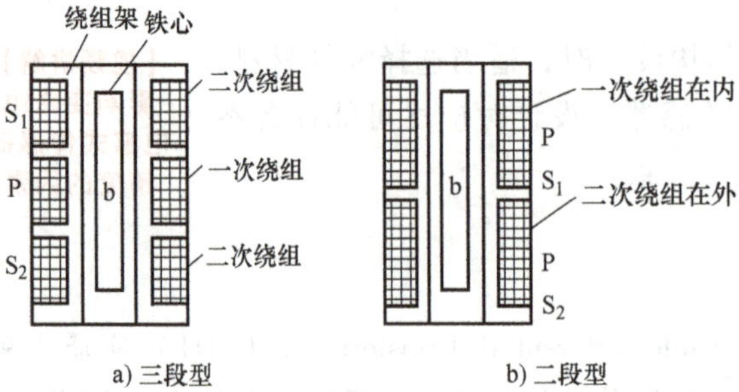

图 7-63　螺线管式差动变压器的结构图

【动画演示】三段型螺管式差动变压器

差动变压器的电气连接如图 7-64 所示，二次绕组 S_1 和 S_2 反极性串联。当一次绕组 P 加上一定的交流电压 U_P 时，在二次绕组产生感应电压 U_{S1}，U_{S2}，其大小与铁心的轴向位移成比例，如图 7-65a 所示。把感应电压 U_{S1} 和 U_{S2} 反极性连接，便得到输出电压 U_S。当铁心处于中间位置时，$U_{S1}=U_{S2}$，输出电压 $U_S=0$；当铁心向上移动时，$U_{S1}>U_{S2}$，当铁心向下移动时，$U_{S1}<U_{S2}$。随着铁心偏离中心位置，U_S 逐渐增大。

铁心位置从中心向上或向下移动时，输出电压 U_S 的相位变化为 180°，如图 7-65b 所示。实际的差动变压器当铁心位于中心位置时，输出电压不是零而是 e_0，e_0 称为零点残余电压，大小通常为零点几毫伏到数十毫伏。因此实际的差动变压器输出特性如图 7-65a 中的虚线所示。e_0 产生的原因很多，除了差动变压器本身制作上的问题外，导磁体安装、铁心长度、励磁频率的高低等都会影响 e_0 的大小。零点残余电压包含了基波同相成分、基波正交成分，还有二次、三次谐波和幅值较小的电磁干扰波等。

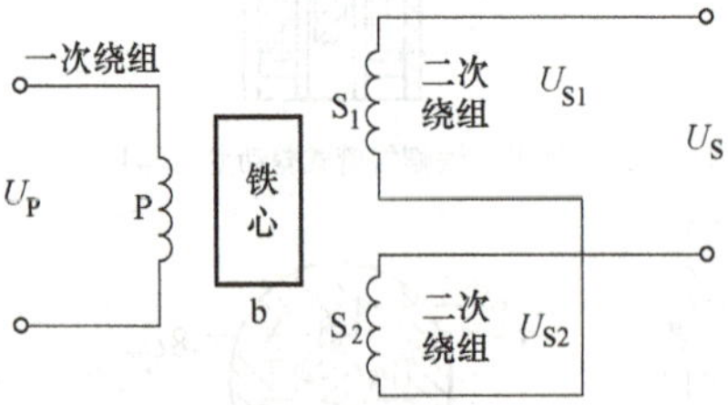

图 7-64　差动变压器的电气连接

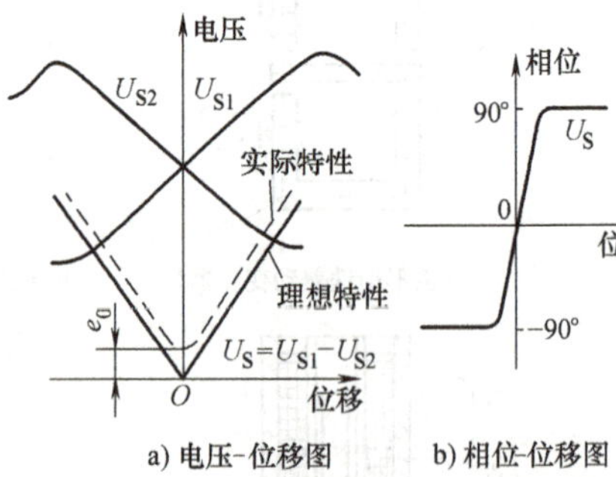

图 7-65　差动变压器输出特性曲线

（2）基本特性　在忽略差动变压器中的涡流损耗、铁损耗和耦合电容等理想情况下，差动变压器的等效电路如图 7-66 所示。由等效电路得出输出电压为

$$\dot{U}_S=\dot{U}_{S1}-\dot{U}_{S2} \tag{7-94}$$

而

$$\dot{U}_{S1}=-j\omega M_1\dot{I}_P$$
$$\dot{U}_{S2}=-j\omega M_2\dot{I}_P \tag{7-95}$$
$$\dot{I}_P=\frac{\dot{U}_P}{R_P+j\omega L_P} \tag{7-96}$$

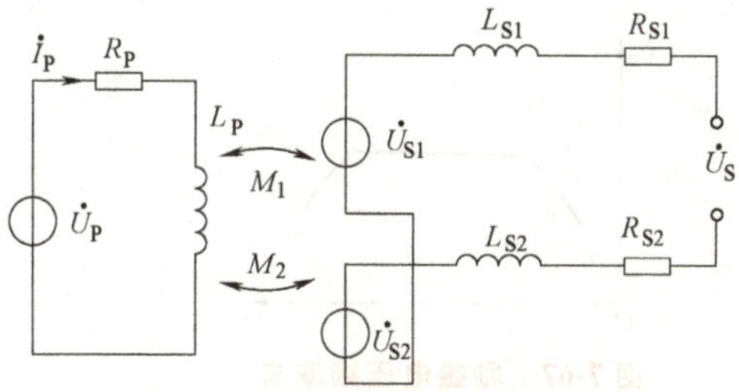

图 7-66 差动变压器等效电路

把式（7-95）、式（7-96）代入式（7-94）得

$$\dot{U}_S=-j\omega(M_1-M_2)\frac{\dot{U}_P}{R_P+j\omega L_P} \tag{7-97}$$

式中，M_1、M_2分别为一次绕组与两个二次绕组的互感；L_P、R_P 分别为一次绕组电感与有效电阻；$\dot{U}_S$ 为差动变压器输出电压；$\dot{U}_P$ 为一次绕组激励电压；$\dot{I}_P$ 为一次绕组电流；ω 为激励电压的频率。

差动变压器输出电压的有效值为

$$U_S=\frac{\omega(M_1-M_2)U_P}{\sqrt{R_P^2+(\omega L_P)^2}} \tag{7-98}$$

当铁心处于中间平衡位置时，$M_1=M_2=M$，则 $U_S=0$。

当铁心向上移动时，$M_1=M+\Delta M$，$M_2=M-\Delta M$，则 $U_S=\dfrac{2\omega\Delta MU_P}{\sqrt{R_P^2+(\omega L_P)^2}}$，$\dot{U}_S$ 与 $\dot{U}_P$ 同相。

同理，当铁心向下移动时，$M_1=M-\Delta M$，$M_2=M+\Delta M$，则 $U_S=-\dfrac{2\omega\Delta MU_P}{\sqrt{R_P^2+(\omega L_P)^2}}$，$\dot{U}_S$ 与 $\dot{U}_P$ 反相。

从上面的关系可知，当一次绕组参数和励磁电压确定后，变压器的输出由 ΔM 决定。在一定的范围内，ΔM 与铁心位移呈近似线性关系。差动变压器的线性范围约为线圈骨架长度的$\dfrac{1}{10}$~$\dfrac{1}{4}$。

另外，励磁电压的频率将影响传感器的灵敏度。从式（7-98）可知，当励磁电压的频率过低时，则 $\omega L_P \ll R_P$，式（7-98）变为

$$U_S=\frac{\omega(M_1-M_2)U_P}{R_P} \tag{7-99}$$

这时，传感器的输出电压 U_S 将随着激磁电压频率 ω 的增加而增加。

当激磁电压频率过高时，$\omega L_P \gg R_P$，则

$$U_S=\frac{(M_1-M_2)U_P}{L_P} \tag{7-100}$$

此时，传感器输出与频率无关。当频率 ω 继续增加超出某一数值（决定于不同铁心材料）时，由于导致趋肤效应和铁损耗等损耗增加，反而使灵敏度下降，如图 7-67 所示。所以，差动变压器的励磁电压频率一般从 50Hz~10kHz 较为适当。

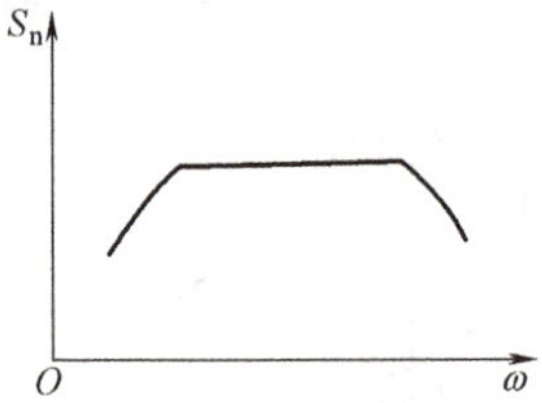

图 7-67 励磁电压频率与灵敏度关系曲线

【深入思考】如何分析变间隙式差动变压器输出特性？

【视频讲解】差动变压器的工作原理及基本特性

2. 差动变压器电感式传感器的信号调理电路

差动变压器的输出为交流电压，当用交流电压表测量其输出值时，只能反映衔铁位移的大小，不能反映移动的方向，且其测量值含有零点残余电压。为了达到能辨别移动方向和消除零点残余电压的目的，实际测量时，常采用差动整流电路或相敏检波电路。

（1）差动整流电路　这种电路是把差动变压器的两个二次绕组输出电压分别整流，然后将整流的电压或电流的差值作为输出，如图 7-68 所示。图 7-68a、b 为电压输出型，用于连接高阻抗负载电路（例如数字电压表），电位器 R_0 用于调整零点残余电压。图 7-68c、d 为电流输出型，用于连接低阻抗负载电路（例如动圈式电流表）。

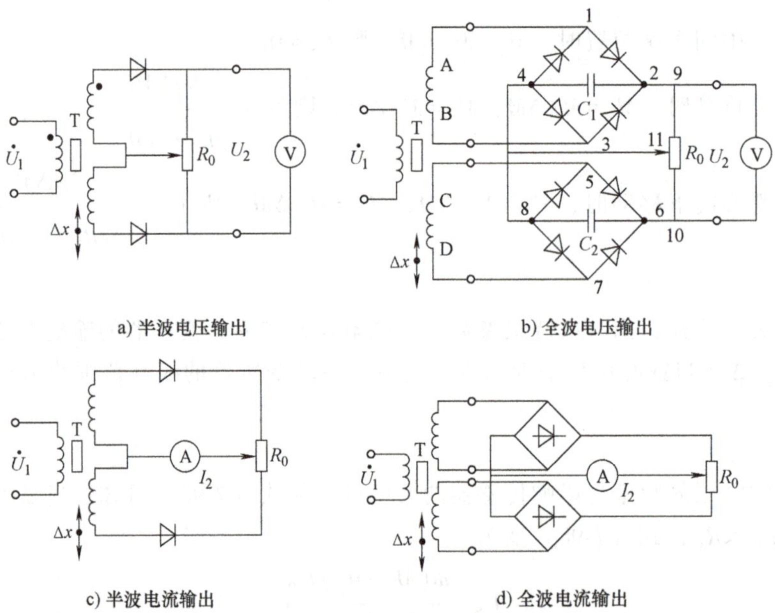

图 7-68 差动整流电路

下面以图 7-68b 所示全波电压输出电路为例，分析差动整流电路的工作原理。

设某瞬间载波为正半周，此时差动变压器两个二次绕组的相位关系为 A 正 B 负，C 正 D 负；在 AB 绕组中，电流自 A 点出发，路径为 A→1→2→4→3→B，流过电容 C_1 的电流是由 2 到 4，电容 C_1 上的电压为 U_{24}。在 CD 绕组中，电流自 C 点出发，路径为 C→5→6→8→7→D，流过电容 C_2 的电流是由 6 到 8，电容 C_2 两端的电压为 U_{68}。差动变压器的输出电压为

$$U_2 = U_{24} - U_{68}$$

同理，当某瞬间载波为负半周时，即两个二次绕组的相位关系为 A 负 B 正、C 负 D 正，按上述分析可知，不论两个二次绕组的输出瞬时电压极性如何，流经 C_1 的电流方向总是从 2 到 4，流经电容 C_2 的电流方向总是从 6 到 8，可得差动变压器输出电压 U_2 的表达式仍为

$$U_2=U_{24}-U_{68}$$

当铁心在中间位置时，$U_{24}=U_{68}$，所以 $U_2=0$；当铁心在零位以上时，因为 $U_{24}>U_{68}$，则 $U_2>0$；当铁心在零位以下时，因为 $U_{24}<U_{68}$，则 $U_2<0$。全波整流电路的输出波形如图 7-69 所示，即铁心在零位时，输出电压的大小相等、极性相反，零点残余电压自动抵消。由此可见，差动整流电路可以不考虑相位调整和零点残余电压的影响。此外，这种电路还具有结构简单、分布电容影响小和便于远距离传输等优点，因而获得广泛的应用。

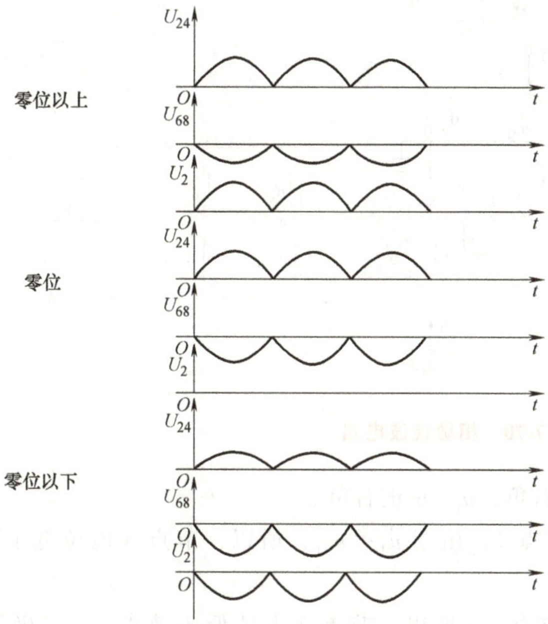

图 7-69 全波整流电路的输出波形

【视频讲解】
信号调理电路-
全波差动整流电路

（2）相敏检波电路　相敏检波用来鉴别调制信号的极性，利用交变信号在过零位时正、负极性发生突变，使调制波相位与载波信号比较也相应地产生 180°相位跳变，从而既能反映原信号的幅值也能反映其相位。相敏检波电路如图 7-70a 所示。四个性能相同的二极管 VD_1 ~ VD_4，以同一方向串联成一个闭合的环形电桥，四个接点 1~4 分别接到两个变压器 T_A 和 T_B 的两个二次绕组上。输入信号 u_y'（是差动变压器电感式传感器输出的调幅波电压）和检波器的参考信号 u_0（即同步信号）分别经变压器 T_A、T_B 加到环形电桥的两个对角。电阻 R 起限流作用。u_0 的幅值远大于变压器 T_A 的输出信号 $u=u_1+u_2$ 的幅值，以便控制四个二极管的导通状态，且 u_0 和差动变压器电感式传感器的激励电压 u_y' 共用同一电源，中间通过适当的移相电路来保证二者同频、同相（或反相）。即 u_0 是作为辨别极性的标准，R_f 为连接在两个变压器二次绕组中点之间的负载电阻。下面分析相敏检波电路的工作原理。

1）当衔铁在零点以上移动，即位移 $x(t)>0$ 时，u_y' 与 u_0 同频同相。根据前文分析可知，当衔铁在零位以上时，差动变压器电感式传感器的输出电压 u_y' 与其输入电压（即励磁电压）u_y 之间是同频反相的，而 u_y 与 u_0 可通过移相电路使其同频反相，这样，u_y' 与 u_0 同频同相。此时，如果 u_y' 与 u_0 均为正半周（相位为 0~π），即变压器 T_A 二次电压 u_1 上正下负，u_2 上

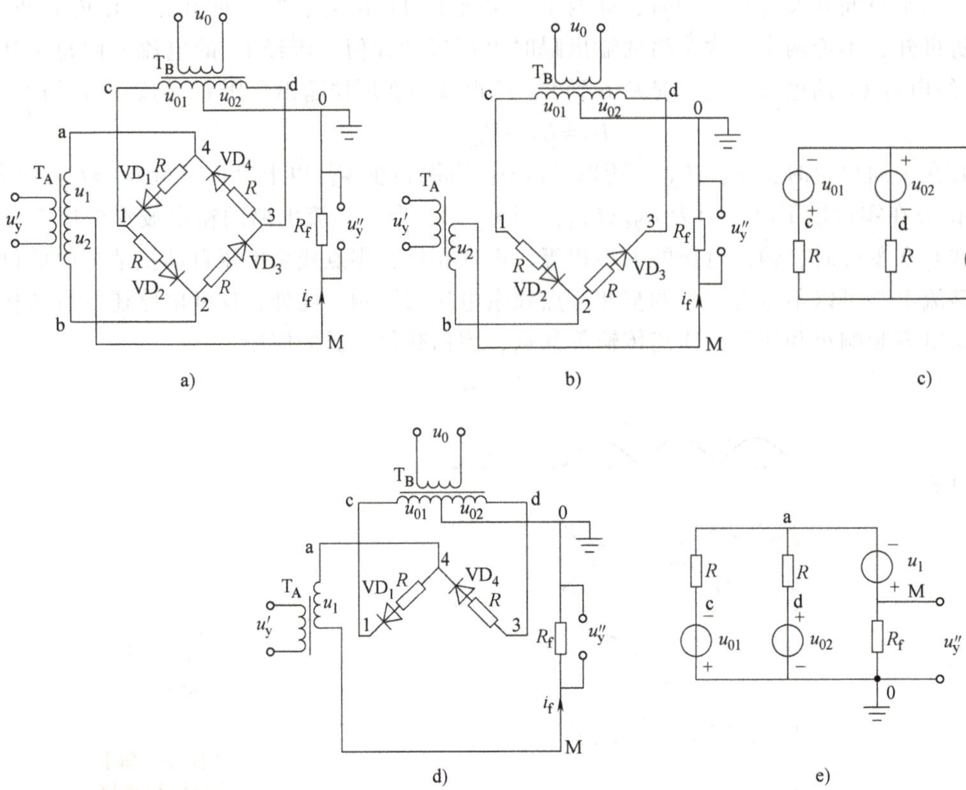

图 7-70 相敏检波电路

正下负；变压器 T_B 二次电压 u_{01} 左正右负，u_{02} 左正右负。

① u_1 正端接节点 4，u_{01} 正端接节点 1，由于 $u_1 \ll u_{01}$，所以，节点 4 电位低于节点 1，二极管 VD_1 截止。

② u_1 正端接节点 4，u_{02} 负端接节点 3，所以，节点 3 电位低于节点 4，二极管 VD_4，截止。

③ u_2 负端接节点 2，u_{01} 正端接节点 1，所以，节点 1 电位高于节点 2，二极管 VD_2，导通。

④ u_2 负端接节点 2，u_{02} 负端接节点 3，由于 $u_2 \ll u_{02}$，所以，节点 3 电位比节点 2 更低，二极管 VD_3 导通。

这样，u_2 所在的绕组接入回路，得到图 7-70b 所示的等效电路。根据变压器的工作原理有

$$u_{01} = u_{02} = \frac{u_0}{2n_2} \tag{7-101}$$

$$u_1 = u_2 = \frac{u'_y}{2n_1} \tag{7-102}$$

式中，n_1、n_2 为变压器 T_A、T_B 的电压比。

由于 u_1、u_2 大小相等，极性相反，如图 7-70c 所示，因此该图可进一步简化为图 7-71。所以

$$i_f=\frac{u_2}{\frac{R}{2}+R_f}$$

输出电压为

$$u_y''=i_fR_f=\frac{R_fu_y'}{n_1(R+2R_f)} \tag{7-103}$$

由式（7-103）可见，在 n_1、R、R_f 为常数的情况下，u_y''的大小与 u_y'的幅值如图 7-72 所示，有相同的变化规律。

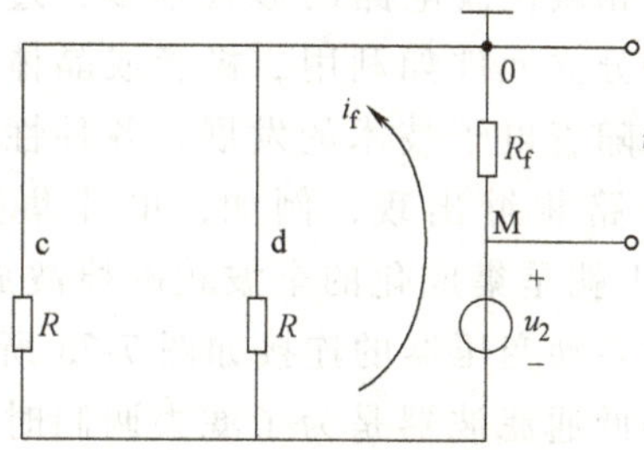

图 7-71　简化的等效电路

同理，对于载波信号为负半周（相位为 π～2π），即变压器 T_A 二次电压 u_1 上负下正，u_2 上负下正；变压器 T_B 二次电压 u_{01} 左负右正，u_{02} 左负右正。环形电桥中二极管 VD_1、VD_4 导通，VD_2、VD_3 截止，u_1 所在的绕组工作，得到图 7-70d、e 的等效电路。输出电压与式（7-103）相同，说明只要位移大于 0，负载两端的输出电压方向不变（始终为正）。

2）当位移 $x(t)<0$ 时，u_y'和 u_0 同频反相。同样采用上述的分析方法，当衔铁在零点以下移动时，不论载波是正半周还是负半周，可得到负载的输出电压始终为

$$u_y''=i_fR_f=-\frac{R_fu_y'}{n_1(R+2R_f)} \tag{7-104}$$

综上所述，相敏检波电路的输出电压的变化规律反映了位移的变化规律，即 u_y''的大小反映位移 $x(t)$ 的大小，u_y''的极性反映了位移 $x(t)$ 的方向（正位移输出正电压、负位移输出负电压）。相敏体现在输入电压 u_y'与参考电压 u_o 同相或反相，导致输出电压的极性不同，从而反映位移的方向。

图 7-72 为相敏检波的波形图，图中 u_y''的一个周期可分为四个阶段：

① 正半周的上升阶段：u_y''大于 0，且逐渐增大，说明向上位移，且在零点以上。

② 正半周的下降阶段：u_y''大于 0，且在逐渐减小，说明向下位移，且在零点以上。

③ 负半周的下降阶段：u_y''小于 0，且幅值在逐渐增大，说明向下位移，且在零点以下。

④ 负半周的上升阶段：u_y''小于 0，且幅值在逐渐减小，说明向上位移，且在零点以下。

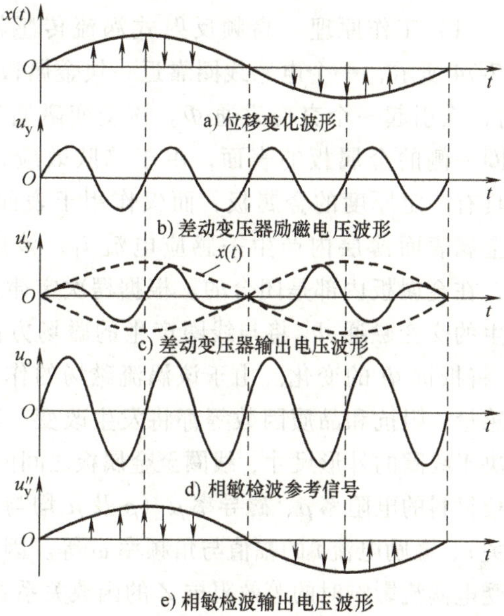

图 7-72　相敏检波的波形图

对比图 7-72a 和 7-72c 可知，差动变压器电感式传感器的输出电压 u_y'的极性与被测位移量 $x(t)$ 的上下移动方向并不一致，因此，不能通过传感器输出信号 u_y'的极性来判断被测物体位移的方向；对比图 7-72a 和 7-72e 可知，差动变压器电感式传感器的输出电压 u_y'经相敏检波电路进行信号调理后得到的输出电压u_y''的极性和变化规律与被测位移量 $x(t)$ 的上下移动方向和变化规律相一致，因此，可以通过相敏检波输出信号 u_y''的极性和变化趋势来判断被测物体位移的方向。

相敏检波电路的形式很多，过去通常采用分立元件如利用二极管或晶体管来实现。随着电子技术的发展，各种性能的集成电路相继出现，例如，单片集成电路LZX1就是集成化的全波相敏检波放大器，它与差动变压器的连接如图7-73所示。图中的低通滤波器是为了滤去调制时引入的高频信号。

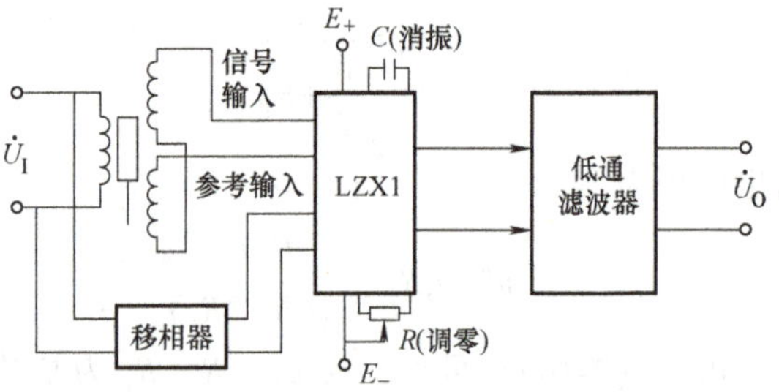

图7-73 差动变压器与LZX1的连接电路

7.3.3 涡流电感式传感器

涡流电感式传感器（Eddy Current Sensors）是一种建立在电涡流效应原理上的传感器。当金属板置于变化着的磁场中或者在固定磁场中运动时，金属体内就要产生感应电流，这种电流的流线在金属体内是自身闭合的，所以称为涡流，这种现象称为电涡流效应。

涡流电感式传感器的最大特点是能对位移、厚度、表面温度、速度、压力、材料损伤等进行非接触式连续测量，另外还具有体积小、灵敏度高、测量线性范围大、频率响应宽等特点。

【动画演示】电涡流效应

涡流传感器在金属体内产生的涡流存在趋肤效应，即涡流渗透的深度与传感器线圈励磁电流的频率有关。涡流传感器可分为高频反射式涡流传感器和低频透射式涡流传感器两类。其中高频反射式涡流传感器的应用较为广泛。

1. 高频反射式涡流传感器

(1) 工作原理　高频反射式涡流传感器工作频率通常在兆赫兹以上，其工作原理如图7-74所示，一个电感线圈靠近一块金属板，两者相距δ，当线圈中通以一个高频激励电流i时，会引起一个交变磁通Φ。该交变磁通作用于靠近线圈一侧的金属板的表面，由于趋肤效应，Φ不能透过具有一定厚度的金属板，而仅作用于表面的薄层内，在金属表面薄层内产生一感应电流i_1，该电流即为涡流，在金属板内部是闭合的。根据楞次定律，由该涡流产生的交变磁通Φ_1将与线圈产生的磁场方向相反，即Φ_1将抵抗Φ的变化。由于该涡流磁场的作用，线圈的电感量、阻抗和品质因数等都将发生改变，其变化程度取决于线圈的外形尺寸、线圈至金属板之间的距离δ、金属板材料的电阻率ρ、磁导率μ（ρ及μ均与材质及温度有关）、激励电流i的幅值与角频率ω等。因此传感器线圈受电涡流影响时的等效阻抗Z的函数关系式为

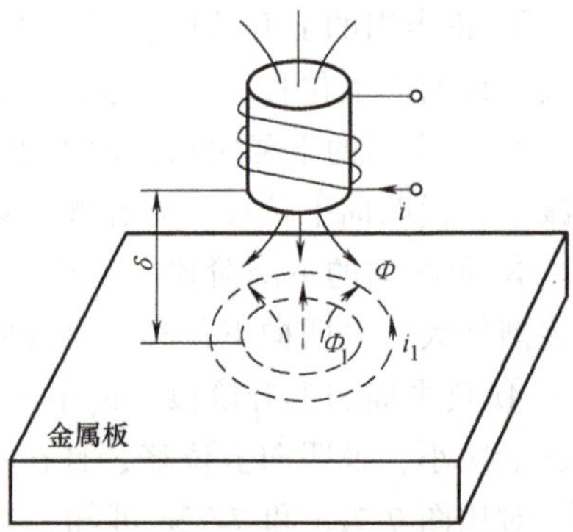

图7-74 高频反射式涡流传感器工作原理

$$Z=f(\mu,\rho,r,\omega,\delta) \tag{7-105}$$

式中，r为线圈与被测体的尺寸因子。

如果保持式（7-105）中其他参数不变，而只改变其中一个参数，传感器线圈阻抗Z就仅仅是这个参数的单值函数。例如改变δ来测量位移和振动，改变ρ或μ可用来测量材质或

用于无损探伤。

（2）等效电路　将涡流传感器与被测金属导体用图 7-75 所示的等效电路表示，图中金属导体被抽象为一个短路线圈，它与传感器线圈磁性耦合，两者之间定义一个互感系数 M，表示耦合程度，它随间距 δ 的增大而减小。R_1、L_1 分别为传感器线圈的电阻和电感，R_2、L_2 分别为金属导体的电阻和电感，$\dot{U}$ 为激励电压，根据基尔霍夫定律，可列出方程

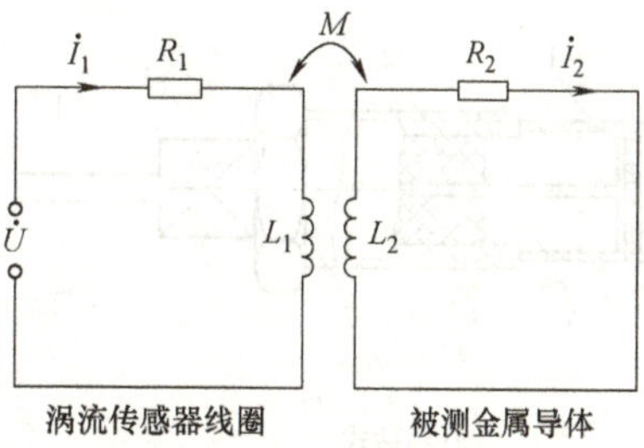

图 7-75　电涡流传感器等效电路

$$\begin{cases} R_1\dot{I}_1+\mathrm{j}\omega L_1\dot{I}_1-\mathrm{j}\omega M\dot{I}_2=\dot{U} \\ -\mathrm{j}\omega M\dot{I}_1+R_2\dot{I}_2+\mathrm{j}\omega L_2\dot{I}_2=0 \end{cases} \tag{7-106}$$

解此方程组，得线圈的等效阻抗为

$$Z=\frac{\dot{U}}{\dot{I}_1}=R_1+\frac{\omega^2M^2}{R_2^2+(\omega L_2)^2}R_2+\mathrm{j}\left[\omega L_1-\frac{\omega^2M^2}{R_2^2+(\omega L_2)^2}\omega L_2\right] \tag{7-107}$$

等效电阻为

$$R_{\mathrm{e}}=R_1+\frac{\omega^2M^2}{R_2^2+(\omega L_2)^2}R_2 \tag{7-108}$$

等效电感为

$$L_{\mathrm{e}}=L_1-\frac{\omega^2M^2}{R_2^2+(\omega L_2)^2}L_2 \tag{7-109}$$

线圈的品质因数为

$$Q=\frac{\omega L_1}{R_1}\cdot\frac{1-\dfrac{L_2}{L_1}\dfrac{\omega^2M^2}{R_2^2+(\omega L_2)^2}}{1+\dfrac{R_2}{R_1}\dfrac{\omega^2M^2}{R_2^2+(\omega L_2)^2}} \tag{7-110}$$

从式（7-107）~（7-110）可知，线圈金属导体系统的阻抗、电感和品质因数都是此系统互感系数二次方的函数，从麦克斯韦互感系数的基本公式出发，可以求得互感系数是两个磁性耦合线圈距离的非线性函数。

可以看出，由于涡流效应的作用，线圈的阻抗由 $Z_0=R_1+\mathrm{j}\omega L_1$ 变成了 Z。比较 Z_0 与 Z 可知：电涡流影响的结果使等效阻抗 Z 的实部增大，虚部减小，即等效的品质因数 Q 值减小了。这样电涡流将消耗电能，在导体上产生热量。

（3）传感器结构　涡流电感式传感器的结构如图 7-76 所示。电感线圈为一个扁平圆线圈，粘贴于框架上，如图 7-76a 所示；也可以在框架上开一条槽，将导线绕制在槽内而形成一个线圈，如图 7-76b 所示。

（4）信号调理电路　利用涡流传感器进行测量时，为了得到较强的电涡流效应，通常激励线圈工作在较高的频率下，所以信号转换电路主要有定频调幅电路和调频电路两种。

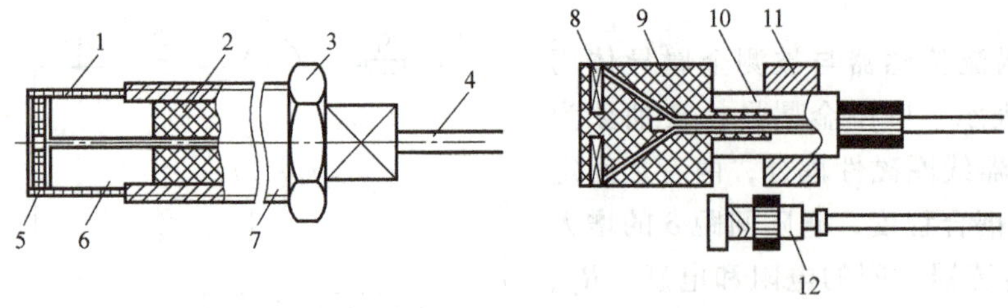

图 7-76 涡流电感式传感器的结构

1—保护套 2—填料 3—螺母 4、13—电缆 5、8—线圈 6、9—框架 7—壳体 10—框架衬套 11—支架 12—插头

【视频讲解】
涡流电感式传感器工作原理

1）定频调幅电路。定频调幅电路原理图如图 7-77 所示，用一只电容与传感器的线圈并联，组成一个并联振荡回路，并由一频率稳定的振荡器提供一高频激励信号，激励这个由传感器的线圈 L 和并联电容 C 组成的并联谐振回路。

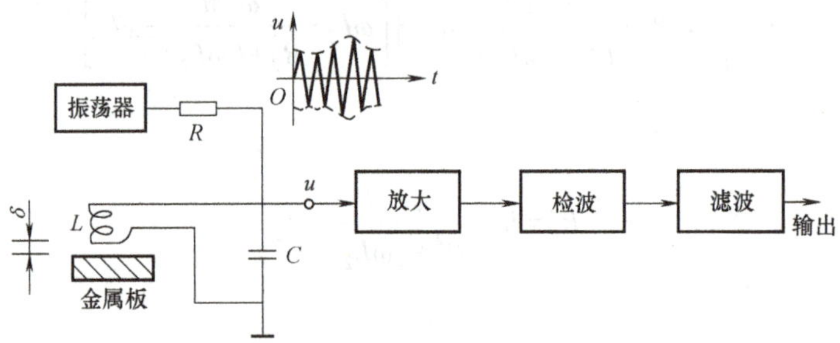

图 7-77 定频调幅电路原理图

图 7-78 是其谐振分压电路、谐振曲线和输出特性曲线，图 7-78a 中，R'、L'、C 构成一谐振回路，其谐振频率为

$$f=\frac{1}{2\pi\sqrt{L'C}}$$

当回路的谐振频率 f 等于振荡器供给的高频信号频率时，回路的阻抗最大，因而输出高频幅值电压 e 亦为最大。测量位移时，线圈阻抗随被测体与传感器线圈端面的距离 δ 发生变化，此时 LC 回路失谐，输出信号 $u(t)$ 虽仍然为振荡器的工作频率的信号，但其幅值发生了变化，它相当于一个调幅波。

图 7-78b 所示为不同的距离 δ 或谐振频率 f 与输出电压 u 之间的关系。图 7-78c 表示距离 δ 与输出电压之间的关系，由图可见，该曲线是非线性的，图中直线段是有用的工作

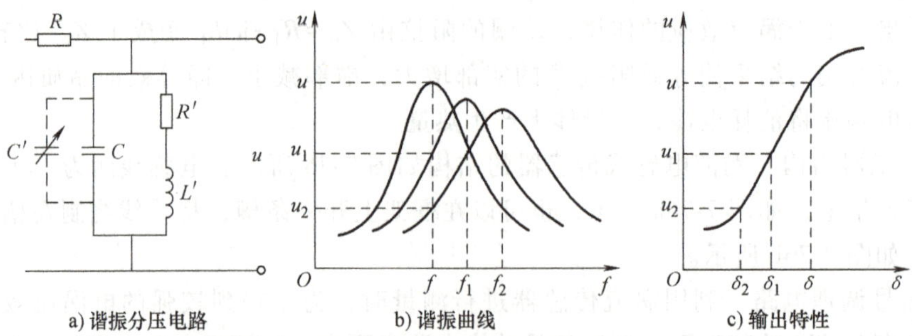

图 7-78 定频调幅电路的谐振曲线及输出特性

区段。图 7-78a 中的可调电容 C' 用来调节谐振回路的参数，以取得更好的线性工作范围。

2）调频电路。调频电路是把传感器接在一个 LC 振荡器中，如图 7-79 所示，与定频调幅电路不同的是，调频电路将回路的谐振频率作为输出量。当传感器线圈与被测物体间的距离 δ 变化时，引起传感器线圈的电感量 L 发生变化，从而使振荡器的频率改变，然后通过鉴频器将频率的变化变换成电压输出。

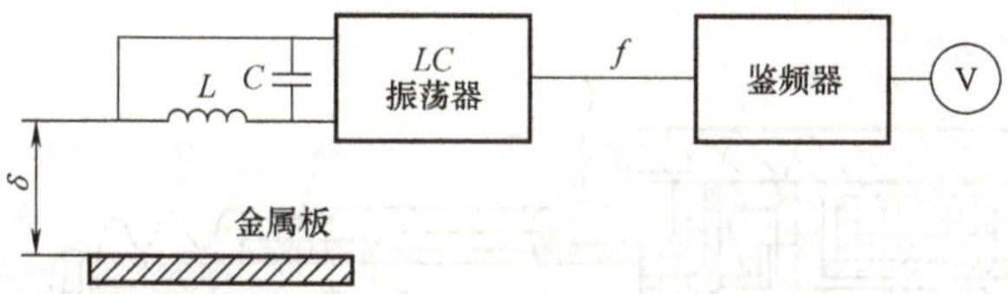

图 7-79　调频电路原理图

【视频讲解】
涡流电感式传感器信号调理电路

2. 低频透射式涡流传感器

低频透射式涡流传感器激励频率通常为音频范围，如图 7-80a 所示。发射线圈 L_1 和接收线圈 L_2，分别位于被测材料 M 的上、下方。由振荡器产生的低频激励电压 u 加到 L_1 的两端后，线圈中即流过一个同频的交流电流，并在其周围产生一个交变磁场。如果两线圈间不存在被测材料 M，L_1 的磁场就能直接贯穿 L_2，于是 L_2 的两端会感生出一个交变电动势 E。

在 L_1 与 L_2 之间放置一金属板 M 之后，L_1 产生的磁力线必然切割 M（M 可以看作是一匝短路线圈），并在 M 中产生涡流 i，这个涡流损耗部分磁场能量，使达到 L_2 的磁力线减少，从而引起 E 的下降，M 的厚度 t 越大，涡流损耗越大，E 就越小，由此可知，E 的大小，间接反映了 M 的厚度 t，这就是测厚的依据。低频透射式涡流传感器的输出特性，即 E 与 t 的关系如图 7-80b 所示。

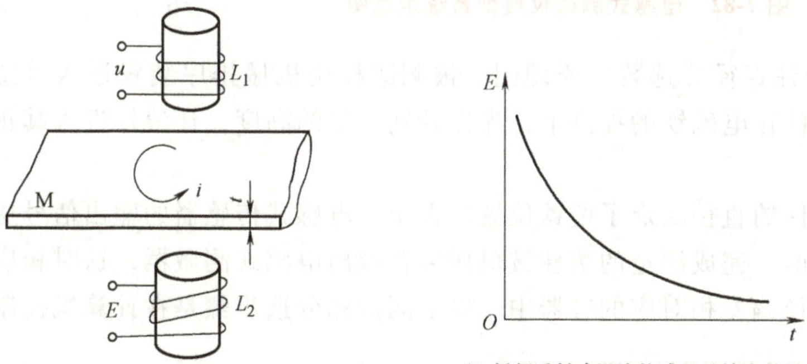

a) 低频透射式涡流传感器　　b) 低频透射式涡流传感器的输出特性

图 7-80　低频透射式涡流传感器及输出特性

【动画演示】
低频透射式传感器原理

7.3.4　电感式传感器的应用

电感式传感器的应用非常广泛，它除了可直接用于直线位移、角位移的静态和动态测量外，还能以它为基础，做成多种用途的传感器，用以测量力、压力、加速度等参数。

1. 变磁阻电感式传感器的应用

变磁阻电感式传感器一般用于接触式测量，既可用于静态测量，也可用于动态测量。

(1) 位移的测量　电感式测微仪是主要用于精密微小位移测量的工具，常用于测量位移、零件的尺寸等，也用于产品的分选和自动检测。图 7-81 所示为轴向式 GDH 型电感式测微仪结构图。测量时测端接触物体，当没有位移作用在测端时，衔铁处于中间位置，此时两差动线圈电感相等，电桥平衡，无输出信号；当被测体有微小位移时，测杆带动衔铁在差动线圈中移动，造成线圈电感值变化，此变化通过电缆接到电桥，此时电桥有电压输出，幅值与衔铁位移成正比，电桥的电压变化反映了被测体的变化。图 7-82 所示为电感式测微仪典型系统示意图。

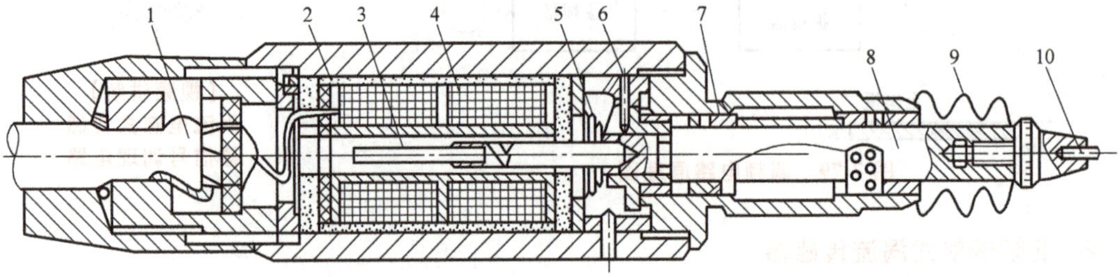

图 7-81　轴向式 GDH 型电感式测微仪结构图

1—引线电缆　2—固定磁筒　3—衔铁　4—线圈　5—测力弹簧　6—防转销
7—导轨　8—测杆　9—密封套　10—测端

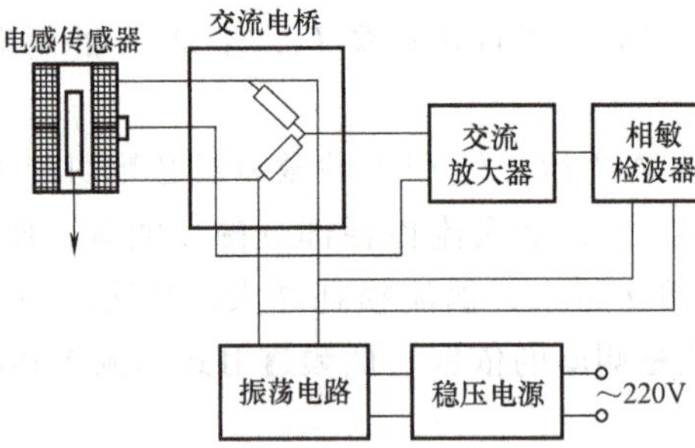

图 7-82　电感式测微仪典型系统示意图

图 7-83 所示为电感式滚柱直径分选装置原理图。被测滚柱用机械排序装置送入电感式测微器。电感式测微器的测杆在电磁铁的控制下，先提升到一定的高度，让滚柱进入其正下方，再由电磁铁释放。

衔铁向下压住滚柱，滚柱的直径决定了衔铁位置的大小。电感式传感器的输出信号送到计算机，计算出直径的偏差值。完成测量的滚柱被机械装置推出电感式测微器，这时相应的翻板打开，滚柱落入与其直径偏差相对应的容器中。以上测量和分选步骤是在计算机控制下由电磁阀执行的。

(2) 压力的测量　图 7-84 所示的为变间隙式差动自感压力传感器，它主要由 C 形弹簧管、衔铁、铁心和线圈组成。当被测压力进入 C 形弹簧管时，使其产生变形，其自由端发生位移，带动与之相连的衔铁运动，使线圈 1 和线圈 2 中的电感发生大小相等、方向相反的变化。电感的变化经过电桥电路转换为电压输出，再用检测仪表测量出输出电压，就可得出被测压力的大小。

2. 差动变压器电感式传感器的应用

差动变压器主要用于位移、加速度、力、压力、压差、应变、流量、密度等参数的测量。图 7-85 为测量加速度的传感器的结构及测量电路原理图，图 7-86 为测量液位的原理图。

【动画演示】
电感式滚柱直径分选装置

【视频讲解】
变磁阻电感式传感器的应用

【视频讲解】
差动变压器的应用

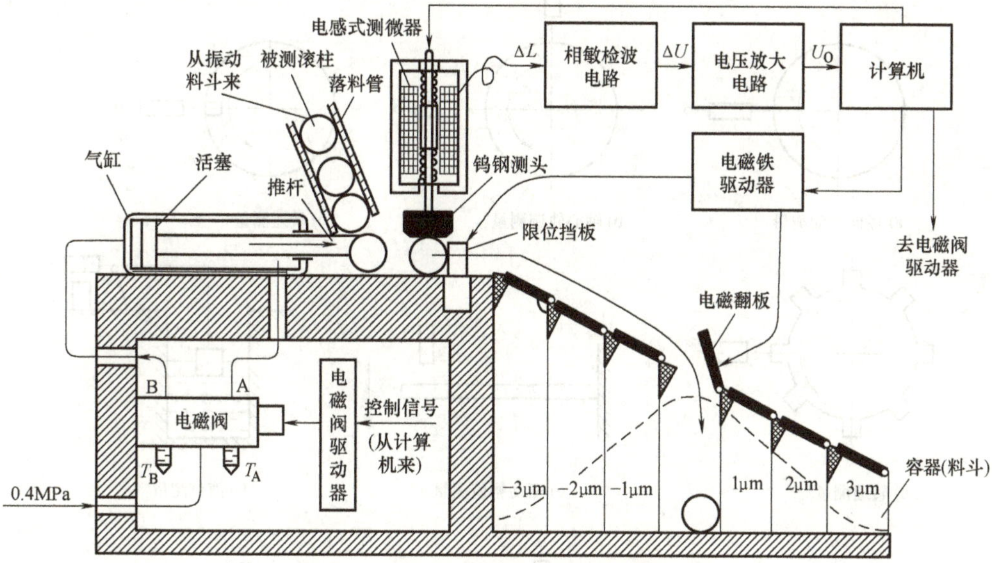

图 7-83 电感式滚柱直径分选装置原理图

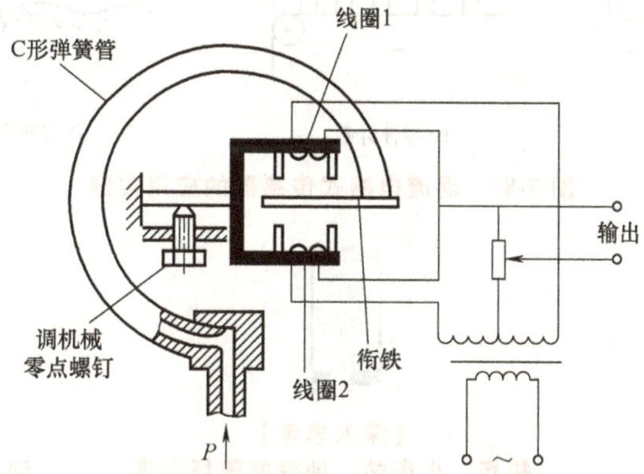

图 7-84 变间隙式差动自感压力传感器

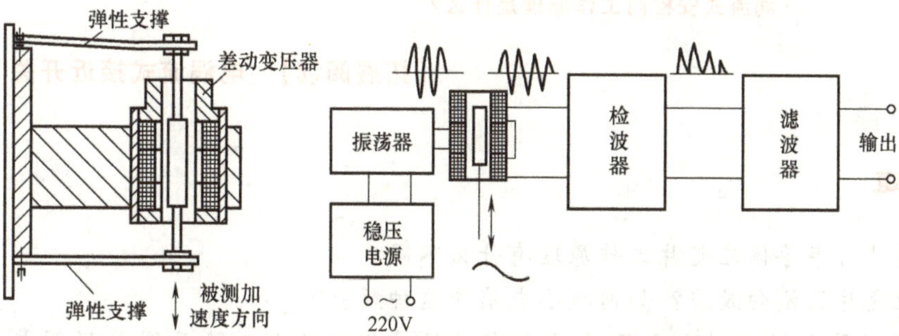

a) 加速度传感器的结构 b) 测量电路原理

图 7-85 加速度传感器的结构及测量电路原理

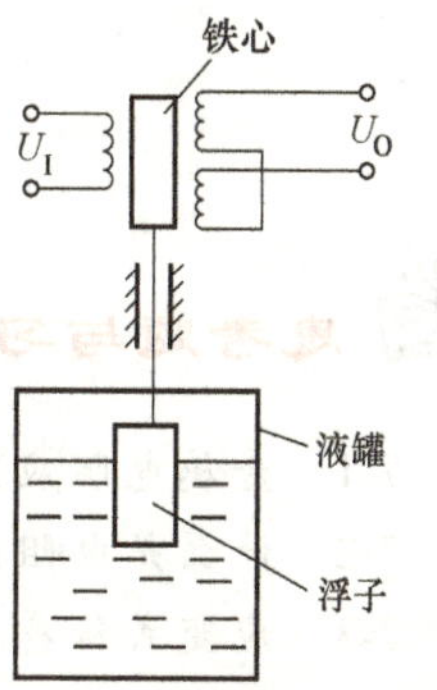

图 7-86 测量液位的原理

3. 涡流电感式传感器的应用

涡流电感式传感器结构简单，易于进行非接触性的连续测量，灵敏度高，适应性强，因此得到了广泛的应用，主要用于位移、振动、转速、距离、厚度等参数的测量。图 7-87 所示为几种涡流电感式传感器的应用实例。

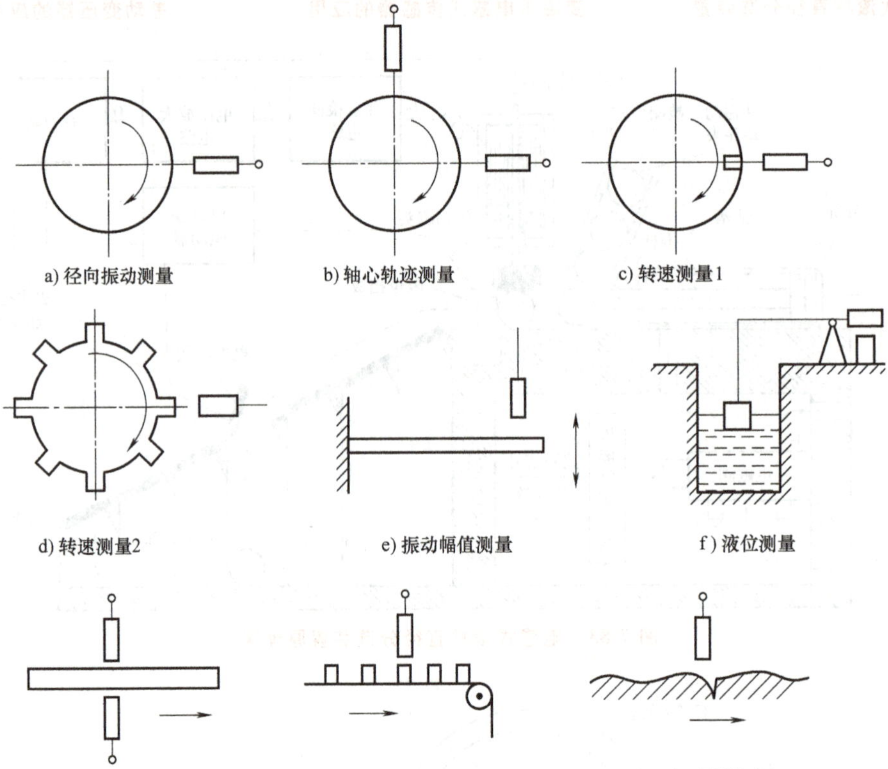

a) 径向振动测量　b) 轴心轨迹测量　c) 转速测量1

d) 转速测量2　e) 振动幅值测量　f) 液位测量

g) 厚度测量　h) 零件计数　i) 表面裂纹测量

图 7-87　涡流电感式传感器的应用实例

【动画演示】
涡流式传感器应用

【深入思考】
机场、火车站、地铁站等场合常利用安检门检测金属携带物，涡流式安检门工作原理是什么？

【视频讲解】
涡流电感式传感器的应用

【拓展阅读】　电涡流式接近开关

思考题与习题

7-1　金属电阻应变片与半导体应变片工作原理有什么不同？

7-2　什么是电阻应变片的横向效应？如何减小或消除这种效应？

7-3　应变式传感器测量电桥的供电电源为什么有时候采用四线制？请画图并说明其原理。

7-4　采用阻值 $R=120\Omega$、灵敏系数 $K=2.0$ 的金属电阻应变片与 $R=120\Omega$ 的定值电阻组成直流电桥，供电电压为 10V。当应变片应变为 $1000\mu\varepsilon$ 时，若要使输出电压大于 10mV，则可采用哪种工作方式（设输出阻抗为无穷大）？

7-5　如图 7-88 所示为一等强度悬臂梁，R_1 为电阻应变片，灵敏度系数 $K=2.05$，未受应变时，$R_1=120\Omega$。当试件受力 F 时，应变片承受平均应变 $\varepsilon=800\mu m/m$。试求：

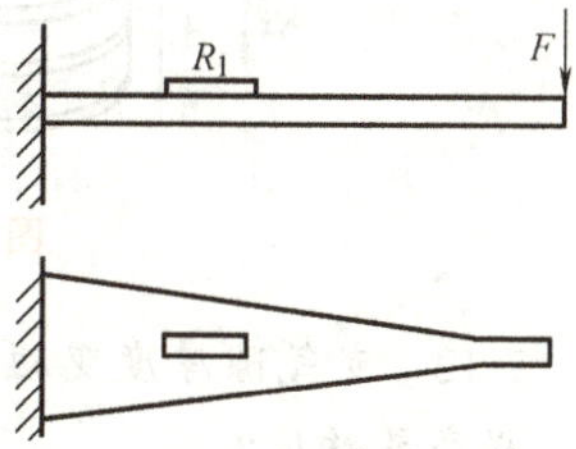

图 7-88　悬臂梁

（1）应变片的电阻变化量 ΔR_1 和电阻相对变化量 $\dfrac{\Delta R_1}{R_1}$。

（2）将电阻应变片 R_1 置于单臂测量电桥中，电桥供电电压为直流 3V，求电桥输出电压及其非线性误差。

（3）如果要减小非线性误差，应采取什么措施？分析其电桥输出电压及非线性误差的大小。

（4）如果试件材料为合金钢，线膨胀系数 $\beta_g=11\times10^{-6}m/m/℃$，电阻应变片敏感栅材质为康铜，其电阻温度系数 $\alpha=15\times10^{-6}\Omega/\Omega/℃$，线膨胀系数 $\beta_s=14.9\times10^{-6}m/m/℃$，当环境温度由 10℃ 变化到 60℃ 时，引起的附加电阻相对变化量是多少？

7-6　电容式传感器可分为哪几大类型？各有什么特点？

7-7　试分析电容式传感器测厚度的工作原理。

7-8　试写出图 7-89 各电容式敏感元件的总电容表达式。（设图 7-89a 和图 7-89b 的固定极板长度为 L，宽度为 b）

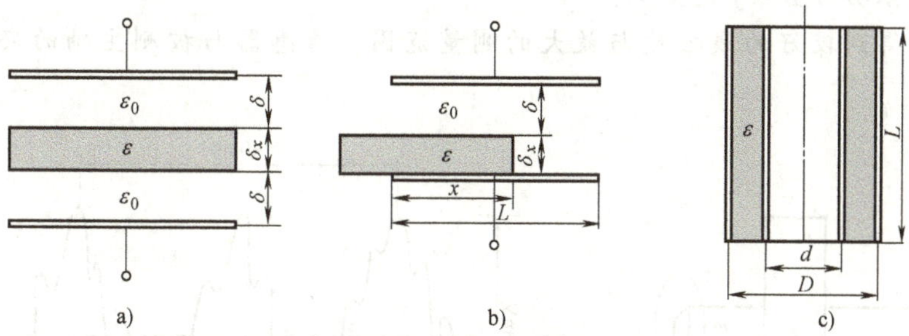

图 7-89　电容式敏感元件

7-9　在实际环境中和实验室理想环境下使用电容式传感器测量结果是否相同？实际中受到哪些因素影响？如何减小或消除这些影响？

7-10　如图 7-90 所示，一个电容式位移传感器用于监测工件的位置变化。两个金属圆柱体被一层塑胶物隔开，塑胶物的厚度 $d=1mm$，相对介电常数为 2.5。如果半径 $r=2.5cm$，当外圆柱体在内圆柱体间上下滑动的时候，试求其灵敏度。（真空中的介电常数 $\varepsilon_0=8.85\times10^{-12}F/m$ ）

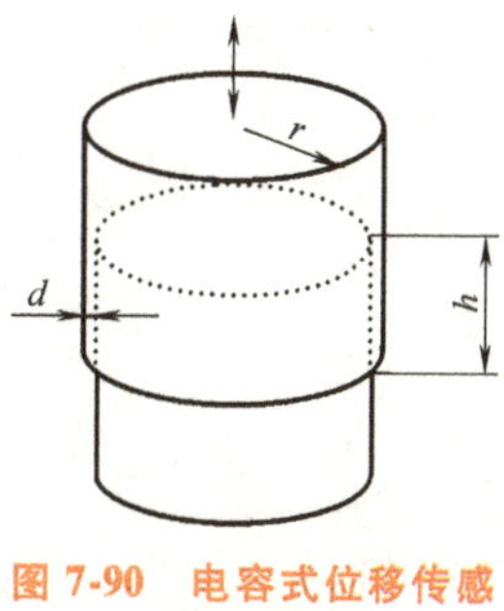

图 7-90　电容式位移传感器示意图

7-11　有一变间隙差动电容式传感器，其结构如图 7-91 所示。选用变压器交流电桥作为测量电路。差动电容器参数如下：$r=12mm$；$d_1=d_2=d_0=0.6mm$；空气介质，即 $\varepsilon=\varepsilon_0=8.85\times10^{-12}F/m$。测量电路参数如下：$U_{sr}=U=3\sin\omega t$。试求当动极板向上位移 $\Delta x=$

0.05mm 时，电桥输出端电压 U_{sc}。

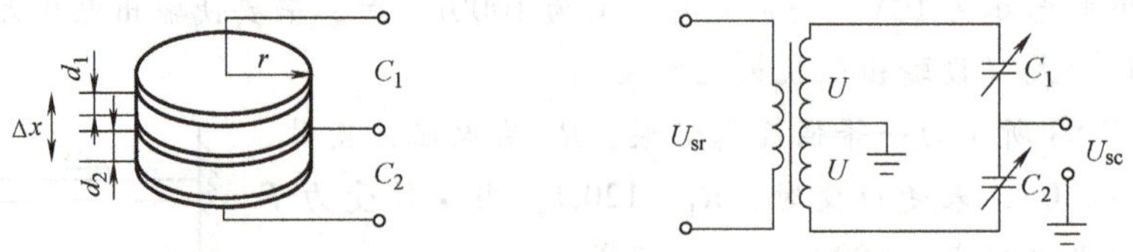

图 7-91　变间隙差动电容式传感器及其测量电路

7-12　变气隙厚度变磁阻电感式传感器的输出特性与哪些因素有关？如何改善其非线性，提高灵敏度？

7-13　比较差动式变气隙厚度电感式传感器与差动变压器在结构原理上的异同之处。

7-14　涡流电感式传感器可以进行哪些物理量的检测？能否测量非金属物体，为什么？

7-15　已知变气隙厚度变磁阻电感式传感器的铁心截面积 $A=1.5\text{cm}^2$，磁路长度 $L=20\text{cm}$，相对磁导率 $\mu=5000$，气隙 $\delta_0=0.5\text{cm}$，$\Delta\delta=\pm0.1\text{mm}$，真空磁导率 $\mu_0=4\pi\times10^{-7}\text{H/m}$，线圈匝数 $W=3000$，求传感器的灵敏度 $\Delta L/\Delta\delta$（若铁心磁阻小于空气气隙磁阻的 1%则可忽略）。若将其做成差动式结构形式，灵敏度将如何变化？

7-16　用一涡流式测振仪测量机器主轴的轴向窜动，已知传感器的灵敏度为 25mV/mm，最大线性范围（优于 1%）为 5mm。现将传感器安装在主轴的右侧，如图 7-92a 所示。使用高速记录仪记录下的振动波形如图 7-92b 所示。试分析：

（1）轴向振动的幅值为多少？

（2）主轴振动的基频 f 是多少？

（3）为了得到较好的线性度与最大的测量范围，传感器与被测主轴的安装距离应为多少？

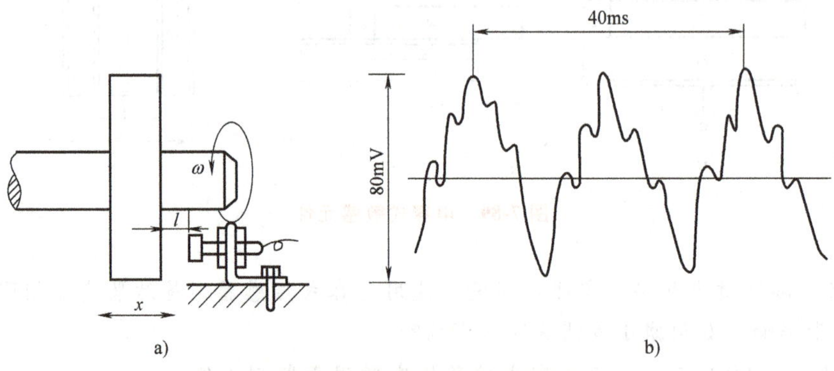

图 7-92　涡流式测振仪及其记录下的振动波形

第 8 章

电动势式传感器

8.1 压电式传感器

压电式传感器（Piezoelectric Sensors）的工作原理基于某些电介质的压电效应（Piezoelectric Effect），它是一种典型的有源传感器，即发电型传感器。在 1880 年，由皮埃尔·居里（P. Curie）与雅克·居里（J. Curie）首次在石英晶体中发现了压电效应。1881 年，他们通过实验验证了逆压电效应，并得出了正逆压电常数（Piezoelectric Constant）。压电式传感器具有体积小、质量轻、频带宽，灵敏度高，工作可靠，测量范围广等优点，它可以把力、压力、加速度等许多非电量转化为电量，因此在机械、声学、力学、医学和航天等领域得到了广泛的应用。压电式传感器的主要缺点是不能测量静态信号且内阻很高，需要用低电容的低噪声电缆，并且许多压电材料的工作温度只能达到 250℃左右。

【拓展阅读】 压电效应的发现者皮埃尔·居里及其家族

8.1.1 压电式传感器的工作原理

1. 压电效应

某些电介质，在沿一定方向受到压力或拉力作用而发生形变时，内部会产生极化现象，其表面会产生电荷，若将外力去掉时，它们又重新回到不带电的状态，这种机械能转变为电能的现象被称为正压电效应。相反，当在电介质极化方向施加电场时，这些电介质就在一定方向上产生机械形变，外电场撤除，形变也随之消失，这种现象称为逆压电效应，又称为电致伸缩效应。

压电式传感器通常是利用正压电效应来实现的。而利用电致伸缩效应可以制成机械微进给装置、超声波发生器、压电扬声器等。

【动画演示】
石英晶体压电效应

【深入思考】
生活中还有哪些场合用到压电效应?

【视频讲解】
压电效应

2. 压电常数及表面电荷的计算

压电元件在受到力 F 作用时，在相应的表面上产生电荷 Q，其大小与力 F、压电常数 d_{ij}

以及压电元件的尺寸有关。为了使电荷的表达式与压电元件的尺寸无关，人们常利用电荷的表面密度与作用力之间的关系构造传感器，其计算公式为

$$q=d_{ij}\sigma \tag{8-1}$$

式中，q 为电荷的表面密度（C/m^2）；σ 为单位面积上的作用力（N/m^2）；d_{ij} 为压电常数（C/N）。

压电常数 d_{ij} 有两个下角标，其中第一个下角标 i 表示压电元件的极化方向，当产生电荷的表面垂直于 x 轴（y 轴或 z 轴），记作 $i=1$（或 2 或 3）；第二个下角标 j 表示作用力的方向，$j=1$ 或 2，3，4，5，6，它们分别表示在沿 x 轴，y 轴，z 轴方向作用的单向应力和在垂直于 x 轴，y 轴、z 轴的平面内（即 yz 平面，zx 平面，xy 平面）作用的剪切力，如图 8-1 所示。单向应力的符号规定拉应力为正，压应力为负；剪切力的正号规定为从自旋转轴的正向看去，使其在第Ⅰ、Ⅲ象限的对角线伸长。

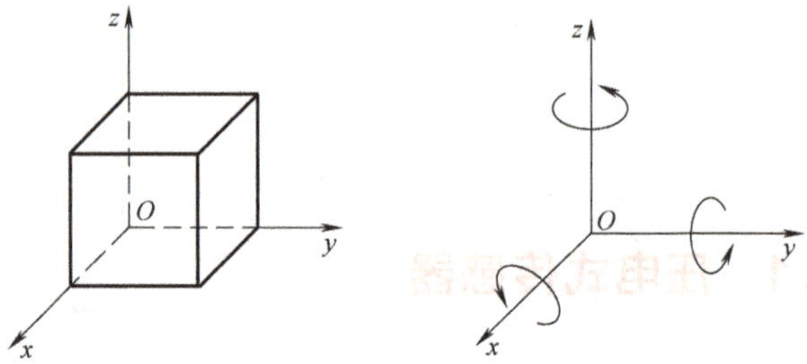

图 8-1　压电元件的应力作用

例如 d_{31} 表示沿 x 轴方向作用单向应力，而在垂直于 z 轴的表面产生电荷；d_{16} 表示在垂直于 z 轴的平面即 xy 平面内作用剪切力，而在垂直于 x 轴的表面产生电荷等。

当晶体在任意受力状态下所产生的表面电荷密度可由一个方程组决定，即

$$\begin{cases} q_{xx}=d_{11}\sigma_{xx}+d_{12}\sigma_{yy}+d_{13}\sigma_{zz}+d_{14}\tau_{yz}+d_{15}\tau_{zx}+d_{16}\tau_{xy} \\ q_{yy}=d_{21}\sigma_{xx}+d_{22}\sigma_{yy}+d_{23}\sigma_{zz}+d_{24}\tau_{yz}+d_{25}z_{zx}+d_{26}\tau_{xy} \\ q_{zz}=d_{31}\sigma_{xx}+d_{32}\sigma_{yy}+d_{33}\sigma_{zz}+d_{34}\tau_{yz}+d_{35}\tau_{zx}+d_{36}\tau_{xy} \end{cases} \tag{8-2}$$

式中，q_{xx}，q_{yy}，q_{zz} 分别表示在垂直于 x 轴，y 轴和 z 轴的表面上产生的电荷密度；σ_{xx}，σ_{yy}，σ_{zz} 分别表示沿 x 轴，y 轴和 z 轴方向作用的拉或压应力；τ_{yz}，τ_{zx}，τ_{xy} 分别表示在 yz 平面，zx 平面和 xy 平面内作用的剪应力。

这样，压电材料的压电特性可以用它的压电常数矩阵表示为

$$\boldsymbol{D}=\begin{bmatrix} d_{11} & d_{12} & d_{13} & d_{14} & d_{15} & d_{16} \\ d_{21} & d_{22} & d_{23} & d_{24} & d_{25} & d_{26} \\ d_{31} & d_{32} & d_{33} & d_{34} & d_{35} & d_{36} \end{bmatrix} \tag{8-3}$$

对于不同的压电材料，压电常数矩阵中有其特定的值，如石英晶体，其压电常数矩阵为

$$\boldsymbol{D}=\begin{bmatrix} d_{11} & d_{12} & 0 & d_{14} & 0 & 0 \\ 0 & 0 & 0 & 0 & d_{25} & d_{26} \\ 0 & 0 & 0 & 0 & 0 & 0 \end{bmatrix} \tag{8-4}$$

矩阵中第三行全部元素为零，且 $d_{13}=d_{23}=d_{33}=0$，说明石英晶体在沿 z 轴方向受力作用时，并不存在压电效应。同时，由于晶格的对称性，有

$$\begin{cases} d_{12}=-d_{11} \\ d_{25}=-d_{14} \\ d_{26}=-2d_{11} \end{cases} \tag{8-5}$$

所以，实际上石英晶体只有两个独立的压电常数，即

$$d_{11}=\pm2.31\times10^{-12}\mathrm{C/N}$$

$$d_{14}=\pm0.73\times10^{-12}\mathrm{C/N}$$

由压电常数矩阵还可以看出，对能量转换有意义的石英晶体变形方式有五种。

1）厚度变形（简称 TE 方式），如图 8-2a 所示。这种变形方式利用石英晶体的纵向压电效应，产生的表面电荷密度或表面电荷为

$$q_{xx}=d_{11}\sigma_{xx}\text{或 }Q_{xx}=d_{11}F_{xx}\quad(8\text{-}6)$$

2）长度变形（简称 LE 方式），如图 8-2b 所示，即利用石英晶体的横向压电效应，计算公式为

$$q_{xx}=d_{12}\sigma_{yy}\text{或 }Q_{xx}=d_{12}F_{yy}\frac{S_{xx}}{S_{yy}}\quad(8\text{-}7)$$

式中，S_{xx} 为压电元件垂直于 x 轴的表面积；S_{yy} 为压电元件垂直于 y 轴的表面积。

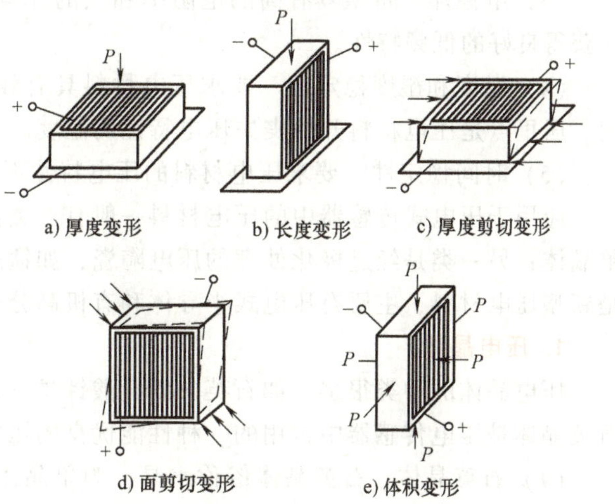

图 8-2　压电元件的受力状态和变形方式

3）厚度剪切变形（简称 TS 方式），如图 8-2c 所示，计算公式为

$$q_{yy}=d_{26}\tau_{xy}(\text{对于 }y\text{ 切晶片})\quad(8\text{-}8)$$

4）面剪切变形（简称 FS 方式），如图 8-2d 所示，计算公式为

$$q_{xx}=d_{14}\tau_{yz}(\text{对于 }x\text{ 切晶片})\quad(8\text{-}9)$$

$$q_{yy}=d_{25}\tau_{zx}(\text{对于 }y\text{ 切晶片})\quad(8\text{-}10)$$

5）弯曲变形（简称 BS 方式），弯曲变形不是基本的变形方式，而是拉、压应力和剪切应力共同作用的结果。应根据具体的晶体切割及弯曲情况选择合适的压电常数进行计算。

对沿 z 轴方向极化的钛酸钡陶瓷的压电常数矩阵，有

$$\begin{bmatrix}0&0&0&0&d_{15}&0\\0&0&0&d_{24}&0&0\\d_{31}&d_{32}&d_{33}&0&0&0\end{bmatrix}\quad(8\text{-}11)$$

对钛酸钡陶瓷，除长度变形方式（利用压电常数 d_{31}）和厚度变形方式（利用压电常数 d_{33}）以及面剪切变形方式（利用压电常数 d_{15}，如图 8-2d 所示）外，还有体积变形方式（简称 VE 方式）可以利用，如图 8-2e 所示。此时产生的表面电荷密度为

$$q_{zx}=d_{31}\sigma_{xx}+d_{32}\sigma_{yy}+d_{33}\sigma_{xz}\quad(8\text{-}12)$$

由于此时 $\sigma_{xx}=\sigma_{yy}=\sigma_{zz}=\sigma$，同时对钛酸钡压电陶瓷有 $d_{31}=d_{32}$，所以

$$q_{zz}=(2d_{31}+d_{33})\sigma=d_{\mathrm{h}}\sigma\quad(8\text{-}13)$$

式中，$d_{\mathrm{h}}=2d_{31}+d_{33}$ 为体积压缩的压电常数。

这种变形方式可用来进行液体或气体压力的测量。

【视频讲解】压电常数及压电常数矩阵

8.1.2　压电材料

具有压电特性的材料称为压电材料，选用合适的压电材料是设计高性

能压电传感器的关键，一般应考虑以下几方面的特性进行选择：

（1）转换性能　它用来衡量材料压电效应的强弱，压电材料应具有较大的压电常数。

（2）机械性能　压电元件作为受力元件，人们希望它的强度高、刚度大，以获得宽的线性范围和高的固有振动频率。

（3）电性能　希望具有高的电阻率和大的介电常数，以期望减弱外部分布电容的影响并获得良好的低频特性。

（4）温度和湿度稳定性　要求压电材料具有较高的居里点，以期得到宽的工作温度范围。居里点是压电材料开始丧失压电特性的温度。

（5）时间稳定性　要求压电材料的压电特性不随时间变化。

应用于压电式传感器中的压电材料一般有三类：一类是压电晶体，如石英晶体，一般为单晶体；另一类是经过极化处理的压电陶瓷，如钛酸钡，钛酸铅等，一般为多晶体；第三类是新型压电材料，主要有压电式半导体和有机高分子压电材料两类。

1. 压电晶体

压电晶体的种类很多，如石英、酒石酸钾钠、电气石、磷酸二氢铵，硫酸锂等。其中，石英晶体是压电传感器中常用的一种性能优良的压电材料。

（1）石英晶体　石英晶体俗称水晶，为单晶体结构，化学式为 SiO_2，有天然和人工之分。天然石英晶体经历亿万年变化而性能稳定，但资源少，并大多存在缺陷，只限于标准传感器及高精度传感器使用。人造石英晶体广泛被采用，只是外形与天然石英晶体有所不同。

图 8-3 所示为天然结构的石英晶体，呈六角形晶柱。石英晶体有三个晶轴，其中 z 轴与晶体纵向轴一致，称为光轴。光线沿 z 轴方向通过晶体不发生双折射，此轴可用光学方法确定。沿光轴的作用力不产生压电效应，故又称作中性轴。x 轴为电轴，它通过两个相对的棱线，是相邻柱面内夹角的等分线，并且要与 z 轴垂直，显然 x 轴共有三个。垂直于此轴的晶面上有最强的压电效应。垂直于 xOz 平面的 y 轴为机械轴，显然 y 轴也有三个。在电场作用下，y 轴方向有最明显的机械形变。

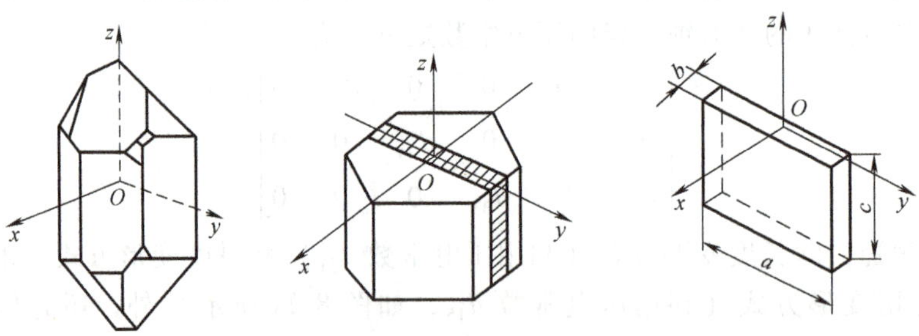

a) 晶体外形　b) 切割方向　c) 晶片

图 8-3　石英晶体

从晶体上沿轴线（如图 8-3b 所示）切下的薄片称为石英晶体切片。图 8-3c 所示即为石英晶体切片的示意图。当在电轴 x 方向施加作用力 F_x 时，则在与电轴垂直的平面上产生电荷 Q_x，其大小为

$$Q_x = d_{11} \cdot F_x$$

式中，d_{11} 为 x 方向受力的压电常数。

若在同一切片上，沿机械轴 y 方向施加作用力 F_y，则仍在与 x 轴垂直的平面上产生电

荷 Q_y，其大小为

$$Q_y = d_{12}\frac{a}{b}F_y = -d_{11}\frac{a}{b}F_y$$

式中，d_{12} 为 y 轴方向受力的压电常数，$d_{12}=-d_{11}$；a，b 为晶体切片的长度和厚度。

电荷 Q_x 和 Q_y 的符号由受压力还是受拉力决定。

石英晶体的压电特性与其内部分子结构有关。为了直观了解其压电特性，将一个单元组体中构成石英晶体的硅离子和氧离子排列在垂直于晶体 z 轴的 xy 平面上的投影，等效为图 8-4a 所示的正六边形排列，图中“⊕”代表 Si^{4+}；“⊖”代表 $2O^{2-}$。

当石英晶体未受外力作用时，正、负离子（即 Si^{4+} 和 $2O^{2-}$）正好分布在正六边形的顶角上，形成三个大小相等，互成 120°夹角的电偶极矩 $\boldsymbol{p}_1$、$\boldsymbol{p}_2$ 和 $\boldsymbol{p}_3$，如图 8-4a 所示。电偶极矩的大小为 $\boldsymbol{p}=ql$，q 为电荷量，l 为正负电荷之间距离。电偶极矩方向为负电荷指向正电荷。此时，正、负电荷中心重合，电偶极矩的矢量和等于零，即 $\boldsymbol{p}_1+\boldsymbol{p}_2+\boldsymbol{p}_3=0$，这时晶体表面不产生电荷，石英晶体从整体上说呈电中性。

当石英晶体受到沿 x 方向的压力作用时，晶体沿 x 方向产生压缩变形，正、负离子的相对位置随之变动，正、负电荷中心不重合，如图 8-4b 所示。电偶极矩在 x 轴方向的分量为 $(\boldsymbol{p}_1+\boldsymbol{p}_2+\boldsymbol{p}_3)_x>0$，在 x 轴正方向的晶体表面上出现正电荷；而在 y 轴和 z 轴方向的分量为零，即 $(\boldsymbol{p}_1+\boldsymbol{p}_2+\boldsymbol{p}_3)_y=0$，$(\boldsymbol{p}_1+\boldsymbol{p}_2+\boldsymbol{p}_3)_z=0$。在垂直于 y 轴和 z 轴的晶体表面上不出现电荷。这种沿 x 轴方向施加作用力，而在垂直于此轴晶面上产生电荷的现象，称为“纵向压电效应”。

当石英晶体受到沿 y 轴方向的压力作用时，沿 x 方向产生拉伸变形，正、负离子的相对位置随之变动，晶体的变形如图 8-4c 所示，正、负电荷中心不重合。电偶极矩在 x 轴方向的分量为 $(\boldsymbol{p}_1+\boldsymbol{p}_2+\boldsymbol{p}_3)_x<0$，在 x 轴的正方向的晶体表面上出现负电荷；同样，在垂直于 y 轴和 z 轴的晶面上不出现电荷。这种沿 y 轴方向施加作用力，而在垂直于 x 轴晶面上产生电荷的现象，称为“横向压电效应”。

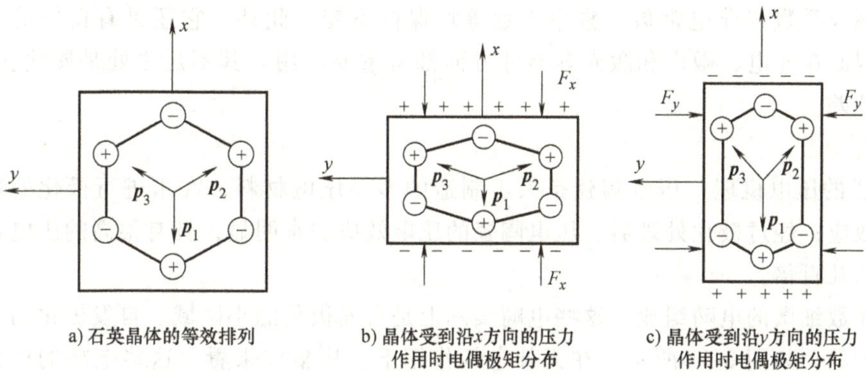

a) 石英晶体的等效排列　b) 晶体受到沿x方向的压力作用时电偶极矩分布　c) 晶体受到沿y方向的压力作用时电偶极矩分布

【动画演示】石英晶体压电效应机理

图 8-4　石英晶体压电效应机理示意图

当晶体受到沿 z 轴方向的力（无论是压力式拉力）作用时，因为晶体在 x 轴方向和 y 轴方向的变形相同，正、负电荷中心始终保持重合，电偶极矩在 x 轴方向和 y 轴方向的分量等于零。所以，沿光轴方向施加作用力，石英晶体不会产生压电效应。

当作用力 F_x 或 F_y 的方向相反时，电荷的极性将随之改变。如果石英晶体的各个方向同时受到均等的作用力（如液体压力），石英晶体将保持电中性。所以，石英晶体没有体积变形的压电效应。图 8-5 所示为晶体切片在 x 轴和 y 轴方向受拉力和压力的具体情况。

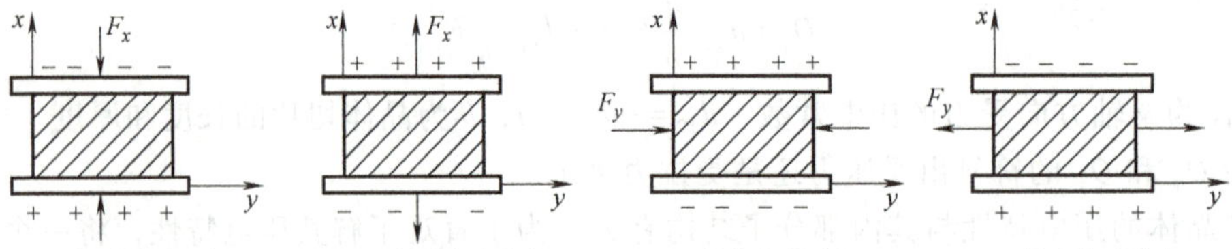

a) x轴方向受压力　b) x轴方向受拉力　c) y轴方向受压力　d) y轴方向受拉力

图 8-5　晶体切片上电荷极性与受力方向的关系

在片状压电材料上的两个电极面上，如果加以交流电压，那么压电片能产生机械振动，即压电片在电极方向上有伸缩的现象。这种电致伸缩现象即为前述的逆压电效应。

压电石英晶体的主要性能特点是：

1）压电常数小，其时间和温度稳定性好，常温下几乎不变，在 20~200℃范围内，温度变化仅为-0.016%/℃。

2）机械强度和品质因数高，许用应力高达（6.8~9.8）$\times 10^7$Pa，且刚度大，固有频率高，动态特性好。

3）居里点为 573℃，重复性、绝缘性好。

对于天然石英上述性能尤佳。因此，它们常用于精度和稳定性要求高的场合和制作标准传感器。

（2）其他压电单晶　在压电单晶中除天然和人工石英晶体外，锂盐类压电和铁电单晶如铌酸锂（$LiNbO_3$），锗酸锂（$LiGeO_3$）、镓酸锂（$LiGaO_3$）和锗酸铋（$Bi_{12}GeO_{20}$）等材料，近年来已在传感器技术中日益得到广泛应用，其中以铌酸锂为典型代表。

铌酸锂是一种无色或浅黄色透明铁电晶体，从结构看，它是一种多畴单晶。它必须通过极化处理后才能成为单畴单晶，从而呈现出类似单晶体的特点，即机械性能各向异性。它的时间稳定性好，居里点高达 1200℃，在高温、强辐射条件下，仍具有良好的压电性，且机械性能，如机电耦合系数、介电常数、频率常数等均保持不变。此外，它还具有良好的光电、声光效应，因此在光电、微声和激光等器件方面都有重要应用。其不足之处是质地脆、抗机械和热冲击性差。

2. 压电陶瓷

（1）压电陶瓷的压电机理　压电陶瓷是人工制造的多晶压电材料，在未进行极化处理时，不具有压电效应；经过极化处理后，压电陶瓷的压电效应非常明显，具有很高的压电系数，是石英晶体的几百倍。

压电陶瓷由无数细微的电畴组成，这些电畴实际上是自发极化的小区域。自发极化的方向是完全任意排列的，如图 8-6a 所示，在无外电场作用下，从整体来看，这些电畴的极化效应被互相抵消了，使原始的电压陶瓷呈电中性，不具有压电性质。所谓极化处理，就是在

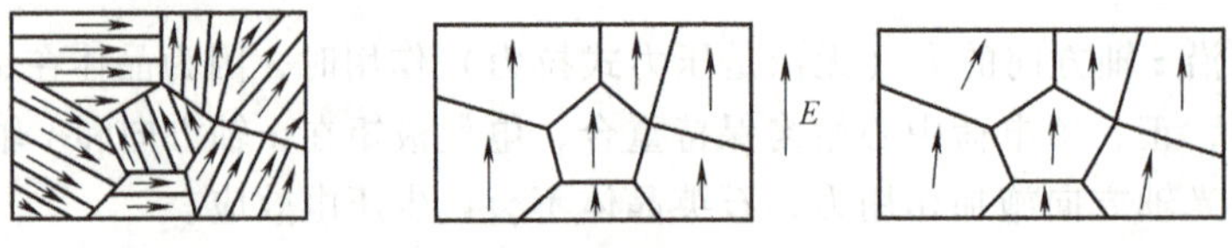

a) 极化前　b) 正在极化　c) 极化后

图 8-6　压电陶瓷的极化

一定温度下对压电陶瓷施加强直流电场（20~30kV/cm 的直流电场），经过 2~3h 后，压电陶瓷就具备压电性能了。这是因为陶瓷内部的电畴的极化方向在外电场作用下都趋向于电场的方向，如图 8-6b 所示，这个方向就是压电陶瓷的极化方向。在外电场去掉后，其内部仍存在着很强的剩余极化强度。当压电陶瓷受外力作用时，电畴的界限发生移动，因此，剩余极化强度将发生变化，压电陶瓷就呈现出压电效应，如图 8-6c 所示。

（2）常用压电陶瓷　传感器技术中应用的压电陶瓷，按其组成基本元素多少可分为：

1）二元系压电陶瓷。主要包括钛酸钡（$BaTiO_3$）、钛酸铅（$PbTiO_3$）、锆钛酸铅系列（$PbTiO_3$-$PbZrO_3$）和铌酸盐系列（$KNbO_3$-$PbNb_2O_3$）。其中以锆钛酸铅系列压电陶瓷应用最广。

2）三元系压电陶瓷。目前应用的有 PMN，它由铌镁酸铅［$Pb(Mg_{1/3}Nb_{2/3})O_3$］、钛酸铅（$PbTiO_3$）、锆钛酸铅（$PbZrO_3$）3 种成分配比而成。另外还有专门制造耐高温、高压和电击穿性能的铌锰酸铅、镁碲酸铅、锑铌酸铅等。

综合性能更为优越的四元系压电陶瓷已经研制成功，研究工作正在不断深入。

常用压电晶体和陶瓷材料的主要性能参数见表 8-1。

表 8-1　常用压电晶体和陶瓷材料性能参数

压电材料			压电陶瓷					压电晶体	
			钛酸钡 $BaTiO_3$	锆钛酸铅系列			铌镁酸铅 PMN	铌酸锂 $LiNbO_3$	石英 SiO_2
				PZT-4	PZT-5	PZT-8			
性能参数	压电常数/($pC \cdot N^{-1}$)	d_{15}	260	410	670	410		2220	$d_{11}=2.31$
		d_{31}	-78	-100	-185	-90	-230	-25.9	$d_{14}=0.73$
		d_{33}	190	200	415	200	700	487	
	相对介电常数 ε_r		1200	1050	2100	1000	25000	3.9	4.5
	居里点温度/℃		115	310	260	300	260	1210	573
	密度/($10^3 kg \cdot m^{-3}$)		5.5	7.45	7.5	7.45	7.6	4.64	2.65
	弹性模量/($10^9 N \cdot m^{-2}$)		110	83.3	117	123		24.5	80
	机械品质因素		300	≥500	80	≥800		105	10^5~10^6
	最大安全应力/($10^6 N \cdot m^{-2}$)		81	76	76	83			95~100
	体积电阻率/($\Omega \cdot m$)		10^{10}	$>10^{10}$	10^{11}				$>10^{12}$
	最高允许温度/℃		80	250	250				550

3. 新型压电材料

（1）压电半导体　1968 年以来出现了多种压电半导体，如硫化锌（ZnS）、碲化镉（CdTe）、氧化锌（ZnO）和砷化镓（GaAs）等。这些材料的显著特点是：既具有压电特性，又具有半导体特性。因此既可用其压电特性研制传感器，又可用其半导体特性制作电子器件；也可以两者结合，集元器件与线路于一体，研制成新型集成压电传感器测试系统。

（2）有机高分子压电材料　这类材料其一是某些合成高分子聚合物，经延展拉伸和电极化后制成的具有压电性高分子压电薄膜，如聚氟乙烯（PVF）、聚偏氟乙烯（PVF_2）、聚氯乙烯（PVC）、聚 τ-甲基-L 谷氨酸酯（PMG）和尼龙 11 等。这些材料的独特优点是质轻柔软，拉伸强度较高、蠕变小、耐冲击，体电阻达 $10^{12}\Omega \cdot m$，击穿强度为 150~200kV/mm，声阻抗接近水和生物体含水组织，热释电性和热稳定性好，且便于批生产和大面积使用，可制成大面积阵列传感器乃至人工皮肤。

其二是高分子化合物中掺杂压电陶瓷（PZT）或 $BaTiO_3$ 粉末制成的高分子压电薄膜。这种复合压电材料同样既保持了高分子压电薄膜的柔软性，又具有较高的压电性和机电耦合系数。

几种新型压电材料的主要性能参数见表 8-2。

表 8-2　几种新型压电材料的主要性能参数

压电材料		压电半导体				高分子压电薄膜		
		ZnO	CdS	ZnS	CdTe	PVF_2	PVF_2-PZT	PMG
性能参数	压电常数/($pC\cdot N^{-1}$)	$d_{33}=12.4$ $d_{31}=-5.0$	$d_{33}=10.3$ $d_{31}=-5.2$	$d_{14}=3.18$	$d_{14}=1.68$	6.7	23	3.3
	相对介电常数 ε_r	10.9	10.3	8.37	9.65	5.0p	55	4.0
	密度/($10^3 kg\cdot m^{-3}$)	5.68	4.80	4.09	5.84	1.8	3.5	1.3
	机电耦合系数(%)	48	26.2	8.00	2.60	3.9	8.3	2.5
	弹性系数/($N\cdot m^{-2}$)	21.1	9.30	10.5	6.20	1.5	4.0	2.0
	声阻抗/($10^6 kg\cdot m^{-2}\cdot s$)					1.3	2.6	1.6
	电子迁移率/($cm^{-2}\cdot V^{-1}\cdot s$)	180	150	140	600			
	禁带宽度/eV	3.3	240	3.60	1.40			

8.1.3　压电式传感器等效电路

【视频讲解】压电材料

当压电式传感器的压电元件受力时，在压电元件一定方向上产生极性相反的电荷，因此可把压电传感器视为一个电荷源，如图 8-7a 所示。由于压电晶体是绝缘体，电荷聚集在压电元件的表面，所以它又相当于一个以压电材料为电解质的电容器，如图 8-7b 所示。其电容量为

$$C_a=\frac{\varepsilon S}{h}=\frac{\varepsilon_r\varepsilon_0 S}{h} \tag{8-14}$$

式中，S 为压电元件电极板面积（m^2）；h 为压电元件厚度（m）；ε 为压电材料介电常数（F/m）；ε_0 为真空中的介电常数（F/m）；ε_r 为压电材料相对介电常数。

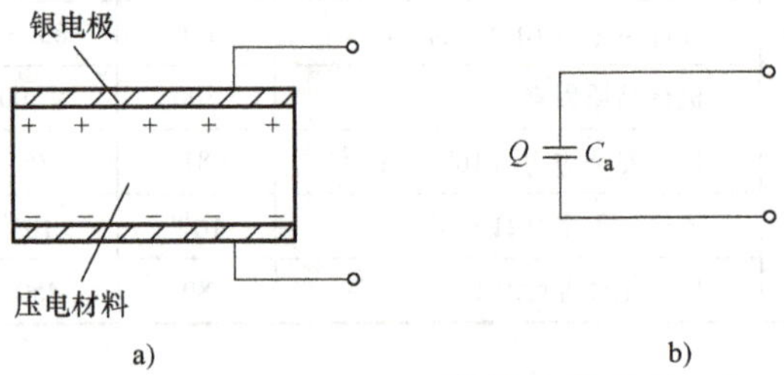

图 8-7　压电元件等效电路

因此，可以把压电式传感器等效为一个电荷源与电容相并联的电荷等效电路，如图 8-8a 所示。在开路状态，输出端电荷为

$$Q=C_aU \tag{8-15}$$

压电式传感器也可以等效成一个电压源与电容相串联的电路，如图 8-8b 所示。同样，在开路状态，其输出端电压为

$$U=\frac{Q}{C_a} \tag{8-16}$$

由图可知，只有在外电路负载 R_L 无穷大，内部无漏电时，压电式传感器受力所产生的

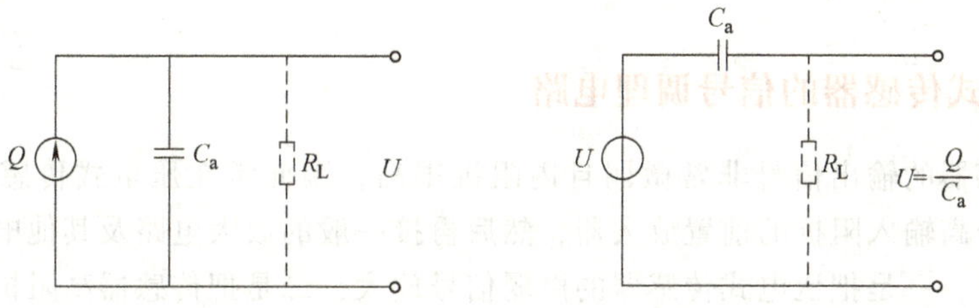

a) 电荷等效电路　　b) 电压等效电路

图 8-8　压电传感器的等效电路

电荷及其形成的电压 U 才能长期保存下来。如果负载不是无穷大，则电路将以时间常数 R_LC_a 按指数规律放电。为此，在测量一个频率很低的动态参数时，就必须保证 R_L 具有很大值，使 R_LC_a 大，才不致产生大的误差，这时，R_L 要大于数百兆欧。

在构成传感器时，总要利用电缆将压电元件接入测量线路或仪器，这样，就引入了电缆的分布电容 C_c，测量放大器的输入电阻 R_I 和输入电容 C_I 等形成的负载阻抗影响；加之考虑压电器件并非理想元件，它内部存在泄漏电阻 R_a，从而可以得到如图 8-9 所示的压电式传感器完整的等效电路。

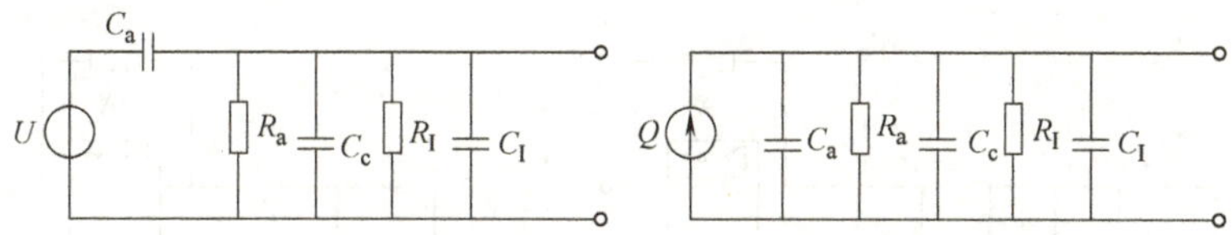

a) 电压源　　b) 电荷源

图 8-9　压电式传感器完整等效电路

为了提高灵敏度，可以把两片压电元件重叠放置并按并联或串联方式连接，如图 8-10 所示。

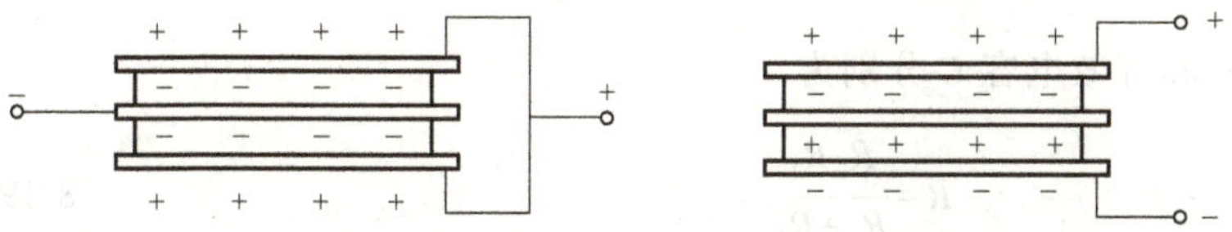

a) 并联结构　　b) 串联结构

图 8-10　压电元件的连接方式

【动画演示】
压电元件的连接方式

图 8-10a 所示并联结构的输出电容 C'、电荷量 Q' 为单片电容的两倍，而输出电压 U' 等于单片电压 U，即

$$Q'=2Q, U'=U, C'=2C \tag{8-17}$$

图 8-10b 所示串联结构的输出总电荷 Q' 等于单片电荷 Q，而输出电压 U' 等于单片电压 U 的两倍，总电容 C' 为单片电容 C 的一半，即

$$Q'=Q, U'=2U, C'=\frac{C}{2} \tag{8-18}$$

【视频讲解】
等效电路

在这两种接法中，并联法输出电荷大，本身电容大，时间常数大，适宜于测量慢变信号，并且以电荷作为输出量的地方；串联法输出电压大，本身电容小，适用于以电压作为输出信号，并且测量电路输入阻抗

很高的地方。

8.1.4 压电式传感器的信号调理电路

压电式传感器的输出信号非常微弱且内阻抗很高，因此常在压电式传感器的输出端后面，先接入一个高输入阻抗的前置放大器，然后再接一般的放大电路及其他电路。前置放大器的作用有两个，一是把压电式传感器的微弱信号放大，二是把传感器高阻抗输出变换为低阻抗输出。

压电式传感器的输出可以是电压，也可以是电荷。因此，它的前置放大器有电压放大器（Voltage Amplifiers）和电荷放大器（Charge Amplifiers）两种形式。

1. 电压放大器

电压放大器又称阻抗变换器。它的主要作用是把压电传感器的高输出阻抗变换为低输出阻抗，并将微弱信号进行适当放大。一般来说，压电式传感器的绝缘电阻 $R_a \geqslant 10^{10}\Omega$，为了尽可能保持压电式传感器的输出值不变，要求前置放大器的输入阻抗尽可能高，一般在 $10^{11}\Omega$ 以上。这样从才能减少由于漏电造成的电压（或电荷）的损失，不致引起过大的测量误差。

电压放大器的等效电路图如图 8-11 所示。

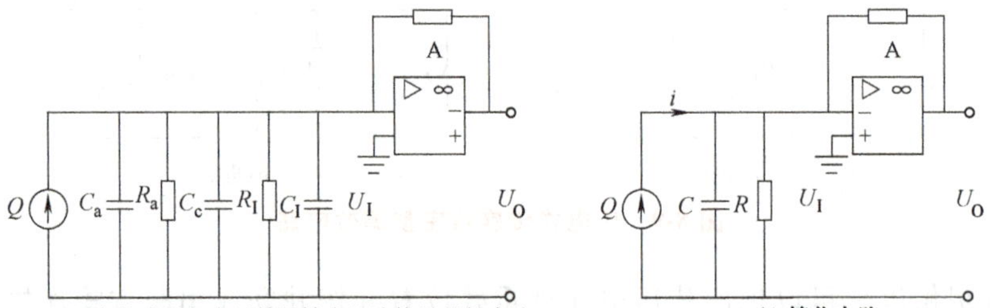

a) 压电传感器与电压前置放大器连接的等效电路　　b) 简化电路

图 8-11　电压放大器的等效电路

图 8-11 中，等效电阻 R 和等效电容 C 分别为

$$R=\frac{R_aR_I}{R_a+R_I} \tag{8-19}$$

$$C=C_a+C_c+C_I \tag{8-20}$$

式中，R_a 为传感器的绝缘电阻；R_I 为前置放大器输入电阻；C_a 为传感器内部电容；C_c 为电缆电容；C_I 为前置放大器输入电容。

由等效电路可知，前置放大器的输入电压 $\dot{U}_I$ 为

$$\dot{U}_I=\dot{I}\ \frac{R}{1+\mathrm{j}\omega RC} \tag{8-21}$$

假设作用在压电元件上的力为 f，幅值为 F_m，角频率为 ω，则

$$f=F_m\sin\omega t \tag{8-22}$$

若压电元件的压电系数为 d_{ij}，在力 f 的作用下，产生的电荷 Q 为

$$Q=d_{ij}\cdot f \tag{8-23}$$

因此，有

$$i=\frac{\mathrm{d}Q}{\mathrm{d}t}=\frac{\mathrm{d}(d_{ij}\cdot f)}{\mathrm{d}t}=d_{ij}\cdot\frac{\mathrm{d}f}{\mathrm{d}t} \tag{8-24}$$

根据电路理论中相量知识，正弦量的微分运算对应相量的形式为

$$\frac{\mathrm{d}f}{\mathrm{d}t}\rightarrow \mathrm{j}\omega\dot{F} \tag{8-25}$$

将式（8-24）左右两边均写成相量形式得到

$$\dot{I}=\mathrm{j}\omega d_{ij}\cdot\dot{F} \tag{8-26}$$

将式（8-26）代入式（8-21）得

$$\dot{U}_{\mathrm{I}}=d_{ij}\dot{F}\frac{\mathrm{j}\omega R}{1+\mathrm{j}\omega RC} \tag{8-27}$$

因此，前置放大器的输入电压的幅值 U_{Im} 为

$$U_{\mathrm{Im}}=|\dot{U}_{\mathrm{I}}|=\frac{d_{ij}F_{\mathrm{m}}\omega R}{\sqrt{1+(\omega RC)^2}} \tag{8-28}$$

输入电压与作用力之间的相位差 φ 为

$$\varphi=\frac{\pi}{2}-\arctan(\omega RC) \tag{8-29}$$

在理想情况下，传感器的绝缘电阻 R_{a} 和前置放大器的输入电阻 R_{I} 都为无限大，则 R 无限大。由式（8-28）可知，前置放大器的输入电压的幅值 U_{am} 为

$$U_{\mathrm{am}}=\frac{d_{ij}F_{\mathrm{m}}}{C}=\frac{d_{ij}F_{\mathrm{m}}}{C_{\mathrm{a}}+C_{\mathrm{c}}+C_{\mathrm{I}}} \tag{8-30}$$

此时，前置放大器的输入电压与频率无关，它与实际输入电压 U_{Im} 之幅值比为

$$\frac{U_{\mathrm{Im}}}{U_{\mathrm{am}}}=\frac{\omega RC}{\sqrt{1+(\omega RC)^2}} \tag{8-31}$$

令 $\omega_1=\frac{1}{RC}=\frac{1}{\tau}$，式中，$\tau$ 为测量回路的时间常数，即

$$\tau=RC=R(C_{\mathrm{a}}+C_{\mathrm{c}}+C_{\mathrm{i}}) \tag{8-32}$$

则式（8-31）和式（8-29）可分别写成

$$\frac{U_{\mathrm{Im}}}{U_{\mathrm{am}}}=\frac{\frac{\omega}{\omega_1}}{\sqrt{1+\left(\frac{\omega}{\omega_1}\right)^2}} \tag{8-33}$$

$$\varphi=\frac{\pi}{2}-\arctan\left(\frac{\omega}{\omega_1}\right) \tag{8-34}$$

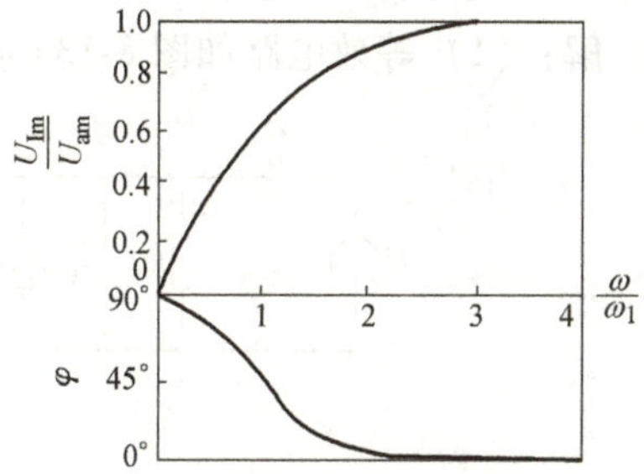

图 8-12　电压幅值比和相位与频率比的关系曲线

由此得到电压幅值比和相位与频率比的关系曲线如图 8-12 所示。当作用在压电元件上的力是静态力（$\omega=0$）时，则前置放大器的输入电压等于零。因为电荷就会通过放大器的输入电阻和传感器本身的泄漏电阻漏掉。这也就从原理上决定了压电式传感器不能测量静态物理量。

当$\frac{\omega}{\omega_1}\gg 1$，即$\omega\tau\gg 1$时，也就是作用力的变化频率与测量回路的时间常数的乘积远大于1时，前置放大器的输入电压U_{Im}随频率的变化不大。当$\frac{\omega}{\omega_1}\geqslant 3$时，可近似看作输入电压与作用力的频率无关。这说明，压电式传感器的高频响应是相当好的。它是压电式传感器的一个突出优点。

但是，如果被测物理量是缓慢变化的动态量，而测量回路的时间常数又不大，则会造成传感器灵敏度下降。因此，为了扩大传感器的低频响应范围，就必须尽量提高回路的时间常数。但这不能靠增加测量回路的电容量来提高时间常数，因为传感器的电压灵敏度S_v是与电容成反比的，可以从式（8-28）得到

$$S_v=\frac{|\dot{U}_I|}{F_m}=\frac{d_{ij}\omega R}{\sqrt{1+(\omega RC)^2}} \tag{8-35}$$

因为$\omega R\gg 1$，所以，传感器的电压灵敏度S_v为

$$S_v=\frac{d_{ij}}{C}=\frac{d_{ij}}{C_a+C_c+C_I} \tag{8-36}$$

可见，连接电缆不宜太长，而且也不能随意更换电缆，否则会使传感器实际灵敏度与出厂校正灵敏度不一致，从而导致测量误差。随着固态电子器件和集成电路的迅速发展，微型电压放大器可以与传感器做成一体，这种电路的缺点也就可以克服，而且无需特制的低噪声电缆，因而它仍有广泛的应用前景。

【例 8-1】 某压电式传感器测量系统中，压电传感器的电容为$C_a=1000\text{pF}$，电缆电容为$C_c=3000\text{pF}$；电压放大器的输入阻抗为$R_I=1\text{M}\Omega$，输入电容为$C_I=50\text{pF}$。

（1）请画出压电式传感器测量系统的完整等效电路图。

（2）如果系统运行的测量幅值误差为5%，可以测量的最低频率为多少赫兹？

（3）试说明如何改善系统的低频特性。

【深入思考】如果根据电压源等效电路，应如何分析？

【视频讲解】信号调理电路-电压放大器

解：（1）等效电路如图8-13a或图8-13b所示。

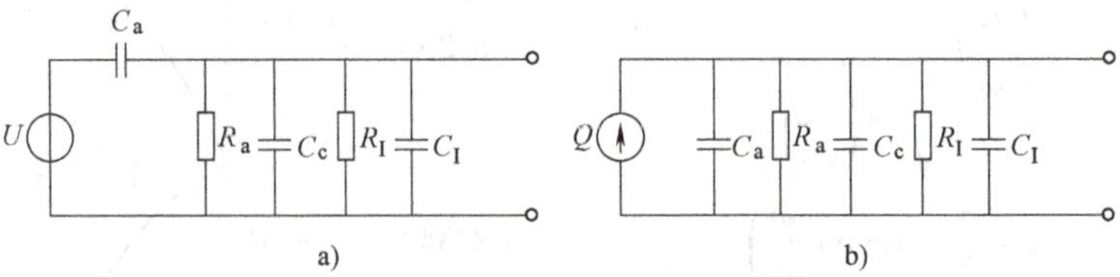

图 8-13 等效电路图

（2）设可测量的最低角频率为ω_L，则由

$$A(\omega)=\frac{U_{Im}}{U_{am}}=\frac{\omega_L\tau}{\sqrt{1+(\omega_L\tau)^2}}=0.95$$

及 $\tau=RC$，带入数据 $\omega_L=0.304\omega_1=0.304\times247\text{rad/s}=751\ \text{rad/s}$

所以可测得的最低频率为

$$f_L=\omega_L/2\pi=120\text{Hz}$$

（3）若希望改善低频特性，则可提高 τ 值，由于 $\tau=RC$，因此有两个可能的方法：

增大回路等效电容 C，但不可取，会使测量灵敏度下降。

增大回路等效电阻，由于 $R=R_aR_I/(R_a+R_I)$，R_a 一般都很大，所以人们主要采用的方法是增大前置放大器输入电阻 R_I。

2. 电荷放大器

电荷放大器是压电式传感器另一种专用的前置放大器，它能将高内阻的电荷源转换为低内阻的电压源，而且输出电压正比于输入电荷。因此，电荷放大器同样也起着阻抗变换的作用，其输入阻抗高达 $10^{10}\sim10^{12}\Omega$，输出阻抗小于 100Ω。

使用电荷放大器突出的一个优点是，在一定条件下，传感器的灵敏度与电缆长度无关。

电荷放大器实际上是一个具有深度电容负反馈的高增益放大器，其等效电路如图 8-14 所示。图中 K 是放大器的开环增益。由理想运算放大器的特性可得

$$U_O\approx u_{cf}=-\frac{Q}{C_f} \tag{8-37}$$

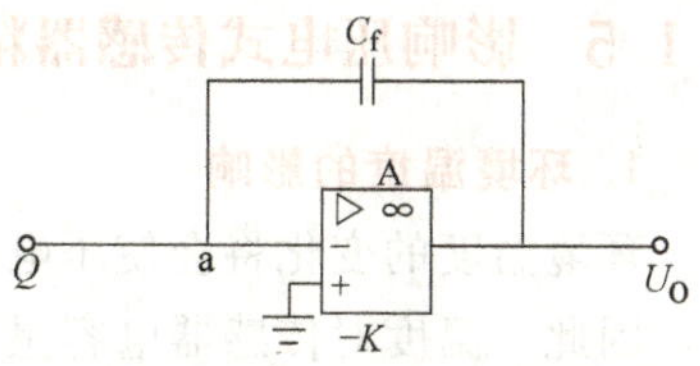

图 8-14 电荷放大器的等效电路

式中，U_O 为放大器输出电压；u_{cf} 为反馈电容两端电压。

由于电荷放大器的输出电压只与输出电荷量和反馈电容有关，而与放大器的放大系数的变化或电缆电容等均无关系，因此只要保持反馈电容的数值不变，就可以得到与电荷量 Q 变化呈线性关系的输出电压。另外，若反馈电容 C_f 小，则输出就大，因此要达到一定的输出灵敏度要求，必须选择适当容量的反馈电容。

要使输出电压与电缆电容无关是有一定条件的，可从下面的讨论中加以说明。图 8-15 所示为压电式传感器与电荷放大器连接的等效电路。图中反馈电阻 R_f 相当大，视为开路，可得

$$U_O=-KU_I \tag{8-38}$$

因为

$$U_I=\frac{Q}{C}=\frac{Q}{C_a+C_c+C_I+C_f(K+1)} \tag{8-39}$$

式中，$C_f(K+1)$ 为反馈电容 C_f 折合到输入端的等效电容。

将式（8-39）带入式（8-38）得

$$U_O=-\frac{KQ}{C_a+C_c+C_I+C_f(K+1)} \tag{8-40}$$

当 $(1+K)C_f\gg(C_a+C_c+C_I)$，则有

$$U_O\approx-\frac{Q}{C_f} \tag{8-41}$$

一般当 $(1+K)C_f>10(C_a+C_c+C_I)$ 时，传感器的输出灵敏度就可以认为与电缆电容无关了，这是使用电荷放大器的一个很突出的优点。当然，在实际使用中，传感器与测量仪器总有一定的距离，它们之间由长电缆连接。由于电缆噪声增加，这样就降低了信噪比，使低电

平振动的测量受到了一定程度的限制。

在电荷放大器的实际电路中，反馈电容 C_f 的容量是可调的，范围一般在 100～10000pF 之间。为了减小零漂，使电荷放大器工作稳定，一般在反馈电容的两端并联一个大电阻 R_f（约 10^8～$10^{10}\Omega$），如图 8-15 所示，其作用是提供直流反馈。

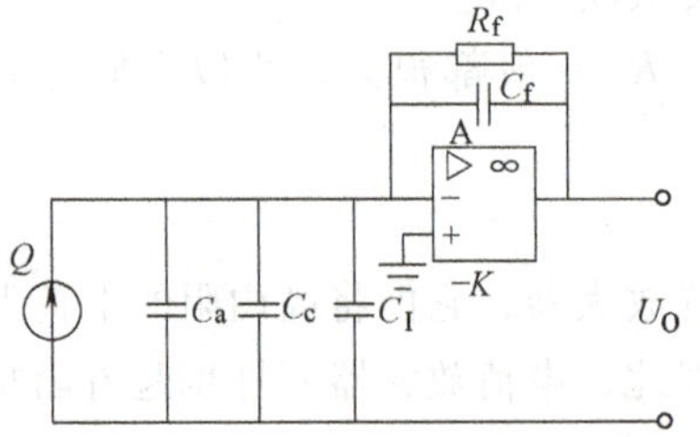

图 8-15　压电传感器与电荷前置放大器连接的等效电路

【视频讲解】
信号调理电路-电荷放大器

8.1.5　影响压电式传感器精度的因素分析

1. 环境温度的影响

环境温度的变化将会使压电材料的压电常数、介电常数、电阻和弹性模量等参数发生变化。因此，温度对传感器电容量和电阻的影响较大，即电容量随温度升高而增大，电阻随温度升高而减小。电容量增大使传感器的电荷灵敏度增加，电压灵敏度则降低。电阻减小使时间常数减小，从而使传感器的低频响应变差。为了保证传感器在高温环境中的低频测量精度，应采用电荷放大器与之匹配。

环境温度对传感器输出的影响与压电材料的性质有关。温度对压电陶瓷的影响比石英要大得多，其压电常数和介电常数远大于石英。近年来使用日益广泛的压电材料铌酸锂晶体的居里点可达 1200℃以上，远高于石英和压电陶瓷的居里点，所以可用作耐高温传感器的转换元件。

为了提高压电陶瓷的温度稳定性和时间稳定性，一般可进行人工老化处理。但天然石英晶体不用做人工老化处理，其性能很稳定。经人工老化后的压电陶瓷在常温条件下性能稳定，但在高温环境中使用时，性能仍会变化，为了减小这种影响，在设计传感器时可采取隔热措施。

2. 环境湿度的影响

环境湿度对压电式传感器性能的影响也很大。如果传感器长期在高湿度环境下工作，其绝缘电阻将会减小，低频响应变差。为此，传感器要进行合格的结构设计，有关部分一定要选用良好的绝缘材料，严格做好清洁处理和装配，电缆两端必须气密焊封，并采取防潮措施。

3. 横向灵敏度

下面以一个加速度传感器为例进行说明。对于理想的加速度传感器，只有主轴方向加速度的作用才有信号输出，而垂直于主轴方向加速度的作用是不应当有输出的。然而，实际的压电式加速度传感器在横向加速度（与其主轴向垂直的加速度）的作用下都会有一定的输出，通常将这一输出信号与横向加速度之比称为传感器的横向灵敏度。横向灵敏度以主轴灵敏度的百分数来表示。对于一只较好的传感器，最大横向灵敏度应小于主轴灵敏度的 5%。

产生横向灵敏度的主要原因是：机械加工精度不够；装配精度不够。使基座平面或安装表面与压电元件的最大灵敏度轴线不垂直；装配程中净化条件不够使灰尘、杂质等污染了传感器零件，超差严重；以及压电转换元件自身存在缺陷，如切割精度不够、压电元件表面粗糙或两表面不平行、压电转换元件各部分压电常数不一致、压电陶瓷的极化方向的偏差等。

由于以上各种原因，使传感器的最大灵敏度方向与主轴线方向不重合，如图 8-16 所示。这样，横向作用的加速度在最大灵敏度方向上的分量不为零，从而引起传感器的误差信号输出。横向灵敏度与加速度方向有关，如图 8-17 所示为典型的横向灵敏度与加速度方向的关系曲线。假设沿 0°方向或 180°方向作用有横向加速度时，横向灵敏度最大，则沿 90°方向或 270°方向作用有横向加速度时，横向灵敏度最小。根据这一特点，在测量时需仔细调整传感器的位置，使传感器的最小横向灵敏度方向对准最大横向加速度方向，从而使横向加速度引起的误差信号输出为最小。

横向灵敏度集中反映出压电传感器的内在质量缺陷，它是衡量一只传感器质量的极其重要的技术指标。压电加速度传感器的横向频率响应特性与其主轴向频率响应特性基本相近似。一般在传感器外壳上用记号标明最小横向灵敏度的方向。

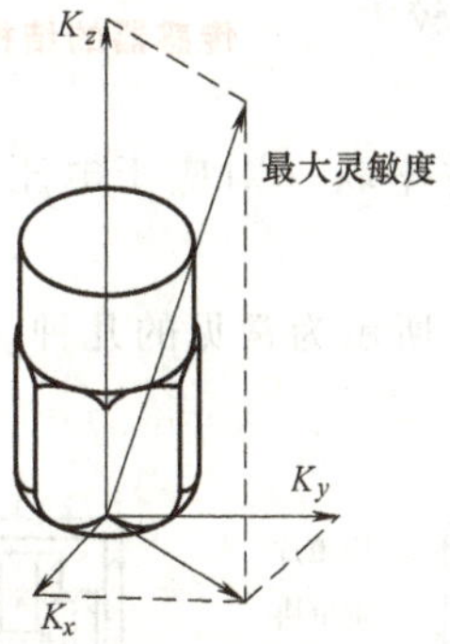

图 8-16 横向灵敏度图解说明

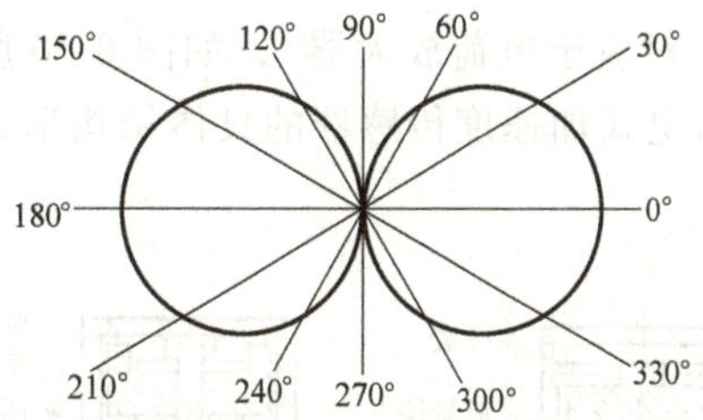

图 8-17 横向灵敏度与加速度方向的关系

4. 电缆噪声

电缆噪声由电缆自身产生。普通的同轴电缆是由聚乙烯或聚四氟乙烯材料作为绝缘保持层的多股绞线组成，外部屏蔽是一个编织的多股镀银金属网套。当电缆受到弯曲或振动时，屏蔽套、绝缘层和电缆芯线之间可能发生相对位移或摩擦而产生静电。由于压电式传感器是电容性的，这种静电荷不会很快消失，而是直接与压电元件的输出叠加，然后馈送到放大器，这就形成了电缆噪声。为了减小电缆噪声，除选用特制的低噪声电缆外（电缆的芯线与绝缘体之间以及绝缘体与套之间加入石墨层，以减小相互摩擦），在测量过程中还应将电缆固紧，以避免引起相对动。

5. 接地回路噪声

在振动测量中，一般测量仪器比较多。如果各仪器和传感器各自分别接地，由于不同的接地点间存在电位差，这样就会在接地回路中形成回路电流，导致在测量系统中产生噪声信号。防止这种噪声的有效办法是使整个测试系统在一点接地，由于没有接地回路，当然也就不会有回路电流和噪声信号。一般合适的接地点是在指示器的输入端。为此，要将传感器和放大器采取隔离措施实现对地隔离。传感器的简单隔离方法是电气绝缘，可以用绝缘螺钉和云母垫片将传感器与它所安装的构件绝缘。

影响压电式传感器精度除以上分析的几个因素外，还存在有声场效应、磁场效应及射频场效应、基座应变效应等因素。

8.1.6 压电式传感器的应用

1. 压电式加速度传感器

压电式加速度传感器具有良好的高频响应特性，量程大，结构简单，工作可靠，安装方便等一系列优点，目前已广泛地应用于航空、航天、兵器、造船、纺织、机械及电气等各个系统的振动测量、冲击测试、信号分析、环境模拟实验、模态分析、故障诊断及优化设计等方面。

(1) 压电式加速度传感器的结构　图 8-18 是压电式加速度传感器的结构原理图。该传感器由质量块、硬弹簧、压电片和基座组成。质量块一般由体积质量较大的材料（如钨或重合金）制成。硬弹簧的作用是对质量块加载，产生预压力，以保证在作用力变化时，晶片始终受到压缩。整个组件装在一个厚基座的金属壳中，用以防止试件的任何应变都被传递到压电元件上去而产生假信号输出，这种传感器一般除了加厚基座还会选用刚度较大的材料来制造。

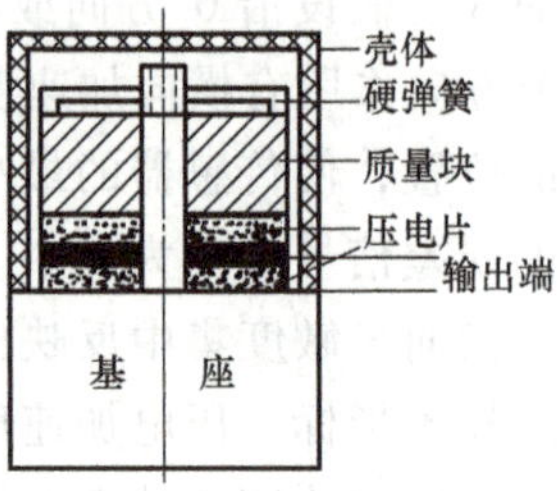

图 8-18　压电式加速度传感器的结构原理图

为了提高灵敏度，一般都采用把两片压电片重叠放置并串联（对应于电压放大器）或并联（对应于电荷放大器），如图 8-10 所示。

压电式加速度传感器的具体结构形式也有多种，图 8-19 所示为常见的几种。

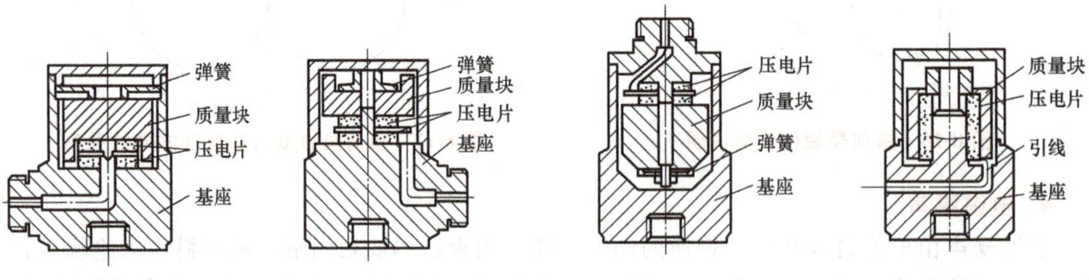

a) 外圆配合压缩式　b) 中心配合压缩式　c) 倒装中心配合压缩式　d) 剪切式

图 8-19　压电式加速度传感器结构

(2) 工作原理　测量时，人们将传感器基座与被测物体固定在一起。当传感器感受振动时，由于弹簧的刚度相当大，而质量块的质量 m 相对较小，可以认为质量块的惯性很小。因此，质量块感受与传感器基座相同的振动，并受到与加速度方向相反的力的作用。这样，质量块就有一个正比于加速度的力 F 作用在压电元件上。由于压电片具有压电效应，因此，在它的两个表面上就产生与加速度成正比的电荷 Q，根据 $F=ma$，可测得测物体的加速度 a。

当传感器与电荷放大器配合使用时，用电荷灵敏度 S_q 表示；与电压放大器配合使用时，用电压灵敏度 S_v 表示，其一般表达式为

$$S_q=\frac{Q}{a}=\frac{d_{ij}F_a}{a}=-d_{ij}m \tag{8-42}$$

$$S_v=\frac{U_a}{a}=\frac{\frac{Q}{C_a}}{a}=-\frac{d_{ij}m}{C_a} \tag{8-43}$$

式中，d_{ij} 为压电常数；C_a 为传感器电容。

由此可见，可通过选用较大的 m 和 d_{ij} 来提高灵敏度。但质量的增大将引起传感器固有频率下降，频宽减小，而且随之带来体积、质量的增加，构成对被测对象的影响，应尽量避免。通常多采用较大压电常数的材料或多晶片组合的方法来提高灵敏度。

2. 压电式测力传感器

压电元件直接成为力-电转换元件是很自然的，这类传感器设计时应考虑：

(1) 压电材料的系数　该系数决定了所测力的量值大小。

(2) 变形方式　一般以利用纵向压电效应为最简便。

(3) 机械上串联或并联的晶片数该数值影响灵敏度。

(4) 晶片的几何尺寸和合理的传力结构。

压电式测力传感器，通常采用压电晶体（石英晶体）作为测力传感器的转换元件。由于石英晶体不是铁电体，没有自发的极化效应，且稳定度高、线性度好、滞后效应小、工作频带宽，因而石英晶体测力传感器应用较为普遍。

压电式测力传感器可分为单向力、双向力和三向力传感器。它可测量几百至几万牛顿的动、准静态力。

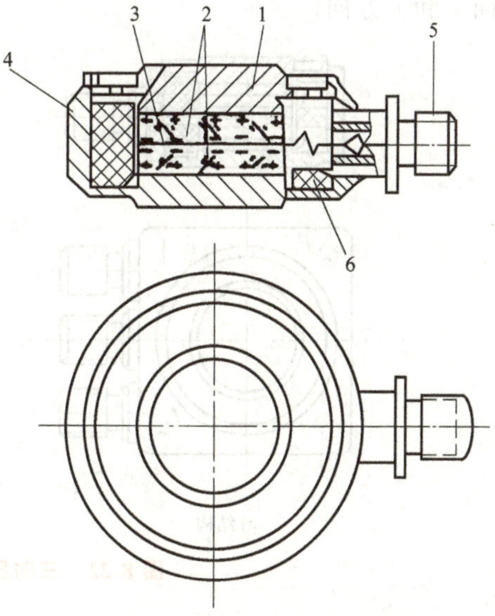

图 8-20　单向压电式力传感器

1—传力上盖　2—石英晶片　3—电极　4—基座　5—电极引出插头　6—绝缘材料

(1) 单向压电式力传感器　图 8-20 所示为用于机床动态切削力测量的单向压电式力传感器结构图。压电元件采用 xy 切型石英晶体，利用其纵向压电效应，通过 d_{11} 实现力-电转换。它用两块晶片作传感元件，被测力通过传力上盖使石英晶片沿电轴方向受压力作用，由于纵向压电效应使石英晶片在电轴方向上出现电荷，两块晶片沿电轴方向并联叠加，负电荷由电极输出，压电晶片出现正电荷一侧与底座连接。两片并联可提高其灵敏度。压力元件弹性形变部分的厚度较薄，其厚度由测力大小决定。

这种结构的单向力传感器体积小，质量轻（仅 10g），固有频率高（约 50~60kHz），最大力可测 5000N 的动态力，分辨力达 10^{-3}N。

(2) 双向压电式力传感器　双向压电式力传感器基本上有两种组合：一种是测量垂直分力 F_z 和切向分力 F_x（或 F_y）；另一种是测量互相垂直的两个切向分力，即 F_x 与 F_y。无论哪一种结合，传感器的结构形式相同。图 8-21 所示为双向压电式力传感器结构图。

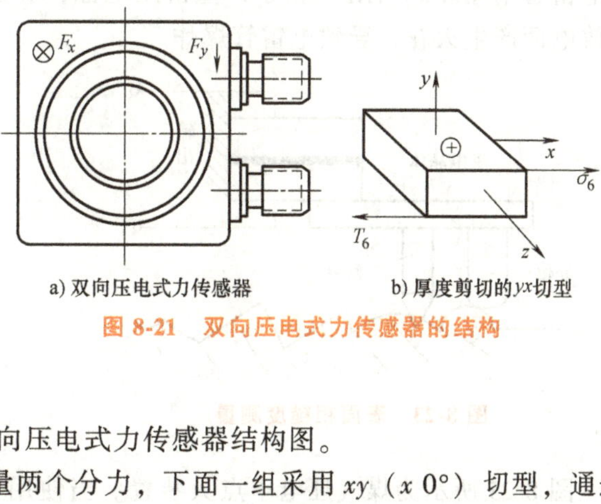

a) 双向压电式力传感器　　b) 厚度剪切的 yx 切型

图 8-21　双向压电式力传感器的结构

这种传感器利用两组石英晶片分别测量两个分力，下面一组采用 xy（x 0°）切型，通过 d_{11} 来实现力-电转换，测量轴向力 F_z；上面一组采用 yx（y 0°）切型，晶片的厚度方向为 y

轴方向，在平行于 x 轴的剪切应力 σ_6（在 xy 平面内）的作用下，产生厚度剪切变形。所谓厚度剪切变形是指晶体受剪切应力的面与产生电荷的面不共面，如图 8-21b 所示。这一组石英晶体通过 d_{26} 实现力-电转换来测量 F_y。

（3）三向压电式力传感器　图 8-22 为三向压电式力传感器结构示意图。压电组件为三组石英双晶片并联而成。它可以测量空间任一个或三个方向的力。三组石英晶片的输出极性相同。其中一组取 xy（x 0°）切型晶片，利用厚度压缩纵向压电效应 d_{11} 来测量主轴切削力 F_z；另外两组采用厚度剪切变形的 yx（y 0°）切型晶片，利用剪切压电系数 d_{26} 来分别测量 F_y 和 F_x，见图 8-22c。由于 F_y 和 F_x 正交，因此，这两组晶片安装时应使其最大灵敏轴分别取向 x 和 y 方向。

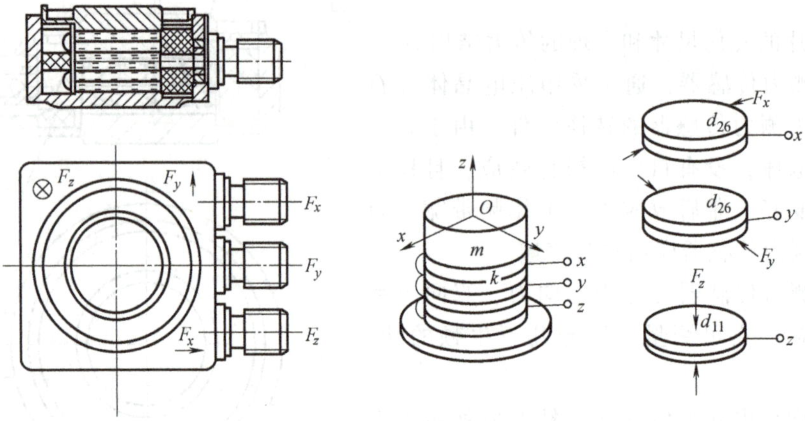

图 8-22　三向压电式力传感器结构示意图

基于力-电转换的压电式测力传感器应用场合非常广泛，例如图 8-23 所示的表面粗糙度测量，传感器由驱动器拖动其触针在工件表面以恒速滑行，工件表面的起伏不平使触针上下移动，使压电晶片产生变形，压电晶片表面就会出现电荷，由引线输出的电信号与触针上下移动量成正比。

图 8-24 所示为压电引爆。两根导线平时是开路的，没有电流流过，也不产生短路打火，故电雷管不爆炸。当用一个力 F 撞击压电晶体，压电晶体便产生电荷，使两根导线发生短路放电而产生火花，导致电雷管爆炸。

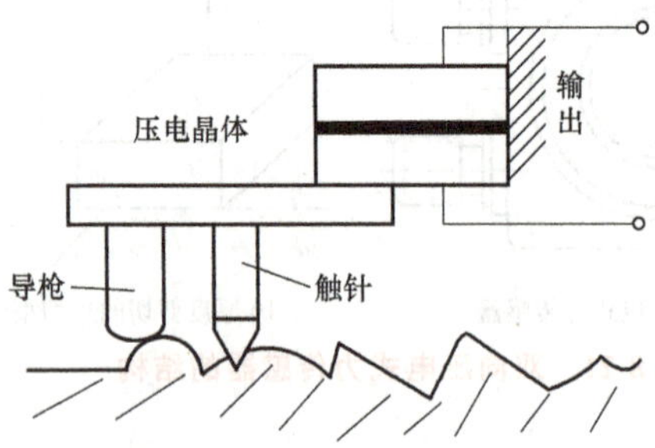

图 8-23　表面粗糙度测量

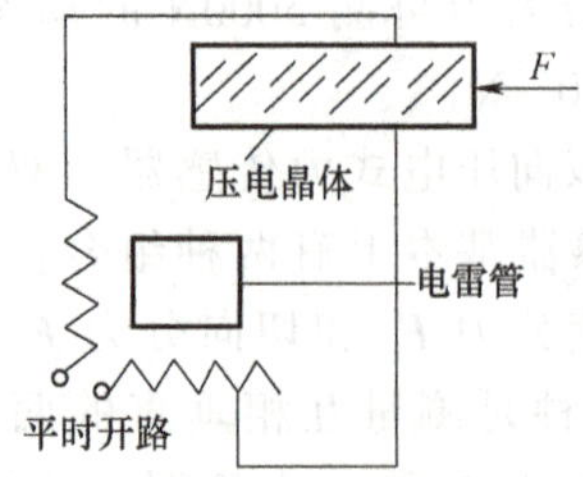

图 8-24　压电引爆

图 8-25 所示为煤气灶电子点火装置。当使用者按下手动凸轮开关时，打开气阀，再旋转开关，同时凸轮凸出部分推动冲击砧，使得向左压缩，当凸轮凸出部分离开冲击砧时，由

于弹簧弹力作用，冲击砧猛烈撞击压电晶体，使压电晶体产生电荷，经高压导线在尖端放电产生火花，使得煤气被点燃。

3. 压电式超声波传感器

能够产生超声波和接收超声波，以超声波作为检测手段的装置就是超声波传感器，也称为超声波换能器或超声波探头。利用压电材料的压电效应可以做成压电式超声波传感器，实现电-声、声-电信号的转换。压电式超声波探头主要由晶片（敏感元件）、吸收块（阻尼块）、保护膜组成，其结构如图 8-26 所示。晶片多为圆形，其厚度与超声波频率成反比。晶片的两面镀有银层，作为导电极板，阻尼块的作用是降低晶片的机械品质，吸收声能量。如果没有阻尼块，当激励的电脉冲信号停止时，晶片将会继续振荡，加长超声波的脉冲宽度，使分辨率变差。

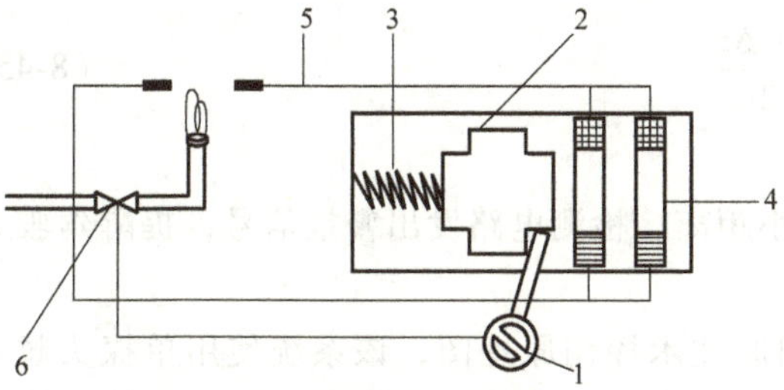

图 8-25　煤气灶电子点火装置

1—凸轮开关　2—冲击砧　3—弹簧
4—压电晶体　5—高压导线　6—气阀

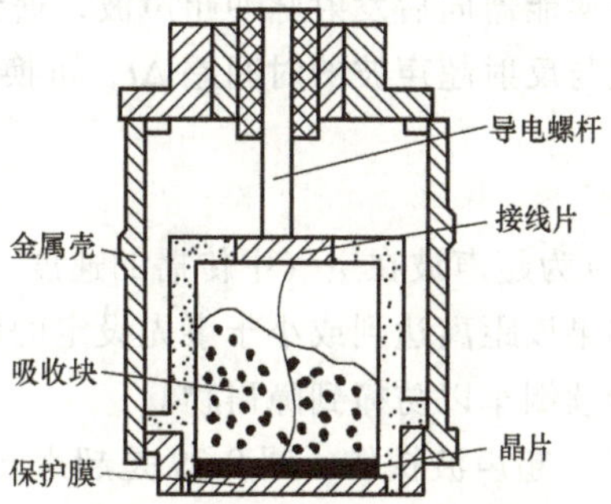

图 8-26　压电式超声波传感器结构

超声波传感器广泛应用于超声波清洗、超声波焊接、超声波加工（超声波钻孔、切削、研磨、抛光，超声波金属拉管、拉丝、轧制等）、超声波处理（搪锡、凝聚、淬火，超声波电镀、净化水质等）、超声波治疗和超声波检测（超声波测距、检漏、探伤、成像等）等。下面介绍几种超声波传感器的检测应用。

（1）超声波测厚　用超声波测量金属零部件的厚度，具有测量精度高、测试仪器轻便、操作安全简单、易于读数或实行连续自动检测等优点。但是，对于声衰减很大的材料，以及表面凹凸不平或形状很不规则的零部件，利用超声波测厚比较困难。

超声波测厚常用脉冲回波法，如图 8-27 所示。换能器与试件表面接触。主控制器产生一定频率的脉冲信号送往发射电路，经电流放大后激励换能器，以产生重复的超声波脉冲。脉冲波传到被试件另一面被反射回来（回波），被同一换能器接收。如果超声波在工件中的声速 c 已知，设工件厚度为 δ，脉冲波从发射到接收的时间间隔为 t。将发射脉冲和反射回波脉冲加至示波器垂直偏转板上。标记发生器输出已知时间间隔的脉冲，也加至示波器垂直偏转板上。线性扫描电压经扫描电路加在水平偏转板上。可

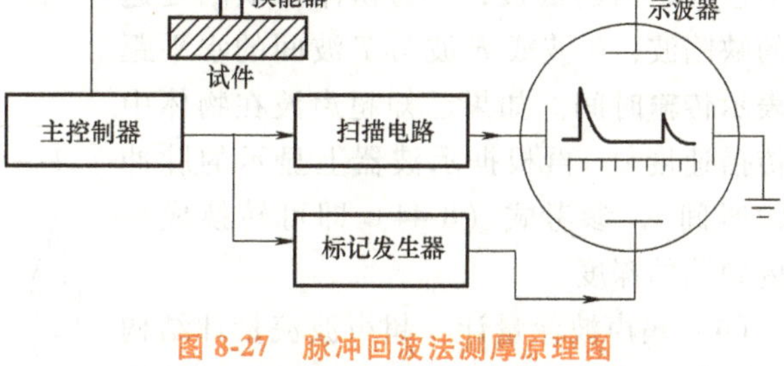

图 8-27　脉冲回波法测厚原理图

从显示屏上直接观测发射和反射回波脉冲，并由波峰间隔及时基求出时间间隔 t。则可求出工件厚度为

$$\delta=\frac{c\cdot t}{2} \tag{8-44}$$

（2）超声波测距　超声波传感器测距的关键是利用时钟脉冲对发送和接收之间的延迟时间进行计算。超声波汽车倒车防撞装置是超声波测距的典型应用，如图 8-28 所示。该防撞装置使用单探头超声波换能器，安装在汽车尾部，汽车倒车时超声波换能器向后发射脉冲超声波，遇到障碍物后，超声波反射回超声波换能器。根据接收超声波与反射超声波的时间差 Δt，可换算出汽车与障碍物间距离 d，即

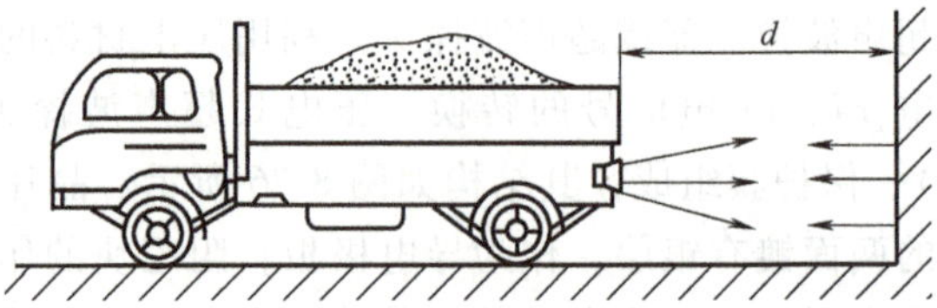

图 8-28　汽车倒车防撞超声装置示意图

$$d=\frac{v\cdot\Delta t}{2} \tag{8-45}$$

式中，v 为超声波在空气中传播的速度。

如果该距离达到或小于事先设定的倒车最小距离，检测电路发出警报信号，提醒驾驶人停止继续倒车以防撞到障碍物。

（3）超声波探伤　图 8-29 是超声波脉冲回波技术探伤原理图，该系统使用单探头超声波换能器，超声波频率为 2.5~10MHz，属于脉冲超声波。脉冲回波技术是将超声波短脉冲送入物体，然后，当回波自物体的非连续性结构（缺陷）或边界返回时，即在阴极射线示波管上放大和显示，并将它们的幅值和传输时间指示出来。

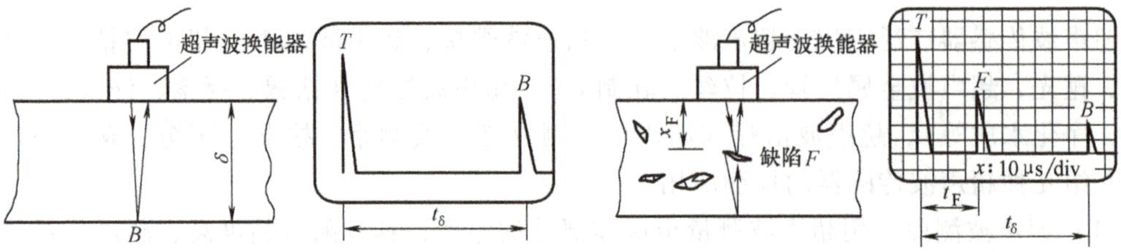

a) 无缺陷时超声波的反射及显示波形　　b) 有缺陷时超声波的反射及显示波形

图 8-29　超声波脉冲回波技术探伤示意图

如图 8-29 所示，T 为发射波（首波），B 为下边界返回的底波，F 为物体内缺陷处返回的缺陷波；B 波或 F 波与 T 波间的水平距离表示传输时间。如果已知超声波在物体中的传播速度 c，再根据示波器上显示的脉冲传输时间 t，参考式（8-44）即可转换成物体内缺陷的深度。

（4）超声波流量计　超声波流量计结构示意图如图 8-30 所示。超声波在流体中传播速度与流体的流动速度有关，在顺流和逆流的情况下，发射和接收的相位差与流速成正

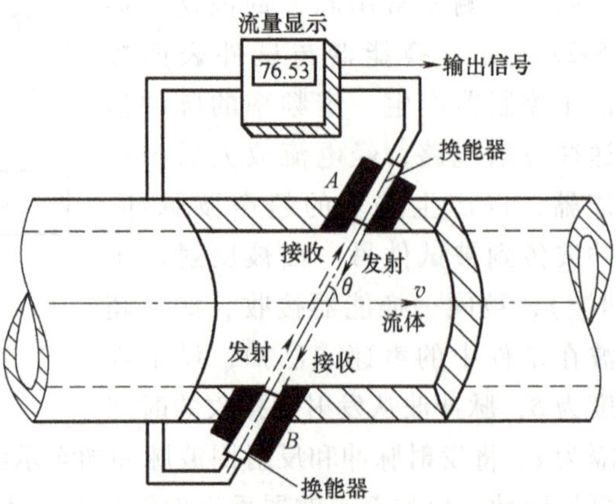

图 8-30　超声波流量计结构示意图

比，据此可以实现流量的测量。

20 世纪 90 年代，气体超声波流量计在天然气工业中的成功应用为天然气计量技术领域取得了突破性的进展，一些在天然气计量中的疑难问题得到了解决，特别是多声道气体超声波流量计已被业界接受，多声道气体超声波流量计是继气体涡轮流量计后被气体工业界接受的最重要的流量计量器具。

4. 压电新材料传感器

聚偏二氟乙烯（PVDF）高分子材料具有压电效应，压电常数>20pC/N（标称值），可以制成高分子压电薄膜或高分子压电电缆传感器。该类传感器具有灵敏度高、动态范围好、工作温度范围宽（-40~80℃）、稳定性好、耐冲击、耐酸、耐碱、不易老化、使用寿命长等特点，被广泛应用于振动冲击测量、闯红灯拍照、交通人流车流信息采集、车速监速、交通动态称重，以及周界安全防护、防盗报警、洗衣机不平衡、电器振动、脉搏检测、拾音传声等。

（1）高分子压电薄膜传感器　高分子压电薄膜振动感应片如图 8-31 所示，它用厚度约 0.2mm、大小为 10mm×20mm 的聚偏二氟乙烯高分子材料制成，在它的正反两面各喷涂透明的二氧化锡导电电极，也可以用热印制工艺制作铝薄膜电极，再用超声波焊接上两根柔软的电极引线，并用保护膜覆盖。

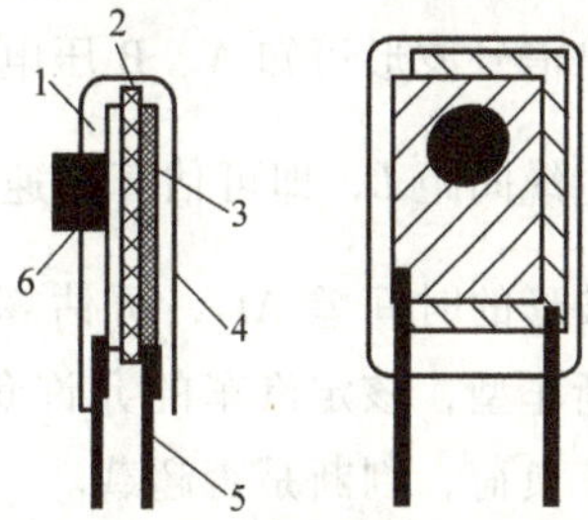

图 8-31　高分子压电薄膜振动感应片
1、3—正、反面透明电极　2—PVDF 薄膜　4—保护膜　5—引脚　6—质量块

高分子压电薄膜振动感应片可用于玻璃破碎报警装置。使用时，将感应片粘贴在玻璃上。当玻璃遭暴力打碎的瞬间，会产生几千赫兹至超声波（高于 20kHz）的振动，压电薄膜感受到该剧烈振动信号，由于压电效应，表面会产生电荷 Q，经放大处理后，用电缆线传送到集中报警装置，发出报警信号。

由于感应片很小且透明，不易察觉，所以可安装于贵重物品柜台、展览橱窗、博物馆及家庭等玻璃窗角落处用于报警。

（2）高分子压电电缆　高分子压电电缆结构如图 8-32 所示，主要由铜芯线（内电极）、铜网屏蔽层（外电极）、管状 PVDF 高分子压电材料绝缘层和弹性橡胶保护层组成。当管状高分子压电材料受压时，由于压电效应，其内外表面产生电荷 Q，压电电缆必须和配套的控制器配合使用。其典型应用包括：

1）周界报警系统。周界报警系统又称线控报警系统，它警戒的是一条边界包围的重要区域，当入侵者进入防范区内时，系统便发出报警信号。

高分子压电电缆周界报警系统如图 8-33 所示。在警戒区域的四周埋设多根单芯高分子

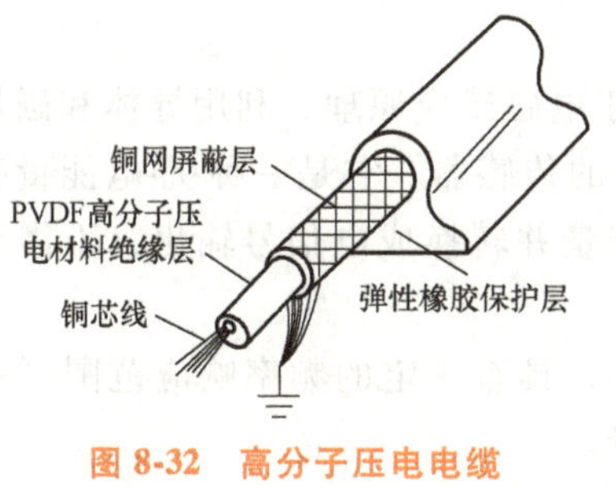

图 8-32　高分子压电电缆

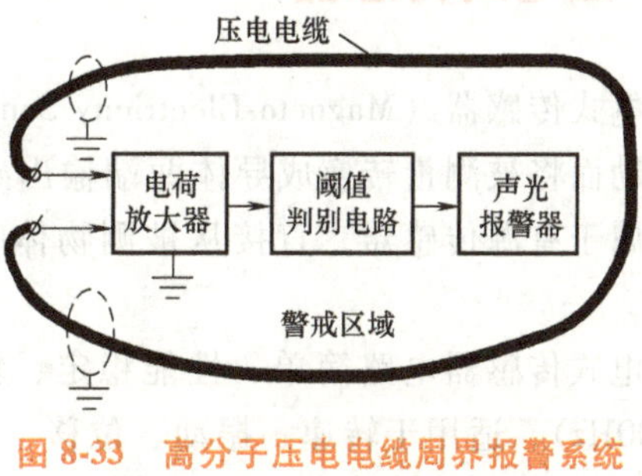

图 8-33　高分子压电电缆周界报警系统

压电电缆，屏蔽层接大地。当入侵者踩到电缆上面的柔性地面时，该压电电缆受到挤压，产生压电脉冲电荷，引起报警。通过编码电路，还可以判断入侵者的大致方位。压电电缆可长达数百米，可警戒较大的区域，不受电、光、雾、雨水等干扰，费用也比其他周界报警系统便宜。

2）交通检测系统。高分子压电电缆交通检测系统中，两根 PVDF 压电电缆相距 $L=2\text{m}$，平行埋设于沥青公路的路面下约 50mm 处，如图 8-34a 所示。车辆通过时的碾压作用可使压电式传感器输出相应信号，通过和存储在计算机内部的档案数据对比分析，可以得出车辆的轮数、轮距、车速、质量等信息，为车辆的车型判断、交通流量、超载评估以及闯红灯等提供依据。

例如当一辆超载车辆以较快的车速压过交通检测系统路段时，两根 PVDF 压电电缆的输出信号如图 8-34b 所示。由输出信号波形可知 A、B 压电电缆信号波形的时间差 Δt_1 和两电缆间距 L，即可估算车速 $v=\dfrac{L}{\Delta t_1}$；根据同一电路信号相邻波形的时间差 Δt_2，可估算汽车前后轮间距 $d=vt$，由此判断车型，核定汽车的允许负荷；根据信号幅值，可估算汽车负荷，判断是否超载。

【动画演示】高分子压电电缆交通检测

【视频讲解】压电式传感器的应用

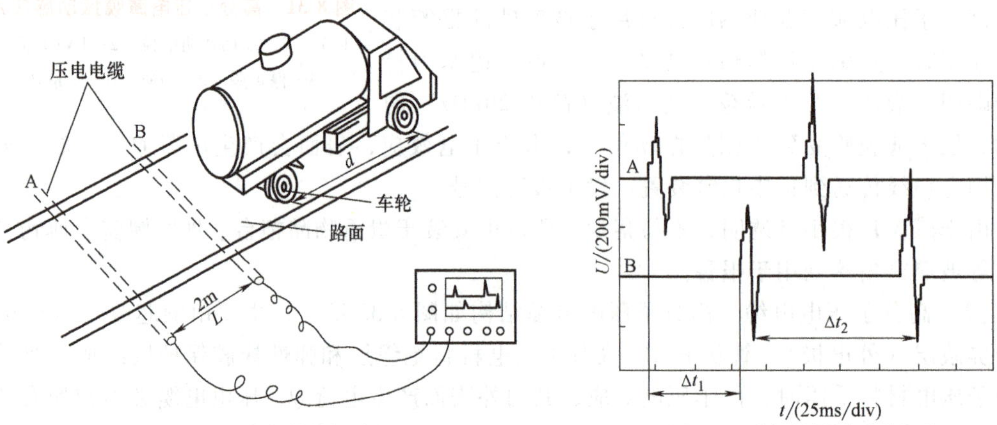

a) PVDF压电电缆埋设示意图　　b) A、B压电电缆输出信号波形

图 8-34　高分子压电电缆交通检测系统

8.2　磁电式传感器

磁电式传感器（Magneto-Electricity Sensor）是基于电磁感应原理、利用导体和磁场发生相对运动而将被测量转换成导体两端输出感应电动势的传感器。它是一种机-电能量变换传感器，属于有源传感器，直接从被测物体吸取机械能量并转换成电信号输出，不需要供电电源。

磁电式传感器电路简单、性能稳定、输出阻抗小，具有一定的频率响应范围（一般在 10～1000Hz），适用于转速、振动、位移、扭矩等测量。

8.2.1　磁电式传感器的工作原理

根据法拉第（Michael Faraday）电磁感应定律，当 N 匝线圈在磁场中作切割磁力线运动或穿过线圈的磁通量变化时，则线圈中会产生的感应电动势 e，即

$$e=-N\frac{\mathrm{d}\Phi}{\mathrm{d}t}$$

式中，Φ 为线圈的磁通，单位为韦伯（Wb）；N 为线圈匝数。

若线圈在恒定磁场中做直线运动，并切割磁力线时，则线圈两端产生的感应电动势 e 为

$$e=-NBlv\sin\theta \tag{8-46}$$

式中，B 为磁感应强度（T）；l 为每匝线圈的平均长度（m）；v 为线圈与磁场相对运动速度（m/s）。

当 $\theta=90°$（线圈垂直切割磁力线）时，式（8-46）可写成

$$e=-NBlv \tag{8-47}$$

若线圈相对磁场进行旋转运动切割磁力线时，则线圈的感应电动势为

$$e=-NBA\omega\sin\theta \tag{8-48}$$

式中，ω 为旋转运动的相对角速度（rad/s）；A 为线圈的截面积（m^2）；θ 为线圈平面的法线方向与磁场方向的夹角。

当 $\theta=90°$时，式（8-48）可写成

$$e=-NBA\omega \tag{8-49}$$

由式（8-47）、式（8-49）可知，当传感器的结构参数确定后，B、l、N 和 A 均为定值，因此感应电动势 e 与相对速度 v（或 ω）成正比，根据感应电动势 e 的大小，就可以知道速度 v（或 ω）的大小。

因此，磁电式传感器只适用于动态测量。可以直接测量振动物体的速度 v 和旋转体的角速度 ω。但是由于速度与位移或加速度间有积分或微分的关系，因此如果在传感器的信号调理电路中接一个积分电路，或微分电路，磁电式传感器就可用来测量位移或加速度。

8.2.2　磁电式传感器的结构类型

根据上述基本原理，磁电式传感器可分为恒定磁通式和变磁通式两种基本类型。

1. 恒定磁通磁电式传感器

恒定磁通磁电式传感器是指在测量过程中使线圈位置相对于恒定磁通变化而实现测量的一类磁电式传感器，主要包括动圈式与动铁式两种结构，如图 8-35 所示。它通常由永久磁铁、线圈、弹簧、阻尼器（金属骨架）和壳体组成。磁路系统中产生恒定的直流磁场，磁路中的工作气隙固定不变，因此气隙中磁通也是恒定不变的。在动圈式结构中，永久磁铁与传感器壳体固定，线圈与金属骨架用柔软弹簧支撑，运动部件是线圈；在动铁式结构中，线圈、金属骨架和壳体固定，永久磁铁用柔软弹簧支撑，运动部件是磁铁。

动圈式和动铁式结构的工作原理相同，当物体振动时，传感器壳体随被测振动体一起振动，由于弹簧较软，运动部件质量相对较大，因此振动频率足够高（远高于传感器的固有频率）时，运动部件的惯性很大，来不及跟随振动体一起振动，近于静止不动，振动能量几乎全被弹簧吸收，永久磁铁与线圈之间的相对运动速度接近于振动体振动速度。永久磁铁与线圈相对运动使线圈切割磁力线，产生与运动速度 v 成正比的感应电动势，若线圈的平均

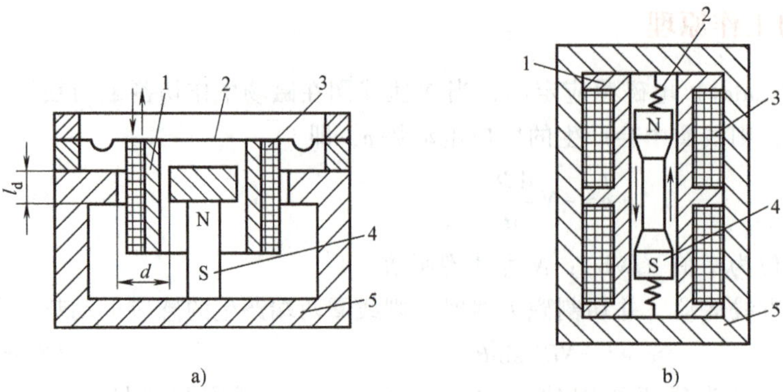

图 8-35 恒定磁通磁电式传感器结构图

1—阻尼器（金属骨架） 2—弹簧 3—线圈 4—永久磁铁 5—壳体

【动画演示】恒定磁通磁电式传感器

周长为 l，磁场强度 B 是均匀的，线圈的感应电动势为

$$e=-NBlv\sin\alpha \tag{8-50}$$

式中，N 为匝数；B 为磁场强度（T）；l 为线圈平均周长（m）；v 为线圈与磁场的相对运动速度（m/s）；α 为运动方向与磁场方向间夹角。

当 $\alpha=90°$时，式（8-50）可改为

$$e=-NBlv \tag{8-51}$$

当 N、B 和 l 恒定不变时，e 与 v 成正比，根据感应电动势 e 的大小就可以知道被测速度的大小。

动圈结构磁电式传感器一般用于测量振动速度，对信号调理电路没有特殊要求，因为它工作频率不高，输出信号也不算小，所以一般交流放大器就能满足要求。

2. 变磁通磁电式传感器

变磁通磁电式传感器又称为变磁阻磁电式传感器或变气隙磁电式传感器，常用来测量旋转物体的角速度。这类传感器的线圈和磁铁部分都是静止的，与被测物连接而运动的部分是用导磁材料制成的，在运动中，它们改变磁路的磁阻，因而改变贯穿线圈的磁通量，在线圈中产生感应电动势。

变磁通式转速传感器的结构有开磁路和闭磁路两种。图 8-36 所示是一种开磁路转速传感器，由永久磁铁、感应线圈、软铁组成，齿轮安装在被测转轴上与其一起旋转，当齿轮旋转时，齿轮的凹凸引起的磁阻的变化，进而使磁通量发生变化，因而在感应线圈中感应出交变的电动势，其频率等于齿轮的齿数 Z 和转速 n 的乘积，即

$$f=\frac{Zn}{60} \tag{8-52}$$

式中，Z 为齿轮的齿数；n 为被测轴转速（转/分）；f 为感应电势频率（周/秒）。

当已知 Z，测得 f 就可求出转速 n。这种传感器结构比较简单，但输出信号较小，另外当被测轴振动较大时，传感器输出波形失真较大。在振动强的场合往往采用闭磁路转速传感器。

闭磁路磁阻式转速传感器的结构如图 8-37 所示，它是由安装在转轴上的内齿轮和永久磁铁、外齿轮、线圈构成。内、外齿轮的齿数相等，测量时，转轴与被测轴相连，当转轴与被测轴一起转动时，内外齿轮的相对运动使磁路气隙发生变化，因而磁阻发生变化并使贯穿

于线圈的磁通变化，在线圈中感应出电动势。与开磁路情况相同，也可通过感应电动势频率测量转速。

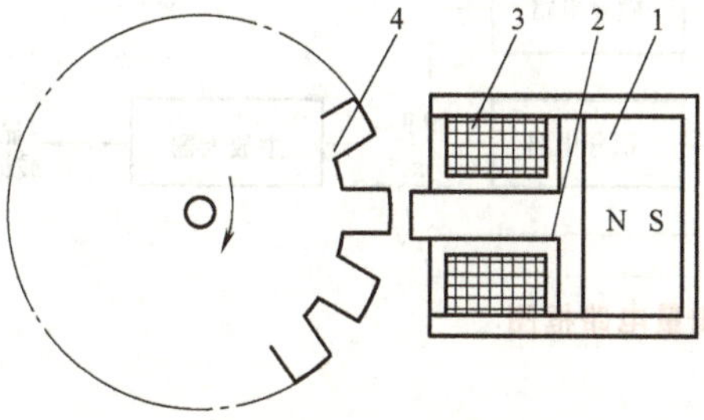

图 8-36 开磁路磁阻式转速传感器

1—永久磁铁 2—软铁 3—感应线圈 4—齿轮

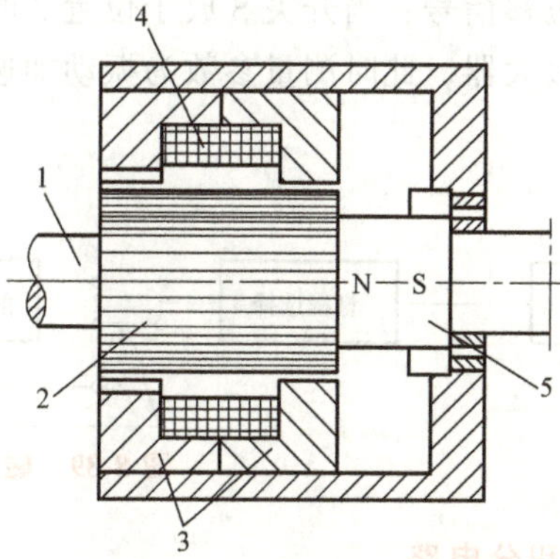

图 8-37 闭磁路转速传感器

1—转轴 2—内齿轮 3—外齿轮

4—线圈 5—永久磁铁

传感器的输出电动势取决线圈中磁场变化速度，它是与被测速度成一定比例的。当转速太低时，输出电动势很小，以致无法测量。所以这种传感器有一个下限工作频率，一般为 50Hz 左右，闭磁路转速传感器的下限频率可降低到 30Hz 左右，其上限工作频率可达 100kHz。

变磁通式转速传感器采用的转速-脉冲变换电路如图 8-38 所示。传感器的感应电压由 VD 削去负半周，送到 VT_1 进行放大，再经过 VT_2 组成的射极跟随器，然后送入由 VT_3 和 VT_4 组成的射极耦合触发器进行整形，这样就得到矩形波输出信号。

图 8-38 转速-脉冲变换电路

8.2.3 测量电路

磁电式传感器直接输出的是感应电动势信号，所以，任何具有一定工作频带的电压表或示波器都可直接显示。同时，磁电式传感器具有较高的灵敏度，一般不需要增益放大器。但磁电式传感器是速度传感器，如要获取位移或加速度信号，就需配用积分电路或微分电路。实际电路中通常将微分或积分电路置于两级放大器的中间，以利于级间的阻抗匹配。

1. 测量电路框图

图 8-39 所示为磁电式传感器测量电路的框图。该电路用开关 S 切换，当开关 S 放于位

置1时，传感器输出的信号直接送给主放大器，此时测量参数为振动速度信号；当开关S放于位置2时，传感器输出信号送给前置放大器，经过积分电路送到主放大器，此时测量参数为振动位移信号；当开关S放于位置3时，传感器输出信号送给前置放大器，经过微分电路送到主放大器，此时测量参数为振动加速度信号。

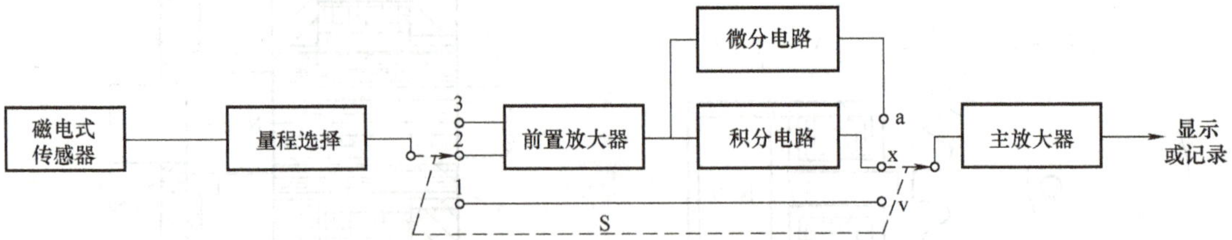

图 8-39　磁电式传感器测量电路框图

2. 积分电路

积分电路如图8-40所示。其中反馈电路 R_f 用于抑制运算放大器的失调漂移。同时，积分电容 C 的泄漏电阻和运算放大器的输入电阻 r_d 也应等效为与 R_f 并联，r_d 应等效为（$1+A_d$）r_d 与 R_f 并联，A_d 为运算放大器的开环放大倍数。此积分放大电路的反馈系数为

$$F_b(j\omega)=\frac{R}{R_f}(1+j\omega R_f C) \tag{8-53}$$

3. 微分电路

图8-41为微分电路。增加输入端电阻 R_1 既可以提高输入阻抗又可增加阻尼比，选择合适的 R_1 值可以使电路的阻尼比近似为0.7，电路趋于稳定。增加 C、R_1 则可以有效地抑制高级噪声。

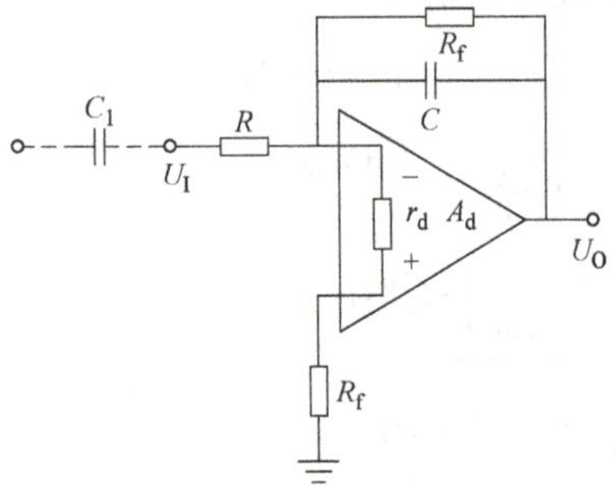

图 8-40　积分电路

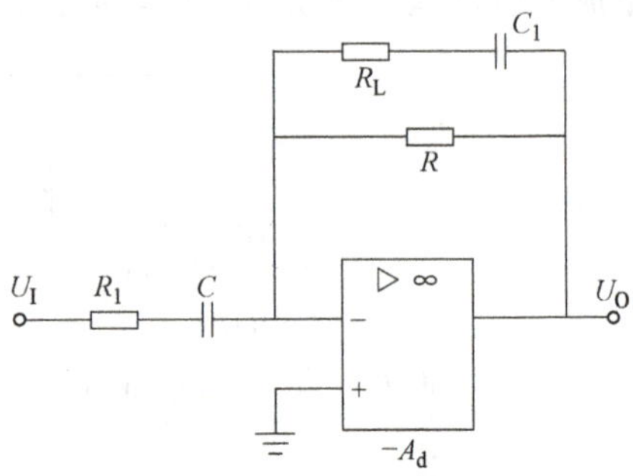

图 8-41　微分电路

8.2.4　磁电式传感器的应用

1. 磁电式振动速度传感器

图8-42为CD-1型磁电式绝对速度传感器的结构图。图中永久磁铁通过铝架和外壳固定在一起，形成磁回路。磁路中有两个环形气隙，右气隙中放有线圈，左气隙中放有阻尼器，线圈、阻尼器用芯杆连在一起组成质量块，用弹簧片支撑在壳体上。使用时，传感器与被测振动体刚性连接，当物体振动时，磁铁、铝架和壳体一起随被测体振动。由于质量块有一定的质量，产生惯性力，而弹簧片又非常柔软，因此当振动频率远大于传感器固有频率时，线圈在磁路系统的环形气隙中相对于永久磁铁运动，以振动体的振动速度切割磁力线，产生感

应电动势，通过引线接入测量电路中。同时，阻尼器也在磁路系统气隙中运动，感应产生涡流，形成系统的阻尼力，起衰减固有振动和扩展频率响应范围的作用。

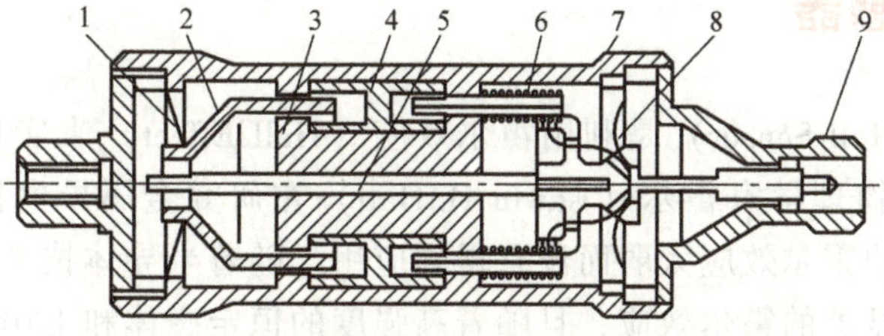

图 8-42 CD-1 型磁电式绝对速度传感器的结构图

1、8—弹簧片 2—阻尼器 3—永久磁铁 4—铝架 5—芯杆 6—线圈 7—外壳 9—引线

2. 磁电式转速传感器

图 8-43 所示是一种磁电式转速传感器的结构图。转子与转轴固定，转子、定子与永久磁铁组成磁路系统。转子和定子的环形端面上都均匀地铣了一些齿和槽，两者的齿、槽数对应相等。测量转速时，传感器的转轴与被测物转轴相连接，因而带动转子转动。当转子的齿与定子的齿相对时，气隙最小，磁路系统的磁通最大。而齿与槽相对时，气隙最大，磁通最小。因此，当定子不动而转子转动时，磁通就周期性地变化，从而在线圈中感应出近似正弦波的电压信号。转速 n 越高，感应电动势的频率也就越高。频率 f 与转速 n 及齿数 z 关系为

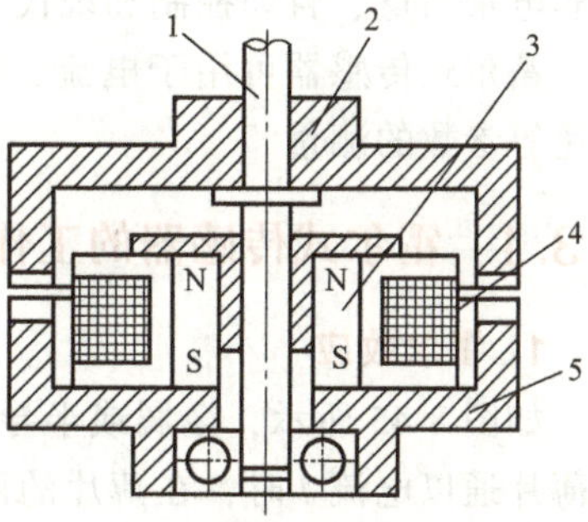

图 8-43 磁电式转速传感器的结构图

1—转轴 2—转子 3—永久磁铁 4—线圈 5—定子

$$f=\frac{zn}{60} \tag{8-54}$$

式中，z 为齿数；n 为转速（r/min）。

3. 磁电式扭矩传感器

磁电式扭矩传感器的结构如图 8-44 所示。它由转子和定子组成。转子（包括线圈）固定在传感器轴上，定子（永久磁铁）固定在传感器外壳上。转子和定子都有一一对应的齿和槽。

测量扭矩时，需用两个传感器。将这两个传感器的转轴（包括线圈和转子）分别固定在被测轴的两端，其外壳固定不动。安装时，一个传感器的定子齿与其转子齿相对；另一个传感器定子槽与其转子齿相对。当被测轴无外加扭矩时，扭转角为零。这时若转轴以一定角速度旋转，则两传感器产生相位差 180°近似正弦波的两个感应电动势。当被测轴承受扭矩时，轴的两端产生扭转角 φ。因此，两传感器的输出感应电动势产生附加相位差 φ_0。扭转角 φ 与感应电动势相位差 φ_0 之间的关系为

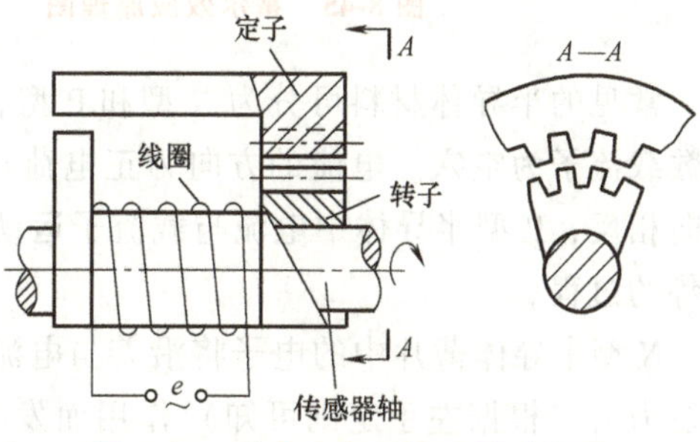

图 8-44 磁电式扭矩传感器结构图

$$\varphi_0=Z\varphi \tag{8-55}$$

式中，Z 为传感器定子（或转子）的齿数。

经测量电路将相位差转换成时间差，就可以测出扭矩。

8.3 霍尔式传感器

霍尔式传感器（Hall Sensor）是利用霍尔效应（Hall Effect）来实现磁电转换的一种传感器。1879 年，美国物理学家霍尔（Edwin H. Hall）在研究金属导电机制时发现了这一效应，但由于金属材料的霍尔效应太弱而没有得到应用。随着半导体技术的发展，使用半导体制造的霍尔元件具有显著的霍尔效应，且随着高强度的恒定磁体和工作于小电压输出的信号调理电路的出现，霍尔传感器开始被广泛应用和发展。霍尔式传感器具有结构简单、灵敏度高、频率响应范围宽（从直流到微波）、动态范围大、无接触、体积小等特点，被广泛应用于非电量测量、自动控制和现代军事技术等各个领域。

霍尔式传感器可用于电流、电压、磁场、位移、力、压力、机械振动、速度、加速度、转速等参数的测量。

8.3.1 霍尔式传感器的工作原理

1. 霍尔效应

如图 8-45 所示，金属或半导体薄片置于磁感应强度为 B 的磁场中，磁场垂直于薄片，当薄片通以电流 I 时，在薄片的两侧面之间出现电压 U_H，这个电压就称为霍尔电压，这种物理现象称为霍尔效应。

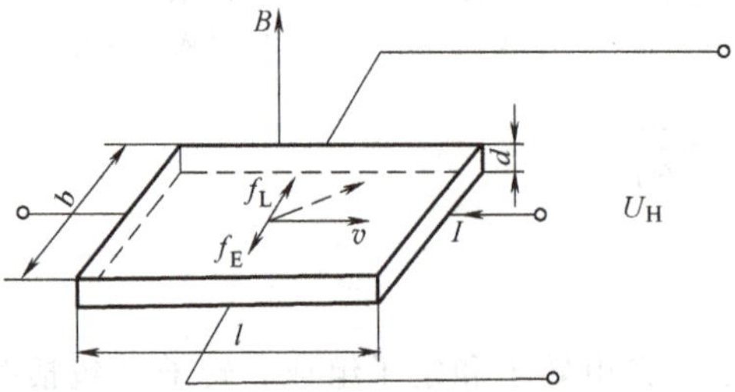

图 8-45 霍尔效应原理图

【动画演示】霍尔效应

常见的半导体材料可分为 N 型和 P 型，N 型半导体的多数载流子为电子，P 型半导体的多数载流子为空穴。电流的方向为正电荷运动方向，因此 N 型半导体中电流与载流子运动方向相反，P 型半导体中电流与载流子运动方向相同。下面以 N 型半导体为例，分析产生电动势的过程。

N 型半导体薄片中的电子将沿着与电流 I 相反的方向运动。电子在磁场中运动，受到洛伦兹力 f_L（根据左手定则可知）作用而发生偏转，在半导体的后端面上产生电子积累而带负电，前端面因缺少电子而带正电。在前后端面形成电场。该电场产生的电场力 f_E 阻止电子继续偏转。当 f_L 与 f_E 相等时，电子积累达到动态平衡。这时，电荷积累在半导体前后端之间（即垂直于电流和磁场方向）形成电场，称为霍尔电场 E_H，相应的电压称为霍尔电压 U_H，这就是霍尔电压产生的原因。

进一步分析，若电子都以均一的速度 v 按图 8-45 所示方向运动，那么在磁场 B 的作用下，半导体中每个电子受到磁场中的洛伦兹力 f_L 的大小为

$$f_L = -q_0 vB \tag{8-56}$$

式中，q_0 为单个电子电荷量，$q_0 = 1.602\times10^{-19}$C；$v$ 为电子平均运动速度；B 为垂直于霍尔元件表面的磁感应强度。

同时，电场 E_H 作用于电子的力 f_E 大小为

$$f_E = -q_0 E_H \tag{8-57}$$

式中，负号表示力的方向与电场方向相反。

设薄片的长、宽、厚分别为 l、b、d，则电场力 f_E 为

$$f_E = -q_0 \frac{U_H}{b} \tag{8-58}$$

当电子累积达到动态平衡时，磁场力与电场力相等 $f_L = f_E$。由式（8-56）和式（8-58）得

$$U_H = vBb \tag{8-59}$$

而电流密度（这是一种矢量，其方向为电流方向，大小为单位截面积的电流，即单位时间内流过单位截面积的电荷量）$j = -nq_0 v$，其中 n 为 N 型半导体中的电子浓度，即单位体积中的电子数，负号表示电子运动的速度方向与电流方向相反。则流过霍尔元件的电流（单位时间内流过导体截面积的电荷量）为

$$I = jbd = -nq_0 vbd \tag{8-60}$$

即

$$v = -\frac{I}{nq_0 bd} \tag{8-61}$$

若霍尔元件为 N 型半导体，则

$$U_H = -\frac{IB}{nq_0 d} \tag{8-62}$$

若霍尔元件为 P 型半导体，则

$$U_H = \frac{IB}{pq_0 d} \tag{8-63}$$

式中，p 为单位体积中的空穴数，即空穴浓度。

2. 霍尔系数与灵敏度

由式（8-62）得

$$U_H = -\frac{IB}{nq_0 d} = R_H \frac{IB}{d} = K_H IB \tag{8-64}$$

式中，$R_H = -\frac{1}{nq_0}$为霍尔系数（m^3/C），由载流材料的性质所决定；$K_H = \frac{R_H}{d}$为霍尔元件的灵敏度[V/(A · T)]，它与载流材料的物理性质和几何尺寸有关，表示在单位磁感应强度和单位控制电流时的霍尔电压的大小。

如果磁场方向与薄片法线方向为 α 角，那么

$$U_H = K_H IB\cos\alpha \tag{8-65}$$

根据式（8-64）可知，霍尔元件灵敏度与霍尔元件厚度 d 成反比，与霍尔系数 R_H 成正比。为了提高其灵敏度，霍尔元件通常都较薄，厚度一般在 0.1～0.2mm，薄膜型霍尔元件厚度只有 1μm 左右。另外，$\frac{l}{b}$ 对 U_H 也有影响，$\frac{l}{b}$ 较大有助于减少控制电极对内部产生的霍尔电压的局部短路作用，但 $\frac{l}{b}$ 过大时会使载流子在偏转过程中的损失将加大，使 U_H 下降。

又由于存在 $R_H=\rho\mu$（其中 ρ 为电阻率，μ 为载流子迁移率，$\mu=\frac{v}{E}$，即单位电场强度作用下载流子的平均速度），霍尔电压 U_H 除了与霍尔元件的几何尺寸有关外，同时还与材料的载流子迁移率和电阻率有关。由于一般电子迁移率大于空穴迁移率，因此霍尔元件多用 N 型半导体材料制成。虽然金属导体的载流子迁移率很大，但其电阻率较低；而绝缘材料的电阻率很高，但其载流子迁移率很低，故两者均不适宜于做霍尔元件。只有半导体材料为最佳的霍尔元件材料。

【视频讲解】霍尔效应

【拓展阅读】 量子霍尔效应、量子自旋霍尔效应和量子反常霍尔效应

8.3.2 霍尔元件的结构和测量电路

1. 霍尔元件的结构

霍尔元件一般采用锗、硅、砷化铟、锑化铟等半导体材料，其中 N 型锗容易加工制造，其霍尔系数、温度性能和线性度都较好；N 型硅的线性度最好，其霍尔系数、温度性能同 N 型锗相近；锑化铟对温度最敏感，尤其在低温范围内温度系数大，但在室温时锑化铟的输出值最大，一般作为敏感元件；砷化铟的霍尔系数较小，温度系数也较小，输出特性线性度好，一般在高精度测量中，大多采用锗和砷化铟元件。

霍尔元件的外形、结构如图 8-46 所示，由霍尔片、引线和壳体组成。霍尔片是一块矩形半导体单晶薄片（一般为 4mm×2mm×0.1mm），引出四根引线，在长度方向焊有两根控制电流端引线 a 和 b，它们在薄片上的焊点称为激励电极；在薄片另两侧端面的中央以点的形式对称地焊有 c 和 d 两根输出端引线，它们在薄片上的焊点称为霍尔电极。霍尔元件壳体是用非导磁金属、陶瓷或环氧树脂封装而成。

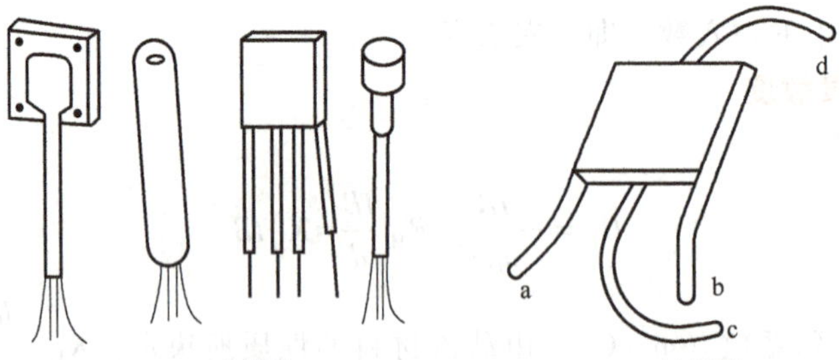

a) 外形　　b) 结构

图 8-46　霍尔元件外形及结构

2. 测量电路

（1）基本电路　霍尔元件的符号表示如图 8-47 所示。常用 H 代表霍尔元件，后面的字母代表元件的材料，数字代表产品序号。如 HZ-1 元件，说明是用锗材料制成的霍尔元件；

HT-1 元件，说明是用锑化铟材料制成的霍尔元件。

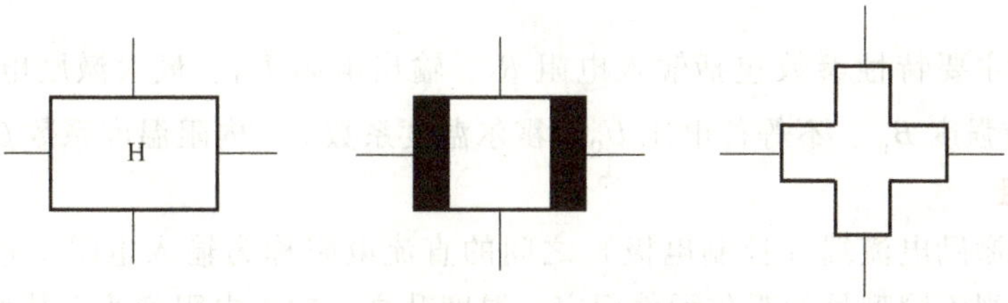

图 8-47　霍尔元件的符号

霍尔元件的基本测量电路如图 8-48 所示。电源 E 提供控制电流 I，电位器 RP 用于调节控制电流 I 的大小。霍尔元件输出接负载电阻 R_L，R_L 可以是放大器的输入电阻或测量仪表的内阻。由于霍尔元件必须在磁场与控制电流作用下，才会产生霍尔电压 U_H，所以在测量中，可以把控制电流 I 或磁感应强度 B 作为输入信号，或者同时将两者作为输入信号，则霍尔元件的输出电势正比于 I、B，或两者的乘积。

（2）连接方式　为了获得较大的霍尔输出电压，还可将几个霍尔元件的输出端串联，如图 8-49 所示。控制电流端并联，由两个电位器调节两个霍尔元件的输出霍尔电压，若采用直流供电，则电路输出电压为单个霍尔元件输出电压的 2 倍。

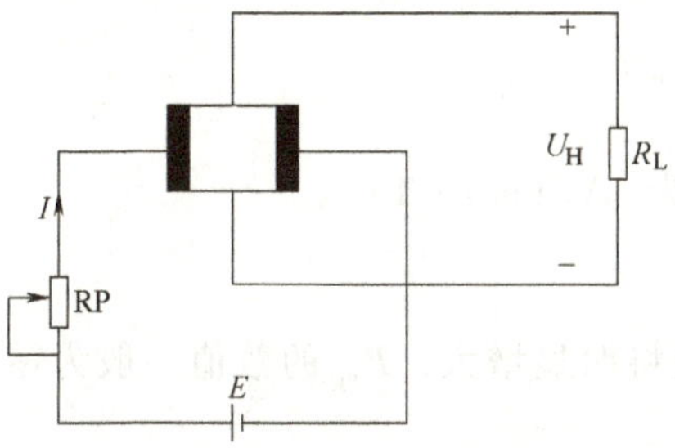

图 8-48　霍尔元件的基本测量电路

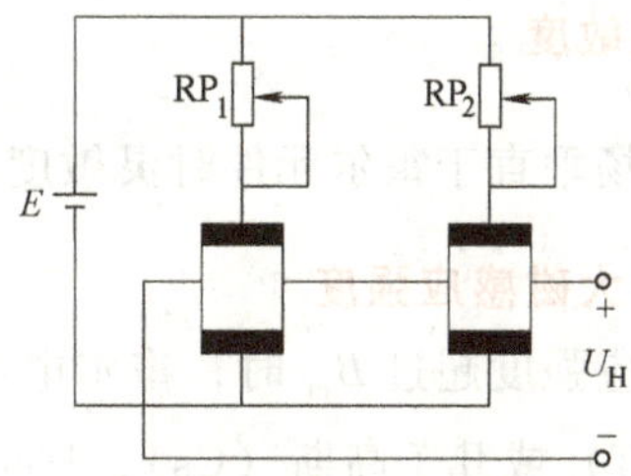

图 8-49　霍尔元件的串联

（3）输出电路　霍尔元件是一种四端元件，本身不带放大器。霍尔电压一般在毫伏量级，在实际使用时必须加差分放大器。霍尔元件主要分为线性测量和开关状态两种使用方式，因此，输出电路有如图 8-50 所示两种结构。当霍尔元件用于线性测量时，最好选用灵敏度低一点、不等位电压小、稳定性和线性度优良的霍尔元件。当霍尔元件用于开关状态时，要选择灵敏度高的霍尔元件。

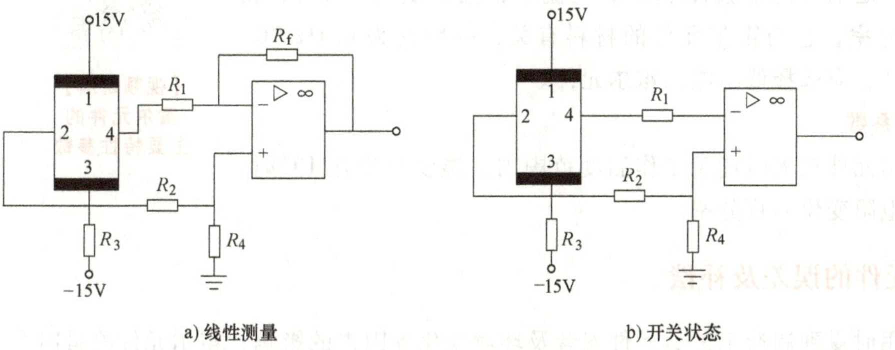

图 8-50　霍尔元件的典型输出电路

【视频讲解】霍尔元件与测量电路

8.3.3 霍尔元件的特性参数

霍尔元件的主要特性参数包括输入电阻 R_I、输出电阻 R_O、最大激励电流 I_m、灵敏度 K_H、最大磁感应强度 B_m、不等位电压 U_0、霍尔温度系数 α、内阻温度系数 β 等。

1. 输入电阻

霍尔元件两激励电流端（控制电极）之间的直流电阻称为输入电阻。它的数值从几欧到几百欧不等，视不同型号的霍尔元件而定。温度升高，输入电阻变小，从而使输入电流变大，最终引起霍尔电压变化，为了减少这种影响，最好采用恒流源作为激励源。

2. 输出电阻

两个霍尔电压输出端（霍尔电极）之间的电阻称为输出电阻，它的数值与输入电阻同一数量级。它也随温度改变而改变。选择适当的负载电阻与之匹配，可以使由温度引起的霍尔电压的漂移减至最小。

3. 最大激励电流

由于霍尔电压随激励电流增大而增大，故在应用中通常希望选用较大的激励电流，但激励电流增大，霍尔元件的功耗增大，元件的温度升高，从而引起霍尔电压的温漂增大，因此，每种型号的霍尔元件均规定了相应的最大激励电流，它的数值从几毫安至几百毫安不等。

4. 灵敏度

在磁场垂直于霍尔元件时灵敏度 $K_H=\dfrac{U_H}{IB}$，单位为 mV/(mA · T)。

5. 最大磁感应强度

磁感应强度超过 B_m 时，霍尔电压的非线性误差将明显增大，B_m 的数值一般为零点几特斯拉（T）或几千高斯（Gs），$1\text{Gs}=10^{-4}\text{T}$。

6. 不等位电压

在额定激励电流的作用下，当外加磁场为零时，霍尔输出端之间的开路电压称为不等位电压，它是由于霍尔电极安装位置不正确（不对称或不在同一等位面上）、半导体材料的不均匀造成电阻率或几何尺寸不均匀、控制电极接触不良带来的控制电流不均匀等因素引起的，使用时补偿方法见 8.3.4 节。

7. 霍尔温度系数

该系数是在一定的磁感应强度和控制电流下，温度变化 1℃ 时，霍尔电压变化的百分率，它与霍尔元件的材料有关，一般约为 0.1%/℃。在要求较高的场合，应选择低温漂的霍尔元件。

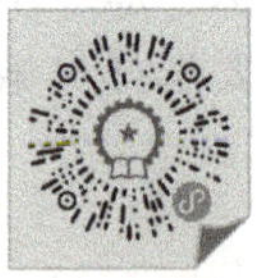

【视频讲解】霍尔元件的主要特性参数

8. 内阻温度系数

该系数是霍尔元件在无磁场及工作温度范围内，温度每变化 1℃ 时，输入电阻与输出电阻变化的百分率。

8.3.4 霍尔元件的误差及补偿

由于实际使用时受到制造工艺、元件安装及环境变化等因素的影响，霍尔元件测量时会存在一定的误差，下面分析霍尔元件的主要误差及补偿方法。

1. 霍尔元件的零位误差及补偿

理想情况下，霍尔元件在不加控制电流或不加磁场时，霍尔电压 U_H 输出为零。但实际中，霍尔电压 U_H 往往不为零。人们把霍尔元件在不加控制电流或不加磁场时出现的霍尔电压称为零位误差。零位误差主要包括不等位电压、寄生直流电压。

（1）不等位电压及其补偿　不等位电压是一个主要的零位误差，它与霍尔电压具有相同的数量级，有时候甚至会超过霍尔电压。其产生的主要原因是由于在制作霍尔元件时，难以保证将霍尔电极焊在同一等位面上，如图 8-51 所示，因此，当控制电流 I 流过霍尔元件时，即使磁感应强度 B 等于零，在霍尔电极上仍有电压存在，该电压就称为不等位电压。在分析不等位电压时，可以把霍尔元件等效为一个电桥，如图 8-52 所示，电桥臂的四个电阻分别为 R_1、R_2、R_3、R_4。当两个霍尔电极在同一等位面上时，$R_1=R_2=R_3=R_4$，电桥平衡，这时，输出电压 U_0 等于零；当霍尔电极不在同一等位面上时，因 R_3 增大，R_4 减小，则电桥失去平衡，因此，输出电压 U_0 就不等于零。恢复电桥平衡的办法是减小 R_2 或 R_3。在制造过程中，如确知霍尔电极偏离等位面的方向，就应采用机械修磨或用化学腐蚀的方法来减小不等位电压。

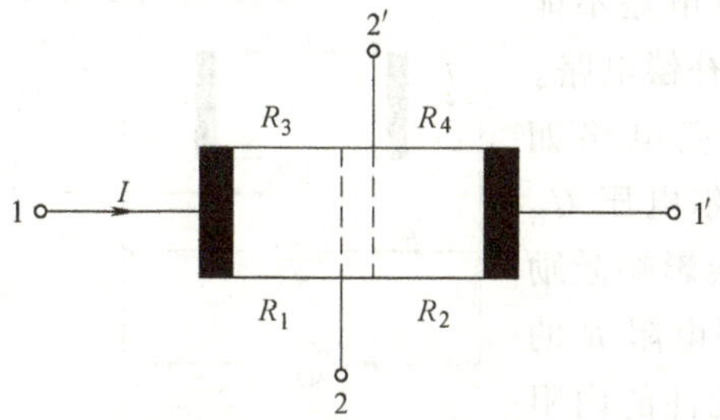

图 8-51　不等位电压示意图

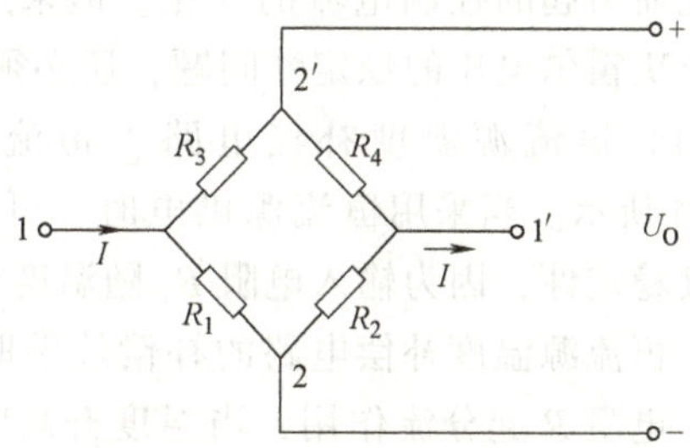

图 8-52　霍尔元件等效电路

对已制成的霍尔元件，可以采用外接补偿电路进行补偿。为了使电桥平衡，可以采用两种思路：其一是在电桥阻值较大的桥臂上并联电阻，如图 8-53a 所示，这种补偿方式相对简单，被称为不对称补偿；其二是在两个桥臂上同时并联电阻，如图 8-53b、c 所示，这种补

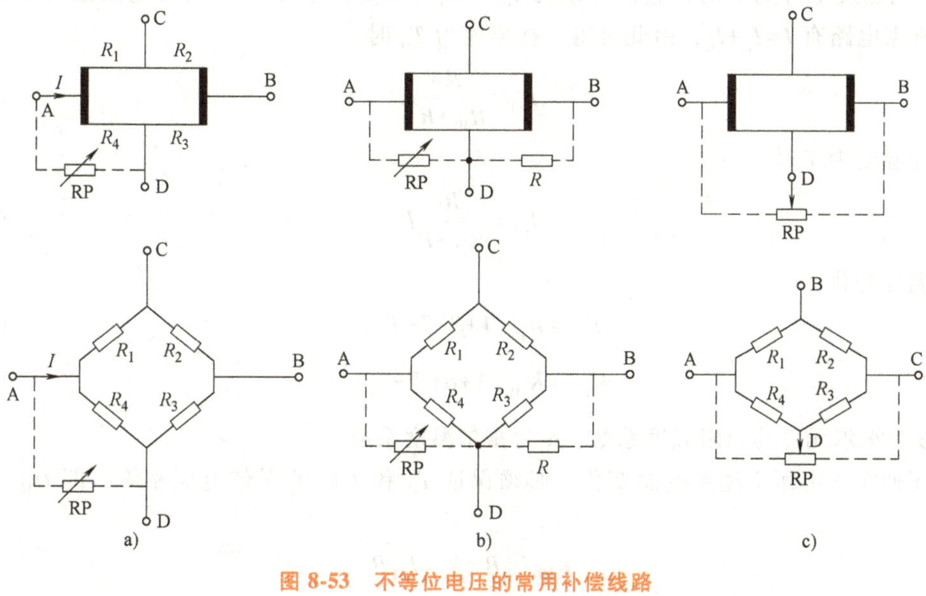

图 8-53　不等位电压的常用补偿线路

偿方式被称为对称补偿，补偿后的温度稳定性较好。

（2）寄生直流电压及其补偿　当霍尔元件通以交流控制电流而不加外磁场时，霍尔输出除了交流不等位电压外，还有直流不等位电压分量，该电压称为寄生直流电压。产生寄生直流电压的原因包括霍尔元件的电极不能做到完全的欧姆接触（指金属与半导体的接触，其接触面的电阻值远小于半导体本身的电阻）、霍尔电极的焊点大小不一致导致两焊点的热容量不同而产生温差效应等。

寄生直流电压很容易导致输出产生漂移，为了减小其影响，在霍尔元件的制作和安装时应尽量改善电极的欧姆接触性能和霍尔元件的散热条件。

2. 霍尔元件的温度误差及补偿

由于半导体材料的电阻率、迁移率和载流子浓度等会随温度的变化而发生变化，因此，它的性能参数（如输入和输出电阻、霍尔常数等）也随温度而变化，致使霍尔电压变化，产生温度误差。

为了减小霍尔元件的温度误差，除选用温度系数小的材料（如砷化铟）或采用恒温措施外，用恒流源供电往往可以得到明显的效果。恒流源供电的作用是减小霍尔元件内阻随温度变化而引起的控制电流的变化。但采用恒流源供电还不能完全解决霍尔电压的稳定性问题，还必须结合其他补偿电路。

（1）恒流源温度补偿电路　恒流源温度补偿电路如图 8-54 所示。当采用恒流源供电时，可以提高霍尔电压 U_H 的温度稳定性，因为输入电阻 R_I 随温度变化时不会影响激励电压。恒流源温度补偿电路的补偿效果取决于并联电阻 R 的选择。电阻 R 起分流作用，当温度升高时，霍尔元件的内阻迅速增加，流过元件的电流减小，而流过电阻 R 的电流却增加。这样，利用元件内阻的温度特性和一个电阻 R，就能自动调节流过霍尔元件的电流大小，从而起到补偿作用。R 的大小可通过以下的推导求得。

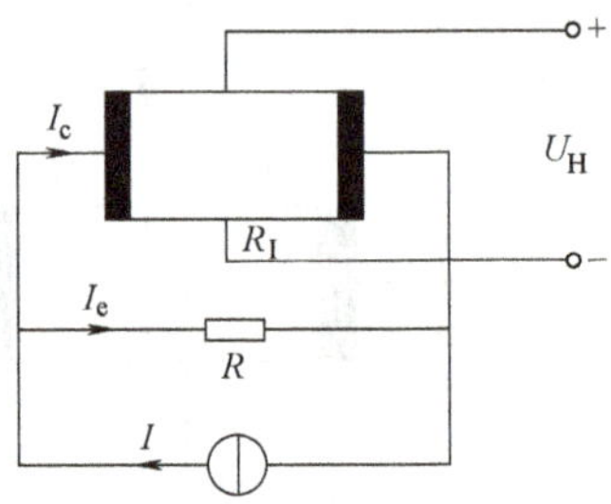

图 8-54　恒流源温度补偿电路

设 I 为恒流源的输出电流，温度为 T_0 时，供电电流为 I_{c0}，输入电阻为 R_{I0}，灵敏度系数为 K_{H0}；而温度上升到 T 时，它们分别为 I_{cT}、R_{IT}、K_{HT}，不考虑 R 自身电阻温度系数的情况下，根据电路有 $I=I_c+I_e$，由此可得，在温度为 T_0 时

$$I_{c0}=\frac{R}{R_{I0}+R}I \tag{8-66}$$

同理，在温度为 T 时

$$I_{cT}=\frac{R}{R_{IT}+R}I \tag{8-67}$$

而随着温度变化

$$R_{IT}=R_{I0}[1+\beta(T-T_0)] \tag{8-68}$$

$$K_{HT}=K_{H0}[1+\alpha(T-T_0)] \tag{8-69}$$

式中，β 为霍尔元件的内阻温度系数；α 为霍尔温度系数。

为了使霍尔电压不随温度而变化，必须保证 T_0 和 T 时的霍尔电压相等，即 $U_{H0}=U_{HT}$，则有

$$K_{H0}I_{c0}B=K_{HT}I_{cT}B \tag{8-70}$$

将有关公式代入式（8-70），则可得

$$1+\alpha(T-T_0)=\frac{R+R_{I0}+R_{I0}\beta(T-T_0)}{(R_{I0}+R)}$$

$$R=\frac{(\beta-\alpha)R_{I0}}{\alpha} \tag{8-71}$$

霍尔元件的 R_{I0}、α、β 值在产品说明书上均有说明，所以当霍尔元件选定后，并联补偿电阻的阻值可由式（8-71）求得。通常 $\beta \gg \alpha$，故 $\beta-\alpha \approx \beta$，式（8-71）可简化为

$$R=\frac{\beta R_{I0}}{\alpha} \tag{8-72}$$

【深入思考】若考虑并联电阻 R 自身电阻温度系数，试推导 R 应满足什么条件？

实践表明，根据式（8-72）选择输入回路并联电阻 R，霍尔电压受温度的影响很小。

（2）采用热敏元器件 热敏元器件的温度误差补偿电路如图 8-55 所示。图中列出了几种不同连接方式，其中图 8-55 a、b、c 为电压源激励时的补偿电路；图 8-55d 为电流源激励时的补偿电路。图中 R_I 为激励源的内阻，$r(T)$、$R(T)$ 为热敏元器件，如热电阻或热敏电阻。通过对电路的简单计算即可求得有关的 $r(T)$、$R(T)$ 阻值。

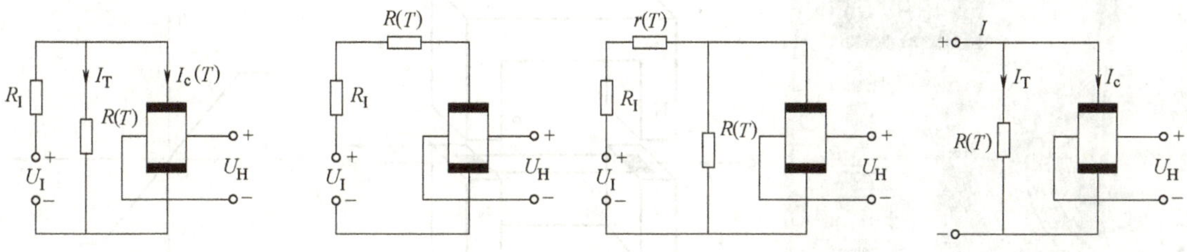

图 8-55 采用热敏元器件的温度误差补偿电路

8.3.5 霍尔式传感器的应用

霍尔元件结构简单、工艺成熟、寿命长、体积小、线性度好、频带宽，因此霍尔式传感器被广泛应用在测试测量、自动控制以及新兴的太阳能、风能、地铁轨道信号、汽车电子等领域。它可以用于磁感应强度、有功功率、电能参数、微位移、转速、加速度、振动、压力、流量、液位等物理量的测量，也可用于做接近开关、霍尔电键等。

【视频讲解】霍尔元件的误差及补偿

1. 霍尔式特斯拉计

特斯拉计（又称高斯计）用于测量和显示被测量物体在空间上一个点的静态或动态（交变）磁感应强度，由霍尔探头和放大器、显示器、计算机通信接口等构成，其外形如图 8-56 所示。测量结果可换算为单位面积平均磁通密度、磁能积、矫顽力、剩余磁通密度、剩余磁化强度和气隙磁场等，能够判别磁场的方向。

在使用中，霍尔探头被放置于被测磁场中，磁力线的垂直分量穿过霍尔元件的测量平面，从而产生与被测磁感应强度成正比的霍尔电压，再根据设置的转换系数，由液晶显示器

显示出 B 值。特斯拉计的读数通常以“毫特斯拉”以及“千高斯”为单位，可以相互切换。

2. 霍尔式位移传感器

霍尔式传感器可用于线位移及角位移的测量。任何非电量只要能转换成位移量的变化，均可利用霍尔式位移传感器的原理变换成霍尔电压，制成相应测压力、振动、转速的传感器。

霍尔式位移传感器的磁路结构示意图如图 8-57a 所示，在极性相反、磁场强度相同的两个磁钢的气隙中放置一个霍尔元件，当霍尔元件的控制电流 I 恒定不变时，霍尔电压 U_H 与磁感应强度 B 成正比；若磁场在一定范围内沿 x 方向的变化梯度 $\frac{dB}{dx}$ 为一常数（见图 8-57b），则当霍尔元件沿 x 方向移动时，霍尔电压的变化与线位移量呈线性关系。霍尔电压的极性反映了霍尔元件位移的方向，磁场梯度越大，灵敏度越高，磁场梯度越均匀，输出线性度越好。当 $x=0$，即霍尔元件位于磁场中间位置时，$U_H=0$，这是由于霍尔元件在此位置受到方向相反、大小相等的磁通作用的结果。霍尔位移传感器一般可用来测量 1～2 mm 的小位移，其特点是惯性小，响应速度快，无接触测量。

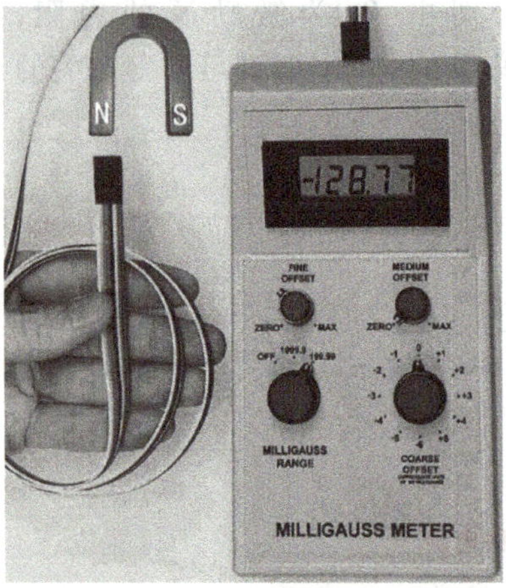

图 8-56　霍尔式特斯拉计的外形

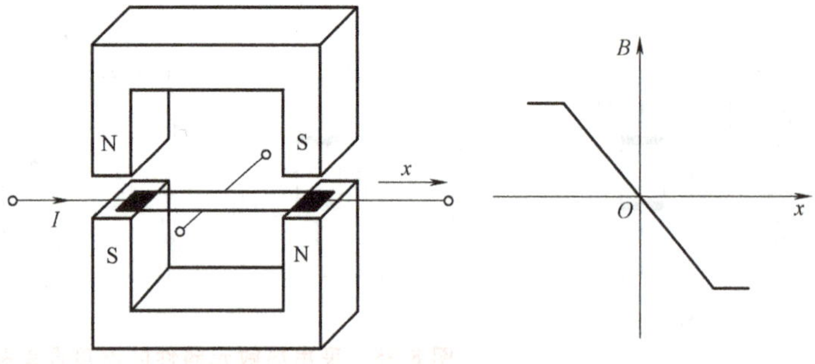

a) 磁路结构　　b) 磁场变化

图 8-57　霍尔式位移传感器的磁路结构和磁场变化示意图

利用霍尔元件测量角位移的设备的结构如图 8-58 所示，给励磁线圈通电，使其产生一个恒定的磁场，穿过霍尔元件，霍尔元件与被测物体连接，随被测物体转动。霍尔电压 $U_H=K_H IB\cos\theta$，当霍尔元件灵敏度 K_H、磁感应强度 B、通过霍尔元件的电流 I 保持不变时，霍尔电压只与夹角 θ 有关，与 $\cos\theta$ 成正比，即可测出角位移 θ。

3. 霍尔式电流传感器

霍尔式电流传感器是近十年来发展起来的新一代电力仪表，其实物如图 8-59 所示。霍尔式电流传感器能够测量任意波形电流，如直流波形、交流波形、脉冲电流波形等，输出电流与被测电流之间完全电气隔离且能输出与电流波形相同的电压，容易与计算机以及二次仪表接口，且准确度高，线性度好，响应时间短，测量频带宽，不易产生过电压、过电流，并且功耗低、尺寸小、质量小，相对来说，其价格低，抗干扰能力强，很适合用于一般工业用的智能仪表，且广泛用于电力逆变、传动、电流检测高压隔离等场合。霍尔式电流传感器有两种测量电流的方式，一种是开环式，一种是闭环式。

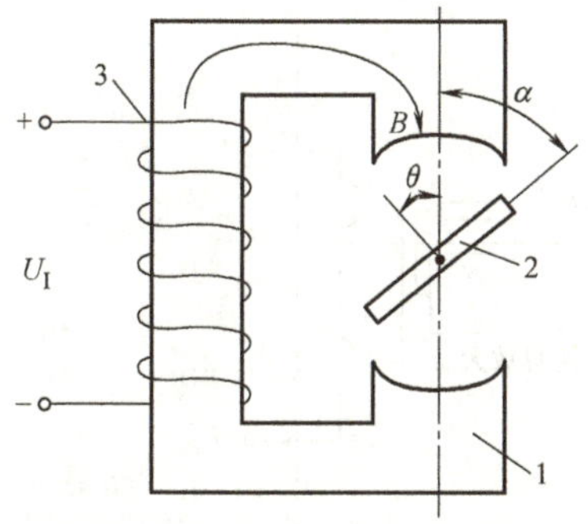

图 8-58 霍尔元件测量角位移的设备的结构示意图

1—极靴 2—霍尔元件 3—励磁线圈

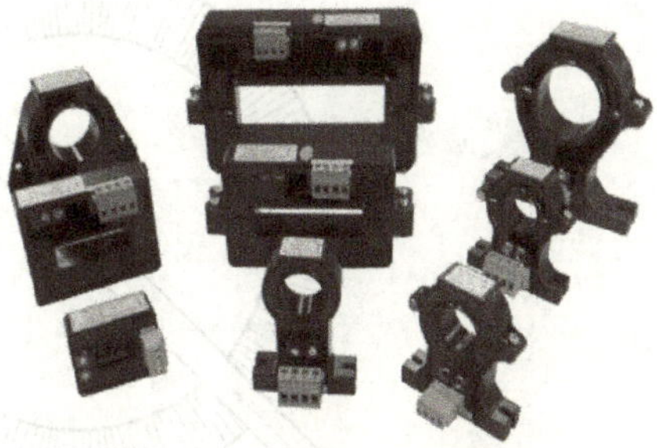

图 8-59 霍尔式电流传感器

（1）开环霍尔式电流传感器 这种传感器用环形或方形的导磁材料制作铁心，套在被测电流 I_p 流过的导线上，如图 8-60 所示。在导线周围将产生一磁场，聚集在铁心内，磁场的大小与流过导线的电流成正比。再在铁心上切割出一个和霍尔元件厚度相同的气隙，将霍尔元件紧密置于其中，导线通电后磁力线集中通过霍尔元件。霍尔元件输出与被测电流成正比的电压，再经运算放大器放大等处理后输出。但随被测电流增大，铁心有可能出现磁饱和以及高频率，铁心中的涡流损耗、磁滞损耗等也会随之升高，从而使其精度、线性度变差，响应时间较慢，温度漂移较大，同时它的测量范围、带宽等也会受到一定限制，通常只能测 10A 以下的电流。被测电流的导线与霍尔元件只有磁场的联系。加强绝缘工艺后，两者之间的耐压值可达 10kV（50Hz 时），有较好的电气隔离性。

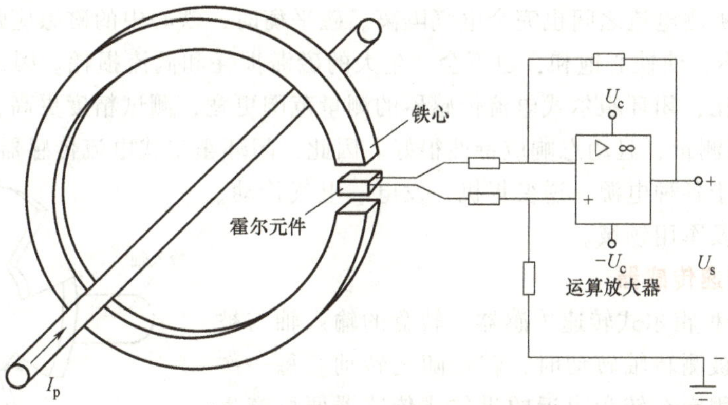

图 8-60 开环霍尔式电流传感器

（2）闭环霍尔式电流传感器 闭环霍尔式电流传感器是在开环霍尔式电流传感器的原理基础上，又加入了磁平衡原理，也称为磁平衡霍尔式电流传感器，如图 8-61 所示。这种传感器的铁心有二次补偿线圈，当被测电流 I_p 流过导线时，铁心内产生磁场，霍尔元件输出霍尔电压，经放大后转换成与被测电流成正比的二次补偿电流 I_s。I_s 流过二次补偿线圈，在铁心中产生的磁场与被测电流产生的磁场相抵消，霍尔元件达到磁平衡，使铁心不易饱和及发热。

上述过程在极短时间内完成，平衡所建立时间小于 1μs，并且这是一个动态平衡过程。一旦被测电流 I_p 有任何变化，就会破坏这一平衡的磁场。磁场一旦失去平衡，霍尔元件便

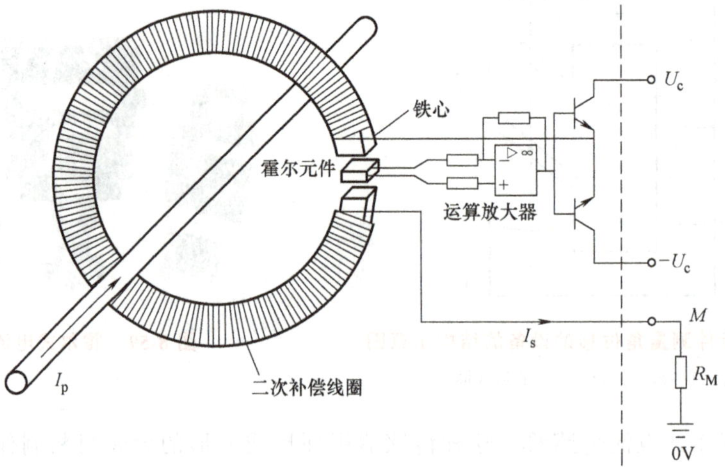

图 8-61　闭环霍尔式电流传感器

会有信号输出，经放大器放大后，立即有相应的电流流过线圈，进行补偿。因此从客观上看，二次补偿电流 I_s 的安匝数在任何时刻皆与被测电流的安匝数一样，只要测得 I_s，就可知道被测电流 I_p，即

$$N_pI_p=N_sI_s \tag{8-73}$$

式中，N_p 为被测电流匝数；I_p 为被测电流；N_s 为二次补偿线圈匝数；I_s 为二次补偿电流。

闭环霍尔式电流传感器能同时测量直流、交流和脉冲等复杂波形电流，其二次线圈测量电流与一次线圈被测电流之间也完全电气隔离。磁平衡时，铁心中的磁感应强度极低，理想状态应为 0，故不会使铁心饱和，也不会产生大的磁滞损耗和涡流损耗。因此，与开环霍尔式电流传感器相比，闭环霍尔式电流传感器的测量范围更宽，测试精度更高，它可对 1mA～50kA 的电流进行测量，且动态响应特性很好。因此，闭环霍尔式电流传感器应用更为广泛，目前已成功应用于各种电源、逆变焊机、发电、电气传动、军用装备等工业及军用领域。

4. 霍尔式转速传感器

图 8-62 是一种霍尔式转速传感器。转盘的输入轴与被测转轴相连，当被测转轴转动时，转盘随之转动。每一次小磁铁通过时，固定在转盘附近的霍尔式传感器便可产生一个相应的脉冲。检测出单位时间的脉冲数，便可知被测转速。磁性转盘上小磁铁数目的多少决定了传感器测量转速的分辨率。

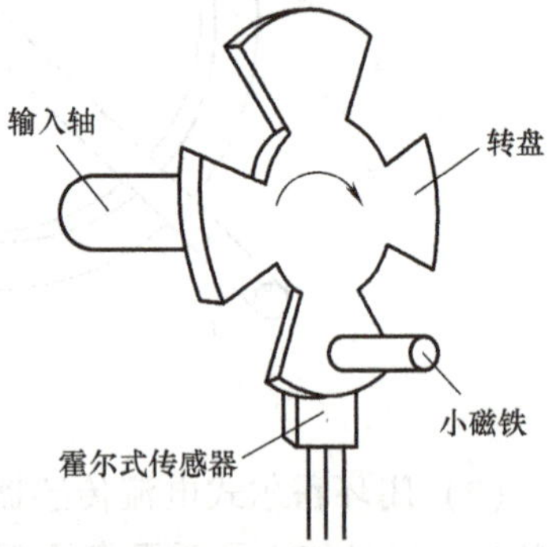

图 8-62　霍尔式转速传感器

霍尔式转速传感器也常用于汽车制动防抱死系统系统（Antilock Brake System，ABS）中。汽车的每一个车轮上都安装有转速传感器。其作用是将车轮转速信号转换为电信号，并将其输出给电子控制单元，来检测车轮转速，可迅速判断出车轮的抱死状态，由控制模块调节制动力的大小，防止车轮完全抱死。

【拓展阅读】　霍尔汽车点火器

5. 霍尔式接近开关

接近开关（Proximity Swich）又称无触点行程开关。它能在一定的距离（几毫米至几十毫米）内检测有无物体靠近。当物体与其接近到设定距离时，能够发出“动作”信号，而非机械式行程开关那样，需要施加机械力。利用霍尔元件也能实现接近开关的功能，但是它只能用于带有磁性的材料的检测，其外形如图 8-63a 所示。当磁性物件移近霍尔开关时，开关检测面上的霍尔元件因产生霍尔效应而使开关内部电路状态发生变化，由此识别附近有磁性物体存在，进而控制开关的通或断。

接近开关可用于限位，如图 8-63b 所示。磁极的轴线与霍尔式接近开关的轴线在同一直线上。当磁铁随运动部件移动到距霍尔式接近开关几毫米时，霍尔式接近开关的输出由高电平变为低电平，经驱动电路使继电器吸合或释放，控制运动部件停止移动起到限位的作用。

霍尔式接近开关具有无触点、低功耗、长使用寿命、响应频率高等特点，内部采用环氧树脂封灌成一体化，所以能在各类恶劣环境下可靠地工作。

a) 外形

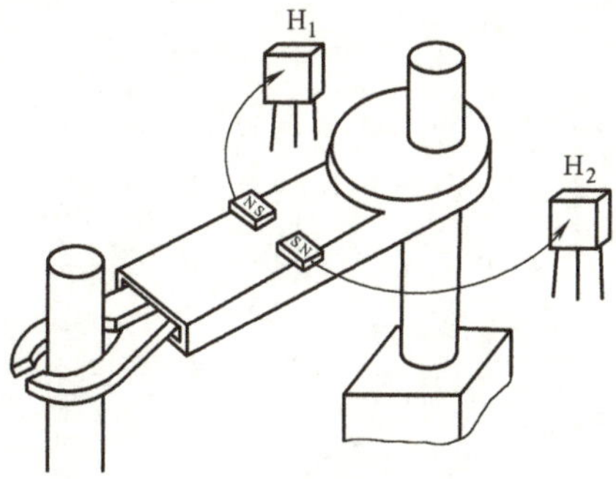

b) 限位应用

图 8-63 霍尔式接近开关外形及应用

【深入思考】还有哪些传感器可以做成接近开关？各有什么特点？

【视频讲解】霍尔式传感器的应用

思考题与习题

8-1 什么是正压电效应和逆压电效应？分别有哪些应用？

8-2 压电传感器能否用于静态测量？为什么？

8-3 石英晶体的压电常数矩阵表示为

$$\begin{bmatrix} d_{11} & d_{12} & 0 & d_{14} & 0 & 0 \\ 0 & 0 & 0 & 0 & d_{25} & d_{26} \\ 0 & 0 & 0 & 0 & 0 & 0 \end{bmatrix}$$

请问，d_{25} 表示什么意义？矩阵中第三列和第三行的 3 个数值都为零，说明了什么？

8-4 压电材料有哪些？选取压电材料时，考虑的因素是什么？

8-5 假设某压电传感器由三片石英晶片并联而成，每片尺寸为长×宽×厚＝40mm×3mm×0.2mm，石英的相对介电常数为 4.5，当 1.5MPa 的压力沿电轴垂直作用时，求传感器输出的电荷量和极间电压值。（真空中的介电常数 8.85×10^{-12}F/m；压电系数 $d_{11}=2.31\times10^{-12}$C/N）

8-6 分析压电加速度计的频率响应特性。若电压放大器总的输入电容 $C=500$pF，总的输入电阻 $R=968$MΩ，传感器机械系统固有频率 $f_0=30$kHz，阻尼比为 0.5。求幅值误差小于

5%时的使用频率范围。

8-7 磁电式传感器与电感式传感器有什么不同？

8-8 简述磁电式传感器的工作原理和结构形式。

8-9 磁电式传感器产生误差的原因及补偿方法是什么？

8-10 什么是霍尔效应？霍尔电压与哪些因素有关？

8-11 制作霍尔元件采用什么材料？为什么导体材料和绝缘体材料均不宜作为霍尔元件材料？

8-12 霍尔元件不等位电压产生的原因有哪些？如何补偿？

8-13 霍尔元件灵敏度 $K_H=40V/(A\cdot T)$，控制电流 $I=3.0mA$，将它置于 $1\times10^{-4}\sim5\times10^{-4}T$ 线性变化的磁场中，它输出的霍尔电压范围有多大？

第 9 章

光电式传感器

1675 牛顿提出光的微粒说，成功解释了光的折射和反射。1864 年，英国物理学家麦克斯韦预言了电磁波的存在，并指出光是一种电磁波。1887 年，德国物理学家赫兹验证了这一理论，并发现了光电效应。光的波动学说很好地解释了光的反射、折射、干涉、衍射、偏振等现象，但是仍然不能解释物质对光的吸收、散射和光电子发射等现象。1900 年，德国物理学家普朗克提出了量子学说。1905 年，德国物理学家爱因斯坦用光量子学说解释了光电发射效应，从而确立了光的波粒二象性，后来为实验所证明。

光电式传感器（Photoelectric Sensor）是利用光电器件把光信号转换成电信号（电压、电流、电阻等）的装置。光电式传感器工作时，先将被测量转换为光量的变化，然后通过光电器件把光量的变化转换为相应的电量变化，从而实现对非电量的测量。它可用于检测直接引起光量变化的非电量，如发光强度、光照度、辐射测温、气体成分分析等；也可用来检测能转换成光量变化的其他非电量，如零件直径、表面粗糙度、应变、位移、振动、速度、加速度以及物体的形状、工作状态的识别等。

光电式传感器具有结构简单、响应速度快、高精度、高分辨率、高可靠性、抗干扰能力强（不受电磁辐射影响，本身也不辐射电磁波）、可实现非接触式测量等特点，虽然发展较晚，但其发展迅速，随着激光、光纤、CCD 技术的发展，光电式传感器在工业测量、工业自动化装置和机器人中得到了广泛的应用。

9.1 光学量传感器

9.1.1 光照度传感器

光照度简称照度，是指被照明面的单位面积上得到的光通量，单位是勒克斯（lx），光通量的单位为流明（lm），即 $1lx = 1lm/m^2$。可见光的光谱范围为 380~760nm，小于 380nm 进入近紫外线区，大于 760nm 进入近红外线区，人眼无法观察。一般利用光电器件制作照度传感器（Illuminancet Sensor）或照度计，可以测量可见光的发光强度。

【拓展阅读】 光通量、发光强度、光照度和光亮度

图 9-1 是一种照度传感器的结构图，它主要由光学滤波器、双硅光电二极管（VD_1 和 VD_2）、稳压电路、放大器和线性校正电路组成。传感器顶部的光学滤波器滤除紫外线和衰减红外线，使得进入传感器的光主要为可见光。这种照度传感器的主要优点是：光谱响应接近人眼函数曲线，暗电流小，灵敏度高，输出电流与照度呈线性变化；由于内部有高精度电

压源、运算放大器和线性校正电路，使其工作电压范围宽，输出电流大，并且温度稳定性好。

硫化镉（CdS）光敏电阻光谱特性最接近人眼光谱视觉效率，在可见光波段范围内的灵敏度最高，也常用用于照度的测量。

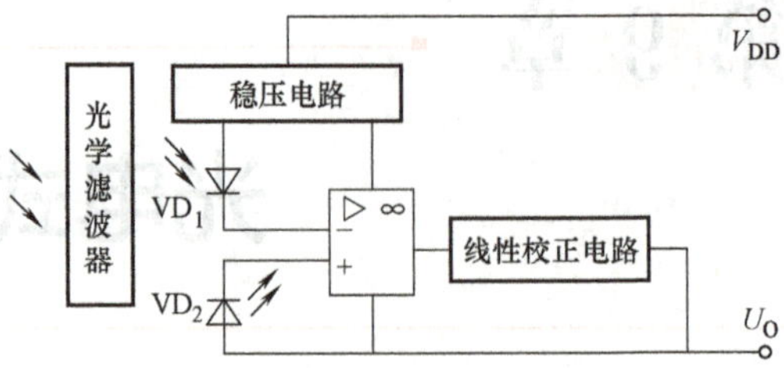

图 9-1　照度传感器结构图

照度传感器主要用于灯具的自动亮/灭控制，如路灯、广告灯、背光亮度自动调节等。也可用于光控自动窗帘，在窗玻璃上贴一个照度传感器测量透过窗户的光的照度，并把室外光转换成电能。当达到规定的光通量时驱动窗帘自动升降，使室内光线始终保持在一定的照度水平上。

9.1.2　光亮度传感器

光亮度是指光源的单位面积上沿法线方向的发光强度，也称为单位面积在其法线方向上单位立体角内发出的光通量，在国际单位制中，光亮度的单位是 cd/m^2。光亮度传感器（Luminance Sensor）即能感受光亮度并转换成可用输出信号的传感器。

美国 Microsemi 公司推出了能实现人眼仿真的可见光亮度集成传感器 LX1970，其引脚如图 9-2 所示，内含 PIN 型光电二极管、高增益放大器和两个互补式电流输出端。其光电二极管阵列的光谱特性和灵敏度都与人眼十分相似，能代替人眼感受环境亮度，将接收的可见光转换成电流，进而进行光亮度控制。其峰值响应波长为 520nm，遇紫外和红外波长时急剧衰减。其光电二极管阵列具有非常精确、线性和可重复的电流转换功能。光电流通过内部的高增益运放后，从电流源和电流接收两个引脚输出。通过在一个或两个引脚之间增加一个电阻能将这些电流转换成电压，电压增益决定于电阻值，电阻的典型取值范围为 10~50kΩ。

笔记本计算机、电视机和手机已普遍采用液晶显示器（LCD），但 LCD 本身不发光，只能反射或透射外界光。为了在光线较暗的环境中或在夜间观察屏幕，必须给 LCD 加背光以增强对比度。利用光亮度传感器，可根据环境亮度自动调节背光源（一般为白色 LED）亮度。除了用于构成平板显示器的光亮度监控外，还可作为户外照明灯的自动控制器。

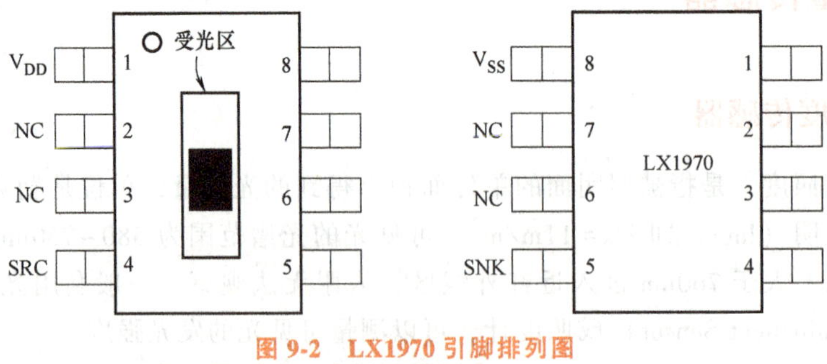

图 9-2　LX1970 引脚排列图

9.1.3　紫外传感器

紫外线是德国物理学家里特在 1801 年发现的。紫外传感器（UV Sensor）是一种专门用来检测紫外线的光电器件，它对紫外线特别敏感，尤其对木材、化纤、纸张、油类、塑料、橡胶和可燃气体等燃烧时产生的紫外线反应尤其强烈。紫外传感器能检查到人的肉眼感觉不到的紫外线，又能避免日光、灯光和其他常见光源的干扰，同时具有高灵敏度、高输出、高响应速度等特性，常应用于火灾探测、熄火保护以及特殊场所的光电控制等领域。

紫外传感器的工作原理如图 9-3 所示，在传感器的阴极和阳极间加高电压，当紫外线透过石英玻璃照射到光电面的阴极上时，由于阴极涂敷有电子放射物质而发射光电子。在强电场作用下，光电子被吸向阳极，光电子高速运动时与管内气体分子碰撞，最终使阴极和阳极间充斥着大量的光电子、电离电子和离子，引起辉光放电现象，从而在电路中形成很大的电流。没有紫外线照射时，阴极和阳极之间无电子和离子的流动，呈现相当高的阻抗。最早的紫外传感器是基于单纯的硅，但是单纯的硅二极管也响应可见光，形成额外的电信号，导致精度不高。后来采用氮化镓（GaN）晶体材料，其精度大大提高。国产 FDU-1001 紫外线火焰检测器中的紫外线探头可检测出 5m 以内打火机火焰发出的紫外线。

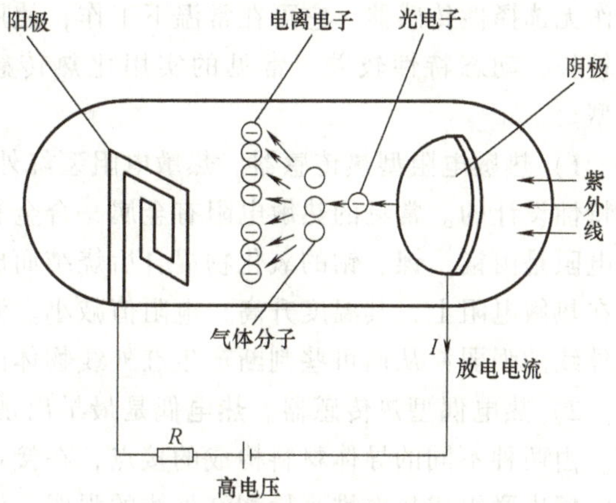

图 9-3 紫外传感器的工作原理

9.1.4 红外传感器

1. 红外辐射基本概念

红外辐射即红外线，它是一种人的肉眼看不见的光线。任何物体，只要它的温度高于绝对零度（−273℃），就有红外线向周围空间辐射。

红外线是波长位于可见光中红光以外的光线，故称为红外线。它的波长在 0.75～1000μm 的范围之内。相对应的频率在 $4\times10^{14}\sim3\times10^{11}$Hz 之间，红外线与可见光、紫外线、X 射线、γ 射线和微波、无线电波一起构成了整个无限连续的电磁波谱。

在红外技术中，一般将红外线分为四个区域，即近红外区、中红外区、远红外区和极远红外区。这里所说的远近是指红外线波长在电磁波谱中与可见光的距离。

研究发现，太阳光谱各种单色光的热效应从紫色光到红色光是逐渐增大的，而且最大的热效应出现在红外线的频率范围内，红外线的物理本质是热辐射，因此人们又将红外线称为热辐射或热射线。物体的温度越高，辐射出来的红外线越多，红外线的能量就越强。实验表明，波长在 0.1～1000μm 之间的电磁波被物体吸收时，可以显著地转变为热能。可见，载能电磁波是热辐射传播的主要媒介物。

【视频讲解】
红外传感器概述

2. 常见红外传感器

红外传感器（也称为红外探测器）是能将红外线的能量转换成电能量的光电器件。红外传感器是红外探测系统的关键部件，它的性能好坏，将直接影响系统性能的优劣。红外传感器根据工作温度可分为低温（液体的 He、Ne、N 制冷）、中温（195～200K 的热电制冷）和室温红外传感器；根据响应波长可分为近红外、中红外和远红外传感器；根据用途可分为单元型、多元阵列和成像传感器；根据探测机理可分为热传感器和光子传感器两类。

(1) 热传感器　热传感器是利用辐射热效应，使探测器吸收红外线后温度升高，进而使传感器中某些物理性质随温度发生变化，这种变化与吸收的红外线能成一定的关系，从而可以确定传感器所吸收的红外线。热传感器在整个红外波段可以有平坦的光谱响应，所以又叫作无选择性传感器，它可在常温下工作，使用方便，缺点在于时间常数较大，所以响应时间较长，动态特性较差。常见的实用化热传感器主要包括热敏电阻型、热电偶型、热释电型。

1）热敏电阻型热传感器。热敏电阻型红外传感器是利用固体材料的电阻率随温度变化的特性设计的。常见的热敏电阻有金属、合金和半导体三种，其典型结构如图 9-4 所示。热敏电阻是由锰、镍、钴的氧化物混合后烧结而成的。热敏电阻一般制成薄片状，当红外线照射在热敏电阻上，其温度升高，电阻值减小。测量热敏电阻值变化的大小，即可得知入射的红外线的强弱，从而可些判断产生红外线物体的温度。

2）热电偶型热传感器。热电偶是最早出现的一种热电探测器件，其工作原理是热电效应。由两种不同的导体材料构成的接点，在接点处可产生电动势。实际应用中，往往将几个热电偶串联组成热电堆来检测红外线的强弱。温差电偶和温差电堆的原理性结构如图 9-5 所示。当红外线照射到热电偶热端时，该端温度升高，而冷端温度保持不变。此时，在热电偶回路中将产生热电动势，热电动势的大小反映了热端吸收红外线的强弱。为了提高吸收系数，在热端装有涂黑的金箔。

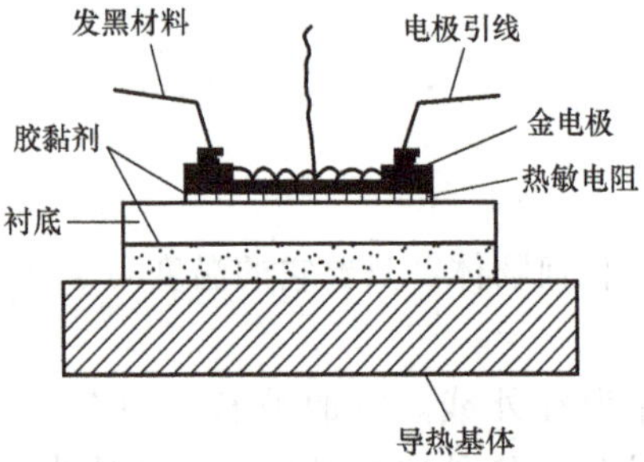

图 9-4　热敏电阻型红外传感器的结构

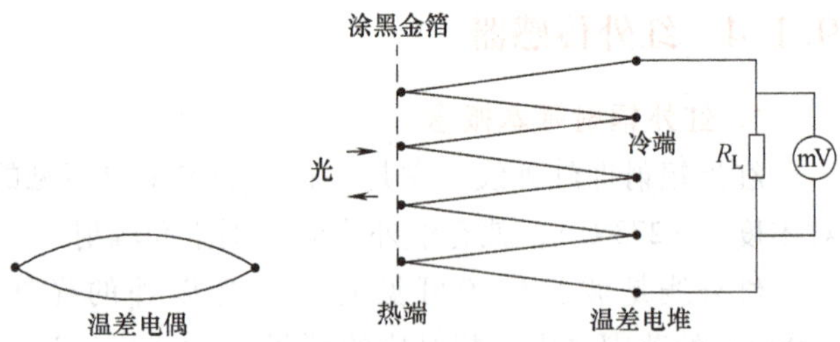

图 9-5　温差电偶和温差电堆的原理性结构

3）热释电型热传感器。热释电型热传感器在热传感器中探测率最高，频率响应最宽。这种传感器根据热释电效应制成。当红外线照射到已经极化的铁电体薄片表面上时，引起薄片温度升高，使其极化强度降低，表面电荷减少，这相当于释放一部分电荷，所以叫做热释电型传感器。如果将负载电阻与铁电体薄片相连，则负载电阻上便产生一个电信号输出。输出信号的大小取决于薄片温度变化的快慢，从而反映出入射的红外线的强弱。但这种传感器对于恒定红外线没有电信号输出。所以，必须对红外线进行调制，使恒定的红外线变成交变红外线，也就是让传感器温度不断变化，才能导致热释电产生，并输出交变的信号。

(2) 光子传感器　光子传感器是利用某些半导体材料在入射光的照射下，产生光子效应，使材料电学性质发生变化。通过测量电学性质的变化，可以知道红外线的强弱。光子传感器比热传感器反应灵敏，响应时间更短，响应时间能达到 10^{-9}s 或更短的时间，而一般热传感器响应时间为 10^{-3}s 或更长时间。但光子传感器需在很低的温度下才能正常工作，因此需配备制冷器，比较麻烦，探测波段也较窄，是一种选择性传感器。按照光子传感

【视频讲解】
常见红外传感器

器的工作原理，一般可分为内光电和外光电传感器（PE 器件）两种，前者又分为光电导传感器（PC 器件）、光生伏特传感器（PU 器件）和光磁电传感器（PEM 器件）等。

3. 红外传感器的应用

目前，红外传感器应用越来越广泛，它可以用于非接触式的温度测量，如气体成分分析，无损探伤，热像检测，红外遥感以及军事目标的侦察、搜索、跟踪和通信等，红外传感器的应用前景随着现代科学技术的发展，将会更加广阔。

（1）红外测温　红外测温可远距离和非接触测量温度，特别适合于高速运动物体、带电体、高压、高温物体的温度测量。红外测温反应速度快、灵敏度好、准确度高、测温范围广，因此广泛应用在各种场合的温度测量。

图 9-6 所示为目前常见的红外测温仪的原理。它的光学系统是一个固定焦距的透射系统，物镜一般为锗透镜。红外传感器一般为热释电红外传感器。安装时保证其光敏面落在透镜的焦点上。步进电动机带动调制盘对入射的红外线进行斩光，将恒定或缓变的红外线变换为交变红外线。被测目标的红外线通过透镜聚焦在红外传感器上。红外传感器将红外线变换为电信号输出，经过计算得到目标温度。

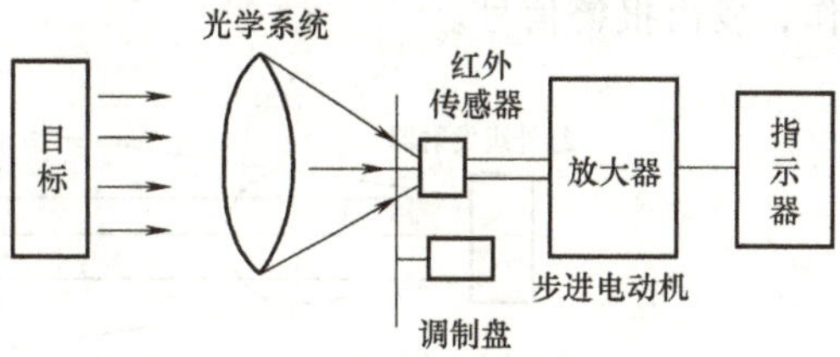

图 9-6　红外测温仪的原理

如果将物体发出的不可见红外能量转变为与物体表面热分布相应的热图像，这种设备称为红外热像仪。热图像的上面的不同颜色代表被测物体的不同温度。通过查看热图像，可以观察到被测目标的整体温度分布状况。

【拓展阅读】枪形红外辐射温度计

（2）红外分析仪　红外分析仪是根据物质的吸收特性来进行工作的。许多化合物的分子在红外波段都有吸收带。物质的分子不同，吸收带所在的波长和吸收的强弱也不相同。根据吸收带分布的情况与吸收的强弱，可以识别物质分子的类型，从而得出物质的组成及百分比。根据不同的目的与要求，红外分析仪可设计成多种不同的形式，如红外气体分析仪、红外分光光度计、红外光谱仪等。

【视频讲解】红外测温

例如医用二氧化碳气体分析仪，是利用二氧化碳气体对波长为 4.3μm 的红外线有强烈的吸收特性而进行测量分析的，它主要用来测量、分析二氧化碳气体的浓度，其光学系统如图 9-7 所示。红外线分别通过标准气室和测量气室，并采用干涉滤光片滤光，只允许波长 4.3±0.15μm 的红外线通过，此波段正好是二氧化碳的吸收带。假设标准气室中充满没有二氧化碳气体，当进入测量气室中的被测气体里含有二氧化碳时，红外线被二氧化碳吸收，使测量气室中出来的红外线比标准气室中出来的弱。被测气室中二氧化碳浓度越大，两个气室出来的红外线强度差别越大。红外传感器交替接收两束不等的红外线后，将输出一个交变电信号，经过数据处理与

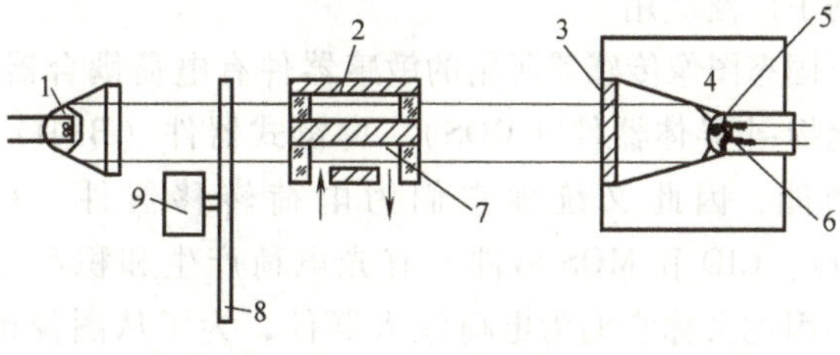

图 9-7　医用二氧化碳分析仪光系统图

1—红外光源　2—标准气室　3—干涉滤光片　4—反射光锥　5—锗浸没透镜　6—红外传感器　7—测量气室　8—调制盘　9—电动机

适当标定后，就可以根据输出信号的大小来判断被测气体中含二氧化碳的浓度。

(3) 红外感烟探测器　红外感烟探测器是利用烟粒子吸收或散射红外线使红外线强度变化的原理而工作，属于线性探测器。由 GB 50116—2013《火灾自动报警系统设计规范》可以知道：无遮挡大空间或有特殊要求的场所，宜选红外感烟探测器。这类探测器由发射和接收模块组成，成对使用，具有保护面积大、在相对湿度较高和强电场环境中反应速度快等优点。其工作过程是发射端的红外线发射器在脉冲电源激发下，发出波长 940nm 的脉冲红外线，该红外线束经过一定空间距离发射到接收模块的光电器件上，如图 9-8 所示。光电器件将光信号转成电信号，再经放大变为直流电平。该电平大小表征了红外线通量大小。无烟时为正常状态，无报警信号输出；有烟时通道中的红外线被烟粒子遮挡而减弱，光电接收器的电信号减弱，当达到动作值（通常为正常值的 70%）时，探测器动作，发出报警信号。

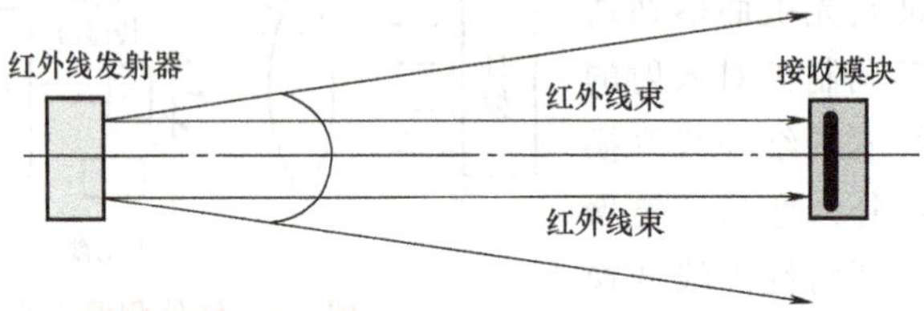

图 9-8　红外感烟探测器

【深入思考】
红外传感器在军事上还有哪些应用?

【拓展阅读】　红外无损检测

9.2 固态图像传感器

图像传感器（Image Sensor）是利用光电器件的光-电转换功能，将其感光面上的光像转换为与光像成相应比例关系的电信号的功能器件。它可实现可见光、紫外线、X 射线、近红外线等的探测，是现代获取视觉信息的一种基础器件。图像传感器分为真空管图像传感器（如电子束摄像管、像增强管与变相管等）和固态图像传感器。其中，真空管图像传感器正逐渐被固态图像传感器所替代。

固态图像传感器是一种高度集成的半导体光电传感器，在一个器件上可以完成光电信号转换、传输和处理。它具有体积小、质量轻、坚固耐用、抗冲击、耐振动、抗电磁干扰能力强以及析像度高等许多优点，因此在航天、航海、医学、气象、电视、商业以及军事都方面得到了广泛应用。

固态图像传感器所用的敏感器件有电荷耦合器件（CCD）、电荷注入器件（CID）、金属-氧化物-半导体器件（MOS）、戽链式器件（BBD）等。CCD 和 BBD 具有电荷积蓄和电荷转移功能，因此又统称它们为电荷转移器件（Charge Transfer Device，CTD）。CID 和 MOS 器件只有光电荷产生和积蓄功能，而无电荷转移功能，因此又称它们为电荷注入器件，为了从图像传感器输出光像的电信号，必须另置“选址”电路。

本节主要介绍应用最为普遍的 CCD 图像传感器和 CMOS 图像传感器。

【视频讲解】
图像传感器概述

9.2.1 CCD 图像传感器

电荷耦合器件（Charge Coupled Devices，CCD）以电荷转移为核心，是一种使用非常广泛的固体图像传感器，它最初于 1969 年由美国贝尔实验室的 W. S. Boyle 和 G，E. Smith 发明。W. S. Boyle 和 G，E. Smith 也因为 CCD 的发明获得了 2009 年诺贝尔物理学奖。CCD 具有光电转换、信息存储和延时等功能，而且体积小、质量轻、集成度高、功耗小、寿命长、可靠性高，所以广泛应用于数码摄影、天文学，尤其是光学遥测技术、光学与频谱望远镜和高速摄影技术。

1. CCD 的基本工作原理

CCD 的突出特点是以电荷作为信号，而不同于其他大多数器件是以电流或者电压为信号。有人将其称为“排列起来的 MOS 电容阵列”。一个 MOS 电容器就是一个光敏元或是一个像素，可以感应一个像素点，那么传递一幅图像就需要多个 MOS 光敏元大规模集成的器件。因此，CCD 的基本功能是电荷的产生、存储、转移和输出。

（1）CCD 的 MOS 光敏元结构　构成 CCD 光敏元的是 MOS 电容器，其结构如图 9-9a 所示，一般是以 P 型（或 N 型）硅作为衬底电极，上面覆盖一层厚度为 120nm 的氧化物 SiO_2 层，再在 SiO_2 表面依次淀积具有一定形状的金属电极，这样就构成了由金属（M)-氧化物(O)-半导体（S）三层组成的 MOS 电容器。根据不同应用要求将 MOS 电容器阵列加上输入、输出结构就构成了 CCD。

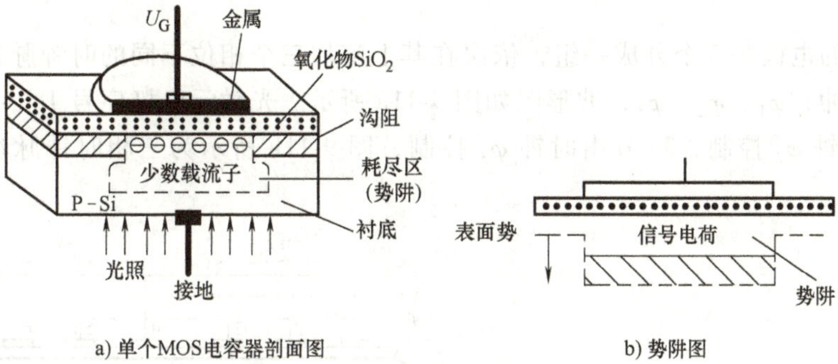

图 9-9　MOS 电容器结构

（2）电荷存储　所有电容器都能存储电荷，MOS 电容器也不例外，现以 P 型硅（P-Si）半导体为例来说明。当某一时刻给金属电极（栅极）施加一个正电压 U_G 时（衬底接地），在电场的作用下，Si-SiO_2 界面处的电势（称为表面势或界面势）发生相应的变化，靠近氧化层的 P 型硅中的多数载流子（空穴）受到排斥，半导体内的少数载流子（电子）则被吸引到 P-Si 界面处来，从而在界面附近形成一个带负电荷的耗尽区，也称为表面势阱。对带负电的电子来说，耗尽区是个势能很低的区域。

如果此时有光照射在硅片上，在光子的作用下，半导体硅产生了电子-空穴对，由此产生的光生电子就被附近的势阱所吸引，势阱内所吸引的光生电子数量与入射到该势阱附近的光的发光强度成正比，存储了电荷的势阱被称为电荷包，而同时产生的空穴被电场排斥出耗尽区，图 9-9b 所示为已存储信号电荷-光生电子的示意图。收集在势阱中电荷包的多少，反映了入射光信号的强弱，从而可以反映像的明暗程度，以实现光信号与电信号之间的转换。在一定条件下，所加电压 U_G 越大，耗尽层就越深。这时，Si 表面吸收少数载流子的表面势

（半导体表面对于衬底的电势差）也就越大，这时的 MOS 电容器所能容纳的少数载流子电荷的量就越大。

通常在半导体硅片上有几百或几千个相互独立的 MOS 电容器，若在金属电极上施加一个正电压时，则在这个半导体硅片上就形成几百个或几千个相互独立的势阱。如果照射在这些光敏元上的是一幅明暗起伏的图像，那么这些光敏元就感生出一幅与图像明暗相对应的光生电荷图像。

【动画演示】电荷的产生和存储

（3）电荷转移　CCD 由一系列彼此非常靠近的光敏元依次排列，其上制作许多互相绝缘的金属电极，相邻电极之间仅间隔极小的距离。从上面的讨论可知，外加在 MOS 电容器上的电压越高，产生势阱越深；外加电压一定，势阱深度随势阱中电荷量的增加而线性下降。利用这一特性，通过控制相邻 MOS 电容器栅极电压高低来调节势阱深浅，让 MOS 电容器间的排列足够紧密，使相邻 MOS 电容器的势阱相互沟通，即相互耦合，就可使信号电荷由势阱浅处流向势阱深处，实现信号电荷的转移，如图 9-10 所示。

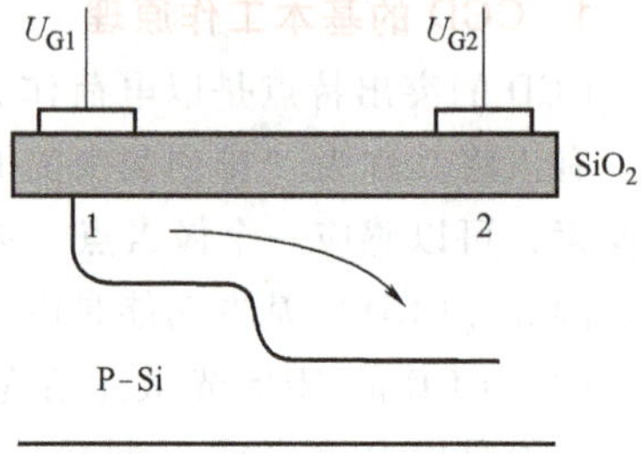

图 9-10　电荷转移示意图

此外，为保证信号电荷按确定方向和确定路线转移，在光敏元阵列上所加的各路电压脉冲（即时钟脉冲），是严格满足相位要求的。下面以三相时钟脉冲控制方式为例说明电荷定向转移的过程。

把光敏元的电极每 3 个分成一组，依次在其上施加三个相位不同的时钟脉冲（又称控制脉冲或驱动脉冲）φ_1、φ_2、φ_3，波形图如图 9-11a 所示。光敏元电极序号 1、4 由时钟 φ_1 控制，2、5 由时钟 φ_2 控制，3、6 由时钟 φ_3 控制，图 9-11b 所示为三相时钟脉冲控制转移存储电荷的过程。

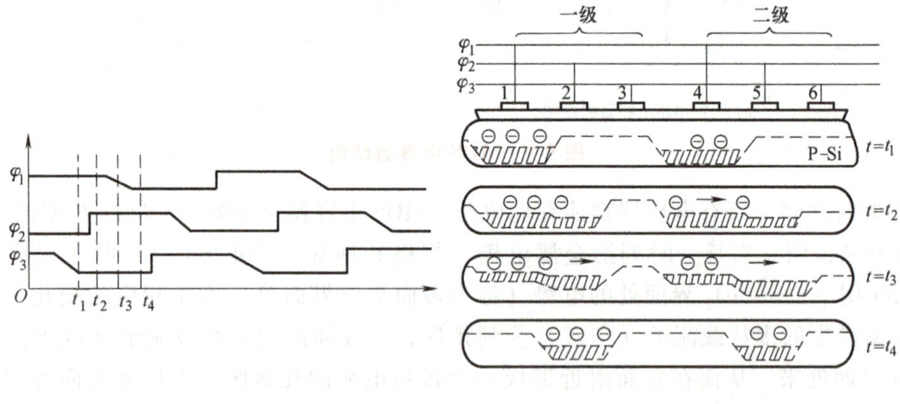

a) 三相时钟脉冲波形　b) 电荷转移过程

图 9-11　三相时钟驱动电荷转移原理

$t=t_1$ 时，φ_1 相处于高电平，φ_2、φ_3 相处于低电平。因此，在电极 1、4 下面出现势阱，并且存储了电荷。

$t=t_2$ 时，φ_1 相处于高电平，但 φ_2 相电平也升至高电平，在电极 2、5 下面出现势阱。由于相邻电极之间的空隙小，电极 1、2 及电极 4、5 下面的势阱互相通连，形成大势阱。原来在电极 1、4 下的电荷向电极 2、5 下势阱方向转移。

$t=t_3$ 时，接着 φ_1 电压下降，势阱相应变浅，而 φ_2 相仍处于高电平。更多的电荷转移到电极2、5下势阱内。

$t=t_4$ 时，只有 φ_2 相处于高电平，信号电荷全部转移到电极2、5下的势阱中。

【动画演示】电荷的转移

依此下去，通过脉冲电压的变化，在半导体表面形成不同深度的势阱，使信号电荷按事先设计的方向从一端移位到另一端，直到输出。由于在传输过程中持续的光照会产生电荷，使信号电荷发生重叠，在显示器中出现模糊现象，因此在CCD中一般把感光区和传输区分开，且在时间上保证信号电荷从感光区到传输区的时间远小于感光时间。

（4）电荷的注入　CCD中的信号电荷的产生有两种方式：电信号注入和光信号注入。

1）光信号注入。CCD用于光学图像传感器时，信号电荷由光生载流子得到，即光信号注入。当光信号照射到CCD衬底硅片上时，在栅极附近的耗尽区吸收光子产生电子-空穴对。这时在栅极电压的作用下，多数载流子（空穴）将流入衬底，而少数载流子（电子）则被收集在势阱中，形成与发光强度成正比的信号电荷并存储起来。光注入方式又可分为正面光注入方式和背面光注入方式。图9-12a所示为背面光注入方式，如果用透明电极也可用正面光注入方式。

2）电信号注入。当CCD用于信号处理或存储器件时，电荷采用电信号注入方式，即CCD通过输入结构（如输入二极管）将信号电压或电流转换为信号电荷，注入势阱中，如图9-12b所示。二极管位于输入栅衬底下，当输入栅IG加上宽度为 Δt 的正脉冲时，输入二极管PN结的少数载流子通过输入栅下的沟道注入 φ_1 电极下的势阱中，注入电荷量 $Q=I_D\Delta t$。

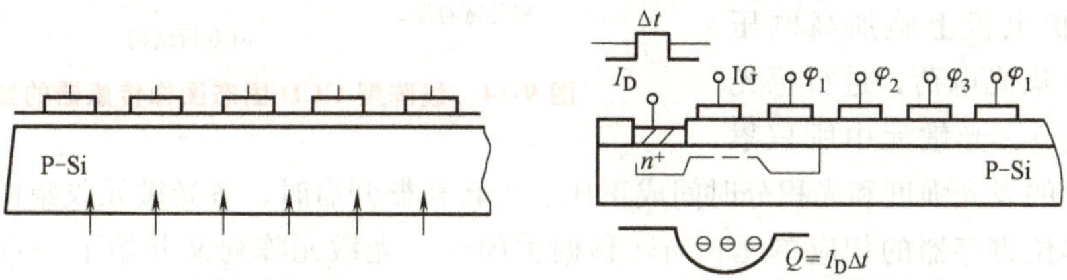

a) 背面光注入方式　　b) 电信号注入方式

图9-12　电荷注入方式

（5）电荷的输出　CCD输出结构如图9-13所示。OG为输出栅，它实际上是CCD阵列末端衬底上扩散形成一个输出二极管，当输出二极管加上反相偏压时，转移到终端的电荷在时钟脉冲作用下移向输出二极管，被二极管的PN结所收集，在负载 R_L 上形成脉冲电流 I_O。输出脉冲电流的大小与信号电荷的大小成正比，并通过负载电阻转换为信号电压 U_O 输出。

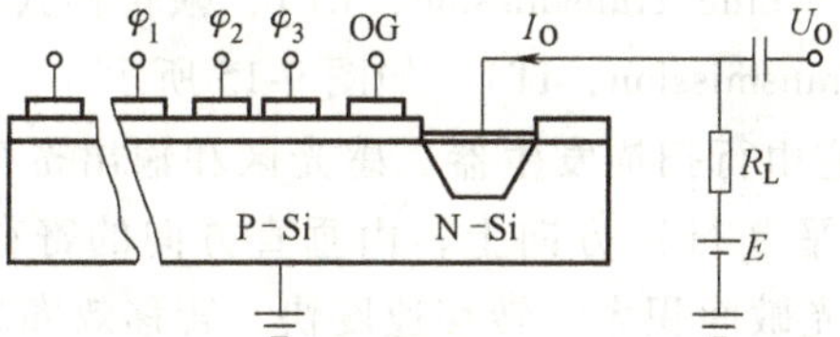

图9-13　CCD输出结构

【视频讲解】 CCD图像传感器的工作原理

2. CCD固态图像传感器的分类及工作原理

CCD固态图像传感器由感光部分和移位寄存器组成。感光部分利用光敏元的光电转换功能将透射到光敏元上的光学图像转换成电信号“图像”，即将发光强度的空间分别转换为与发光强度成正比的、大小不等的电荷包的空间分布，然后利用移位寄存器的移位功能将光生电荷图像转移出来，从输出电路上检测到幅度与光生电荷成正比的电脉冲序列，从而将照射在 CCD 上的光学图像转换为电信号图像。

CCD 固态图像传感器从结构上可分为两类：一类是用于获取线图像的线阵型 CCD 固态图像传感器，主要用于产品外部尺寸非接触测量、产品表面质量评定、传真和光学文字识别等方面；另一类用于获取面图像的面阵型 CCD 固态图像传感器，主要用于摄像领域。

（1）线阵型 CCD 固态图像传感器　线阵型 CCD 可以直接获取线图像，但是如需获得面图像，必须采取扫描的方法来实现。线阵型 CCD 图像传感器由线阵光敏区、转移栅、移位寄存器、偏置电荷电路、输出栅和信号读出电路等组成。

线阵型 CCD 固态图像传感器的基本结构如图 9-14 所示，主要有单行结构和双行结构两种形式。

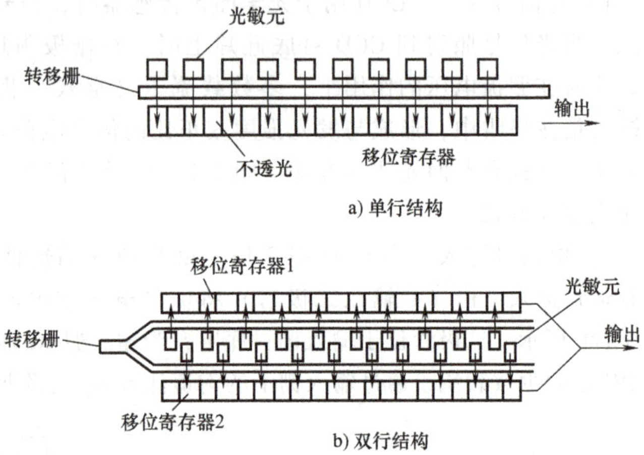

图 9-14　线阵型 CCD 固态图像传感器的结构

单行结构式 CCD 固态图像传感器基本结构如图 9-14a 所示，由一列光敏元和一列移位寄存器构成，光敏元与移位寄存器之间有一个转移栅，用来控制光敏元势阱中的信号电荷向移位寄存器中转移。当入射光照射在光敏元阵列上，并在光敏元梳状电极上施加高电压时，光敏元聚集光电荷，进行感光摄像（光积分），光敏元中所积累的光电荷与光的发光强度和光积分时间成正比。当转移栅开启时，各光敏元收集的信号电荷并行地转移到移位寄存器的相应单元。当转移栅关闭时，光敏元阵列又开始下一行的光电荷积累。同时，在移位寄存器中的上一行电荷由移位寄存器串行输出，如此重复上述过程。

目前，实用的线阵型 CCD 固态图像传感器多采用如图 9-14b 所示的双行结构。单、双数光敏元中的信号电荷分别转移到上、下方的移位寄存器中，然后在时钟脉冲的作用下向终端移动，在输出端交替合并输出，这样就形成了原来电荷的顺序。这种结构虽然复杂，但电荷包转移效率高、分辨率高、损耗小。

（2）面阵型 CCD 固态图像传感器　面阵型 CCD 图像传感器的光敏元呈二维矩阵排列，目前有三种典型结构形式：线转移式（Line Transmission，LT）、帧转移式（Frame Transmission，FT）和行间转移式（Interline Transmission，IT），如图 9-15 所示。

图 9-15a 所示为线转移式结构。它由行扫描发生器、感光区和输出寄存器等组成。行扫描发生器将光敏元内的电荷转移到水平（行）方向上，由垂直方向的寄存器将信号电荷转移到输出端。这种转移方式具有有效光敏面积大、转移速度快、转移效率高等特点，但由于感光部分与电荷转移部分共用，容易引起光学“拖影”劣化图像画面现象。

图 9-15b 所示为帧转移式结构。它主要由感光区、暂存区和输出寄存器三部分构成，特点是感光区与暂存区相互分离，但两区构造基本相同。工作时，感光区光敏元面阵接收光信号，光生电荷积蓄到某一定数量之后，用极短的时间迅速转移到遮光的暂存区，随后感光区

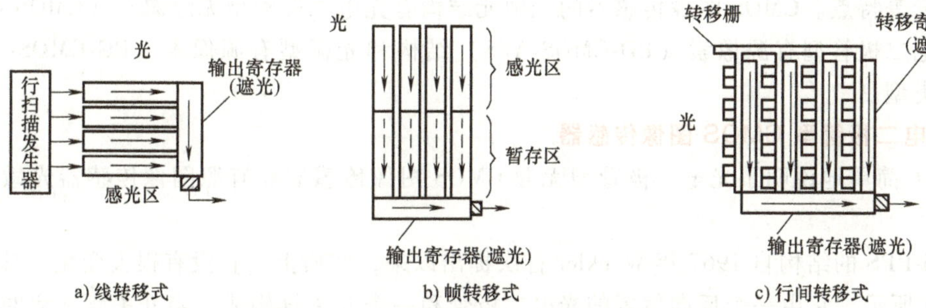

图 9-15 面阵型 CCD 固态图像传感器的结构

又开始本场信号电荷的生成与积蓄过程。同时，暂存区逐行地将上一场信号电荷移往输出寄存器输出一帧信息，当暂存区内的信号电荷全部读出后，时钟控制脉冲又将使之开始下一场信号电荷的由感光区向暂存区迅速的转移。这种结构光敏元密度高、电极简单，暂存区的增加使得“拖影”问题有效解决，提高了图像的清晰度，但也使器件面积相对线转移式增大一倍。

图 9-15c 所示为行间转移式结构，特点是感光区光敏元与转移寄存器交替排列，使帧或场的转移过程合而为一。工作时，在光积分期间，光生电荷存储在感光区光敏元的势阱里。当光积分时间结束，转移栅的电位由低变高，信号电荷进入转移寄存器中。随后，一次一行地移动到输出寄存器中，然后移位到输出器件输出。这种结构的感光区面积减小，图像清晰，但感光区设计复杂，是实际中用的较多的结构形式。

【深入思考】
CCD 图像传感器
如何获取色彩信息？

【视频讲解】
线型与面型
CCD 图像传感器

【视频讲解】
CCD 图像传
感器的主要特性参数

9.2.2 CMOS 图像传感器

互补金属氧化物半导体（Complementary Metal Oxide Semiconductor，CMOS）和 CCD 几乎同时出现，两者都是利用光电二极管进行光电转换。不同之处在于光电转换后信息传送的方式不同，因此结构、制作工艺方法也不相同。早期由于受当时工艺水平的限制，CMOS 图像传感器图像质量差、分辨率低、噪声大和光照灵敏度不够，因而没有得到重视和发展。而 CCD 因为有光照灵敏度高、噪声低、图像质量清晰等优点一直是图像传感器的主流。20 世纪 80 年代，随着集成电路设计技术和工艺水平的提高，为克服 CCD 生产工艺复杂、功耗较大、价格高、不能单片集成和有光晕、拖尾等不足之处，CMOS 再次成为研究热点。随着技术进步，CMOS 和 CCD 的性能差距在不断缩小，整体上有超越 CCD 的趋势。结合其在功耗、体积、制造成本方面的优势，目前，CMOS 传感器已经广泛应用于消费类数码相机、计算机摄像头、智能手机、行车记录仪等多种产品，未来在高端应用领域也有很好的应用前景。

CMOS 具有信息读取方式简单、输出信息速率快、耗电少、体积小、质量轻、集成度高、价格低等特点。CMOS 图像传感器的光敏元结构有光电二极管型无源像素（CMOS-PPS）结构、光电二极管型有源像素（PD-CMOS-APS）结构和光栅型有源像素（PG-CMOS-APS）结构三种类型。

1. 光电二极管型 CMOS 图像传感器

图 9-16 简单地说明了光电二极管型无源 CMOS 图像传感器和有源图像传感器光敏元的结构。

CMOS-PPS 的结构自 1967 年 Weckler 首次提出以来，实质上一直没有很大变化，其结构如图 9-16a 所示。它由一个反向偏置的光电二极管和一个开关管构成。当开关管开启时，光电二极管与垂直的列线连通。位于列线末端的电荷积分放大器读出电路保持列线电压为一常数。光电二极管受光照将光子变成电子电荷，通过行选择开关将电荷读到列输出线上。当光电二极管存储的信号电荷被读出时，其电压被复位到列线电压水平。与此同时，与光信号成正比的电荷由电荷积分放大器转换为电荷输出。无源像素图像传感器仅仅是一种具有行选择开关的光电二极管，通过控制行选择开关把光产生电荷信号传送到感光阵列外的放大器。无源像素本身不进行信号放大。其优点是能降低芯片的体积，可通过标准的 CMOS 集成工艺制造，易进行数字或模拟处理，便于集成。

在光电二极管型有源 CMOS 图像传感器中，则通过复位开关和行选择开关，将放大后的光生电荷读到感光阵列外部的信号放大电路。有源像素图像传感器的每个像素内部都包含一个有源单元，即包含由一个或多个晶体管组成的放大电路，在像素内部先进行电荷放大再被读出到外部电路。

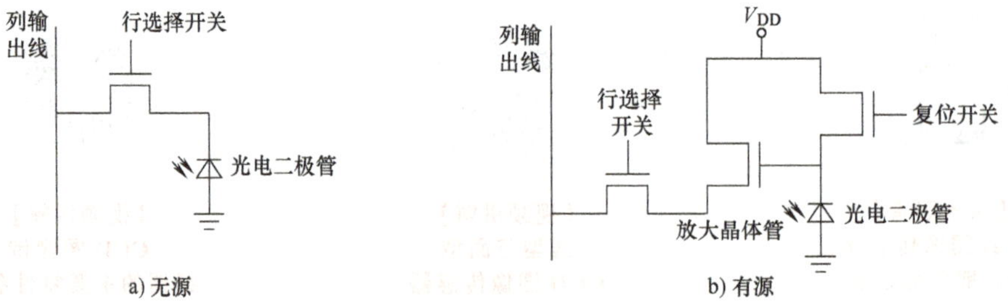

图 9-16　光电二极管型 CMOS 图像传感器的结构

单管的光电二极管型 CMOS-PPS 允许在给定的像素尺寸下有最高的设计填充系数，或者在给定的设计填充系数下，可以设计出最小的像素尺寸。由于填充系数高和没有许多 CCD 中的多晶硅层叠，CMOS-PPS 结构的量子效率较高。但是，由于传输线电容较大，CMOS-PPS 读出噪声较高，这是其致命的弱点。CMOS-PPS 成像质量低，局部漏电流在视场中形成白点。另外存在的一个特殊问题是“固定模式噪声”，这是由于当直接把电荷从像素读到列总线时，总线不可避免地具有高电容值和热复位噪声。就像透过玻璃窗观察景物，无论怎样，看到的景物总是具有相同的“弊病”。

2. 光栅型有源像素 CMOS 图像传感器

光栅型有源像素如图 9-17 所示。像素单元包括光电栅（Photo Gate）PG、浮置扩散输出（Floating Diffusion）FD、传输电栅（Transfer Gate）TX、复位晶体管（Reset Transistor）MR、作为源极跟随器的输入晶体管 MIN，以及行晶体管 MX，实际上，每个像素内部就是一个小小的表面沟道 CCD，每列单元共用一个读出电路，它包括第一源极跟随器的负载晶体管 MLN 及两个用于存储信号电平和复位电平的双采样和保持电路。这种对复位和信号电平同时采样的相关双采样电路 CDS 能抑制来自像元浮置节点的复位噪声。

CMOS 图像传感器的一个很大优点是，它只要求一个单电压来驱动整个装置。不过设计者仍应谨慎地布置电路板以驱动芯片。根据一般的实际要求，数字电压和模拟电压之间应尽可能地分离开，以防止有害的串扰。因此，良好的电路板设计、接地和屏蔽非常重要。尽管这种图像传感器是一个 CMOS 装置并具有标准的输入/输出电压，但它实际的输入信号相当小，而且对噪声也很敏感。目前已经设计出高集成度的单芯片 CMOS 图像传感器，并且扩展了许多功能，包括自动增益控制（AGC）、自动曝光控制（AEC）、伽马校正、背景补偿和自动黑电平校正等，使有关图像的应用更容易实现。此外，所有的彩成矩阵处理功能都被集成在芯片上。CMOS 图像传感器允许片上的寄存器功能通过 I^2C 总线来编程摄像功能，有较宽的动态范围，抗浮散且几乎没有拖影。

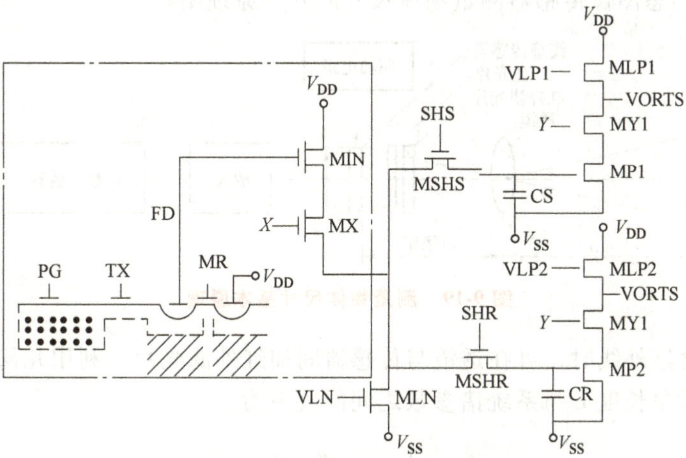

图 9-17　光栅型有源像素结构

CMOS 图像传感器芯片的整体结构如图 9-18 所示。由于大规模集成电路的设计与制造技术已经进入亚微米阶段，CMOS 图像传感器芯片可将图像传感部分、信号读出电路、信号处理电路和控制电路高度集成在一块芯片上，再加上镜头等其他配件就构成了一个完整的摄像系统。性能完整的 CMOS 图像传感器芯片内部结构主要由感光阵列、时序控制电路、模拟信号读出电路、A/D 转换电路、数字信号处理电路和接口电路等组成。CMOS 图像传感器的支持电路包括一个晶体振荡器和电源去耦合电路。这些组件安装在 PCB 的背面，占据很小的空间。微处理器通过 I^2C 总线直接控制传感器寄存器的内部参数。

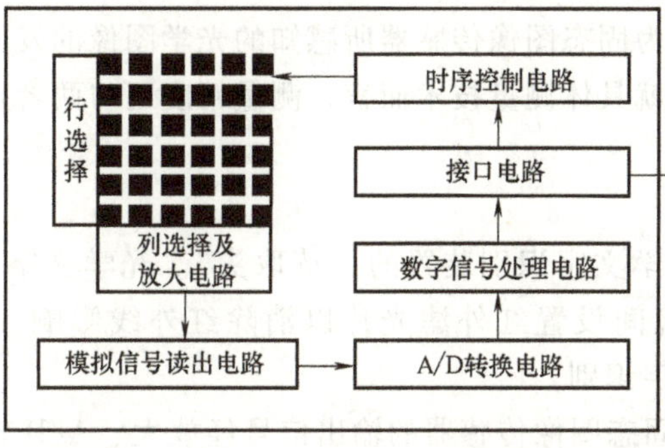

图 9-18　CMOS 图像传感器芯片的整体结构

【深入思考】
CCD 与 CMOS 图像传感器比较有什么不同？

9.2.3 固态图像传感器的应用

固态图像传感器的应用主要在以下几个方面。

1）计量检测仪器。包括工业产品的尺寸、位置、表面缺陷的非接触在线检测、距离测定等。

2）光学信息处理。包括光学文字识别、标记识别、图形识别、传真、摄像等。

3）生产过程自动化。包括自动工作机械、自动售货机、自动搬运机、监视装置等。

4）军事应用。包括导航、跟踪、侦察（带摄像机的无人驾驶飞机、卫星侦查）。

下面介绍一些典型的应用实例。

1. 尺寸测量

图 9-19 是用固态图像传感器测量物体尺寸的基本原理图。

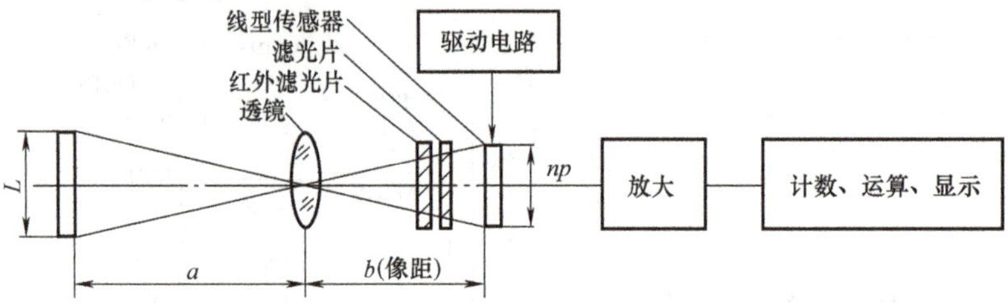

图 9-19 测量物体尺寸基本原理

当所用光源含红外线时，可在透镜与传感器间加红外滤光片。利用几何光学知识可以很容易推导出被测对象长度 L 与系统诸参数之间的关系为

$$L=\frac{1}{M}np=\left(\frac{a}{f}-1\right)np \tag{9-1}$$

式中，f 为所用透镜焦距；a 为物距；M 为倍率；n 为线型图像传感器的像素数；p 为像素间距。

若已选定透镜（即 f 和视场 l_1 为已知）并且已知物距为 a，那么，所需传感器的长度l_2 为

$$l_2=\frac{f}{a-f}l_1 \tag{9-2}$$

测量精度取决于传感器像素数与透镜视场的比值。为提高测量精度应当选用像素多的传感器并且应当尽量缩狭视场。因为固态图像传感器所感知的光学图像的发光强度，是被测对象与背景发光强度之差。因此，就具体测量技术而言，测量精度还与两者比较基准值的选定有关。

2. 文字识别

固态图像传感器还可用作光学文字识别装置的“读取头”。光学文字识别装置（OCR）的光源可用卤素灯。光源与透镜间设置红外滤光片以消除红外线影响。每次扫描时间为 300μs 间，因此，可做到高速文字识别。

图 9-20 是 OCR 的原理图。固态图像传感器的输出信号经放大、A/D 转换及滤波后，再对各个文字进行特征抽取。最后，将抽取所得特征与预先置入的各个文字特征相比较以判断

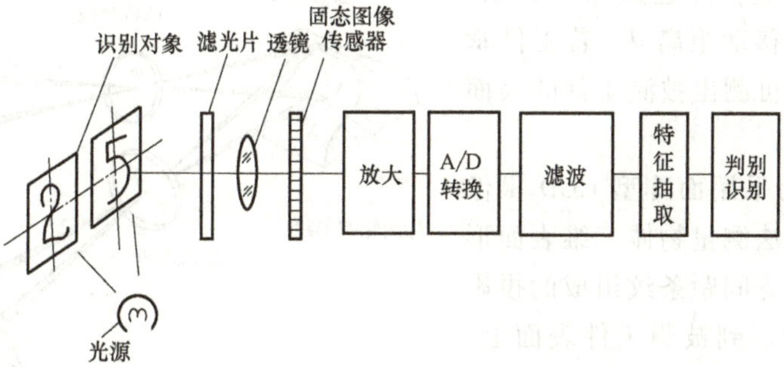

图 9-20　OCR 原理图

与识别输入的文字。

图 9-21 是 CCD 图像传感器用于邮政编码识别系统的工作原理图。写有邮政编码的信封放在带式输送机上，传感器光敏元的排列方向与信封的运动方向相垂直，光学镜头将编码的数字聚焦在光敏元上。当信封运动时，传感器即以逐行扫描的方式将数字依次读出，读出的数字经过细化处理，与计算机中存储的数字特征点进行比较，识别出数字码，利用分类机构，最终把信件送入相应的分类箱中。类似的系统还可用于货币的识别和分类以及商品编码牌的识别。

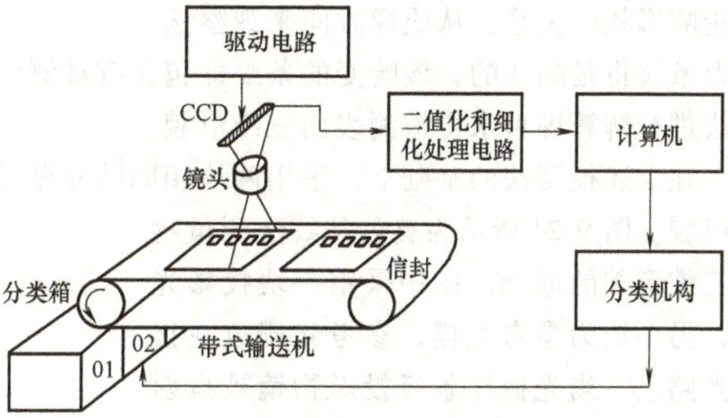

图 9-21　CCD 图像传感器用于邮政编码识别系统的工作原理

3. 物体位置、轮廓及形貌测量

图 9-22 所示为用线阵型 CCD 摄像机和三角法测量物体位置及轮廓。激光器光束经透镜聚焦在被测工件上并在其表面形成一光斑。作为光电检测器的线阵 CCD 摄像机与激光束成一角度，这样当工件相对于光源运动时，检测器上接收到的光斑图像位置也发生移动。通过

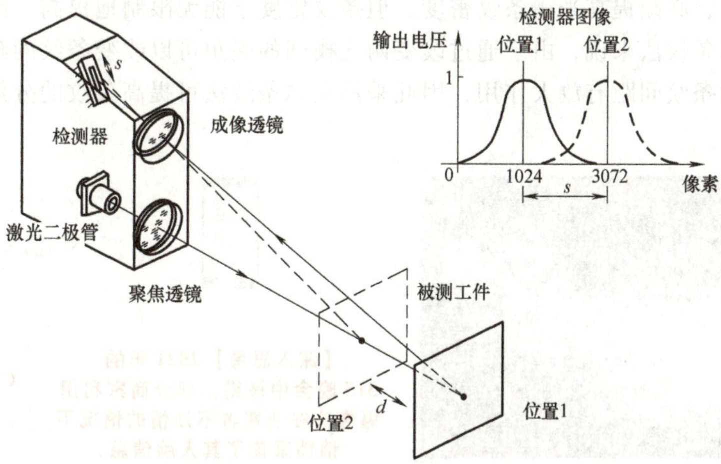

图 9-22　用线阵型 CCD 摄像机和三角法测量物体位置及轮廓

对该移动量 s 的测量，并通过三角关系，便可计算出工件的移动距离 d。若工件垂直于光源移动，也可测出被测工件的表面轮廓。

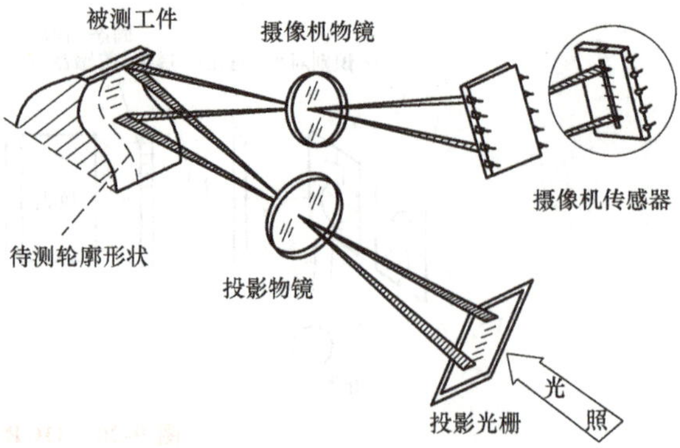

图 9-23 单光栅投影法测量物体三维形貌

图 9-23 所示为采用面阵型 CCD 摄像机利用单光栅投影法测量物体三维表面形貌的实例。将一组等间距条纹组成的投影光栅经投影物镜投影到被测工件表面上，该投影线条经摄像机物镜被接收到摄像机传感器（CCD 传感器）上。由于物体表面轮廓形状的关系，从成像方向来观察该投影条纹将是畸变的，该畸变的条纹即包含有被测物表面轮廓信息。将该投影条纹通过软件算法进行解算即可求得被测表面三维形貌。

在上述投影法的基础上，采用两块相同的光栅可扩展成莫尔条纹来求取被测物表面的三维形貌。图 9-24 所示为莫尔条纹法测量物体三维形貌的原理。图中采用一块投影光栅，另一块为参考光栅，参考光栅放在接收光路上。当光栅样条经投影物镜被投射到被测物表面上时，由于物体表面轮廓的作用，线条会产生畸变。该"畸变"光栅条纹被被测物表面反射经过成像物镜后，再经过参考光栅时会产生莫尔条纹。该条纹包含了被测物的表面形貌信息。CCD 摄像机接收该莫尔条纹，通过解算即可重构出被测物的表面三维形貌。图 9-25 所示为被接收的被测物表面形成的莫尔条纹。与图 9-23 所示单光栅投影法相比，莫尔条纹法的优点是具有对线条间距的放大作用，这一点对提高测量精度很有好处。从单光栅投影法来说，为提高测量精度，必须提高光栅条纹密度。但条纹密度不能无限制地提高，因此限制了测量精度。对于莫尔条纹法来说，由于通过改变两光栅间的夹角可以改变条纹的疏密性，且莫尔条纹法本身就对条纹间距有放大作用，因此采用莫尔条纹法可提高条纹的分辨率，得到更高的测量精度。

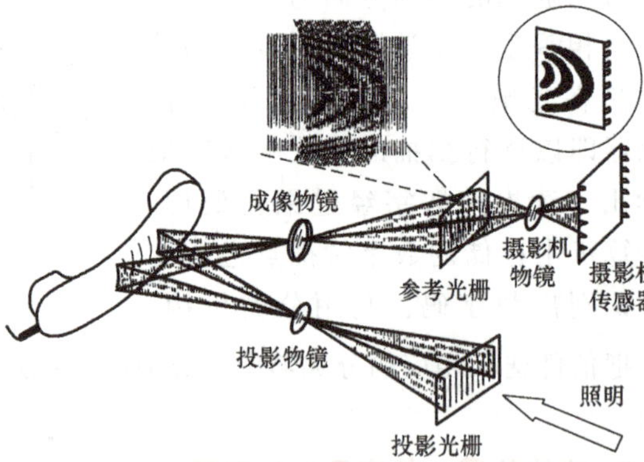

图 9-24 莫尔条纹法测量物体三维形貌的原理

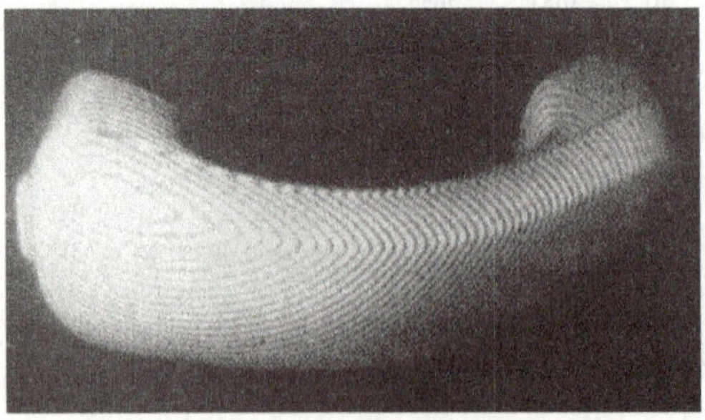
图 9-25 被测物表面莫尔条纹

【深入思考】2021 年的 315 晚会中披露，部分商家利用摄像头在消费者不知情的情况下悄悄采集了其人脸信息，如何看待这一行为？

【视频讲解】CCD 图像传感器的应用

9.3 光纤传感器

光纤是 20 世纪 70 年代发展起来的一种新兴的光电子技术材料，最早应用于光通信中。在实际应用中人们发现，光纤的外界环境因素，如温度、压力、电场、磁场等发生变化时，将引起其传输的光的特征参量，如发光强度、相位、频率、偏振态等发生变化。因此，如果能测量出光的特征参量的变化，就可以知道导致这些光量变化的物理量的大小，于是出现了光纤传感技术和光纤传感器。

光纤传感器（Fiber Optic Sensor）具有灵敏度高，质量轻，可传输信号的频带宽，电绝缘性能好，耐火、耐水性好，抗电磁干扰能力强，可挠性好，可实现不带电的全光型探头等独特的优点。在防爆要求较高和某些要在电磁场下应用的技术领域，可以实现点位式测量或分布式参数测量。利用光纤的传光特性和感光特性，可实现位移、速度、加速度、转角、压力、温度、液位、流量、水声、浊度、电流、电压和磁场等多种物理量的测量；它还能应用于气体（尤其是可燃性气体）浓度等化学量的检测，也可以用于生物、医学等领域中，应用前景十分广阔。

【拓展阅读】“光纤通信之父”高锟

9.3.1 光纤的基本知识

1. 光纤的结构与种类

光纤是光导纤维的简称，形状一般为多层介质结构的同心圆柱体，包括纤芯、包层和保护层（涂敷层和护套）三部分，如图 9-26 所示。

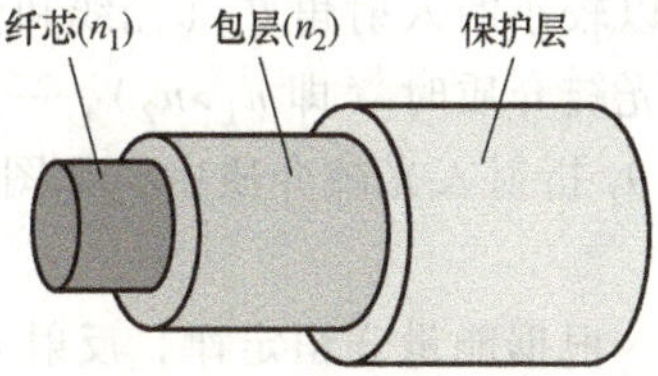

图 9-26 光纤的基本结构

纤芯和包层主要由不同掺杂的石英玻璃或塑料制作，纤芯的折射率 n_1 稍大于包层的折射率 n_2。纤芯位于光纤的中心部分，是光的主要传输通道；包层一方面与纤芯一起构成光导，另一方面保护纤芯壁不受污染或损坏；包层外面涂有一层硅酮或丙烯酸盐，保护光纤不受外力的损害，增加机械强度；光纤的最外层加了一层不同颜色的塑料护套，一方面起保护作用，另一方面以颜色区分各种光纤，同时也可阻止纤芯光功率误入邻近光纤线路。光纤具有将光封闭在光纤里面进行传输的功能。

光纤按本身的材料组成不同，可分为石英光纤、多组分玻璃光纤和全塑料光纤。石英光纤的纤芯与包层是由高纯度的 SiO_2 掺杂适当杂质制成，其损耗小；多组分玻璃光纤用钠玻璃（SiO_2-Na_2O-CaO）掺杂适当杂质制成；全塑料光纤的损耗最大，但机械性能好。

按折射率分布不同，光纤可分为阶跃型光纤和梯度型光纤。

阶跃型光纤纤芯的折射率 n_1 不随半径变化，包层内的折射率 n_2 也基本上不随半径变化。在纤芯内，中心光线沿光纤轴线传播；通过轴线平面的不同方向入射的光线（即子午光线）呈锯齿状轨迹传播，如图 9-27a 所示。

梯度型光纤纤芯内的折射率不是常值，从中心轴开始沿半径方向大致按抛物线规律逐渐减小。因此，光在传播中会自动地从折射率小的界面处向中心汇聚，光线偏离中心轴线越远，则传播路程越长，传播轨迹类似于波曲线。这种光纤又称为自聚焦光纤。图 9-27b 为经过轴线的子午光线传播的轨迹。

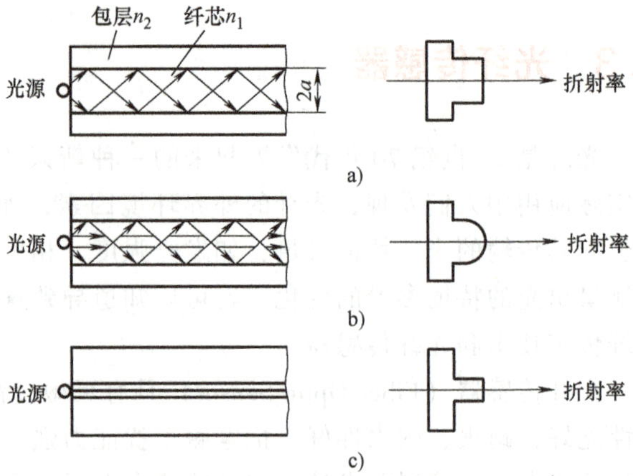

图 9-27 光纤的种类和光的传播形式

光纤也可以按其传播模式进行分类，即分为单模光纤和多模光纤。单模光纤在纤芯中仅能传输一个模的光波，如图 9-27c 所示。而多模光纤则能传输多于一个模的光。

在光纤内传播的光，可以分解为沿轴向传播的平面波和沿垂直方向（剖面方向）传播的平面波。沿剖面方向传播的平面波在纤芯与包层的界面上将产生反射。如果此波在一个往复（入射和反射）中相位变化为 2π 的整数倍，就会形成驻波。只有能形成驻波的那些以特定的角度射入光纤的光才能在光纤内传播，这些光就称为“模”。在光纤中传播的模很多时对信息的传输是不利的，因为同一种光信号采取很多模就会使这一部分光信号分为不同时间到达接收端的多个小信号，从而导致合成信号的畸变。

单模光纤的传输性能好、信号畸变小、信息容量大、线性好、灵敏度高，但由于纤芯细，制造、连接和耦合都很困难。多模光纤性能较差，但纤芯粗，容易制造，连接和耦合比较方便。

2. 光纤的传光原理

（1）光的全反射原理　光纤工作的基础是光的全反射原理。根据几何光学原理，当光线以较小的入射角 θ_1（光线和法线的夹角），由折射率为 n_1 的光密介质射入到折射率为 n_2 的光疏介质时（即 $n_1>n_2$），一部分入射光以 θ_1 角度被反射回光密介质，其余入射光以折射角 θ_2 折射入光疏介质中，如图 9-28a 所示。折射角 θ_2 满足斯涅耳（Snell）定律，即

$$n_1\sin\theta_1=n_2\sin\theta_2 \tag{9-3}$$

根据能量守恒定律，反射光和折射光的能量之和等于入射光的能量。

若逐渐增大光线的入射角 θ_1，当 θ_1 增大到某一角度 θ_c 时，折射光就会沿界面传播，处于临界入射和折射状态，即 $\theta_2=90°$，如图 9-28b 所示。称此时的入射角 θ_c 为临界入射角，由斯涅耳定律有 $n_1\sin\theta_c=n_2\sin90°$，则

$$\theta_c=\arcsin\left(\frac{n_2}{n_1}\right) \tag{9-4}$$

由式（9-4）可知，临界入射角 θ_c 仅与介质的折射率的比值有关。

当入射角继续增加，$\theta_1>\theta_c$ 时，光线不会透过其界面，而全部反射到光密介质内部，形成光的全反射现象，如图 9-28c 所示。

（2）光在光纤中的传输　设纤芯的折射率为 n_1，包层的折射率为 n_2，满足 $n_1>n_2$。当光线从空气（折射率为 n_0）射入光纤的一个端面，并与其轴线的夹角为 θ_0，如图 9-29a 所示。根据斯涅耳定律，在光纤内形成折射角 θ_1，然后以角 φ_1（$\varphi_1=90°-\theta_1$）入射到纤芯与包层的界面上。如果该入射角 φ_1 大于临界角 φ_c，则入射的光线就在界面上产生全反射，并在光纤内部以同样的角度反复向前传播，直至从光纤的另一端射出。因光纤两端都处于同一媒质（空气）之中，所以出射角也是 θ_0。光纤即使弯曲，光也能沿着光纤传播，如图 9-29b 所示，但如果光纤过分弯曲，以致使光射至界面的入射角小于临界角，那么，大部分光将透

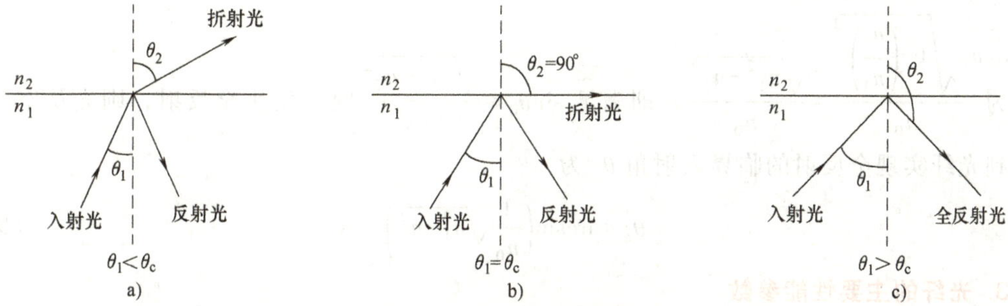

图 9-28 光的全反射原理

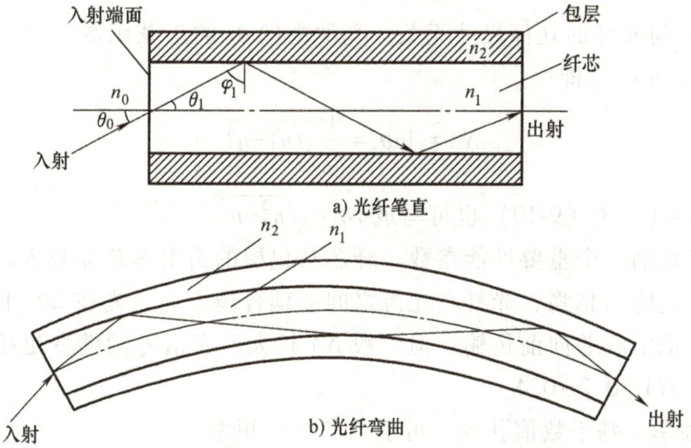

图 9-29 光在光纤中的传播

过包层损失掉，从而不能在纤芯内部传播。

从空气中射入到光纤的光线只有在光纤端面满足一定的入射角范围，才能在光纤内部产生全反射传输出去。产生全反射的最大入射角可通过斯涅耳定律及临界入射角定义求得。

【动画演示】光在光纤中的传播

如图 9-30 所示，设光线在 A 点入射到光纤，则

$$n_0\sin\theta_0=n_1\sin\theta_1=n_1\cos\varphi_1=n_1\sqrt{1-\sin^2\varphi_1} \tag{9-5}$$

要使入射光线在纤芯与包层的界面上发生全反射，应使 $\varphi_1\geqslant\varphi_c$（$\varphi_c$ 为该界面临界入射角）。由于

$$n_1\sin\varphi_c=n_2\sin90°=n_2 \tag{9-6}$$

所以

$$\sin\varphi_c=\frac{n_2}{n_1} \tag{9-7}$$

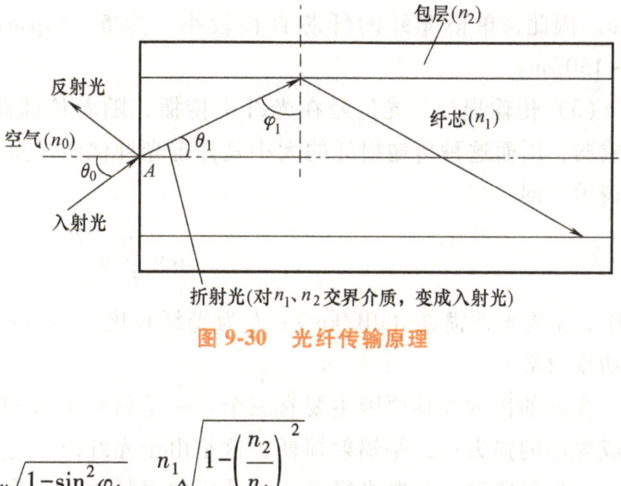

图 9-30 光纤传输原理

由 $\varphi_1\geqslant\varphi_c$ 可知 $\sin\varphi_1\geqslant\frac{n_2}{n_1}$，根据式 (9-5) 可得

$$\sin\theta_0=\frac{n_1\sqrt{1-\sin^2\varphi_1}}{n_0}\leqslant\frac{n_1\sqrt{1-\left(\frac{n_2}{n_1}\right)^2}}{n_0} \tag{9-8}$$

又因为$\frac{n_1\sqrt{1-\left(\frac{n_2}{n_1}\right)^2}}{n_0}=\frac{\sqrt{n_1^{\ 2}-n_2^{\ 2}}}{n_0}$，即满足 $\sin\theta_0 \leqslant \frac{\sqrt{n_1^{\ 2}-n_2^{\ 2}}}{n_0}$时，发生全反射，则光从空气中入射到光纤实现全反射的临界入射角 θ_c 为

$$\theta_c=\arcsin\left(\frac{1}{n_0}\sqrt{n_1^2-n_2^2}\right) \tag{9-9}$$

3. 光纤的主要性能参数

（1）数值孔径　由式（9-9）可知，光纤的临界入射角 θ_c 是由光纤本身的性质——折射率 n_1、n_2 决定的，与光纤的几何尺寸无关。光学中把 θ_c 的正弦函数定义为光纤的数值孔径（Numeral Aperture，NA）。即

$$NA=\sin\theta_c=\frac{1}{n_0}\sqrt{n_1^2-n_2^2} \tag{9-10}$$

对于空气，$n_0=1$，式（9-10）也可写成 $NA=\sqrt{n_1^2-n_2^2}$。

数值孔径是光纤的一个重要性能参数，纤芯与包层的折射率相差越大，光纤的数值孔径越大，表明它的集光能力越强，光纤与光源之间的耦合越容易，光在 $2\theta_c$ 的光锥内入射则可实现全反射，且保证沿纤芯向前传输。但一般 NA 越大，光信号的畸变也越大，所以要选择适当。石英光纤的 $NA=0.2\sim0.4$。

（2）归一化频率　基于数值孔径，可引入归一化频率

$$v=\frac{2\pi a}{\lambda}NA \tag{9-11}$$

归一化频率能够确定在光纤纤芯内部沿轴线方向传播的光的模的数量。当 $v<2.405$ 时，光纤中只能存在一个模的光的传播，这种光纤称为单模光纤，即只能传播基模；当 $v>2.405$ 时，光纤中将存在多个模的光的传播，这种光纤称为多模光纤。多模光纤中传播的模的数目，随着 v 值的增加而增多；对于阶跃光纤，其上限总数约为$\frac{v^2}{2}$。

由式（9-11）可知，在传播的光的波长、数值孔径确定的情况下，v 值取决于纤芯半径 a。因此，单模光纤的纤芯直径较小，为 5～10μm；而多模光纤的纤芯直径较大，为 50～150μm。

（3）传输损耗　光信号在光纤中传播，随着传播距离的增长，能量逐渐损耗，信号逐渐减弱，因而这种传输损耗的大小是评定光纤优劣的重要指标。反映传输损耗大小的值用 α 来表示。即

$$\alpha=\frac{10}{L}\lg\frac{P_{IN}}{P_{OUT}} \tag{9-12}$$

式中，α 为光纤损耗（dB/km）；L 为光纤长度（km）；P_{IN} 和 P_{OUT} 分别为光纤的输入和输出功率（W）。

光纤的传输损耗原因主要有三个：一是材料的吸收损耗，它将使传输的光能变成热能，造成光能的损失；二是辐射损耗，这是由于光纤以一定曲率半径弯曲时，使光在光纤中无法进行全反射所致。弯曲半径越小，造成的损耗越大；第三个原因是光在光纤中传播产生的散射，它是由于光纤的材料及其不均匀性，或其几何尺寸的缺陷所引起的。

（4）色散　当光信号以光脉冲形式输入到光纤，经过光纤传输后脉冲变宽，其主要原因就是色散。光的色散是由于光在物质中的速度以及物质的折射率与光的波长有关而发生的现象。光纤色散使传输的信号脉冲发生畸变，从而限制了光纤的传输带宽，所以在光纤通信中，它关系到通信信息的容量和品质。光纤的色散分为材料色散、波导色散和多模色散三种。

【视频讲解】光纤概述

9.3.2　光纤传感器的分类及其工作原理

1. 光纤传感器的分类

光纤传感器种类繁多，其分类方式可根据光纤在传感器中的作用、光受被测对象的调制方式和按被测物理量等进行不同的划分。

（1）根据光纤在传感器中的作用分类　根据光纤在传感器中的作用，光纤传感器一般可分为两大类：功能型（传感型）和非功能型（传光型）。

功能型光纤传感器是利用光纤本身的某种敏感特性或功能制成的传感器，如图 9-31a 所示。非功能型光纤传感器中光纤仅仅起传输光的作用，必须在光纤端面加装其他敏感元件，才能构成传感器，如图 9-31b 所示。非功能型传感器又可分为两种：一种是把敏感元件置于发射与接收光纤中间，在被测对象的作用下，或使敏感元件遮断光路，或使敏感元件的（光）穿透率发生变化，这样，光探测器所接受的光量便成为被测对象调制后的信号；另一种是在光纤终端设置“敏感元件 + 发光元件”的组合体，敏感元件感受被测对象并将其变为电信号后作用于发光元件，最终，以发光元件的发光强度作为测量所得信息。

对于非功能型光纤传感器，要求传输尽量多的光量，所以主要用多模光纤；而功能型光纤传感器主要靠被测对象调制或影响光纤传输特性，所以只能用单模光纤。

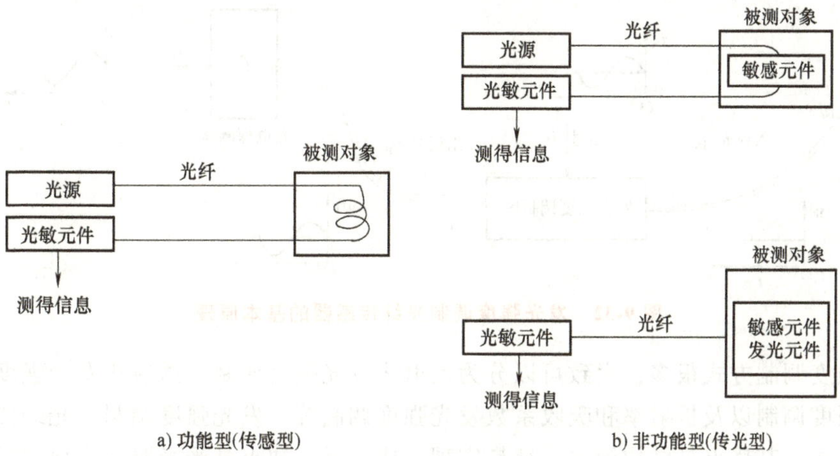

图 9-31　根据光纤在传感器中的作用分类

（2）根据光受被测对象的调制方式分类　光纤传感器根据光受被测对象调制的方式，即参数不同，可分为发光强度调制光纤传感器、频率调制光纤传感器、相位调制光纤传感器、偏振态调制光纤传感器、波长（颜色）调制光纤传感器等。

在光纤中传输的光可描述为

$$E = E_m \cos(\omega t + \varphi) \tag{9-13}$$

式中，E_m 为光的幅值；ω 为频率；φ 为初相位。

式（9-13）包含 5 个参数，即发光强度、频率、波长（光速/频率）、初相位和偏振态（幅值矢量的方向）。被测量在敏感头内与光发生相互作用，如果作用的结果是改变了光的发光强度，就称该传感器为发光强度调制光纤传感器，其他依此类推。这样就得到了 5 种调制类型的光纤传感器。

（3）按被测物理量分类　光纤传感器根据被测对象的不同，又可分为光纤温度传感器、光纤位移传感器、光纤浓度传感器、光纤电流传感器和光纤流速传感器等。

光纤传感器可以探测的物理量很多，已实现的光纤传感器物理量测量包括速度、加速度、振动、位移、压力、应变、转动、弯曲、电流、电压、磁场、温度、声场、流量、浓度等 70 余种。无论是探测哪种物理量，光纤传感器的工作原理都是利用被测量的变化调制传输光的某一参数，使其随之变化，然后对已调制的光信号进行检测，从而得到被测量。因此，光调制技术是光纤传感器的核心技术。

【视频讲解】光纤传感器的组成及分类

2. 光纤传感器工作原理

光纤对许多待测量都有一定的响应效应。研究光纤传感器工作原理实际上是研究光在调制区与外界被测量的相互作用，即研究光被外界参数调制的原理。

（1）发光强度调制光纤传感器　外界物理量通过敏感元件，使光纤中光的发光强度发生相应变化的过程称为发光强度调制，其原理如图 9-32 所示。恒定光源 S 发出的入射光 I_{IN} 注入发光强度调制区，在外加信号 I_S 的作用下，出射光的发光强度被 I_S 调制，载有外加信息的出射光 I_{OUT} 的包络线与 I_S 形状一样。光电探测器的输出电流 I_D（或电压）被同样地调制。

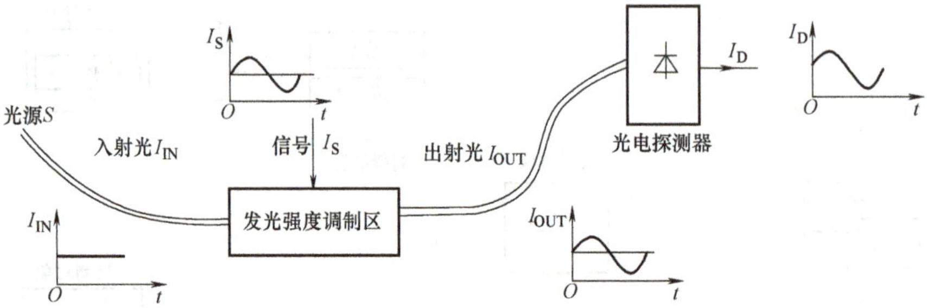

图 9-32　发光强度调制光纤传感器的基本原理

发光强度调制方式很多，大致可以分为反射式发光强度调制、透射式发光强度调制、光模式发光强度调制以及折射率和吸收系数发光强度调制等。发光强度调制是光纤传感器最常用的调制方法，其优点是结构简单、容易实现、成本低，缺点是受光源发光强度的波动和光纤损耗波动等因素的影响较大。

图 9-33 是双光路发光强度检测示意图，该原理可用于位移或表面粗糙度的检测系统。He-Ne 激光经分光器 B 分为两路后分别送入测量光纤传感器 f_m 和参考光纤传感器 f_r。测量光信号和参考光信号经光电探测器 D_m、D_r 以及后续电路转换、处理后变成测量电压信号 U_m 和参考电压信号 U_r，两电压信号相除得到与被测量有关的无量纲输出值 N。

由于系统中设置了参考光路，光源发光强度波动、光纤损耗波动、光纤耦合波动及模式

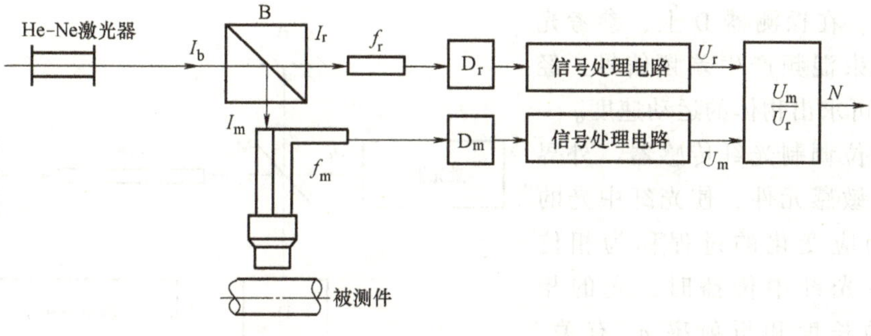

图 9-33 双光路发光强度检测示意

噪声等都可以通过除法电路进行除法运算来消除，从而大大减小了测量误差，提高了系统测量精度。

（2）频率调制光纤传感器 外界物理量通过敏感元件，使光纤中光的频率发生相应变化的过程称为频率调制。通常有利用运动物体反射光和散射光的多普勒效应的速度、流速、振动、压力和加速度光纤传感器；利用物质受强光照射时的拉曼散射构成的测量气体浓度或检测大气污染的气体传感器。

图 9-34 是一种用来测量血液流速的光纤多普勒探头的示意图。激光器产生频率为 f_0 的光经分束器分成两束，其中被声光调制器调制成 f_0-f_1 的一束光入射到探测器，其中 f_1 是声光调制频率。另一束频率为 f_0 的光经光纤入射到被测的血液。由于血液里的红细胞以速度 v 运动，根据多普勒效应，接收反射光的频率为 $f_0\pm\Delta f$。它与 f_0-f_1 的光在混频器中混频后形成 $f_1\pm\Delta f$ 的振荡信号，通过测量 Δf，即可求出速度 v。声光调制频率 f_1 一般取 40MHz，Δf 则由血液流动速度确定。

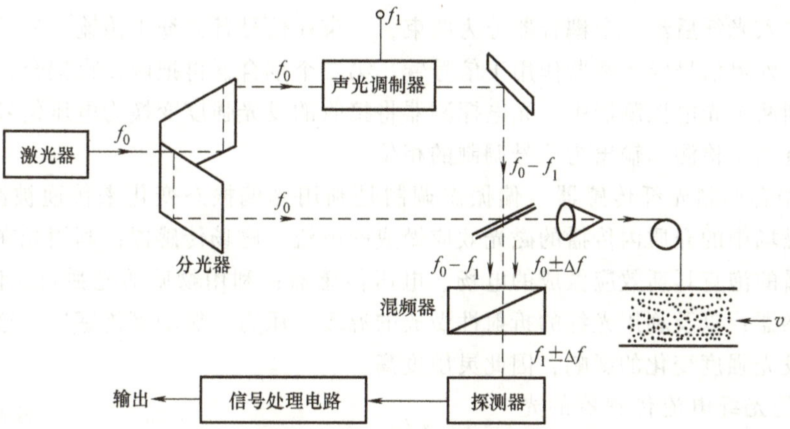

图 9-34 测量血液流速的光纤多普勒探头示意

在光纤传感器中，光的频率一般受到外界运动目标的调制。检测系统仅需通过对调制光频率的检测就能获得运动目标的速度。光的频率检测常采用零差法。

零差检测系统如图 9-35 所示。激光器发出频率为 f_0 的单色光，分束器将输入光分成两束：一束由分光镜 M 反射向上到达平面反射镜 A，由 A 反射到探测器 D 作为参考光束；另一束由分光镜 M 透射注入光纤，该光经光纤传输到运动物体上，运动物体产生的具有多普勒频移的后向散射光部分被同一光纤接收，经光纤传输，由分光镜 M 反射送至探测器 D 作为测量光束。在探测器 D 上，参考光束和测量光束混频产生差频信号，经过信号处理可求出物体的运动速度。

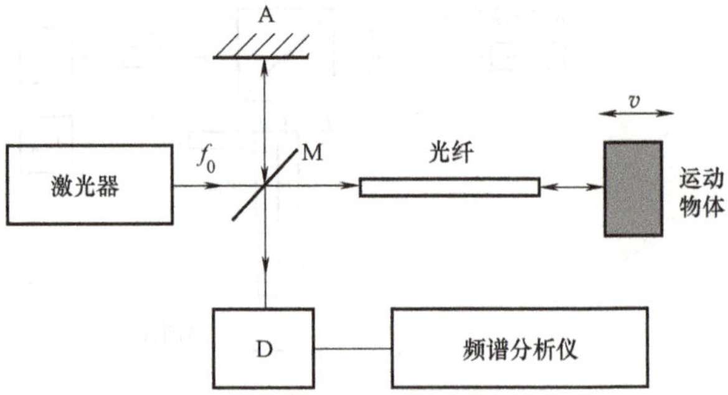

图 9-35 零差检测系统

(3) 相位调制光纤传感器 外界物理量通过敏感元件，使光纤中光的相位发生相应变化的过程称为相位调制。光在光纤中传播时，光的相位与光纤的长度和折射率 n_1 有关。能引起光的相位变化的物理量很多，故相位调制光纤传感器通常有利用光弹效应的声、压力或振动传感器；利用磁致伸缩效应的电流、磁场传感器；利用电致伸缩效应的电场、电压传感器以及利用光纤萨格纳克效应的旋转角速度传感器（光纤陀螺）等。这类传感器的灵敏度很高，但由于需要使用特殊光纤及高精度检测系统，因此成本也高。

目前的各类光探测器不能直接探测出光的相位差值，相位调制光纤传感器要求有相应的干涉仪来完成相位检测，即敏感光纤完成相位调制任务，干涉仪完成相位-发光强度的转换任务，构成干涉型光纤传感器。常用的干涉仪包括马赫-泽德干涉仪、迈克尔逊干涉仪、萨格纳克干涉仪和法布里-珀罗干涉仪。

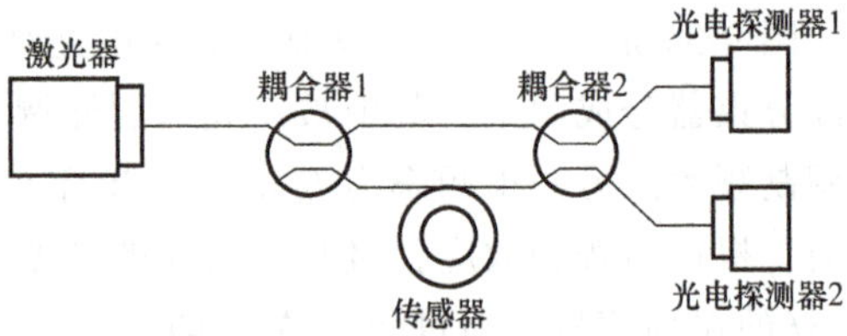

图 9-36 马赫-泽德干涉仪

下面以图 9-36 所示的马赫-泽德干涉仪为例说明光纤干涉仪工作原理。激光器发出的单色相干光，注入光纤后经一个耦合器分为两束，一束在信号臂光纤中传输，另一束在参考臂光纤中传输，外界信号经传感器作用于信号臂。第二个耦合器再把两光束耦合，再分两束光经光纤传送到两个光电探测器中，光电探测器将接收的发光强度变换为电压信号，送入信号处理电路进行相位检测，输出为信号调制的相位。

(4) 偏振态调制光纤传感器 偏振态调制是利用光偏振态变化来传递被测对象信息。如利用光在磁场中的介质内传播的磁光效应做成的电流、磁场传感器；利用光在电场中的压电晶体内传播的泡克耳斯效应做成的电场、电压传感器；利用物质的光弹效应做成的压力、振动或声传感器；以及利用光纤的折射性做成的温度、压力、振动等传感器。这类传感器可以避免光源发光强度变化的影响，因此灵敏度高。

图 9-37 是光纤电流传感器的光偏振态检测系统原理。激光器发出的单色光经过起偏器 F 变换为线偏振光，由透镜 L_1 将光耦合到单模光纤中。高压载流导体 B 通有电流 I，光纤缠绕在载流导体上，这一段光纤将产生磁光效应使偏振光的偏振面旋转 θ 角。出射光由透镜 L_2 耦合到渥拉斯顿棱镜 W，渥拉斯顿棱镜

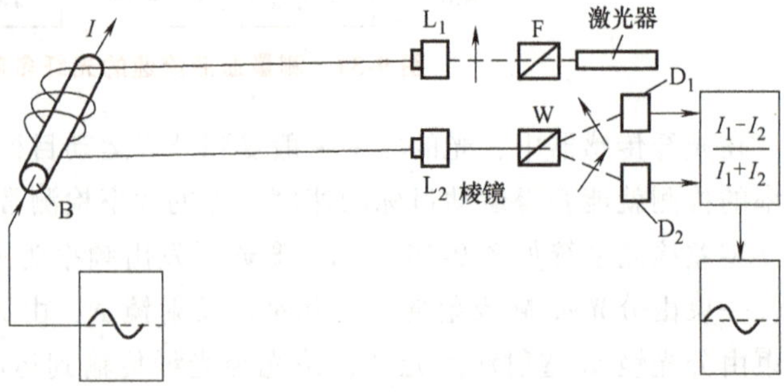

图 9-37 光纤电流传感器的光偏振态、检测系统原理

将输入光分成振动方向相互垂直的两束偏振光并分别送到光探测器 D_1、D_2，经过信号处理电路即能获得被测电流。系统能测量高达 1000A 的大电流，其测量弱磁场量级理论上约为 10^{-4}G（1T=1000G）。

（5）波长（颜色）调制光纤传感器　波长调制光纤传感器主要是利用传感探头的波长特性随外界物理量变化的性质来实现的，通过检测波长来测量各种被测量。由于波长与颜色直接相关，因此波长调制又称为颜色调制。波长调制技术的优点在于它对引起光纤或连接器损耗增加的某些器件的稳定性要求不高。其调制方式有黑体辐射波长调制、荧光（磷光）波长调制、热色物质波长调制等。

图 9-38a 所示为一种利用热色物质的颜色变化进行波长调制的原理。白光经过光纤进入热变色溶液（如氯化钴溶液），反射光被另一光纤接收后，分两束分别经过波长为 650nm 和 800nm 的滤光片，最后由光电探测器 D_1、D_2 接收。热变色溶液的发光强度与温度的关系如图 9-38b 所示，温度为 20℃时，在 500nm 处有个吸收峰，溶液呈红色。温度升到 75℃时，在 650nm 处也有一个吸收峰，溶液呈绿色。波长为 650nm 时，发光强度随温度的变化最灵敏。波长为 800nm 时，发光强度与温度无关。因此选择这两个波长进行检测即双波长检测就能确定温度。

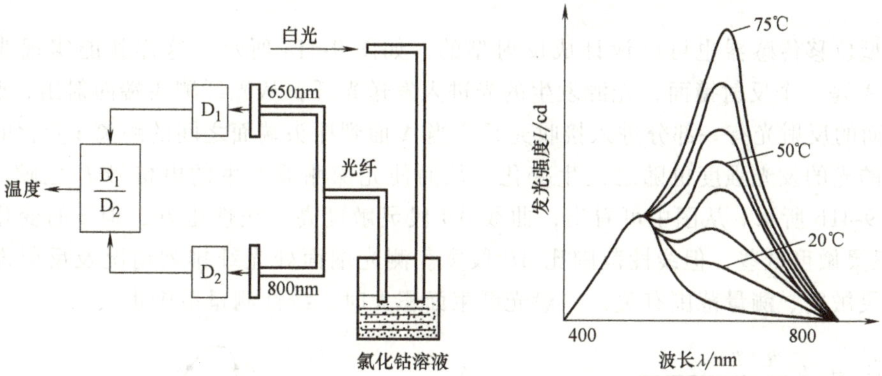

a) 波长调制原理　　b) 发光强度与温度关系曲线

图 9-38　利用热色物质进行波长调制的原理

光的波长检测实际上是确定其光谱及发光强度。采用光学中各种分光手段如棱镜、光栅光谱仪以及各种滤色片都能达到分光的目的。许多分光仪的接口形式与光纤的接口相容，适用于光纤传感器。调制光经分光仪进行波长分离处理后，利用光探测器如光电二极管和电荷耦合器件可实现对各种波长的光的发光强度的测量。

【视频讲解】光纤传感器的调制形式

9.3.3　光纤传感器的应用

1. 光纤位移传感器

（1）传光型光纤位移传感器　这种传感器是由两段光纤构成的，当它们之间产生相对位移时，通过它们的光的发光强度发生变化，从而达到测量位移的目的。

图 9-39 所示为一种传光型光纤位移传感器示意图。两根相同的光纤端面对准，中间只留 1~2μm 的间隙，光通过去几乎无损耗。如果因移动光纤发生位移引起两光纤中心轴错位，就会增加光的损耗，光纤移动后输出光的发光强度与两段光纤中心重叠部分面积（见

229

图中阴影部分）成正比。

利用图 9-40 所示装置原理可以设计出位移式光纤水听器。声波引起光纤位置相对移动，从而调制传导光的发光强度。利用其探测声压可以测到最小为 1μPa 的压力，采用单模光纤可提高灵敏度，但其机械精度要求很高。

为了提高测量灵敏度，可在光纤端面前加上两片光栅格，一片固定，另一片随压力变化而移动，当动光栅移动时，通过两光栅之间的光的发光强度呈周期性变化，其位移灵敏度会成倍提高。

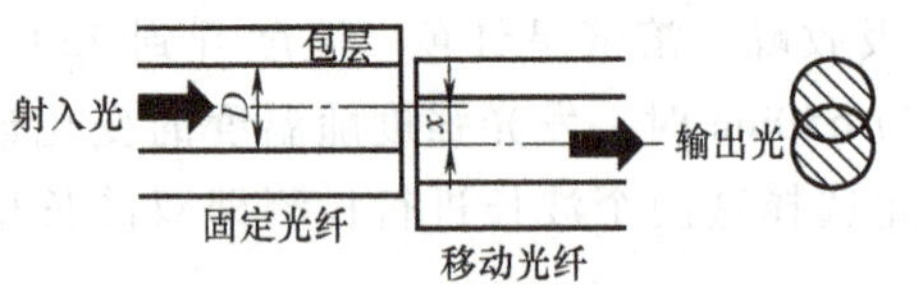

图 9-39　传光型光纤位移传感器

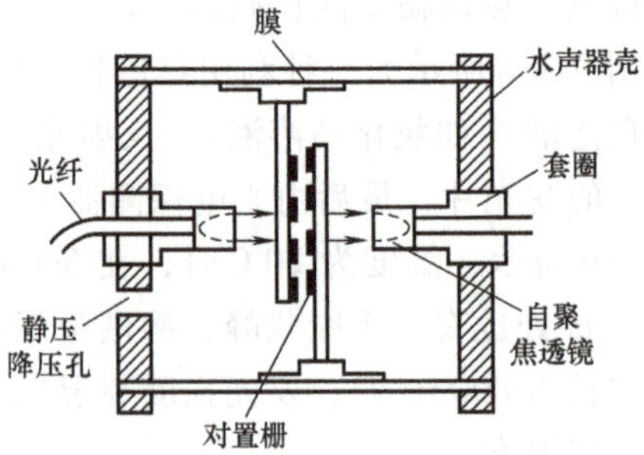

图 9-40　位移式光纤水听器

传光型位移传感器也可以设计成反射型的，如图 9-41a 所示，这样就能实现非接触测量。图中 A 是一个反射镜面，光源发生的光进入发送光纤，从光纤测头端面射出，照射到 A 面上，A 面的反射光有一部分进入接收光纤。当 A 面到探头端面之间的距离 z 变化时，进入接收光纤的光的发光强度也随之发生变化，从而使光探测器产生的电信号 U 也随 z 发生变化，如图 9-41b 所示。从图中可看出，曲线 AB 段灵敏度高，线性也好，但 z 的变化范围不大；CD 段灵敏度低些，但线性范围比 AB 段宽。测光端面处光纤排列情况及反射面情况都和仪器的灵敏度、测量范围有关，一般光纤束面积大时，线性测量范围也大。

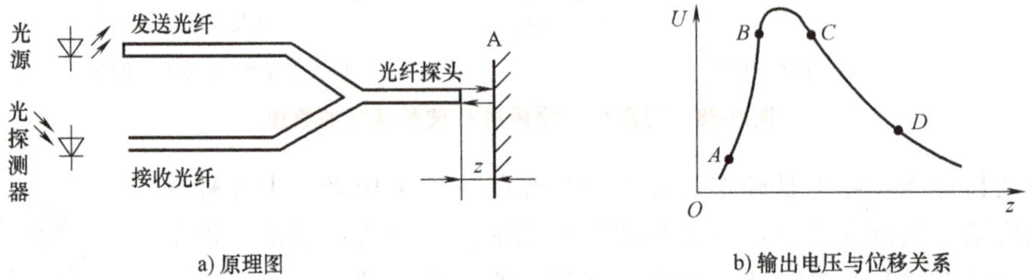

图 9-41　反射型光纤位移传感器

图 9-42 是另外两种光纤位移传感器。图 9-42a 是利用挡光原理测位移；图 9-42b 是利用改变斜切面间隙大小的原理测位移。这两种方法更为简单，但可测范围及线性不如反射法。

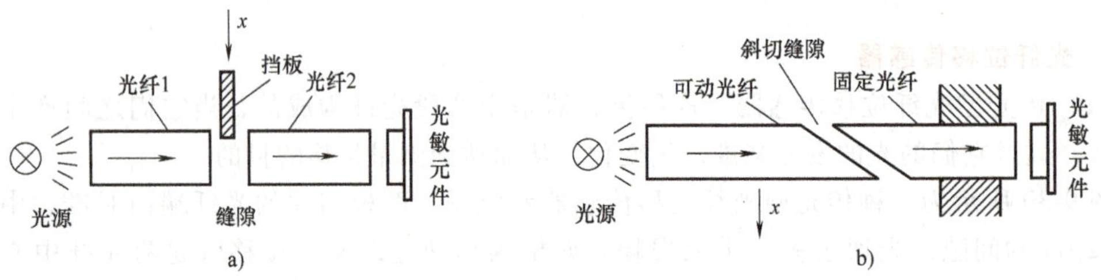

图 9-42　另外两种光纤位移传感器

（2）干涉型光纤位移传感器　为了提高测量精度或扩大测量范围，常常使用相位调制的光纤干涉仪作为位移传感器。图 9-43 是一种常见的用于测量位移的迈克尔逊光纤干涉仪。He-Ne 激光器作为光源，经过分束器把光束分为两路：一路进入光纤参考臂作为参考光束；另一路经透镜后通过可移动的四面体棱镜、反射镜后再与参考光束会合于全息干涉板，并发生干涉。如果因被测位移变化引起四面体沿图示箭头方向移动，则因光程差的改变而引起干涉条纹移动。干涉条纹的移动量反映出被测位移的大小。

两束光在全息干涉板上形成有干涉条纹的全息照片，它起到光学补偿的作用。由于光纤参考臂采用的是多模光纤，光束通过后发生畸变，引起干涉条纹扭曲，使用全息照片补偿之后，干涉条纹恢复为直条纹。通过全息照片得到的两个干涉图形，可以用两个独立的光探测器检测。如果分别调节两个光阑使两路干涉条纹亮暗变化相差 90°，则由两个探测器得到的信号可以由处理单元判断出四面体棱镜的移动方向。

由于使用 He-Ne 激光束作为光源，光纤作为参考臂，所以这种干涉仪能够测量远距离的位移变化，测量臂很长时，光纤干涉仪的体积也不会很大。

图 9-44 是法布里-珀罗光纤干涉仪，用于测量位移或机械振动。采用一根输出端磨平、抛光并镀上高反射率的反射膜的单模光纤，激光束由光纤射出后，从振动膜片表面反射回来，在光纤端面和膜片之间形成多光束干涉，其透射光束再经光纤返回到半反镜，最后由光探测器探测。膜片的位移或振动相当于法布里-珀罗干涉仪的腔长在改变，根据多光束干涉理论，这会影响探测信号的变化。利用这种原理可以做成体积很小的光纤测头，能够测量远距离的位移、振动信号、甚至能在一般方法难以检测的环境中进行探测。而且灵敏度很高，能反映 0.01λ 的位移变化，其中 λ 是 He-Ne 激光器的激光波长，λ = 632.8nm。

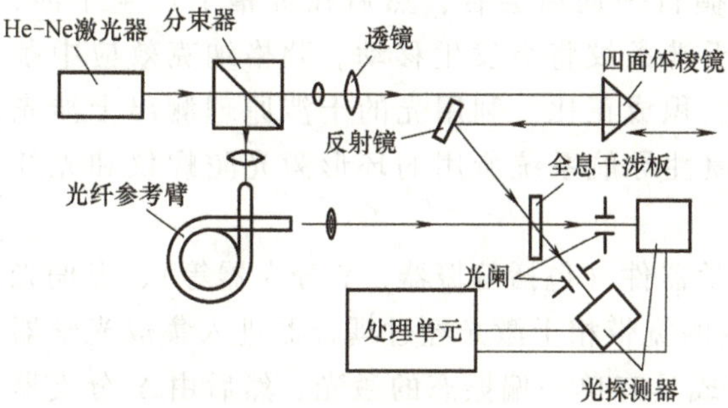

图 9-43　迈克尔逊光纤干涉仪

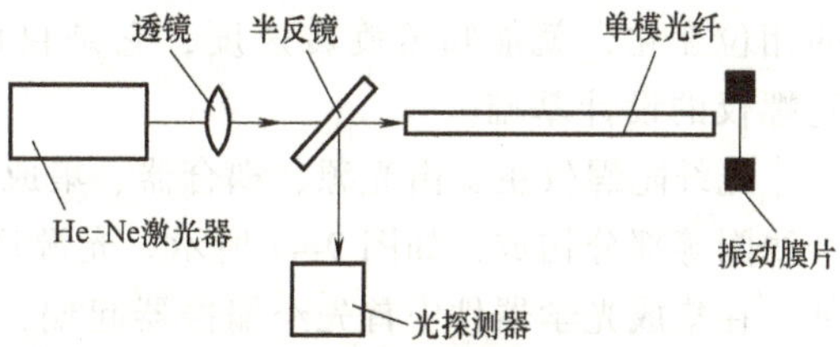

图 9-44　法布里-珀罗光纤干涉仪

2. 光纤温度传感器

光纤温度传感器根据工作原理可分为相位调制型、发光强度调制型和偏振光型等。图 9-45 所示是一种发光强度调制型光纤温度传感器，它利用了多数半导体材料的能量带隙随温度的升高而减小的特性。如图 9-46 所示，半导体材料的吸收光波长随温度的增加而向长波方向移动，如果适当地选定一种波长在该材料工作范围内的光源，那么就可以使透射过半导体材料的光的发光强度随温度而变化，从而达到测量温度的目的。

该传感器是由半导体光吸收器、光纤、光源和光探测器等组成的，半导体光吸收器作为敏感元件，光纤用来传输信号。当光源发出的光以恒定的发光强度经输入光纤到达半导体光吸收器时，透过吸收器的光的发光强度受薄片温度调制（温度越高，透过的光的发光强度越小），然后透射光再由输出光纤传到光探测器。它将发光强度的变化转化为电压或电流的变化，从而反映温度的变化。

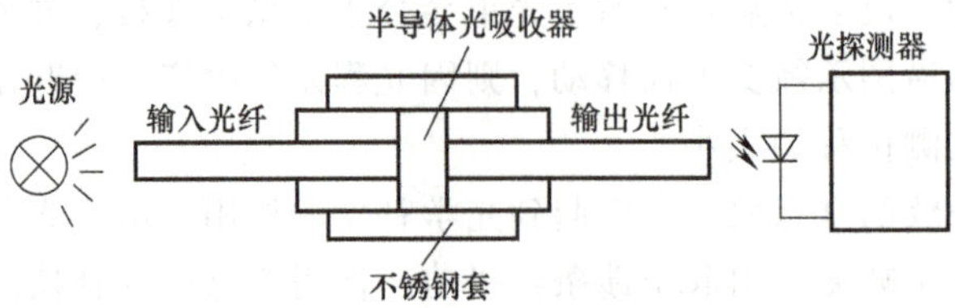

图 9-45 发光强度调制型光纤温度传感器

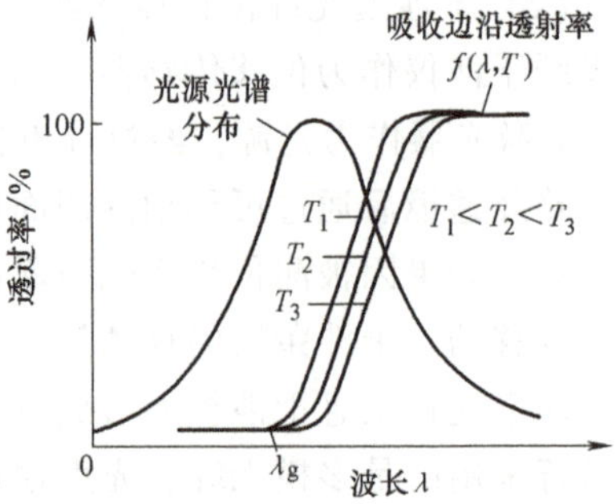

图 9-46 半导体的光透过率特性

这种传感器的测量范围随半导体材料和光源而变，通常在-100~300℃，响应时间大约为 2s，测量精度在±3℃。目前，国外光纤温度传感器可探测到 2000℃高温，灵敏度达到±1℃，响应时间为 2s。

3. 光纤陀螺仪

光纤陀螺仪（Fiber-Optic Gyro，FOG）是基于萨格纳克效应的测量空间惯性转动的传感器，其概念于 1976 年首次提出。与传统的机械陀螺仪相比，光纤陀螺仪的优点是全固态，没有旋转部件和摩擦部件、尺寸小、质量轻、起动快、抗冲击能力强、动态范围大，并且结构简单、容易加工，因此在航空航天、武器导航、机器人控制、石油钻井及雷达控制等领域应用十分广泛。

1913 年，法国科学家萨格纳克发现萨格纳克效应，即将同一光源发出的一束光分解为两束，让它们在同一个环路内沿相反方向循行一周后会合，然后在屏幕上产生干涉，当在环路平面内有旋转角速度时，屏幕上的干涉条纹将会发生移动。萨格纳克效应中条纹移动数与干涉仪的角速度和环路所围面积之积成正比。利用光的干涉原理测出干涉光的相位变化，就能知道旋转速度，它是目前惯性导航系统所用的环形激光陀螺仪和光纤陀螺仪的设计基础。

光纤陀螺仪主要由光源、耦合器、集成光学器件（包括偏振器、Y 分支器等）、保偏光纤线圈等部分构成，如图 9-47 所示。光源产生的宽带相干激光经过耦合器进入集成光学器件，在集成光学器件中首先经偏振器起偏，形成具有单一偏振态的激光。然后由 Y 分支器以 1∶1 的比例分成两束特性相同、方向相反的光进入保偏光纤线圈，分别沿顺时针和逆时针方向传播。两束光经过保偏光纤线圈传输回到分支器中，被相位调制器进行相位调制，然后两束光汇聚的时候产生干涉现象，从而把保偏光纤线圈的旋转速度转换为干涉光的相位差。然后干涉光沿原光路返回，经过偏振器、耦合器，再进入探测器，把干涉光的强度再转换成一个余弦电流信号。

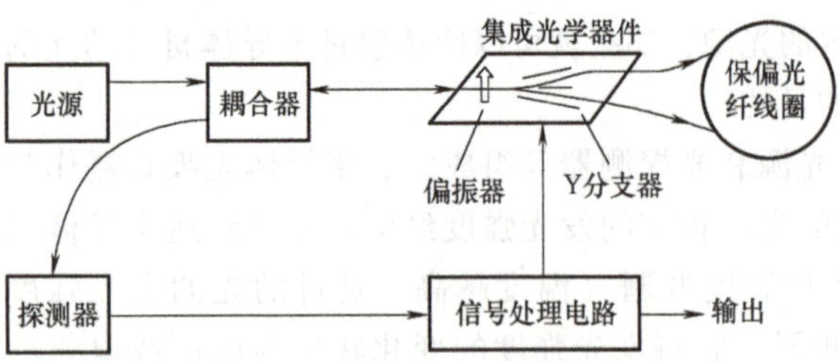

图 9-47 光纤陀螺仪结构示意图

【深入思考】
光纤传感器在军事上有哪些应用？

【视频讲解】
光纤传感器的应用

思考题与习题

9-1 光电传感器的特点是什么？采用光电传感器可能测量的物理量有哪些？

9-2 红外传感器测量温度的基本原理是什么？

9-3 热红外传感器与光子红外传感器有什么区别？

9-4 简述CCD光敏元的结构及工作原理。

9-5 CCD图像传感器从结构上可分为哪两类？分别列举几种生活中常见的应用。

9-6 CMOS图像传感器与CCD图像传感器的主要区别是什么？

9-7 查阅资料，了解你周围的手机或者相机采用的图像传感器种类。

9-8 简述光纤的结构和传光原理，指出光纤传光的必要条件。

9-9 功能型光纤传感器与非功能性光纤传感器最主要的区别是什么？

9-10 光纤传感器有哪几种调制方式？基于不同的调制技术的光纤传感器可以测量哪些非电量？

9-11 当光纤的折射率 $n_1=1.46$，$n_2=1.45$ 时，如光纤外部介质 $n_0=1$，求该光纤最大入射角。

9-12 如图9-48所示，某生产线上的一个带式输送机上放置有工件运行，现要求用光纤传感器实现对工件的自动计数。试给出设计方案，画出原理图并加以说明，且带式输送机与工件的材料不同。

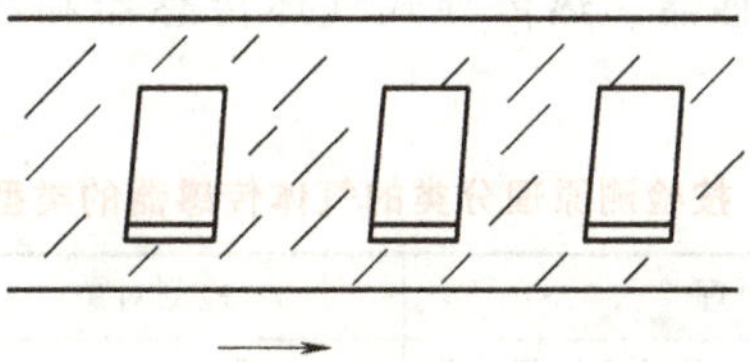

图9-48 题9-12图

第 10 章 其他传感器

10.1 气体传感器

气体传感器主要用于感知气体的类别、浓度和成分，广泛用于工业上天然气、煤气、石油化工部门的易燃、易爆、有毒、有害气体的监测、预报和自动控制，在防治公害方面用于监测环境污染气体，在家用方面用于煤气泄露和火灾报警等。

由于被测气体种类繁多，性质各不相同，其检测方法各异，所以气体传感器的种类也很多，具有各种不同的分类方法。气体传感器的分类主要有以下几种方式。

1）按传感器检测原理分为半导体式气体传感器、接触燃烧式气体传感器、化学反应式气体传感器、光干涉式气体传感器、热传导式气体传感器和红外线吸收散射式气体传感器等。各自特点见表 10-1。

表 10-1　按检测原理分类的气体传感器的类型及特点

类型	原理	检测对象	特点
半导体式	若气体接触到加热的金属氧化物（SnO_2、Fe_2O_3、ZnO 等），电阻值会增大或减小	还原性气体、城市排放气体、丙烷气等	灵敏度高，构造与电路简单，但输出与气体浓度不成比例
接触燃烧式	可燃性气体接触到氧气就会燃烧，使得作为气敏材料的铂丝温度升高，电阻值相应增大	可燃气体	输出与气体浓度成比例，但灵敏度较低
化学反应式	利用化学溶剂与气体反应产生的电流、颜色变化、电导率的增加等工作	CO、H_2、CH_4、C_2H_5OH、SO_2 等	气体选择性好，但不能重复使用
光干涉式	利用待测气体与空气的折射率不同而产生的干涉现象	与空气折射率不同的气体，如 CO_2 等	寿命长，但选择性差
热传导式	根据热传导率差而放热的发热元件的温度降低进行检测	与空气热传导率不同的气体，如 H_2 等	构造简单，但灵敏度低，选择性差
红外线吸收散射式	根据红外线照射气体分子谐振而产生的吸收或散射进行检测	CO、CO_2 等	能定性测量，但装置大，价格高

2）按检测气体种类分为可燃气体传感器（常采用催化燃烧、红外线、热导、半导体式）、有毒气体传感器（一般采用电化学、金属半导体、光离子化、火焰离子化式）、有害气体传感器（常采用红外、紫外线式等）、氧气（常采用顺磁式、氧化锆式）等。

3）按传感器结构分为干式与湿式气体传感器。凡构成气体传感器的材料为固体者称为干式气体传感器；凡利用水溶液或电解液感知待测气体者称为湿式气体传感器。

4）按构成气体传感器所用材料分为半导体和非半导体两大类。目前半导体气体传感器应用最多。

5）按获得气体样品的方式分为扩散式气体传感器（即传感器直接安装在被测对象环境中，实测气体通过自然扩散与传感器检测元件直接接触）、吸入式气体传感器（指通过使用吸气泵等手段，将待测气体引入传感器检测元件中进行检测；根据对被测气体是否稀释、又可细分为完全吸入式和稀释式等）。

10.1.1 半导体式气体传感器的工作原理

半导体式气体传感器是利用半导体气敏元件（主要是金属氧化物）同待测气体接触时通过测量半导体的电导率等物理量的变化来实现检测特定气体的成分或者浓度。

半导体式气体传感器可分为电阻式和非电阻式两类。电阻式气体传感器利用敏感材料接触气体时其电阻值的变化来检测气体的成分或浓度；非电阻式气体传感器也是一种半导体器件，它们与被测气体接触后，其中二极管的伏安特性或场效应晶体管的阈值电压等将会发生变化。根据这些特性的变化来测定气体的成分或浓度。半导体式气体传感器分类如图 10-1 所示。

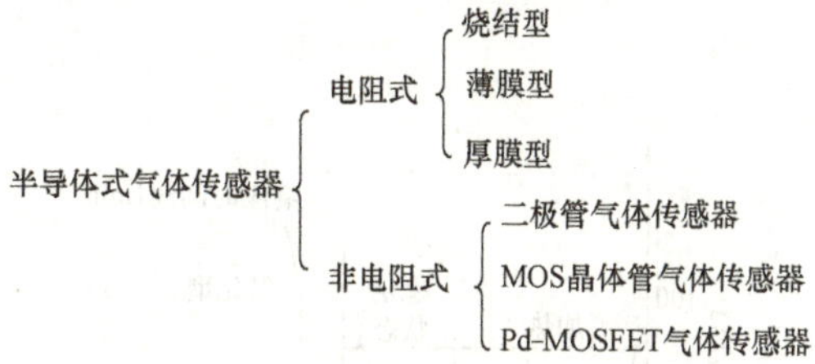

图 10-1 半导体式气体传感器分类

目前使用较为广泛的是电阻式半导体式气体传感器。构成电阻式气体传感器的核心为气敏电阻，其材料主要包括二氧化锡等金属氧化物半导体，取材和掺杂不同决定了气敏电阻类型。常用的气敏电阻有 N（Negative）型、P（Positive）型和混合型 3 种。为了提高气敏元件对某些气体成分的选择性和灵敏度，在合成材料时还可添加其他一些金属元素催化剂，如钯、铂、银等。

电阻式气体传感器一般由三部分组成：气敏元件、加热器和外壳或封装体。按其制造工艺又分为三类：烧结型、薄膜型和厚膜型，它们的典型结构如图 10-2 所示。

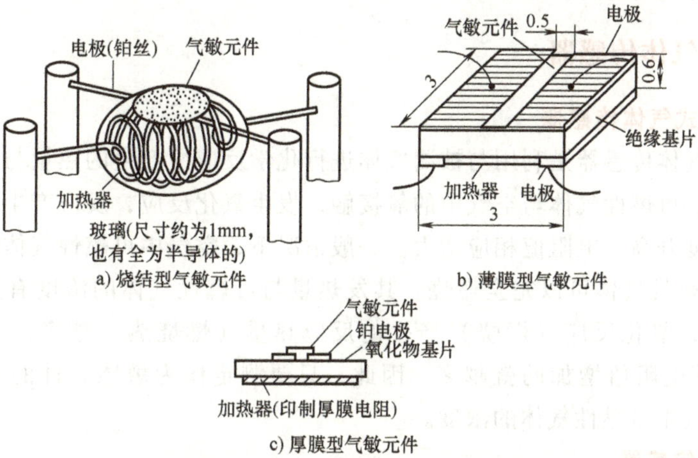

图 10-2 电阻式气体传感器的典型结构

气敏元件被加热到稳定状态下，被测气体接触其表面并被吸附时，吸附分子首先在表面上自由扩散，部分分子蒸发，残留分子产生热分解而固定在吸附位置。若气敏元件的功函数小于吸附分子的电子亲和力，则吸附分子将从气敏元件表面夺取电子而变成负离子吸附。具有这种倾向的气体有 O_2 和 NO_2 等，称为氧化型或电子接收型气体。如果气敏元件的功函数大于吸附分子的离解能，吸附分子将向气敏元件释放出电子而成为正离子吸附。具有这种倾向的气体有 H_2、CO、碳氢化合物、醇类等，称为还原型或电子供给型气体。

由半导体表面态理论可知，当氧化型气体吸附到 N 型半导体（如 SnO_2、ZnO）上，或还原型气体吸附到 P 型半导体（如 MoO_2、CrO_3）上时，将使多数载流子（价带空穴）减少，电阻增大。相反，当还原型气体吸附到 N 型半导体上，或氧化型气体吸附到 P 型半导体上时，将使多数载流子（导带电子）增多，电阻下降。图 10-3 所示为气体接触到 N 型半导体时所产生的气敏元件阻值的变化。图 10-4 所示为 SnO_2 气敏元件的灵敏度特性，它表示不同气体浓度下气敏元件的电阻值。根据浓度与电阻值的变化关系即可得知气体的浓度。

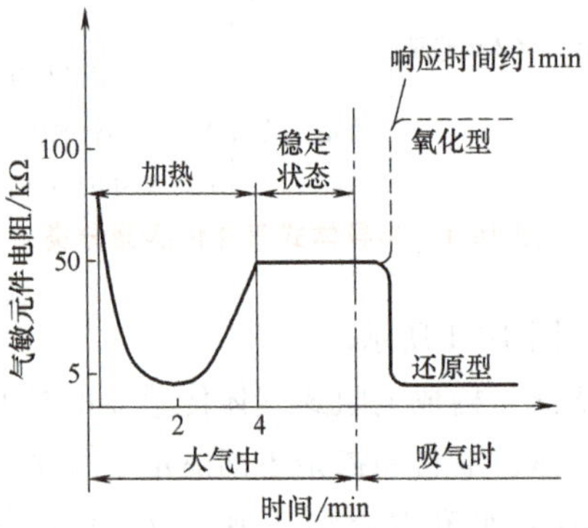

图 10-3　N 型半导体吸附气体时气敏元件阻值变化

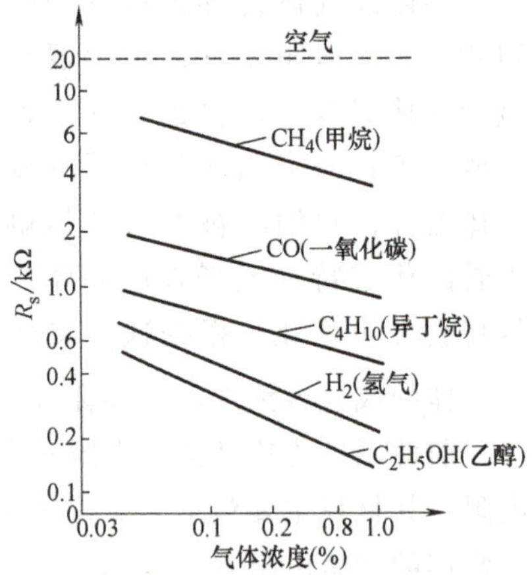

图 10-4　SnO_2 气敏元件的灵敏度特性

电阻式半导体气体传感器的优点是工艺简单、价格便宜、使用方便，气体浓度发生变化时响应快，即使是在低浓度下，灵敏度也较高；缺点是稳定性差、老化较快、气体识别能力不强、各气敏元件之间的特性差异大等。

10.1.2　其他气体传感器

1. 接触燃烧式气体传感器

接触燃烧式气体传感器是利用与被测气体进行化学反应中产生的热量与气体含量之间的关系进行检测的。可燃性气体与空气中的氧接触，发生氧化反应，反应产生热，使得作为敏感元件的铂丝温度升高，电阻值相应增大。一般情况下，空气中可燃性气体的浓度都不太高（低于 10%），可燃性气体可以完全燃烧，其发热量与可燃性气体的浓度有关。空气中可燃性气体浓度越大，氧化反应（燃烧）产生的反应热量（燃烧热）越多，铂丝的温度变化（增高）越大，其电阻值增加的就越多。因此，只要测定作为敏感元件的铂丝的电阻变化值，就可检测空气中可燃性气体的浓度。

2. 光学气体传感器

光学气体传感器包括直接吸收式气体传感器、光反应式气体传感器、气体光学特性传感器等。红外线气体传感器是典型的吸收式气体传感器，根据气体分别具有各自固有的光谱吸收谱检测气体成分，非分散红外吸收光谱对 SO_2、CO 等气体具有较高的灵敏度。光反应式气体传感器是利用气体反应产生色变引起发光强度吸收等光学特性改变的原理，其敏感元件是理想的，但是气体光感变化受到限制，传感器的自由度小。气体光学特性传感器如光纤温度传感器，在光纤顶端涂敷触媒与气体反应、发热，根据温度改变得到气体浓度。

3. 电化学气体传感器

电化学气体传感器利用气体在电极上的电化学反应（包括氧化和还原）时，检测电极上的电压或者电流来感知气体的种类和浓度。

10.2　湿度传感器

湿度及对湿度的测量与控制对人类的日常生活、工业生产、气象预报、物资仓储等起着极其重要的作用。例如大规模集成电路生产车间，当其相对湿度低于 30%时，容易产生静电而影响生产；一些粉尘大的车间，当因为湿度小而产生静电时，会产生爆炸；纺织厂为了减少棉纱断头，车间要保持相当高的湿度（相对湿度 60%~75%）；一些仓库（如存放烟草、茶叶、中药材等）在湿度过大时易发生库存物变质或霉变现象；在农业上，先进的工厂式育苗和种植、食用菌的培养与生产、蔬菜及水果的保鲜等；高质量的室内生活环境，需要保持一定的湿度，不能过高也不能过低；这些都需要对湿度进行检测和控制。

虽然人类在 200 多年前已发明了毛发湿度计、干湿球湿度计，但因其响应速度、灵敏度、准确性等性能都不高，而且难以与现代的检测设备相连接，所以只适用于家庭粗测。1938 年美国的 F. W. Dummore 成功研制出浸涂式 LiCl 湿敏元件后，陆续出现了几十种电阻型湿敏元件，使湿度的测量精度大大提高，而且将湿度转换为便于应用和处理的电信号输出。本节仅介绍一些至今发展比较成熟的湿度传感器（Humidity Sensor）。

【拓展阅读】 毛发湿度计和干湿球湿度计

10.2.1　湿度的定义及表示方法

湿度是指大气中所含水蒸气的量，主要有绝对湿度、相对湿度、露点、质量百分比和体积百分比等表示法。

1. 绝对湿度（Absolute Humidity，AH）

绝对湿度是指在一定温度和压力条件下，单位体积空气内所含水蒸气的质量，其数学表达式为

$$H_a = \frac{m_V}{V} \tag{10-1}$$

式中，m_V 为待测空气中水蒸气的质量；V 为待测空气的总体积；H_a 为绝对湿度（单位一般用 g/m^3 或 kg/m^3 表示）。

绝对湿度也可以用空气中水蒸气的密度（ρ_V）来表示。设空气中水蒸气的分压为 P_V，根据理想气体状态方程，可得出其数学表达式为

$$\rho_V = \frac{P_V m}{RT} \tag{10-2}$$

式中，m 为水蒸气的摩尔质量；R 为理想气体常数；T 为空气的热力学温度。

绝对湿度给出了水分在空气中的具体含量。

2. 相对湿度（Relative Humidity，RH）

相对湿度是指被测气体的绝对湿度与同一温度下气体达到饱和状态的绝对湿度之比，或待测空气中实际所含的水蒸气分压与相同温度下饱和水蒸气分压比值的百分数。其数学表达式为

$$H_T = \frac{P_V}{P_W} \times 100\% \tag{10-3}$$

式中，P_V 为待测空气中实际所含的水蒸气分压；P_W 为相同温度下饱和水蒸气分压；H_T 为相对湿度（无量纲）。

相对湿度给出了大气的潮湿程度，实际中多使用相对湿度。

3. 露点

在一定大气压下，将含有水蒸气的空气冷却，当温度下降到某一特定值时，空气中的水蒸气达到饱和状态，开始从气态变成液态而凝结成露珠，这种现象称为结露，这一特定温度就称为露点温度，简称露点。在一定大气压下，湿度越大，露点越高；湿度越小，露点越低。

【视频讲解】
湿度的概念

10.2.2 湿度传感器的主要特性参数与类型

湿度传感器是能够感受外界湿度变化，并通过敏感元件的物理或化学性质变化，将湿度转换成可用信号的器件或者装置。

湿度传感器的主要特性参数包括：

(1) 感湿特性曲线　湿度传感器的输出变量称为感湿特征量，如电阻、电容等。感湿特征量和被测相对湿度的关系曲线称为感湿特征量-相对湿度特性曲线，简称感湿特性曲线。

(2) 湿度量程　它指湿度传感器技术规范所规定的感湿范围。

(3) 灵敏度　它指湿度传感器的感湿特征量（如电阻值、电容值等）随环境湿度变化的程度，即湿度传感器感湿特性曲线的斜率。由于大多数湿度传感器的感湿特性曲线是非线性的，因此常采用不同湿度下的感湿特征量之比来表示其灵敏度的大小。

(4) 响应时间　它指在一定环境温度下，当被测相对湿度发生跃变时，湿度传感器的感湿特征量达到稳定变化量的规定比例所需的时间。一般以相应的起始湿度到终止湿度这一变化区间的 90%的相对湿度变化所需的时间来计算。

(5) 湿滞回线和湿滞特性　同一湿度传感器吸湿过程和脱湿过程的感湿特性曲线不重合，一般可形成回线，称为湿滞回线，此现象称为湿滞特性。

(6) 湿度温度系数　当被测环境湿度恒定不变时，温度每变化 1℃，引起湿度传感器感湿特征量的变化量。

湿度传感器的种类很多，按输出的电学量可分为电阻式、电容式和频率式等；按探测功能可分为绝对湿度型、相对湿度型等；按材料可分为陶瓷式、半导体式、电解质式和有机高分子式等；如果按水分子是否渗透入固体内可分为水分子亲和力型和非水分子亲和力型两大类，前者表示水分子易于吸附并由表面渗透入固体内。

1. 电解质式湿度传感器

电解质式湿度传感器的典型代表是氯化锂湿敏电阻，它是利用吸湿性盐类“潮解”，离

子导电率发生变化而制成的测湿元件，其结构如图 10-5 所示。由引线、基片、感湿层和电极组成。感湿层是在基片上涂敷的按一定比例配制的氯化锂-聚乙烯醇混合溶液。

氯化锂通常与聚乙烯醇组成混合体，在高浓度的氯化锂（LiCl）溶液中，Li^+和 Cl^-均以正负离子的形式存在，其溶液的离子导电能力与溶液浓度成正比。当溶液置于一定温度的环境中时，若环境相对湿度高，由于 Li^+对水分子的吸引力强，离子水合程度高，溶液将吸收水分，使浓度降低，因此，溶液导电能力随之下降，电阻率增高；反之，当环境相对湿度变低时，溶液浓度升高，导电能力随之增强，电阻率下降。由此可见，氯化锂湿敏电阻的阻值会随环境相对湿度的改变而变化，从而实现对湿度的测量。氯化锂湿敏电阻感湿特性曲线如图 10-6 所示。可以看出，在相对湿度为 50%~80%的范围内，电阻值随湿度的变化曲线近似呈线性关系。为了扩大湿度测量的线性范围，可以将多个氯化锂含量不同的湿敏电阻组合使用。

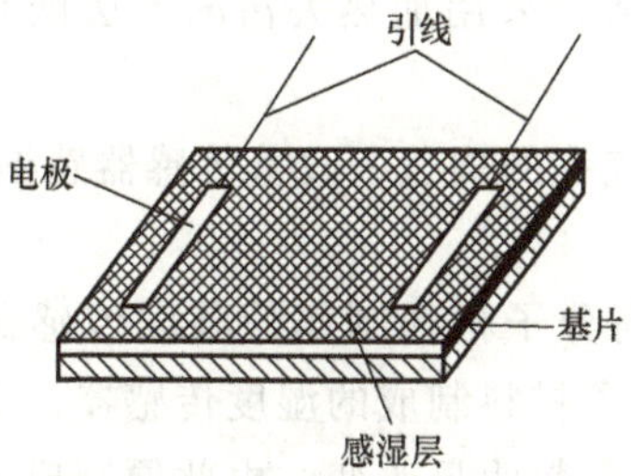

图 10-5　氯化锂湿敏电阻结构

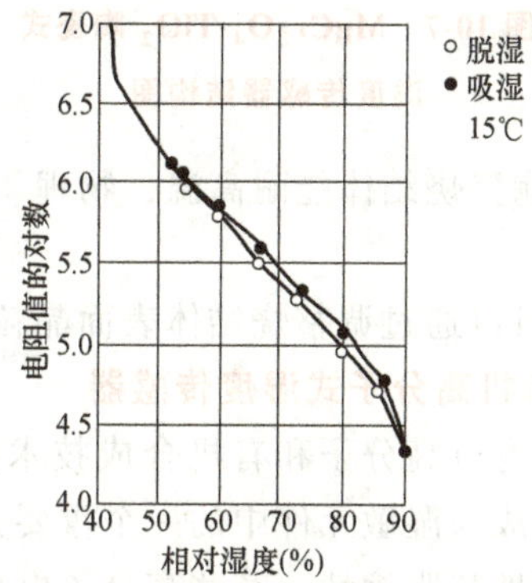

图 10-6　氯化锂湿敏电阻感湿特性曲线

2. 陶瓷式湿度传感器

陶瓷式湿度传感器（Ceramic Humidity Sensor）通常是由两种以上金属氧化物混合烧结而成的多孔陶瓷构成，是根据感湿材料吸附水分后其电阻式电容会发生变化的原理进行湿度检测的。陶瓷的化学稳定性好，耐高温，多孔陶瓷的表面积大，易于吸湿和脱湿，所以响应时间可以短至几秒。这种湿度传感器的敏感元件外常罩一层加热丝，以便对其进行加热清洗，排除周围恶劣环境对敏感元件的污染。

制作陶瓷式湿度传感器的材料有 $ZnO\text{-}LiO_2\text{-}V_2O_5$ 系、$Si\text{-}Na_2O\text{-}V_2O_5$ 系、$MgCr_2O_4\text{-}TiO_2$ 系和 Fe_3O_4 系等。前三种材料的电阻率随湿度的增加而下降，称为负特性湿敏半导体陶瓷；后一种的电阻率随湿度的增加而增加，称为正特性湿敏半导体陶瓷。

$MgCr_2O_4\text{-}TiO_2$ 陶瓷式湿度传感器是一种常用的湿度传感器，其结构如图 10-7 所示。在 $MgCr_2O_4\text{-}TiO_2$ 陶瓷片的两面涂覆多孔的金电极，并用掺金玻璃粉将杜美丝引出线与金电极烧结在一起。在半导体陶瓷片的外面设置一个用镍铬丝烧制而成的加热清洗线圈，以便频繁加热清洗传感器，排除有害气体对传感器的污染，减少测量误差。整个传感器安装在一个高度致密、疏水性的陶瓷基片上。为了消除底座上的测量电极 2 和 3 之间由于吸湿和污染引起的漏电，在电极 2 和 3 周围设置了金短路环。图中 1 和 4 为加热线圈引出线。$MgCr_2O_4\text{-}TiO_2$ 湿度传感器的感湿特性曲线如图 10-8 所示。

陶瓷式湿度传感器的优点是：

1）传感器表面与水蒸气的接触面积大，易于水蒸气的吸收与脱却。

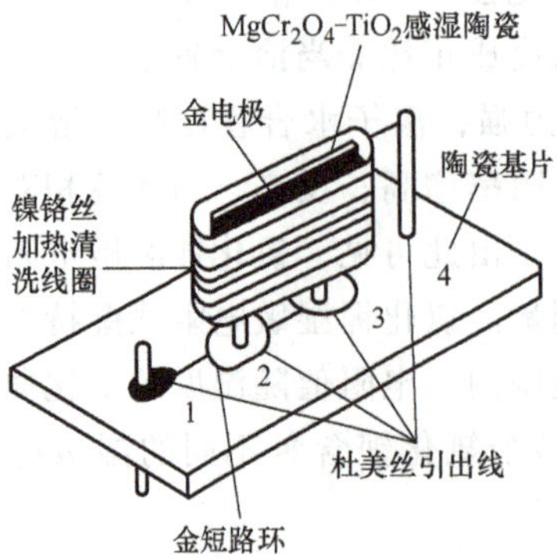

图 10-7　$MgCr_2O_4$-TiO_2 陶瓷式湿度传感器结构图

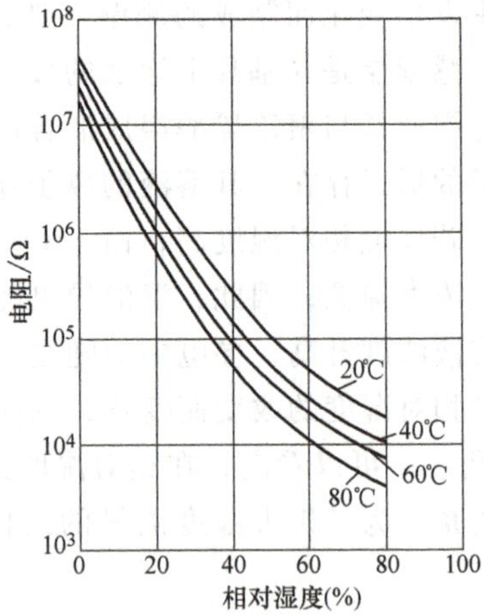

图 10-8　$MgCr_2O_4$-TiO_2 湿度传感器的感湿特性曲线

2）陶瓷烧结体能耐高温，物理、化学性质稳定，适合采用加热去污的方法恢复材料的感湿特性。

3）可以通过调整烧结体表面晶粒、晶粒界和细微气孔的构造，改善传感器感湿特性。

3. 有机高分子式湿度传感器

随着有机高分子和有机合成技术的发展，用有机高分子材料制作的湿度传感器日益增多，并已成为湿敏元件中的一个重要分支。用有机高分子材料制成的湿度传感器，主要是利用其吸湿性与胀缩性。某些高分子电介质吸湿后，介电常数明显改变，由此便制成了电容式湿度传感器，如聚苯乙烯及醋酸纤维素等；某些高分子电解质吸湿后，电阻明显变化，由此便制成了电阻式湿度传感器，如聚苯乙烯磺酸锂等；利用高分子吸湿膨胀、脱湿收缩的特性，可制成胀缩型湿度传感器，如羟乙基纤维素碳湿敏元件等。

4. 半导体结型和 MOS 型湿度传感器

用陶瓷、LiCl 电解质和聚合物材料等制成的多种湿度传感器均为体型结构，传感器和处理电路不能都集成在同一硅衬底上，因此，这类传感器不宜作为智能传感器。用半导体工艺制成的硅结型和硅 MOS 型湿敏元件，有利于传感器的集成化和微型化，极具应用前景和研究价值。此类湿度传感器包括湿敏二极管、湿敏 MOS 场效应晶体管等。

5. 非水分子亲和力型湿度传感器

以上介绍的各种湿度传感器属水分子亲和力型湿度传感器，其测量基本原理在于感湿材料吸湿或脱湿过程改变其自身的性能从而构成不同类型的湿度传感器（如湿敏电阻、湿敏电容等），这类湿度传感器响应速度较慢、可靠性较差、滞后回差较大等，不能较好地满足人们使用的需要。随着其他技术的发展，人们正在开发非水分子亲和力型湿度传感器，如热敏电阻式湿度传感器，利用潮湿空气和干燥空气的热传导之差来测定湿度。此外，利用微波在含水蒸气的空气中传播，水蒸气吸收微波使其产生一定能量损耗的现象，可制成微波湿度传感器，其微波传输损耗能量与传输环境中的空气湿度有关，以此测量湿度；又如，利用水蒸气能吸收特定波长的红外线这一现象构成的红外湿度传感器等。它们都能克服水分子亲和力型湿度传感器的缺点。

【视频讲解】
常用湿度传感器

10.3 生物传感器

生物传感器技术是现代生物技术与微电子学、化学、光学、热学等多学科交叉结合的产物，在生物医学、环境监测、食品、医药等领域有着重要的应用价值。其研究始于20世纪60年代，最先出现的是利用酶的催化过程和催化的专一性构成的灵敏度高、选择性强的酶传感器，随后又出现了免疫传感器、微生物传感器、细胞传感器和组织切片传感器等。20世纪70年代末至80年代又出现了酶热敏电阻型生物传感器和生物化学发光式生物传感器。这些传感器改变了消耗试剂、破坏试样的传统生化检验方法，可直接分析并能反复使用，操作简单并可得到电信号输出，便于自动测量，这些特点有力地促进了医学基础研究、临床诊断和环境医学的发展。目前，生物传感器在很多领域得到了极大的发展，各种类型的生物传感器不断出现。

10.3.1 生物传感器概述

1. 生物传感器的基本构成

生物传感器（Biosensor）通常将生物活性物质如酶、微生物、动物细胞、底物、抗原、抗体等固定在高分子膜等固体载体上，当被识别的生物分子作用于生物功能性人工膜（生物传感膜）时，将会使后者产生物理变化或化学变化，换能器将此信号转换为电信号，从而检测出待测物质，转换包括电化学反应、热反应、光反应等。生物传感器的基本结构及工作原理如图10-9所示。此外，固定化的细胞、细胞体（器）及动植物组织的切片也有类似作用。人们把这类用固定化的生物物质：酶、抗原、抗体、激素等，或生物体本身：细胞、细胞体（器）、组织作为敏感元件的传感器，称为生物分子传感器或简称生物传感器。

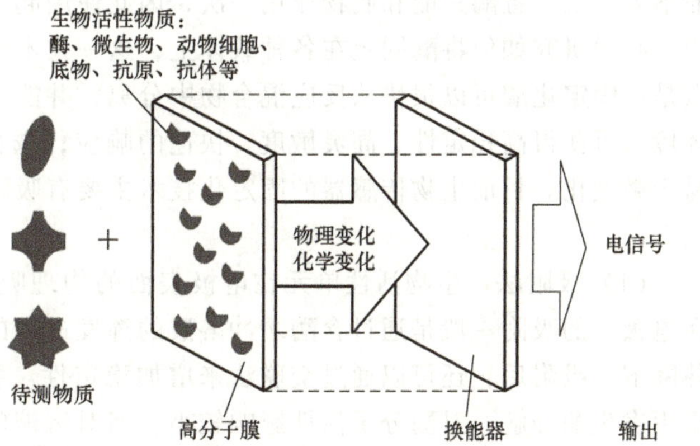

图10-9 生物传感器的基本结构及工作原理

生物传感器中具有分子识别功能的敏感元件需经固定化处理。

酶固定化主要有物理吸附法、离子结合法、共价结合法、凝胶网络包埋法；微生物固定化主要有卡拉胶凝胶包埋法、琼脂固定法、膜过滤器吸附固定法；组织固定化主要有小肠黏膜组织膜固定化方法；抗体固定化主要有纤维素抗体膜固定法。

换能器的作用是将化学物质的变化转换为可测量的电信号，换能器的主要类型有各种电极，如氧电极、铵根离子电极、二氧化碳电极、pH电极等，可将化学变化转换为电信号；光电转换器，利用光吸收及发光、荧光效应，用光电倍增管作为换能器，将光效应转换为电信号；热电转换器，采用热敏电阻等对固定酶与底物反应的热量变化进行探测并将其转换成电信号；利用半导体ISFET（离子敏感性场效应晶体管）将离子浓度变化转换成电信号。

2. 生物传感器的种类

生物传感器的分类有多种方法，常用的分类方法有以下几种：

(1) 根据生物传感器中分子识别元件（敏感元件）分类　生物传感器可分为酶传感器、微生物传感器、组织传感器、细胞传感器、基因传感器、免疫传感器等。生物学工作者习惯于采用这种分类方法。

(2) 根据生物传感器的信号转换器分类　生物传感器中可以利用电化学电极、场效应晶体管、热敏电阻、光电器件、声学装置等作为生物传感器中的信号转换器。因此，可将生物传感器分为电化学生物传感器、半导体生物传感器、热学型生物传感器、光学型生物传感器、声学型生物传感器等。电子工程学工作者习惯于采用这种分类方法。

(3) 根据传感器输出信号的产生方式分类　这种方法可将生物传感器分为亲和型生物传感器、代谢型生物传感器和催化型生物传感器。

3. 生物传感器的固定化技术

生物活性单元的固定化是生物传感器制作的核心部分，它要保持生物活性单元的固有特性，避免自由活性单元应用上的缺陷。固定化技术决定了生物传感器的稳定性、灵敏度和选择性等主要性能。

早期生物活性物质测量，如酶分析法，是在水溶液状态下进行的，由于酶在水溶液中一般不太稳定，且酶只能和底物作用一次，因此使用起来很不方便。要使酶作为生物敏感膜使用，必须研究如何将酶固定在各种载体上，这一技术称为酶的固定化技术。该技术的主要特点是：固定化酶可以很快从反应混合物中分离，并能重复使用；通过适当控制固定化酶的微环境，可获得高稳定性、高灵敏度、快速的响应；选择电极尺寸和形状具有较大的灵活性，易于微型化。目前生物传感器的固定化技术主要有吸附法、共价键合法、物理包埋法和交联法等。

(1) 吸附法　生物活性单元在电极表面的物理吸附是一种较为简单的固定化技术。酶在电极上的吸附一般是通过含酶缓冲溶液的挥发进行的，通常温度为4℃，因此酶不会发生热降解。吸附后，还可以通过交联法来增加稳定性。物理吸附无需化学试剂，清洗步骤少，很少发生酶降解，对酶分子活性影响较小。但对溶液的 pH 变化、温度、离子强度和电极基底较为敏感，需要对实验条件进行相当程度的优化。该方法的吸附过程具有可逆性，生物活性单元易从电极表面脱落，因此寿命较短。

(2) 共价键合法　共价键合法是指将生物活性单元通过共价键与电极表面结合而固定的方法，通常在低温（0℃）、低离子强度和生理 pH 条件下进行，并加入酶的底物以防止酶的活性部位与电极表面发生键合作用而失活。电极表面的共价键合法比物理吸附法困难，但固定化酶稳定性较好。

(3) 物理包埋法　物理包埋法是采用凝胶/聚合物包埋，将酶分子或细胞包埋并固定在高分子聚合物的空间网状结构中，常用的聚合物是聚丙烯酰胺。物理包埋法是应用最普遍的固定化技术。该技术的特点是：可采用温和的试验条件及多种凝胶/聚合物；大多数酶很容易掺入聚合物膜中，一般不产生化学修饰；对酶活性影响较小；膜的孔径和几何形状可任意控制；包埋的酶不易泄漏，稳定性好。此外，包埋法还具有过程简单，可对多种生物活性单元进行包埋的优点。但采用物理方法将凝胶/聚合物限制在电极表面，会使得传感器难以微型化。

(4) 交联法　通过采用双功能团试剂，在生物活性单元之间、生物活性单元与凝联/聚合物之间交联形成网状结构而使生物活性单元固定化的方法称为交联法。最常用的交联试剂为戊二醛。采用交联法的局限是膜的形成条件不易确定，需仔细地控制 pH 值、离子强度、温度及反应时间，酶膜的厚度及戊二醛的浓度对传感器的响应具有重要影响。

生物传感器的固定化技术十分重要，固定化技术的不断改进和完善表现在对固定化方法和生物活性载体的研究和开发上。目前使用的固定化载体、方法或技术并未达到完善的程度，因此更简单、更实用的新型固定化技术仍是该领域今后研究的重要方向之一。随着科学技术的发展，基于新原理的生物传感器将不断涌现，必将推动生命科学技术的不断向前发展。

10.3.2 典型生物传感器

1. 酶传感器

酶传感器（Enzyme Sensor）是最早出现的生物传感器，应用十分广泛。其工作原理如图 10-10 所示。这类传感器由物质识别元件（固定化酶膜）和信号转换器组成。酶传感器将酶作为生物敏感基元，通过各种物理、化学信号转换器捕捉目标物与敏感基元之间的反应所产生的与目标物浓度成比例关系的可测信号，从而实现对目标物的定量测定。由于酶的专属反应性，使其具有高的选择性，能直接在复杂试样中进行测定。当酶电极浸入被测溶液，待测底物进入酶膜的内部并参与反应，大部分酶反应都会产生或消耗一种可被电极测定的电活性物质，当反应达到稳态时，电活性物质的浓度可以通过电压或电流模式进行测定。常见的酶传感器见表 10-2。

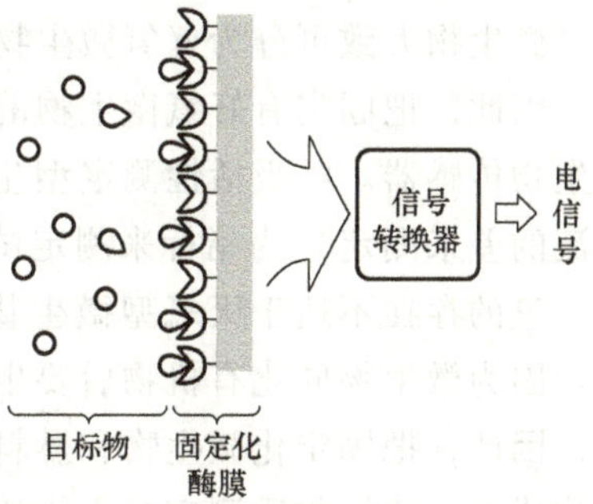

图 10-10 酶传感器工作原理示意图

表 10-2 常见的酶传感器

检测项目	酶	固定化方法	使用电极	稳定性/天	检测范围/(mg/ml)
葡萄糖	葡萄糖氧化酶	共价键合	氧电极	100	$1\sim5\times10^2$
胆固醇	胆固醇酯酶	共价键合	铂电极	30	$10\sim5\times10^3$
青霉素	青霉素酶	物理包埋	pH 电极	7~14	$10\sim1\times10^3$
尿素	尿素酶	交联	铵根离子电极	60	$10\sim1\times10^3$
磷脂	磷脂酶	共价键合	铂电极	30	$10^2\sim5\times10^3$
乙醇	乙醇氧化酶	交联	氧电极	120	$10\sim5\times10^3$
尿酸	尿酸酶	交联	氧电极	120	$10\sim1\times10^3$
L-谷氨酸	谷氨酸脱氧酶	吸附	铵根离子电极	2	$10\sim1\times10^4$
L-谷酰胺	谷酰胺酶	吸附	铵根离子电极	2	$10\sim1\times10^4$
L-酪氨酸	L-酪氨酸脱羧酶	吸附	二氧化碳电极	20	$10\sim1\times10^4$

2. 组织传感器

组织传感器（Tissue Sensor）是以动植物组织薄片中的生物催化层与基础敏感膜电极结合而成，该催化层以酶为基础，基本原理与酶传感器相同。常见的组织传感器见表 10-3。

表 10-3 常见组织传感器

检测项目	组织膜来源	使用电极	稳定性/天	检测范围
谷氨酸	木瓜	二氧化碳电极	7	$2\times10^{-4}\sim1.3\times10^{-2}$mol/L
尿素	豆荚	二氧化碳电极	94	$3.4\times10^{-5}\sim1.5\times10^{-3}$mol/L
L-谷氨酰胺	肾	铵根离子电极	30	$1\times10^{-4}\sim1.1\times10^{-2}$mol/L
多巴胺	香蕉	氧电极	14	
丙酮酸	玉米芯	二氧化碳电极	7	$8\times10^{-5}\sim3\times10^{-3}$mol/L
过氧化氢	肝	氧电极	14	$5\times10^{-3}\sim2.5\times10^{-1}$U/L

3. 微生物传感器

酶对底物有高度专一性，但价格昂贵，且稳定性较差，因而到了 20 世纪 70 年代，许多学者提出用微生物来代替酶的作用，将微生物固定在膜上，利用微生物的代谢功能检测化学物质，制成具有复杂功能的微生物传感器（Microrganism Sensor）。

微生物大致可分为好氧微生物和厌氧微生物。好氧微生物呼吸时要消耗氧，生成二氧化碳，因此，把固定有好氧微生物的膜和氧电极或二氧化碳电极组合起来就构成呼吸活性测定型生物传感器。呼吸活性测定型生物传感器是以同化有机物前后呼吸的变化量（用氧电极电流的差来测定）为指标来测定试样溶液中有机化合物浓度的传感器。

氧的存在不适于厌氧型微生物的繁殖，所以可以用其代谢产物为指标，追踪其活动状态。因为微生物同化有机物后要生成各种代谢产物，其中往往含有电极容易反应或敏感的物质，因此，把固定化微生物和燃料电池型电极、离子选择性电极或气体电极组合在一起，就可构成电极活性物质测定型生物传感器。

例如，好氧微生物在繁殖时需消耗大量的氧，因此，可以氧浓度的变化来观察微生物与底物的反应情况。例如，荧光假单胞菌能同化葡萄糖，芸苔丝孢酵母可同化乙醇，因此可分别用来制备葡萄糖和乙醇传感器。这两种微生物在同化底物时，均消耗溶液中的氧，因此可用氧电极来测定。

基于不同类型的信号转换器，微生物传感器可分为电化学型、光学型、热敏电阻型、压电高频阻抗型和燃料电池型等。常见的微生物传感器见表 10-4。

表 10-4 常见微生物传感器

检测项目	微生物	使用电极	检测范围/(mg/L)
葡萄糖	荧光假单胞菌	氧电极	5~200
乙醇	芸苔丝孢酵母	氧电极	5~300
亚硝酸盐	硝化细菌	氧电极	51~200
维生素 B12	大肠杆菌	氧电极	
谷氨酸	大肠杆菌	二氧化碳电极	8~800
赖氨酸	大肠杆菌	二氧化碳电极	10~100
维生素 B1	发酵乳酸杆菌	燃料电池电极	0.01~10
甲酸	梭状芽胞杆菌	燃料电池电极	1~300
头孢菌素	费氏柠檬酸杆菌	pH 电极	
烟酸	阿拉伯糖乳酸杆菌	pH 电极	

4. 免疫传感器

免疫传感器利用动物体内抗体（一种免疫球蛋白）与抗原（进入机体后能刺激机体产生免疫反应的物质）能发生特异性吸附反应的特性，将抗原（或抗体）固定在传感器基体上，通过传感技术使吸附发生时产生物理、化学、电学或光学上的变化转变成可检测的信号来测定环境中待测分子的浓度。

免疫传感器是具有将输出结果数字化的精密传感器（根据换能器种类的不同分为电化学免疫传感器、光学免疫传感器、质量测量免疫传感器和热量测量免疫传感器），不但能达到定量检测的效果，而且由于传感与换能同步进行，能实时监测到传感器表面的抗原抗体反应，有利于对免疫反应进行动力学分析，从而推动免疫诊断方法向定量化、操作自动化方向发展。

免疫传感器技术具有分析灵敏度高、特异性强、使用简便及成本低的优势，已广泛应用于临床医学与生物检测、食品工业、环境监测与处理等领域，它不但能推动传统免疫测试法的发展，而且将对临床检验和环境监测等许多领域产生深远影响。

5. 细胞传感器

近几年，随着半导体微细加工技术的发展，分析技术的微型化为细胞微环境分析提供了强有力的手段，以活细胞作为敏感元件已成为生物传感器研究领域的一大热点。细胞传感器（Cell-Basd Biosensor）便是以活细胞作为探测单元的生物传感器。

细胞传感器能定性定量测量分析未知物质的信息，即确定某类物质存在与否及浓度大小。例如把具有某一类型受体的细胞当作传感器，由受体-配体的结合常数可推导出该传感器对某类激动剂的敏感度，测量该传感器的响应就可以定量测量该激动剂的浓度。更重要的是，细胞传感器能够测量功能性信息，即监测被分析物对活细胞生理功能的影响，从而解决一些与功能性信息相关的问题。例如，复合药物各成分对生理系统的影响是什么；被分析物相对于给定的受体是否为抑制剂或激动剂（这是现代药物筛选和开发的核心问题）；被分析物是否以其他方式来影响细胞的新陈代谢，如第二信使或酶；待测物是否对细胞有毒副作用；环境是否受到污染。

总之，利用细胞传感器可以连续检测和分析细胞在外界刺激下的生理性能。从生物学角度来看，它能够探求细胞的状态功能和基本生命活动；从被分析物的角度来看，它能够研究和评价被分析物的功能。尽管使用活细胞作为传感器的敏感元件会产生很多复杂的问题，如细胞类型的选择、细胞的培养、细胞活性的保持、细胞与传感器的耦合等；但该类生物传感器能够完成实时、动态、快速和微量的生物测量，在生物医学、环境监测和药物开发等领域具有十分广阔的应用前景。

6. DNA 传感器

DNA 是一类重要的生命物质，是大多数生物体遗传信息的载体，基于 DNA 探针的基因传感器、基因芯片的研究正成为一个热点。DNA 传感器是一种能将目标 DNA 的存在转化为可检测的电、光、声信号的装置，所检测的是核酸的杂交反应。每种生物体内都含有其独特的核酸序列，检测特定核酸序列的关键是要设计一段寡核苷酸序列作为探针。这段探针能够依赖专一性与目标核酸序列（靶序列）进行杂交，而与其他非特异性序列不杂交。DNA 传感器的结构包括一个靶序列识别层和一个信号换能器。识别层通常由固定在换能器上的探针 DNA 以及一些其他的辅助物质组成，它可以特异性地识别靶序列并与其杂交。换能器可将此杂交过程所产生的变化转变为可识别的信号，根据杂交前后信号量的变化，可以对靶

DNA 进行准确定量。根据换能器种类不同，可大致分为电化学 DNA 传感器、光学 DNA 传感器和质量 DNA 传感器等。随着 DNA 合成技术以及微电子技术的发展，DNA 传感器近年来得到了快速发展。

【拓展阅读】 生物芯片

10.4 表面声波传感器

表面声波（Surface Acoustic Wave，SAW）是一种很特殊的声波。大家在池塘边就可以观察到典型的表面声波：扰动会在液体的表面上产生波动，这种波动的一个突出特点就在于能量基本集中在液体的表面。类似的波动也能在固体的表面上传播。SAW 是英国物理学家瑞利在 19 世纪 80 年代研究地震波过程中发现的一种能量集中于地表面传播的声波。随后，人们对 SAW 基本性质的认识越来越深入，特别是在 1965 年，美国的 R. M. White 和 F. M. Voltmov 发明了能在压电材料表面激励 SAW 的金属叉指换能器（IDT）之后，大大加速了声表面波技术的发展，相继出现了许多各具特色的 SAW 器件，使这门年轻的学科逐步发展成为新兴的声学和电子学相结合的边缘学科，现在 SAW 技术的应用已涉及许多学科领域，如地震学、天文学、雷达通信及广播电视中的信号处理、航空、航天、石油勘探、无损检测等。叉指换能器是用蒸发或溅射等方法在压电基片表面淀积一层金属膜，再用光刻方法形成的叉指状薄膜，它可以起到电声转换或声电转换的作用。

然而，用 SAW 器件研制、开发新一代传感器还是 20 世纪 80 年代的事，起初，人们发现外界因素（如温度、压力、磁场、电场、某种气体等）对 SAW 传播特性会造成影响，于是人们进而研究这些影响与外界因素的关系，并根据这些函数关系设计了各种所需结构，用于测量各种化学的、物理的被测参数。SAW 传感器是继陶瓷、半导体和光纤等传感器之后发展起来的一种新型传感器。到目前为止，这类传感器的实用程度还不是很高，大部分的研究尚处于实验室阶段。但这类传感器可以对电学、热学、力学、声学、光学及生物等各种因素敏感，且大部分传感器工作时信号以频率形式输出，不需要 A/D 转换器即可与计算机连接，因此在测量方面具有得天独厚的优越性。此外，SAW 传感器还具有尺寸小、价格低、精度高、灵敏度高及分辨率高等优点，并且其制作工艺可与集成电路工艺兼容，能将传感器与信号处理电路制作在同一芯片上，这样不但可靠性、重复性好，而且适宜大规模生产。SAW 器件传统上大量应用于信号处理、模拟和数字滤波器的谐振器，已广泛应用在 SAW 带通滤波器、匹配滤波器、振荡器、雷达、通信及家用电器等方面。

【拓展阅读】 表面声波的类型

10.4.1 SAW 传感器的结构与工作原理

SAW 传感器的关键是 SAW 振荡器，它由压电材料基片和沉积在基片上的不同功能的叉指换能器（Interdigital Transducers，IDT）组成，主要包括延迟线型和振子型两种。

延迟线型 SAW 振荡器基本结构如图 10-11 所示，它由一组 IDT 和放大电路构成。利用压电基片上左侧的输入 IDT 借助逆压电效应将加载的电信号转换成 SAW 信号，所激发出的

图 10-11 延迟线型 SAW 振荡器基本结构

SAW 在位于两个 IDT 之间的压电介质中传播，运动至位于右侧的输出 IDT 后，通过正压电效应将声信号再转换成电信号输出，经放大后反馈到输入 IDT 保持振荡状态。SAW 在 IDT 中心距之间产生传输延迟，称为 SAW 延迟线。其振荡频率为

$$f_0=\frac{V_R}{L}\left(n-\frac{\varphi_E}{2\pi}\right) \tag{10-4}$$

式中，V_R 为 SAW 传播速度；L 为两个 IDT 之间的距离；φ_E 为放大器相移量；n 为正整数（与电极形状及 L 值有关）。

当 φ_E 值不变，外界被测参量变化时，会引起 V_R、L 值发生变化，从而引起振荡频率改变，即

$$\frac{\Delta f}{f_0}=\frac{\Delta V_R}{V_R}-\frac{\Delta L}{L} \tag{10-5}$$

因此，根据 Δf 的大小即可测出外界参量的变化量，即声表面波（SAW）器件的工作原理。

振子型 SAW 振荡器是将基片材料表面中央做成 IDT，并在其两侧配置两组反射栅，反射栅能够将一定频率的入射波能量限制在由栅条组成的谐振腔内。振子型 SAW 振荡器根据端口不同可分为单端口和双端口两种，单端口振子型振荡器中间为一个 IDT，如图 10-12 所示，IDT 既是发射端，也是接收端；双端口振子型振荡器中间为两个 IDT，如图 10-13 所示，一个 IDT 作为发射端，另一个 IDT 作为接收端。

图 10-12 振子型振荡器基本结构（单端口）

图 10-13 振子型振荡器基本结构（双端口）

以单端口的为例，其振荡频率 f_0 与 IDT 周期长度 T 及声表面波传播速度 V_R 有关，$f_0=\frac{V_R}{T}$。外界待测参量变化时会引起 V_R 和 T 变化，从而引起振荡频率改变，即

$$\frac{\Delta f}{f_0}=\frac{\Delta V_R}{V_R}-\frac{\Delta T}{T} \tag{10-6}$$

因此，测出振荡频率的改变量即可求出待测参量的变化。根据基片材料（压电晶体）的逆压电效应，可制成 SAW 温度、压力、电压、加速率、流量和化学传感器，适合于高精度遥测、遥控系统。

10.4.2 SAW 气体传感器

SAW 气体传感器是以 SAW 器件为基片材料，在其上形成选择性气体敏感膜并配以外部电路而构成的，其结构如图 10-14 所示。敏感膜在 SAW 传播通道上，当敏感膜吸附气体分子时，会引起膜密度和弹性性质等发生变化，从而使表面波速度 v_R 发生变化，结果导致振荡频率 f_0 变化，通过

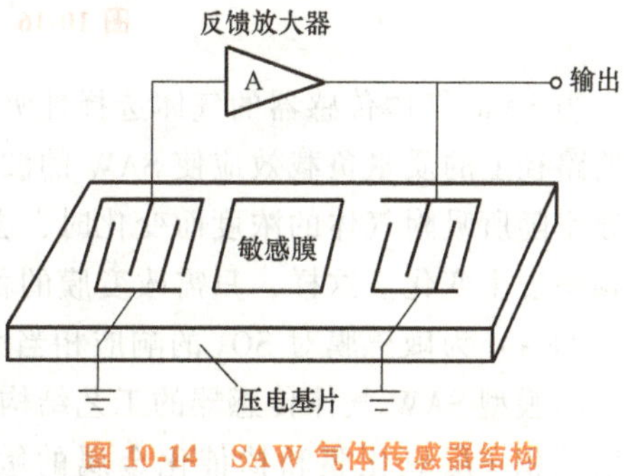

图 10-14 SAW 气体传感器结构

检测振荡频率的变化量即可测出被吸附气体的浓度。

图 10-15 所示为一个双通道 SAW 气体传感器的结构示意图。压电基片采用 *YX* 切向的石英晶体，*X* 方向为 SAW 传播方向。一个延迟线型振荡器（即一个通道）由两个 IDT 组成。该通道的 SAW 传播路径即在一个延迟线的两个 IDT 中间，被气体选择性吸附膜覆盖，吸附了气体的薄膜会导致 SAW 振荡器振荡频率发生变化，精确测量频率的变化就可测得气体浓度。另一通道未覆盖薄膜用于参考，以实现对环境温度变化的补偿。两个振荡器的频率经混频取差频输出，以实现对共模干扰的补偿。

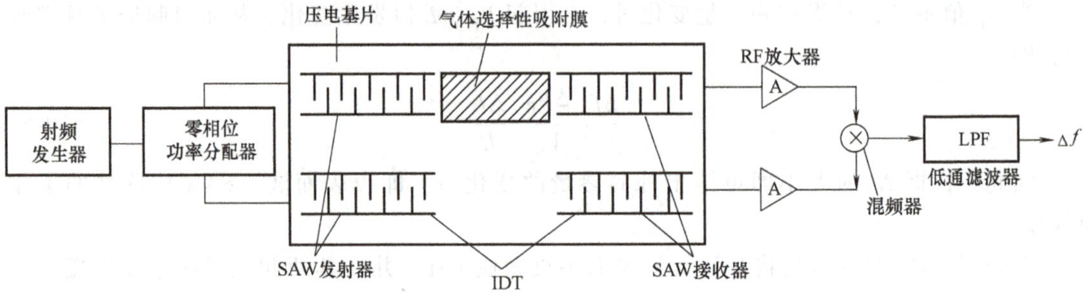

图 10-15　双通道 SAW 气体传感器的结构示意图

图 10-16 所示为 SAW 振荡器的原理图。当 SAW 发射器的两个电极上加有射频电压时，因逆压电效应产生与射频信号相同频率的 SAW，并随射频电压的周期变化而沿着压电基片的表面经延迟线向外传播，直至接收器，接收器因正压电效应将 SAW 转换为相同频率的电信号。当 SAW 在压电基片上传播时，其幅值及传播速度将受到基片上气体选择性吸附膜性质（膜厚、质量密度、黏度、介电常数和应变模量等）的影响。如果膜上吸附有一定浓度的气体，改变了其性质，则会对 SAW 的幅值及速度的影响会发生变化，输出的射频信号将随之改变。

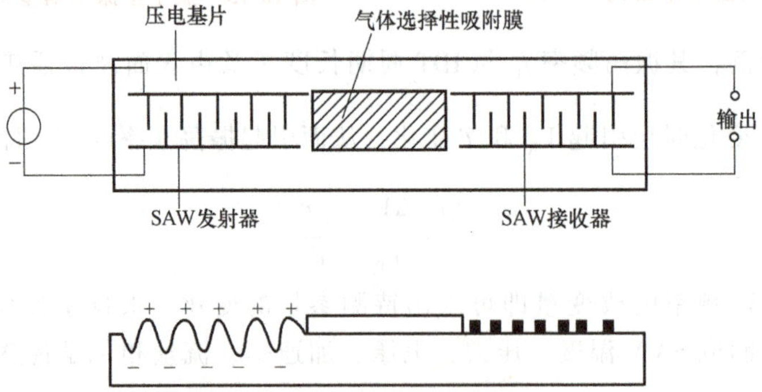

图 10-16　SAW 振荡器的原理图

当 SAW 气体传感器的气体选择性吸附膜对气体的吸附作用转变为覆盖层的密度变化时，传播路径上的质量负载效应使 SAW 的波速发生变化，进而引起振荡频率的偏移；当薄膜的电导率随所吸附气体的浓度而变化时，会引起 SAW 的波速漂移和衰减；这两种情况都使振荡频率发生变化。这样，只需改变膜的种类就能制成对不同气体敏感的传感器，如用三乙醇胺（TEA）为敏感膜对 SO_2 的响应相当大，达到 $1400Hz/10^{-6}$。

薄膜型 SAW 气体传感器的工艺结构如图 10-17 所示。在基底材料背面淀积一层加热膜，正面淀积一层氧化膜和掺催化金属的敏感膜（或在形成敏感膜后再淀积一层薄的催化金属)。敏感膜材料和催化金属材料视具体要检测的气体情况而定，如 SnO_2 掺 ThO_2 可提高对 CO 的灵敏度而降低对 H_2 的灵敏度；SnO_2 掺 1.5%的 Pd 时，传感器对 CH_4 的灵敏度高于 CO，而当 Pd 含量为 0.2%时，对 CO 的敏感度高于 CH_4。若将一些相同的或不同的多种 SAW 传感器集成在同一芯片上构成传感器阵列，则有利于提高传感器的可靠性和多功能性，能快速定量地分析有毒、有害、易燃、易爆的混合气体。SAW 气体传感器的基底材料可采用 ST-石英、YZ-$LiNbO_3$，YX-$LiNbO_3$，ZnO-Si，其结构有双延迟线振荡器、单延迟线振荡器和谐振器振荡器，可探测 SO_2、NO_2、NH_3、CO、CH_4、H_2、水蒸气、水和丙酮等。利用气相层析装置可检测出低浓度违禁品及毒品，如三硝基甲苯、季戊四醇-四硝酸酯、可卡因、海洛因和大麻等，也可用于监测大气中 CO_2 的浓度，以及化工过程控制、监测汽车尾气排放等。

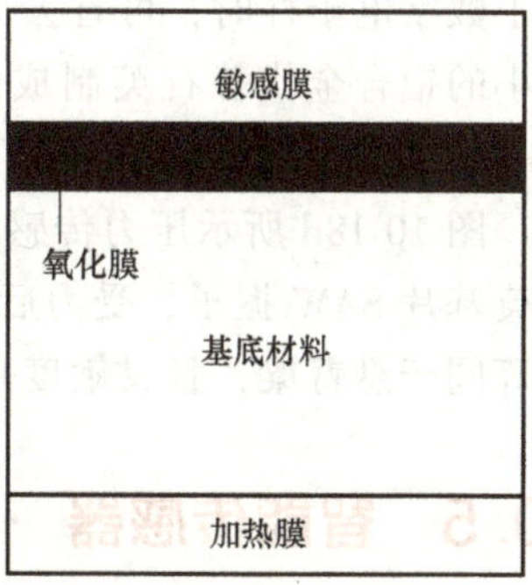

图 10-17 薄膜型 SAW 气体传感器的工艺结构

10.4.3 SAW 压力传感器

当某种外力加到 SAW 基片上时，会使基片材料的弹性系数和密度发生变化，SAW 传播的速度也发生变化；同时应力引起基片应变会使 IDT 间距改变，结果引起 SAW 振荡频率偏移。通过测量振荡频率的偏移值即可求出应力值，从而获得待测的外力。

图 10-18a 所示为振子型独石结构 SAW 膜片式压力传感器的原理图。它在一块压电基片上用超声波加工出一个薄膜敏感区，上面是由 IDT 与电路组合成的振荡器。为了提高测量精度，补偿温度对基片的影响，采用双换能器形式，即薄膜敏感区中间和边缘各放置一只性能相同的 IDT。当薄膜中间的 IDT 受到拉力作用时，边缘的那一只受到压力作用，传感器的输出为差频信号。由于两只 IDT 受温度的影响相同，但作用相反，因此可使传感器的分辨率达到 0.001%。

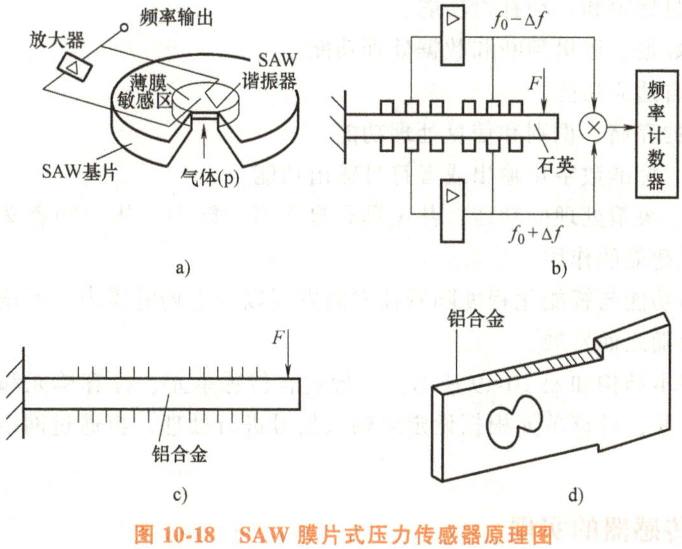

图 10-18 SAW 膜片式压力传感器原理图

图 10-18b、c 所示为悬臂梁式结构，其中图 10-18b 用的是 38°Y 切石英基片，基片正反面都光刻有 IDT，因此输出为差频信号且与温度变化无关，也不受电源电压变化的影响，它

用于数字电子秤时，可省去 A/D 转换器，满量程为 3kg 时误差小于 0.6g，图 10-18c 是用漂移小的铝合金代替石英制成悬臂梁，梁的正反面粘贴着石英晶片 SAW 振子，工作频率为 100MHz，也是输出差频信号，其精度和用途与石英梁相似。

图 10-18d 所示压力传感器的敏感元件是在铝合金块上开有的眼镜状双孔，孔上面贴有石英基片 SAW 振子，受力后左孔上的振子基片受拉伸，而右孔上的振子基片受压缩，其效果等同于悬臂梁，且灵敏度高。

10.5 智能传感器

随着物联网、移动互联网等新兴产业应用需求的强劲牵引，以及新技术的不断涌现，智能传感器得到了快速发展。智能传感器的概念最早由美国宇航局（NASA）在 1978 年根据宇宙飞船对传感器的综合性要求提出。宇宙飞船需要大量传感器不断地向地面发送温度、位置、速度和姿态等数据信息，用一台大型计算机很难同时处理如此庞大而复杂的数据，人们于是提出了分散数据处理的思想，即将传感器采集的数据先自行处理再送出少量的有用数据，从而产生出智能化传感器的雏形。

10.5.1 智能传感器概念与基本结构

目前，国际上关于智能传感器的称谓尚未完全统一。英国人将智能传感器称为“Intelligent Sensor”；美国人则习惯于把智能传感器称为“Smart Sensor”，直译就是“灵巧的、聪明的传感器”。

智能传感器至今未有被广泛认可的严格定义，但有些基本共识。人们通常认为，智能传感器是指具有信息采集、信息处理、信息交换、信息存储等功能的多元器件集成电路，是集传感器、通信芯片、微处理器、驱动程序、软件算法等于一体的系统级产品。

具体来说智能传感器应具有如下功能：

1）自校准、自标定和自动补偿功能。

2）自动采集数据、逻辑判断和数据处理功能。

3）自调整、自适应功能。

4）一定程度的存储、识别和信息处理功能。

5）双向通信、标准数字化输出或者符号输出功能。

6）算法判断、决策处理的功能，甚至具有自学习的能力。从一些意义上讲，智能传感器具有类似于人工智能的作用。

智能传感器的功能与智能化程度随着技术的发展以及市场的需求不断增强，相应的智能传感器的定义也会随之而发展。

智能传感器基本结构如图 10-19 所示，一般包含传感单元、计算单元和接口单元。传感器单元负责信号采集，计算单元根据设定对输入信号进行处理，再通过网络接口与其他装置进行通信。

10.5.2 智能传感器的实现

随着智能传感器制造工艺的发展，考虑应用场合、成本等因素，智能传感器一般以三种形式实现。

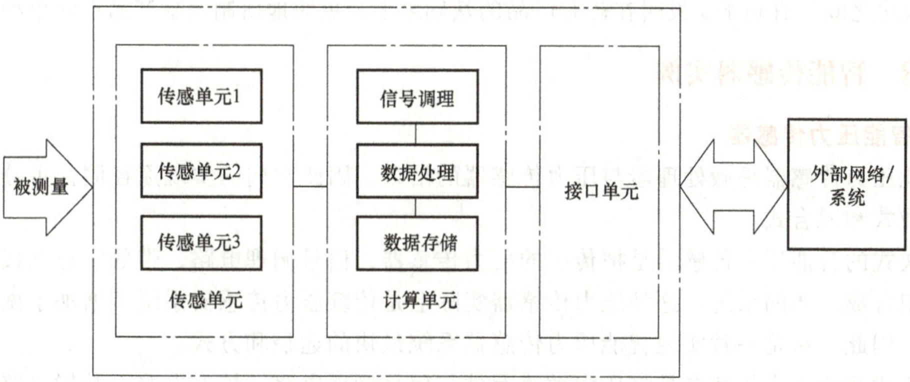

图 10-19　智能传感器基本结构

1. 模块式

模块式智能传感器将传感器、信号调理电路和带总线接口的微处理器组合成一个整体。其构成如图 10-20 所示。这是一种实现智能传感器最快的途径与形式，对制造工艺等并无太高要求，但相对传统的非智能化传感器，它在自动校准、自动补偿、接口便利性等方面具有明显的优势。

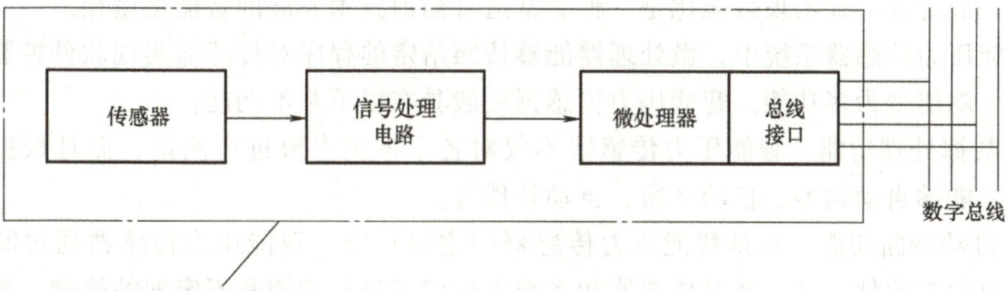

图 10-20　模块式智能传感器构成示意图

2. 集成式

集成式智能传感器采用微机械加工技术和大规模集成电路工艺技术将敏感元件、信号调理电路、接口电路和微处理器等集成在同一块芯片上，其结构如图 10-21 所示。随着集成度越来越高，集成化智能传感器相比非集成化智能传感器而言，体积越来越小，功耗越来越低，集成的敏感单元也更多，可方便实现多个参量传感功能于一体。智能化的程度也越来越高，但对制造工艺等方面的要求也较高。智能传感器相对传统传感器不是简单的做小、做成一体，而是在材料科学、微加工技术以及相关理论的支撑下的一种革新，是目前及未来传感器的发展方向之一。

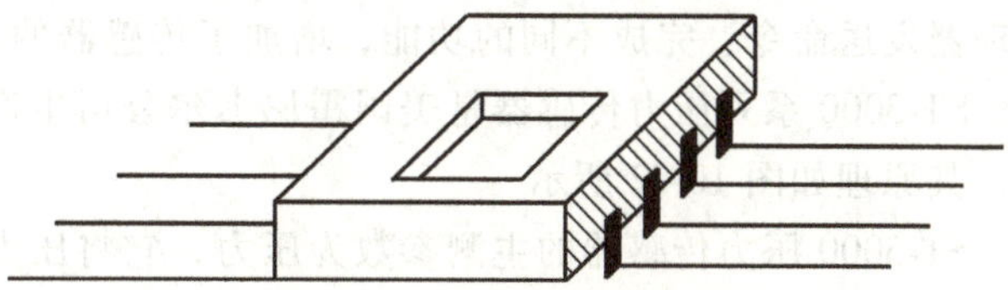

图 10-21　集成式智能传感器

3. 混合式

混合式智能传感器将传感器各环节以不同的组合方式集成在数块芯片上并封装在一个外壳中，如根据工艺的不同将敏感元件、模拟信号处理器、数据处理器与通信接口电路分别做成一块芯片，然后将它们封装在一起构成一个混合式的智能传感器。混合式智能传感器介于非集成化和集成化之间，有利于研发时在已有产品的基础之上，更快地研制出新产品推向市场。

10.5.3 智能传感器实例

1. 智能压力传感器

智能压力传感器是微处理器与压力传感器的结合，因此它们的实现途径同样可分为模块式、集成式和混合式。

模块式的智能压力传感器是把传统的压力传感器、信号调理电路、带数字总线接口的微处理器组合成一体的系统。这种压力传感器实际上是传统压力传感器系统上增加了微处理器的连接。因此，这是一种实现智能压力传感器系统最快的途径和方式。

集成式智能压力传感器是将压力敏感元件与信号调理电路、校准电路、补偿电路、微控制器等进行单片集成，主要采用微机电系统（MEMS）技术和大规模集成电路工艺技术，利用硅作为基体材料制作敏感元件、信号调理电路、微处理器，并集成在一块芯片上。随着微电子技术的飞速发展以及微纳米技术的应用，由此制成的智能压力传感器具有微型化、结构一体化、精度高、多功能、阵列式、全数字化、使用方便、操作简单等特点。

混合式智能压力传感器是根据需要与可能，将系统各个集成化环节，如敏感元件、信号调理电路、微处理器、数字总线接口，以不同组合方式集成在 2~3 块芯片上，并封装在一个外壳中。混合式形式实现智能化是一种非常适合当前技术发展的智能化途径。

在智能压力传感器系统中，微处理器能够按照给定的程序对传感器实现软件控制，把传感器从单一功能变为多功能。智能压力传感器一般具有以下基本功能。

（1）数据处理功能　智能压力传感器不仅对各个被测参数进行测量，而且根据已知被测量参数，能够自动调零、自动平衡、自动补偿等。

（2）自动诊断功能　这是智能压力传感器的主要功能，智能压力传感器通过其故障诊断软件和自检测软件，可自动对传感器和系统工作状态进行定期和不定期的检测、测试，及时发现故障，协助诊断发生故障的原因、位置，并给予操作提示。

（3）软件组态功能　智能压力传感器由于采用了微处理器，所以不仅有必要的硬件组成，例如检测电路、放大电路、A/D 转换器、D/A 转换器、通信接口等，还有软件资源用于控制和处理数据。在智能压力传感器中，设置有多模块化的硬件和软件，用户可以通过微处理器发送命令，完成不同的功能，增加了传感器的灵活性和可靠性。

ST-3000 系列压力传感器是美国霍尼韦尔公司生产的以微处理器为基础的智能压力传感器，其原理如图 10-22 所示。

ST-3000 压力传感器的主测参数为压力，它将压力转换为 4~20mA 信号输出，并具有双向通信功能。为了消除被测介质的静压和温度对差压测量的影响，还设置了静压传感器和温度传感器。差压传感器、静压传感器和温度传感器将各自被测参数转换成电信号，分别经各自的信号调理电路调理成统一电平的信号，经多路转换器切换至 10 位 A/D 转换器转换成数字量，送入微处理器和输出信号调理单元进行处理，最后转换成 4~20mA 信号输出。输出信号与被测压力 P 成正比。

美国霍尼韦尔公司向市场推出的标准型 ST-3000 系列智能压力传感器可以工作在数字通信和模拟工作（0~20mA，DC）两种输出方式，与传统的传感器相比具有以下特点：

（1）高精度　它在模拟工作方式下的精度为±0.1%，在数字工作方式下的精度则高达±0.075%，这是传统的传感器所无法比拟的。

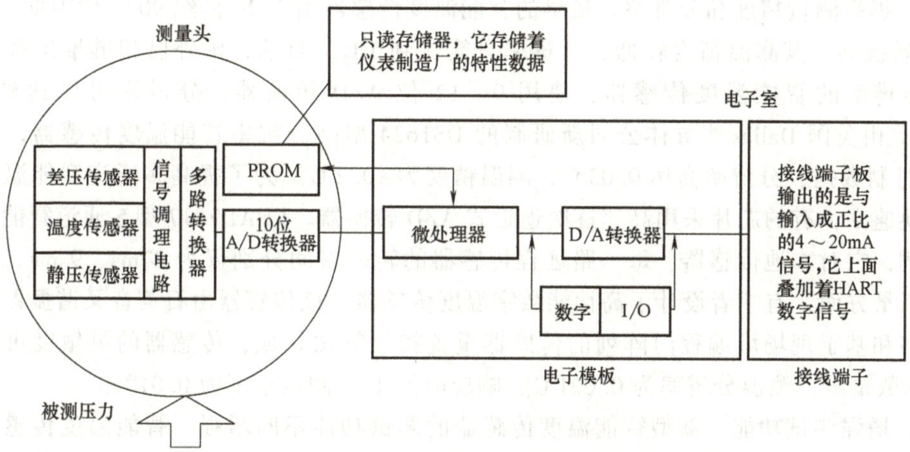

图 10-22 ST-3000 系列压力传感器组成原理图

（2）高可靠性 由于采用了 SMT/SMD 技术、机器人生产技术和严格的生产工艺，使得产品质量得以保证，它的可靠性是传统传感器的 8 倍，其平均 MTBF（平均无故障工作时间）为 100 多年。

（3）高重复性和宽域温度压力补偿 在霍尼韦尔的机器人生产线上，会对每一台传感器的工作温度、压力范围（88 个补偿点）进行逐点测试，并将全部数据固化于各自的 PROM 中，正是由于有这样完善的温度压力补偿，使得智能传感器不像传统的传感器那样受到昼夜、冬夏温差变化引起的误差影响，从而大大改善了其性能。

（4）宽迁移率 智能压力（差压）传感器的迁移率可达到 1900%～2000%，而普通的压力（差压）传感器只有 500%～600%。

（5）宽量程比 霍尼韦尔普通差压传感器的典型量程比是 16∶1，而智能传感器的典型量程比高达 400∶1，是普通传感器的几倍甚至几十倍。

霍尼韦尔的智能传感器通过其现场智能通信器（SFC）和 DCS 系统进行通信，也可对传感器进行编程、检查、校验和重新组态。在 SFC 上可完成自诊断，可提供传感器级、回路级和系统级三个级别的 27 种诊断信息，同时在编程时可提供 13 种工程单位；如果将智能传感器与 DCS 系统联用，则可在其万能操作站（US）上观察到传感器的全部特征参数，并可在 TDC3000 的键盘上进行编程、校验和组态等；当采用数字工作方式时，其纯数字方式的通信协议，为树状结构分时、分址通信提供了必要条件，既节省了大量的电缆，也可免去了大量电缆敷设的浩大工程量，而且抗干扰能力强，通信速度快，容量大，传输距离远。在没有 TDC3000 和 SFC 的情况下，可选用零点满度调节器 ZS 来调整传感器的量程。

2. 智能温度传感器

温度传感器的发展大致经历了以下 3 个阶段：传统分立式温度传感器、模拟集成温度传感器和智能温度传感器。进入 21 世纪后，智能温度传感器正朝着高精度、多功能、总线标准化、高可靠性及安全性、开发虚拟传感器和网络传感器、研制单片测温系统等方向迅速发展。目前的智能温度传感器包含温度传感器、A/D 转换器、信号处理器、存储器和接口电路，有的产品还带有多路选择器、中央控制器、随机存取储存器和只读存储器。智能温度传感器的特点是能输出温度数据及相关的温度控制量，适配各种微控制器，并且是在硬件的基础上通过软件实现测试功能，其智能化程度取决于软件开发水平。

（1）提高测量精度和分辨率　最早的智能温度传感器始于20世纪90年代中期，采用8位A/D转换器，其测温精度较低，分辨率只能达到1℃。目前，国外已相继推出多种高精度、高分辨率的智能温度传感器，使用9～12位A/D转换器，分辨率可以达到0.5～0.625℃。由美国Dallas半导体公司新研制的DS1624型高分辨率智能温度传感器，能输出13位二进制数据，分辨率高达0.03℃，测温精度为±0.2℃。为了提高多通道智能温度传感器的转换速率，有的芯片采用高速逐次逼近式A/D转换器。以AD7817型5通道智能温度传感器为例，它对本地传感器、每一路远程传感器的转换时间分别仅为27ms、9 ms。在高精密温度测量方面，有学者设计了高性能数字温度传感器，该传感器由石英音叉谐振器，数字接口电路和基于现场可编程门阵列的传感器重置控制算法构成，传感器的灵敏度可以达到10^{-6}℃的数量级，测温分辨率为0.001℃，响应时间1s，测量精度为0.01℃。

（2）增强测试功能　新型智能温度传感器的测试功能不断增强。智能温度传感器都具有多种工作模式可供选择，主要包括单次转换模式、连续转换模式、待机模式，有的还增加了低温极限扩展模式。对于某些智能温度传感器，主机（外部微处理器或单片机）还可通过相应的寄存器设定其A/D转换速率、分辨率及最大转换时间。另外，智能温度传感器正从单通道向多通道方向发展，这就为研发多路温度测控系统创造了良好条件。

（3）总线技术的标准化与规范化　目前，智能温度传感器的总线技术也实现了标准化、规范化，所采用的总线主要有单线（-Wire）总线、I^2C总线、SMBus总线和SPI总线。

（4）可靠性及安全性设计　为了避免在温控系统受到噪声干扰时产生误动作，在一些智能温度传感器的内部，设置了一个可编程的故障排队计数器，专用于设定允许被测温度值超过上下限的次数。仅当被测温度连续超过上限或低于下限的次数达到所设定的次数才能触发中断端口，这避免了偶然噪声干扰对温控系统的影响。

为了防止因人体静电放电而损坏芯片，一些智能温度传感器还增加了静电保护电路，一般可以承受1～4kV的静电放电电压。例如TCN75型智能温度传感器的串行接口端、中断/比较信号输出端和地址输入端均可承受1kV的静电放电电压。LM83型智能温度传感器则可承受4kV的静电放电电压。

3. 智能惯性传感器

惯性传感器，是MEMS传感器中得到最广泛应用的一类传感器，包括加速度计、陀螺仪和方位传感器。MEMS技术可实现惯性传感器的小型化并且降低成本。现在的惯性测量模块（IMU）可以在10mm×10mm×4 mm的尺寸内，集成三轴加速度计、三轴陀螺仪和三轴磁强计，而成本在10元人民币以内（国内）。这种惯性测量模块可应用于智能手机、可穿戴设备上，实现包括步态监测、步数统计、跌倒检测、睡眠监测、室内导航等运动、健康方面的功能，同时也可以实现手势识别、方向感知等娱乐方面的功能。

智能惯性传感器相比传统惯性传感器性能更为优越，也是未来的研究热点，其主要发展趋势包括：

（1）更小、更灵活、更节能、高性能、高集成　应用于可穿戴设备上的智能惯性传感器，需要具有更小的尺寸，更低的功耗，作为体域网的一个节点实现数据的无线传输，最终实现柔性化。目前全球最小的三轴加速度计是博世公司在2014年发布的BMA355，采用晶圆级封装，尺寸仅为1.2mm×1.5mm×0.8mm，功耗极低，工作电流仅为130μA，而在低功耗模式下，电流可降低到原来的$\frac{1}{10}$。此外，BMA355的中断模式包括数据就绪同步、运动唤醒、敲击感测、方向识别、水平和竖直切换开关、低 g 值/高 g 值冲击检测、自由落体检测、节电管理等，可用于健康追踪器、计步器（智能手表和手环）、珠宝首饰等可穿戴设备。

除了可穿戴设备的应用外，惯性传感器在军事领域也有着广阔的应用和发展前景，不同于可穿戴设备上的要求，军事方面的应用对传感器精度、可靠性以及在极端条件下的稳定性提出了更高的要求。

惯性传感器利用质量块的惯性来对待测量进行测量，而 MEMS 传感器质量块小，以陀螺仪为例，其精度一般不如传统陀螺仪，在航空、航天等高端领域难以被直接应用。根据现阶段的工艺水平，采用单个 MEMS 陀螺仪的精度已经接近现阶段的极限，需要通过新的方法来提高 MEMS 陀螺仪的精度。

（2）多传感器集成与数据融合　考虑到 MEMS 传感器体积小、成本低，可以利用多传感器集成与数据融合技术来提高精度，即通过多个传感器的信息融合实现优于单个传感器的性能。NASA 在 2003 年提出了虚拟陀螺仪的概念，即使用多个 MEMS 陀螺仪组成阵列，对同一信号进行冗余检测并输出多个检测值，采用数据融合技术对这些检测值进行分析综合，将陀螺仪阵列融合成一个虚拟陀螺仪，得到对输入角速率的最优估计值，大大提高了陀螺仪精度。其后，西北工业大学的微纳实验室对 3 个零偏稳定性为 35.00°/h 的微陀螺仪进行滤波处理，得到的虚拟陀螺仪防漂移性能提高了 200 多倍，论证了虚拟陀螺仪概念的可行性，也为采用阵列化传感器提高精度提供了新方法、新思路。

（3）新的敏感机理　提高现有 MEMS 传感器性能的另一个方法是发现新的敏感机理。西北工业大学的微纳实验室在 2015 年展示了世界第一个基于模态局部化的谐振式加速度计。改变了传统谐振式加速度计通过检测谐振频率变化敏感加速度的方式，而是通过检测两个弱耦合谐振器幅值比的变化敏感加速度，将灵敏度提升 300 倍，为高精度惯性传感器的研制开辟了一条新的道路。同时，该课题组基于强迫热对流现象设计出了一种多轴惯性传感器“射流转子陀螺仪”，最多可以同时敏感 3 个方向的角速度与 3 个方向的线加速度。利用流体粒子代替固体质量块，也开创了一个相对较新的 MEMS 研究领域。流体惯性传感省略了可动部件，具有结构简单和稳定性高的特点。

【视频讲解】课外学习：机器人传感器

随着敏感机理的新发现、微机电技术的发展以及新型材料的应用，MEMS 惯性传感器将进一步实现种类的多样化与精细化，在可穿戴设备等消费电子产品、惯性导航及自动控制的军用领域发挥更加重要的作用。

思考题与习题

10-1　气体传感器主要用于哪些场合？请举出生活中的实例。

10-2　请简述半导体式气体传感器的工作原理及特点。

10-3　湿度的表示方法有哪些？列举几种常用的湿度传感器。

10-4　什么是生物传感器？与其他已学习的传感器相比有什么不同？

10-5　在传染病的防治中，生物传感器可以发挥哪些作用？

10-6　表面声波传感器可以应用于哪些场合？

10-7　说说你是如何理解智能传感器的？

10-8　查阅资料，还有哪些其他类型传感器？

第3篇

检 测 技 术

第 11 章 振动的测量

振动是指粒子或物体围绕固定参考点的振荡，如分子的振动、电磁振动、机械振动等。本章的振动测量是针对机械振动的测量。

机械振动是工程技术和日常生活中普遍存在的物理现象。各种机械设备处于运动时，都存在不同程度的振动。大多数情况下机械振动是有害的，会破坏机械的正常工作，降低机器、设备的使用寿命，机械振动还能直接或间接地产生噪声，恶化环境和劳动条件，危害人们的健康。但是振动也有可利用的一面，例如振动输送机、清洗机、脱水机等就是利用振动的原理进行工作的。

随着现代工业技术的发展，对各种高新机电产品、大型的机电设备提出了低振动和低噪声要求，设计机械结构要求有高的抗振性能，要进行必要的振动分析和振动设计；通过振动测量与振动分析可以对系统进行性能评价、发现工作中的机械的损坏症状、预测机械的剩余使用寿命、辨别损坏的部件及损坏的原因等。因此，振动的测量在生产和科研等各方面都有着十分重要的地位。

11.1 概述

11.1.1 振动的类型及基本参数

振动是物质运动的一种形式，当某物体受到外力作用，就会在其平衡位置周围作往复运动，这种每隔一定时间的往复机械运动即振动。

根据振动规律机械振动可以分成两大类：稳态振动和随机振动。

稳态振动的振动量值随时间有确定的变化规律，可用一定的函数式表示，通常有以下几种：

稳态振动
- 周期振动（振动以周期 T 重复出现）
- 非周期振动（振动无固定的周期）

随机振动的振动量值随时间的变化没有规律，因而无法用时间函数来描述，通常有以下几种：

随机振动
- 平稳随机振动（振动统计特性不随时间变化）
- 非平稳随机期振动（振动统计特性随时间而变化）

振动的幅值、频率和相位是振动的三个基本参数，称为振动三要素。只要测定这三个要素，也就决定了整个振动运动。

振动信号的幅值反映振动的强、弱程度，它可以用振动的峰值、平均值、有效值来描述；通过频谱分析可以确定主要频率成分及其幅值大小，从而可以寻找振源，采取措施；利用振动信号的相位信息可以确定共振点、进行振型测量、平衡旋转件、控制有源振动等。

简谐振动是最基本的周期运动，其振动规律的数学表达式为

$$y=A\sin(\omega t+\varphi) \tag{11-1}$$

式中，y 为振动位移；A 为位移的最大值，称为幅值；φ 为初始相位；ω 为振动频率。

对式（11-1）进行一次微分、二次微分后，得到振动速度 v、加速度 a 的关系式为

$$v=\frac{\mathrm{d}y}{\mathrm{d}t}=\omega A\cos(\omega t+\varphi) \tag{11-2}$$

$$a=\frac{\mathrm{d}v}{\mathrm{d}t}=-\omega^2 A\sin(\omega t+\varphi) \tag{11-3}$$

比较式（11-1）~式（11-3），简谐振动的位移、速度、加速度的振动形式和振动频率都是一样的，只是三者的相位和幅值不同。由此可得，任何一个简谐振动都可以用位移、速度和加速度中的任意一个量与时间关系来表征。

11.1.2 振动的测试内容及测量方法

振动测试包括两方面的内容：第一，测量机械或结构在工作状态下存在的振动，如测量振动位移、速度、加速度、频率和相位等参数，了解被测对象的振动状态、评定等级和寻找振动源，以及进行监测、分析、诊断和预测；第二，对机械设备或结构施加某种激励，测量其受迫振动，以便求得被测对象的振动力学参量或动态性能，如固有频率、阻尼、刚度、响应和模态等。

振动的测量方法一般有机械法、电测法和光测法三种。其中机械法由于响应慢，测量范围有限很少使用。目前振动测量主要采用电测法。电测法是指：先采用测振传感器检测振动的位移、速度、加速度等参数信号，并转换成电量，然后用计算机或专用仪器进行数据分析、处理，提取振动信号中的强度和频谱等有用信息。

11.1.3 振动测试系统的构成

一般机械振动测试系统的构成如图 11-1 所示。

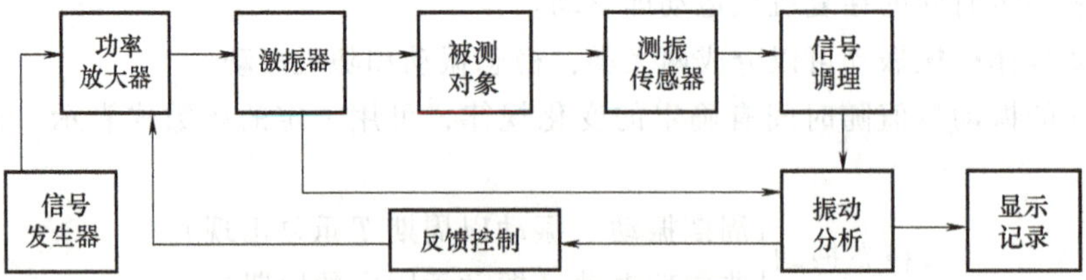

图 11-1 机械振动测试系统组成框图

被测对象在激振器的作用下产生受迫振动，测振传感器测出振动力学参量，通过振动分析（时域中的相关技术，频域中的功率谱分析）以及计算机数字处理技术，检测出有用的信息。

在工程上，振动的测试主要讨论的是系统的传输特性，尤其是频率响应特性。通过测试的数据，推估出系统的动态特性参数。而组成测试系统的任何一个环节都有其固有的频率响

应特性，整个系统的特性是由各个环节串联而成的。因此正确选用测试装置，对测试结果的正确性有一定的影响。

【视频讲解】
振动的测量
概述

11.2　常用测振传感器

11.2.1　概述

采用电测法进行振动测试时，测振传感器是测试系统的核心组成部分。它的作用是把被测对象的振动参数，在一定的频率范围内正确的接收下来并转换成电信号输出。因此合理地选择测振传感器是十分重要的。

测振传感器的种类很多。

1）按测振参数分为位移传感器、速度传感器、加速度传感器。

2）按传感器与被测物位置关系分为接触式传感器、非接触式传感器。接触式包括电阻应变式、电感式、压电式、磁电式等；非接触式有包括电容式、电涡流式和光学式等。

3）按测试参考坐标可分为相对式测振传感器、绝对式（惯性式）测振传感器。相对式测振传感器测振时，传感器设置在被测物体外的静止基准上，测量振动物体相对于基准点的相对振动。绝对式测振是指把振动传感器固定在被测物体上，以大地为参考基准，测量物体相对于大地的绝对振动，因此又称为惯性式测振传感器，如惯性式位移传感器、压电式加速度传感器等。这类传感器在振动测量中普遍使用。

11.2.2　绝对式测振传感器原理

绝对式测振传感器的结构可简化为如图 11-2 所示的力学模型。它是由质量块 m、弹簧 k、阻尼器 c 组成的二阶惯性系统。传感器壳体固定在被测物体上，当被测物体振动时，引起传感器惯性系统产生受迫振动。通过测量惯性质量块的运动参数，便可求出被测振动量的大小。

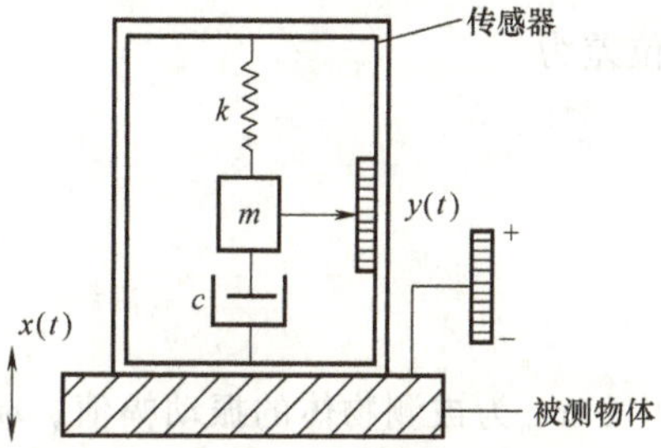

图 11-2　绝对式测振传感器的力学模型

测振原理可由惯性系统产生受迫振动与被测振动之间的关系导出。图 11-2 中，$x(t)$ 为被测物体振动位移；$y(t)$ 为惯性质量块的振动位移；$z=y(t)-x(t)$ 为壳体相对惯性质量块的振动位移；m 为质量块质量；k 为支撑质量块的弹簧刚度；c 为阻尼系数。则惯性质量块的动力方程式可写成

$$m\frac{\mathrm{d}^2y}{\mathrm{d}t^2}+c\frac{\mathrm{d}z}{\mathrm{d}t}+kz=0 \tag{11-4}$$

将 z 代入方程式（11-4），得

$$m\frac{\mathrm{d}^2z}{\mathrm{d}t^2}+c\frac{\mathrm{d}z}{\mathrm{d}t}+kz=-m\frac{\mathrm{d}^2x}{\mathrm{d}t^2} \tag{11-5}$$

令

$$\omega_\mathrm{n}=\sqrt{\frac{k}{m}}\qquad \frac{c}{m}=2\zeta\omega_\mathrm{n}$$

所以式（11-5）化简为

$$\frac{d^2z}{dt^2}+2\zeta\omega_n\frac{dz}{dt}+\omega_n^2z=-\frac{d^2x}{dt^2} \tag{11-6}$$

设被测物体的振动为简谐振动，即

$$x(t)=x_m\sin\omega t$$

则

$$\frac{dx}{dt}=\omega x_m\cos\omega t$$

$$\frac{d^2x}{dt^2}=-\omega^2x_m\sin\omega t$$

所以式（11-6）化简为

$$\frac{d^2z}{dt^2}+2\zeta\omega_n\frac{dz}{dt}+\omega_n^2z=-x_m\omega^2\sin\omega t \tag{11-7}$$

求解式（11-7），得质量块 m 的相对运动规律为

$$z=z(t)=\frac{\left(\frac{\omega}{\omega_n}\right)^2x_m}{\sqrt{\left[1-\left(\frac{\omega}{\omega_n}\right)^2\right]^2+\left(\frac{2\zeta\omega}{\omega_n}\right)^2}}\sin(\omega t-\varphi) \tag{11-8}$$

其中幅值为

$$z_m=\frac{\left(\frac{\omega}{\omega_n}\right)^2x_m}{\sqrt{\left[1-\left(\frac{\omega}{\omega_n}\right)^2\right]^2+\left(\frac{2\zeta\omega}{\omega_n}\right)^2}} \tag{11-9}$$

相位差为

$$\varphi=\arctan\frac{2\zeta\left(\frac{\omega}{\omega_n}\right)}{1-\left(\frac{\omega}{\omega_n}\right)^2} \tag{11-10}$$

式中，x_m 为被测物体的振动幅值；ω 为被测振动的角频率；ζ 为惯性系统阻尼比；ω_n 为惯性系统的固有角频率。

传感器检测质量块 m 相对于传感器壳体进行相对运动的 $z(t)$ 可来反映振动体的振动情况，如幅值、速度、加速度等。由式（11-9）、式（11-10）可知，传感器输出的幅值和相位均与 $\frac{\omega}{\omega_n}$ 和 ζ 有关，当测振传感器的 ω_n 和 ζ 不同时，对于同一个被测振动量，测振传感器测量的参数可能为幅值、速度和加速度三者之一。这取决于 $\frac{\omega}{\omega_n}$ 和 ζ 值的大小。

1. 测幅值

当测振传感器的输出量 z 正确感受和反映的是被测体振动的幅值 x_m，即传感器测量的振动参数是幅值时，由式（11-9）、式（11-10）可知，此时传感器的幅频特性 $A(\omega)$ 和相频特性 $\varphi(\omega)$ 为

$$A(\omega)_x=\frac{z_m}{x_m}=\frac{\left(\frac{\omega}{\omega_n}\right)^2}{\sqrt{\left[1-\left(\frac{\omega}{\omega_n}\right)^2\right]^2+\left(\frac{2\zeta\omega}{\omega_n}\right)^2}}$$

$$\varphi(\omega)_x=\arctan\frac{2\zeta\left(\frac{\omega}{\omega_n}\right)}{1-\left(\frac{\omega}{\omega_n}\right)^2}$$

以频率比$\frac{\omega}{\omega_n}$为横坐标，以幅值比$\frac{z_m}{x_m}$为纵坐标，画出不同阻尼比的幅频特性曲线和相频特性曲线分别如图 11-3 和图 11-4 所示。

由图 11-3 可知，当 $\omega\gg\omega_n$，$\zeta<1$ 时，在测量范围内的幅频特性曲线近似为常数，即 $A(\omega)$ 接近于 1，此时 $z_m\approx x_m$，表明传感器的输出正比于被测物体振动的位移，一般$\frac{\omega}{\omega_n}$取 3~5；由图 11-4 可知，当 $\omega\gg\omega_n$，$\zeta<1$ 时，相位差接近 180°，相频特性也接近直线。所以，测振传感器是位移传感器的工作范围是 $\omega\gg\omega_n$，ζ 取 0.6~0.7。

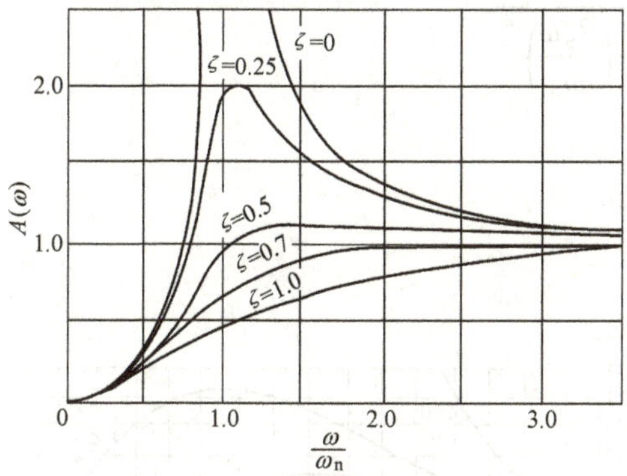

图 11-3　幅频特性曲线

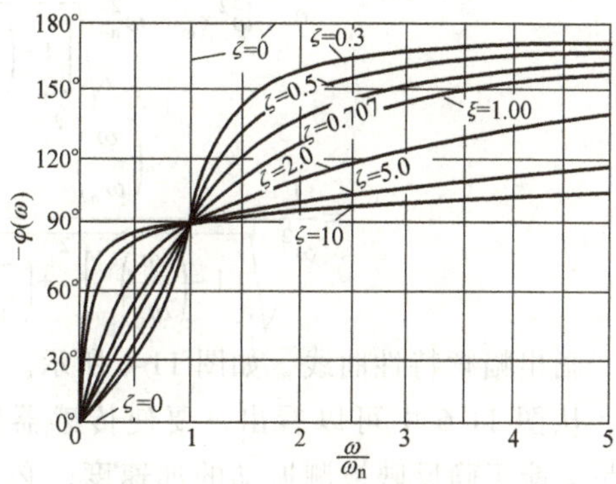

图 11-4　相频特性曲线

2. 测振动速度

当传感器的输出量 z 正确感受和反映的是振动速度 v 时，即测振传感器测量的振动参数是速度时，由式（11-9）可知，此时传感器的幅频特性 $A(\omega)$ 应为

$$A(\omega)_v=\frac{z}{v}=\frac{z_m}{\omega x_m}=\frac{1}{\omega}\cdot\frac{z_m}{x_m}=\frac{1}{\omega}\cdot\frac{\left(\frac{\omega}{\omega_n}\right)^2}{\sqrt{\left[1-\left(\frac{\omega}{\omega_n}\right)^2\right]^2+\left(\frac{2\zeta\omega}{\omega_n}\right)^2}}$$

$$=\frac{\omega}{\omega_n^2}\cdot\frac{1}{\sqrt{\left(\frac{\omega_n^2-\omega^2}{\omega_n^2}\right)^2+4\zeta^2\frac{\omega^2}{\omega_n^2}}}$$

$$=\frac{1}{\sqrt{\omega_n\left(\frac{\omega_n}{\omega}-\frac{\omega}{\omega_n}\right)^2+4\zeta^2}}$$

画出幅频特性曲线如图 11-5 所示。

从图 11-5 中曲线看出：

1）当$\frac{\omega}{\omega_n}\to 0$和$\frac{\omega}{\omega_n}\to\infty$时，$A(\omega)_v\to 0$；

2）当$\omega=\omega_n$时，$A(\omega)_v$具有最大值。

所以速度传感器的工作区域是$\frac{\omega}{\omega_n}=1$，在此区域其幅频特性没有$A(\omega)_v=1$的平坦段。相频特性曲线也不接近直线，当被测频率有微小变化时，将造成较大的幅值误差，所以很少用这种方法来测量振动速度。

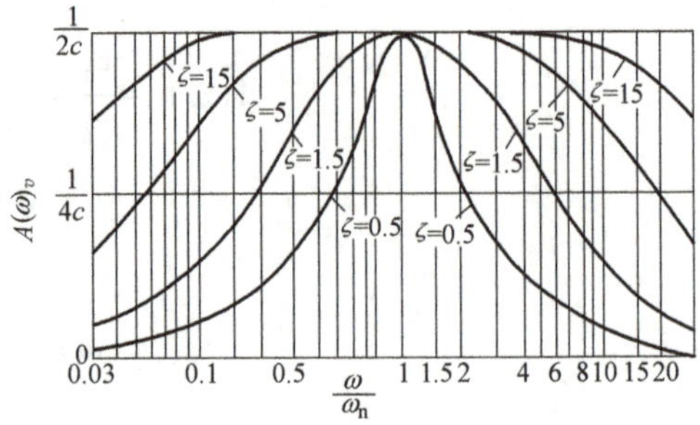

图 11-5　速度传感器的幅频特性曲线

【深入思考】
如何利用绝对式测振传感器测量速度？

3. 测振动加速度

当测振传感器输出量 z 能正确感受和反映振动加速度 a 时，即测振传感器测量的是振动加速度时，由式（11-9）可得出此时传感器的幅频特性 $A(\omega)_a$ 为

$$A(\omega)_a=\frac{z}{a}=\frac{z_m}{\omega^2 x_m}=\frac{1}{\omega_n^2}\frac{1}{\sqrt{\left[1-\left(\frac{\omega}{\omega_n}\right)^2\right]^2+\left(\frac{2\zeta\omega}{\omega_n}\right)^2}}$$

$$=\frac{1}{\omega^2}\frac{\left(\frac{\omega}{\omega_n}\right)^2}{\sqrt{\left[1-\left(\frac{\omega}{\omega_n}\right)^2\right]^2+\left(\frac{2\zeta\omega}{\omega_n}\right)^2}}$$

画出幅频特性曲线，如图 11-6 所示。

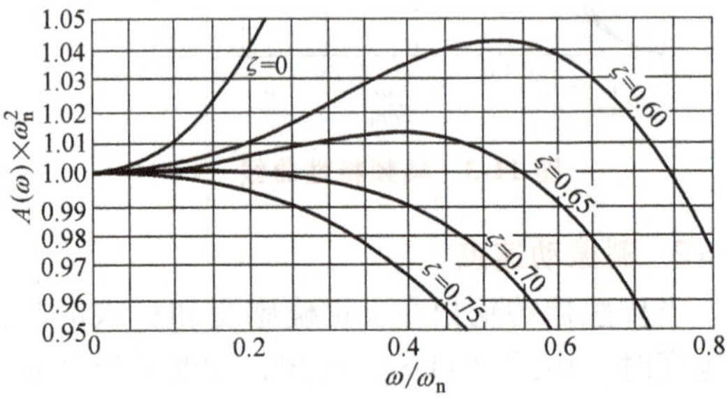

图 11-6　加速度传感器幅频特性曲线

从图 11-6 中可以看出，要使传感器输出量 z 能正确反映被测振动的加速度，必须满足下列条件：

1）$\frac{\omega}{\omega_n}\ll 1$时，$\frac{\omega}{\omega_n}$一般取$\left(\frac{1}{3}\sim\frac{1}{5}\right)$，即固有频率应高于被测频率 3～5 倍，各幅频特性曲线趋于平坦，此时，$A(\omega)_a\approx 1/\omega_n^2=$常数，随着$\omega_n$的增大，测量上限频率得到提高，但灵敏度会降低，因此ω_n不宜选太高。

2）在$\omega=\omega_n$时，出现共振峰值，选择恰当的阻尼比可抑制它。一般取$\zeta=0.6\sim0.7$，则保证幅值误差不超过 5%，此时相频特性曲线接近直线。

通过以上推导、分析可以看出，随着被测频率的变化和阻尼比的改变，测振传感器可以成为幅值传感器、速度传感器和加速度传感器。幅值传感器的工作区域为$\frac{\omega}{\omega_n}\gg 1$，且$\zeta<1$，一般$\frac{\omega}{\omega_n}$取 3～5；速度传感器工作区域是$\frac{\omega}{\omega_n}=1$；加速度传感器工作区域为$\frac{\omega}{\omega_n}\ll 1$且$\zeta=0.6$左右。

最后应当指出，由于绝对式测振传感器工作时固定在被测物体上，因而它的质量将影响被测物体振动的大小和固有频率。只有当测振传感器的质量 $m_1 \ll m$（被测物体质量）时，其影响才可以忽略。

【视频讲解】
绝对式（惯性式）测振传感器

11.2.3 相对式测振传感器原理

相对式测振传感器分接触式和非接触式两种。常用接触式测振传感器有电感式和磁电式等；非接触式有电涡流式、电容式等。这里主要介绍磁电式速度传感器。

图 11-7 所示为磁电式速度传感器，它可以直接检测振动速度。测量时，传感器安装在静止基座上，活动顶杆压在被测物体上，使弹簧产生一定的变形 ΔL 和压力 F，在被测振动力和弹簧力的作用下，顶杆与被测物体接触，跟随被测物体一起运动。固定在顶杆上的线圈在磁场里运动，产生感应电动势，其感应电动势正比于物体振动速度。

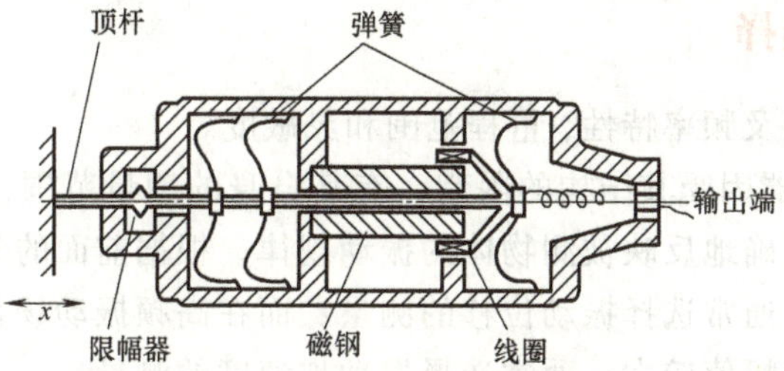

图 11-7 磁电式速度传感器

【动画演示】
磁电式速度传感器

由磁电式速度传感器测振原理可知，正确反映被测物体振动的关键是活动顶杆要跟上被测振动。下面分析测量中振动的传递和跟随问题。

设传感器活动部分的质量为 m，弹簧刚度为 k，弹簧变形后的恢复力为 F，根据牛顿定律恢复力能产生的最大加速度为

$$a_{\max} = \frac{F}{m} \tag{11-11}$$

为了保证被测振动良好传递及顶杆与被测物体始终接触，恢复力产生的最大加速度必须大于被测振动的最大加速度，即

$$a_{\max} > a \tag{11-12}$$

如果被测振动是简谐振动，则有

$$x = x_{\mathrm{m}} \sin\omega t$$

式中，ω 为简谐振动角频率；x_{m} 为简谐振动的幅值。

则运动物体的加速度为

$$a = \frac{\mathrm{d}^2 x}{\mathrm{d}t^2} = -\omega^2 x_{\mathrm{m}} \sin(\omega t) = a_{\mathrm{m}} \sin(\omega t) \tag{11-13}$$

其中

$$a_{\mathrm{m}} = \omega^2 x_{\mathrm{m}}$$

因此有

$$\frac{F}{m} = \frac{k\Delta L}{m} > \omega^2 x_{\mathrm{m}}$$

即

$$\Delta L > \frac{m}{k}\omega^2 x_m \tag{11-14}$$

只有满足式（11-14）的条件，顶杆才能正确地传递振动。若把活动部分的质量和弹簧看成一个振动系统，其固有角频率 $\omega_n^2 = \frac{k}{m}$，则式（11-14）可写为

$$\Delta L > \frac{\omega^2}{\omega_0^2}x_m \tag{11-15}$$

从式（11-15）可以看出，传递和跟随条件与被测振动频率、幅值和传感器活动部分的固有频率有关。如果弹簧的预压量 ΔL 不够，或被测振动的频率较高时，则顶杆不能满足跟随条件，会与被测物体之间发生撞击。因此，传感器使用范围与被测振动幅值和频率有关。

【视频讲解】相对式测振传感器

11.2.4 测振传感器的选择

测振传感器的选择主要涉及频率特性，量程范围和灵敏度。

1）不同类型的测振传感器因受其结构的限制，有其自身的测量范围，只有在恰当的频率测量范围内，传感器才能正确地反映被测物体的振动规律。根据前面的分析知道，低频振动场合，加速度的幅值不大，通常选择振动位移的测量；而在高频振动场合，且固有频率高出被测频率 5 倍以上，加速度幅值较大，通常选择振动加速度的测量。

2）对于惯性式测振传感器，灵敏度的选择与惯性质量块的质量有关。一般质量大的测振传感器上限频率低、灵敏度高；质量轻的测振传感器上限频率高、灵敏度低。以压电式加速度计为例，做超低振级测量的是质量超过 100g、灵敏度很高的加速度计，做高振级（如冲击）测量的是小到几克或零点几克的加速度计。

3）对相位有严格要求的振动测试项目（如进行虚实频谱、幅相图、振型等测量），除了应注意测振传感器的相频特性外，还要注意测试系统中所有其他环节和仪器的相频特性，如放大器，特别是带微积分网络放大器的相频特性。因为测得的激励和响应之间的相位差包括了测试系统中所有仪器的相移。

11.3 振动的激励与激振器

11.3.1 振动的激励

在测量机械设备或结构的动态特性时，首先要激励被测对象，让其按测试的要求做受迫振动或自由振动。激励方式通常可以分为稳态正弦激振、瞬态激振和随机激振 3 种。

1. 稳态正弦激振

稳态正弦激振是对被测对象施加一个稳定的单一频率的正弦激振力。其优点是激振功率大，信噪比高，能保证响应测试的精度。稳态正弦激振要求在稳态下测定响应。

2. 瞬态激振

瞬态激振是指对被测对象施加一个瞬态变化的力。脉冲信号和阶跃信号都属于瞬态信号，所以对被测对象施加一个脉冲激振力和阶跃激振力均属于瞬态激振。

（1）脉冲激振　用一个装有传感器的锤子（又称脉冲锤）敲击被测对象，对被测对象施加一个脉冲力。其有效频率范围取决于脉冲的持续时间 τ。τ 则取决于锤端的材料，材料越硬则 τ 越小，而频率范围越大。

【拓展阅读】脉冲锤

（2）阶跃激振　在激振点处用一根刚度大、质量小的弦通过力传感器将弦的张力施加于被测对象上，使之产生初始变形，然后突然切断弦，这相当于对被测对象突然卸载，施加一个负的阶跃激振力。在建筑结构的振动测试中，常采用这种激振方法。

3. 随机激振

随机激振一般用白噪声或伪随机信号作为信号源，是一种宽带激振。实际测试中，白噪声可由白噪声发生器产生，并通过放大器控制激振器施加在被测对象上。

为了使随机激振试验能够重复进行，常采用伪随机信号作为测试信号。伪随机信号是将白噪声在时间 T（单位为 s）内截断，然后按周期重复。它可以通过伪随机信号发生器产生，或通过计算机产生伪随机码来得到。

随机激振测试系统具有快速、实时测试的优点。但它所用的设备要复杂，价格较昂贵。许多机械结构在工作时受到的干扰力或动载荷往往都具有随机的性质。如果用传感器测出这种干扰力及其系统的响应，就可以利用分析仪器对正在运行中的被测对象进行“在线”分析。

【视频讲解】振动的激励

11.3.2 激振器

由信号源输出的各类激振电信号经功率放大后，需通过转换装置转换为激振力信号，才能对机械系统进行激振。这类执行装置称激振器。测试中要求激振器在其频率范围内能提供波形良好、幅值足够和稳定的交变力。

常用的激振器有电动式、电磁式和电液式三种。

1. 电动式激振器

电动式激振器按其磁场的形成方法分为永磁式和励磁式两种。前者多用于小型激振器，后者多用于较大型的振动台。

电动式激振器的结构如图 11-8 所示，驱动线圈固装在顶杆上，并由弹簧支承在壳体中，驱动线圈位于磁极与铁心的气隙中。当驱动线圈通入经功率放大后的交变电流 i 时，根据磁场中载流体受力的原理，线圈将产生交变的电动力，此力通过顶杆传到被测对象，即为激振力。

电动式激振器的工作频率范围一般为 5~2000Hz。绝对激振方式下，顶杆直接与试件接触。当顶杆系统刚性较好，激振器与被激对象的连接刚度也好的情况下，才可以认为电动力等于激振力。

电动激振器主要用于绝对激振方式。为了做到正确施加激振力，低频激振时可将激振器刚性地安装在地面或刚性很好的架子上。有时必须在激振器与被激对象之间用一根激励力向上、刚度很大、横向刚度很小的柔性杆连接，以保证传递激振力。

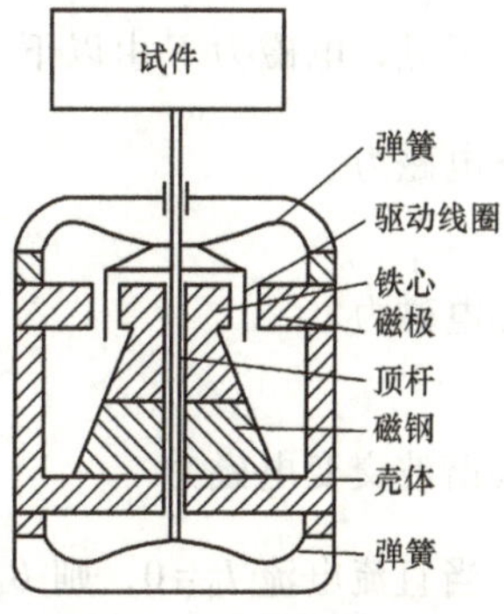

图 11-8　电动式激振器

2. 电磁式激振器

电磁式激振器是直接利用电磁铁的磁力作为激振力，常用于非接触激振场合，如图 11-9 所示。它由铁心、励磁线圈（包括一组直流线圈和一组交流线圈）、力检测线圈和底座等主要元件组成。励磁线圈除通有交变电流信号外，还通有直流电流，使磁感应强度进行叠加，以增大激振力，改善激振波形。

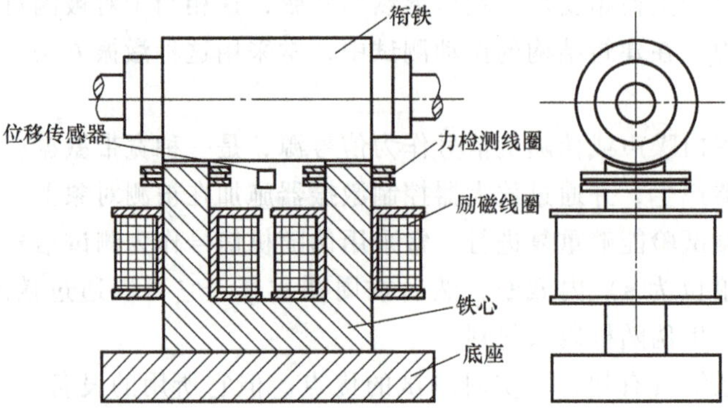

图 11-9 电磁式激振器

当电流通过励磁线圈时，产生相应的磁通，从而在铁心和衔铁之间产生电磁力。将铁心和衔铁分别固定在两个被测对象上，便可实现两者之间无接触的相对激振。衔铁也可以由导磁材料构成的被测对象充当。测力线圈检测激振力，位移传感器测量激振器与衔铁之间的相对位移。电磁式激振器的工作原理如下。

励磁线圈通过电流时，铁心对衔铁产生的吸引力为

$$F=\frac{B^2A}{2\mu_0} \tag{11-16}$$

式中，B 为气隙的磁感强度（T，1T=1Wb/m^2）；A 为铁心截面积（m^2）；μ_0 为真空磁导率，$\mu_0=4\pi\times10^{-7}$H/m。

当直流励磁线圈电流为 I_0、交流励磁线圈电流为 I_1 时，铁心内产生的磁感应强度为

$$B=B_0+B_1\cos\omega t \tag{11-17}$$

式中，B_0为直流电流 I_0 产生的不变磁感应强度；B_1为交流电流 I_1 产生的磁感应强度的峰值。

由式（11-16）、式（11-17）可得电磁吸力为

$$F=\left(B_0^2+\frac{B_1^2}{2}\right)\frac{A}{2\mu_0}+\frac{B_0B_1A}{\mu_0}\cos\omega t+\frac{B_1^2A}{4\mu_0}\cos2\omega t \tag{11-18}$$

可见，电磁力 F 由以下三部分组成：

静态电磁力 $$F=\left(B_0^2+\frac{B_1^2}{2}\right)\frac{A}{2\mu_0}$$

交变电磁力 $$F_1=\frac{B_0B_1A}{\mu_0}\cos\omega t$$

二次谐波交变电磁力 $$F_2=\frac{B_1^2A}{4\mu_0}\cos2\omega t$$

当直流电流 $I_0=0$，则 $B_0=0$，$F_1=0$，一次分量消失。由式（11-18）可知，F-B 曲线是非线性的，如图 11-10 所示。且无论 B_1 是正是负，F 总是正的，因此 B 变化半周而力 F 变

化一周，后者的频率为前者的两倍，且波形严重失真，幅值也很小。当加上直流电流后，直流磁感应强度 B_0 不再为零，将工作点移到 $F\text{-}B$ 近似直线的中段 B_0 处，这时产生的电磁交变吸力 F_1 的波形与交变磁感应波形基本相同。由于存在二次分量，电磁吸力的波形有一定失真，二次分量与一次分量的幅值比为 $\frac{B_1}{4B_0}$，若取 $B_0 \gg B_1$，则可忽略二次分量的影响。

电磁激振器的特点是与被激对象不接触，因而可以对旋转着的对象进行激振。其频率可达 500~800Hz。

3. 电液式激振器

电液式激振器结构原理如图 11-11 所示。

信号发生器的信号经过放大后，操纵由电动激振器、操纵阀和功率阀所组成的电液伺服阀，控制油路使活塞做往复运动，输出很大的位移和激振力，并以顶杆去激励被激对象。活塞端部输入有一定压力的油，形成静压力 $P_{静}$，对被激对象施加预载荷。用传感器测量交变激励力 P_1 和压力 $P_{静}$。

电液式激振器的特点是激振力大，行程大。但高频特性差，一般只适用于较低的频率范围，为零点几赫兹到数百赫兹，另外，它的结构复杂，制造精度要求也高，成本较高。

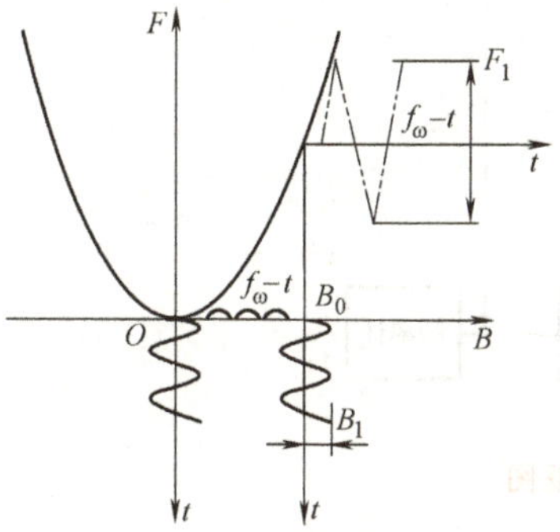

图 11-10 *F-B* 曲线

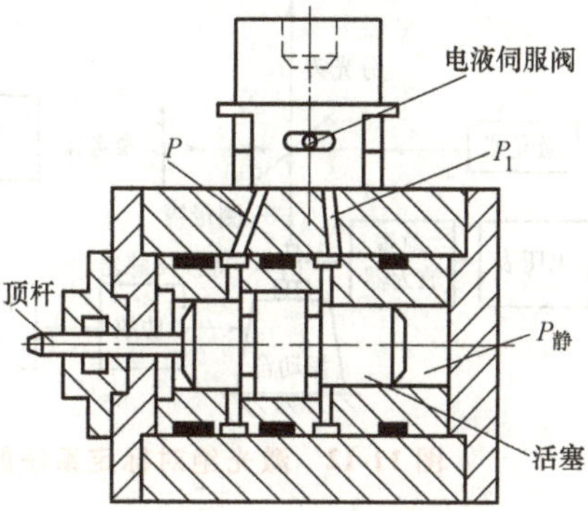

图 11-11 电液式激振器

【视频讲解】
激振器

11.4 测振传感器的标定

标定和校准测振传感器的方法很多，但从计算标准和传递的角度来看，可以分成两类：一类是复现振动量值最高基准的绝对法，另一类是以绝对法标定的标准测振传感器作为二等标准用比较标定工作的测振传感器。绝对标定法常用于标定高精度传感器和标准传感器，相对标定法是工程中最常用的标定方法。

下面以测振传感器灵敏度的标定方法为例，说明绝对标定法和相对标定法（比较法）。

1. 绝对标定法

绝对标定主要方法是幅值测量法。它是通过一套标准装置激励被标定的加速度传感器，测出被标传感器的输出电量和激励设备的振动频率与幅值，即可求得传感器的灵敏度，即

$$S=\frac{U}{(2\pi f)^2 x_m} \tag{11-19}$$

式中，U 为被标传感器输出电压（峰值）；f 为激励设备的振动频率；x_m 为振动幅值。

这种标定方法的关键是要精确测量出振动幅值 x_m。目前我国的振动计量最高基准是采用激光光波长度作为幅值的绝对基准。

例如，对压电式传感器进行绝对标定时，将被标定压电式传感器装在标准的振动台的台面上，驱动振动台，用激光干涉测振装置测定台面的振动幅值（X_m），用精密数字频率计读出振动台台面的振动频率 f，同时用精密数字电压表读出被标传感器通过与其匹配的前置放大器输出电压值（一般为有效值）U_{ms}（单位为 mV），则可求出被标传感器的加速度灵敏度 S_a 为

$$S_a=\frac{\sqrt{2}U_{ms}}{(2\pi f)^2X_m} \tag{11-20}$$

激光绝对标定系统的原理框图如图 11-12 所示。由激光器发出的激光由分光镜分成两路，一路至测量镜，另一路至参考镜。这两路光由原路返回，通过分光镜再次汇聚。由测量镜汇聚的一路称为测量光束，由参考镜汇聚的一路称为参考光束。这两束光的频率相同，但相位不同，因此发生干涉。

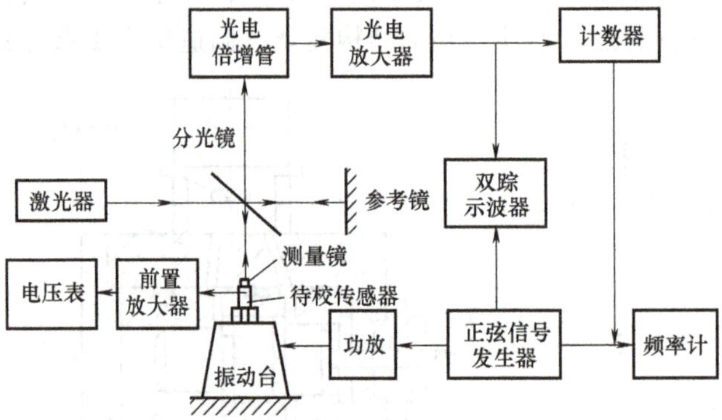

图 11-12 激光绝对标定系统的原理框图

根据光的干涉原理，振动台每移动 $\frac{1}{2}\lambda$（λ 为激光波长）的距离，光程差变化 λ，则干涉条纹移动一条。这样就把振动台的幅值转化为一个振动周期内的干涉条纹数。由光电倍增管接收光线明暗变化的信号，经过光电放大器，送入计数器，记下干涉条纹数。则振动台的幅值为

$$X_m=\frac{\lambda}{8}N \tag{11-21}$$

式中，N 为一个周期内的干涉条纹数。

由于激光器波长非常稳定，一般常用的 He-Ne 激光器，其波长 $\lambda=6.328\times10^{-7}$m，光谱成分纯度也很高，所以激光测幅值的精度、分辨率也很高。

2. 相对标定法

这是一种最常使用的标定方法，即将被标的测振传感器与标准测振传感器相比较。标定时，被标传感器与标准传感器一起安装在标准振动台上。为了使它们尽可能地靠近安装以保证感受的振动量相同，常采用“背靠背”法安装。标准测振传感器端面上常有螺孔供直接安装被标传感器或者用如图 11-13 所示的刚性支架安装。设标准传感器和被标传感器在受到同一振动量时输出分别为 E_0 和 E，已知标准测振传感器的加速度灵敏度为 S_{a0}，则被校测振

传感器的加速度灵敏度 S_a 为

$$S_a = \frac{E}{E_0} S_{a0} \tag{11-22}$$

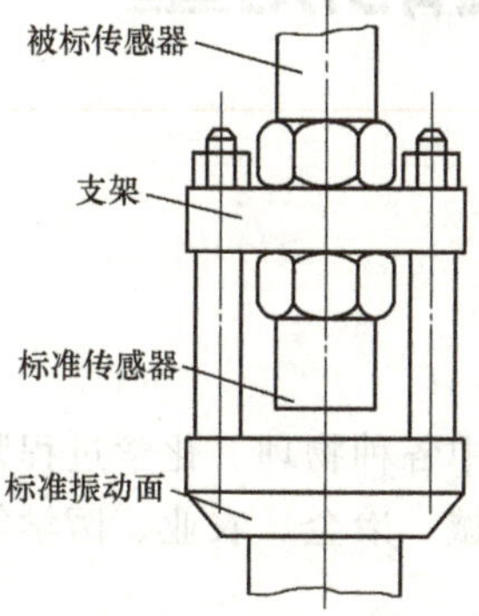

图 11-13 "背靠背"相对标定法标定系统

【视频讲解】振动传感器的标定

思考题与习题

11-1 振动三要素是哪三个参数？分别有什么意义？

11-2 在选择测振传感器时主要考虑哪些参数？

11-3 一个典型的测振系统由哪些部分组成？各部分的作用是什么？

11-4 按照参考坐标系的不同，测振传感器可分为哪两类？试比较这两类传感器。

11-5 试比较幅值传感器、速度传感器、加速度传感器固有频率的设计和工作频率范围的选取。

11-6 用石英晶体加速度传感器及电荷放大器测量机械振动，已知二者的灵敏度分别为 5pC/g 和 50mV/pC，输出电压幅值为 2V，试计算该机械的振动加速度。

11-7 惯性式幅值传感器具有 10Hz 的固有频率，可认为是无阻尼的振动系统，当它受到频率为 20Hz 的振动时，仪表指示幅值为 1mm，求该振动系统的真实幅值是多少？

11-8 根据所学知识，大致画出利用石英晶体做成的绝对式加速度传感器的幅频特性曲线，并根据你的理解对幅频特性曲线进行解释。

11-9 振动的常见激励方式有哪些？分别有什么特点？

11-10 测振传感器的灵敏度如何进行标定？

第 12 章 温度的测量

温度是非常重要的物理量，与自然界中各种物理、化学过程紧密相关。温度的检测和控制在国民经济各部门，如电力、化工、机械、冶金、农业、医学等，以及人们的日常生活中广泛应用，是科学研究中的重要组成部分。

12.1 概述

12.1.1 温度的基本概念

温度是表征物体或系统冷热程度的物理量，是国际单位制的 7 个基本单位之一。

温度的宏观概念是建立在热平衡基础上的，处于同一热平衡状态下的两个物体，就具有某一个共同的物理性质，两物体的温度相等。如果两物体的温度不等，它们之间就不会热平衡，就有热交换，热量将由高温物体向低温物体传递，最后两物体达到相同的温度。温度的测量就是建立在此基础上的。

【视频讲解】
温度的概念

温度的微观概念是物质内部大量分子无规则运动的剧烈程度的标志。温度越高，则分子运动越剧烈。

12.1.2 温标

在温度测量过程中，为了保证温度量值的准确和统一，需要建立一个衡量温度的标准尺度，即温标。温标明确了温度的单位、定义、固定的数值等，各种测量温度计的数值都是由温标决定的，即温度计必须先进行分度（或称标定）。国际上常用的温标包括摄氏温标、华氏温标、热力学温标、1990 国际温标等。

1. 摄氏温标

摄氏温标单位符号为℃，摄氏温度用 t_C 或 t 表示。它是用汞作为测温介质，利用汞受热体积膨胀的原理制成的温度计来测量温度，并规定在标准大气压力下，水的冰点为 0℃，水的沸点为 100℃，在这两固定点间进行 100 等分，每等份为 1℃。

2. 华氏温标

华氏温标单位符号为℉。华氏温度用 t_F 表示，规定在标准大气压下纯水的冰点为 32℉，沸点为 212℉，把两固定点间划分 180 等分，每一等份为 1℉。摄氏温度和华氏温度的关系为

$$t_F = 1.8t_C + 32 \tag{12-1}$$

3. 热力学温标

1848 年，英国科学家开尔文（Kelvin）根据热力学定律，提出以卡诺循环为基础建立的热力学温标，温度代号为 T，单位符号为 K。热力学温标只采用一个标准固定点，即水三相点（273.15K）作为热力学温度的基本固定点。热力学温标的零度（0K）称为绝对零度。事实上绝对零度是达不到的，这是一个在物理上不能实现的推理，它是低温的极限，能够无限接近，而不能达到。故热力学温标是无法实现的温标。

热力学理论证明，热力学温标与气体温标是等同的，可以借助于理想气体温度计来实现热力学温标，但气体温度计结构复杂，不易实现。

由于热力学温标在使用上不太方便，国际上协商决定，建立一种既符合热力学温标而使用又简便的温标，即国际温标（ITS）。用来复现热力学温标，复现精度高，以保证各国温度量值的统一。

4. 1990 国际温标（ITS-90）

1927 年，国际计量委员会采纳了“1927 国际温标（ITS-27）”。这是一种复现好，按当时科学技术水平最接近热力学温度的温标。国际温标经过 1948 国际温标（ITS-48）、1968 国际实用温标（IPTS-68），及其在 1975 年的修正版［IPTS-68（75’）］，形成了目前的 1990 国际温标（ITS-90），从 1990 年 1 月 1 日开始实行。我国从 1991 年 7 月正式执行 1990 国际温标。此温标是统一我国温度量值的法定温标，一切温度计量必须以此为准。

ITS-90 文本共 4 节。第 1 节为温度单位；第 2 节为温标通则；第 3 节为 ITS-90 温标定义；第 4 节为有关补充材料及 $T_{90}-T_{68}$ 的差值。其基本内容为：

1）规定热力学温度 T 的单位为开（开尔文），符号为 K，1K 等于水处于三相点时温度值的$\frac{1}{273.15}$。

2）水的三相点定为 0.01℃，将绝对零度修正为-273.15℃。

国际温标同时使用国际热力学温度（变量符号为 T_{90}）和国际摄氏温度（变量符号为 t_{90}）。摄氏温度与热力学温度的简单换算关系为

$$t_{90} = T_{90} - 273.15℃$$

3）ITS-90 的核心内容是规定了 17 个定义固定点及其温度值，见表 12-1。ITS-90 中的固定点热力学赋值，是当前技术测定中的最精确值，比 IPTS-68 的赋值更接近热力学温度。

4）ITS-90 把整个温标分成 4 个温区，各温区选用相应的内差仪器和内插方程来定义标定点以外的温度基准。例如在温区 0.65~5.0K 之间，T_{90} 用 ^{3}He 和 ^{4}He 蒸汽压与温度的关系式来定义；3.0~24.5561K（氖三相点）之间，用氦气温度计来定义；13.8033K（平衡氢三相点）~961.78℃（银凝固点）之间，用基准铂电阻温度计来定义；961.78℃以上，用单色辐射温度计或光电高温计来实现。

为了把温度的正确数值传递到工业温度计上，国家计量机构会按照国际实用温标的规定，建立起基准温度计，再经过逐级检定传递，将温标传递给广大使用部门，以保证温度量值的统一。

我国由中国计量科学院保存和复制国际实用温标基准温度计，并通过省、市计量机构传递到温度仪器制造厂及使用部门。

表 12-1 ITS-90 定义温标固定点温度

序号	温度		物质	状态	序号	温度		物质	状态
	T_{90}/K	t_{90}/℃	a	b		T_{90}/K	t_{90}/℃	a	b
1	3~5	-270.15~-268.15	He	V	10	302.9146	215.7646	Ca	M
2	13.8033	-2513.3467	e-H_2	T	11	4215.7485	156.5985	In	F
3	≈17	≈-256.15	e-H_2 或 He	V 或 G	12	505.078	231.928	Sn	F
4	≈20.3	≈-252.85	e-H_2 或 He	V 或 G	13	692.677	4113.527	Zn	F
5	24.5561	-248.5939	Ne	T	14	933.473	660.323	Al	F
6	54.3584	-218.7916	O_2	T	15	1234.93	961.78	Ag	F
7	83.8058	-1813.3442	Ar	T	16	1337.33	1064.18	Au	F
8	234.3156	-38.8344	Hg	T	17	1357.77	1084.62	Cu	F
9	273.16	0.01	H_2O	T					

注：1. 除 He 外，其他物质均为自然同位素成分，e-H_2 为分子态处于平衡浓度时的氢。

2. 表中各符号的含意为：V—蒸汽压点；T—三相点，在此温度下，固、液和蒸汽相呈平衡状态；G—气体温度计点；M、F—熔点、凝固点，在 101325Pa 压力下，固、液相的平衡温度。

【拓展阅读】 开尔文与热力学温标

12.1.3 温度的测量方法

人们可以利用受热程度不同的物体之间的热交换，以及物体的某些物理性质随受热程度的不同而变化的特性，来进行温度的测量。温度的变化会影响物质的尺寸、密度、黏度、弹性系数、电导率、热导率、热辐射、热动电势等物理性质的变化，而利用物质的某些参数随温度变化的特性，可制作出温度传感器。

【视频讲解】温标

温度的测量方法通常分为两大类，即接触式测温和非接触式测温，见表 12-2。接触式测温是基于热平衡原理。测温时，感温元件与被测介质直接接触，当达到热平衡时，获得被测物体的温度，例如热电偶、热敏电阻、膨胀式温度计测温等。非接触式测温基于热辐射原理或电磁原理，测温时，感温元件不直接与被测介质接触，而是通过热辐射实现热交换，达到测量的目的，例如红外测温仪、光学高温计测温等。

表 12-2 温度测量方法概览

测温方法	测温类型	测温原理	测温范围/℃	使用场合
接触式	热膨胀式 固体膨胀式 液体膨胀式	利用液体或固体受热时产生热膨胀的原理	-100~600	不需要电源，可用于测量轴承、定子等处的温度，输出控制信号或温度越限报警
	压力式 液体式 气体式	利用封闭在固定体积中的气体、液体受热时其压力变化的性质	0~300	用于测量易爆、有振动处的温度，传送距离不很远
	热电阻 金属热电阻 半导体热敏电阻	利用导体或半导体受热后电阻值变化的性质	-200~600	测量液体、气体、蒸汽的温度，能远距离传送

（续）

测温方法	测温类型	测温原理	测温范围/℃	使用场合
接触式	热电动势 热电偶 P-N结温度计	利用物体的热电性质	-200~1800	液体、气体、加热炉中的高温，能远距离传送
	示温材料 示温涂料 示温液晶	利用材料温度-颜色变化特性	-40~1350	广泛用于家庭用具、玩具和食品等
非接触式	辐射式高温计 光学高温计 辐射高温计 比色高温计	利用物体辐射能的性质	700~3500	用于测量火焰、钢水等不能进行直接接触测量的高温场合

12.2 热电偶测温

【视频讲解】温度测量的主要方法

热电偶是工业上常用的一种测温传感器。它广泛应用于测量100~2000℃范围的温度，根据需要还可以测更低或更高的温度。热电偶是一种有源传感器，具有结构简单、使用方便、精度高、热惯性小等优点。

它的测温原理是基于热电效应，将温度量转换为热电动势，通过测量热电动势的大小，实现温度的测量。

【动画演示】热电偶的应用：侵入式热电偶测温

12.2.1 工作原理

1823年，德国物理学家塞贝克（T. J. Seebeck）发现，将两种不同材料的导体组成一个闭合回路，如果两接触点处的温度不同时，回路中会产生热电动势，后来称其为塞贝克电动势。这个物理现象称为热电效应，也称塞贝克效应，如图12-1所示。

两种不同材料导体A和B，两端连接在一起，构成一闭合回路。当一端温度为T_0，另一温度为T（设$T>T_0$），这时回路中就有电流或热电动势E_{AB}（T，T_0）产生，其大小可由测量电路测出。利用热电效应可以测量物体的温度。人们把此闭合回路称为热电偶。A、B导体称为热电极，T接触点为热端，又称工作端；T_0接触点为冷端，又称参考端。测温时，将热端放置在被测温度为T的介质中，而冷端接入仪表，可通过仪表测量热电偶回路中的热电动势。

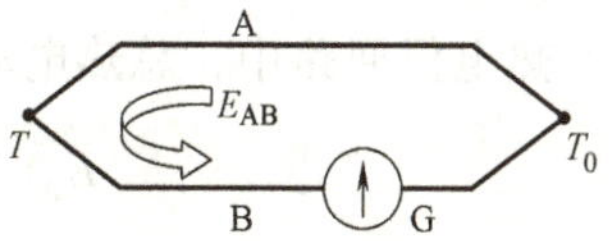

图12-1 热电效应示意图

12.2.2 热电偶回路热电动势

研究表明，热电效应产生的热电动势E_{AB}（T，T_0）是由佩尔捷效应（Peltier Effect）和汤姆逊效应（Thomson Effect）引起的。

【动画演示】热电偶工作原理演示

1. 佩尔捷效应

将两种同温度不同导体材料A和B相互接触，如图12-2所示，由于不同金属材料自由电子的密度不同，在A和B接触处会发生自由电子扩散现象。自由电子从密度大的A金属向密度小的B金属扩散。A失去电子带正电，B得到电子带负电，当扩散达到平衡时，在两接触点处产生的电动势称为佩尔捷电动势，又称接触电动势。其大小由两种金属的特性和接触点处的温度所决定。表示为

$$E_{AB}(T)=\frac{kT}{e}\ln\frac{N_A}{N_B} \tag{12-2}$$

$$E_{AB}(T_0)=\frac{kT_0}{e}\ln\frac{N_A}{N_B} \tag{12-3}$$

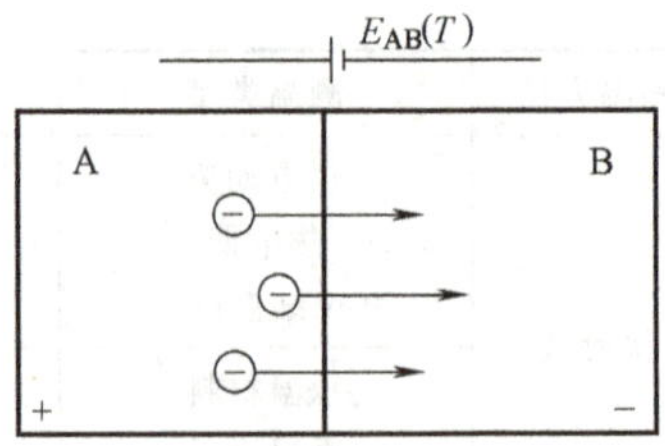

图 12-2 佩尔捷电动势形成过程

式中，$E_{AB}(T)$ 为 A、B 两种金属在温度 T 时的佩尔捷电动势；$E_{AB}(T_0)$ 为 A、B 两种金属在温度 T_0 时的佩尔捷电动势；k 为玻耳兹曼常数，$k=1.38\times10^{-23}$J/K；e 为电子电荷 $e=1.6\times10^{-9}$C；N_A、N_B 为金属导体 A、B 的自由电子密度；T、T_0 为接触处的热力学温度。

由此，热电偶回路中，总的佩尔捷电动势为

$$E_{AB}(T)-E_{AB}(T_0)=\frac{k}{e}(T-T_0)\ln\frac{N_A}{N_B} \tag{12-4}$$

2. 汤姆逊效应

对于均质的单一导体，若单一导体两端温度不同，即有温度梯度时，导体内的自由电子将从温度高的一端向温度低的一端扩散，并在温度较低一端积聚起来，使导体内建立起一个电场。当这个电场对电子的作用力与扩散力相平衡时，扩散作用立即停止。电场产生的电动势称为汤姆逊电动势或温差电动势，如图 12-3 所示。此电动势大小可表示为

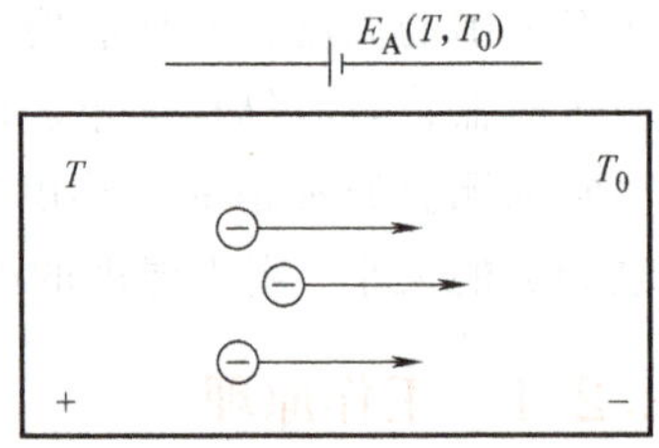

图 12-3 汤姆逊电动势形成过程

$$E_A(T,T_0)=\int_{T_0}^{T}\sigma_A\mathrm{d}T$$

式中，$E_A(T,\ T_0)$ 为金属 A 两端温度分别为 T 与 T_0 时的汤姆逊电动势；σ_A 为汤姆逊系数；T、T_0 为导体两端的热力学温度。

热电偶回路中，总热电动势为

$$E_A(T,T_0)-E_B(T-T_0)=\int_{T_0}^{T}(\sigma_A-\sigma_B)\mathrm{d}T \tag{12-5}$$

综上所述，热电极 A、B 组成的热电偶回路如图 12-4 所示，当接触点温度 $T>T_0$ 时，其总热电动势为

热电偶回路的热电动势 = 总的佩尔捷电动势 − 总的汤姆逊电动势

即

$$\begin{aligned}E_{AB}(T,T_0)&=[E_{AB}(T)-E_{AB}(T_0)]-[E_A(T,T_0)-E_B(T,T_0)]\\&=\frac{k}{e}(T-T_0)\ln\frac{N_A}{N_B}-\int_{T_0}^{T}(\sigma_A-\sigma_B)\mathrm{d}T\\&=F(T)-F(T_0)\end{aligned} \tag{12-6}$$

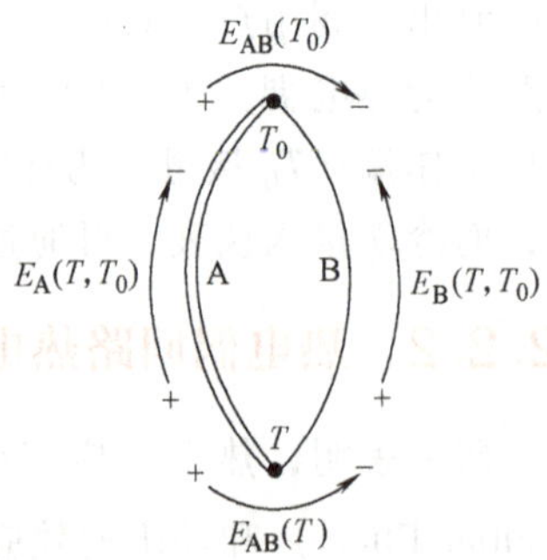

图 12-4 热电偶及各热电动势

由此可得出如下结论：

1）如果热电偶两电极材料相同，即 $N_A=N_B$，$\sigma_A=\sigma_B$，两接触点温度不同时，热电偶回路的总热电动势为零。

2）热电动势 $E_{AB}(T,\ T_0)$ 为两接触点的温度 T 和 T_0 的函数，即

$$E_{AB}(T,T_0)=F(T)-F(T_0) \tag{12-7}$$

当 T_0 为常数时，则 $F(T_0)$ 为常数 C，那么热电动势 E_{AB} 为温度 T 的函数，有

$$E_{AB}(T,T_0)=F(T)-C=\Phi(T) \tag{12-8}$$

热电动势和 T 有单值对应关系，式（12-8）就是热电偶测温的基本公式。如果热电偶已确定，T_0为给定常数，热电偶的热电动势通过实验测得，那么利用此公式可以确定被测温度 T 的值。

【视频讲解】热电偶的工作原理

如果 $T_0=0℃$，由小变大地给定测量点 T 端温度值，并算出每一给定 T 值下的热电动势，制定出标准热电偶分度表。热电偶测温时，可以查分度表确定被测的温度值。当热电偶的冷端为 0℃ 时的 K 型、S 型热电偶分度表见附录 C、D。

12.2.3 热电偶测温基本定律

1. 均质导体定律

两种均质热电极材料组成的热电偶，其热电动势大小只与热电极材料和两端温度有关，与热电极的几何尺寸及热电极长度上的温度分布无关。

均质导体定律有助于检验两个热电极材料成分是否相同及热电极材料的均匀性。

2. 中间导体定律

在热电偶回路中插入第 3 种、第 4 种……导体，只要插入导体的两端温度相等，且插入导体是均质的，热电偶产生的热电动势仍保持不变，如图 12-5 所示。

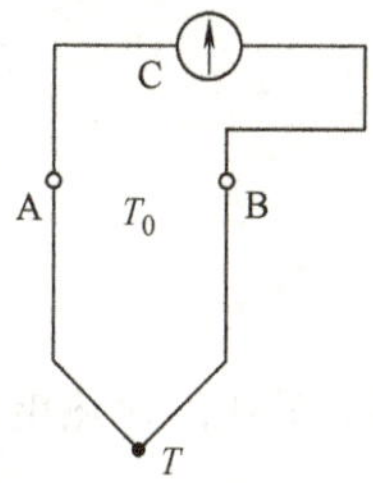

图 12-5 中间导体定律

【深入思考】 如何利用均质导体定律判断某种热电极材料是否均匀？

热电偶在 T_0 处断开，插入第三导体 C，则回路中总的热电动势可表示为

$$E_{ABC}(T,T_0)=[E_{AB}(T)+E_{BC}(T_0)+E_{CA}(T_0)]-[E_A(T,T_0)-E_B(T,T_0)-E_C(T_0,T_0)] \tag{12-9}$$

根据式（12-2）、式（12-3）得

$$E_{BC}(T_0)+E_{CA}(T_0)=E_{BA}(T_0)=-E_{AB}(T_0) \tag{12-10}$$

将式（12-10）代入式（12-9），且 $E_C(T_0, T_0)=0$，得

$$E_{ABC}(T,T_0)=[E_{AB}(T)-E_{AB}(T_0)]-[E_A(T,T_0)-E_B(T,T_0)]=E_{AB}(T,T_0)$$

利用这个定律，在热电偶测温回路中，当接入导线和测量仪表进行测温时，对热电偶的输出没有影响。

3. 标准电极定律

如图 12-6 所示，如果两种导体 A、B 分别与第三种导体 C 组成的热电偶所产生的热电

动势已知，则由这两个导体 A、B 组成的热电偶产生的热电动势为

$$E_{AB}(T,T_0)=E_{AC}(T,T_0)+E_{CB}(T,T_0) \tag{12-11}$$

由式（12-10）可知，任意几个热电极与一个标准电极组成热电偶产生的热电动势已知时，就可以很方便地求出这些热电极彼此任意组合时的热电动势。

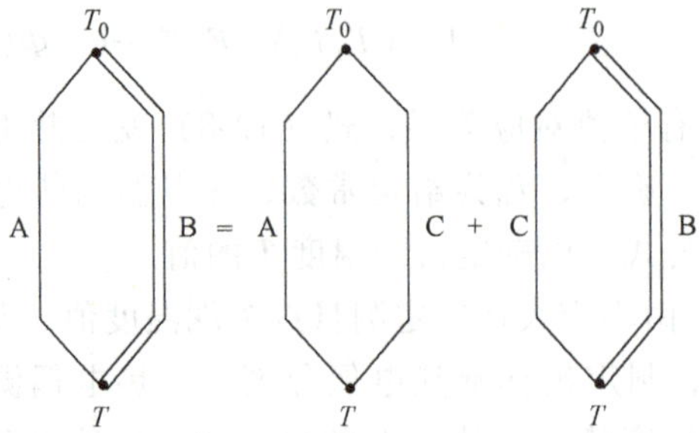

图 12-6　标准电极定律

【深入思考】
根据所学知识，如何证明标准电极定律？

标准电极定律的意义在于，热电极材料种类很多，要得出这些热电极材料间组成热电偶的热电动势的工作量极大。在实际处理中，由于铂的物理-化学性质稳定，通常选用高纯度铂丝作为标准电极，只要测得它与各种热电极材料组成的热电偶的热电动势，则各种热电极材料间相互组合成热电偶的热电势就可根据标准电极定律计算出来。

4. 中间温度定律

如图 12-7 所示，热电偶在接点温度为 T，T_0 时的热电势等于该热电偶在接点温度为 T，T_n，和 T_n，T_0 时相应的热电势的代数和。即：

$$E_{AB}(T,T_0)=E_{AB}(T,T_n)+E_{AB}(T_n,T_0) \tag{12-12}$$

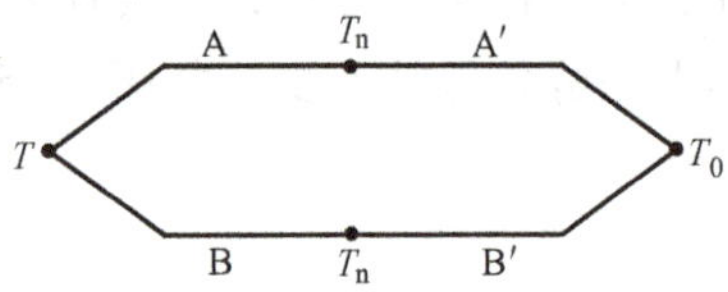

图 12-7　中间温度定律

式（12-12）称为中间温度定律，T_n 称为中间温度，$E_{AB}(T,\ T_0)$，为热电偶热端温度为 T，冷端温度为 T_0 时的热电势值。

若 $T_0=0℃$，则有

$$E_{AB}(T,0)=E_{AB}(T,T_n)+E_{AB}(T_n,0) \tag{12-13}$$

式中 $E_{AB}(T,\ 0)$，$E_{AB}(T_0,\ 0)$ 分别为该热电偶保持参考端为 0℃ 而工作端分别为 T 和 T_0 时的热电势值，可从热电偶分度表查出。

根据该定律，我们可以在冷端温度为任一恒定温度时，利用热电偶分度表，可求出工作端的被测温度。

【视频讲解】
热电偶测温的基本定律

12.2.4　热电偶冷端温度补偿

热电偶测温时，热电势的大小与热电极材料及两接点的温度有关。只有在热电极材料一定，冷端温度 T_0 保持不变的情况下，其热电势 $E_{AB}(T,\ T_0)$ 才是其工作温度 T 的单值函数。热电偶分度表中的热电势是在冷端温度 $T_0=0℃$ 的条件下测得的，只有满足 $T_0=0℃$ 的条件，才能直接应用分度表。但在工程测量中，冷端温度不是 0℃ 或常随环境温度的变化而变化，这样将引入测量误差，因此必须采取以下的修正或补偿措施。

1. 热电势修正法

在热电偶温度测量中若冷端温度不是 0℃ 而是某一恒定温度 T_n，即当热电偶工作在温差（T，T_n）时，其输出电势为 $E(T, T_n)$，根据中间温度定律，将电势换算到冷端温度为 0℃ 时的热电势，为

$$E(T,0)=E(T,T_n)+E(T_n,0)$$

也就是说，在冷端温度为不变的 T_n 时，要修正到冷端温度为 0℃ 的电势，应再加上一个修正电势，即 $E(T_n, 0)$。

【例 12-1】 用镍铬-镍硅热电偶测量炉温，当冷端温度 $T_0=30℃$ 时，测得热电动势 $E(T, T_0)=313.17\text{mV}$，求实际炉温为多少度。

解：由分度表（见附录 C）查出 $E(30,0)=1.2\text{mV}$，则

$$E(T,0)=E(T,30)+E(30,0)=(39.17+1.2)\text{mV}=40.37\text{mV}$$

再根据 40.37mV 查分度表，得出 $T=977℃$，即实际炉温为 977℃。

2. 电桥补偿法

热电偶在实际测温中，冷端温度一般暴露在空气中，随环境温度的变化而变化，难以保持恒定或保持 0℃ 不变。电桥补偿法是利用不平衡电桥产生的电压，来补偿热电偶因冷端温度变化而引起的总电动势的变化，它是一种能随冷端温度变化而自动补偿的方法。这种装置也称为冷端温度补偿器，如图 12-8 所示。

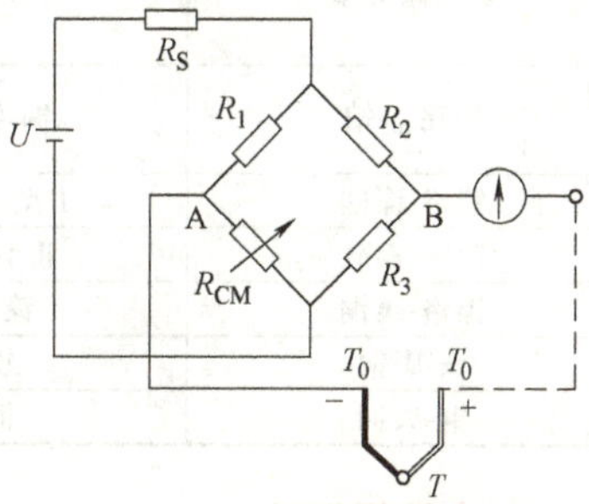

图 12-8 热电偶冷端补偿电桥（冷端温度补偿器）

将热电偶冷端与电桥置于相同环境温度中，电桥的输出端串联在热电偶回路中。桥臂电阻 R_1、R_2、R_3 和限流电阻 R_S 均用锰铜丝绕制，其阻值几乎不随温度变化（温度系数很小），其中 $R_1=R_2=R_3=1\Omega$。另一桥臂电阻 R_{CM} 是由电阻温度系数较大的镍丝绕制的补偿电阻，其阻值随温度升高而增大，电桥由直流稳压电源供电。

在某一温度（如 T_0）下，设计电桥处于平衡状态，电桥输出为零，该温度称为电桥平衡点温度或补偿温度。

当环境温度变化时，冷端温度随之变化，热电偶的电动势随之变化 ΔE_1，同时 R_{CM} 的阻值也随环境温度变化，使电桥失去平衡，产生一个不平衡电压 ΔU，由于环境温度变化，带来电动势总的变化量为 $\Delta E=\Delta E_1+\Delta U$，如果设计 ΔE_1 与 ΔU 的数值相等极性相反，则热电偶的输出 E 的大小将不随冷端温度变化而变化。相当于将冷端 T_0 的变化产生的对热电动势的影响，已由补偿电桥补偿。目前冷端补偿电桥已有成品出售。

从冷端补偿的原理可以看出，使用补偿电桥时应该注意几点：

1）不同分度号的热电偶要配用与热电偶同型号的补偿电桥，因为不同的热电偶在同一温度下，热电动势不一样，即热电特性不一样，则相应的补偿器的补偿特性也略有不同。

2）补偿电桥与热电偶、电源、测量仪表连接时，要注意正负极性，不可接反。

3）只能在规定的范围内使用，一般为 0~40℃。

3. 补偿导线法

实际测温时，由于热电偶长度有限，冷端温度将直接受到被测物温度和周围环境温度的影响。如果被测物体温度较高或温度不稳定，而冷端离工作端很近，则会造成测量误差。虽然可以将热电偶做得很长，放置到恒温或温度波动较小的地方，但这种方法对于由贵金属材

料制成的热电偶来说将使投资增加。工业中一般是采用补偿导线来延长热电偶的冷端，使之远离高温区，如图 12-9 所示。

补偿导线实际上是一对与热电极化学成分不同的导线，在 0～150℃ 温度范围内与配接的热电偶具有相同的热电特性，但价格相对便宜。利用补偿导线将热电偶的冷端延伸到温度恒定的场所，且它们具有一致的热电特性，相当于将热电极延长，根据中间导体定律，只要热电偶和补偿导线的两个接触点温度一致，就不会影响热电动势的输出。常用热电偶补偿导线类型见表 12-3，根据表中数据可知，补偿导线主要用于贵金属制成的热电偶的补偿，对于非贵金属通常用制作热电极的材料本身进行补偿。

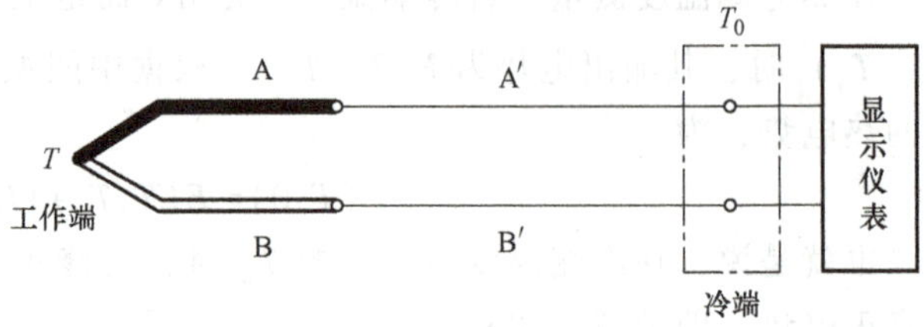

图 12-9 补偿导线连接图

表 12-3 热电偶补偿导线类型

热电偶类型	补偿导线类型	补偿导线	
		正极	负极
铂铑$_{10}$-铂	铜-铜镍合金	铜	铜镍合金（镍的质量分数为 0.6%）
镍铬-镍硅	Ⅰ型：镍铬-镍硅	镍铬	镍硅
镍铬-镍硅	Ⅱ型：铜-康铜	铜	康铜
镍铬-康铜	镍铬-康铜	镍铬	康铜
铁-康铜	铁-康铜	铁	康铜
铜-康铜	铜-康铜	铜	康铜

4. 冷端恒温法

冷端恒温法就是把热电偶的冷端置于某些温度不变的装置中，以保证冷端温度不受热端测量温度的影响。恒温装置可以是电热恒温器或冰点槽（槽中装冰水混合物，温度保持在 0℃），前者的温度不为 0℃，还需要对热电偶进行冷端温度校正；后者为了避免冰水导电引起两个连接点短路，必须把连接点分别置于两个玻璃试管里，浸入同一冰点槽，使之相互绝缘，如图 12-10 所示。这种方法通常在科学实验中使用。

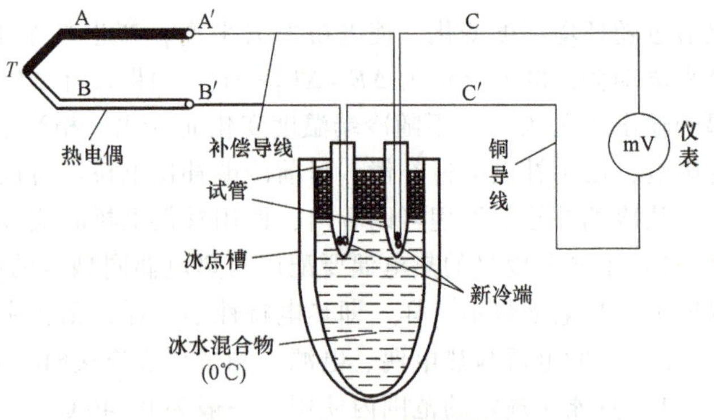

图 12-10 补偿导线连接图

5. 集成温度传感器补偿法

传统的电桥补偿电路体积大，使用也不够方便，需要调整电路的元件值，采用模拟式集成温度传感器或热电偶冷端温度补偿专用芯片来进行补偿，具有速度快、外围电路简单、不需调整、成本低等优点。

适合冷端温度补偿用的模拟式集成温度传感器典型产品有 AD592、LM334、TMP35、LM315 等，补偿专用芯片的典型产品有 MAX6674、MAX6675、AC1226、AD594/595、AD596/597 等。这类芯片不仅性能好、功能强，而且使用非常简便，配合二次仪表还可直接读出结果，有的还具有智能化的特点，消除由热电偶非线性造成的测量误差。这里介绍 AD592 型温度传感器在热电偶冷端温度补偿中的应用。

AD592 是美国模拟器件公司（ADI）推出的一种电流式模拟集成温度传感器，具有外围电路简单、输出阻抗高、互换性很强、长期稳定性好等特点，其主要性能如下：测量范围为 -25～105℃；测量精度最高可达±0.3℃；灵敏度为 1μA/℃；工作电压范围：4～30V。

K 型热电偶在常温时的输出特性如图 12-11 所示，以 25℃ 为中心，温度系数为 40.44μV/℃。在 10～20℃ 及-20～-10℃ 范围内可视为线性关系。因此，要对 K 型热电偶进行冷端温度补偿，可采用另外一个温度传感器测量冷端的温度，此传感器产生 0℃ 的电压与 K 型热电偶温度系数产生的热电动势相当，利用相反极性进行补偿。

如图 12-12 为 AD592 构成的热电偶冷端温度补偿电路，AD592 测量冷端温度，在补偿温度范围内，产生的电压与 K 型热电偶温度系数产生的热电动势相当。只要对 AD592 提供 4～30V 工作电压，就可获得与绝对温度成比例的输出电压。

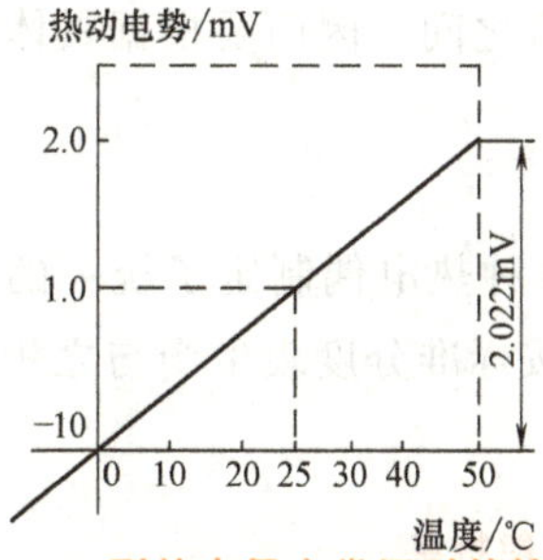

图 12-11　K 型热电偶在常温时的输出特性

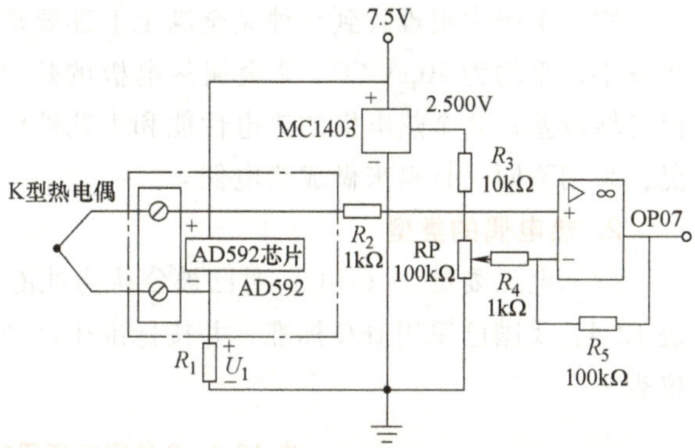

图 12-12　AD592 构成的热电偶冷端温度补偿电路

图 12-12 中，基准电阻 R_1 把 AD592 的输出电压电流转换成电压 U_1，其极性为上端正，下端负，AD592 在 0℃ 时输出电流为 273.2μA，因此环境温度为 T_0 时，用 RP 调节 R_1 上的电压，使

$$U_1 = -\frac{1}{K}R_1 T_0$$

如果取 $R_1 = 40.44\Omega$，可实现冷端温度的完全补偿，使总热电动势不再随环境温度变化而变化。图 12-12 中，R_4 和 R_5 用于调节输出电压灵敏度。

6. 软件补偿法

利用单片机或计算机系统的软件来进行补偿，能节省硬件资源，且系统灵活、抗干扰性强。例如对于冷端温度恒定但不为零的情况，可采用查表法，即首先将各种热电偶分度表存储到计算机中，以备随时调用。根据中间导体定律，测温时，把计算机采样后的数据与计算机存储分度表中冷端温度对应的数据相加，相加后的数据与分度表的热电动势进行比较，得出实际的温度值。对于 T_0 经常波动的情况，可同时用测温传感器测 T_0 端温度、T 端温度对应的热电动势输入给计算机，根据中间温度定律，采用查表法，来进行计算，自动修正。

【视频讲解】热电偶冷端温度及其补偿

12.2.5 热电偶材料、类型及结构

1. 热电偶材料的基本要求

任何两种导体（或半导体）都可配成热电偶，当两个接点温度不同时就能产生热电动势，但作为实用的测温元件，不是所有材料都适合于制作热电偶，对热电极的材料基本要求包括：

1）热电特性稳定，即热电动势与温度的对应关系不会变动。

2）同样的温差下，产生的热电动势要足够大。

3）热电动势与温度为单值关系，最好呈线性关系或简单的函数关系。

4）熔点要足够，物理化学性能稳定。

5）有良好的导电性和抗氧化性能。

6）机械强度高，复制性好，易焊接拉丝和加工。

实际生产中很难找到一种完全满足上述要求的材料。一般而言，纯金属的热电极热电动势较小，平均为 20μV/℃，非金属热电极的热电动势较大，可达 100μV/℃，且熔点高，但稳定性较差；合金热电极的热电性能和工艺性能都介于两者之间。因而要根据具体的测温情况，采用不同的材料来做成热电偶。

2. 热电偶的类型

国际电工委员会（IEC）对已被公认为性能比较好的 8 种热电偶制定了统一的标准，见表 12-4。我国已采用 IEC 标准，并按标准生产热电偶，也按标准分度表生产与之相配的显示仪表。

表 12-4　8 种国际通用热电偶主要性能特点

名称	分度号	测温范围/℃	特点
铂铑$_{30}$-铂$_6$	B	50~1800（超高温）	熔点高、测温上限高、性能稳定、准确度高。但价格高、常温时热电动势小、线性差、适用于冶金、钢水等高温域的测量
铂铑$_{13}$-铂	R	-50~1750（超高温）	使用上限较高、准确度高、性能稳定、复现性好。但热电动势较小，不能在金属蒸气和还原性气氛中使用，在高温下连续使用时特性会逐渐变坏，价格高；多用于精密测量
铂铑$_{10}$-铂	S	-50~1750（超高温）	适用于在氧化性、惰性气氛中测温，热电性能稳定，抗氧化性强，精度高，但价格贵、热电动势较小。常用于标准热电偶或用于高温测量
镍铬-镍硅	K	-250~1350（高温）	适用于在氧化和中性气氛中测温，测温范围很宽、热电动势与温度关系近似线性、热电动势大、价格低。稳定性不如 B、S 型热电偶，但它是非贵金属热电偶中性能最稳定的一种。缺点是略有滞后现象，高温还原气氛中易腐蚀
镍铬硅-镍硅	N	-270~1300（高温）	这是一种新型热电偶，各项性能均比 K 型热电偶好，适宜于工业测量
镍铬-铜镍	E	-270~900（中温）	适用于还原性或惰性气氛中测温，热电动势较其他热电偶大、稳定性好、灵敏度高、价格低。缺点是易氧化，高温时有滞后现象
铁-铜镍	J	-200~750（中温）	适用于还原性气氛中测温、价格低、热电动势较大，仅次于 E 型热电偶。缺点是铁极易氧化
铜-铜镍	T	-200~350（低温）	适用于还原性气氛中测温、精度高、价格低、加工性能好、离散性小。但铜在高温时易被氧化，测温上限低，多用于低温域测量，可用于-200~0℃温域的计量标准

注：铂铑$_{30}$ 表示该合金含 70%的铂及 30%的铑，其他类推。

常用热电偶的热电动势与温度的关系曲线如图 12-13 所示。其中，除 8 种 IEC 标准热电偶外，W-WRe26、WRe-Re25、Wre5-Re26 均属于钨铼热电偶，最高使用温度可达到 2800℃（高于 2300℃ 时数据会分散，因此使用温度最好在 2000℃ 左右），不仅测温上限高，而且稳定性好，因此在冶金、建材、航天、航空及核能等行业都得到广泛应用。我国的钨资源丰富，钨铼热电偶价格便宜，可以部分取代贵金属热电偶，它是高温测试领域中很有前途的测温材料。

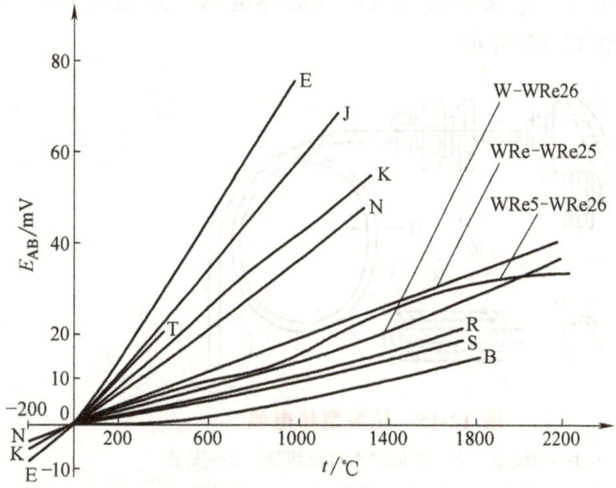

图 12-13　常用热电偶的热电动势与温度的关系曲线

3. 热电偶的结构形式

为了适应不同测量对象、场合的条件和要求，热电偶的结构形式主要包括普通型热电偶、铠装型热电偶、薄膜型热电偶。

（1）普通型热电偶　普通型热电偶在工业上使用最为广泛，其结构一般由热电极、绝缘管、保护管和接线盒等几个主要部分组成，如图 12-14 所示。

热电极是热电偶的基本组成部分，其直径大小由材料价格、机械强度、电导率、热电偶的用途和测量范围等因素决定。普通金属做成的热电极，其直径在 0.5～3.2mm，贵金属做成的热电极直径在 0.3～0.6mm，热电极的长度则取决于应用需要和安装条件，为 300～2000mm，常用长度为 350mm。

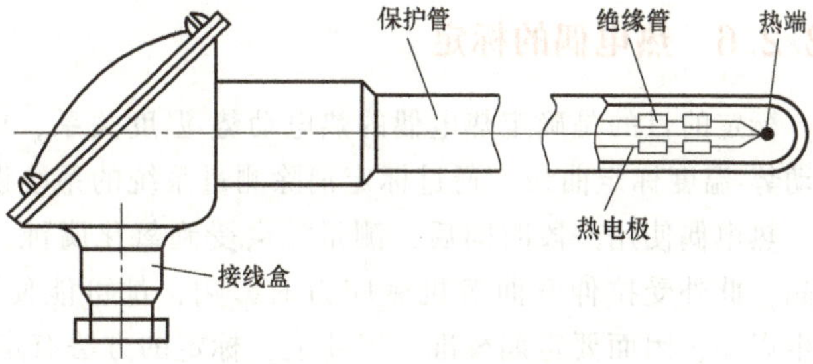

图 12-14　普通型热电偶结构

绝缘管在热电极之间及热电极与保护管之间进行绝缘保护，防止两根热电极短路。制作绝缘管的材料一般为黏土、高铝材料或刚玉等，要求在室温下绝缘管的绝缘电阻应在 5MΩ 以上，最常用的是氧化铝管和耐火陶瓷。

保护管是用来使热电极与被测温介质隔离，保护热电偶免受被测介质化学腐蚀和机械损伤的装置。一般要求保护管应具有耐高温、耐腐蚀的特性，且导热性、气密性好。

接线盒供热电偶与补偿导线连接之用。根据被测对象和现场环境条件，可分为普通式、防溅式（密封式）两种结构。

（2）铠装型热电偶　铠装型热电偶也称缆式热电偶，有接地型、非接地型和裸露型，是由金属保护套管（金属铠）、绝缘材料和热电极三者组合成一体的特殊结构的热电偶。其结构示意图如图 12-15 所示，它是在金属铠中装入热电极，在两根热电极之间及热电极与管壁之间牢固充填无机绝缘物，使之相互绝缘。其优点是外径细、对温度响应快；柔软性强，可进行一定程度的弯曲；机械性能好，结实可靠、耐振动、耐冲击。

（3）薄膜型热电偶　这是一种用真空蒸镀、化学涂层、磁控溅射等方法，将热电偶材料沉积在绝缘基板上而形成的热电偶，热电极和基板材料的选择则视被测温度的范围而定，如图 12-16 所示。

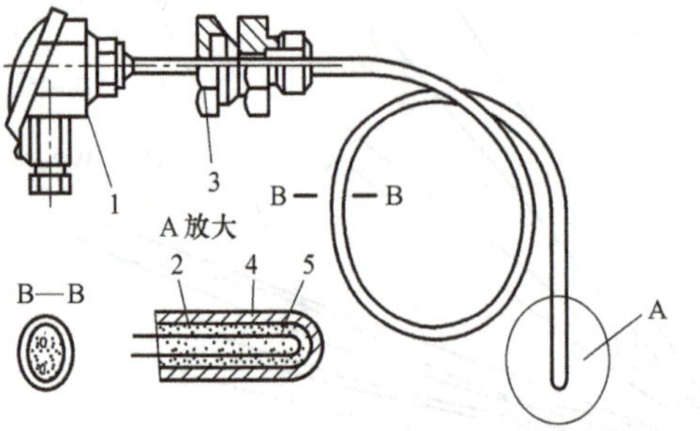

图 12-15　铠装型热电偶

1—接线盒　2—填充的无机绝缘物　3—安装用的固定螺母　4—金属铠　5—热电极

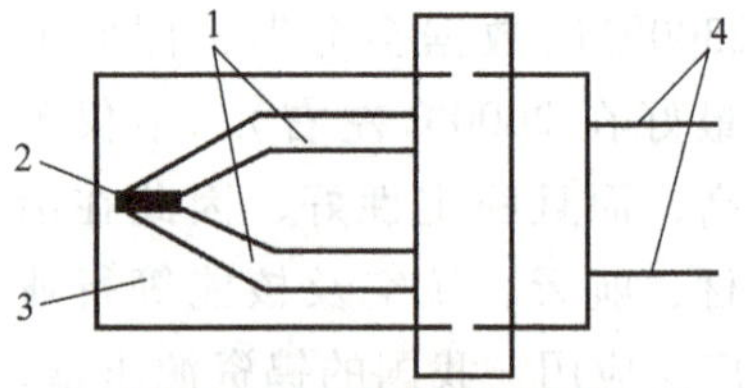

图 12-16　薄膜型热电偶

1—热电极　2—热接点　3—绝缘基板　4—引线

由于采用蒸镀，薄膜型热电偶可做得很薄（可达 0.01~0.1mm），尺寸也做得很小。因此热接点的热容量小，反应时间非常短。应用时将薄膜型热电偶紧贴在被测物表面，因此热损失小，测量准确度高。这种热电偶主要用于微小面积上的温度测量，因其响应速度快，可测量瞬变的表面温度，测温范围通常在 300℃以下。

【拓展阅读】　测温电缆

12.2.6　热电偶的标定

【视频讲解】热电偶的材料、类型及结构

标定的目的是确定热电偶的热电动势-温度关系，或者核对热电偶的热电动势-温度标定曲线，通过标定消除测量系统的系统误差。

热电偶使用一段时间后，测量端会受到氧化腐蚀，并在高温下发生再结晶，此外受拉伸弯曲等机械应力的影响，都可能使热电特性发生变化，产生误差，因而要定期校准。工业上，标定的方法有定点法与比较法两种。

定点法是将热电偶读数与国际实用温标上相应的固定点比较。如基准铂铑-铂热电偶在 630.755~1064.43℃的温度间隔内，以金的凝固点 1064.43℃、银的凝固点 961.93℃、锑凝固点 630.755℃作为标准温度进行标定。

比较法是将标准热电偶与被标定热电偶之间直接进行比较，分为手工标定、自动标定。

1. 手工标定

手工标定热电偶原理如图 12-17 所示。

将标准热电偶与被标定热电偶的工作端放入同一高温电炉中，两个工作端尽量地靠近，冷端分别插入 0℃的恒温环境之中。直流利用电压表分别读出标准热电偶、被标定热电偶的热电动势（通过查表就知道对应热电动势的温度值）。不断升高炉温，每个温度点读一个热电动势值，这样，即可求出被标定热电偶的“温度-热电动势”特性曲线。

这种标定方法对炉温控制要求严格，达到所需标定点的温度时，炉温的变化应缓慢，特别是读完标准热电偶的热电动势再读被标定热电偶的热电动势的过程中，不能使炉温的明显变化，否则将造成较大误差。

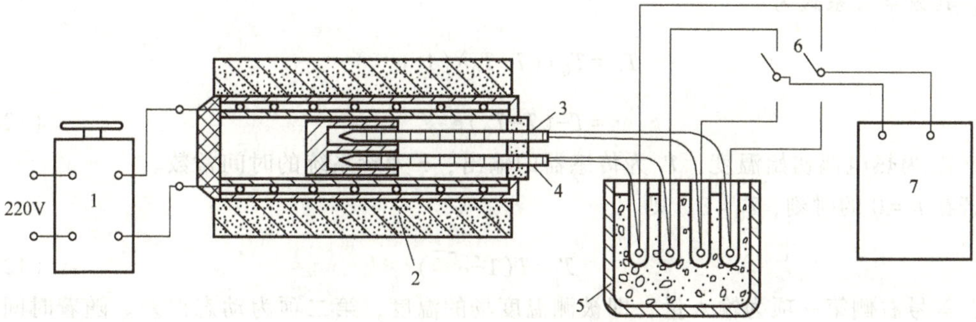

图 12-17 手工标定热电偶原理

1—电炉电源 2—电炉 3—标准热电偶 4—被标定热电偶 5—冰槽 6—转换开关 7—直流电压表

2. 自动标定

自动标定即应用微机控制实现热电偶的全自动标定。它自动地控制炉温恒定在某一标定的温度值，并依次测得标准热电偶与被标定热电偶的热电动势值，存入计算机，然后自动地控制炉温升高并恒定于下一个需标定点，一个一个做下去。标定完后，进行数据处理，画出“温度-热电动势”特性曲线并打印全部结果。自动标定系统操作方便，工作效率高。

【深入思考】如何利用热电偶测量两点之间的温度差？

12.2.7 热电偶的动态特性

1. 热平衡方程

根据介质以对流换热的方式向热电偶接近时，单位时间所传递的热量应该等于接点在单位时间从介质中吸收的热量，可列出如下方程

$$\tau\frac{\mathrm{d}T_j}{\mathrm{d}t}+T_j=T \tag{12-14}$$

式中，T_j 为接点温度；T 为气体真实温度；τ 为时间常数，且

$$\tau=\frac{c\rho V}{\alpha S} \tag{12-15}$$

式中，c 为热接点比热容；ρ 为热接点材料的质量密度；V 为热接点体积；α 为对流换热系数；S 为热接点表面积。

这是一个一阶系统，其传递函数为

$$H(s)=\frac{T_j(s)}{T(s)}=\frac{1}{\tau s+1} \tag{12-16}$$

频率响应函数为

$$H(\mathrm{j}\omega)=\frac{1}{\tau(\mathrm{j}\omega)+1} \tag{12-17}$$

2. 动态响应

将热电偶从室温 T_0 突然插入温度为 T 的温度场中，即使测量温度从 T_0 突然变到 T，热电偶温度变化如图 12-18 所示。在初始阶段，升温很快，以后逐渐慢下来，经过较长一段时间才逐渐接近实际温度。这是一个一阶传感器对阶跃信号的

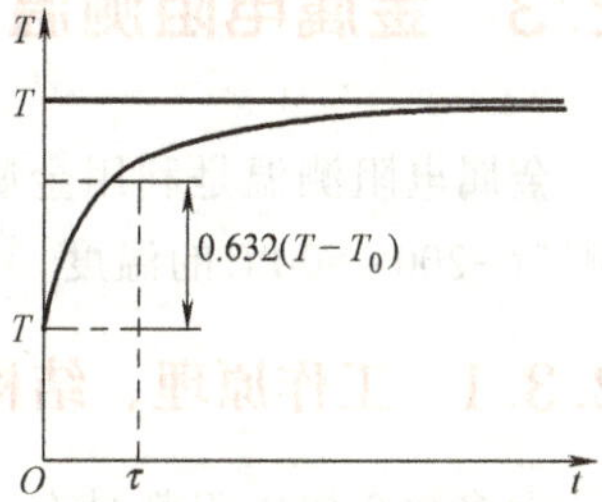

图 12-18 热电偶动态响应

响应，其数学关系式为

$$
\begin{aligned}
T_{\mathrm{j}} &= T_0+(T-T_0)(1-\mathrm{e}^{-\frac{t}{\tau}}) \\
&= T-(T-T_0)\mathrm{e}^{\frac{-t}{\tau}}
\end{aligned} \tag{12-18}
$$

式中，T_0 为热电偶初始温度；T_{j} 为传感器的输出；τ 为阶系统的时间常数。

若在 $t=0$ 的时刻，$T_0=0$，则

$$
T_{\mathrm{j}}=T(1-\mathrm{e}^{-\frac{t}{\tau}}) \tag{12-19}
$$

式中，等号右侧第一项为输入量，即被测温度场的温度，第二项为动态误差。随着时间 t 的增大，逐渐接近被测温度 T；τ 值越大，达到 T 的时间越长，动态误差就越大。

3. 减小动态误差的方法

人们主要通过减小热电偶的时间常数或减小测温系统的时间常数来减小动态误差。

1）采用尺寸较小和 $\frac{V}{S}$ 较小的测量端。对于圆形接点或环形接点，其直径越小，时间常数就越小，因此，可以选用小直径热电极，使热电偶达到很快的动态响应，但太小直径的热电偶没有足够的机械强度和使用寿命，应综合考虑。

2）选用比热容小、密度小的热电极材料并增大对流换热系数，即利用增大测量端的气流速度，如采用抽气的方法，加快气流流过接点的速度，从而增加对流换热系数。

3）采用 RC 校正网络。例如在测量系统中串联一个校正环节。因为热电偶的传递函数为

$$
H(s)=\frac{1}{\tau s+1}
$$

那么，要使测温系统无惯用性，必须找一个与之相应的环节串联。使

$$
W(s)=H(s)H'(s)=1
$$

即

$$
H'(s)=\frac{1}{H(s)}=\tau s+1
$$

式中，$W(s)$ 为测温系统的传递函数；$H'(s)$ 为校正环节的传递函数。

实际上，没有与 $H'(s)$ 相对应的网络，只可用选用相近的网络，通过适当的参数选取，可以使整个系统的时间常数大大减小。

【视频讲解】热电偶的动态特性

【视频讲解】热电偶的应用

12.3 金属电阻测温

金属电阻测温是利用金属电阻随温度变化的特性实现温度的检测。金属电阻工业上常用于测量-200~500℃的温度。

12.3.1 工作原理、结构和材料

大多数金属电阻都具有随温度变化的特性。其特性方程式为

$$
R_t=R_0[1+\alpha(t-t_0)] \tag{12-20}
$$

式中，R_t、R_0 为分别为金属电阻在 t℃、0℃时的电阻值；α 为金属电阻的电阻温度系数（$℃^{-1}$）；t 为被测温度。

对于绝大多数金属电阻，α 并不是一个常数，而是温度的函数。但在一定的温度范围内，α 可近似地视为一个常数。不同的金属电阻，α 可视为常数的温度范围不同。选用为感温元件的材料应满足如下要求：

1）材料的电阻温度系数 α 要大。α 越大，制成电阻的灵敏度越高。

2）在测温范围内，材料的物理、化学性质应稳定。

3）在测温范围内，α 可视为常数，便于实现测温的线性特性。

4）具有比较大的电阻率，以利于减少热电阻的体积，减小热惯性。

5）特性的复现性好，容易复制。

比较适合以上要求的材料有：铂、铜、铁、镍。目前常用的材料有铂和铜。铁和镍这两种金属的电阻温度系数较高，电阻率较大，故可做成体积小、灵敏度高的电阻温度计。但其缺点是容易氧化、化学稳定性差，不易提纯，复现性差，而且电阻值与温度的线性关系差，目前应用不多。

1. 铂电阻

铂的物理、化学性能非常稳定，是目前制造测温用金属电阻的最好材料。铂电阻主要用于标准电阻温度计，ITS-90 规定在 13.8033K~961.78℃范围内，以铂电阻温度计作为标准仪器。它是目前测温复现性最好的一种温度计，缺点是价格高。

铂丝的电阻值与温度之间的关系接近于线性，在 0~650℃温度范围内可表示为

$$R_t = R_0(1+At+Bt^2) \tag{12-21}$$

在-200~0℃范围内为

$$R_t = R_0[1+At+Bt^2+C(t-100)t^3] \tag{12-22}$$

式中，R_t、R_0 为温度分别在 t℃，0℃时铂的电阻值；A、B、C 为温度系数，由实验确定。由式（12-22）可看出，铂电阻在温度 t 时的电阻值与 R_0（标称电阻）有关。目前工业用铂热电阻有 $R_0=10\Omega$、$R_0=50\Omega$、$R_0=100\Omega$ 和 $R_0=1000\Omega$ 四种，它们的分度号分别为 Pt_{10}、Pt_{50}、Pt_{100} 和 Pt_{1000}。Pt_{100} 的分度表可见附录 E。

铂电阻一般先由直径为 0.05~0.07mm 的铂丝绕在片形云母骨架上，再使其长度调节为 0℃时阻值是某一固定值（如 100Ω）。铂丝的引线采用银线，如图 12-19 所示。

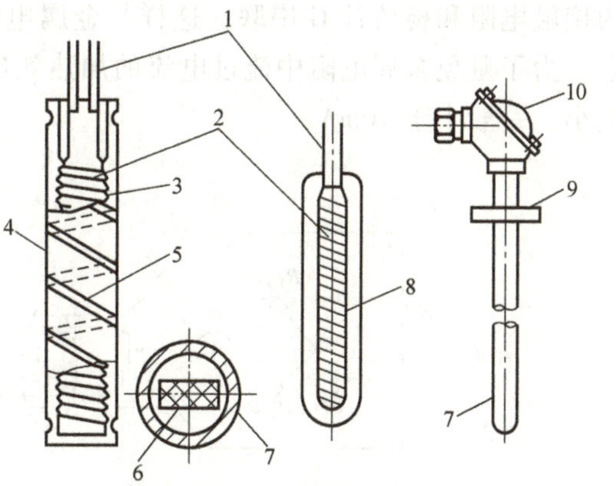

a) 剖面图　b) 结构图　c) 装配图

图 12-19　铂电阻的构造

1—银引线　2—铂丝　3—片型云母骨架　4—保护用云母片　5—银绑带　6—铂电阻横断面　7—保护套管　8—石英骨架　9—连接法兰　10—接线盒

2. 铜电阻

铜丝可用来制造-50~150℃范围内的工业用电阻温度计。在此温度范围内铜电阻的线性关系好，灵敏度比铂电阻高，且容易得到高纯度材料，复现性能好。但铜易于氧化，一般只用于 150℃以下的低温测量和没有水分及无侵蚀性介质的温度测量。

通常利用二项式计算在 t 时的铜电阻值为

$$R_t=R_0(1+\alpha t) \tag{12-23}$$

式中，R_t、R_0 为温度分别为 t、0℃时铜的电阻值；α 为在初始温度为 0℃时的温度系数。

由式（12-23）可知铜电阻与温度的关系是线性的。目前工业上使用的标准化铜电阻有分度号为 Cu_{50}、和 Cu_{100} 两种，R_0 分别为 50Ω 和 100Ω。

12.3.2 测量电路

金属电阻与仪表或放大器接线有 3 种方式：两线制、三线制和四线制电桥电路。二线制电桥电路如图 12-20 所示，适用于引线不长、精度较低的短距离测量。由于金属电阻本身的阻值很小，工业用金属电阻 R_t 安装在生产现场，离控制室较远，所以导线电阻值 r_1、r_2 及其变化就不能忽略，为此测量电路常采用三线和四线制电桥电路。

三线制电桥电路在工业测量中广泛应用，其原理如图 12-21 所示。G 为检流计，R_1、R_2、R_3 为固定电阻，R_α 为零位调节电阻。金属电阻 R_t 导线电阻为 r_1、r_2、R_g 的三根导线和电桥连接，r_1、r_2 分别在相邻的两臂内，当温度变化时，只要它们的长度和电阻的温度系数 α 相等，它们的电阻变化就不会影响电桥的状态。三线制连接法中可调电阻 R_α 的触点的接触电阻和桥臂的电阻相连，可能导致电桥的不稳定。

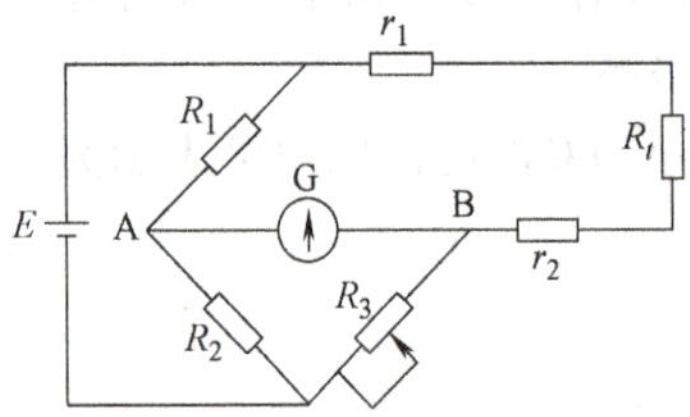

图 12-20 二线制电桥电路

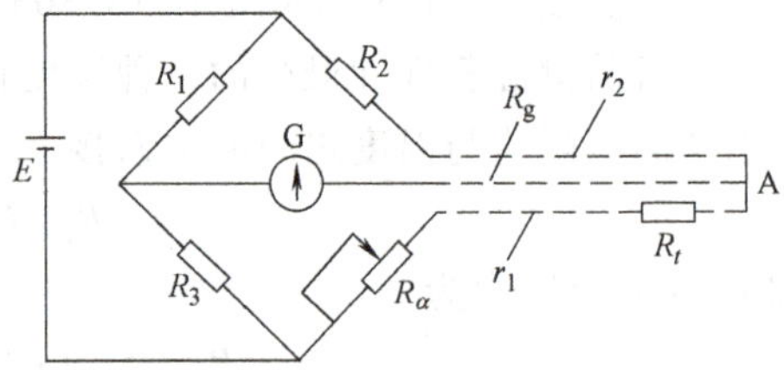

图 12-21 三线制电桥电路

四线制电桥电路有多种，本节列举两种，如图 12-22 所示。图 12-22a 中，调零电阻 R_α 的接触电阻和检流计 G 串联，这样，金属电阻的不稳定不会破坏电桥的平衡和正常工作状态。为了避免金属电阻中流过电流的加热效应。在设计电桥时，要使流过金属电阻的电流尽量小，一般小于 10mA。

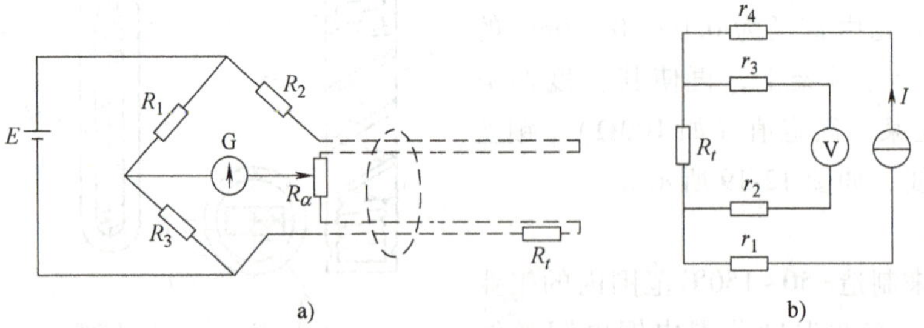

图 12-22 四线制电桥电路

图 12-22b 中，I 为恒流源，测量仪表一般用直流电压表，金属电阻上引出电阻值各为 r_1、r_4 和 r_2、r_3 的四根导线，分别接在电流和电压回路，电流导线上 r_1、r_4 引起的电压降不在测量范围内，而电压导线上虽有电阻但无电流（电压表测量时几乎不取用电流，可认为

内阻无穷大)，所以四根导线的电阻对测量都没有影响。金属电阻的阻值可由测得的电压和恒流源的电流求出，即 $R_t=\frac{U}{I}$。

金属电阻温度计性能稳定，测量范围广、精度高，在低温测量中得到广泛的应用。

【视频讲解】
金属电阻测温

12.4 半导体温度传感器

由半导体理论可知，在一定的电流模式下，半导体材料的许多性能参数，如电阻率、PN 结的反向漏电流和正向电压等，都与温度有着密切的关系。根据这一关系，可以利用半导体材料某些性能参数的温度特性，制成半导体温度传感器，实现对温度的检测、控制和补偿功能。

12.4.1 半导体热敏电阻

半导体热敏电阻是以金属氧化物为材料，采用陶瓷工艺制成具有半导体特性的陶瓷电阻。它相比金属电阻有如下特点：

1）电阻温度系数大、灵敏度高，其温度系数比一般金属电阻大 10~100 倍。

2）结构简单、体积小，可以测量点温度。

3）电阻率高、热惯性小，适合动态测量。

4）阻值与温度变化呈非线性关系。

5）稳定性和互换性较差。

6）易于维护，寿命长，成本低。

半导体热敏电阻按照随温度变化的特性可分为三种类型，即正温度系数（Positive Temperature Coefficient，PTC）热敏电阻、负温度系数（Negative Temperature Coefficient，NTC）热敏电阻、临界温度系数热敏电阻（Critical Temperature Resistors，CTR）。它们的温度特性曲线如图 12-23 所示。

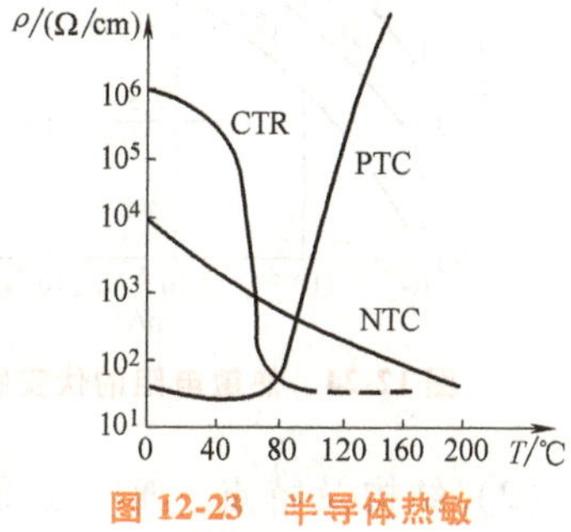

图 12-23 半导体热敏电阻的温度特性

由图可知，在一定温度范围内，PTC 半导体具有电阻值随温度升高而升高的特性，NTC 半导体具有电阻值随温度升高而显著减小的特性，而 CTR 具有在某一特定温度下电阻值发生突变的特性。

1. NTC 热敏电阻

NTC 热敏电阻材料多为 Fe、Ni、Co、Mn 等过渡金属的氧化物。具有随温度升高电阻值减小的负温度系数特性。特别适用于-100~300℃之间测温。在点温度、表面温度、温差、温场等测量中得到广泛的应用，同时也广泛地应用在自动控制及电子线路的热补偿线路中。

（1）主要特性

1）温度特性。NTC 热敏电阻的温度特性，可用如下经验公式表示

$$R_T=Ae^{\frac{B}{T}(T-1)} \tag{12-24}$$

式中，R_T 为温度为 T 时电阻值；A 为与热敏电阻材料、几何尺寸有关的常数；B 为热敏电阻常数；T 为热敏电阻的绝对温度。

若已知温度 T 分别为 T_1 和 T_2 时电阻 R_T 分别为 R_1 和 R_2，则可通过式（12-24）求出两个常数，即

$$B=\frac{T_1T_2}{T_2-T_1}\ln\frac{R_1}{R_2} \tag{12-25}$$

$$A=R_1e^{\left(-\frac{B}{T_1}\right)} \tag{12-26}$$

2）伏安特性。在稳态情况下，通过热敏电阻的电流 I 与其两端之间的电压 U 的关系。称为热敏电阻的伏安特性，如图 12-24 所示。

由图可见，流过热敏电阻的电流很小时，不足以使之加热。电阻值只决定于环境温度，伏安特性近似直线，遵循欧姆定律，主要用来测温。

当电流增大到一定值时，流过热敏电阻的电流使之加热，热敏电阻本身温度升高，出现负阻特性。因电阻减小，使电流增大，端电压反而下降。其所能升高的温度与环境条件（周围介质温度及散热条件）有关。当电流和周围介质的温度一定时，热敏电阻的电阻值取决于介质的流速、流量、密度等散热条件。根据这个原理可用热敏电阻来测量流体速度和介质密度等。

3）电流-时间特性。热敏电阻的电流-时间曲线如图 12-25 所示，它表示热敏电阻在不同的外加电压 U 下，电流达到稳定最大值所需的时间。热敏电阻受电流加热后，一方面使自身温度升高，另方面也向周围介质散热，只有在单位时间内从电流得到的能量与向四周介质散发的热量相等，达到热平衡时，才能有相应的平衡温度，即有固定的电阻值。

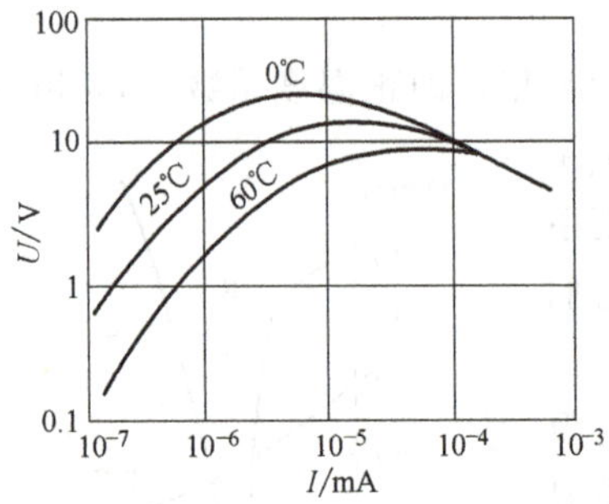

图 12-24 热敏电阻的伏安特性

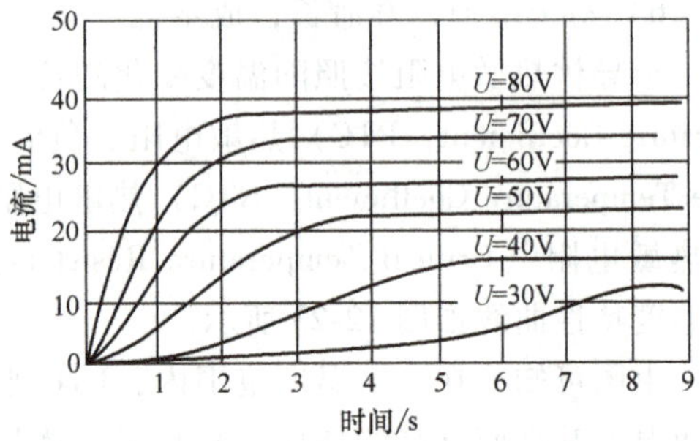

图 12-25 电流-时间特性

（2）结构及特点 NTC 热敏电阻的结构形式有珠状、圆片状、方片状、棒状等，如图 12-26 所示。不同形状的热敏电阻其特点见表 12-5。

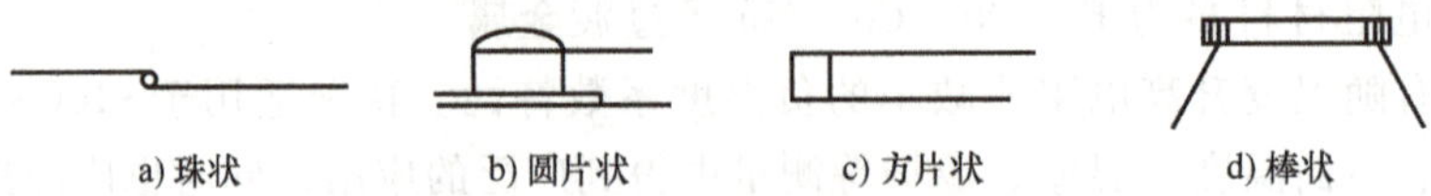

图 12-26 NTC 热敏电阻的结构形式

表 12-5 不同形状热敏电阻的特点

结构形式	工作温度	特点
珠状	200℃以上	体积小，响应快，精度高
圆片状	150℃以下且有温度补偿	适用对响应时间要求不高的场合

（续）

结构形式	工作温度	特点
方片状	200℃以下	一致性、互换性好
棒状	高温	稳定性好，可靠性高

（3）非线性修正　由式（12-24）可知，热敏电阻值随温度变化呈指数规律，因此使用时要特别注意非线性问题。常用的线性化处理的方法如下：

1）线性化网络。利用温度系数很小的电阻与热敏电阻串联或并联，使等效电阻与温度的关系在一定的温度范围内是线性，其一般形式如图 12-27a 所示，图中 R_1、R_2、R_3 温度系数近似为零，R_t 具有负温度系数。

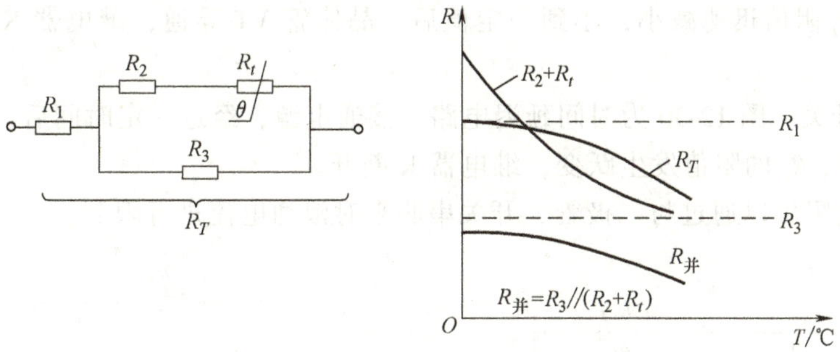

a) 电路图　　b) 电阻-温度关系曲线

图 12-27　热敏电阻的线性化网络

根据 R_T 的实际特性和要求的网络特性 $R_T(t)$，可通过计算或图解方法确定网络中的电阻 R_1、R_2、R_3。为了提高设计精度，这一工作可利用计算机进行。

2）计算修正法。在带有计算机（或微处理器）的测量系统中，当已知热敏电阻的实际特性和要求的理想特性时，可采用线性插值法将特性分段，并把各分段点的值存放在计算机存储器内，计算机将根据热敏电阻的实际输出值进行校正计算后，给出要求的输出值。

2. PTC 热敏电阻

PTC 热敏电阻主要采用 $BaTiO_3$ 系列的陶瓷材料，掺入微量稀土元素使之半导体化制成的。具有当温度超过某一数值时，其电阻值快速增加的特性。PTC 热敏电阻主要应用于各种电器设备的过热保护、发热源的定温控制，也可作为限流元件使用。

3. CTR

CTR 由钒、钡、锶、磷等元素氧化物混合烧结体材料构成，在某一温度附近上电阻值发生突变，在温度仅几度的狭窄范围内，其阻值可下降 3～4 个数量级。该温度称为临界温度点。其主要用途作为温度开关和温度报警。

4. 半导体热敏电阻应用

热敏电阻可用于温度测量、温度补偿、过热保护、温度报警及定温加热器等。因此，目前广泛于军事、通信、航空、航天、医疗、自动化设施的温度计、控温仪等装置。

（1）温度补偿　利用 NTC 热敏电阻可对晶体管电路和其他电子线路及电子元器件进行温度补偿。如图 12-28 所示，热敏电阻 R_t 接入晶体管电路中，当环境温度变化时，维持输

出电压 U_{SC} 不变。例如当环境温度升高时，根据晶体管的特性，集电极电流 I_c 上升，这等效于晶体管等效电阻下降。从图中可以看出，U_{SC} 增大。若要使维持不变，需提高基极 b 的电位，所以选择 NTC 热敏电阻。

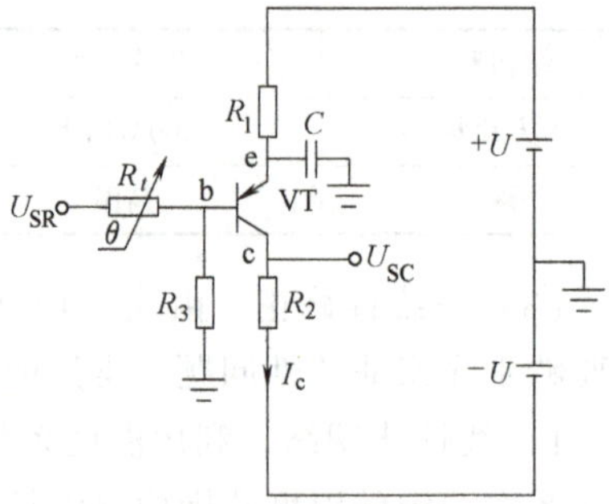

图 12-28　晶体管温度补偿电路

(2) 过热保护　在小电流场合，可把 PTC 热敏电阻直接与负载串联，防止过热损坏被保护元器件。图 12-29 所示为电机过热保护电路。用热敏电阻对电机进行过热保护。

电机正常运行时温度较低，晶体管 VT 截止，继电器 K 不动作。当电机过负荷工作时，电机的温度迅速升高，热敏电阻 R_t 阻值迅速减小，小到一定值后，晶体管 VT 导通，继电器 K 吸合，实现对电机的保护。

(3) 延迟开关　图 12-30 为时间延迟电路。接通电源，经过一定时间后，当热敏电阻的温度上升足够高，R_t 的阻值发生跃变，继电器 K 断开。

NTC 热敏电阻可以通过与二极管、开关串联来对浪涌电流进行限制。

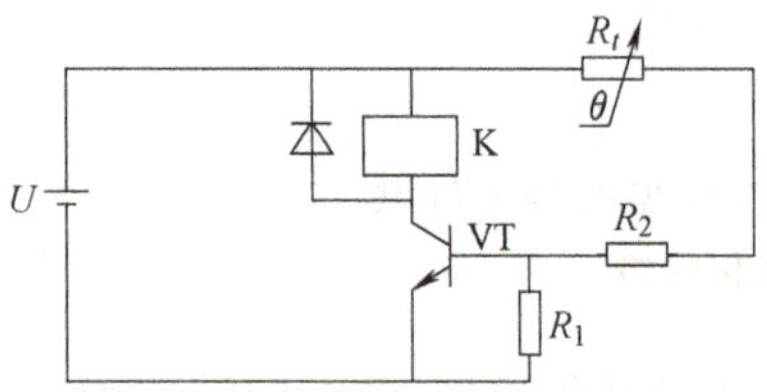

图 12-29　电机过热保护电路

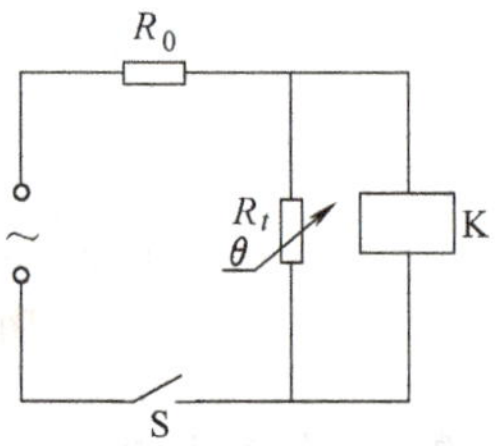

图 12-30　时间延迟电路

12.4.2　集成温度传感器

集成温度传感器就是利用 PN 结的伏安特性与温度之间的关系研制成的一种固态传感器。是把作为敏感元件的晶体管及外围电路集成在同一单片上的集成化温度传感器。

集成温度传感器的典型工作温度范围是−50～150℃。目前大量生产和应用的集成温度传感器按输出量不同可分为电压型和电流型两大类，此外人们还开发了频率输出型集成温度传感器。电压输出型集成温度传感器的优点是直接输出电压，且输出阻抗低。电流输出型集成温度传感器输出阻抗极高，可以实现远距离测温，不必考虑长馈线上信号的损失，也可用于多点温度测量系统中，而不必考虑导线、开关接触电阻带来的误差。频率输出型集成温度传感器具有与电流输出型相似的优点。

1. 集成温度传感器的基本原理

PN 结的伏安特性可表示为

$$I=I_s\left(e^{\frac{qU}{kT}}-1\right) \tag{12-27}$$

式中，I 为 PN 结正向电流；U 为 PN 结正向压降；I_s 为 PN 结反向饱和电流；q 为电子电荷量；T 为绝对温度；k 为玻耳兹曼常数。

当 $e^{\frac{qU}{kT}}\gg 1$ 时，则式 (12-27) 可改写为

$$I = I_s e^{\frac{qU}{kT}} \tag{12-28}$$

则

$$U = \frac{kT}{q} \ln \frac{I}{I_s} \tag{12-29}$$

由此可见，只要通过 PN 结上的正向电流 I 恒定，则 PN 结的正向电压降 U 与温度的线性关系只受反向饱和电流 I_s 的影响。I_s 是温度的缓变函数，只要选择合适的掺杂浓度，就可以认为在不太宽的温度范围内，I_s 近似常数，因此，正向电压降 U 与温度 T 呈线性关系，即

$$\frac{dU}{dT} = \frac{k}{q} \ln \frac{I}{I_s} \approx 常数$$

这就是集成温度传感器的基本原理。

实际使用中，利用二极管作为敏感元件虽然工艺简单，但线性差，因而选用晶体管作为敏感元件，把 NPN 晶体管的 bc 结短接，利用 be 结感温。晶体管的形式更接近理想 PN 结，即线性更接近理论推导值。

2. 电压输出型集成温度传感器

（1）性能特点　LM135/LM235/LM335 系列集成温度传感器是一类精密的、易于标定的三端电压输出型集成温度传感器。当它作为两端器件工作时，相当于一个齐纳二极管，其击穿电压正比于绝对温度。其灵敏度为 10mV/K，工作温度范围分别是 -55 ~ 150℃、-40 ~ 125℃、-10 ~ 100℃。图 12-31a 和图 12-31b 分别给出了 LM135 系列集成温度传感器的两种封装接线图。这类传感器内部的基本部分是一个感温部分和一个运算放大器。外部一个端子接 U^+，一个端子接 U^-，第三个端子为调整端，供传感器进行外部标定时使用。

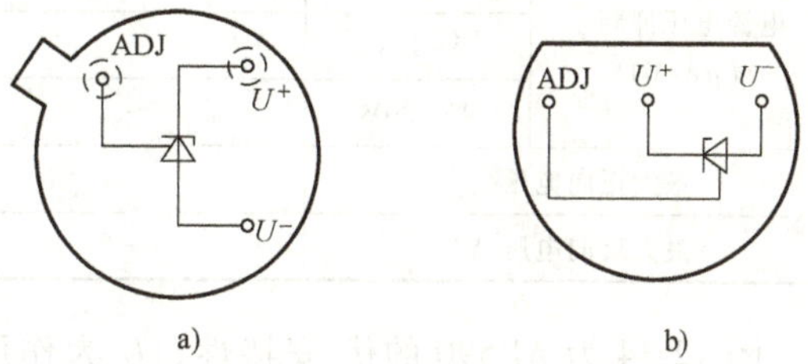

图 12-31　LM135 系列封装接线图

（2）典型应用

1）基本温度检测。把传感器作为一个两端器件与一个电阻串联，加上适当的电压，就可以得到灵敏度为 10mV/K、直接正比于绝对温度的电压输出。如图 12-32 所示。

2）传感器标定。图 12-33 给出了可标定的传感器电路。这时传感器作为三端器件工作，通过对 10kΩ 电位器的调节来完成标定。例如在 25℃ 下，调节电位器，使输出电压 U_O = 2.982V，经过标定，传感器的灵敏度达到设计值 10mV/K，从而提高了传感器的精度。

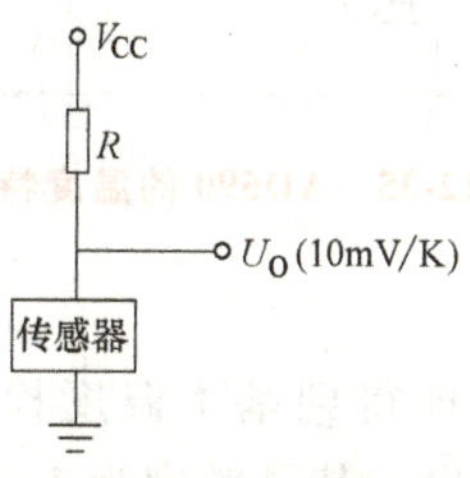

图 12-32　基本温度检测电路

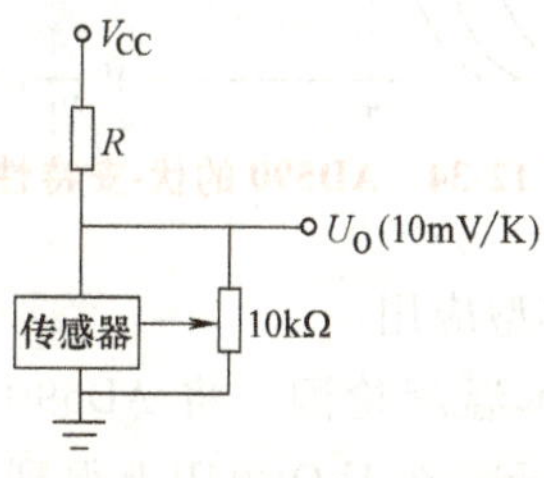

图 12-33　可标定的传感器电路

3. 电流输出型集成温度传感器

（1）性能特点　电流输出型集成温度传感器的典型代表是 AD590 型温度传感器，这种传感器具有灵敏度高、体积小、反应快、测量精度高、稳定性好、校准方便、价格低廉、使用简单等优点。另外其电流输出可通过一个外加电阻很容易地变为电压输出。

AD590 分为 I、J、K、L、M 几档，其温度校正误差随分档的不同而大小不同，表 12-6 给出了 AD590 的主要电气参数。

表 12-6　AD590 的主要电气参数

档次		I	J	K	L	M
工作电压/V		4~30				
25 电流输出/μA		298.2				
温度系数/(μA/K)		1				
25 可校正误差(℃)		±10	±5.0	±2.5	±1.0	±0.5
非线性误差(℃)		±3.0	±1.5	±0.8	±0.4	±0.3
长期漂移/℃		±0.1				
输出阻抗/MΩ		>10				
电源电压抑制/(μA/V)	4~5V	0.5				
	5~15V	0.2				
	15~30V	0.1				
最大正向电压/V		44				
最大反向电压/V		-20				

图 12-34 为 AD590 的伏-安特性，U 为作用于 AD590 两端的电压，I 为其中的电流，由图可见，在 4~30V 时，该器件为一个温控电流源，且电流值与 T_k 成正比，即 $I=k_T T_k$，其中 k_T 为标度因子，在器件制造时已作标定，是每摄氏度 1μA，其标定精度因器件的档次而异（常分为 I，J，K，L，M 五档）。因此，AD590 在电路中以理想恒流源的电路符号出现。图 12-35 为其温度特性，它在 -55~150℃ 温域中有较好线性度，若略去非线性项，则有关系式

$$I=k_T T_c+273.2$$

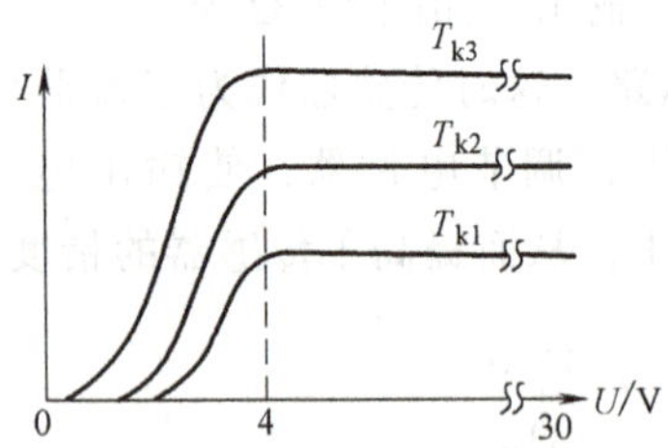

图 12-34　AD590 的伏-安特性

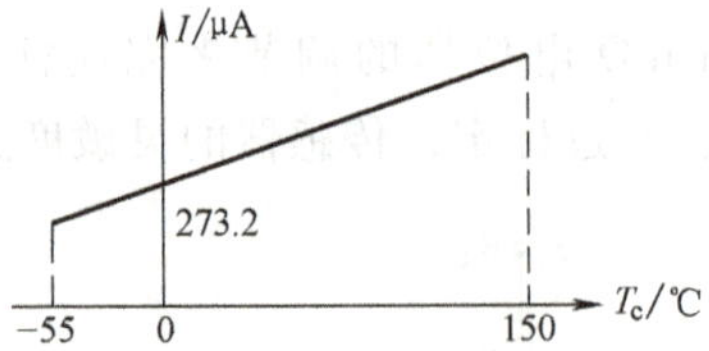

图 12-35　AD590 的温度特性

（2）典型应用

1）基本温度检测。将 AD590 与一个 1kΩ 电阻串联，即得到基本温度检测电路，如图 12-36 所示。在 1kΩ 电阻上得到正比于绝对温度的电压输出，其灵敏度为 1mV/K。可见，利用这样一个简单的电路，很容易把传感器的电流输出转换为电压输出。

2）数字温度计。AD590 是一个两端器件，只需要一个直流电压源（4~30V），功率的需求比较低（1.5mW，5V）。其输出是高阻抗（710MΩ）电流，因而长线上的电阻对器件工作影响不大。图 12-37 所示是一个由 AD590、ICL7106、液晶显示器等组成的数字温度计。其中 ICL7106 是集成芯片，它集成了 A/D 转换器、时钟发生器、参考电源、BCD-七段译码器和显示驱动电路。

当 AD590 上接入一个高于 4V 的电压后，其输出电流将正比于绝对温度。当环境温度高于 0℃时，显示正的温度数值；环境温度低于 0℃时，显示负的温度数值。测量系统的精度取决于 AD590 的精度。

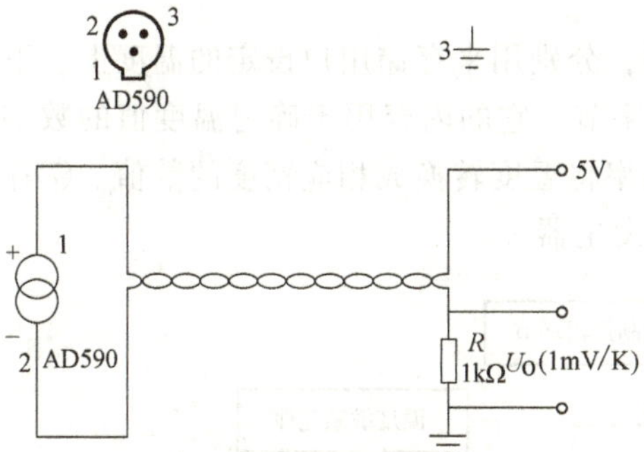

图 12-36 基本温度检测电路

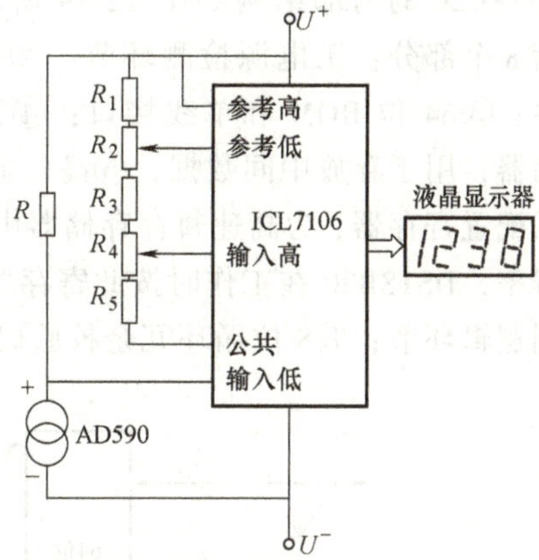

图 12-37 数字温度计

12.4.3 数字温度传感器

数字温度传感器即能把温度转换成数字量输出的传感器。本节以常用的数字温度传感器 DS18B20 为例进行介绍。DS18B20 是美国 DALLAS 半导体公司推出的数字式温度传感器，是 DS1820 的更新产品。它能够直接读出被测温度，可通过简单的编程实现 9~12 位的数字值读数方式，并且从 DS18B20 读出的信息或写入 DS18B20 的信息仅需要一根接口线（单线接口）读写。温度变换的功率来源于数据总线，总线本身也可以向所挂接的 DS18B20 供电，而无需额外电源。因而使用 DS18B20 可使系统结构更趋简单、灵活、可靠性更高，进而使其广泛用于军用、民用、工业等领域的温度测量及过程的控制。

1. 主要性能特点

1）单线接口，只有一根接口线与 CPU 连接，可实现微处理器与 DS18B20 的双向串行通信，无需任何外部元器件。

2）不需要备份电源、可用数据线供电，电压范围为 3.0~5.5V。

3）测温范围从 -55~125℃，最大误差不超过±2℃；在 -10~85℃温度范围，精度为±0.5℃。

4）通过编程可实现 9 位和 12 位的数字读数方式，在 93.75ms 和 750ms 内将温度值转化 9 位和 12 位的数字量。

5）用户可自行定义、设定报警上下限值，存在非易失存储器中。

6）支持多点组网功能，多个 DS18B20 可以并联使用，实现多点测温。

7）具有电源反接保护电路，当电源极性接反时，能保护芯片不会因发热而烧毁，但此时芯片不能正常工作。

2. 外形及引脚说明

DS18B20 采用 3 脚 PR-35 封装或 8 脚 SOIC 封装，引脚排列如图 12-38 所示。I/O 为数据输入/输出端（即单线总线），它属于漏极开路输出，外接上拉电阻后常态下呈高电平。V_{DD} 是可供选用的外部 5V 电源端，不用时需接地。GND 为地，NC 为空脚。

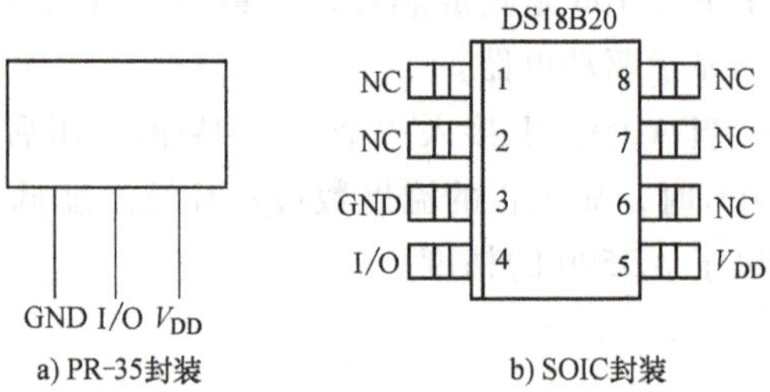

图 12-38　DS18B20 的引脚排列

3. 内部结构

DS18B20 的内部结构如图 12-39 所示。主要包括 8 个部分：①电源检测环节；②温度敏感元件；③64 位 ROM 和单线接口；④高速暂存存储器，用于存放中间数据；⑤高、低温触发器，分别用来存储用户设定的温度上、下限值；⑥配置寄存器，为高速暂存存储器中的第五个字节，它的内容用于确定温度值的数字转换分辨率，DS18B20 在工作时按此寄存器中的分辨率将温度转换成相应精度的数值。⑦存储与控制逻辑环节；⑧8 位循环冗余校验码（CRC）发生器。

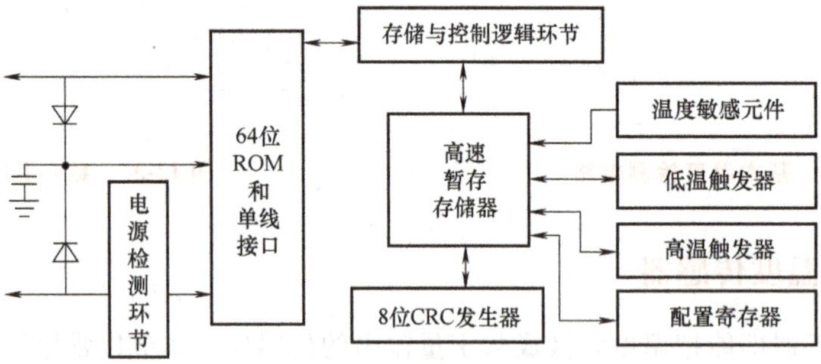

图 12-39　DS18B20 的内部结构

4. 测温原理

DS18B20 的测温原理如图 12-40 所示，低温度系数振荡器用于产生固定频率的脉冲信号 f_0 给减法计数器 1，高温度系数振荡器振荡则相当于 T/f 转换器，振荡频率随温度变化而改变，能将被测温度 T 转换成频率信号 f，作为减法计数器 2 的脉冲输入，系统中还隐含着计

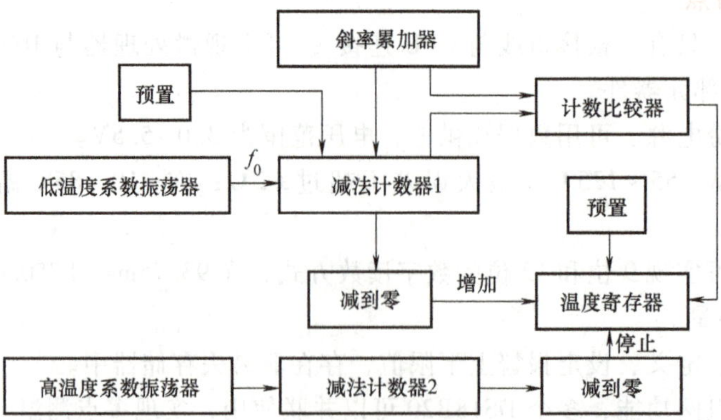

图 12-40　DS18B20 的测温原理

数门，当计数门打开时，DS18B20 通过对低温度系数振荡器产生的时钟脉冲 f_0 进行计数，来完成温度测量。计数门的开启时间由高温度系数振荡器来决定，每次测量前，首先将 -55℃所对应的基数分别置入减法计数器 1 和温度寄存器中。在计数门关闭之前，若减法计数器 1 值减到 0 时，温度寄存器的值将增加 0.5℃，减法计数器 1 根据斜率累加器的状态将重新置入新的数值，再对时钟进行计数，然后减至零，温度寄存器的值又增加 0.5℃，只要计数门仍未关闭，就重复上述过程，直至温度寄存器值达到被测温度值。这就是 DS18B20 的测温原理。斜率累加器输出用于修正减法计数器的预置值。

5. 与微处理器连接

以 MCS-51 单片机为例，图 12-41 中采用寄生电源供电方式，P1.1 口接单线总线，为保证在有效的 DS18B20 时钟周期内提供足够的电流，可用一个 MOSFET 和 89C51 的 P1.0 来完成对总线的上拉。当 DS18B20 处于写存储器操作和温度 A/D 转换操作时，总线上必须有强的上拉，上拉开启时间最大为 10μs。采用寄生电源供电方式是 V_{DD} 和 GND 端均接地。由于单线制只有一根线，因此 I/O 口必须是三态的。主机控制 DS18B20 完成温度转换必须经过 3 个步骤：初始化、ROM 操作指令、存储器操作指令。假设单片机系统所用的晶振频率为 12MHz，根据 DS18B20 的初始化时序、写时序和读时序，分别编写 3 个子程序：INIT 为初始化子程序，WRITE 为写（命令或数据）子程序，READ 为读数据子程序，所有的数据读写均由最低位开始。在实际应用中，可以采用在数据线上加一个 4.7kΩ 上拉电阻，另外两个脚分别接电源和地，如图 12-42 所示。

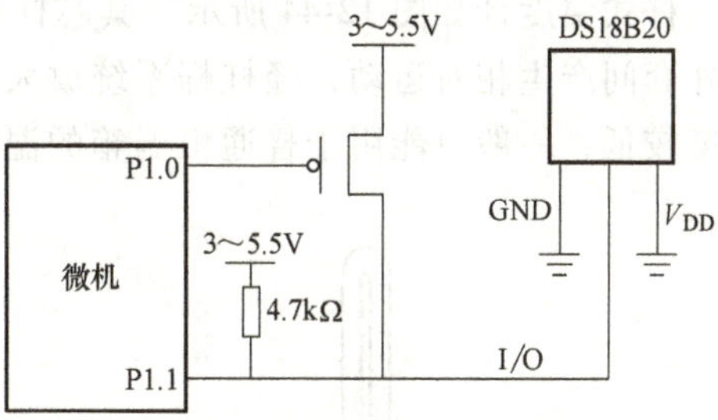

图 12-41　DS18B20 与微处理器典型连接

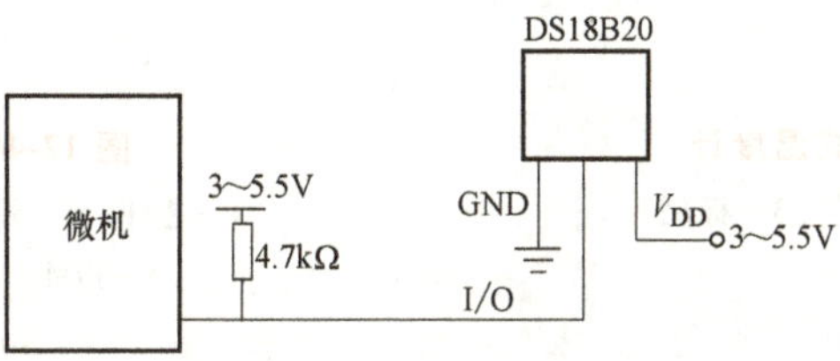

图 12-42　DS18B20 与微处理器的实际连接

【视频讲解】
半导体温度传感器

12.5　其他测温方法

除了上述介绍的用热电偶、金属电阻、半导体温度传感器进行温度测量的方法外，其他测温方法还包括膨胀式测温、示温涂料、辐射式测温等，本节简单介绍膨胀式温度计及示温涂料。

12.5.1　膨胀式温度计

膨胀式温度计分为液体膨胀式温度计和固体膨胀式温度计两类。

1. 液体膨胀式温度计

液体膨胀式温度计是应用最早的温度计。由于其结构简单、使用方便、成本低廉，因此现在仍得到广泛的使用。最常见的是玻璃管式温度计，其结构如图 12-43 所示。贮液泡中贮有介质（水银、乙醇等），毛细管与贮液泡相连，液体介质充满了贮液泡和毛细管中的一部分。由于各类液体膨胀式温度计的功用不同，因而在结构上各有差异。在毛细管的顶端一般都有一个安全泡，用以在被测温度超过测量上限时，不至于使玻璃管破裂。玻璃管式温度计的测量上、下限受到了液体蒸发和凝固温度的限制，为了提高测量上限，也可以在玻璃管式温度计内充以较高气压的气体，这样可以使液体的沸点提高。

2. 固体膨胀式温度计

固体膨胀式温度计是利用两种材料的膨胀系数不同的原理制成的。主要可分为杆式和双金属片式两大类。

杆式温度计如图 12-44 所示，其芯杆和外套具有不同的膨胀系数，在温度变化时，芯杆和外套间产生相对运动，经杠杆系统放大后直接指示温度。这种温度计结构简单、可靠，但精度较低，一般只能用于普通恒温箱的温度控制。

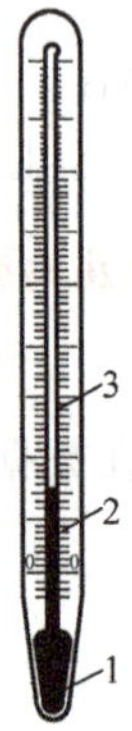

图 12-43 玻璃管式温度计

1—贮液泡 2—毛细管 3—标尺

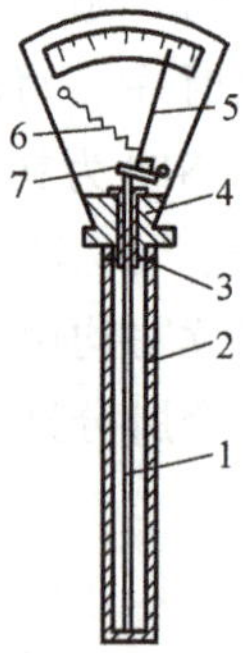

图 12-44 杆式温度计

1—芯杆 2—外套 3—弹簧 4—基底 5—指针 6—拉环 7—杠杆

双金属片式温度计的感温元件如图 12-45 所示。由膨胀系数不同的两种金属片 A、B 牢固结合在一起而制成，一端固定，另一端为自由端。随着温度的升高，具有较大膨胀系数的金属片 A 膨胀较大，引起双金属片自由端产生位移。位移量的大小取决于温度变化量、双金属片材料和长度。这种弯曲变形经传动放大机构带动指针指示温度值，也可以用来控制电器触点的开启或闭合，如家用电饭煲、热水炉等所用的热继电器。由于双金属片越长，自由端位移越显著，因此可将其卷成螺旋状，如图 12-46 所示。这种温度计廉价、牢固，一般在 -30～600℃温度范围内使用，精度可达 0.5～1.0 级。

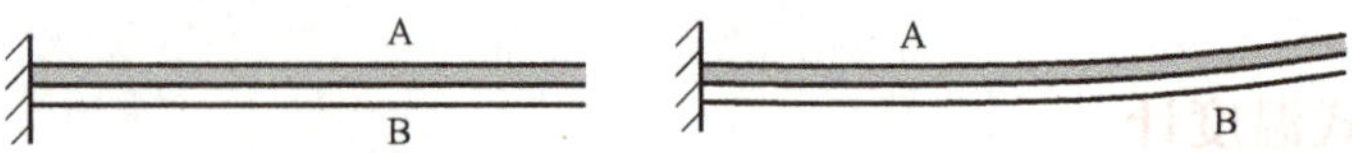

图 12-45 双金属片式温度计的感温元件

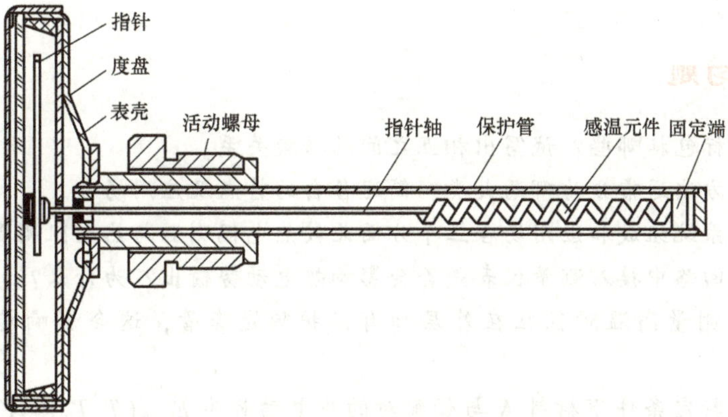

图 12-46　螺旋状双金属片式温度计结构

【动画演示】
双金属片
温度计测温

12.5.2　示温涂料

示温涂料是一种利用颜色变化指示物体表面温度及温度分布的特种涂料。其原理是涂层被加热到一定温度时，涂料中对热敏感的颜料发生某些物理或化学变化，导致分子结构、分子形态变化，其外在的表现就是颜色变化，借以指示温度，因而又称为变色涂料或热敏涂料。

示温涂料测温范围通常为 37～1350℃，其主要特点为：

1）特别适用于一般温度传感器无法测量和难以测量的场合，如高速运转的部件或结构复杂部件的温度分布测量。

2）不可逆示温涂料可作为记录资料予以保存。

3）测量方便、简单、经济、直观，不需要其他任何仪器设备。

4）受使用条件的限制、精度稍差、只能对一些特征温度点测温、无法对温度的变化过程连续测量。

示温涂料根据变色后出现颜色的稳定性，可以分为可逆型示温涂料和不可逆型示温涂料；根据涂层随温度变化所出现颜色的多少，可分为单变色示温涂料和多变色示温涂料。温升到变色点后发生颜色变化、降温后又恢复原色，这一现象可反复多次出现的是可逆型示温涂料，如 Ag_2HgI_4、$CoCl_2 \cdot 2C_6H_{12}N_4 \cdot 10H_2O$ 等，变色温度大多在 100℃以下，处于 40～75℃之间。变色后温度改变而颜色保持不变的是不可逆型示温涂料，如 $Co(NH_3)_5Cl_3$、$NiCO_3$、NiC_2O_4 等，变化温度都在 100℃以上，有的高达 950℃，大多数在 150～300℃之间。

示温涂料作为一种便捷的测温工具，广泛用于航空、电子、化工、炼油、机械、食品、玩具等领域。例如，炼油工业过程监测、机电设备部件的超温预警；飞机的发动机涡轮叶片、飞机试飞时表面蒙皮温度的测量；返回式卫星和大气层摩擦产生的温度以及内部仪表经受的最高温度等的测量；食品、卫生、医疗领域的保鲜、冷藏温度的指示等。

【拓展阅读】　亮度温度计

【视频讲解】
其他测温方法

思考题与习题

12-1 常用的温标包括哪些？试写出相互之间的转换关系。

12-2 温度测量方法通常分为哪两大类？简述各自的特点及应用场合。

12-3 从原理、系统组成和应用场合三个方面比较热电偶测温与热电阻测温的异同。

12-4 在热电偶回路中接入测量仪表是否会影响热电动势输出？为什么？

12-5 热电偶在测量高温时往往在外层加有保护陶瓷套管，这会影响传感器的什么特性？

12-6 已知在某特定条件下材料 A 与铂配对的热电动势为 $E_{A铂}(T,T_0)=13.967\text{mV}$，材料 B 与铂配对的热电动势是 $E_{B铂}(T,T_0)=8.345\text{mV}$，求出在此特定条件下，材料 A 与材料 B 配对后的热电动势 $E_{AB}(T,T_0)$。

12-7 某电炉的温度测量控制系统如图 12-47 所示，用 K 型热电偶测量炉温，炉内的加热用 1Ω 的电阻。假设热电偶测量端温度 $T_{sens}=600℃$，参考端温度 $T_{ref}=32℃$，维持炉温 $T_{sens}=600℃$ 需要 100W。请计算 U_{tc}、U_{sens}、U_{set}、U_{error}、$U_{control}$ 的值（注：图中放大器的放大倍数 K 均为 100 倍）。

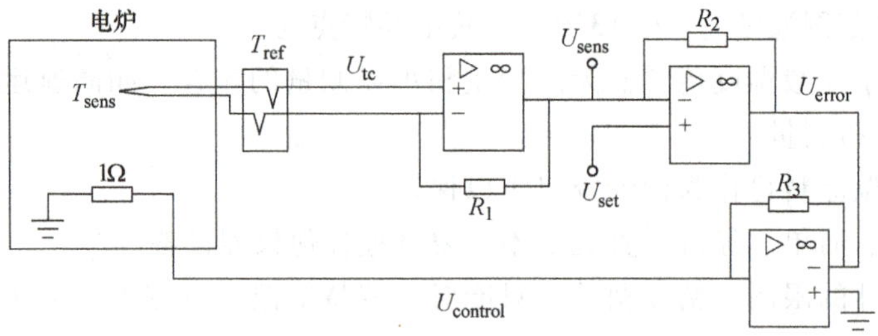

图 12-47 题 12-7 图

12-8 为什么金属电阻测温时，其测量电路常采用三线制或四线制接法？

12-9 半导体热敏电阻随温度变化的特性有哪几种？分别有哪些应用？

12-10 以热敏电阻作为温度敏感元件，设计一个水温测量仪表，测量范围 $-20\sim90℃$，非线性误差 $\leqslant1\%$。

12-11 试列举几种测温方法。

12-12 通过环境温度的检测可以实现火灾报警，采用静态测量方法检测温度达到预设值即报警，采用动态测量方法则可以在环境温度上升较快时进行报警，试分析比较两种检测方法。

第 13 章 流量的测量

流量是工业生产过程检测控制中一个很重要的参数。在石油、化工、水电等部门，流体流量的检测、能源与物料的管理、流体介质的输送与控制等都需要进行流量的测量。近年来随着能源和水资源的全球性匮乏，随着西气东输、南水北调等国家重点工程的投产运行，社会对流量计量和测试技术的要求不断增高。据统计，流量计目前有百余种，每种都有其独特的应用价值，因此，应根据测量仪表的工作条件和测量对象的物理特性选用合适的测量方式。

13.1 流量测量基础

13.1.1 流量及定义

流体（气体、液体、粉末或固体颗粒等）在单位时间内通过管道某一截面的体积或质量数，称为流体的体积流量、质量流量。

体积流量定义为

$$Q_v = Av \tag{13-1}$$

质量流量定义为

$$Q_m = \rho Av \tag{13-2}$$

两者之间的关系为

$$Q_m = \rho Q_v \tag{13-3}$$

式中，ρ 为流体的密度（kg/m^3）；A 为管道截面积（m^2）；v 为流体流过某有效截面的平均流速（m/s）。

人们把单位时间内流体通过管道某截面的流量叫作瞬时流量，把在某一段时间内流体流量的总和称为总流量。用来测量瞬时流量的仪表称为流量计，用来计量总流量的仪表称为总量计。

13.1.2 流体的基本知识

1. 黏性

流体流动时，由于流体与固体壁面的附着力和流体本身之间的分子运动，使流体各处的速度产生差异。如图 13-1 所示，两平面间充满流体，设下平面固定不动，而上平面以速度 v 运动，贴近两平面的流体必粘附于平面上，紧贴于运动面上的流体质点以与运动平面相同的

速度 v 运动，而紧贴于下平面的流体质点速度为零，平面间流体层的速度各不相同。运动快的流层可以带动较慢的流层，运动较慢的流层则又阻滞运动较快的流层，即流层之间产生了阻碍相对运动的内摩擦力，称为黏滞力。流体具有黏滞力的性质称为黏滞性或黏性。黏滞力的大小与流体的速度梯度和接触面积成正比，并与流体黏性有关，其数学表达式为

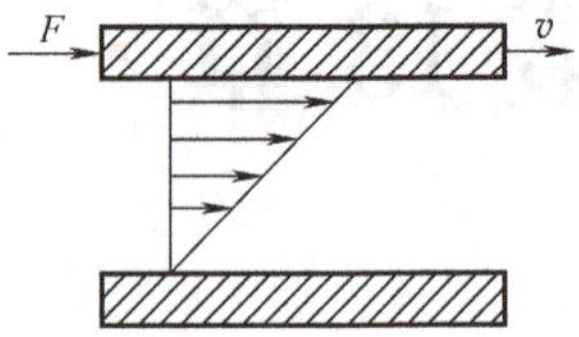

图 13-1　平面间流体速度变化

$$F = \mu A \frac{du}{dy} \tag{13-4}$$

式中，F 为黏滞力；A 为接触面积；$\frac{du}{dy}$为流体垂直于速度方向上的速度梯度；μ 为流体黏性的比例系数。

式（13-4）称为牛顿黏性定律。

2. 雷诺数

实验表明，同一流体在同一管道内流动时，由于流速的不同，可形成两种性质不同的流动形态：层流和紊流。层流中流体各质点平行于管路内壁有规则地流动，而且层次分明，各流层的液体质量互不掺杂；紊流中流体无规则而紊乱交错地流动，并有漩涡掺杂于各流层之间。

流体在一定的条件下是层流，当条件改变后，可变为紊流。根据雷诺实验可得到一个判断流体形态的准则数，叫雷诺准则数，简称雷诺数。流动时的惯性力和黏滞力（内摩擦力）之比称为雷诺数，它是表征黏性流体流动特性的一个重要参数。其定义为

$$Re = \frac{D\rho\bar{v}}{\mu} \tag{13-5}$$

式中，D 为圆管直径（流经通道为圆管时）；ρ 为流体密度；$\bar{v}$ 为流体平均流速；μ 为流体动力黏度。

依据雷诺数的大小可以判别黏性流体的流动特性。雷诺数小，意味着流体流动时各质点间的黏滞力占主要地位。雷诺数大，意味着惯性力占主要地位。在工程上，对于圆管，一般管道雷诺数 $Re<2100$ 时，流体为层流状态，$Re>4000$ 时，流体为紊流状态，$Re=2100\sim4000$ 时，为过渡状态。在不同的流动状态下，流体的运动规律、流速的分布等都是不同的，所以管道内流体的平均流速 $\bar{v}$ 与最大流速 v_{max} 的比值也是不同的。因此雷诺数的大小决定了黏性流体的流动特性。

3. 管流类型

（1）单相流和多相流　管道中只有一种均匀状态的流体流动称为单相流，有两种以上的不同相流体同时在管道中流动称为多相流。

（2）稳定流和不稳定流　当流体流动时，若各处的速度、压力仅和流体质点所处的位置有关，而与时间无关，则流体的这种流动称为稳定流。若各处的速度和压力不仅和流体质点所处的位置有关，而且与时间有关，则流体的这种流动称为不稳定流。

（3）层流与紊流　定义见本节对雷诺数的描述。

4. 连续性方程（质量守恒）

根据质量守恒规律，流体在管道内恒定流动，单位时间流过任一截面的流体质量必定相等，即

$$\rho_1 v_1 A_1 = \rho_2 v_2 A_2 = 常数 \tag{13-6}$$

式中 v_1、v_2 为截面 1、2 外流体的平均流速；A_1、A_2 为截面 1、2 的截面积；ρ_1、ρ_2 为流体在流经截面 1、2 时流体的密度。

对于不可压缩流体则有

$$v_1 A_1 = v_2 A_2 = 常数$$

由式（13-6）可知，如果管道各截面积为常数，可以方便求出流体流经各截面的流速。

5. 伯努利方程（能量守恒）

不可压缩流体在恒定流动时，其能量主要为机械能和内能。流体的内能与温度有关。但由于不可压缩的流体受热不膨胀，故其内能不能转换为机械能，所以不可压缩的流体流动时，只需考虑机械能。图 13-2 所示为一段流体管道，其机械能有以下几种。

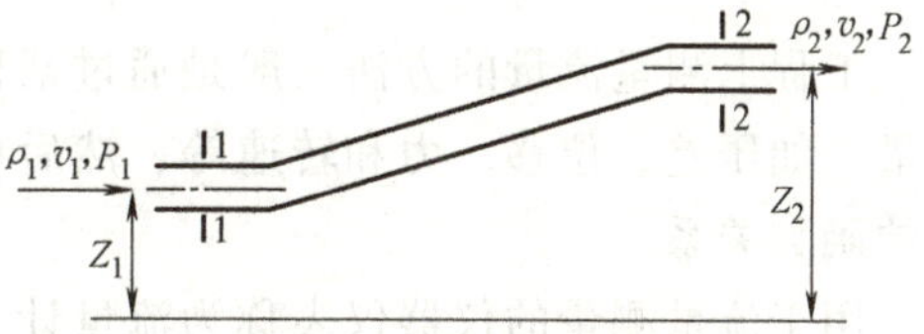

图 13-2　某一段流体管道

1）管内质量为 m 的流体在高度为 Z_1 处时，所具有的势能为

$$E_p = mgZ_1 \tag{13-7}$$

2）质量为 m 的流体以速度为 v_1 流动时，所具有的动能为

$$E_k = \frac{1}{2} m v_1^2 \tag{13-8}$$

3）压力能为

$$E_f = F_1 L_1 = p_1 S_1 \frac{V_1}{S_1} = p_1 V_1 \tag{13-9}$$

式中，p_1 为流体内部的静压力；L_1 为流体通过截面 1—1 所走过的距离；V_1 为体积；S_1 为管道截面面积。

因此，流体在管道截面 1—1 的能量为

$$E_{1-1} = E_p + E_k + E_f = m\left(gZ_1 + \frac{v_1^2}{2} + \frac{p_1}{\rho_1}\right) \tag{13-10}$$

同理，流体在管道截面 2—2 的能量为

$$E_{2-2} = m\left(gZ_2 + \frac{v_2^2}{2} + \frac{p_2}{\rho_2}\right) \tag{13-11}$$

由能量守恒定律，可得

$$gZ_1 + \frac{v_1^2}{2} + \frac{p_1}{\rho_1} = gZ_2 + \frac{v_2^2}{2} + \frac{p_2}{\rho_2} \tag{13-12}$$

由于流体不可压缩，$\rho_1 = \rho_2 = \rho$，则

$$gZ_1 + \frac{v_1^2}{2} + \frac{p_1}{\rho} = gZ_2 + \frac{v_2^2}{2} + \frac{p_2}{\rho} \tag{13-13}$$

式中，$\frac{p_1}{\rho}$、$\frac{p_2}{\rho}$为单位质量的压力能；$\frac{v_1^2}{2}$、$\frac{v_2^2}{2}$为单位质量的动能；gZ_1、gZ_2 为单位质量的势能。

式（13-13）为不考虑压缩性的伯努利方程，说明了流体流动时，不同性质的流体能量可以相互转换，但总的机械能守恒。

实际流体具有黏性，在流动过程中要克服流体与管壁以及流体内部的相互摩擦力而做功，这将使流体的一部分机械能转化为热能而耗散。因此，实际流体的伯努利方程可写为

$$gZ_1+\frac{v_1^2}{2}+\frac{P_1}{\rho}=gZ_2+\frac{v_2^2}{2}+\frac{P_2}{\rho}+h_{wg} \tag{13-14}$$

式中，h_{wg} 为截面 1 和 2 之间实际流体流动产生的能量损失。

【视频讲解】流量测量基础

13.2 流量计分类

工程上测量流量的方法一般是通过某种中间元件，将管道中流动的液体流量转换成流体参量，如压差、位移、力和转速等，然后再将参量转换成电量输出。电量与流量之间存在一定的函数关系。

用于流量测量的仪器仪表称为流量计。按照测量原理分类，流量计主要可分为容积式流量计、差压式流量计、流体阻力式流量计、速度式流量计、质量式流量计等。

(1) 容积式流量计　它利用固定的体积对流体流量进行累加计量，如椭圆齿轮式流量计、腰轮式流量计、活塞式流量计、刮板式流量计等。

(2) 差压式流量计　它利用流体静压差与流过流体的流量有一定函数关系的原理，通过测量静压差求得流量，如节流式流量计、均速管流量计等。

(3) 流体阻力式流量计　它利用流体流动给导管中的阻力体以作用力，而作用力的大小和流量大小有关的测量原理，如转子流量计、浮子流量计、靶式流量计等。

(4) 速度式流量计　它利用流体速度与流量成正比的函数关系，通过测量速度而求得流量。如涡轮流量计、涡街流量计电磁流量计、超声波流量计、激光流量计等。

(5) 质量式流量计　它利用质量流量与体积流量、流体受力等之间的关系，构造质量与流量的关系，如科里奥利力质量流量计等。

13.3 常用流量计

13.3.1 椭圆齿轮流量计

1. 结构和工作原理

椭圆齿轮流量计属于容积式流量计。其主要结构如图 13-3 所示。A、B 是装在壳体内的一对相互啮合的椭圆齿轮，它们与壳体构成了一个封闭的流体计量空间。

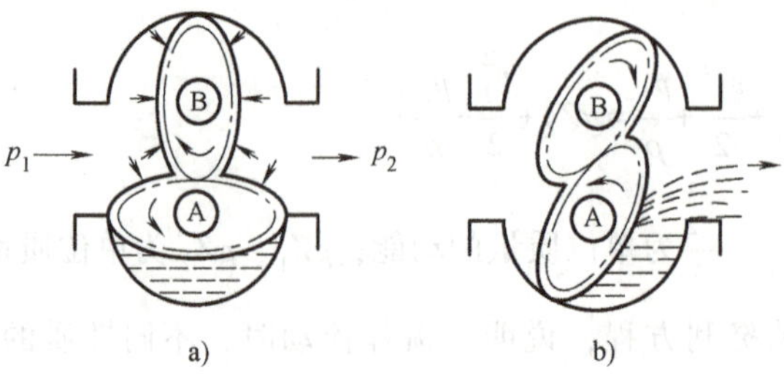

图 13-3　椭圆齿轮流量计

【动画演示】椭圆齿轮流量计

当被测介质从左方进入流量计时，进出口压力差$\Delta p = p_1 - p_2$的存在，使得椭圆齿轮受到转矩的作用而转动。在图 13-3a 所示位置时，由于$p_1 > p_2$，在p_1和p_2所产生的合转矩作用下，把齿轮 A 与壳体间月牙形容积内的流体排至出口，并带动齿轮 B 顺时针方向转动；在图 13-3b 所示位置时，A 与 B 两轮都产生转矩，两轮继续转动，并逐渐将流体封入齿轮 B 和壳体所形成的月牙形容积内，当继续转到图 13-3c 所示位置时，p_1和p_2作用在齿轮 A 上的转矩为零，而齿轮 B 入口压力大于出口压力，产生转矩，使齿轮 B 成为主动轮并继续进行顺时针转动，同时把齿轮 B 与壳体间月牙形容积内的流体排至出口。如此往复，A、B 两齿轮交替带动，椭圆齿轮每转一周，向出口排出 4 个月牙形容积的流体。若每个月牙形容积为V_0，椭圆齿轮的转数为n，则通过椭圆齿轮流量计的体积流量为

$$Q = 4V_0 n \tag{13-15}$$

由式（13-15）可知，只要测量出齿轮的转速n，便可确定通过流量计的流量大小。

2. 工作特性

椭圆齿轮流量计特别适合于累计流量的测量，尤其是中小流量的测量，受流体黏度影响小，测量精度高（可达 0.2%~0.5%），但加工复杂，成本高，不适用于含固体颗粒流体流量的测量。测量流量时，椭圆齿轮在一周内的转速是变化的。由于角速度的脉动，所以不能通过测量瞬时转速来表示瞬时流量，而只能根据整数圈的平均转速来确定平均流量。

椭圆齿轮流量计是借助于固定的容积来计量流量的，测量误差主要来源于椭圆齿轮与壳体之间存在间隙而造成的泄漏，它与流体的流动状态及黏度有关。黏度大的泄漏较少；流量增大时，流量计两边的压差增大，泄漏减小。另外，要获得高的测量精度，应保证加工精确，各运动部件间的配合紧密，使用中不出现腐蚀和磨损。

【拓展阅读】 其他容积式流量计

13.3.2 差压式流量计

【视频讲解】椭圆齿轮流量计

1. 概述

差压式流量计利用的是流体流过管道中安装的节流元件时产生压力差，此压力差与流体流量间有确定的数值关系，通过测量该压力差，就可以实现流量的测量。差压式流量计是目前应用最多的一种流量计，它常用于气体、液体、蒸汽流量的测量，具有结构简单、性能稳定、适应性广等优点。但由于压力损失大，所以测量精度偏低。

差压式流量计由节流装置和静压差测量计组成。完整的节流装置由节流元件、取压装置和上下游测量导管组成。节流装置装在管道内，流体流经节流装置时在节流元件前后产生压差。常见的节流装置有三种：孔板、喷嘴、文丘里管，如图 13-4 所示。

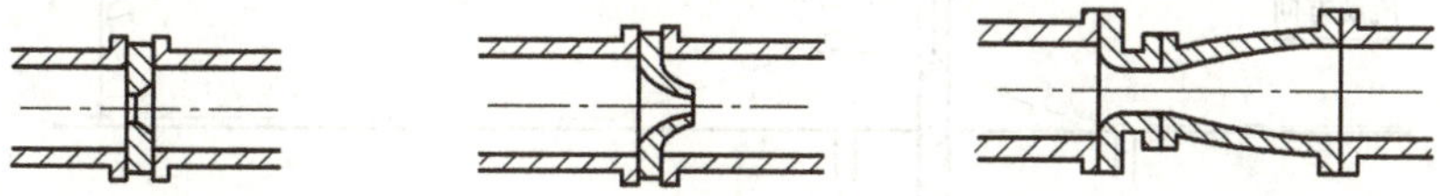

a) 孔板　　b) 喷嘴　　c) 文丘里管

图 13-4　几种节流装置

孔板是一块具有与管道同心圆形开孔的圆板，迎流一侧是有锐利直角入口边缘的圆筒形孔，顺流的出口呈扩散的锥形，如图 13-4a 所示，其优点是结构简单，加工方便，价格便

宜，但在测量中压力损失较大，测量精度较低，只适用于洁净流体介质，测量大管径高温高压介质时，孔板易变形。喷嘴在管道内的部分是圆的，由圆弧形的收缩部分和圆筒形喉部组成，如图 13-4b 所示。文丘里管的测量精度最高，流体流经文丘里管时，管内流线型表面与流束趋向一致，节流后，压力损失最小，但文丘里管价格贵，体积大。目前，三种节流装置都有标准规格的产品，仅适用于测量管道直径大于 50mm，雷诺数在 105 以上的流体，而且流体应当清洁，充满全部管道，不发生相变。

【拓展阅读】 标准节流装置实物图

2. 取压方式

以孔板为例，根据节流装置取压口位置可将取压方式分为理论取压、角接取压、法兰取压、径距取压与损失取压 5 种，如图 13-5 所示。

（1）理论取压 上游取压管的中心位于距孔板前端面一倍管道直径 D 处，下游取压管的中心位于流速最大、收缩最小的断面处，如图 13-5 中的 1-1 处。这种取压方式应用于 $D>100$mm 的情况，对于小直径管道，不宜采用该法。

（2）角接取压 上、下游的取压管位于孔板前后端面处，如图 13-5 中的 2-2 处，通常由环室或夹紧环取压。环室取压是在紧贴孔板的上、下游形成两个环室，通过取压管测量两个环室压力差；夹紧环取压是在紧靠孔板上、下游两侧钻孔，直接取出管道压力进行测量。两种方法相比，环室取压均匀，测量误差小，对直管段长度要求较短，多用于 $D<400$mm 处，而夹紧环取压多用于 $D>200$mm 处。

（3）法兰取压 这种方式不论管道直径大小，上下游取压管中心均位于距离孔板两侧相应端面 25.4mm 处，如图 13-5 中的 3-3 处。

（4）径距取压 上游的取压管的中心位于距离孔板前端一倍管道直径 D 处，下游取压管的中心位于距离孔板前端$\frac{D}{2}$处，如图 13-5 中的 4-4 处。径距取压法和理论取压法的差别仅是其下游取压点是固定的。

（5）损失取压 上游的取压管的中心位于距离孔板前端 2.5D 处，下游取压管的中心位于距离孔板后端面 8D 处，如图 13-5 中的 5-5 处。这种取压方式测得的压差值，即流体流经孔板的压力损失值。

目前广泛采用的是角接取压法，其次是法兰取压法。角接取压法比较简便，容易实现环室取压，测量精度较高。法兰取压法结构较简单，容易装配，计算也方便，但精度较角接取压法低些。

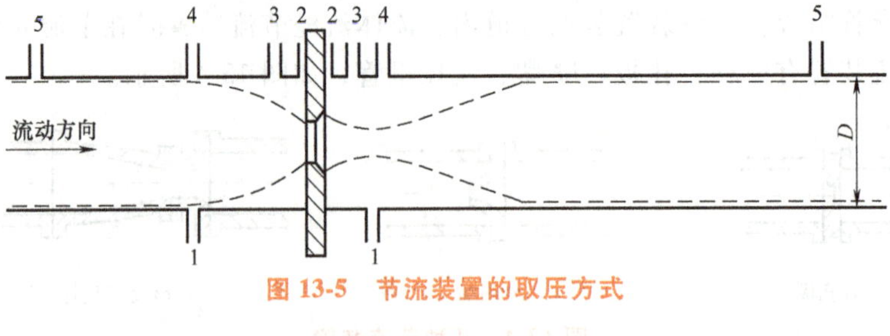

图 13-5 节流装置的取压方式

3. 测量原理

以孔板作为节流元件的差压流量计如图 13-6 所示，假设管道内充满连续流动的理想流体（不可压缩、无黏性）。在截面 1 前，平均流速为 v_1，静压力为 p_1，接近孔板时，管壁处受阻挡最大，使部分动能转换成静压力能，静压力升高。当流体流过孔板时，流束截面积缩小，流速加快，压力下降。至截面 2 处，流束截面收缩到最小，流速 v_2 达到最大，静压力 p_2 最低。然后流束截面扩张，流速逐渐降低，静压力升高，直到截面 3 处，由于涡流区的存在，导致流体能量损失，因此在截面 3 处的静压力不能恢复到原先的 p_1，从而产生永久的压力损失 δp。

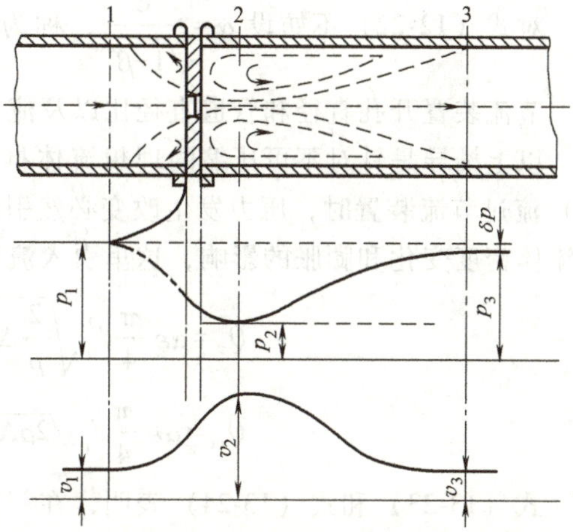

图 13-6 流体流经孔板前后压力和流速变化情况

根据伯努利方程，流体流经截面 1、截面 2 的能量关系为

$$\frac{p_1}{\rho}+\frac{v_1^2}{2}=\frac{p_2}{\rho}+\frac{v_2^2}{2} \tag{13-16}$$

式中，v_1、v_2 为截面 1、2 处的平均流速；p_1、p_2 为截面 1、2 处的流体静压力；ρ 为流体密度。

根据流体的连续性方程，有

$$v_1A_1=v_2A_2 \tag{13-17}$$

$$\frac{\pi}{4}D^2v_1=\frac{\pi}{4}d^2v_2 \tag{13-18}$$

式中，A_1、A_2 为截面 1、2 的有效截面面积，D、d 为截面 1、2 上的流束直径。

由式（13-16）和式（13-18）可计算出截面 2 流速 v_2，从而得到截面 2 处体积流量为

$$Q_v=v_2A_2=\frac{1}{\sqrt{1-\left(\frac{d}{D}\right)^4}}\cdot\frac{\pi}{4}d^2\sqrt{\frac{2}{\rho}(p_1-p_2)} \tag{13-19}$$

质量流量为

$$Q_m=\rho v_2A_2=\frac{1}{\sqrt{1-\left(\frac{d}{D}\right)^4}}\cdot\frac{\pi}{4}d^2\sqrt{2\rho(p_1-p_2)} \tag{13-20}$$

式（13-19）和式（13-20）反映了流量与节流元件前后压差 $\Delta p=p_1-p_2$ 之间的理想关系。实际上，两式中 A_2 为流束最小收缩截面，其位置和大小均难以确定，因此静压力 p_2 也难以确定，所以必须进行修正。为了计算和使用方便，用节流件的开孔截面 A_0 代替流束最小收缩截面 A_2。在应用中，压差取自距节流件前后端面的固定位置处的 $\Delta p'=p_1'-p_2'$，而非 $\Delta p=p_1-p_2$，这样压力易于测量。通常用一个无量纲系数 C 进行修正，C 称为流出系数。

设节流件的开孔直径 d_0 与管道直径 D 的比值为 $\beta=\frac{d_0}{D}$，则式（13-19）可写为

$$Q_v=\frac{C}{\sqrt{1-\beta^4}}\cdot\frac{\pi}{4}d_0^2\sqrt{\frac{2}{\rho}\Delta p'} \tag{13-21}$$

同理，式（13-20）可写为

$$Q_m=\frac{C}{\sqrt{1-\beta^4}}\cdot\frac{\pi}{4}d_0^2\sqrt{2\rho\Delta p'} \tag{13-22}$$

对式（12-22）不妨设 $\alpha=\dfrac{C}{\sqrt{1-\beta^4}}$，称为流量系数，它与节流装置的结构形式、取压方式、节流装置开孔直径和管道直径比以及流体流动状态等有关，可通过查表得到。

以上推导是针对不可压缩的理想流体推导的流量公式。可压缩流体（如各种气体、蒸汽）流过节流装置时，压力发生改变必然引起密度 ρ 的改变，因此对于可压缩流体，必须考虑流体密度变化和膨胀的影响，这里引入流束膨胀系数 ε 进行修正，则可得

$$Q_{\mathrm{v}}=\alpha\varepsilon\frac{\pi}{4}d_0^2\sqrt{\frac{2}{\rho}\Delta p'} \tag{13-23}$$

$$Q_{\mathrm{m}}=\alpha\varepsilon\frac{\pi}{4}d_0^2\sqrt{2\rho\Delta p'} \tag{13-24}$$

【视频讲解】差压式流量计

式（13-23）和式（13-24）表明，在一定条件下，流体流量与节流元件前后压差的二次方根成正比，通过测量此压差就可以得到流经管道的流体流量。

13.3.3 转子流量计

转子流量计又称浮子流量计，它也是利用节流原理测量流量，且适用于小流量测量。转子流量计由锥形管和沿锥形管的中心线上下自由浮动的转子组成，如图 13-7 所示。转子在管内可视为一个节流元件，通过节流面积的变化反映流量的大小，差压值基本保持不变，所以又称恒压差变截面流量计。

转子流量计测量流量时，流体自下而上流过锥形管，经过转子与锥形管壁间的环形缝隙时，由于缝隙的节流作用，在转子的上、下端产生一个压差，此压差对转子施加一个向上的推力，转子向上移动。由于锥形管上部截面积增大，转子向上移动，环形缝隙流通面积增大，压差减小，若压差 Δp 对转子产生的向上的作用力与介质对转子的浮力之和等于转子受到的重力，转子就处于平衡状态，即

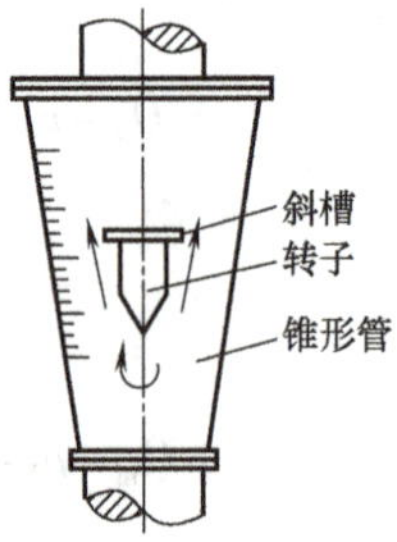

图 13-7 转子流量计原理图

【动画演示】转子流量计

$$\Delta pA_{\mathrm{f}}+\rho V_{\mathrm{f}}g=\rho_{\mathrm{f}}V_{\mathrm{f}}g \tag{13-25}$$

式中，Δp 为转子前后的压差；A_{f} 为转子的最大截面积；V_{f} 为转子的体积；g 为重力加速度；ρ 为流体的密度；ρ_{f} 为转子的密度。

若流量增大时，压差变大，使转子上移，转子与锥形管间的缝隙变大，即流通面积变大，流体流速变慢，压差降低，直至三个力达到新的平衡状态，使转子稳定在一定高度。

由式（13-25）可知

$$\Delta p=\frac{V_{\mathrm{f}}(\rho_{\mathrm{f}}-\rho)g}{A_{\mathrm{f}}} \tag{13-26}$$

转子流量计也可认为是差压式流量计的一种，根据式（13-23）可得转子流量计测体积流量的关系式为

$$Q_{\mathrm{v}}=\alpha\varepsilon A_{\mathrm{R}}\sqrt{\frac{2gV_{\mathrm{f}}(\rho_{\mathrm{f}}-\rho)}{A_{\mathrm{f}}\rho}} \tag{13-27}$$

式中，A_R 为转子上端面处环形缝隙的面积；α 为转子流量系数。

由式（13-27）可知，A_R 决定于转子在锥形管内的平衡位置的高度，因此，转子的高度反映了被测流体流量的大小，读出其管壁对应刻度值，即是相应的流量值。

【深入思考】如何使转子在锥形管的中心线上下移动时不碰到管壁？

转子流量计可分为玻璃锥管转子流量计和金属锥管转子流量计，前者的流量标尺刻度在管壁上，可直接读取所测流量值。而对于不透明介质、高温高压介质及需要将指示远传时，多采用金属锥管转子流量计，其转子位移的检测目前多采用差动变压器式结构，转子的上端与差动变压器的活动衔铁相连，转子的位移由差动变压器绕组转换成与流量相对应的输出电压。

转子流量计结构简单，刻度线直观，使用与维护方便，压力损失小且恒定，尤其适用于小管径、低流速、低雷诺数的流体。其缺点在于：①测量精度受被测流体黏度、密度、纯净度以及湿度和压力的影响，也受安装垂直度和读数准确度的影响，精度一般在 1%～2.5%左右；②被测流体的流动必须为单相、无脉动的稳定流；③不能测高压流体；④不能有机械振动；⑤转子流量计是非标准化仪表。出厂时，液体是以水标定的，气体是以空气标定的，如实际流体密度和黏度有较大变化，需用实际流体重新标定。

【视频讲解】转子流量计

13.3.4 靶式流量计

靶式流量计主要应用于高黏度（重油、沥青、焦油等）介质、有悬浮介质、有沉淀物介质和易结晶介质的流量测量。它能反映流量的瞬时变化，具有结构简单、安装维修方便、成本低、能实现远距离测量等特点。

靶式流量计结构如图 13-8 所示，管道中放置一个圆靶，流体通过圆靶时，冲击圆靶使其受推力 F 作用，流量与作用力成一定的函数关系，测量推力 F，经过换算，就可确定流量的大小。

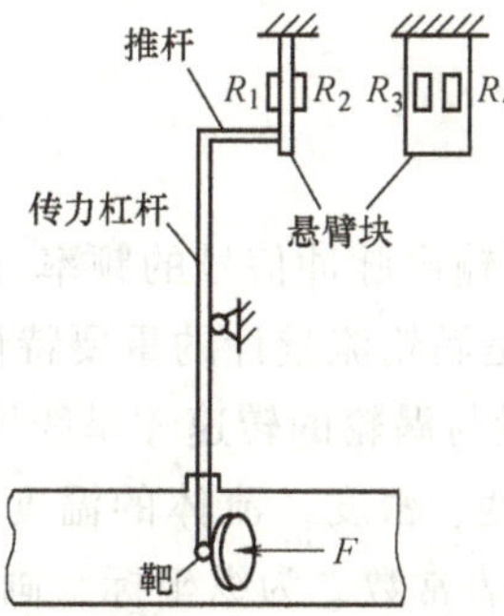

图 13-8　靶式流量计

【动画演示】靶式流量计

推力 F 主要由静压力差力 F_1 和动压力 F_2 两部分组成。则作用在靶上的推力为

$$F=F_1+F_2=A\Delta P+A\frac{\rho v^2}{2}=KA\frac{\rho v^2}{2} \tag{13-28}$$

式中，ΔP 为静压力差；A 为圆靶的受力面积；v 为流体的流速；ρ 为流体密度；K 为靶上推力系数。

由此得流速 v 为

$$v=\sqrt{\frac{2F}{KA\rho}} \tag{13-29}$$

则通过管道的流体的流量为

$$Q_v=vA_1=A_1\sqrt{\frac{2F}{KA\rho}}=K_aK_c\sqrt{\frac{F}{\rho}} \tag{13-30}$$

式中，A_1 为环形间隙的过流面积，$A_1=\frac{\pi}{4}(D^2-d^2)$；$D$ 为管道内径；d 为圆靶外径；K_a 为流量系数，K_c 为与管道几何形状有关的常数。

由式（13-30）可知，若已知ρ、D、d、K_a，通过测量靶推力F的大小，便可确定被测流体的体积流量。

13.3.5 涡轮流量计

涡轮流量计是一种速度式流量计，具有测量精度高、动态特性好、寿命长、操作简单等特点，可用于测量瞬变或脉动流量。涡轮流量计适合于洁净流体的流量测量，广泛应用于石油，化工，冶金，造纸等行业。

涡轮流量计由导流器、涡轮、转速传感器组成，其结构如图13-9所示。涡轮用导磁不锈钢材料制成，安装在流体流动的管道内，涡轮转轴的轴承由支架支撑。测量时，流体从流量计入口流经导流器后，沿平行于轴线方向，以一定的速度推动涡轮旋转，涡轮的转速与流量成正比，转速传感器把涡轮的转速转换为电脉冲信号，测定电脉冲数，就可确定流体的流量。

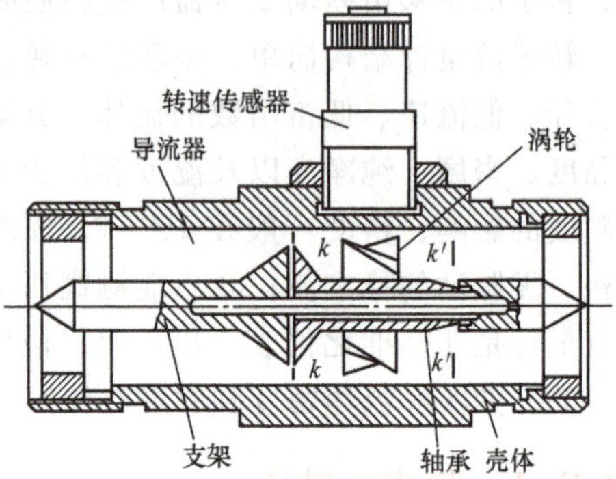

图13-9 涡轮流量计

涡轮前、后都装有导流器，其作用是把进出流量计的流体流动方向导直，抑制流体由于自旋而改变流向，以及它与叶片的冲角影响，保证测量精度。

涡轮的转速不仅与流体的流速有关，而且还与流体的性质和转速传感器的转换性质有关。如果忽略轴承的摩擦及涡轮的功率损耗，通过流量计的体积流量Q_v与传感器输出的脉冲信号频率的关系为

$$Q_v = \frac{f}{\zeta} \tag{13-31}$$

式中，f为传感器输出脉冲信号的频率（Hz）；ζ为仪表常数。

仪表常数ζ是涡轮流量计的重要特性参数，表示了流体的流量与频率间的关系。只有当ζ为常数时，流量与涡轮的转速才呈线性关系。研究表明，仪表常数ζ与流量计本身的结构尺寸、流体的黏度、密度，流体的温度和流体在涡轮周围的流动状态等因素有关。以流量Q_v为横坐标，仪表常数ζ为纵坐标，画出特性曲线如图13-10所示。

实验结果表明，在流量较大时，特性曲线近似线性，流量较小时，流量计特性较差，非线性程度大。因此，为了便于使用，涡轮流量计出厂时，厂家会以水作为工作介质，对每种规格的流量计提供线性使用范围，在使用范围内给出仪表常数ζ，使用时不必另行定度。如果被测流体的温度、黏度与厂家提供的范围不同，变化较大，在这种情况下，流量计的特性曲线要重新定度。

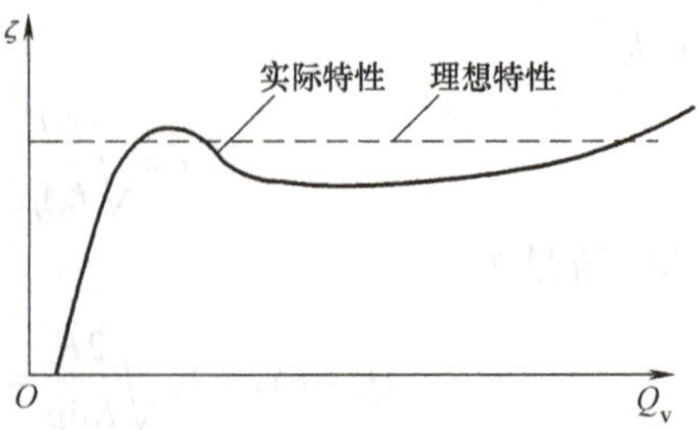

图13-10 涡轮流量计特性曲线

【视频讲解】
涡轮流量计

13.3.6　电磁流量计

电磁流量计是 20 世纪 60 年代随着电子技术的发展而迅速发展起来的一种新型流量测量仪表。它根据法拉第电磁感应定律来测量导电流体的体积流量。由于其独特的优点，目前已广泛地应用于工业上各种导电流体的测量。例如，测量各种酸、碱、盐溶液等液体；各种易燃，易爆介质；各种工业污水、纸浆、泥浆及液固两相流体的体积流量。

1. 结构和工作原理

电磁流量计结构原理如图 13-11 所示，由磁场系统、不导磁测量导管及管道截面上的导电电极组成，磁场方向、管道轴线、电极连线三者在空间中互相垂直。导电流体在管道中流动时，做切割磁力线的运动，在两电极上产生感应电动势 E，其大小为

$$E=Bdv \tag{13-32}$$

式中，B 为磁感应强度（T）；v 为平均流速（m/s）；d 为管道内径（m）。

如果流体质点在整个管道截面上流速是均匀的，则流量为

$$Q_v=\frac{\pi d^2}{4}v=\frac{\pi D}{4}\cdot\frac{E}{B} \tag{13-33}$$

由式（13-33）可见，当圆管直径和磁感应强度的变化规律不变时，体积流量与两电极间的感应电动势成正比。

2. 工作特性

1）电磁流量计的变送器结构简单，无阻碍流体流动的节流元件，所以当流体通过时无任何附加的压力损失，也不会引起磨损、堵塞等问题，特别适用于测量带有固体颗粒的矿浆，污水等液固两相流体，以及各种黏性较大的浆液等。

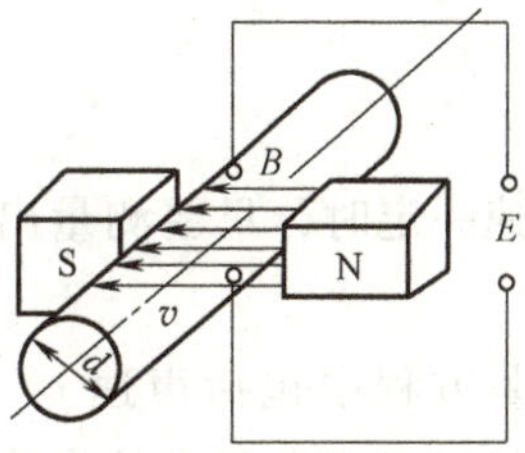

图 13-11　电磁流量计原理结构图

【深入思考】为了产生稳定的磁场，可以采用什么励磁方式?

2）电磁流量计输出信号是一个与平均流速呈线性关系的电信号，便于智能化。

3）电磁流量计输出信号与流量之间的关系不受液体的物理性质（如温度、压力、黏度、密度等）变化和流动状态的影响，所以测量精度高，工作可靠。

4）电磁流量计无机械惯性，反应灵敏，可以测量瞬时脉动流量，而且线性好。

5）电磁流量计不能用来测量电导率很低的液体介质，如石油制品和有机溶剂等，不能用于测量气体、蒸汽以及含有较多气泡的液体。

6）电磁流量计易受外界电磁干扰的影响，安装时要远离磁源（如大功率电机等）。

【视频讲解】电磁流量计

13.3.7　超声波流量计

超声波流量计是利用超声波的特性来进行流量测量的。它可以实现非接触测量，且没有能量损失，测量范围广，不受介质的导电性、腐蚀性、黏性等影响，无磨损，使用寿命长。其缺点是超声波探测器有盲区，小距离测量精度差。适用于各种流体和中、低压气体流量的测量。

1. 测量原理

超声波流量计是利用超声波在流体介质中传播时，其方向与流体运动方向相同时，超声波的传播速度为在静止流体中的传播速度 c 加上流体的速度 v，即传播速度为 $c+v\cos\theta$；其方向与流体运动方向相反时，它的传播速度为 $c-v\cos\theta$，顺流与逆流传播产生的传播速度差与流体流速有关，测量流体流速，就可求得管道内相应的流量。

测量流体的流速可采用时差法、相差法、频差法。目前频差法较为常用。

（1）时差法　如图 13-12 所示，在管外安装一对超声波发射与接收器 T_1/R_1、T_2/R_2，设两收发器之间的距离为 L，先测得顺流时由收发器 T_1/R_1 发射的超声波脉冲到达收发器 T_2/R_2 的时间为

$$t_1=\frac{L}{c+v\cos\theta}$$

再测得由收发器 T_2/R_2 逆流发射的超声波脉冲到达收发器 T_1/R_1 的时间为

$$t_2=\frac{L}{c-v\cos\theta}$$

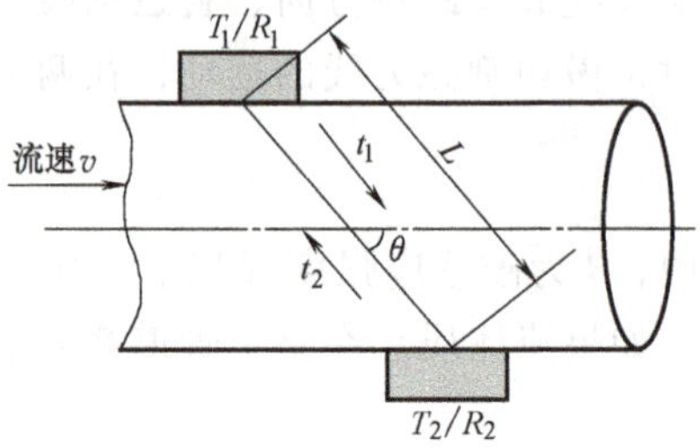

图 13-12　时差法测流量示意图

两束波传播的时间差为

$$\Delta t=t_2-t_1=\frac{2Lv\cos\theta}{c^2-v^2\cos^2\theta}$$

当 $c\gg v\cos\theta$ 时，有

$$v\approx\frac{c^2\Delta t}{2L\cos\theta} \tag{13-34}$$

可见，当声速一定时，只要测量出超声波传播的时间差，就可以求得流体的流速，进而求得流体流量。

时差法的流量方程中包括声速 c，它受温度影响较大，并且声速的温度系数并不是常数。此外，流体的组成或者密度的变化也将引起声速的变化，从而引起流量测量值的变化，所以声速的变化是时差法的主要误差来源。

（2）相差法　相差法本质上和时差法是相同的，两者的关系为

$$\Delta\varphi=\omega\Delta t=\frac{2\omega Lv\cos\theta}{c^2} \tag{13-35}$$

式中，ω 为超声波脉冲的角频率。

此可以看出，相位差与频率成正比，频率越高则测量灵敏度也越高。通过相位差 $\Delta\varphi$，就能求算出流速 v，进而求得流量。

（3）频差法　频差法是利用顺流和逆流两个方向构成的声循环回路来进行测量的。由于流速的影响，顺流声回路和逆流声回路的声循环频率是不同的。超声波发射器 T_1 向接收器 R_2 发送一脉冲，接收器 R_2 接收到脉冲后，发出一个电信号反馈至发射器 T_1，并在发射器 T_1 中触发一个新的脉冲信号。测量发射器 T_1 的脉冲信号频率 f_1。接着由发射器 T_2 发出脉冲并测量相应的频率 f_2，则

$$f_1=\frac{1}{t_1}=\frac{c+v\cos\theta}{L},\ f_2=\frac{1}{t_2}=\frac{c-v\cos\theta}{L}$$

两回路之间的频差为

$$\Delta f=f_1-f_2=\frac{2v\cos\theta}{L} \tag{13-36}$$

可见，频差与流体流速成正比，与超声波传播速度 c 无关。因此可以利用频差法来测量流量。

图 13-13 为频差法测流量的原理，该流量计主要由超声波收发器（T_1/R_1、T_2/R_2）、收发转换电路、控制电路、流量显示部分组成。两个收发器完全相同，具有相同的特性，它们既起超声波发射作用，又起超声波接收作用。收发器安装在管道的两侧。由一侧的 T_1/R_1 发射超声波脉冲经管壁→流体→管壁被另一侧的 T_2/R_2 所接收，并转换为电脉冲，经放大、整形、倍频后进行加法计数，测得单循环频率 f_1；同时，再用此电脉冲经控制电路控制，在一定时间间隔以后，由切换电路切换，T_2/R_2 收发器由接收超声波改为发射超声波，发射波被另一侧的 T_1/R_1 接收，并转换为电脉冲，经放大、整形、倍频后进行减法计数，测得单循环频率 f_2。若管径方向流体平均流速为 v，超声波束与管轴的夹角为 θ，管径为 d，则体积流量为

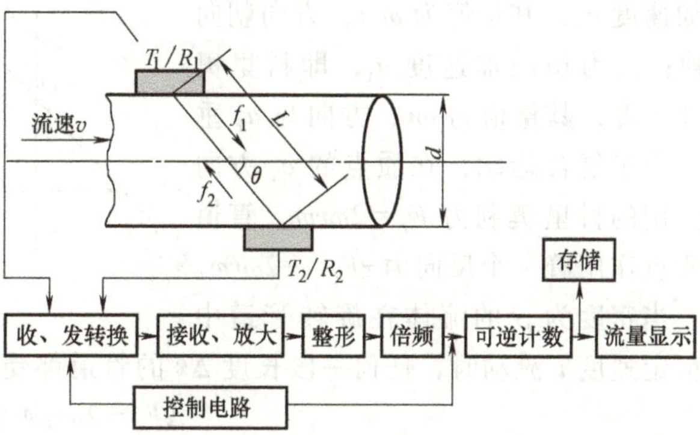

图 13-13 频差法测流量的原理

$$Q_v=\frac{\pi d^2}{4}v=\frac{\pi d^2}{4}\cdot\frac{L\Delta f}{2\cos\theta}=\frac{\pi d^3}{4\sin 2\theta}\cdot\Delta f \tag{13-37}$$

由于频率是通过一系列的超声波信号来测量的，因此测量时间较长，这是该方法的缺点。另外，这种方法比时差法更容易受流体中的杂质反射的超声波回波（气泡、刚体微粒）的干扰影响。

除上述三种方法外，常用的还有多普勒法，这种方法主要用于比较浑浊的液体。其工作原理为客多普勒效应，即流体中微型颗粒散射的波与入射的原始波有一个频差，该频差与流速成正比，从而可以计算出流量。

【深入思考】多普勒超声流量计流速应该如何计算？

2. 工作特性

1）超声波流量计可对各种流体介质进行测量，特别适合大口径管路液体流量的测量。

2）超声波流量计安装维修方便，可安装在管道的外壁，不用在管道上打孔或切断流量。

3）超声波流量计测量可靠性高，没有可动部件，无压力损失，大流量计量时，节能效益显著。

4）超声波流量计可以方便地构成计算机测量系统，提高测量精度。

【视频讲解】超声波流量计

13.3.8 科里奥利力质量流量计

科里奥利力质量流量计，简称科氏力流量计，是利用流体在振动管中流动时，产生与质量流量成正比的科里奥利力而制成的一种直接式质量流量计。科里奥利力质量流量计在流体通道内没有阻流元件和可动部件，其准确性、重复

性、稳定性均好，使用寿命长，还能测量高黏度流体和高压气体的流量，广泛应用于石油、化工、制药、食品等行业。

如图 13-14 所示，当质量 m 的质点以速度 v 在对 P 轴做角速度为 ω 旋转的管道内移动时，质点具有两个分量的加速度及相应的惯性力：一为法向加速度，即向心加速度 a_r，其量值为 $\omega^2 r$，方向朝向 P 轴；二为切向加速度 a_t，即科里奥利加速度，其量值为 ωv，方向与 a_r 垂直。由于复合运动，在质点的 a_t 方向上作用的科里奥利力 $F_c=2\omega vm$，管道对质点作用着一个反向力 $-F_c=-2\omega vm$。

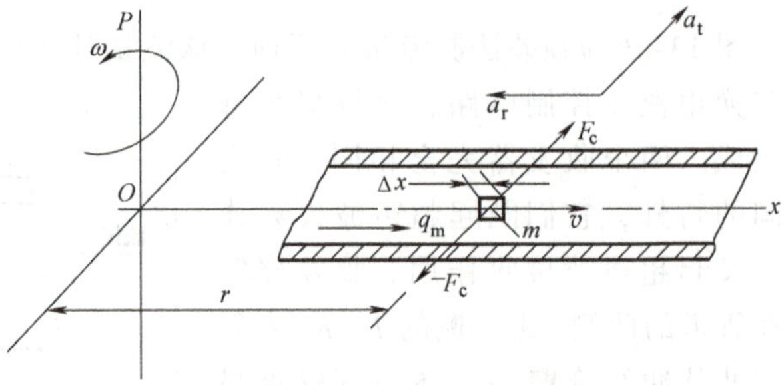

图 13-14　科里奥利力分析图

当密度为 ρ 的流体在旋转管道中以恒定速度 v 流动时，任何一段长度 Δx 的管道都受到一个 ΔF_c 的切向科里奥利力，即

$$\Delta F_c=2\omega v\rho A\Delta x \tag{13-38}$$

式中，A 为管道的流通内截面积。

由于质量流量 $Q_m=\rho Av$，所以

$$\Delta F_c=2\omega Q_m\Delta x \tag{13-39}$$

因此直接或间接测量在旋转管道中流动的流体所产生的科里奥利力就可以测得质量流量。

然而，通过旋转运动产生科里奥利力是困难的。目前的仪表基本采用振动方法来产生。早期的科里奥利力质量流量计主要由 U 形检测管、激振装置和信号检测器组成，如图 13-15 所示。

两根几何形状和尺寸完全相同的 U 形检测管，平行地焊接在支承管上，构成一个音叉，以消除外界振动的影响。两个检测管在电磁激励器的激励下，以其固有的振动频率振动，两个检测管的振动相位相反。由于检测管的振动，在管内流动的每一流体微团都得到一科里奥利加速度，U 形检测管便受到一个与此加速度相反的科里奥利力。由于 U 形检测管的进出侧所受的科里奥利力方向相反，U 形检测管发生扭转，其扭转程度与 U 形检测管框架的扭转刚度成反比，而与管内瞬时质量流量成正比。在音叉每振动一周的过程中，位于检测管的进流侧和出流侧的两个电磁检测器各检测一次，输出一个脉冲，其脉冲宽度与检测管的扭转度，亦即瞬时质量流量成正比。利用一个振动计数器使脉冲宽度数字化，并将质量流量用数字显示出来，再用数字积分器累计脉冲的数量，可获得一定时间内质量流量的总量。

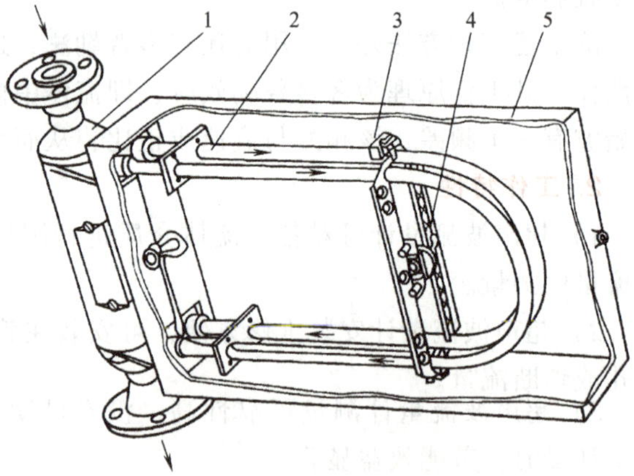

图 13-15　科里奥利力质量流量计

1—支承管　2—检测管　3—电磁检测器
4—电磁激励器　5—壳体

整个传感器置入密封的不锈钢外壳中，充以氮气，以保护内部元器件，防止外部气体进入而在检测管壁冷凝结霜，影响测量精度。

适合科里奥利力质量流量计的流体宜有较大密度，否则会使流量计不够灵敏。因此，常用于测量液体流量。

U 形检测管的受力情况如图 13-16 所示。当管内充满流体而流速为零时，在电磁激励器作用下，U 形管绕 O-O 轴，按其本身的性质和流体的质量所决定的固有频率进行简单的振动，如图 13-17 所示。当流体的流速为 v 时，则流体在直线运动速度 v 和旋转运动角速度 ω 的作用下，对管壁产生一个反作用力，即科里奥利力，该力为

$$F_c = 2m\omega v \tag{13-40}$$

式中，m 为流体的质量。

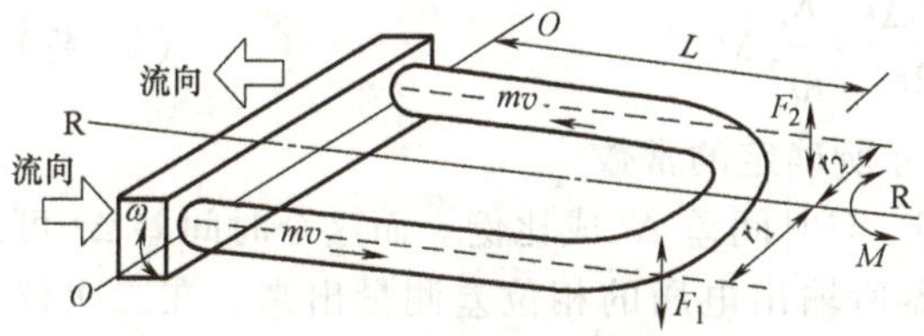

图 13-16 U 形检测管受力图

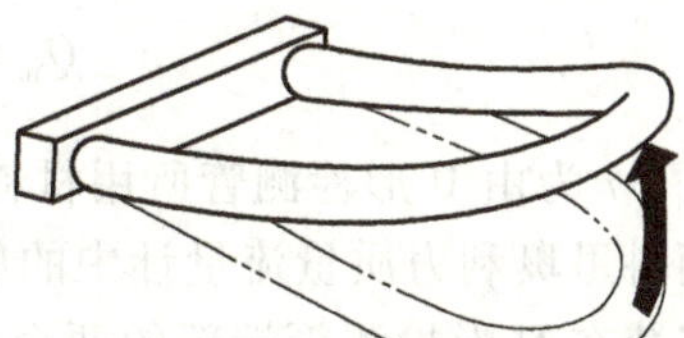
图 13-17 U 形检测管的振动

由于入口侧和出口侧的流向相反，越靠近 U 形检测管管端的振动越大，流体在垂直方向的速度也越大，这意味着流体的垂直方向具有加速度 a，通过管端至出口这部分，垂直方向的速度慢慢减小，具有负的加速度。相当于牛顿第二定律 $F=ma$ 的力 F 与加速度 a 的方向相反，因此，当 U 形检测管向上振动时，流体作用于入口侧管端的是向下的力 F_1，作用于出口侧管端的是向上的力 F_2，如图 13-18 所示，并且大小相等。向下振动时，情况相似。

由于在 U 形检测管的两侧，受到两个大小相等、方向相反的作用力，则使 U 形检测管产生扭转运动，U 形检测管管端绕 R-R 轴扭转，如图 13-19 所示。其扭转力矩为

$$M = F_1 r_1 + F_2 r_2 \tag{13-41}$$

因 $F_1 = F_2 = F$，$r_1 = r_2 = r$，则

$$M = 2Fr = 4m\omega v \cdot \omega \tag{13-42}$$

又因质量流量 $Q_m = \dfrac{m}{t}$，流速 $v = \dfrac{L}{t}$，t 为时间，则式（13-42）可写成

$$M = 2Fr = 4\omega r L Q_m \tag{13-43}$$

式中，r 为从 R-R 轴到管端的半径；L 为 U 形检测管长度。

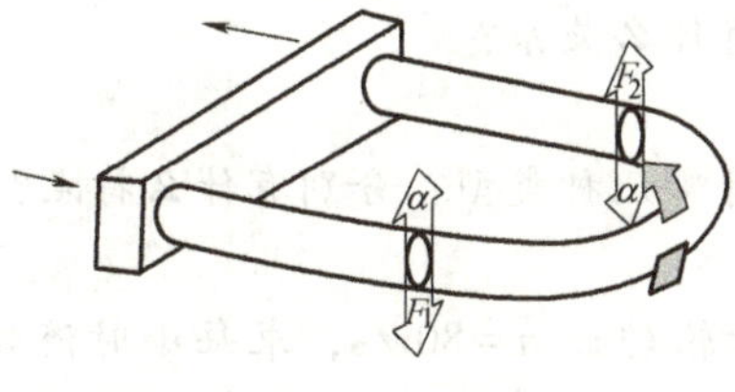

图 13-18 加速度与科里奥利力

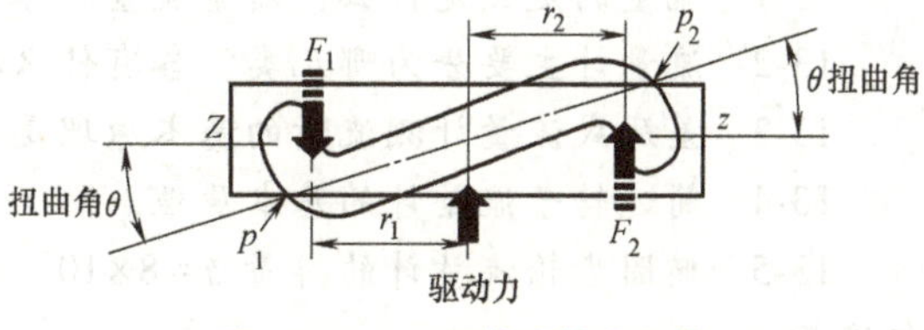

图 13-19 U 形检测管的扭转

设 U 形检测管的弹性模量为 K_s，扭转角为 θ，由 U 形检测管的刚性作用所形成的反作用力矩为

$$T = K_s \theta \tag{13-44}$$

因 $T=M$，可得

$$Q_m = \frac{K_s}{4\omega rL}\theta \tag{13-45}$$

这里对式（13-44）中的 θ 进行说明：假设管端在中心位置时的振动速度为 v_1，存在

$$\sin\theta = \frac{v_1}{2r}\Delta t \tag{13-46}$$

式中，Δt 为图 13-19 中 p_1 和 p_2 点横穿 Z-Z 轴水平线的时间差。

由于 θ 很小，则 $\sin\theta \approx \theta$，且 $v_1 = \omega L$，则可得出

$$Q_m = \frac{K_s}{4\omega rL} \cdot \frac{\omega L\Delta t}{2r} = \frac{K_s}{8r^2}\Delta t \tag{13-47}$$

式中，K_s、r 为由 U 形检测管所用材料和几何尺寸所确定的常数。

因而科里奥利力质量流量计中的质量流量 Q_m 与时间差 Δt 成比例。而这个时间差 Δt 可以通过安装在 U 形检测管端部的两个位移检测器所输出电压的相位差测量出来，在二次仪表中将相位差信号进行整形放大之后，以时间积分得出与质量流量成比例的信号，从而得出质量流量。

目前有的科里奥利力质量流量计已演变为单管式的，即由二端固定的薄壁测量管，在中点以测量管谐振或接近谐振的频率（或其高次谐振频率）所激励，在管内流动的流体产生科里奥利力，使测量管中点前后产生方向相反的扭转，用光学或电磁学方法检测扭转量以求得质量流量，如图 13-20 所示。这种流量计精度在 0.05%~0.5%之间。

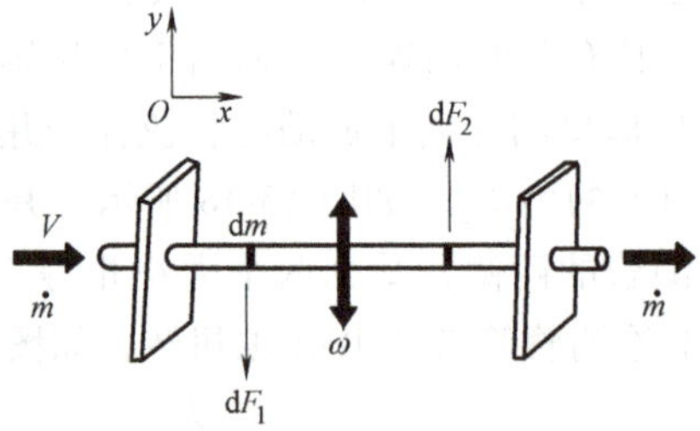

图 13-20　科里奥利力质量流量计的振动测量管

【视频讲解】科里奥里力质量流量计

又因流体密度会影响测量管的振动频率，而密度与频率有固定的关系，因此科里奥利力质量流量计也可测量流体密度。

思考题与习题

13-1　流量的定义是什么？质量流量和体积流量有什么关系？

13-2　流量计主要分为哪几类？各有什么特点？

13-3　差压式流量计测流量的基本原理是什么？有哪几种类型？分别有什么特点？

13-4　简述转子流量计的基本原理。

13-5　椭圆齿轮流量计的排量 $q = 8\times10^{-5}\mathrm{m^3/r}$，齿轮转速 $n = 80\mathrm{r/s}$，求每小时流体的体积流量。

13-6　简述电磁流量计的测量原理，它可以测量不导电液体或空气的流量吗？为什么？

13-7　超声波流量计有哪几种测量方法？

13-8　科里奥利力质量流量计的优缺点分别是什么？

13-9　查阅资料，除本章介绍的流量计外还有哪些常用流量计？

13-10　试举几个日常生活中流量或流速测量的实例，说明所采用的测量方法和流量计工作原理。

第 14 章

现代检测系统

自 20 世纪 70 年代以来，计算机、微电子等技术迅猛发展并逐步渗透到检测和仪器、仪表技术领域。在它们的推动下，检测技术与仪器不断进步，相继出现了智能仪器、总线仪器、PC 仪器、PXI 仪器、虚拟仪器及互换性虚拟仪器等微机化仪器及其自动检测系统，计算机在现代检测系统中发挥了重要的作用。与计算机技术紧密结合，已是当今仪器与检测技术发展的主潮流。

14.1 现代检测系统概述

现代检测系统集成了传感器、计算机、总线等技术，具有自动完成信号检测、传输、处理、显示与记录的功能，能够完成复杂的、多变量的检测任务。与传统的人工检测相比，现代检测系统一般具有自动化、智能化、网络化、综合化等特征，且其测试速度快、测试准确度高、测试功能多、测试结果表现形式丰富，能够实现自检、自校和诊断，操作简单方便，因此在工业生产、科学研究、国防军事等领域得到广泛应用。

14.1.1 现代检测系统的组成

在实际应用中，因涉及的领域及被测参变量的种类、性质和要求不同，用于检测的传感器及检测技术也不同，因而检测仪器或装置也不相同。但一个完整的检测系统都包含信号采集、信号调理和转换、信号传输、信号处理与显示等基本环节。总体来看，现代检测系统包括硬件和软件两大部分。

现代检测系统硬件体系结构如图 14-1 所示，主要由传感器、信号调理和转换单元、总

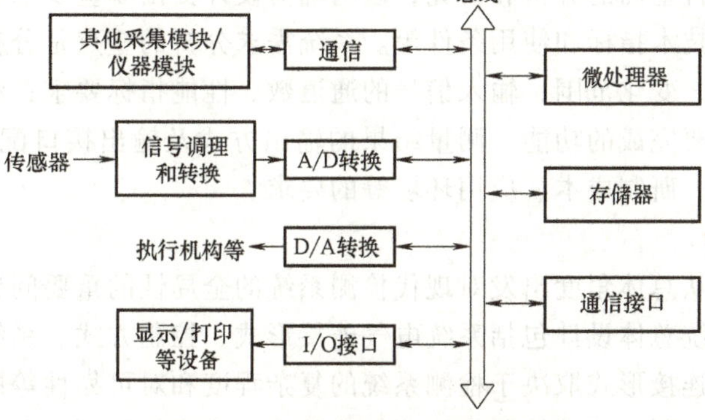

图 14-1 现代检测系统硬件体系结构

【深入思考】如何理解信号调理和转换单元的必要性?

线、微处理器和存储器、通信接口单元、I/O 接口等构成。其中传感器是系统获取信息的窗口，关系到整个系统的成败与精度，现代检测系统要求传感器具有更高的测量精度、更宽的测量范围。信号调理和转换单元主要用于对传感器的输出信号进行再加工，使其更适合于后续的信号传输、显示、记录和处理。一般来说，信号调理和转换大致包括：电平调整、线性化、信号形式转换、滤波、阻抗匹配、调制和解调，其好坏很大程度决定了检测系统的性能。随着微电子技术的发展，传感器与信号调理电路集成为一体化的芯片已经出现。微处理器和存储器是现代检测系统的核心，通过误差分析、自动补偿、自动校准等来提高系统性能，并通过信号处理实现快速变换、数字滤波、相关分析、频谱分析、图像处理或进一步分析、推理、判断等。系统总线用于系统各模块间信息的传送，微处理器借助总线连接在系统功能部件之间实现地址、数据和控制信息的交换。通信接口完成检测系统之间或检测系统和其他系统间的信息传输。

现代检测系统既可以做成微处理器、存储器、接口芯片与传感器融合在一起的智能仪器，也可采用计算机配以适当的硬件电路与传感器组合而成。两者区别在于计算机本身就具有微处理器、存储器、I/O 接口等硬件资源。

硬件是现代检测系统的基础，软件则为核心。如何充分发挥硬件设备的潜力，特别是系统中微处理器的潜力，开发出友好的现代检测系统操作平台，使系统具有良好的可管理特性、可控制特性，这在很大程度上依赖于系统的软件设计。现代检测系统的软件配置取决于检测系统的硬件支持、计算机配置、实时性与可靠性要求以及检测功能的复杂程度。现代检测系统的软件大多采用结构化、模块化的设计方法。从实现方式和功能层次来划分，现代检测系统的软件一般可分为主程序、中断服务程序和应用功能程序。

主程序主要完成系统的初始化工作、自诊断工作、时钟定时工作和调用应用程序模块的工作。中断服务程序包括 A/D 转换中断服务程序、定时器中断服务程序和掉电保护中断服务程序，分别完成相应的中断处理。应用程序主要包括数据的 I/O 模块、数据处理模块、数据显示模块等，现代检测系统的功能实现主要通过应用程序来体现。

14.1.2　现代检测系统的设计

现代检测系统的一般设计过程如图 14-2 所示，该过程中较重要的步骤包括：系统需求分析、系统总体设计、系统硬件电路设计、系统软件程序设计、系统集成与维护等。

1. 系统需求分析

系统需求分析就是确定系统的功能、技术指标和设计任务。主要是对被设计系统运用系统论的观点和方法进行全面的分析和研究，以明确对设计提出哪些要求和限制，了解被测对象的特点、所要求的技术指标和使用条件等。系统需求分析的重点是分析被测信号的形式与特点；被测量的数量、变化范围；输入信号的通道数、性能指标要求；激励信号的形式和范围要求；测试系统所要完成的功能；测量结果的输出方式及输出接口配置；对系统的结构、面板布置、尺寸大小、研制成本、应用环境等的要求。

2. 系统总体设计

系统总体设计是从总体角度出发对现代检测系统的全局性的重要问题进行全面考虑、分析和设计计算的。系统总体设计包括系统电气连接形式、控制方式、系统总线选择和系统结构设计等方面。电气连接形式取决于检测系统的复杂程度和对可靠性等的要求；控制方式分为自动控制、半自动控制和手动控制，控制方式的确定取决于被测对象的测试过程中需要人

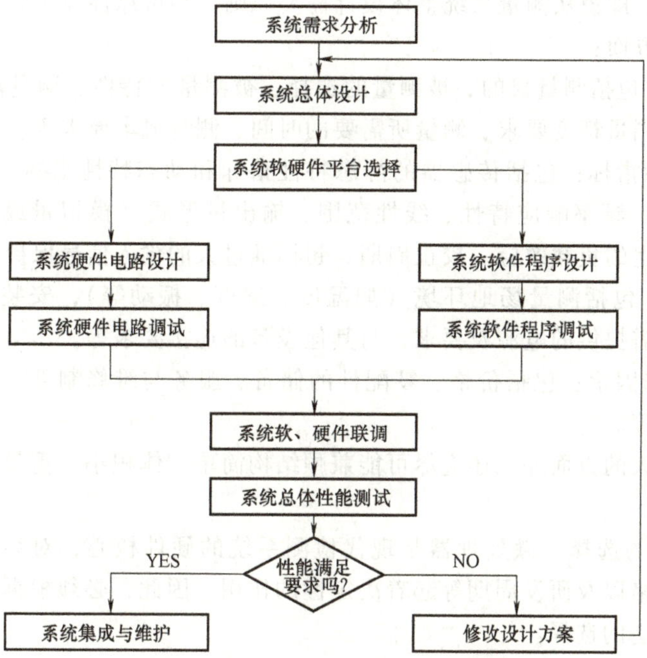

图 14-2 现代检测系统的一般设计过程

参与的程度；系统总线选择与检测系统的规模、使用的仪器特点和建设成本等有关，有 VXI、GPIB、PXI 等多种总线可供选择；决定结构设计的因素包括系统的标准化与模拟化要求，人机关系的协调，系统的安全性、可靠性、可维护性、便携性以及美观等。

系统总体设计应本着创新精神和规则（标准）意识，力图使系统性能稳定、精度符合要求、具有足够的动态响应、具有实时与事后数据处理能力、具有开放性和兼容性等，追求整体优化，并确保工程上的可行性、合理性，一般要遵循创新性原则（创新）、从整体到局部的原则（分解）、环节最少原则（简化）、经济性原则（成本）、可靠性原则（可靠）、精度匹配原则（协同）、能抗干扰原则（抗干扰）、标准化与通用性原则（标配）、整体优化原则（优化）、工程伦理原则（人性化）。

【深入思考】
系统设计
除考虑技术因素外，还需要考虑哪些非技术因素？

3. 系统硬件电路设计

系统硬件电路设计的步骤与现代检测系统的功能要求和系统复杂程度有关，一般包括以下几个步骤：自顶向下的设计、技术评审、设计准备工作、硬件的选型、电路的设计与计算、试验板的制作、组装连线电路板、编写调试程序、利用仿真器进行调试、制作印制电路板、硬件调试等。

系统硬件电路设计的内容主要包括传感器的选型、微处理器或计算机的选型、I/O 通道设计以及其他需要自行完成的硬件设计。系统硬件电路设计是在系统总体设计的基础上，根据确定的电气连接形式、控制方式、系统总线等以及检测参数的数量、特点、要实现的检测功能等来进行硬件选型或电路设计，使整个系统构成完整、协调。

（1）传感器的选型　传感器的选型目的在于保证测量结果尽量准确反映被测量的大小。不同的测量任务将面对不同的测量对象和测量环境，要达到不同的测量目标，使用的测量方法和测量手段可能不同，不同类型的传感器的工作原理和结构也千差万别，选用传感器时一般要遵循三大原则，即遵从测量系统整体设计需要原则、高可靠性原则和高性价比原则。通常应考虑以下四个方面：

1）测试条件：包括测量目的、被测量的选择、被测量的特性、测量范围、输入信号的幅值和频带宽度、测量精度要求、测量所需要的时间、测量成本要求等。

2）传感器性能指标：包括传感器的静态特性指标和动态特性指标，如精度、灵敏度、稳定性、响应速度、频率响应特性、线性范围、输出量形式（模拟量或数字量）、输出幅值、对被测对象产生的负载效应、校正周期、超标准过大的输入信号保护等。

3）测量环境：包括测量场地环境（如温度、湿度、振动等），安装现场条件及情况，信号传输距离，所需提供的电源及要求，与其他设备的连接要求等。

4）购买与维修因素：包括价格、零配件的储备、服务与维修制度、保修时间、交货日期等。

除了以上四个大的方面外，还应尽可能兼顾结构简单、体积小、重量轻等条件。

【深入思考】 根据传感器实际使用的目的、指标、环境和成本等限制条件，在传感器的选用上具体应该着重考虑哪些问题？

（2）微处理器的选择　微处理器是现代检测系统的硬件核心，对系统的功能、性能、价格以及研发周期等起着决定性的作用。因此，必须根据系统功能要求进行合适的选择。

微处理器可能以单片机、PC 等形式出现。通常，如果现代检测系统要求图形显示，并用硬盘存储数据，要求汉字库支持，要求组建较大型的测控系统，那么可选用现成的 PC；如果检测系统没有这些要求，只是组建智能仪器仪表或小型测控系统，则可选用单片机组成专用系统，单片机体积小、功耗低、价格便宜，且功能较全，研制周期相对较短、可靠性高。单片机的选用主要考虑 CPU 位数、存储器容量、定时/计数器和通用 I/O 接口等。一般要求微处理器的位数和机器周期要与传感器所能达到的精度和速度一致，I/O 控制特性要合适，包括有无丰富的中断、I/O 接口、合适的定时器等，微处理器的运算功能要满足传感器对数据处理运算能力的要求等。

（3）信号调理电路　信号调理电路是传感器输出与 A/D 转换器之间的重要环节，其主要作用是为 A/D 转换器提供适合其输入量程的输入信号、抑制共模干扰电压、信号滤波及线性化处理等。各种传感器的检测原理不同，输出的信号形式和强弱差别很大，而 A/D 转换器的输入信号大多为 0~5V 或±10V，因此，先要将传感器输出的信号转换成标准化工业仪器仪表通常采用的统一规格的电流信号（0~10mA 或 4~20mA）或电压信号（0~5V 或 1~5V）。如果传感器输出的是电阻、电感、电容等元件参数变化量，则需要通过测量电桥等将其变换成统一标准的电压或电流信号。

（4）A/D 转换器的选择　A/D 转换器是将模拟输入电压或电流转换为数字量输出的器件，它是模拟系统与数字系统之间的接口。按转换原理可以将 A/D 转换器分为逐次逼近型、双积分型、并行型和计数型四类。逐次逼近型 A/D 转换器兼顾了转换速度和转换精度两个指标，在检测系统中得到了最广泛的使用；双积分型 A/D 转换器具有转换精度高、抗干扰能力强、性价比好等优点，常用于数字式测量仪表或非高速数据采集过程；并行型 A/D 转换器的转换速度最快，但结构复杂、成本高，适合转换速度要求极高的场合；计数型 A/D 转换器结构简单，但转换速度较慢，目前较少采用。

A/D 转换器的位数不仅决定采集电路所能转换的模拟电压动态范围，也在很大程度上影响采集电路的转换精度。因此，应根据对采集信号转换范围与转换精度两方面要求选择 A/D 转换器的位数，典型的 A/D 转换器的位数从 6、8、10 位到最高 24 位，奇数位 A/D 转换器较少见。在满足系统性能要求的前提下，应尽量选用位数较低的 A/D 转换器以节约成本。总体上说，在进行 A/D 转换器选择时，要根据信号转换任务的精度要求、转换速度要求、与前置环节的阻抗匹配、抑制噪声干扰的能力、成本等综合考虑。

（5）硬件调试　系统的硬件电路可以先采用某种信号作为激励，然后通过检查电路能否得到预期的响应来验证电路是否工作正常。但是系统硬件电路功能的调试没有相应的驱动程序是很难实现的，通常采用的方法是编制一些小的调试程序，分别对相应的各硬件单元电路的功能进行检查，而整个系统的硬件功能调试必须在硬件和软件设计完成之后才能进行。

4. 系统软件程序设计

系统软件程序设计的质量直接关系到现代检测系统的正确使用和效率。一个好的软件系统应具有正确性、可靠性、可测试性、易使用性、易维护性等诸多性能。

系统软件程序设计一般步骤包括软件的总体结构设计、软件开发平台的确定、技术评审、软件设计准备工作、软件源代码编写、编译与连接、软件功能测试、综合调试以及软件的运用、维护和改进等。当明确软件设计的总任务之后，即可进入软件总体结构设计。一般采用模块化结构，按“自顶向下”的方法，把任务从上到下逐步细分，一直分到可以具体处理的基本单元为止。软件结构决定系统的功能模块，为软件平台的选取和功能程序的设计提供依据；不同的软件开发平台有不同的功能特点和适用场合，应根据需要进行选择；功能程序的开发就是根据硬件组成确定软件结构，利用选择的开发平台，进行程序代码的编写，以实现现代检测系统的具体功能。软件设计一般要遵循结构合理、操作性好、具有一定的保护措施和尽量提高程序的执行速度的原则。

软件编制完成后需要进行调试。软件调试也是先按模块分别调试，直到每个模块的预定功能完全实现，然后再进行总体调试。软件的调试与硬件紧密相关，因此只有在相应的硬件系统中调试才能验证其正确性。

5. 系统的集成与维护

任何现代检测系统的设计都离不开各个模块的集成，同时还要进行硬件和软件的联合调试和系统集成测试，以排除软硬件不匹配的地方、设计的错误和各类故障，进行修改完善。只有通过全面测试，排除了所有错误并达到设计要求的现代检测系统才能交付使用，并根据使用情况进入后续的系统维护阶段

14.1.3 现代检测系统的发展

20 世纪 70 年代以前，检测技术主要用于工业部门，如今，检测领域正扩大到整个社会需要的各个方面，不仅包括人工智能、海洋开发、航空航天等尖端科技和新兴工业领域，也涉及生物、医疗、环境污染监测、危险品与毒品的侦查和安全检测等方面，并且已经开始渗入到人们的日常生活之中。随着传感器、微电子、计算机、通信和人工智能等技术的发展，检测系统正朝着通用化与标准化、集成化与模块化、网络化、智能化和功能更强与性能更优等方向发展。

（1）通用化与标准化　现代检测系统采用通用化、标准化设计，一方面更便于传输和获取信息，易于实现分散使用与大范围联网使用；一方面系统可以用多个标准化功能模块的方式组合在一起，便于系统的组建、改进、升级和连接。

(2) 集成化与模块化　大规模集成电路技术的发展，为现代检测系统的集成化和模块化提供了可能。集成电路的密度越来越高，体积越来越小，内部结构越来越复杂，功能越来越强大，大大提高了单个模块和整个系统的集成度。模块化功能硬件使得现代检测系统的构建更加灵活、方便、简洁，相应地减轻了调试和使用维护的负担。

(3) 网络化　现场总线、嵌入式技术与传感器技术等的结合为现代检测系统的网络化发展提供了途径，也推动了检测数据网络化的快速传递与共享。现代检测系统的网络化目前主要表现为两个主流方向，一是基于现场总线技术的网络化，二是面向因特网的网络化。现场总线面向工业生产现场，主要用于实现生产过程领域的现场级设备之间以及与更高层的测控设备之间的互联；基于现场总线技术的网络化现代检测系统为过程自动化或制造自动化的现场设备或仪表互联提供了数字通信网络和智能信息处理能力。近年来，随着“互联网+传感器”的融合发展，网络化检测系统发展较快，具有组态灵活、综合功能强、运行可靠性高、可利用的软硬件资源丰富、可实现远程数据采集、控制与在线监测等特点。

(4) 智能化　智能检测是将计算机技术、信息技术和人工智能等相结合而发展起来的检测技术，有利于获得最佳测量结果，涉及的主要理论包括基于信息论的分级递阶智能理论、模糊系统理论、基于脑模型的神经网络理论、基于知识工程的专家系统、基于规则的仿人智能检测控制，以及多种方法的综合集成。它以多种先进的传感器技术为基础，与计算机系统结合，在合适的软件支持下，自动地完成数据采集、处理、特征提取和识别，以及多种分析与计算，是检测设备模仿人类智能的结果。如以机器人、无人驾驶、遥控遥测等为应用平台，检测系统智能化水平提升将得到集中体现，在“互联网+”的背景下，实现参数检测、人工智能和互联网三者的有机融合，提高测量系统的智能化水平，有利于衍生出新的价值，迸发出新的活力，促进仪器与检测行业的可持续发展。

(5) 功能更强与性能更优　随着科技的发展，相关领域对现代检测系统提出了高灵敏度、高精度、高可靠性、高自动化等需求，以提高人们对生产、研究等过程全面的检测、监视、控制与管理等能力。新技术、新材料、新效应的发现和应用也为现代检测系统的功能强化和性能优化提供了支撑。采用新的传感器技术、集成电路技术和信息处理方法，有利于提高系统检测、判别、控制和决策的可靠性；传感器自身性能的提升、先进的测试手段、测量方法的应用以及更优的数据处理方式使得现代检测系统精度不断提高；多种检测与信息处理技术的融合与集成，使得参数检测和数据处理的自动化水平得以不断提升。另外，现代检测系统的量程范围、使用寿命等也不断优化，使得现代检测系统的应用范围不断扩大，也为一些极端环境下测量的开展提供解决方案。

14.2　测控总线技术

总线是检测系统重要组成部分，是实现芯片与芯片、模块与模块、系统与系统及系统与控制对象之间进行信息传递的各种信号线的集合，总线也为它们提供标准信息通路。随着现代电子技术、计算机技术、测控技术的发展，相继出现了各种标准和非标准的总线。总线分类方式各异，按其应用范围来分，主要可分为计算机总线（包括外设）、测控总线及网络通信总线。本节主要介绍测控总线中的仪器总线和现场总线，分别对应总线技术的两大工业应用领域：仪器仪表与工业控制。

14.2.1 仪器总线

仪器总线是随着计算机技术的发展，业界将仪器技术与计算机技术相结合而产生的。测试测量仪器领域从 20 世纪 70 年代初制定第一个仪器总线标准 GPIB 以来，仪器总线标准已经发展 40 余年，相继推出了 VXI、PXI、LXI、AXIe 等总线标准，近年来还有从 PC 外设总线直接移植和扩展作为仪器总线的 USB。总线技术的不断发展，使测试系统的灵活搭建成为可能，极大提升了测试的效率，促进了测试技术的发展。

1. GPIB

通用接口总线（General Purpose Interface Bus，GPIB）是国际通用的仪器接口标准。目前市面生产的大部分智能仪器均配备 GPIB 标准通用接口，可实现测量仪器、计算机以及各种专用仪器控制器和自动测试系统之间的快速双向通信。GPIB 最早在 20 世纪 70 年代由惠普公司提出，后来被规范为 IEEE488 标准，成为业界接受的第一个程控通用仪器总线。

GPIB 包括接口与总线两部分，接口部分是由各种逻辑电路组成，这些逻辑电路与各仪器装置安装在一起，用于对传输的信息进行发送、接收、编码和译码；总线部分是一条无源的多芯电缆，用于传输各种消息，GPIB 系统结构可以有两种形式，即总线型结构和星形结构，如图 14-3 所示。

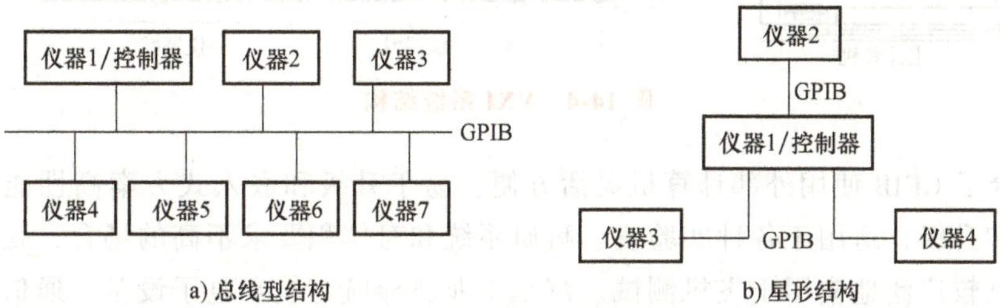

图 14-3 GPIB 系统结构形式

GPIB 采用字节串行、比特并行、双向异步的工作方式，最大传输速率不超过 1MB/s。GPIB 总线器件容量即经过总线与系统连接的设备包括计算机、各种仪器及其他测量装置最多不超过 15 台，数传距离长度即总线电缆总长不超过 20m。

由于历史悠久，GPIB 具有最广泛的软硬件支持。GPIB 测量系统的结构和命令简单，有专为仪器控制所设计的接口信号和接插件，具有突出的坚固性和可靠性。GPIB 适合自动化现有的测试设备、混合测控系统和特殊要求的专用仪器的系统，缺点是无法提供多台仪器同步和触发的功能，在传输大量数据时带宽不足。

2. VXI 总线

VXI（VMEbus Extensions for Instrumentation）总线是 VME 总线标准在仪器领域的扩展，是一种开放的、模块化的、标准化的系统总线，主要用于满足高端自动化测试应用的需要。

与标准的框架及层叠式仪器相比，VXI 总线成功地减小了传统仪器系统的尺寸并提高了系统集成化的水平，满足了小型化和便携性的要求，其模块在机架内彼此靠近，使时间延迟的影响大大缩小，系统的工作速度也大大提高，其数据传输速度可达 40MB/s 以上，具有较好的系统性能。另外，VXI 系统把标准化和灵活性和谐地统一了起来，它允许系统组建者对多家厂商的器件进行选择和组合，而且可以由一个或几个插件组成一个器件，也允许一个插件包含一个以上的器件，甚至像存储器等插件有时还允许为多个器件所共用，使仪器结构更开放，还便于组成多 CPU 的分布式系统。从长远来看，系统的组建、变换和维修方便，插件利用率高等，均有利于提高经济效益。

VXI 系统是一种计算机控制的功能系统，允许不同厂家生产的仪器接口卡和计算机以模块形式共存于同一主机箱内。其结构按照主控计算机放置在机架内部或外部分为内控方式（独立系统）和外控方式（分层式系统），如图 14-4 所示。

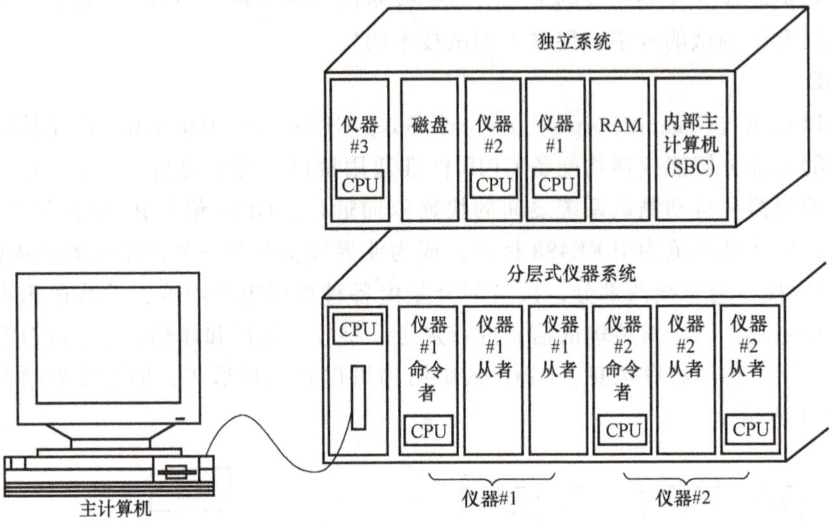

图 14-4　VXI 系统结构

VXI 综合了 CPIB 使用外部计算机灵活方便、易于升级和嵌入式方案高性能的优点，便于系统扩展和升级，适用于各种实验室、科研系统和对体积要求不高的场合，是一个较好的硬件平台，已较广泛地应用于飞机测试、汽车工业、导航与航空电子设备、通信与其他电子系统。

3. PXI 总线

PXI（PCI extensions for Instrumentation）是 PCI 总线在仪器领域的扩展，是一种高性价比的开放性、模块化仪器总线规范，由 NI 公司于 1997 年发布。PXI 总线规范目的在于将台式 PC 的性价比优势与 PCI 总线面向仪器领域的必要扩展完美地结合起来，形成一种主流的虚拟仪器测试平台。PXI 综合了 PCI 与 VME 计算机总线、Compact PCI 的插卡结构和 VXI 与 GPIB 测试总线的特点，并采用了 Windows 和 Plug&Play 的软件工具作为这个自动测试平台的硬件与软件基础，成为一种专为工业数据采集与仪器仪表测量应用领域而设计的模块化仪器自动测试平台。

PXI 直接引用了被广泛采用的 PCI 规范所定义的电气特征，拥有如 PCI 总线的极高传输数据的能力，因此能够有高达 528MB/s 的传输性能。它还采用了 Compact PCI 的外形结构，包括 PCI 电气规范、通用的 Eurocard 结构和高性能的连接器。一个典型的 PXI 系统由包含一个带底板的机箱、系统控制器模块以及其他外设模块组成，典型 PXI 总线机箱的仪器模块插槽总数为 7 个，如图 14-5 所示。PXI 规范通过在电气规范中增加触发、本地总线和系统时钟能力等以满足仪器系统应用对更高性能的要求。PXI 还保持了与标准 Compact PCI 产品的互操作性。

PXI 的软件标准与其他总线体系结构类似，能让多厂家的产品在硬件接口层次上共同运

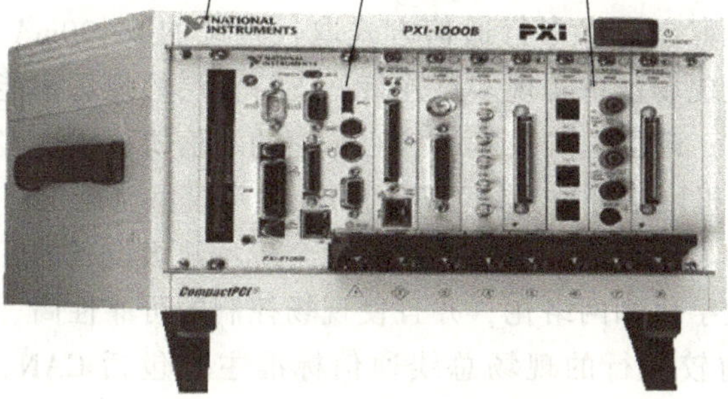

图 14-5 典型 PXI 总线机箱

作，但是，PXI 在总线级电气要求的基础上还规定了软件要求，从而进一步方便集成。PXI 规范提出的软件框架，支持当前主流的操作系统如 Windows 等，且必须支持未来的升级，以便于控制器能够支持最流行的工业标准应用程序接口，包括 Microsoft 与 Borland 的 C++、Visual Basic、LabVIEW 和 LabWindows/CVI 等。PXI 的软件要求支持 VXI 即插即用系统联盟（VPP 与 VISA）开发的仪器软件标准，要求所有仪器模块需配置相应的驱动程序，这样可以极大减轻用户开发负担，做到即买（插）即用。

4. LXI 总线

LXI（LAN-based Extensions for Instrumentation）是以太网技术在仪器领域的扩展，其概念由 Agilent Technology 和 VXI Technology 于 2004 年联合推出，并于 2005 年 9 月 23 日发布 LXI 标准 1.0 和 LXI 同步接口规范 1.0。LXI 是以 LAN 为基础，建立在 IEEE802.3（以太网）和 IEEE 1588（Trigger Bus）之上的新一代测量仪器接口标准，其具体思想是将成熟的以太网技术应用到自动测试系统中，以替代传统的测试总线技术。

LXI 融合了 GPIB 仪器的高性能、VXV/PXI 模块化仪器的小体积以及 LAN 的高速吞吐率，并考虑了定时、触发、冷却、电磁兼容等仪器要求，是基于以太网的新一代测试系统模块化构架平台。目前，标准的网络接口已经极为普遍，在以太网、标准 PC 和软件中应用广泛、技术成熟，采用 LXI 可以节省技术人员的培训费用、维护费用及初期投资等成本。LXI 融合了 GPIB 堆叠上架与 VXI. PXI 模块化的工作方式，系统组建结构形式灵活，提高测试系统的组建效率并降低了成本。LXI 能便捷地访问远程系统，共享、访问多数据库，能够实现办公自动化网络与工业控制网络的有机结合。另外，基于 TCP/IP 的 LXI 网络是一种标准的开放式网络，不同厂商的设备很容易互联，具有良好的兼容性和互操作性。

在未来的发展中，GPIB 和 VXI、PXI 总线并不会因 LXI 的出现而逐渐消失，它们依然在不同测试领域占有重要地位。但是，更多复杂的、对于空间和重量有约束的测试任务必须依靠基于网络技术的 LXI 来完成。尽管 LXI 总线技术还面临一些困难和挑战，但测试技术和网络技术的结合是新一代仪器发展的要求，LXI 总线具有良好的发展前景。

14.2.2 现场总线

现场总线（Fieldbus）是电气工程及其自动化领域发展起来的一种工业数据总线，它主要解决工业现场的智能化仪器仪表、控制器、执行机构等现场设备间的数字通信以及这些现场控制设备和高级控制系统之间的信息传递问题。

根据国际电工委员会（IEC）标准和现场总线基金会（Fieldbus Foundation，FF）的定义，现场总线是连接智能现场设备和自动化系统的数字式、双向传输、多分支结构的通信网络。现场总线技术的基本内容包括以串行通信方式取代传统的4~20mA的模拟信号；一条现场总线可为众多的可寻址现场设备实现多点连接，支持低层的现场智能设备与高层的系统利用共用传输介质交换信息；现场总线技术的核心是它的通信协议，这些协议必须根据国际标准化组织（1SO）的计算机网络开放系统互连的OSI参考模型来制定。

作为一种工业环境下的通信标准，现场总线更适合于场地级设备的互联。现场总线的出现促进了现场检测系统的数字化和网络化，并且使现场控制的可靠性高、稳定性好、抗干扰能力强、通信速率快。目前较流行的现场总线通信标准主要包括CAN、Lon Works、Profi-Bus、HART、FF等。

1. CAN

控制器局域网络（Controller Area Network，CAN）是由德国Bosch公司提出的现场总线系统，最初是为解决汽车工业中大量控制与测试仪器之间的数据交换而开发的一种串行数据通信协议，是一种有效支持分布式控制或实时控制的串行通信网络。它定义了网络互连模型的物理层、数据链路层和应用层，已成为国际化标准组织（ISO）的ISO11898标准。CAN总线具有通信速率高、可靠性好、价格低廉等特点，其应用范围已向过程控制、智能制造、机器人、机械工业等领域发展。

CAN总线结构简单，只有两根线与外部相连，可实现全分布式多机系统，通信方式灵活，可实现点对点、一点对多点及全周广播传输方式。直接通信距离最大可达10km（速率5KB/s以下），最高通信速率可达1MB/s（此时距离最长为40m）；节点信息分成不同层次的优先级，可满足不同的实时要求等特点。

CAN总线系统设计包括硬件软件两部分，硬件部分当前有两种CAN总线器件可供选择：一种是带有片上CAN的微控制器，如P8XC591/2，87C196CA/CB等；另外一种是独立的CAN控制器，如Philips SJA1000，Inter公司的82526等。软件部分主要包括节点初始化程序、报文发送程序、报文接收程序以及CAN总线出错处理程序等等。

2. LonWorks

LonWorks总线是由美国Echelon公司于1991年推出的一种全面的现场总线测控网络，又称作局部操作网（Lucal Operating Netwok，LON）。其设计成本低，具有通信与操作功能，主要应用于工业自动化、机械设备控制。LonWorks是集控制器和网络通信处理器为一体的芯片Neuron（神经元）的串行总线，它是一种对等网络。

LonWorks总线通信速率为78KB/s（2700m）、1.25MB/s（130m），支持双绞线、电力线、光纤、无线、红外等多种通信介质；其网络拓扑结构灵活多变，可以使用总线、星形、环形、混合型等多种网络拓扑结构。LonWorks的核心是Neuron（神经元）芯片（MC143150和MC143120），内含三个8位的CPU：第一个CPU为介质访问控制处理器，实现LonTalk协议的第1层和第2层；第二个CPU为网络处理器，实现LonTalk协议的第3~6层；第三个CPU为应用处理器，实现LonTalk协议的第7层，执行用户代码及用户代码所调用的操作系统服务程序。

3. HART

可寻址远程传感器数据通路（Highway Addressable Remote Transducer，HART）是美国罗斯蒙特（Posemount）公司于1986年提出并研制的。HART协议是HART控制网络

（HART Control Net）的通信协议标准，它是一种用于现场智能仪表和控制室设备之间双向通信的协议规程。其协议的层次结构可参照 1SO/OSI 模型的物理层、数据链路层和应用层。

HART 协议既具有常规模拟信号的功能，又具有现代数字信号的功能，所以用户在测控系统中可以将具有 HART 协议接口的智能仪表与常规的模拟仪表一起混合使用，并逐步实现系统的数字化。

4. ProfiBus

ProfiBus（Process Field Bus）称为过程现场总线，是德国国家标准 DIN19245 和欧洲标准 EN50170 的现场总线，是面向工业自动化应用的现场总线系统，可实现现场设备层到车间级监控的分散式数字测控和现场通信。其最大的特点是在防爆危险区内使用安全可靠。ProfiBus 现场总线标准包括 ProfiBus-PA，ProfiBus-FMS 和 ProfiBus-DP 三种协议类型，ProfiBus-PA 多用于过程自动化，通过总线供电提供本质安全型，可用于危险防爆区域；ProfiBus-FMS 用于一般自动化，旨在解决车间级通用性任务；ProfiBus-DP 专为现场级控制系统与分散 I/O 的高速通信而设计，适用于分散的外围设备。

ProfiBus 可使分散式数字化控制器从现场底层到车间级网络化。该系统分为主站和从站，主站决定总线的数据通信，当主站得到总线控制权（令牌）时，没有外界请求也可以主动发送信息；从站为外围设备，典型的从站包括输入及输出装置、阀门、驱动器和测量发送器，它们没有总线控制权，仅对接收到的信息给予确认或当主站发出请求时向它发送信息。

5. FF

FF（Fildbus Foundation）又称现场总线基金会现场总线，是一种全数字、串行、双向通信协议，可用于现场设备如变送器、控制阀、控制器等的互联。FF 现场总线的最大特点就在于它不仅仅是一种总线，而且是一个网络系统，它所具有的开放型数字通信能力使自动化系统具备了网络化特征，同时它的网络通信是围绕工业生产现场各种自动化任务而进行的。该总线在过程自动化领域得到了广泛的应用，具有良好的发展前景。

14.3　虚拟仪器

由于电子技术、计算机技术的高度发展及其在测量领域中的广泛应用，计算机软件技术和测试系统的紧密结合使得仪器的结构概念和设计观点等发生了突破性的变化，以计算机技术为基础的新的测试方法如虚拟仪器受到了越来越多的关注。

14.3.1　虚拟仪器概述

虚拟仪器（Virtual Instrumention）是现代计算机技术和仪器技术深层次结合的产物，其概念最早是由美国国家仪器公司（National Instruments Corporation，NI）于 20 世纪 70 年代提出。虚拟仪器主要是指以计算机和模块化硬件为基础，以软件为核心，由用户设计定义测试功能，具有虚拟面板的计算机仪器系统。也就是说，虚拟仪器利用高性能的模块化硬件，结合计算机上灵活高效的软件来完成各种测试、测量和自动化任务。它把计算机资源（如微处理器、内存、显示器等）和硬件资源（如 A/D 转换、D/A 转换、数字 I/O、定时器、信号调理等）有机地结合在一起，通过软件实现对数据的采样、分析、处理与表达。

与传统仪器相比，虚拟仪器具有以下特点：

1）丰富和增强了传统仪器功能。传统仪器把所有软件和测量电路封装在一起，利用仪器前面板为用户提供一组有限的功能。虚拟仪器不仅具有实现复杂功能的虚拟面板，同时融合计算机强大的软硬件资源，突破了传统仪器在数据处理、显示和存储等方面的限制，高性能处理器、高分辨显示器、大容量硬盘已成为虚拟仪器的标准配置，使得其功能更加强大。

2）突出“软件就是仪器”的理念。传统仪器中部分硬件在虚拟仪器中被软件代替，通过软件解决传统仪器中硬件难以解决的仪器零漂、老化等问题，大大提高仪器的测量精度、测量范围，并延长更新换代时间。通过软件技术和相应数值算法，可以实时、直接的对测试数据进行各种分析与处理，图形用户界面技术使得虚拟仪器界面友好，人机交互方便。

3）自定义仪器功能。虚拟仪器打破了传统仪器由厂家定义功能和控制面板的模式，可以由用户根据需要通过软件自行定义。虚拟仪器提供给用户可重用的源代码库和功能模块，使用户可以方便地修改仪器功能和虚拟面板，设计仪器的通信、定时、触发功能，实现与外设、网络及其他应用的连接，使系统组建、升级、扩展更为灵活、高效。

4）基于开放的工业标准。虚拟仪器的软件和硬件都制定了开放的工业标准和基于计算机的开放式体系结构，因此可以把不同厂商的产品集成到一个系统，并基于标准化的计算机总线和仪器总线以及硬件实现模块化、系列化，使资源可重复利用率提高、仪器设计使用和维护管理更加方便、规范。

虚拟仪器开放、灵活，可与计算机技术保持同步发展，技术更新周期短，性价比高。但需指出的是，虽然虚拟仪器具有传统仪器不可比拟的优势，但它并不否定传统仪器的作用，它们相互交叉又互为补充，相得益彰。

【拓展阅读】 应怀樵：中国虚拟仪器之父

14.3.2 虚拟仪器的组成

图 14-6 为虚拟仪器的基本组成模型，虚拟仪器系统由硬件和软件两部分组成。虚拟仪器采集被测信号的过程中，还需要传感器或变送器的参与；若要实现对外部执行机构的控制，需要通过变频器等控制器来完成。

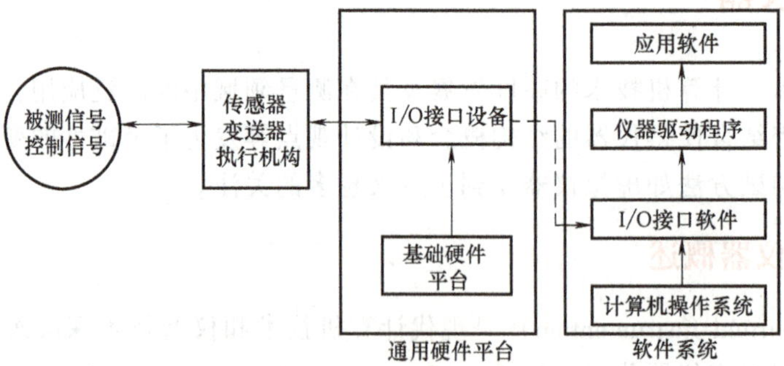

图 14-6 虚拟仪器的基本组成模型

1. 硬件系统

虚拟仪器硬件系统结构如图 14-7 所示。硬件是虚拟仪器工作的基础，主要完成被测信号的采集、传输、存储、处理和输入输出等工作，通常包括计算机硬件平台和 I/O 接口设备。计算机硬件平台可以是各种类型计算机，如 PC、便携式计算机、工作站、嵌入式计算机等，它管理虚拟仪器的硬件资源，也是软件的承载者，因此是硬件平台的核心。I/O 硬件接口设备包括 PC 总线的数据采集卡（PC-DAQ）、GPIB 仪器、串行式接口总线、PXI 总线模块、VXI 总线模块、LXI 总线模块等，主要完成被测信号的采集、放大和 A/D 转换等功能。

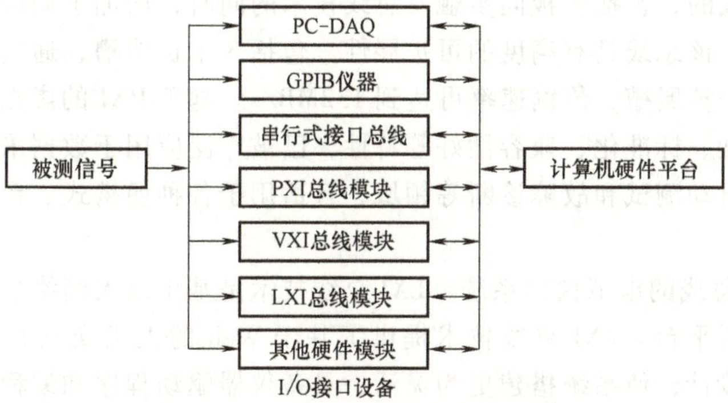

图 14-7 虚拟仪器硬件系统结构

虚拟仪器的突出成就在于不仅可以利用计算机组建灵活的虚拟仪器，更重要的是它可以通过各种不同的接口总线结合不同的接口硬件来组建不同规模的自动测试系统。根据所使用硬件系统和总线接口方式的不同，主要可分为以下几种类型：

（1）基于 PC-DAQ 的虚拟仪器系统　这种系统采用 PC 本身的 PCI 或 ISA 总线，将数据采集卡插入到计算机的 PCI 或 ISA 总线插槽中，并与 LabVIEW、Visual C++等软件相结合，通过 A/D 转换将模拟信号采集到计算机进行分析、处理、显示完成测试任务，并可通过 D/A 转换实现控制。根据需要还可以加入信号调理和实时数字信号处理器（DSP）等硬件模块。它充分利用了计算机的软、硬件资源，具有性价比高的优点。但受到计算机机箱结构和总线类型的限制，存在电源功率不足，机箱内部噪声电平较高、插槽数目有限以及机箱内无屏蔽等缺点。

（2）基于串行式总线的虚拟仪器系统　这类系统是利用 RS-232 串口总线、USB 通用串行总线和 IEEE1394 总线等计算机提供的标准总线，很好地解决了 PCI 总线的虚拟仪器需要打开机箱进行插拔卡操作的问题。其中，RS-232 串口总线方式较为传统，主要用于仪器控制。USB 通用串行总线和 IEEE1394 总线具有传输速率高、可热插拔、联机使用方便等特点，其中高速 USB 2.0 数据传输速率可达 480MB/s，IEEE1394 总线数据传输速率也可达 400MB/s 以上，因此具有更好的发展前景。

（3）基于 GPIB 的虚拟仪器系统　GPIB 是传统测试仪器在数字接口方面的延伸和扩展，在 14.2.1 节中已有介绍。典型的基于 GPIB 方式的虚拟仪器系统由一台 PC、一块 GPIB 接口卡和若干台 GPIB 形式的仪器通过 GPIB 电缆连接而成。利用 GPIB 仪器控制系统可以实现计算机对仪器的操作和控制，替代了传统的人工操作方式，可以简单地组合多台仪器，形成自动测量系统，该测量系统的结构和命令简单，适合于精度要求高，但不要求对计算机高速传输状况时的应用。

（4）基于 VXI 总线的虚拟仪器系统　VXI 总线是目前基于虚拟仪器组建测试系统时较常采用的一种模块插板式总线形式。VXI 标准的开放结构即插即用和虚拟仪器软件体系结构等允许用户根据自己的实际情况而不必局限于某一厂商地自由选择仪器模块，可以方便地实现多功能、多参数的自动测试。VXI 总线的出现将高级测量与测试设备带入模块化领域，尤其在组建大、中规模的自动测量系统，具有非常大的优势。但 VX1 总线对机箱、零槽管理器、嵌入式控制器有一定的要求，成本较高。

（5）基于 PXI 总线的虚拟仪器系统　PXI 总线是在 PCI 总线内核技术增加了成熟的技术规范和要求而形成的，包括多板同步触发总线技术的同时，增加了局域网总线用于相邻模块之间的高速通信。该总线具有高度的可扩展性，包括 8 个扩展槽，通过使用 PCI-PCI 桥接器，可扩展到 256 个扩展槽，传输速率可达到 132MB/s。基于 PXI 的虚拟仪器产品以其多功能、高性能、高精度、标准化、兼容性好等特性，已被广泛应用于数据采集、工业自动化与控制、武器装备的自动测试和故障诊断等领域，且适用于各种便携式、台式和标准机架测试系统。

（6）基于 LXI 总线的虚拟仪器系统　LXI 总线技术是基于以太网络技术，由中小型总线模块组成的新型仪器平台。LXI 总线技术提供了基于 Web 的人机交互和程序接口，模块采用自集成和标准化设计，使系统搭建更为灵活，具备仪器驱动程序和编程接口，以支持仪器的互换性、互操作性和软件的可移植性。因此，LXI 系统逐渐成为虚拟仪器系统的发展方向。

2. 软件结构

当虚拟仪器的硬件平台建立起来之后，设计、开发、研究虚拟仪器的主要任务就是开发软件部分。软件是虚拟仪器的关键，主要用于实现对数据的读取、分析处理、显示以及对硬件的控制等功能，使用正确的软件工具并通过设计或者调用相应的程序模块，工程师们可以高效地建立直观、友好的人机交互界面。虚拟仪器的软件一般采用层次结构，由底到顶为 I/O 接口层、仪器驱动程序层、应用软件层。

（1）输入/输出（I/O）接口层　I/O 接口层存在于仪器与仪器驱动程序之间，是一个完成对仪器内部寄存单元进行直接存取数据操作、为仪器驱动程序提供信息传递的底层软件，是实现开放的、统一的虚拟仪器系统的基础和核心。标准的虚拟仪器 I/O 接口软件定义为 VISA（Virtual Instrument Software Architecture），实质是标准的 I/O 函数库及其相关规范的总称。对于仪器驱动程序开发者来说，VISA 是一个可调用的操作函数集。无论是使用 PXI、VXI、GPIB、LAN 还是 LXI 总线，VISA 都提供了标准的函数库和仪器进行通讯，同时从软件上保证了总线之间的互换性。

（2）仪器驱动程序层　仪器驱动程序层的实质是为用户提供用于仪器操作的、较抽象的操作函数集。对于应用程序，它和仪器硬件的通信、对仪器硬件的控制操作是通过仪器驱动程序来实现的，仪器驱动程序对于仪器的操作和管理，又是通过调用 I/O 接口层软件所提供的统一基础与格式的函数库来实现的。对于应用程序的设计人员，一旦有了仪器驱动程序，在不是十分了解仪器内部操作过程的情况下，也可以进行虚拟仪器系统的设计。仪器驱动程序层是连接应用软件层和 I/O 接口层的纽带和桥梁。

（3）应用软件层　应用软件层建立在驱动程序层之上，直接面向使用者，提供直观友好操作界面、丰富的数据分析与处理功能来实现测试任务。虚拟仪器软件开发环境，必须给用户提供界面友好、功能强大的应用程序，为用户设计虚拟仪器应用软件提供了最大限度的方便条件。

目前的虚拟仪器开发环境主要分为两大类，一类是文本式编程语言，如 Visual C++、Visual Basic、Lab Windows/CVI 等；另一类是图形化编程语言，如 LabVIEW、Agilent 和 HP-VEE 等。其中最具代表性的虚拟仪器开发环境为图形化编程语言 LabVIEW，它具有直观的前面板设计工具、流程图式的编程方式，且提供了丰富且功能强大的函数库供用户直接调用。

14.3.3　虚拟仪器应用与发展

虚拟仪器是测试技术和计算机技术的深层次结合，可广泛应用于电子测量、振动分析、声学分析、故障诊断、航天航空、军事工程、电力工程、机械工程、建筑工程、铁路交通、地质勘探、生物医疗、教学及科研等诸多方面。

例如，在工业自动化方面，虚拟仪器设计所采用的图形化编程语言，适合不具备程序员的专业编程能力的工程师使用，有利于提高企业的自主开发和管理项目的能力，降低了工业自动化技术改造的成本。另一方面，采用虚拟仪器技术，根据实际工艺流程和控制要求，将分布在企业不同位置的各种测量仪表和控制装置连接为一个网络系统，通过计算机实时集中控制和管理，可以改变传统单元仪表分散工作时成本高、维护困难、资源配置重复等缺点，提高了工业自动化改造的经济效益，降低管理成本。

在仪器产业改造方面，由于工业基础的原因，我国的仪器制造，尤其是高性能科学仪器的制造暂时还不能完全满足国防与经济建设发展的需要。目前，像高性能数字示波器、频谱分析仪和逻辑分析仪等高档仪器还主要依赖进口，即使数字万用表、函数发生器等基础测量仪器，国产与进口产品在功能、易用性等方面也存在差距。传统台式仪器制造水平不仅取决于设计创新，还依赖于工艺和加工水平的提高，因此在短期内提高有一定困难。采用虚拟仪器技术，将过去仪器中许多靠硬件实现的功能用软件来代替，利用商品化的数据采集和 PC 技术，可以开发出各行各业急需的各种测量仪器，是缩短我国与先进国家在仪器领域的差距的一个有效思路。

而在实践教学方面，传统的教学实验室通常需要购置大量的基础测量仪器，投资大、占地广、设备淘汰快、维护困难，利用虚拟仪器技术，可以设计出与实际仪器在原理、功能和操作等方面完全一致的虚拟仪器，且一台计算机即可集成多种虚拟仪器。学生在计算机上就可以学习和掌握多种仪器原理、功能与操作，并通过其他硬件设备与电路的互相配合，完成实际测试过程，达到与实际仪器使用相同的目的。此种方式对从根本上改变传统实验教学方法、降低实验室建设与管理的成本、实现远程实验教学具有重要价值。目前，虚拟仪器在实验教学、科学研究、远程教育中均发挥着巨大作用。

虚拟仪器从概念的提出到现在技术日趋成熟，其发展过程主要有两个：一个是 GPIB-VXI-PXI 总线方式，向高速、高精度、大型自动测试设备（ATE）方向发展；一个是 PC 插卡式-并口式-串口式，向便携式、低成本、普及型系统方向发展。随着计算机技术、网络技术和微电子技术的发展，虚拟仪器的性能和功能将得到进一步的提升，未来将更加模块化、标准化，使得不同的虚拟仪器能够实现在不同平台上的互换性和移植性，也更加网络化，实现远程测量监控和资源共享，实现多系统多专家的协同测试与诊断，同时不断吸收新技术，在此过程中适应更多领域，为实际应用带来更大便利和效率。

14.3.4　虚拟仪器的设计方法步骤

虚拟仪器的设计方法和步骤与传统仪器有较大的差别，这主要是由于软件的作用在虚拟仪器中被大大加强了。同样，由于虚拟仪器的软件和硬件有着紧密的关系，因而虚拟仪器应用软件的开发与一般的软件开发也有一定差别。其一般设计步骤和过程如下。

1. 确定虚拟仪器类型

由于虚拟仪器的种类较多，不同类型的虚拟仪器的硬件结构相差较大，因而在设计时必须首先确定虚拟仪器的类型。虚拟仪器类型的确定主要考虑以下几个方面：①被测对象的要求及使用领域；②系统成本；③开发资源的丰富性；④系统的扩展和升级；⑤系统资源的再用性。

2. 选择合适的虚拟仪器软件开发平台

当虚拟仪器的硬件确定时，就要进行硬件的集成和软件开发。在具体选择软件开发平台时，一方面需要考虑测试系统整体设计需求和软硬件的衔接，另一方面需要考虑开发人员对开发平台的熟悉程度、开发成本等。

3. 开发虚拟仪器应用软件

根据虚拟仪器要实现的功能确定应用软件的开发方案。应用软件不仅要实现用户期望的仪器功能，还应设计友好、直观、形象的虚拟仪器交互面板，因此开发过程中需要和用户沟通，以确定用户能接受和熟悉数据显示和控制操作方式。

4. 系统调试

系统调试主要包括硬件调试和软件调试。在调试方法上可以首先用仿真方式或利用模拟现场信号的方式进行调试，然后再利用真实信号进行调试。当系统的功能被确认满足设计要求时，调试过程结束。

5. 编写系统开发文档

编写完善的系统开发文档和技术报告、使用手册等。这些对日后进行的系统维护和升级，以及指导用户了解仪器的性能和使用方法等均有重要意义。

【拓展阅读】 虚拟仪器开发平台 LabVIEW

14.4 网络化测试系统

随着科学技术的飞速发展和自动化程度的不断提高，要求测试和处理的信息量越来越大、速度越来越快。而当测试对象空间位置分散、测试任务复杂、测试系统庞大时，对测试远程化、网络化的需求越来越大。网络技术的出现以及其他测控系统和其他高新科技的结合，为测量与仪器领域带来了前所未有的发展空间和机遇。网络化测量技术与具备网络功能的测试系统应运而生。

网络化测试系统能将测试系统中地域分散的基本功能单元（如计算机、测试仪器、测试模块或智能传感器等），通过网络连接起来，构成一个分布式的测试系统，实现资源、信息共享，协调工作，共同完成复杂测试任务。网络化测试系统主要由两大部分组成：一部分是系统的基本功能单元，如 PC 仪器、网络化测量仪器、网络化传感器、网络化测量模块等；另一部分是连接多个基本功能单元的通信网络，如现场总线、Internet、无线传感器网络等。

网络化测试系统不仅可以最大限度地利用信息资源、降低测试成本，还能提高测试系统的性能，实现远距离测试和资源共享，还能解决时间空间给测试带来的局限，适应现代复杂装备测试的新要求，在国防、通信、航天、航空、气象、勘测、制造等领域，特别是危险或测试人员难于进入的测试场地，有着无可比拟的优越性和重要的作用。另一方面，网络化测试技术也带来新的问题和挑战，如时间不确定性、信息完整性、协同测试、网络安全等问题，需要不断提升关键技术水平以解决。

14.4.1 基于现场总线技术的网络化测控系统

现场总线正是在现场仪表智能化和全数字控制系统的需求下产生的，连接智能现场设备和自动化系统的数字式、双向传输、多分枝结构的通信网，相关内容已在 14.2.2 节介绍。它可以把所有的现场设备（仪表、传感器与执行器）与控制器通过一根线缆相连，形成现场设备级、车间级的数字化通信网络，可完成现场状态监测、控制、远传等功能。

现场总线种类繁多，但不失一般性，基于任何一种现场总线，由现场总线测量、变送和执行单元组成的网络化系统可表示为图 14-8 所示的结构。现场总线网络测控系统目前已在实际生产环境中得到成功应用。

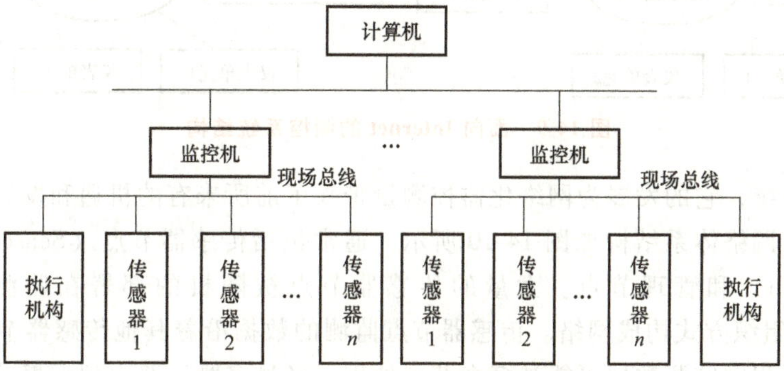

图 14-8 现场总线网络测控系统结构

14.4.2 面向 Internet 的网络化测控系统

目前，以 Internet 为代表的计算机网络迅速发展，相关技术日益完善，突破了传统通信方式的时空限制和地域障碍，使更大范围内的通信变得十分容易，Internet 拥有的硬件和软件资源正在越来越多的领域中得到应用，比如电子商务、网上教学、远程医疗、远程数据采集与控制、高档测量仪器设备资源的远程实时调用、远程设备故障诊断等。与此同时，网络互联设备的进步，又方便了 Internet 与不同类型测控网络、企业网络间的互联。利用现有 Internet 资源而不需建立专门的拓扑网络，使组建测控网络、企业内部网络以及它们与 Internet 的互联都十分方便。

典型的面向 Internet 的测控系统结构如图 14-9 所示。现场智能仪表单元通过现场级测控网络与企业内部网互连，而具有 Internet 接口能力的网络化测控仪器通过嵌入其内部的 TCP/IP 直接连接于企业内部网，测控系统在数据采集、信息发布、系统集成等方面都以企业内部网络 Internet 为依托，将测控网、企业内部网与 Internet 互联，便于实现测控网和信息网的统一。在这样构成的测控网络中，网络化仪器设备充当着网络中独立节点的角色，信息可跨越网络传输，使实时、动态（包括远程）的在线测控成为现实。与过去的测控、测试技术相比，不难发现网络化测控能大量节约现场布线，扩大测控系统的地域范围。

14.4.3 无线传感器网络测控系统

无线传感器网络（Wireless Sensor Network，WSN）是一种新颖的、具有巨大市场应用前

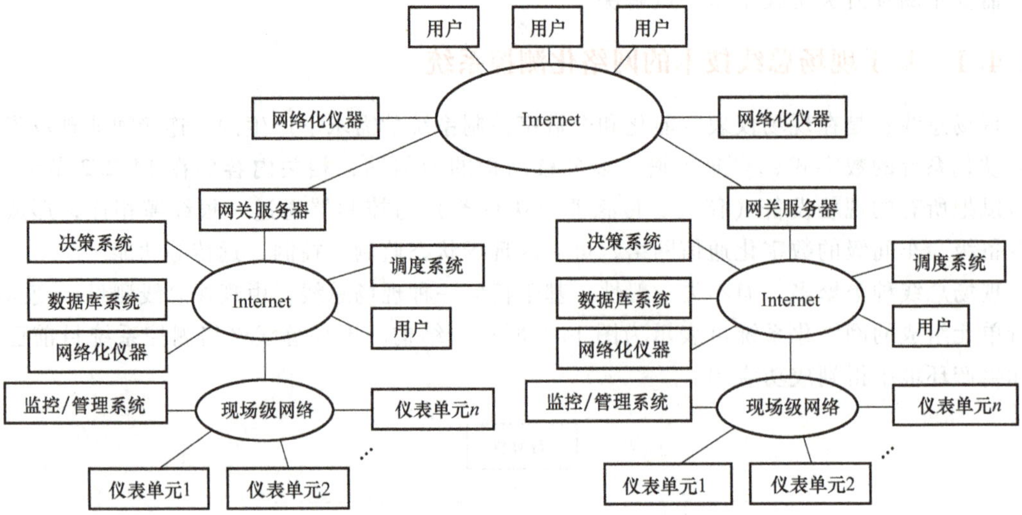

图 14-9　面向 Internet 的测控系统结构

景的现代检测系统，它的发展为网络化监控测量带来了前所未有的机遇和发展空间。

无线传感器网络体系结构如图 14-10 所示，通常包括传感器节点（Sensor Node）、汇聚节点（Sink Node）和管理节点。大量的传感器节点被随机的部署在监测区域（Sensor Field），通过自组织方式构成网络。传感器节点监测的数据沿着其他传感器节点逐跳地进行传输，在传输过程中监测数据可能被多个节点处理，经过多跳后路由到汇聚节点，最后通过互联网或卫星到达任务管理节点。用户通过任务管理节点对传感器网络进行配置和管理，发布监测任务以及收集监测数据。

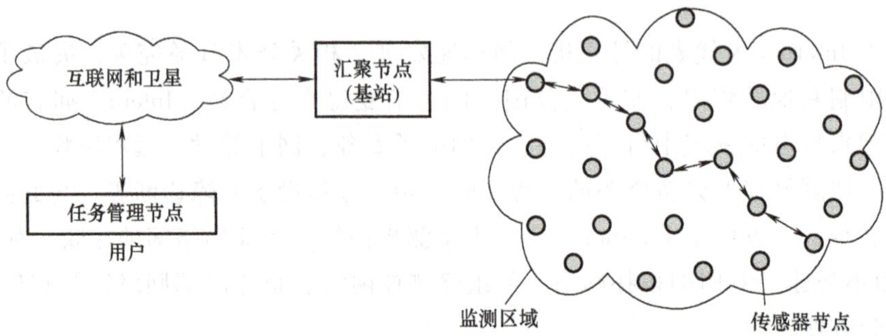

图 14-10　无线传感器网络体系结构

传感器节点通常是一个微型的嵌入式系统，其处理能力、存储能力和通信能力相对较弱，通过携带能量有限的电池供电，其体系结构如图 14-11 所示。每个传感器节点兼有路由器和网络终端的功能，除了进行本地信息收集和数据处理外，还对其他节点转发来的数据进行存储、管理和融合等处理，同时与其他节点协作完成一些特定任务。汇聚节点的处理能力、存储能力和通信能力相对较强，它连接传感器网络与 Internet 等外部网络，实现两种网络通信协议栈之间的转换，同时发布管理节点的监测任务，并把收集到的数据转发到外部网络上。汇聚节点既可以是一个具有增强功能的传感器节点，有足够的电源供给和更多的内存与计算资源，也可以是没有监测功能仅有无线通信接口的特殊网关设备。管理节点供用户对传感器网络进行配置和管理，发布监测任务和收集监测数据。

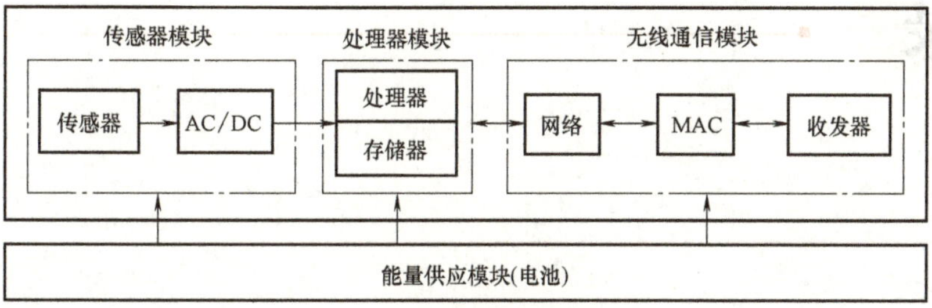

图 14-11　传感器节点体系结构

无线传感器网络的应用前景非常广阔，能够广泛应用于军事、环境监测和预报、健康护理、智能家居、建筑物状态监控、复杂机械监控、城市交通、空间探索、大型车间和仓库管理，以及机场、大型工业园区的安全监测等领域。

随着技术的发展，传感器节点的成本越来越低、功能日益强大，无线传感器网络应用有更多可能。无线传感网络技术的发展和广泛应用，对现代军事、现代信息技术、现代制造业及许多重要的社会领域产生了巨大的影响，被认为是影响人类未来生活的重要技术之一，这一新兴技术结合了现有的多种先进技术，为人们提供了一种全新的智能获取信息、处理信息的途径。近年来蓬勃发展的物联网是无线传感网络技术成功应用的巨大领域。物联网可实现智能化的实时管理和控制，从而提高资源利用率和生产率，已成为国际新一轮信息技术竞争的关键点和制高点。

【拓展阅读】　物联网

思考题与习题

14-1　现代检测系统的组成包括哪些部分？

14-2　仪器总线主要包括哪些常用类型？

14-3　什么是虚拟仪器？虚拟仪器设计的一般步骤是什么？

14-4　如何理解“网络就是仪器”？

14-5　查阅资料，试列举无线传感器网络的应用实例。

14-6　查阅资料，简述未来现代检测系统的发展趋势。

附录

附录 A　基本常数

常数名称	符号	单位	量值	近似值
元电荷	e	C	$(1.60217733\pm0.00000049)\times10^{-19}$	1.602×10^{-19}
原子质量	m_u	kg	$(1.6605402\pm0.0000010)\times10^{-27}$	1.661×10^{-27}
普朗克常数	h	J·s	$(6.6260755\pm0.0000040)\times10^{-34}$	6.626×10^{-34}
玻耳兹曼常数	k	J/K	$(1.380658\pm0.000012)\times10^{-23}$	1.381×10^{-23}
阿伏伽德罗常数	N_A	mol^{-1}	$(6.0221367\pm0.0000036)\times10^{23}$	6.022×10^{23}
法拉第常数	F	C/mol	$(9.6485309\pm0.0000029)\times10^{4}$	9.649×10^{4}
理想气体中的普适比例常数	R	J/(mol·K)	(8.314510 ± 0.000070)	8.314
第一辐射常数	C_1	$W\cdot m^2$	3.7413×10^{-16}	
第二辐射常数	C_2	m·K	1.4388×10^{-2}	
真空中的介电常数	ε_0	F/m	$10^{-9}/(4\pi\times9)$	8.842×10^{-12}
空气的磁导率	μ_0	H/m	$4\pi\times10^{-7}$	1.257×10^{-6}
标准自由落体重力加速度①	g_n	m/s^2	9.80665	9.807
光速	c	m/s	299792485	2.998×10^{8}
标准空气压力②	p_n	Pa	101325	1.013×10^{5}
标准声速③	c_n	m/s	340.294	340.3

① 纬度为 45°的海平面上的值，为国际协议值。

② 温度 0℃、重力加速度 $9.80665m/s^2$、海拔 0.760m、密度 $13595.1kg/m^3$ 的水银柱所产生的压力。

③ 温度为 15℃。

附录 B　国际单位制基本单位及辅助单位

	量的名称	单位名称	单位符号
基本单位	长度	米	m
	质量	千克(公斤)	kg
	时间	秒	s
	电流	安[培]	A
	热力学温度	开[尔文]	K
	物质的量	摩[尔]	mol
	发光强度	坎[德拉]	cd
辅助单位	[平面]角	弧度	rad
	立体角	球面度	sr

附录 C　K 型镍铬-镍硅热电偶分度表（参考端温度 0℃）

温度/℃	热电动势/mV									
	0	1	2	3	4	5	6	7	8	9
-50	-1.889	-1.925	-1.961	-1.996	-2.032	-2.067	-2.102	-2.137	-2.173	-2.208
-40	-1.527	-1.563	-1.600	-1.636	-1.673	-1.709	-1.745	-1.781	-1.817	-1.853
-30	-1.156	-1.193	-1.231	-1.268	-1.305	-1.342	-1.379	-1.416	-1.453	-1.490
-20	-0.777	-0.816	-0.854	-0.892	-0.930	-0.968	-1.005	-1.043	-1.081	-1.118
-10	-0.392	-0.431	-0.469	-0.508	-0.547	-0.585	-0.624	-0.662	-0.701	-0.739
0	0	-0.039	-0.079	-0.118	-0.157	-0.197	-0.236	-0.275	-0.314	-0.353
0	0.000	0.039	0.079	0.119	0.158	0.198	0.238	0.277	0.317	0.357
10	0.397	0.437	0.477	0.517	0.557	0.597	0.637	0.677	0.718	0.758
20	0.798	0.838	0.879	0.919	0.960	1.000	1.041	1.081	1.122	1.163
30	1.203	1.244	1.285	1.326	1.366	1.407	1.448	1.489	1.530	1.571
40	1.612	1.653	1.694	1.735	1.776	1.817	1.858	1.899	1.941	1.982
50	2.023	2.064	2.106	2.147	2.188	2.230	2.271	2.312	2.354	2.395
60	2.436	2.478	2.519	2.561	2.602	2.644	2.685	2.727	2.768	2.810
70	2.851	2.893	2.934	2.976	3.017	3.059	3.100	3.142	3.184	3.225
80	3.227	3.308	3.350	3.391	3.343	3.474	3.516	3.557	3.599	3.640
90	3.682	3.723	3.765	3.806	3.848	3.889	3.931	3.972	4.013	4.055
100	4.096	4.138	4.179	4.220	4.262	4.303	4.344	4.385	4.427	4.468
110	4.509	4.550	4.591	4.633	4.674	4.715	4.756	4.797	4.838	4.879
120	4.920	4.961	5.002	5.043	5.084	5.124	5.165	5.206	5.247	5.288
130	5.328	5.369	5.410	5.451	5.491	5.532	5.572	5.613	5.653	5.694
140	5.735	5.775	5.815	5.856	5.896	5.937	5.977	6.017	6.058	6.098
150	6.138	6.179	6.219	6.259	6.299	6.339	6.380	6.420	6.460	6.500
160	6.540	6.580	6.620	6.660	6.701	6.741	6.781	6.821	6.861	6.901
170	6.941	6.981	7.021	7.060	7.100	7.140	7.180	7.220	7.260	7.300
180	7.340	7.380	7.420	7.460	7.500	7.540	7.579	7.619	7.659	7.699
190	7.739	7.779	7.819	7.859	7.899	7.939	7.979	8.019	8.059	8.099
200	8.138	8.178	8.218	8.258	8.298	8.338	8.378	8.418	8.458	8.499
210	8.539	8.579	8.619	8.659	8.699	8.739	8.779	8.819	8.860	8.900
220	8.940	8.980	9.020	9.061	9.101	9.141	9.181	9.222	9.262	9.302
230	9.343	9.383	9.423	9.464	9.504	9.545	9.585	9.626	9.666	9.707
240	9.747	9.788	9.828	9.869	9.909	9.950	9.991	10.031	10.072	10.113
250	10.153	10.194	10.235	10.276	10.316	10.357	10.398	10.439	10.480	10.520
260	10.561	10.602	10.643	10.684	10.725	10.766	10.807	10.848	10.889	10.930
270	10.971	11.012	11.053	11.094	11.135	11.176	11.217	11.259	11.300	11.341

（续）

温度/℃	热电动势/mV									
	0	1	2	3	4	5	6	7	8	9
280	11. 382	11. 423	11. 465	11. 506	11. 547	11. 588	11. 630	11. 671	11. 712	11. 753
290	11. 795	11. 836	11. 877	11. 919	11. 960	12. 001	12. 043	12. 084	12. 126	12. 167
300	12. 209	12. 250	12. 291	12. 333	12. 374	12. 416	12. 457	12. 499	12. 540	12. 582
310	12. 624	12. 665	12. 707	12. 748	12. 790	12. 831	12. 873	12. 915	12. 956	12. 998
320	13. 040	13. 081	13. 123	13. 165	13. 206	13. 248	13. 290	13. 331	13. 373	13. 415
330	13. 457	13. 498	13. 540	13. 582	13. 624	13. 665	13. 707	13. 749	13. 791	13. 833
340	13. 874	13. 916	13. 958	14. 000	14. 042	14. 084	14. 126	14. 167	14. 209	14. 251
350	14. 293	14. 335	14. 377	14. 419	14. 461	14. 503	14. 545	14. 587	14. 629	14. 671
360	14. 713	14. 755	14. 797	14. 839	14. 881	14. 923	14. 965	15. 007	15. 049	15. 091
370	15. 133	15. 175	15. 217	15. 259	15. 301	15. 343	15. 385	15. 427	15. 469	15. 511
380	15. 554	15. 596	15. 638	15. 680	15. 722	15. 764	15. 806	15. 849	15. 891	15. 933
390	15. 975	16. 017	16. 059	16. 102	16. 144	16. 186	16. 228	16. 270	16. 313	16. 355
400	16. 397	16. 439	16. 482	16. 524	16. 566	16. 608	16. 651	16. 693	16. 735	16. 778
410	16. 820	16. 862	16. 904	16. 947	16. 989	17. 031	17. 074	17. 116	17. 158	17. 201
420	17. 243	17. 285	17. 328	17. 370	17. 413	17. 455	17. 497	17. 540	17. 582	17. 624
430	17. 667	17. 709	17. 752	17. 794	17. 837	17. 879	17. 921	17. 964	18. 006	18. 049
440	18. 091	18. 134	18. 176	18. 218	18. 261	18. 303	18. 346	18. 388	18. 431	18. 473
450	18. 516	18. 558	18. 601	18. 643	18. 686	18. 728	18. 771	18. 813	18. 856	18. 898
460	18. 941	18. 983	19. 026	19. 068	19. 111	19. 154	19. 196	19. 239	19. 281	19. 324
470	19. 366	19. 409	19. 451	19. 494	19. 537	19. 579	19. 622	19. 664	19. 707	19. 750
480	19. 792	19. 835	19. 877	19. 920	19. 962	20. 005	20. 048	20. 090	20. 133	20. 175
490	20. 218	20. 261	20. 303	20. 346	20. 389	20. 431	20. 474	20. 516	20. 559	20. 602
500	20. 644	20. 687	20. 730	20. 772	20. 815	20. 857	20. 900	20. 943	20. 985	21. 028
510	21. 071	21. 113	21. 156	21. 199	21. 241	21. 284	21. 326	21. 369	21. 412	21. 454
520	21. 497	21. 540	21. 582	21. 625	21. 668	21. 710	21. 753	21. 796	21. 838	21. 881
530	21. 924	21. 966	22. 009	22. 052	22. 094	22. 137	22. 179	22. 222	22. 265	22. 307
540	22. 350	22. 393	22. 435	22. 478	22. 521	22. 563	22. 606	22. 649	22. 691	22. 734
550	22. 776	22. 819	22. 862	22. 904	22. 947	22. 990	23. 032	23. 075	23. 117	23. 160
560	23. 203	23. 245	23. 288	23. 331	23. 373	23. 416	23. 458	23. 501	23. 544	23. 586
570	23. 629	23. 671	23. 714	23. 757	23. 799	23. 842	23. 884	23. 927	23. 970	24. 012
580	24. 055	24. 097	24. 140	24. 182	24. 225	24. 267	24. 310	24. 353	24. 395	24. 438
590	24. 480	24. 523	24. 565	24. 608	24. 650	24. 693	24. 735	24. 778	24. 820	24. 863
600	24. 905	24. 948	24. 990	25. 033	25. 075	25. 118	25. 160	25. 203	25. 245	25. 288
610	25. 330	25. 373	25. 415	25. 458	25. 500	25. 543	25. 585	25. 627	25. 670	25. 712
620	25. 755	25. 797	25. 840	25. 882	25. 924	25. 967	26. 009	26. 052	26. 094	26. 136
630	26. 179	26. 221	26. 263	26. 306	26. 348	26. 390	26. 433	26. 475	26. 517	26. 560

（续）

温度/℃	热电动势/mV									
	0	1	2	3	4	5	6	7	8	9
640	26.602	26.644	26.687	26.729	26.771	26.814	26.856	26.898	26.940	26.983
650	27.025	27.067	27.109	27.152	27.194	27.236	27.278	27.320	27.363	27.405
660	27.447	27.489	27.531	27.574	27.616	27.658	27.700	27.742	27.784	27.826
670	27.869	27.911	27.953	27.995	28.037	28.079	28.121	28.163	28.205	28.247
680	28.289	28.332	28.374	28.416	28.458	28.500	28.542	28.584	28.626	28.668
690	28.710	28.752	28.794	28.835	28.877	28.919	28.961	29.003	29.045	29.087
700	29.129	29.171	29.213	29.255	29.297	29.338	29.380	29.422	29.464	29.506
710	29.548	29.589	29.631	29.673	29.715	29.757	29.798	29.840	29.882	29.924
720	29.965	30.007	30.049	30.090	30.132	30.174	30.216	30.257	30.299	30.341
730	30.382	30.424	30.466	30.507	30.549	30.590	30.632	30.674	30.715	30.757
740	30.798	30.840	30.881	30.923	30.964	31.006	31.047	31.089	31.130	31.172
750	31.213	31.255	31.296	31.338	31.379	31.421	31.462	31.504	31.545	31.586
760	31.628	31.669	31.710	31.752	31.793	31.834	31.876	31.917	31.958	32.000
770	32.041	32.082	32.124	32.165	32.206	32.247	32.289	32.330	32.371	32.412
780	32.453	32.495	32.536	32.577	32.618	32.659	32.700	32.742	32.783	32.824
790	32.865	32.906	32.947	32.988	33.029	33.070	33.111	33.152	33.193	33.234
800	33.275	33.316	33.357	33.398	33.439	33.480	33.521	33.562	33.603	33.644
810	33.685	33.726	33.767	33.808	33.848	33.889	33.930	33.971	34.012	34.053
820	34.093	34.134	34.175	34.216	34.257	34.297	34.338	34.379	34.420	34.460
830	34.501	34.542	34.582	34.623	34.664	34.704	34.745	34.786	34.826	34.867
840	34.908	34.948	34.989	35.029	35.070	35.110	35.151	35.192	35.232	35.273
850	35.313	35.354	35.394	35.435	35.475	35.516	35.556	35.596	35.637	35.677
860	35.718	35.758	35.798	35.839	35.879	35.920	35.960	36.000	36.041	36.081
870	36.121	36.162	36.202	36.242	36.282	36.323	36.363	36.403	36.443	36.484
880	36.524	36.564	36.604	36.644	36.685	36.725	36.765	36.805	36.845	36.885
890	36.925	36.965	37.006	37.046	37.086	37.126	37.166	37.206	37.246	37.286
900	37.326	37.366	37.406	37.446	37.486	37.526	37.566	37.606	37.646	37.686
910	37.725	37.765	37.805	37.845	37.885	37.925	37.965	38.005	38.044	38.084
920	38.124	38.164	38.204	38.243	38.283	38.323	38.363	38.402	38.442	38.482
930	38.522	38.561	38.601	38.641	38.680	38.720	38.760	38.799	38.839	38.878
940	38.918	38.958	38.997	39.037	39.076	39.116	39.155	39.195	39.235	39.274
950	39.314	39.353	39.393	39.423	39.471	39.511	39.5550	39.590	39.629	39.669
960	39.708	39.747	39.787	39.826	39.866	39.905	39.944	39.984	40.023	40.062
970	40.101	40.141	40.180	40.219	40.259	40.298	40.337	40.376	40.415	40.455
980	40.494	40.533	40.572	40.611	40.651	40.690	40.729	40.768	40.807	40.846
990	40.885	40.924	40.963	40.002	41.042	41.081	41.120	41.159	41.198	41.237

（续）

温度/℃	热电动势/mV									
	0	1	2	3	4	5	6	7	8	9
1000	41.276	41.315	41.354	41.393	41.431	41.470	41.509	41.548	41.587	41.626
1010	41.665	41.704	41.743	41.781	41.820	41.859	41.898	41.937	41.976	42.014
1020	42.053	42.092	42.131	42.169	42.208	42.247	42.286	42.324	42.363	42.402
1030	42.440	42.479	42.518	42.556	42.595	42.633	42.672	42.711	42.749	42.788
1040	42.826	42.865	42.903	42.942	42.980	43.019	43.057	43.096	43.134	43.173
1050	43.211	43.250	43.288	43.327	43.365	43.403	43.442	43.480	43.518	43.557
1060	43.595	43.633	43.672	43.710	43.748	43.787	43.825	43.863	43.901	43.940
1070	43.978	44.016	44.054	44.092	44.130	44.169	44.207	44.245	44.283	44.321
1080	44.359	44.397	44.435	44.473	44.512	44.550	44.588	44.626	44.664	44.702
1090	44.740	44.778	44.816	44.853	44.891	44.929	44.967	45.005	45.043	45.081
1100	45.119	45.157	45.194	45.232	45.270	45.308	45.346	45.383	45.421	45.459
1110	45.497	45.534	45.572	45.610	45.647	45.685	45.723	45.760	45.798	45.836
1120	45.873	45.911	45.948	45.986	46.024	46.061	46.099	46.136	46.174	46.211
1130	46.249	46.286	46.324	46.361	46.398	46.436	46.473	46.511	46.548	46.585
1140	46.623	46.660	46.697	46.735	46.772	46.809	46.847	46.884	46.921	46.958
1150	46.995	47.033	47.070	47.107	47.144	47.181	47.218	47.256	47.293	47.330
1160	47.367	47.404	47.441	47.478	47.515	47.552	47.589	47.626	47.663	47.700
1170	47.737	47.774	47.811	47.848	47.884	47.921	47.958	47.995	48.032	48.069
1180	48.105	48.142	48.179	48.216	48.252	48.289	48.326	48.363	48.399	48.436
1190	48.473	48.509	48.546	48.582	48.619	48.656	48.692	48.729	48.765	48.802
1200	48.838	48.875	48.911	48.948	48.984	49.020	49.057	49.093	49.130	49.166
1210	49.202	49.239	49.275	49.311	49.348	49.384	49.420	49.456	49.493	49.529
1220	49.565	49.601	49.637	49.674	49.710	49.746	49.782	49.818	49.854	49.890
1230	49.926	49.962	49.998	50.034	50.070	50.106	50.142	50.178	50.214	50.250
1240	50.286	50.321	50.358	50.393	50.429	50.465	50.501	50.537	50.572	50.608
1250	50.644	50.680	50.715	50.751	50.787	50.822	50.858	50.894	50.929	50.965
1260	51.000	51.036	51.071	51.107	51.142	51.178	51.213	51.249	51.284	51.320
1270	51.355	51.391	51.426	51.461	51.497	51.532	51.567	51.603	51.638	51.673
1280	51.708	51.744	51.779	51.814	51.849	51.885	51.920	51.955	51.990	52.025
1290	52.060	52.095	52.130	52.165	52.200	52.235	52.270	52.305	52.340	52.375
1300	52.410	52.445	52.480	52.515	52.550	52.585	52.620	52.654	52.689	52.724
1310	52.759	52.794	52.828	52.863	52.898	52.932	52.967	53.002	53.037	53.071
1320	53.106	53.140	53.175	53.210	53.244	53.279	53.313	53.348	53.382	53.417
1330	53.451	53.486	53.520	53.555	53.589	53.623	53.658	53.692	53.727	53.761
1340	53.795	53.830	53.864	53.898	53.932	53.967	54.001	54.035	54.069	54.104
1350	54.138	54.172	54.206	54.240	54.274	54.308	54.343	54.377	54.411	54.445
1360	54.479	54.513	54.547	54.581	54.615	54.649	54.683	54.717	54.751	54.785
1370	54.819	54.852	54.886							

附录 D　S 型铂铑$_{10}$-铂热电偶分度表（参考端温度 0℃）

温度/℃	热电动势/mV									
	0	10	20	30	40	50	60	70	80	90
0	0.000	0.055	0.113	0.173	0.235	0.299	0.365	0.432	0.502	0.573
100	0.654	0.719	0.795	0.872	0.950	1.029	1.109	1.190	1.273	1.356
200	1.440	1.525	1.611	1.698	1.785	1.873	1.962	2.051	2.141	2.232
300	2.323	2.414	2.506	2.599	2.692	2.786	2.880	2.974	3.069	3.164
400	3.260	3.356	3.452	3.549	3.645	3.743	3.840	3.938	4.036	4.135
500	4.234	4.333	4.432	4.532	4.632	4.732	4.832	4.933	5.034	5.136
600	5.237	5.339	5.442	5.544	5.648	5.751	5.855	5.960	6.065	6.169
700	6.274	6.380	6.486	6.592	6.699	6.805	6.913	7.020	7.128	7.236
800	7.345	7.454	7.563	7.672	7.782	7.892	8.003	8.114	8.255	8.336
900	8.448	8.560	8.673	8.786	8.899	9.012	9.126	9.240	9.355	9.470
1000	9.585	9.700	9.816	9.932	10.048	10.165	10.282	10.400	10.517	10.635
1100	10.754	10.872	10.991	11.110	11.229	11.348	11.467	11.587	11.707	11.827
1200	11.947	12.067	12.188	12.308	12.429	12.55	12.671	12.792	12.912	13.034
1300	13.155	13.397	13.397	13.519	13.640	13.761	13.883	14.004	14.125	14.247
1400	14.368	14.61	14.61	14.731	14.852	14.973	15.094	15.215	15.336	15.456
1500	15.576	15.697	15.817	15.937	16.057	16.176	16.296	16.415	16.534	16.653
1600	16.771	16.890	17.008	17.125	17.243	17.360	17.477	17.594	17.711	17.826
1700	17.942	18.056	18.170	18.282	18.394	18.504	18.612			

附录 E　部分习题参考答案

5-2 （1）非周期的功率信号 （2）非周期的能量信号 （3）周期的功率信号

5-3 （1）$\frac{1}{2}\delta(t)$ （2）$\frac{1}{-3j+2}\delta(\omega+3)$ （3）$x(t)$

5-4 单边幅值谱如图 E-1 所示，双边幅值谱如图 E-2 所示。

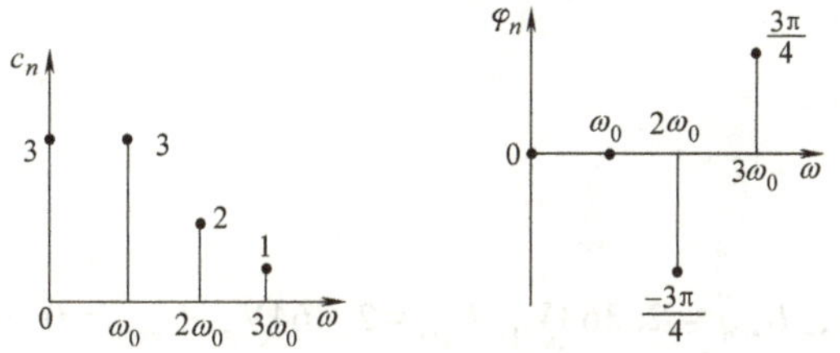

图 E-1　单边幅值谱

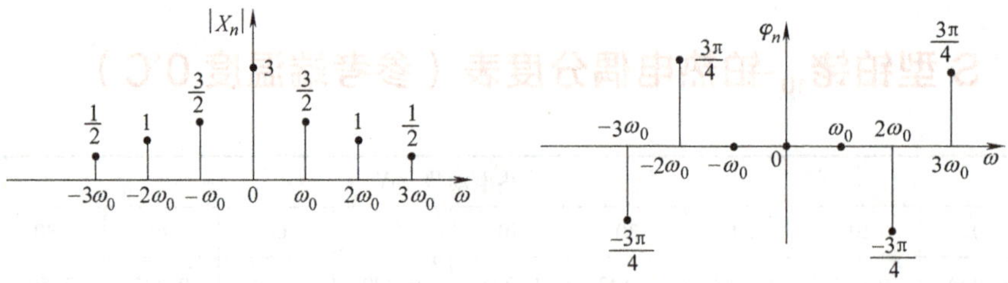

图 E-2　双边幅值谱

5-5　(1) $F(-\omega)e^{-j\omega}$　(2) $\frac{1}{2}F\left(\frac{\omega}{2}\right)e^{-j\frac{5}{2}\omega}$

5-6　(1) $\pi\delta(\omega+\omega_0)+\pi\delta(\omega-\omega_0)+\frac{m}{2}X(j\omega+j\omega_0)+\frac{m}{2}X(j\omega-j\omega_0)$　(2) $X^2(j\omega)e^{-j\omega}$

5-7　$\frac{\pi}{2}[\delta(\omega-\omega_0)+\delta(\omega+\omega_0)]$

5-8　$R(\tau)=\frac{1}{2}e^{-|\tau|}$，$W=\frac{1}{2}$

5-10　1000Hz

6-7　时间常数 $\tau=\frac{1}{3}$s，静态灵敏度 $K=2.3\mu V/Pa$

6-8　$\tau<0.523$ms，幅值误差-1.32%，相位差-9.3°

6-9　$y(t)=0.93\sin(4t-21.8°)+0.049\sin(40t-75.96°)$

6-10　热电偶输出最大值 535.7℃，最小值 504.3℃，相位差-38.2°，滞后时间 8.4s

7-4　全桥

7-5　(1) 0.1968Ω，1.64×10^{-3}　(2) 1.23mV，0.082%　(3) 采用半桥（U_o=2.46mV，$\gamma=0$）或全桥（U_o=4.92mV，$\gamma=0$）　(4) 0.035%

7-8　图 7-89a：$C=\frac{Lb}{\frac{2\delta}{\varepsilon_0}+\frac{\delta_x}{\varepsilon}}$　图7-89b：$C=bx\frac{1}{\frac{\delta}{\varepsilon_0}+\frac{\delta_x}{\varepsilon}}+b(L-x)\frac{1}{\frac{\delta+\delta_x}{\varepsilon_0}}$　图 7-89c：$C=\frac{2\pi\varepsilon L}{\ln\frac{D}{d}}$

7-10　3405pF/m 或 3475pF/m

7-11　$U_{sc}=0.25\sin\omega t$

7-15　(1) 34H/m　(2) 提高 1 倍

7-16　(1) 1.6mm　(2) 50Hz　(3) 2.5mm

8-5　1386pC，19.34V

8-6　频率下限 1Hz，频率上限 9.66kHz

8-13　12～60μV

9-11　9.82°

11-6　8g

11-7　0.75mm

12-6　5.622mV

12-7　U_{tc}=23.63mV，U_{sens}=2.363V，U_{set}=2.364V，U_{error}=0.1V，$U_{control}$=10V

13-5　23.04m^3

参考文献

[1] 叶湘滨，熊飞丽，张文娜，等. 传感器与测试技术［M］. 北京：国防工业出版社，2018.

[2] 刘迎春，叶湘滨. 传感器原理、设计与应用［M］. 5 版. 北京：国防工业出版社，2015.

[3] 王跃科，叶湘滨，黄芝平，等. 现代动态测试技术［M］. 北京：国防工业出版社，2003.

[4] 张文娜，叶湘滨，熊飞丽，等. 传感器技术［M］. 北京：清华大学出版社，2011.

[5] 施文康，余晓芬. 检测技术［M］. 4 版. 北京：机械工业出版社，2015.

[6] 樊尚春. 传感器技术及应用［M］. 3 版. 北京：北京航空航天大学出版社，2016.

[7] 胡向东. 传感器与检测技术［M］. 3 版. 北京：机械工业出版社，2018.

[8] 何道清，张禾，石明江. 传感器与传感器技术［M］. 4 版. 北京：科学出版社，2020.

[9] 沈艳，陈亮，郭兵，等. 测试与传感器技术［M］. 2 版. 北京：电子工业出版社，2016.

[10] 刘传玺，袁照平，程丽平. 传感与检测技术［M］. 2 版. 北京：机械工业出版社，2017.

[11] 彭杰纲. 传感器原理及应用［M］. 2 版. 北京：电子工业出版社，2017.

[12] 余愿，刘芳. 传感器原理与检测技术［M］. 武汉：华中科技大学出版社，2017.

[13] 陈杰，黄鸿. 传感器与检测技术［M］. 2 版. 北京：高等教育出版社，2010.

[14] 徐兰英. 现代传感与检测技术［M］. 北京：国防工业出版社，2015.

[15] 潘雪涛，温秀兰. 传感器原理与检测技术［M］. 北京：国防工业出版社，2011.

[16] 魏学业. 传感器与检测技术［M］. 北京：人民邮电出版社，2012.

[17] 刘少强. 现代传感技术：面向物联网应用［M］. 北京：电子工业出版社，2014.

[18] 高成，杨松，佟维妍，等. 传感器与检测技术［M］. 北京：机械工业出版社，2015.

[19] 贾惠芹. 虚拟仪器设计［M］. 北京：机械工业出版社，2012.

[20] 张重雄，张思维. 虚拟仪器技术分析与设计［M］. 2 版. 北京：电子工业出版社，2013.

[21] 黄松岭，吴静. 虚拟仪器设计教程［M］. 北京：清华大学出版社，2015.

[22] 魏学业，周永华，祝天龙. 传感器应用技术及其范例［M］. 北京：清华大学出版社，2015.

[23] 梁森，欧阳三泰，黄侃夫. 自动检测技术及应用［M］. 3 版. 北京：机械工业出版社，2018.

[24] 张重雄. 现代测试技术与系统［M］. 2 版. 北京：电子工业出版社，2014.

[25] 马宏忠. 检测技术及仪表［M］. 北京：中国电力出版社，2010.

[26] 沈艳，郭兵，杨平. 测试与传感技术［M］. 3 版. 北京：清华大学出版社，2020.

[27] 肖支才，王朕，聂新华，等. 自动测试技术［M］. 北京：北京航空航天大学出版社，2017.

[28] 中国电子技术标准化研究院. 智能传感器型谱体系与发展战略白皮书［R/OL］.（2019-08-05）［2020-11-25］. http：//www. cesi. cn/201908/5426. html.

[29] 尤政. 智能传感器技术的研究进展及应用展望［J］. 科技导报，2016，34（17）：72-78.

参考文献

[illegible]